MBA、MPA、MPAcc联考精品系列应试指导教材

逻辑真题题典

牛渤雄　编著

中国金融出版社

责任编辑：戴早红
责任校对：张志文
责任印制：尹小平

图书在版编目（CIP）数据

逻辑真题题典（Luoji Zhenti Tidian）/牛渤雄编著．—北京：中国金融出版社，2010.8
（MBA、MPA、MPAcc联考精品系列应试指导教材）
ISBN 978－7－5049－5569－2

Ⅰ.①逻… Ⅱ.①牛… Ⅲ.①逻辑—研究生—入学考试—解题 Ⅳ.①B81－44

中国版本图书馆CIP数据核字（2010）第125387号

出版发行 中国金融出版社
社址 北京市丰台区益泽路2号
市场开发部 （010）63272190，66070804（传真）
网 上 书 店 http://www.chinafph.com
（010）63286832，63365686（传真）
读者服务部 （010）66070833，62568380
邮编 100071
经销 新华书店
印刷 北京市松源印刷有限公司
装订 平阳装订厂
尺寸 185毫米×260毫米
印张 30
字数 741千
版次 2010年8月第1版
印次 2010年8月第1次印刷
定价 50.00元
ISBN 978－7－5049－5569－2/F.5129

前　　言

在 MBA、MPA、MPAcc 综合考试中，逻辑科目是见效最快、复习效率最高的科目。首先，逻辑的规律性很强，而其规律相对于数学来说比较简单，很容易掌握；其次，逻辑的题型十分有限，在历年的试题中，知识点的重复很多，而创新极少，所以，只要能够透彻地掌握各个知识点，应付考试应该非常容易。

但在实际备考复习中，很多考生反映逻辑学难学，而且提高缓慢。这一般是由于学习不得法造成的，而在各种学习方法当中，对历年真题的练习毫无疑问是最为重要的。

首先，真题的质量远远好于其他习题。实际上，一道高质量的逻辑题的编制是需要很多时间和精力的。仅仅选项的设置便需要很高的技巧，干扰项的力度太小，则题目过于简单；干扰项的力度太大，则出现了两个正确答案——无法解释为什么干扰项不正确。题目语言过于直白，则考生一看就知道考的是哪个知识点；但过于晦涩则将出现歧义，会被认为是错题。所以市面上的逻辑习题有很多并不妥当，甚至会误导练习者。而真题由于审查较为严格，质量要好得多。

其次，不仅历年的真题中所考查的知识点一定会出现大量的重复；而且即使是考题本身同样会出现一定量的重复。例如：2008 年 10 月在职考试的第 57 题与 2002 年 10 月在职考试的第 41 题以及 2003 年 10 月在职考试的第 45 题完全相同，而刚刚结束的 2010 年 1 月考试中的第 32 题则与 2004 年 10 月在职考试的第 36 题基本相同。所以，研习历年真题，就是在做未来的考题。

本书在具体讲授中，又根据实际情况将复习分成以下四步。

第一步：基础知识学习。如果毫无基础，那么做题只会事倍功半。所以本书第一章（战术培训篇）首先介绍相关的基础知识。由于逻辑培训是一种应试教育，所以这部分内容略去了部分逻辑概念及复杂的理论探讨——例如直言命题中的很多概念及三段论推理等，对之有兴趣的考生可以参考更为专业的逻辑学书籍——而只专注于对于解题有用的考点。

在这部分的学习中，请考生注意以下两点。

首先，逻辑知识有些和生活中的感觉是有差异的，而恰是这种差异需要我们格外关注，值得我们认真学习，如果拘泥于自己的感觉，对逻辑知识半信半疑，则失去了学习的意义。

其次，逻辑试题虽然取材于生活，但考查的是逻辑知识而非生活经验，这要求考生抛弃生活经验甚至专业知识而只专注于试题本身。这一点虽然简单，但并不容易做到。

例：一些麋鹿的骨盆与所有猪的骨盆具有许多相同的特征。虽然不是所有的麋鹿都有这些特征，但一些动物学家声称，所有具有这种特征的动物都是麋鹿。

如果上述动物学家的断定是真实的，那么，以下哪项也一定是真实的？

A. 麋鹿与猪的相似之处要多于它与其他动物的相似之处。

B. 一些麋鹿与猪在其他方面的不同之处要少得多。

C. 所有动物，如果它们的骨盆具有相同的特征，那么它们的其他骨骼部位一般也会具有相同或相似的特征。

D. 所有猪都是麋鹿。

E. 所有麋鹿都是猪。

本题本身非常简单，答案是 D，但显然非常不符合常理。

第二步：经过知识的学习后，通过一定量的真题训练培养做题的感觉。第二章（实兵训练篇）选取了 2003 年 1 月至 2004 年 1 月的三套真题，每套 25 题，共 75 题。这些题目涵盖了 MBA 逻辑考试的绝大部分题型，笔者通过每道题的解析，向考生进一步介绍解题的一般性方法——特别是由于篇幅所限，在第一章中没有介绍非形式逻辑的解题方法。

第三步：强化训练。对于应试备考，没有足够的习题量是不可能达到目的的，第三章（备战演练篇）汇集早期的 12 套试题，每套 50 题，共 600 道真题。这些题目与现在的试题相比，比较简单，但恰好可以作为入门阶段的习题。

在这部分的练习中应特别注意时间的控制，对于 MBA、MPA、MPAcc 考试，考生的对手与其说是试题，不如说是时间。在练习的开始阶段，每套题用时可以在 150 分钟左右，但经过一定的练习后，应该能够在 120 分钟左右完成一套试题。

第四步：经过前面的练习，我们可以进入最后的冲刺阶段了。第四章（实战演习篇）汇集了近期的 12 套真题（包括 2009 年 10 月和 2010 年 1 月两套最近的试题），每套 30 题，共 360 题。这些题目具有最佳的模拟价值，而考生经过前面的学习和练习，应该已经具备了一定的解题能力，在练习中，同样应高度注意时间的控制，对于 30 道真题，建议用时 50 分钟——时间控制因人而异，如果数学和写作实力突出，逻辑自然可以多用一点时间，反之则应节省逻辑的时间，用于应付数学和写作。

本书囊括了 MBA 联考设立以来的所有真题，共 1 035 题，并对每一道题给出了详尽的解析。由于一些原因，历年的真题中仍会有一些题目存在这样或那样的问题，本书根据实际情况分别做了相应的修正；而部分答案有争议的题目，也在解析中给出解释和相应的答案，所以部分题目的答案与某些参考教材不一致，请读者自行评判。

由于时间仓促，疏漏之处在所难免，诚望读者批评指正。最后祝广大考生在逻辑考试中获得高分。

牛渤雄

2010 年 2 月

目　录

第一章 战术培训篇

第一节 简单命题

1 负命题

否定一个命题的命题叫“负命题”。对于命题 p，其负命题记做 $\overline{p}$（在本书第一章以后的讲解中，出于版式方便的考虑，表示为$\neg$P)。

否命题的常用表达方式有：并非、并不是、是假的、不是事实、不可能、必然不会等。

负命题与原命题是矛盾关系，必一真一假。一个负命题为真，当且仅当原命题为假。请仔细体会这种矛盾关系，它是形式逻辑的核心知识。

例如：记“$a>3$”为命题 A，则其负命题 $\overline{A}$ 为 $a\leqslant 3$。

显然没有实数既符合命题 A 又符合命题 $\overline{A}$，而且也没有实数既不符合命题 A 又不符合命题 $\overline{A}$。这体现了逻辑的两个基本规律——矛盾律和排中律，就是说对于两个互为矛盾的命题，我们不能都否定，也不能都肯定。

我将取得一个命题的负命题叫做“取非”，这一般只需要在该命题前加上否定词“并非”即可。例如：对命题“铜是金属”取非后得到“并非铜是金属”。

要注意的是，该否定词必须加在整个命题前，然后再根据逻辑关系和语言习惯进行转换，而不能想当然地将否定词放在命题中间。例如：“铜是金属”的负命题是“并非铜是金属”，可以转化为“铜不是金属”；但“所有鸟都会飞”的负命题并不是“所有鸟都不会飞”；“有些动物不会飞”的负命题也并不是“有些动物会飞”。在以下的学习中，我们将具体地学习各种命题的负命题形式。

2 联言命题

联言命题是断定几种事物（下面全部以两种事物为例）同时存在的命题，记做 $p\wedge q$。

联言命题的常见表达方式有：和、既……又……、一边……一边……、不但……而且……、虽然……但是……。而需要特别关注的是，联言命题经常使用省略形式，例如：“富贵不能淫，贫贱不能移”。

联言命题是一种比较简单的命题。一个联言命题是真的，当且仅当它的各联言支都是真的。肯定了一个联言命题后，它的每个联言支就都是真的了。

即 $p\wedge q\Rightarrow p$

$p\wedge q\Rightarrow q$

例如，2 既是偶数也是质数，所以 2 是偶数；王先生是诗人也是商人，所以王先生是商人。

3 选言命题

选言命题是断定几种事物（下面全部以两种事物为例）至少有一种存在的命题，表达式为：$p\vee q$。

选言命题的常用表达方式有：或、或者……或者……、要么……要么……、不是……就是……、……至少有一个。

选言命题又分为相容选言命题和不相容选言命题。

相容选言命题断定几种事物至少有一种存在，但可以同时存在。

这种命题看似简单，但由于其部分结论与日常的表述和思维有一定差距，所以很容易成为题目中的陷阱，考生在学习中应予以关注。

首先，对于选言命题，只要选言支有一个是真的，命题就是真的。逻辑式如下：

$p\Rightarrow p\vee q$

$q\Rightarrow p\vee q$

这个结论虽然简单，但却容易忽略。

例如，“熊猫是动物或者竹子是动物”，这看似荒谬的命题，却是不折不扣的真命题，因为熊猫确实是动物，那么竹子是否是动物并不影响命题的正确性；已知某案件的凶手是甲，那么，“甲或乙是凶手”就是正确的了，而即使乙的情况完全未知，也不妨碍上述结论的正确性——这种结论经常作为选项出现在试题中。

其次，当肯定了一个选言命题时，其中的一个选言支完全可以是假的。例如：断定“街道两侧的树木或者是杨树，或者是柳树”是真命题，那么，该街道两侧的树木完全可以只有杨树而没有一棵柳树——这同样与生活中的感觉相左，所以是必须注意的。

不相容选言命题表示两个事物有且只有一个，不可以两个同时存在。表示方式为“要么 p 要么 q，二者必居其一”。当命题为真时，选言支必一真一假，是一种矛盾关系。

4 联言命题和选言命题的负命题

联言命题的负命题是一个选言命题：$\overline{p\wedge q}\Leftrightarrow\overline{p}\vee\overline{q}$

例如：并非某商品价廉而且物美，等于，某商品或者价不廉，或者物不美。

对于相容选言命题，当且仅当两个选言支都为假时该选言命题才是假的：

$\overline{p\vee q}\Leftrightarrow\overline{p}\wedge\overline{q}$

例如：“并非王先生或者是个商人，或者是个学者”等于“王先生既不是商人，也不是学者”。

对于不相容选言命题，当两个选言支同真或同假时，该选言命题都是假的。

例如：（1）王先生要么是个商人，要么是个学者。

当王先生既不是商人也不是学者时，命题（1）是假的；当王先生既是商人又是学者时，命题（1）同样是假的。

5 假言命题

5.1 充分条件假言命题

充分条件假言命题是断定充分条件关系的假言命题。

其表达形式有："如果……那么……"、"只要……就……"、"若……则……"等，还有省略式，例如："招手即停"、"人心齐，泰山移"等。

其逻辑表达式为：$p\rightarrow q$。

式中 p 称为前件，即充分条件，q 称为后件，即必要条件。应注意，当书写假言命题逻辑式时，箭头从充分条件发出，指向必要条件。

对于原命题 $p\rightarrow q$，其逆命题、否命题、逆否命题分别为：

逆命题：$q\rightarrow p$

否命题：$\overline{p}\rightarrow\overline{q}$

逆否命题：$\overline{q}\rightarrow\overline{p}$

其中逆否命题与原命题是等价的，而逆命题和否命题与原命题不等价。即若原命题为真，则逆否命题必然为真，而逆命题和否命题不一定为真。

例如原命题为：如果张先生的年龄大于 50 岁，那么他的年龄一定大于 40 岁。这显然是个真命题。

其逆命题为：如果张先生的年龄大于 40 岁，那么他的年龄一定大于 50 岁。这个命题显然是个假命题。

其否命题为：如果张先生的年龄不大于 50 岁，那么他的年龄一定不大于 40 岁。这个命题也是个假命题。

其逆否命题为：如果张先生的年龄不大于 40 岁，那么他的年龄一定不大于 50 岁。这显然也是个真命题。

但应注意的是，对于真命题的逆命题和否命题，它们并不一定必然是假命题，例如："对于三角形，如果对边相等，则对角相等"，这个命题的逆命题、否命题、逆否命题都是真命题。

5.2　必要条件假言命题

必要条件假言命题是断定必要条件关系的假言命题。其表达形式有："只有……才……"、"……对于……来说是必须的（必不可少的）"、"……是……的基础"、"除非……否则（不）……"等。

其中应该关注的是"除非……否则（不）……"，这种表述在真题中十分常见，一般地，其可以理解为，"如果不……否则（不）……"。

例如："除非有球星甲参赛，否则观众不会超过两万人"，等于"如果没有球星甲参赛，那么观众不会超过两万人"；"除非改变经营方法，否则公司将很快破产"，等于，"如果不改变经营方法，那么公司将很快破产"。

一般地，必要条件命题可以转换为充分条件命题来理解和解题。

5.3　假言命题的传递性

假言命题具有传递性。几个假言命题可以首尾相连构成一个连续的假言推理，在处理过程中，应注意对各种连词（充分连词和必要连词）和逆否命题的理解和转换。

[例 1－1]　只有调整领导层，才能改变经营方法；除非改变经营方法，否则公司将很快破产；如果公司破产，将造成大量工人失业。

如果上述断定全部为真，请写出其整体的逻辑表达式。

解答：

对于第一个命题，可以表示为：改变经营方法→调整领导层

对于第二个命题，可以表示为：¬改变经营方法→很快破产

对于第三个命题，可以表示为：很快破产→大量工人失业

而其中第一个命题的逆否命题为：¬调整领导层→¬改变经营方法

所以，三个命题可以连接成表达式（1）：¬调整领导层→¬改变经营方法→很快破产→大量工人失业

5.4 假言命题的等价和矛盾形式

这部分内容非常重要，但又较难理解。由于本书的目的在于对应试者的帮助而非逻辑知识的系统讲授，所以略去复杂的证明，而只通过例子作一介绍。

我们看一下上文提到的一个命题：如果张先生的年龄大于40岁，那么他的年龄一定大于50岁。这是一个假命题，但它的反例是什么呢？我们举出这样的例子：张先生的年龄为42岁。

这个例子说明，张先生的年龄既大于40岁，又不大于50岁。这实际上是一个联言命题，它肯定了原命题的充分条件（前件），否定了原命题的必要条件（后件）。所以，我们可以得到结论，一个假言命题的矛盾形式为，肯定其充分条件（前件），否定其必要条件（后件）的联言命题，即

$$\overline{p \to q} \Leftrightarrow p \wedge \overline{q} \qquad \text{式(Ⅰ)}$$

而当否定一个命题的矛盾形式后，自然得到了这个命题的等价形式，即对式（Ⅰ）左右两侧同时取非，得

$$p \to q \Leftrightarrow \overline{p} \vee q \qquad \text{式(Ⅱ)}$$

［例1-1］续，题干不变，如果题干断定全部为真，则下列断定哪些是必然为真，哪些是必然为假，哪些是不能确定真假的？（逻辑真题全部是单项选择题，但本章出于讲解的需要，设置了部分多项选择题）

A. 如果不调整领导层，那么就会有大量工人失业。

B. 公司或者很快破产，或者调整了领导层。

C. 公司没有改变经营方法，但公司没有很快破产。

D. 公司很快破产了，并且没有工人失业。

E. 如果大量工人失业了，那么公司一定没有调整领导层。

F. 公司一定要改变经营方法。

解答：

首先再看一下上一节得到的表达式（1）：¬调整领导层→¬改变经营方法→很快破产→大量工人失业

对于选项A，恰为表达式（1）首尾之间的结论（2）：¬调整领导层→大量工人失业，所以是真命题。

对于选项B，其表达式（3）为：很快破产∨调整领导层，而由表达式（1）可知表达式（4）：¬调整领导→很快破产。应用等价公式可知，二者是等价的，所以选项B也是真命题。

对于选项C，其表达式（5）为：¬改变经营方法∧¬很快破产，而由表达式（1）可

知表达式（6）：¬改变经营方法→很快破产。对照公式发现，表达式（5）恰为表达式（6）的矛盾形式，所以选项 C 是假命题。

对于选项 D，其表达式（7）为：很快破产∧¬工人失业，而由表达式（1）可知表达式（8）：很快破产→大量工人失业。表达式（7）恰为表达式（8）的矛盾形式，所以选项 D 是假命题。

对于选项 E，其表达式（9）为：大量工人失业→¬调整领导层，这恰为结论（2）的逆命题，所以是不能确定真假的。

对于选项 F，本质上与题干并无相关性，也是不能确定真假的。

第二节　直言命题

直言命题是简单命题的一种，是关于性质判断的命题。例如：

所有的金属都导电。

所有行星本身都不能发光。

有些鸟会飞。

有些人不是科学家。

直言命题由主项、谓项、联项和量项组成。由于这些概念对解题并无帮助，所以本书略过，只通过下面的逻辑方阵介绍其对当关系。

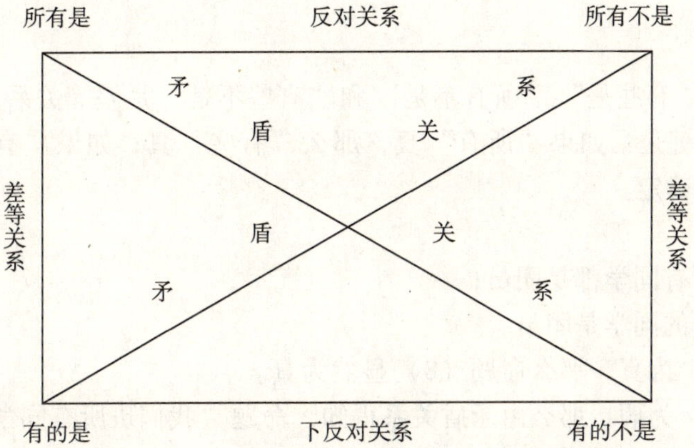

1　反对关系

“所有是……”和“所有不是……”是反对关系。

“所有”的常用表示法还有：全、全部、都、凡是、每一个、任何等。“所有不”的常用表示法还有：不存在、没有。

反对关系的关键是：不可同真，可以同假；二者共存，必有一假。

例如：

（1）我们班所有同学都是团员；

（2）我们班所有同学都不是团员。

显然二者不可能都是真命题，但二者可以都是假命题，假设该班有一半的同学是团员，另一半不是，显然两个命题都是假的。当这两个命题同时存在时，我们可以断定，其中必然有一个是假的，至于哪一个是假的，另一个是否是真的，则需要根据题目的其他信息进行分析判断。

2 矛盾关系

矛盾关系是形式逻辑中最重要的关系，在前面的学习中已经涉及一些。在直言命题中，“所有是”和“有些不是”、“所有不是”和“有些是”是矛盾关系。

“有些”的常用表示法还有：有的、有人、一些、存在、某些、若干、部分等。

矛盾关系的关键是：不可同真，不可同假；二者共存，一真一假。

例如：

（3）我们班所有同学都是团员；

（4）我们班有的同学不是团员。

这两个命题显然互为矛盾，不可能同真，也不可能同假；否定一个就要肯定另一个，肯定一个就要否定另一个。

又如：

（5）我们班所有同学都不是团员；

（6）我们班有的同学是团员。对于这两个命题，也有类似的结论。

下面我们将利用矛盾关系快捷地分析问题。

3 差等关系

“所有是”和“有些是”、“所有不是”和“有些不是”是差等关系。

差等关系的关键是：如果“所有”真，那么“有些”真；如果“有些”假，那么“所有”假；其余都不确定。

例如：

（7）我们班所有同学都是团员；

（8）我们班有的同学是团员。

如果命题（7）为真，那么命题（8）显然为真。

如果命题（8）为假，那么由矛盾关系得知，命题“我们班所有同学都不是团员”必然为真，则与之成反对关系的命题（7）自然为假。

但是，如果命题（7）为假，由反对关系的结论得知，命题“我们班所有同学都不是团员”不能确定真假，则命题（8）也不能确定真假。这个结论从事理上也不难理解，当否定了“我们班所有同学都是团员”，那么有可能我们班一部分同学是团员，另一部分不是，这时命题（8）是真命题；也可能全班都不是团员，这时命题（8）是假的。所以命题（8）是不能确定真假的。

又如：如果命题（8）为真，则命题（7）是不能确定真假的。

（9）我们班所有同学都不是团员；

（10）我们班有的同学不是团员。

对于这两个命题，也有类似的结论。限于篇幅，我们只分析当命题（10）为真时的情况。这时，通过矛盾命题可知，“我们班所有同学都是团员”是假命题，所以有反对关系，命题（9）是无法确定真假的。如果从事理分析，当命题（10）为真时，有可能我们班所有人都不是团员，那么命题（9）为真；也可能，我们班一些人是团员，另一些人不是团员，那么命题（9）为假。所以，命题（9）是不能确定真假的。

4　下反对关系

“有些是”和“有些不是”是下反对关系。

下反对关系的关键是：可以同真，不可同假；二者共存，必有一真。

例如：

（11）我们班有些同学是团员；

（12）我们班有些同学不是团员。

这两个命题显然是可以同真的，即：我们班一部分是团员，另一部分不是团员。

但如果两个命题都是假的，那么由矛盾关系得知：命题（11）为假，可知命题（13）：我们班所有同学都不是团员；命题（12）为假，可知命题（14）：我们班所有同学都是团员。命题（13）和命题（14）是互为反对关系的两个命题，不可能同真，所以，命题（11）和命题（12）也就不可能同假，必然有一个为真。

当命题（11）为假时，命题（13）为真，由差等关系得知，命题（12）也就为真；当命题（12）为假时，命题（14）为真，由差等关系得知，命题（11）也就为真。所以，互为下反对关系的两个命题，否定了一个，另一个自然为真。

但当命题（11）为真时，由于命题（14）是不能确定的，所以命题（12）也不能确定。因此，互为下反对关系的两个命题，仅仅肯定了一个之后，另一个是不能确定真假的。

5　欧拉图

对于直言命题的题目，欧拉图是十分重要的解题技巧。下面通过例题予以介绍。

[例1-2]　某证券部通过对股民持仓品种的调查发现，大多数经验丰富的股民都买了小盘绩优股，而所有年轻的股民都选择了大盘蓝筹股，而所有买了小盘绩优股的股民都没买大盘蓝筹股。

如果上述情况为真，则以下哪些为真，哪些为假，哪些不能确定真假？

A. 有些经验丰富的股民没买大盘蓝筹股。

B. 年轻的股民都没买小盘绩优股。

C. 有些年轻的股民没买大盘蓝筹股。

D. 所有购买了小盘绩优股的股民也买了大盘蓝筹股。

E. 有些年轻的股民是经验丰富的股民。

F. 有些并非年轻的股民购买了大盘蓝筹股。

解答：首先画出欧拉图。

“大多数经验丰富的股民都买了小盘绩优股”，其中“大多数”，应看做“有些”，所以“经验丰富”和“小盘绩优股”之间存在一个交集，但“经验丰富”是否有一部分在“小盘绩优股”之外则不能确定，应予以注意。

“所有年轻的股民都选择了大盘蓝筹股”，这个图很好画，将“年轻的股民”画在“大盘蓝筹股”之内即可。但应注意，有可能“年轻的股民”与“大盘蓝筹股”是完全重合的，即所有年轻的股民都买了大盘蓝筹股，且所有的大盘蓝筹股都卖给了年轻的股民——虽然这

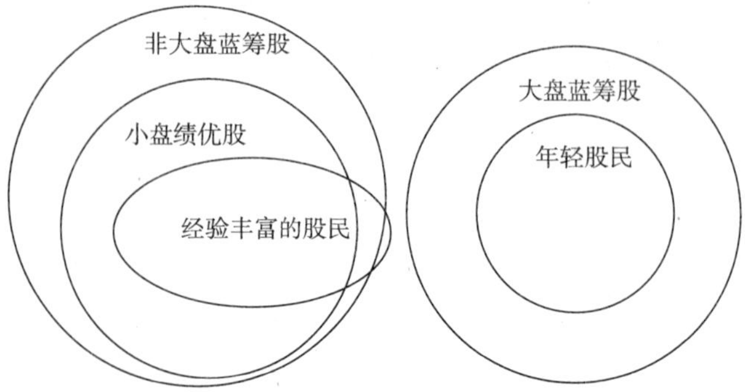

很不合常理，但确实是可能的。

“所有买了小盘绩优股的股民都没买大盘蓝筹股”，将“小盘绩优股”画在“大盘蓝筹股”之外即可，但为分析方便，也不妨画一个“非大盘蓝筹股”的圈子——这并不严格，因为“非大盘蓝筹股”和“大盘蓝筹股”之间不应该有中间地带，但作为经验，这种画法确实有助于解题。

下面对照选项来解题。

对于选项 A：“经验丰富”与“小盘绩优股”的交集部分在“非大盘蓝筹股”之内，所以是正确的。

对于选项 B：“年轻的股民”和“小盘绩优股”分别在两个圈子中，不可能有交集，所以是正确的。

对于选项 C：“年轻的股民”和“非大盘蓝筹股”显然没有交集，所以是必然为假的。

对于选项 D：“小盘绩优股”并不在“大盘蓝筹股”之内，所以也是必然为假的。

对于选项 E：由于“经验丰富”是一个不确定的图像，它可能与“年轻的股民”有交集，有可能完全在“小盘绩优股”之内，甚至还可能与“小盘绩优股”重合，所以是不能确定真假的。

对于选项 F：由于前面提到的，有可能“年轻的股民”与“大盘蓝筹股”是完全重合的，所以尽管看上去很合常理，但仍是不能确定真假的。

第三节　模态命题

在逻辑中，“必然”、“可能”、“不可能”等叫做“模态词”，包含模态词的命题叫做“模态命题”。

表示“必然”的词还有：一定、必定、不可避免等。

模态命题也有一个逻辑方阵。但题目中出现更多的是模态命题和直言命题转换的考查。

最常用的两个结论是：“不可能”等于“必然不”、“可能不”等于“不必然”。

例如：

（1）“马不可能会飞”等价于“马必然不会飞”。

（2）“明天可能不下雨”等价于“明天不必然下雨”。

（3）“甲这次考试必然不会及格”等价于“甲这次考试不可能及格”。

（4）“老虎不可能不吃肉”等价于“老虎必然不会不吃肉”，进一步整理后即“老虎必

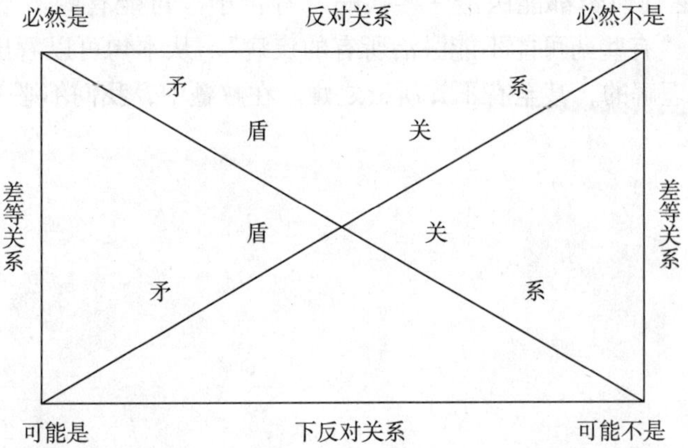

然吃肉”。

另一类题目是对直言命题、模态命题的否定形式的转换，这类题目有很强的规律性，一般解题方法如下：

a. 句首的否定词移到动词前；

b. “有些”变“所有”；

c. “所有”变“有些”；

d. “必然”变“可能”；

e. “可能”变“必然”。

例如：

(5)“不可能有些木材会导电”等价于“必然所有木材不导电”。

第一点要注意的是：对于“所有……都……”，由于“所有”和“都”修饰的都是同一个内容，所以，一般忽略“都”，只将“所有”变为“有些”即可。

例如：

(6)“不可能所有鸟都会飞”等价于“必然有些鸟不会飞”。

第二点要注意的是：当句子中出现“不可能”或“不必然”时，可以将“可能”和“必然”看做动词，而不再变化；也可以先利用“不可能”等于“必然不”、“不必然”等于“可能不”，将其变换后再进行转换。

例如：

(7)“并非所有塑料不可能导电”。

方法1：直接变为“有些塑料可能导电”。

方法2：原句等价于“并非所有塑料必然不导电”，进一步变换为“有些塑料可能导电”。

两种方法的结论都是相同的。

第三点要注意的是：句子中有多个相关词语（“必然”、“可能”、“所有”、“有些”及其同义词）时，应全部变换。

例如：

(8)“不可能某些法律适用于所有国家”等价于“必然所有法律不适用于有些国家”，整理后可以表述为“任何法律必然不适用于某些国家”。

（9）“并非必然任何药都能医治一些疾病”等价于“可能有些药不能医治所有疾病”，整理后可以表述为“有些药可能不能医治所有的疾病”。从本句可以看出，一些题目的句子从常理上看是很难理解的，甚至有不知所云之嫌。在解题中，我们不必关心它的语义，只要按照规律处理即可。

第二章　实兵训练篇

2003 年 1 月 MBA 联考逻辑真题解析

35. 一个足球教练这样教导他的队员："足球比赛从来是以结果论英雄。在足球比赛中，你不是赢家就是输家；在球迷的眼里，你要么是勇者，要么是懦弱者。由于所有的赢家在球迷眼里都是勇敢者，所以每个输家在球迷眼里都是懦弱者。"

为使上述足球教练的论证成立，以下哪项是必须假设的？

A. 在球迷们看来，球场上勇敢者必胜。

B. 球迷具有区分勇敢和懦弱的准确判断力。

C. 球迷眼中的勇敢者，不一定是真正的勇敢者。

D. 即使在球场上，输赢也不是区别勇敢者和懦弱者的唯一标准。

E. 在足球比赛中，赢家一定是勇敢者。

解析：答案是 A。

本题是假设题。假设题是逻辑题目中的重要一类。"必须假设的"选项应该是题目推理中的必要条件——这是这类题目的解题关键。由于是必要条件，所以假设题目的答案具有一个明显的特征，即如果这个选项为假，题干的推理将受到明显削弱。

以本题为例，对于选项 A，如果选项 A 为假，那么勇者不一定胜利，即有的勇者也会是输家，则可以得到：有的输家是勇者而非懦弱者。显然，题干的结论"每个输家在球迷眼里都是懦弱者"将被严重削弱——实际上是被否定了。

所以，对于假设题目，一般性解题方法是：根据题干排除若干明显与题目无关的选项后，再对模棱两可的选项取非（否定该选项），哪一个对题干的推理削弱力度最大，哪一个即为答案。

36. 在汉语和英语中，"塔"的发音是一样的，这是英语借用了汉语；"幽默"的发音也是一样的，这是汉语借用了英语。而在英语和姆巴拉拉语中，"狗"的发音也是一样的，但可以肯定，使用这两种语言的人交往只是将近两个世纪的事，而姆巴拉拉语中（包括"狗"的发音）的历史，几乎和英语一样古老。另外，这两种语言，属于完全不同的语系，没有任何亲缘关系。因此，这说明，不同的语言中出现意义和发音相同的词，并不一定是由于语言的相互借用，或是由于语言的亲缘关系所致。

以上论述必须假设以下哪项？

A. 汉语和英语中，意义和发音相同的词都是相互借用的结果。

B. 除了英语和姆巴拉拉语以外，还有多种语言对"狗"有相同的发音。

C. 没有第三种语言从英语或姆巴拉拉语中借用"狗"一词。

D. 如果两种不同语系的语言中有的词发音相同，则使用这两种语言的人一定在某个时期彼此接触过。

E. 使用不同语言的人相互接触，一定会导致语言的相互借用。

解析：答案是 C。

本题仍为假设题，可以沿用上一题的解法。

对于选项 A，注意其中的“都”字，这是一个强烈的判断，而题目中的论述显然并不需要这样强烈的判断，所以可以排除。

对于选项 D 和 E，其中的“一定”也是过强的判断，同样排除。

应注意：在阅读题干和选项时，“最”、“都”、“必然”、“一定”、“第一”等词语是值得关注的。

对选项 B 取非后得到，没有其他语言对“狗”有相同的发音。这对题干的论证并无明显的削弱作用。

而对选项 C 取非后得到，虽然使用两种语言的人没有直接交往，但可能有间接交流。这样就削弱了题干的结论。所以 C 是必须的假设。

37. 西双版纳植物园种有两种樱草，一种自花授粉，另一种非自花授粉，而要依靠昆虫授粉。近几年来，授粉昆虫的数量显著减少。另外，一株非自花授粉的樱草所结的种子比自花授粉的要少。显然，非自花授粉樱草的繁殖条件比自花授粉的要差。但是游人在植物园多见的是非自花授粉樱草而不是自花授粉樱草。

以下哪项判定最无助于解释上述现象？

A. 和自花授粉樱草相比，非自花授粉的种子发芽率较高。

B. 非自花授粉樱草是本地植物，而自花授粉樱草是几年前从国外引进的。

C. 前几年，上述植物园非自花授粉樱草和自花授粉樱草数量比大约是 5∶1。

D. 当两种樱草杂生时，土壤中的养分更易被非自花授粉吸收，这又往往导致自花授粉樱草的枯萎。

E. 在上述植物园中，为保护授粉昆虫免受游客伤害，非自花授粉樱草多植于园林深处。

解析：答案是 E。

本题为解释说明题，此类题目的题干一般给出两种看似矛盾的现象，要求考生选出恰当的解释或选出不能提供解释的选项。这类题目的关键是找出题干的矛盾之处。

对于本题，矛盾之处在于，依题干前三句所说，与自花授粉樱草相比，非自花授粉樱草具有授粉和结种上的劣势；但游人在植物园多见的是非自花授粉樱草而不是自花授粉樱草。

针对上述矛盾，所需的解释只要说明非自花授粉樱草即使有上述劣势，但仍能让游人多见即可。

选项 A 说明非自花授粉樱草虽然结的种子少，但每个种子发芽多；选项 C 说明非自花授粉樱草原来的基数大，即使现在有一些劣势，但短时间内也不能改变其数量上的优势；选项 D 说明非自花授粉樱草生命力更强，而且可以遏制自花授粉樱草，所以上述三个选项都可以明显解释题干中的矛盾。

对于选项 B（本地植物不一定必然数量多或有什么优势）和选项 E 似乎都无助于解释题干——逻辑试题常常会有两个选项互相干扰，这是逻辑题的一个特点。但进一步分析后我们可以发现，如选项 E 为真，非自花授粉樱草应更难见到，反而加深了题干中的矛盾。所以答案为 E。

这种选择方式可以广泛应用于问题为“哪项不能……”的题目中，例如对于“哪项不能削弱题干”的问题，当两个选项都不能明显地削弱题干时，最应选择的是可以加强题干的选项；而当问题是“哪项不能加强题干”时，如果有两个选项看似都没什么加强作用，那么应该选择的是有削弱作用的选项。

38. 上个世纪 60 年代初以来，新加坡的人均预期寿命不断上升，到本世纪已超过日本，成为世界之最。与此同时，和一切发达国家一样，由于饮食中的高脂肪含量，新加坡人的心血管疾病的发病率也逐年上升。

从上述判定，最可能推出以下哪项结论？

A. 新加坡人心血管疾病的发病率虽逐年上升，但这种疾病不是造成目前新加坡人死亡的主要杀手。

B. 目前新加坡对于心血管疾病的治疗水平是全世界最高的。

C. 上个世纪 60 年代造成新加坡人死亡的那些主要疾病，到本世纪，如果在该国的发病率没有实质性的降低，那么对这些疾病的医治水平一定会有实质性的提高。

D. 目前新加坡人心血管疾病的发病率低于日本。

E. 新加坡人比日本人更喜欢吃脂肪含量高的食物。

解析：答案是 C。

这是一道较难的直接推论题，由原命题和逆否命题的关系可知，若可推出某结论，则当结论取非后，原论据也会被削弱。

对选项 C 取非后得到，原有疾病发病率、治疗手段都停滞不前，现在新疾病发病率又上升，那么人均预期寿命是不可能上升的。这与题干的结论矛盾，所以选项 C 是可以推出的。

39. 有人养了一些兔子。别人问他有多少只雌兔，多少只雄兔？他答：在他所养的兔子中，每一只雄兔的雌性同伴比它的雄性同伴少一只；而每一只雌兔的雄性同伴比它的雌性同伴的两倍少两只。

根据上述回答，可以判断它养了多少只雌兔，多少只雄兔？

A. 8 只雄兔，6 只雌兔。

B. 10 只雄兔，8 只雌兔。

C. 12 只雄兔，10 只雌兔。

D. 14 只雄兔，8 只雌兔。

E. 14 只雄兔，12 只雌兔。

解析：答案是 A。

这是一道纯粹的数学题。客观地说，在已经有专门的数学试题的情况下，在逻辑试题中考查数学题是不容易让人理解的，但近几年的逻辑题中，涉及数学的题目几乎每次都有，所以我们必须多加关注。

本题比较简单，设雄兔数为 x，雌兔数为 y。

$x=y+2$

$x=2(y-1)-2$

得：$x=8$，$y=6$。

40. 某出版社近年来出版物的错字率较前几年有明显的增加，引起了读者的不满和有关部门的批评，这主要是由于该出版社大量引进非专业编辑所致。当然，近年来该社出版物的大量增加也是一个重要原因。

上述议论中的漏洞，也类似地出现在以下哪项中？

Ⅰ 美国航空公司近两年来的投诉比率比前几年有明显下降。这主要是由于该航空公司在裁员整顿基础上有效地提高了服务质量。当然，“9·11”事件后航班乘客数量的锐减也是一个重要原因。

Ⅱ 统计数字表明：近年来我国心血管病的死亡率，即由心血管病导致的死亡在整个死亡人数中的比例，较以前有明显增加，这主要是由于随着经济的发展，我国民众的饮食结构和生活方式发生了容易诱发心血管病的不良变化。当然，由于心血管病主要是老年病，因此，我国人口的老龄人比例增大也是一个重要原因。

Ⅲ S市今年的高考录取率比去年增加了15%，这主要是由于各中学狠抓了教育质量。当然，另一个重要原因是，该市今年参加高考的人数比去年增加了20%。

A. 只有Ⅰ。

B. 只有Ⅱ。

C. 只有Ⅲ。

D. 只有Ⅰ和Ⅲ。

E. Ⅰ、Ⅱ和Ⅲ。

解析：答案是D。

这种逻辑相似题在近年的考试中有增加并且变难的趋势，本题是一道很好的例题。

对于此类题目的一般解法是，首先找出题干的逻辑特征，然后与选项一一核对。

首先应找到题干的漏洞，错字率是错字占总字数的比例，与总文字量并无直接关系——这种比例（率）和绝对数值关系的考查反复地出现在MBA逻辑考题中，考生务必深刻理解、高度重视。

选项Ⅰ、选项Ⅲ都有类似错误。选项Ⅰ中，用乘客数量来解释投诉比率；选项Ⅲ中，用高考人数来解释录取率。

而选项Ⅱ是正确的，它用老龄人比例来解释老年病导致死亡的比例，是没有漏洞的。

一般地，我们可以作一下统计，单个的绝对数量一般是不能解释比例变化的，而一个比例（率）常常可以用来解释另一个比例（率）。

41. 宏达汽车公司生产的小轿车都安装了驾驶员安全气囊。在安装驾驶员气囊的小轿车中，有50%安装了乘客安全气囊。只有安装乘客安全气囊的小轿车才会同时安装减轻冲击力的安全杠和防碎玻璃。

如果上述判定为真，并且事实上李先生从宏达汽车公司购进一辆小轿车中装有防碎玻璃，则以下哪项一定为真？

Ⅰ 这辆车一定装有安全杠。

Ⅱ 这辆车一定装有乘客安全气囊。

Ⅲ 这辆车一定装有驾驶员安全气囊。

A. 只有Ⅰ。

B. 只有Ⅱ。

C. 只有Ⅲ。

D. 只有Ⅰ和Ⅱ。

E. Ⅰ、Ⅱ和Ⅲ。

解析：答案是 C。

由题干：

（1）宏达汽车公司生产的小轿车→驾驶员安全气囊。

（2）安全杠∧防碎玻璃→乘客安全气囊。

所以，由“李先生从宏达汽车公司购进一辆小轿车”只能断定他的车有驾驶员安全气囊。

对于这类假言命题直接推理题，其关键是：推不出的，就是不确定的，切忌随意猜测。以本题为例，李先生的车虽然装有防碎玻璃，但由于不知道是否装有安全杠，所以无法推出任何结论。

42. 图示方法是几何学课程的一种常用方法。这种方法使得这门课比较容易学，因为学生们得到了对几何概念的直观理解，这有助于培养他们处理抽象运算符号的能力。对代数概念进行图解相信会有同样的教学效果，虽然对数学的深刻理解从本质上说是抽象的而非想象的。

上述议论最不可能支持以下哪项判定？

A. 通过图示获得直观，并不是数学理解的最后步骤。

B. 具有很强的处理抽象运算符号能力的人，不一定具有抽象的数学理解能力。

C. 几何学课程中的图示方法是一种有效的教学方法。

D. 培养处理抽象运算符号的能力是几何学课程的目标之一。

E. 存在着一种教学方法，可以有效地用于几何学，又用于代数。

解析：答案是 B。

本题在一定程度上考查了考生的阅读理解能力。阅读理解能力是答好 MBA 逻辑题的关键能力，考生必须加以重视，并在解题中多多体会和练习。

“这种方法使得这门课比较容易学”，说明这种方法是有效的，所以选项 C 正确。

而因为“有助于培养他们处理抽象运算符号的能力”可以证明方法有效——注意题干第一句的结果——可见“培养处理抽象运算符号的能力是几何学课程的目标之一”，即选项 D 正确。

“对代数概念进行图解相信会有同样的教学效果”，则说明图示方法对代数、几何都有效，即选项 E 正确。

“对数学的深刻理解从本质上说是抽象的而非想象的”，说明选项 A 正确。

对于选项 B 的结论，虽然看似也是正确的，但题干并未涉及——题干只说“有助于培养他们（学生）处理抽象运算符号的能力”，并未说明他们是否具有很强的处理抽象运算符号的能力，更没有说明他们是否具有抽象的数学理解能力——所以不选。

对于逻辑题应牢记一点：要选的是符合题干和问题的，而非常识上或者科学上正确的。

43. 科学不是宗教，宗教都主张信仰，所以主张信仰都不科学。

以下哪项最能说明上述推理不成立？

A. 所有渴望成功的人都必须努力工作，我不渴望成功，所以我不必努力工作。

B. 商品都有使用价值，空气当然有使用价值，所以空气当然是商品。

C. 不刻苦学习的人都成不了技术骨干，小张是刻苦学习的人，所以小张能成为技术骨干。

D. 台湾人不是北京人，北京人都说汉语，所以，说汉语的人都不是台湾人。

E. 犯罪行为都是违法行为，违法行为都应受到社会的谴责，所以应受到社会谴责的行为都是犯罪行为。

解析：答案是 D。

这是比较简单的逻辑相似题，对于这类题目，可以用字母代入的方式快速解决。

题干形式为：p 不是 q，q 都是 r，所以 r 都不是 p。代入验证后，只有选项 D 与之一致。其他选项均不一致。

44. 因为青少年缺乏基本的驾驶技巧，特别是缺乏紧急情况的应对能力，所以必须给青少年的驾驶执照附加限制。在这点上，应当吸取 H 国的教训。在 H 国，法律规定 16 岁以上就可申请驾驶执照。尽管在该国注册的司机中 19 岁以下的只占 7%，但他们却是 20% 的造成死亡的交通事故的肇事者。

以下各项有关 H 国的判定如果为真，都能削弱上述议论，除了

A. 与其他人相比，青少年开的车较旧，性能也较差。

B. 青少年开车时载客的人数比其他司机要多。

C. 青少年开车的年均公里（即每年平均行使的公里数）要高于其他司机。

D. 和其他司机相比，青少年较不习惯系安全带。

E. 据统计，被查出酒后开车的司机中，青少年所占的比例，远高于他们占整个司机总数的比例。

解析：答案是 B。

这是一道削弱题，本题对应的知识点是他因法削弱。

题干给出了一个事实：“尽管在该国注册的司机中 19 岁以下的只占 7%，但他们却是 20% 的造成死亡的交通事故的肇事者”，而对该事实的解释性结论是：“因为青少年缺乏基本的驾驶技巧，特别是缺乏紧急情况的应对能力，所以必须给青少年的驾驶执照附加限制。”

请仔细体会这种通过对一个事实的解释得到结论的论证方式，这种方式将出现在大量的题目中。而对于这类题目，其关键是找出对上述事实的其他解释——他因。

选项 A 说明出现上述事实是由于青少年的车不好，显然可行；选项 C 说明的原因为青少年开车里程多，那么即使水平与成年人一样，也难免事故会多些；选项 E 说明事故多并

非由于技术差而是由于爱喝酒。

迷惑性的选项是 D 和 B，选项 D 的意思是，不系安全带会导致发生事故后驾驶员容易死亡。选项 B 看似也可以给出合理的解释，但题干中的数据是“造成死亡的交通事故”的比例，即若干事故中青少年司机造成有人死亡的事故数与总事故数的比例，而并非司机造成死亡的人数与总死亡人数的比例——这里再次考查了考生对比例的理解。

45. 最近台湾航空公司客机坠落事故急剧增加的主要原因是飞行员缺乏经验。台湾航空部门必须采取措施淘汰不合格的飞行员，聘用有经验的飞行员。毫无疑问，这样的飞行员是存在的。但问题在于，确定和评估飞行员的经验是不可行的。例如，一个在气候良好的澳大利亚飞行 1 000 小时的教官，和一个在充满暴风雪的加拿大东北部飞行 1 000 小时的夜班货机飞行员是无法相比的。

上述议论最能推出以下哪项结论（假设台湾航空公司继续维持原有的经营规模）？

A. 台湾航空公司客机坠落事故急剧增加的现象是不可改变的。

B. 台湾航空公司应当聘用加拿大飞行员，而不宜聘用澳大利亚飞行员。

C. 台湾航空公司应当解聘所有现职飞行员。

D. 飞行时间不应成为评估飞行员经验的标准。

E. 对台湾航空公司来说，没有一项措施，能根本扭转台湾航空公司客机坠落事故急剧增加的趋势。

解析：答案是 E。

首先应注意，对于直接推论题，应全盘承认题干的陈述。

题干第二句指出，“必须采取措施……”，而随后又指出，这个措施是不可行的。

既然“必须”的措施是不可行的，那么自然就没有措施来解决问题。

对于选项 A，虽然措施是不可行的，但题干指出，“这样的飞行员是存在的”，也许可以通过碰运气找到这样的飞行员，所以，选项 A 不如选项 E 严谨。

对于选项 C，其结论来源于题干中的例子——应该注意，例子常常并非题目的关键部分，也不如选项 E。

46. 一个人从饮食中摄入的胆固醇和脂肪越多，他的血清胆固醇指标就越高。存在着一个界限，在这个界限内，二者成正比。超过了这个界限，即使摄入的胆固醇和脂肪急剧增加，血清胆固醇指标也只会缓慢地有所提高。这个界限，对于各个人种是一样的，大约是欧洲人均胆固醇和脂肪摄入量的 1/4。

上述判定最能支持以下哪项结论？

A. 中国的人均胆固醇和脂肪摄入量是欧洲的 1/2，但中国人的人均血清胆固醇指标不一定等于欧洲人的 1/2。

B. 上述界限可以通过减少胆固醇和脂肪摄入量得到降低。

C. 3/4 的欧洲人的血清胆固醇含量超出正常指标。

D. 如果把胆固醇和脂肪摄入量控制在上述界限内，就能确保血清胆固醇指标的正常。

E. 血清胆固醇的含量只受饮食的影响，不受其他因素，例如运动、吸烟等生活方式的影响。

解析：答案是 A。

通过本题，介绍解答 MBA 逻辑题的“贴近原则”：对于含有题干中出现过的词语——特别是反复出现的关键词语的选项，应优先选择，而对于含有新词的选项则应慎选。这一原则并非“万灵药”，但确实有助于在有限的时间内快速、高成功率地解答问题。

以本题为例：对于选项 C、选项 D：题干并未提到“正常指标”；对于选项 B：题干并未提到如何改变这个界限；对于选项 E：题干也没提到影响血清胆固醇含量的因素。所以均可快速排除。

47. S 市餐饮经营点的数量自 1996 年的约 20 000 个，逐年下降至 2001 年的约 5 000 个。但是这五年来，该市餐饮业的经营资本在整个服务行业中所占的比例并没有减少。

以下各项中，哪项最无助于说明上述现象？

A. S 市 2001 年餐饮业的经营资本总额比 1996 年高。

B. S 市 2001 年餐饮业经营点的平均资本额比 1996 年有显著增长。

C. 作为激烈竞争的结果，近五年来，S 市的餐馆有的被迫停业，有的则努力扩大经营规模。

D. 1996 年以来，S 市服务行业的经营资本总额逐年下降。

E. 1996 年以来，S 市服务行业的经营资本占全市产业经营总资本的比例逐年下降。

解析：答案是 E。

餐饮业的经营资本在整个服务行业中所占的比例取决于餐饮业的经营资本总额和整个服务行业的资本总额。

选项 A、选项 B、选项 D 均给出了二者中一项的变化，所以是有助于解释的。

选项 C、选项 E 均无助于二者中任何一项的变化，但选项 C 至少与餐饮业相关。相比之下选项 E 离题更远，所以选 E——这里同样用到了贴近原则。

48. 建筑历史学家丹尼斯教授对欧洲 19 世纪早期铺有木地板的房子进行了研究。结果发现较大的房间铺设的木板条比较小房间的木板条窄得多。丹尼斯教授认为，既然大房子的主人一般都比小房子的主人富有，那么，用窄木条铺地板很可能是当时有地位的象征，用以表明房主的富有。

以下哪项如果为真，最能加强丹尼斯教授的观点？

A. 欧洲 19 世纪晚期的大多数房子所铺设的木地板的宽度大致相同。

B. 丹尼斯教授的学术地位得到了国际建筑历史学界的公认。

C. 欧洲 19 世纪早期木地板条的价格是以长度为标准计算的。

D. 欧洲 19 世纪早期有些大房子铺设的是比木地板昂贵得多的大理石。

E. 在以欧洲 19 世纪市民生活为背景的小说《雾都十三夜》中，富商查理的别墅中铺设的就是有别于民间的细条胡桃木地板。

解析：答案是 C。

如果选项 C 为真，相同的面积，窄木条铺地板要花费更多的钱，也佐证了使用者更富有。

选项 E 作为例子也有加强作用，但例子的力度（无论是加强还是削弱）一般较小。

49. 不必然任何经济发展都导致生态恶化，但不可能有不阻碍经济发展的生态恶化。

以下哪项最为准确地表达了题干的含义？

A. 任何经济发展都不必然导致生态恶化，但任何生态恶化都必然阻碍经济发展。

B. 有的经济发展可能导致生态恶化，而任何生态恶化都可能阻碍经济发展。

C. 有的经济发展可能不导致生态恶化，但任何生态恶化都可能阻碍经济发展。

D. 有的经济发展可能不导致生态恶化，但任何生态恶化都必然阻碍经济发展。

E. 任何经济发展都可能不导致生态恶化，但有的生态恶化必然阻碍经济发展。

解析：答案是 D。

本题考查对负命题的转换能力，这类题目的一般原则是：

命题最前面的“不”移到动词前，其后的“必然”变“可能”，“可能”变“必然”，“所有”变“有些”，“有些”变“所有”。应注意，作上述变化后，命题的含义是不变的。而上述词语的同义词应熟练掌握。

“不必然任何经济发展都导致生态恶化”，以此句为例，其中“任何”等于“所有”，所以转换后变为“有些”，而“必然”变为“可能”，而“不”移到“导致”前面。注意其中的“都”与“任何”修饰的都是“经济发展”，所以两个词共同变化为一个“有些”。

这样转换后得到：可能有些经济发展不导致生态恶化。整理后显然符合选项 C、选项 D，继续转换后半句，可得到答案是 D。

50. 一个美国议员提出，必须对本州不断上升的监狱费用采取措施。他的理由是，现在一个关在单人牢房的犯人所需的费用，平均每天高达 132 美元，即使在世界上开销最昂贵的城市里，也不难在最好的饭店找到每晚租金低于 125 美元的房间。

以下哪项如果为真，能构成对上述美国议员的观点及其论证的恰当驳斥？

Ⅰ　据州司法部公布的数字，一个关在单人牢房的犯人所需的费用，平均每天为 125 美元。

Ⅱ　在世界上开销最昂贵的城市里，很难在最好的饭店里找到每晚租金低于 125 美元的房间。

Ⅲ　监狱用于犯人的费用和饭店用于客人的费用，几乎用于完全不同的开支项目。

A. 只有Ⅰ。

B. 只有Ⅱ。

C. 只有Ⅲ。

D. 只有Ⅰ和Ⅱ。

E. Ⅰ、Ⅱ和Ⅲ。

解析：答案是 C。

该议员的论述中，将监狱的费用与饭店的费用进行类比。这种类比方式经常出现在逻辑题中。而类比的关键在于二者的可比性。若要求加强一个类比论证，则只要说明二者可比即可；而要削弱一个类比论证，则应说明二者不可比（或者说存在明显差异）。

本题是削弱题，而其关键的漏洞是，饭店租金的开支是用于客人的享受，而监狱的开支大部分用于安保等措施。选项Ⅲ指出了这一明显差异。

51. 天文学家一直假设，宇宙中的一些物质是看不见的。研究显示：许多星云如果都是由能看见的星球构成的话，它们的移动速度要比任何条件下能观测到的快得多。专家们由此推测：这样的星云中包含着看不见的巨大物质，其重力影响着星云的运动。

以下哪项是题干的议论所假设的？

Ⅰ　题干说的看不见，是指不可能被看见，而不是指离地球太远，不能被人的肉眼或借助天文望远镜看见。

Ⅱ　上述星云中能被看见的星球总体质量可以得到较为准确地估计。

Ⅲ　宇宙中看不见的物质，除了不能被看见这一点以外，具有看得见的物质所有的属性，例如具有重力。

A. 只有Ⅰ。

B. 只有Ⅱ。

C. 只有Ⅲ。

D. 只有Ⅰ和Ⅱ。

E. Ⅰ、Ⅱ和Ⅲ。

解析： 答案是 D。

对选项Ⅰ取非后得到，所说看不见的物质是由于距离远，那么与题干中提到的包含着看不见的物质的星云可以看到相矛盾，所以选项Ⅰ是要假设的。

对选项Ⅱ取非后得到，能看见的质量不可估计，那么天文学家的计算就没了依据。

注意选项Ⅲ中的“所有”二字，这是过强的假设，题干中并未提及。

52. 家用电炉有三个部件：加热器、恒温器和安全器。加热器只有两个设置：开和关。在正常工作的情况下，如果将加热器设置为开，则电炉运作加热功能；设置为关，则停止这一功能。当温度达到恒温器的温度旋钮所设定的读数时，加热器自动关闭。电炉中只有恒温器具有这一功能。只要温度一超出温度旋钮的最高读数，安全器自动关闭加热器。同样，电炉中只有安全器具有这一功能。当电炉启动时，三个部件同时工作，除非发生故障。

以上判定最能支持以下哪项结论？

A. 一个电炉，如果它的恒温器和安全器都出现了故障，则它的温度一定会超出温度旋钮的最高读数。

B. 一个电炉，如果其加热的温度超出了温度旋钮的设定读数但加热器并没有关闭，则安全器出现了故障。

C. 一个电炉，如果加热器自动关闭，则恒温器一定工作正常。

D. 一个电炉，如果其加热温度超出了温度旋钮的最高读数，则它的恒温器和安全器一定都出现了故障。

E. 一个电炉，如果其加热的温度超出了温度旋钮的最高读数，则它的恒温器和安全器不一定都出现了故障，但至少其中某一个出现了故障。

解析： 答案是 D。

首先要读懂题，温度旋钮上一般有两个需要注意的读数，一个是设定读数，一个是最高读数。恒温器正常时，超过设定读数就关加热器，安全器根本不工作；恒温器故障时，超过设定读数后，达到最高读数才关加热器。

所以选项D是正确的。

对选项A：如果加热器不工作，就不会超过最高读数。

对选项B：安全器不一定故障，是恒温器一定故障了。

对选项C：也可能是安全器工作了。

对选项E：仅有一个故障另一个还可以起到保护作用，只可能是两个都出问题了。

53. 总经理：根据本公司目前的实力，我主张环岛绿地和宏达小区这两项工程至少上马一个，但清河桥改造工程不能上马。

董事长：我不同意。

以下哪项，最为准确地表达了董事长实际同意的意思？

A. 环岛绿地、宏达小区和清河桥改造这三个工程都上马。

B. 环岛绿地、宏达小区和清河桥改造这三个工程都不上马。

C. 环岛绿地和宏达小区两个工程中至多上马一个，但清河桥改造工程要上马。

D. 环岛绿地和宏达小区两个工程至多上马一个，如果这点做不到，那也要保证清河桥改造工程上马。

E. 环岛绿地和宏达小区两个工程都不上马，如果这点做不到，那也要保证清河桥改造工程上马。

解析：答案是E。

总经理的意思是：（环岛绿地∨宏达小区）∧¬清河桥；

董事长不同意，即：¬{（环岛绿地∨宏达小区）∧¬清河桥}；

上式相当于：¬（环岛绿地∨宏达小区）∨清河桥；

进一步化简为：（¬环岛绿地∧¬宏达小区）∨清河桥。

显然只有选项E符合。

54. 以下是一份统计材料中的两个统计数据：第一个数据：到1999年年底为止，“希望之星工程”所收到捐款总额的82%，来自国内200家年盈利1亿元以上的大中型企业；第二个数据：到1999年为止，“希望之星工程”所收到捐款总额的25%来自民营企业，这些民营企业中，五分之四从事服装或餐饮业。

如果上述统计数据是准确的，则以下哪项一定是真的？

A. 上述统计中，“希望之星工程”所收到捐款总额不包括来自民间的私人捐款。

B. 上述200家年盈利1亿元以上的大中型企业中，不少于一家从事服装或餐饮业。

C. 在捐助“希望之星工程”的企业中，非民营企业的数量要大于民营企业。

D. 民营企业的主要经营项目是服装或餐饮。

E. 有的向“希望之星工程”捐款的民营企业的年纯盈利在1亿元以上。

解析：答案是E。

注意到：$82\% + 25\% > 100\%$

所以题干中提到的两个集合间一定有交集，所以选项E是正确的。

干扰项是选项B，选项B中“五分之四”的基数为企业个数，而题干中“25%”的基数为钱数，所以二者本质上是不相关的，也不可能相乘——这种对百分比（比率）基数的把握值得认真体会——若题干后半句改为“第二个数据：到1999年为止，“希望之星工程”所收到捐款总额的25%来自民营企业，这些捐款中，五分之四由从事服装或餐饮业的企业捐赠”，则选项B亦正确。

55. 我国科研人员经过对动物和临床的多次试验，发现中药山茱萸具有抗移植免疫排斥反应和治疗自身免疫疾病的作用，是新的高效低毒免疫抑制剂。某医学杂志首次发表了关于这一成果的论文。多少有些遗憾的是，从杂志收到该论文到它的发表，间隔了6周。如果这一论文能尽早发表的话，这6周内许多这类患者可以避免患病。

以下哪项如果为真，最能削弱上述论证？

A. 上述医学杂志在发表此论文前，未送有关专家审查。

B. 只有口服山茱萸超过两个月，药物才具有免疫抑制作用。

C. 山茱萸具有抗移植免疫排斥反应和治疗自身免疫性疾病的作用仍有待进一步证实。

D. 上述杂志不是国内最权威的医学杂志。

E. 口服山茱萸可能会引起消化系统不适。

解析：答案是B。

通过本题，请体会对题干结论的把握。逻辑题目的结论常常是人为设计的，与生活常识有时并不一致。

以本题为例，事实上提早发表论文一定对某些患者有益，但题干的结论并非“许多这类患者可以避免患病”，而是强调了“6周内”。注意到这一时间概念，我们自然应该在选项中注意与时间有关的信息。

如果选项B为真，那么即使上述患者获悉后立刻服药，在6周内仍然无免疫力。

56. 一对夫妻带着他们的一个孩子在路上碰到一个朋友。朋友问孩子：“你是男孩还是女孩？”朋友没听清孩子的回答。孩子的父母中某一个说：“我孩子回答的是‘我是男孩’”。一个接着说：“这孩子撒谎。她是女孩。”这家人中男性从不说谎，而女性从来不连续说两句真话，也不连续说两句假话。

如果上述陈述为真，那么，以下哪项一定为真？

Ⅰ 父母俩第一个说话的是母亲。

Ⅱ 父母俩第一个说话的是父亲。

Ⅲ 孩子是男孩。

A. 只有Ⅰ。

B. 只有Ⅱ。

C. 只有Ⅰ和Ⅲ。

D. 只有Ⅱ和Ⅲ。

E. 不能确定。

解析：答案是A。

由于我们不知道女人的第一句会说真话还是假话，所以想直接推出答案几乎是不可能的。但很明显，夫妇中第一个说话的人或者是父亲或者是母亲。

假设他是父亲，那么孩子说的自然是“我是男孩”了。这样，如果孩子是男孩——说的是真话，那么跟着说话的母亲显然连说了两句假话，这是与题干相矛盾的；如果孩子是女孩——说了假话，那么跟着说话的母亲显然连说了两句真话，这也是与题干矛盾的。

所以第一个说话的是母亲，第二个说话的是父亲，孩子也就是女孩。

57. 没有一个植物学家的寿命长到足以研究一棵长白山红松的完整生命过程。但是，通过观察处于不同生长阶段的许多棵树，植物学家就能拼凑出一棵树的生长过程。这一原则完全适用于目前天文学对星团发展过程的研究。这些由几十万个恒星聚集在一起的星团，大都有100亿年以上的历史。

以上哪项最可能是上文所作的假设？

A. 在科学研究中，适用于某个领域的研究方法，原则上都适用于其他领域，即使这些领域的对象完全不同。

B. 天文学的发展已具备对恒星聚集体的不同发展阶段进行研究的条件。

C. 在科学研究中，完整地研究某一个体的发展过程是没有价值的，有时也是不可能的。

D. 目前有尚未被天文学家发现的星团。

E. 对星团的发展过程的研究，是目前天文学研究中的紧迫课题。

解析：答案是B。

对选项B取非得到，天文学不能对恒星聚集体的不同发展阶段进行研究，那么题干结论中的方法就不可行了，所以选项B是必须的假设。

注意到选项A中的“都”字，这个假设过强了，而且过于笼统，在解题中，当一个具体的选项和一个笼统的选项同时出现时，应倾向于具体的选项。

58. 据统计，西式快餐业在我国主要大城市中的年利润，近年来稳定在2亿元左右。扣除物价浮动因素，估计这个数字在未来数年中不会因为新的西式快餐网点的增加而有大的改变。因此，随着美国快餐之父艾德熊大踏步迈进中国市场，一向生意火暴的麦当劳的利润肯定会有所下降。

以下哪项如果为真，最能动摇上述论证？

A. 中国消费者对艾德熊的熟悉和接受要有一个过程。

B. 艾德熊的消费价格一般稍高于麦当劳。

C. 随着艾德熊进入中国市场，中国消费者用于肯德基的消费将有明显下降。

D. 艾德熊在中国的经营规模，在近年不会超过麦当劳的四分之一。

E. 麦当劳一直注意改进服务、开拓品牌，使之在保持传统的基础上更适合中国消费者的口味。

解析：答案是C。

题干指出，艾德熊会抢麦当劳的生意，而选项C指出，可能被抢去生意的是肯德基。

选项A、选项D都提到了时间概念，但题干并没有断定时间因素。

59. 欧几里德几何系统的第五条公理判定：在同一平面上，过直线外一点可以并且只可以作一条直线与该直线平行。在数学发展史上，有许多数学家对这条公理是否具有无可争议的真理性表示怀疑和担心。

要使数学家的上述怀疑成立，以下哪项必须成立？

Ⅰ 在同一平面上，过直线外一点可能无法作一条直线与该直线平行。

Ⅱ 在同一平面上，过直线外一点作多条直线与该直线平行是可能的。

Ⅲ 在同一平面上，如果过直线外一点不可能作多条直线与该直线平行，那么，也可能无法只作一条直线与该直线平行。

A. 只有Ⅰ。

B. 只有Ⅱ。

C. 只有Ⅲ。

D. 只有Ⅰ和Ⅱ。

E. Ⅰ、Ⅱ和Ⅲ。

解析： 答案是C。

欧几里德几何系统的第五条公理实际上是一个联言命题，即

（1）同一平面上，过直线外一点可以作一条直线与该直线平行；

并且

（2）同一平面上，过直线外一点只可以作一条直线与该直线平行。

选项Ⅰ、选项Ⅱ都只否定了命题（1）、命题（2）中的一个，所以不是“必须成立”的。选项Ⅲ等价于$\neg$（2）$\vee\neg$（1），正是第五条公理的负命题。

2003年10月在职MBA联考逻辑真题解析

35. 现在市面上电子版图书越来越多，其中包括电子版的文学名著，而且价格都很低。另外，人们只要打开电脑，在网上几乎可以读到任何一本名著。这种文学名著的普及，会大大改变大众的阅读品位，有利于造就高素质的读者群。

以下哪项如果为真，最能削弱上述论证？

A. 名著的普及率一直不如大众读物，特别是不如健身、美容和智力开发等大众读物。

B. 许多读者认为电脑阅读不方便，宁可选择印刷版读物。

C. 一个高素质的读者不仅仅需要具备文学素养。

D. 真正对文学有兴趣的人不会因文学名著的价钱高或不方便而放弃获得和阅读文学名著的机会，而对文学没有兴趣的人则相反。

E. 在互联网上阅读名著仍然需要收费。

解析： 答案是D。

通过本题，练习一下对题干逻辑结构的阅读能力。

题干的论据是：价格低（第一句提到）和方便（第二句话提到）；而结论是：普及，并且可以改变大众的阅读品位，造就高素质的读者群。

选项B说明电脑阅读不方便，选项E说明价格还不够低，在一定程度上都能削弱题干，但都拘泥于论据部分。事实上，否定论据作为答案的题目是很少见的。对于削弱题，应首先关注与论据和结论直接的联系，如果可以打断这种联系，那么无疑是最佳选项。

如果选项C为真，则说明：对文学没有兴趣的人，不会因为方便或者价低而接触文学

名著。这就有力地打断了论据和结论间的联系。同时，可以看到，选项 D 既涉及了“价格”和“方便”，又涉及了“阅读”，是最贴近题干的。

36. 在中国，只有富士山连锁店经营日式快餐。

如果上述断定为真，以下哪项不可能为真?

Ⅰ　苏州的富士山连锁店不经营日式快餐。

Ⅱ　杭州的樱花连锁店经营日式快餐。

Ⅲ　温州的富士山连锁店经营韩式快餐。

A. 只有Ⅰ。

B. 只有Ⅱ。

C. 只有Ⅲ。

D. 只有Ⅰ和Ⅱ。

E. 只有Ⅰ、Ⅱ和Ⅲ。

解析：答案是 B。

注意问题中的“不可能”。问“不可能”的、“除了”的或“不能确定真假”的是 MBA 逻辑试题中比较独特的问题方式，也是考生容易忽略，以致失分的地方。

题干断定：在中国，只有富士山连锁店经营日式快餐，所以其他店都不会经营日式快餐。因此，选项Ⅱ不可能为真。

由题干推不出：在中国，所有富士山连锁店都经营并且只经营日式快餐，因此，选项Ⅰ和选项Ⅲ有可能为真。

37. 急性视网膜坏死综合征是由疱疹病毒引起的眼部炎症综合征。急性视网膜坏死综合征患者大多数临床表现反复出现，相关的症状体征时有时无，药物治疗效果不佳。这说明，此病是无法治愈的。

上述论证假设反复出现急性视网膜坏死综合征症状体征的患者________

A. 没有重新感染过疱疹病毒。

B. 没有采取防止疱疹病毒感染的措施。

C. 对疱疹病毒的药物治疗特别抗药。

D. 可能患有其他相关疾病。

E. 先天体质较差。

解析：答案是 A。

注意题干中的“反复”二字。

对选项 A 取非可得到，反复出现急性视网膜坏死综合征症状体征的患者很可能是在一次发病治愈后，重新感染疱疹病毒而再一次发病的。这样，题干的结论就不能成立。所以，选项 A 是需要假设的。

38. W－12 是一种严重危害谷物生长的病毒，每年要造成谷物的大量减产。科学家们发现，把一种从 W－12 中提取的基因植入易受感染的谷物基因中，可以使该谷物产生针对 W－12 的抗体，从而大大减少损失。

以下各项如果为真，都能加强上述结论，除了

A. 经验证明，在同一块土地上相继种植两种谷物，如果第一种谷物不易感染某种病毒，则第二种谷物通常也如此。

B. 病毒的感染能力越强，则其繁衍越强，反之则越弱。

C. 植物通过基因变异获得的抗体会传给后代。

D. 植物通过基因变异获得抗体的同时，会增加对其他某些病毒的抵抗力。

E. 植物通过基因变异获得抗体的同时，会改变其某些生长特性。

解析： 答案是 E。

选项 E 没有说明被改变的生长特性和植物生长的关系，因此，不能加强题干的结论。

其余各项均能加强题干的结论。

39. 在法庭的被告中，被指控偷盗、抢劫的定罪率，要远高于被指控贪污、受贿的定罪率。其重要原因是后者能聘请收费昂贵的私人律师，而前者主要由法庭制定的律师辩护。

以下哪项如果为真，最能支持题干的叙述？

A. 被指控偷盗、抢劫的被告，远多于被指控贪污、受贿的被告。

B. 一个合格的私人律师，与法庭制定的律师一样，既忠实于法律，又努力维护委托人的合法权益。

C. 一些被指控偷盗、抢劫的被告中事实上犯罪的人的比例，不高于被指控贪污、受贿的被告。

D. 一些被指控偷盗、抢劫的被告有能力聘请私人律师。

E. 司法腐败导致对有权势的罪犯的庇护，而贪污、受贿等职务犯罪的构成要件是当事人有职权。

解析： 答案是 C。

对选项 C 取非可以得到，在法庭的被告中，被指控偷窃、抢劫的定罪率，高于被指控贪污、受贿的定罪率的原因，是由于被指控偷窃、抢劫的被告中事实上犯罪的人的比例，高于被指控贪污、受贿的被告，而不是其他原因，例如律师方面的原因。这样，题干的论证就被严重削弱了。所以选项 C 是对题干的支持。

40. 随着年龄的增长，人体对卡路里的日需求量逐渐减少，而对维生素和微量元素的需求却日趋增多。因此，为了摄取足够的维生素和微量元素，老年人应当服用一些补充维生素和微量元素的保健品，或者应当注意比年轻时食用更多的含有维生素和微量元素的食物。

为了对上述断定作出评价，回答以下哪个问题最重要？

A. 对老年人来说，人体对卡路里的需求量的减少幅度，是否小于维生素和微量元素需求量的增加幅度？

B. 保健品中的维生素和微量元素，是否比日常食品中的维生素和微量元素更易被人体吸收？

C. 缺乏维生素和微量元素所造成的后果，对老年人是否比对年轻人更严重？

D. 一般地说，年轻人的日常食品中的维生素和微量元素含量，是否较多地超过人体的实际需要？

E. 保健品是否会产生危害健康的副作用?

解析: 答案是D。

注意题干的结论中的“更多”二字。如果原来食物中的维生素和微量元素已经足够，那么自然就不需要再增加了。因此，回答选项D的问题对于评价题干至关重要。

41. 某机关精简机构，计划减员25%，撤销三个机构，这三个机构的人数正好占全机关的25%。计划实施后，上述三个机构被撤销，全机关实际减员15%。在此过程中，机关内部人员有所调动，但全机关只有减员没有增员。

如果上述断定为真，以下哪项一定为真?

Ⅰ 上述计划实施后，有的机构调入新成员。

Ⅱ 上述计划实施后，没有一个机构，调入的新成员的总数，超出机关总人数的10%。

Ⅲ 上述计划实施后，被撤销机构中的留任人员，不超过机关原总人数的10%。

A. 只有Ⅰ。

B. 只有Ⅱ。

C. 只有Ⅲ。

D. 只有Ⅰ和Ⅱ。

E. Ⅰ、Ⅱ和Ⅲ。

解析: 答案是A。

由题干得知，被撤销的三个机构的人数占全机关的25%，实际减员15%，因此，被撤销的三个机构中，至少有占全机关人数10%的成员调入被保留机构。因此，选项Ⅰ一定为真。

选项Ⅱ不一定为真。因为题干所说的人员调动，不一定局限于被撤销机构的人员调入被保留机构，也可能包括被保留机构人员的互相调动。

选项Ⅲ不一定为真。因为完全可能被撤销的三个机构的人员全部留任，而被保留机构的成员被减员。

42. 当一只鱼鹰捕捉到一条白鲢、一条草鱼或一条鲤鱼而飞离水面时，往往会有许多鱼鹰几乎同时跟着飞聚到这一水面捕食。但是，当一只鱼鹰捕捉到的是一条鲇鱼时，这种情况却很少出现。

以下哪项如果为真，最能合理地解释上述现象?

A. 草鱼或鲤鱼比鲇鱼更符合鱼鹰的口味。

B. 在鱼鹰捕食的水域中，白鲢、草鱼和鲤鱼比较多见，而鲇鱼比较少见。

C. 在鱼鹰捕食的水域中，白鲢、草鱼和鲤鱼比较少见，而鲇鱼比较多见。

D. 白鲢、草鱼或鲤鱼经常成群出现，而鲇鱼则没有这种习惯。

E. 白鲢、草鱼和鲤鱼比鲇鱼较易被鱼鹰捕食。

解析: 答案是D。

题干所说现象显然与群聚有关，题干中只有选项D对此涉及，细读则恰可解释。

43. 塑料垃圾因为难以被自然分解，一直令人类感到头疼。近年来，许多易于被自然分解的塑料代用品纷纷问世，这是人类为减少塑料垃圾的一种努力。但是这种努力几乎没有成效，因为依据全球范围内大多数垃圾处理公司统计，近年来，他们每年填埋的垃圾中塑料垃圾的比例，不但没有减少，反而有所增加。

以下哪项如果为真，最能削弱上述论证？

A. 近年来，由于实行了垃圾分类，越来越多过去被填埋的垃圾被回收利用了。

B. 塑料代用品利润很低，生产商缺乏投资的积极性。

C. 近年来，原来用塑料包装的商品的品种有了很大的增长，但其中一部分改用塑料代用品包装。

D. 上述垃圾处理公司绝大多数属于发达或中等发达国家。

E. 由于燃烧时会产生有毒污染物，塑料垃圾只适合填埋地下。

解析：答案是 A。

首先注意题干的结论：这种努力几乎没有成效。而“这种努力”显然指的是“减少塑料垃圾”，而“减少塑料垃圾”的正常理解显然是减少其数量。

下面看题干的论据，其中提到的是“每年填埋的垃圾中塑料垃圾的比例”，注意其中的“比例”二字。

这里考查了比例和数量的关系，这种比例的增加，可能是由于塑料垃圾多了，也可能是由于总垃圾少了。如果选项 A 为真，说明每年填埋垃圾的总量减少了。因此，虽然填埋的垃圾中塑料垃圾的比例有所增加，但塑料垃圾的绝对数量却可能减少了。这就削弱了题干的论证。

44. 一项产品要成功占领市场，必须既有合格的质量，又有必要的包装；一项产品，不具备足够的技术投入，合格的质量和必要的包装难以两全；而只有足够的资金投入，才能保证足够的技术投入。

以下哪项结论可以从题干的断定中推出？

Ⅰ 一项成功占领市场的产品，其中不可能不包含足够的技术投入。

Ⅱ 一项资金投入不足但质量合格的产品，一定缺少必要的包装。

Ⅲ 一项产品，只要既有合格的质量，又有必要的包装，就一定能成功占领市场。

A. 只有Ⅰ。

B. 只有Ⅱ。

C. 只有Ⅲ。

D. 只有Ⅰ和Ⅱ。

E. Ⅰ、Ⅱ和Ⅲ。

解析：答案是 D。

由题干写出逻辑式：

(1) 成功占领市场→合格的质量∧必要的包装。

(2) ¬足够的技术投入→¬合格的质量∨¬必要的包装，即：合格的质量∧必要的包装→足够的技术投入。

(3) 足够的技术投入→足够的资金投入，即：¬足够的资金投入→¬足够的技术投入。

选项Ⅰ可从断定式(1)和式(2)直接推出。

选项Ⅱ可从断定式（3）和式（2）直接推出。

选项Ⅲ不能由题干推出。

45. 有些具有优良效果的护肤化妆品是诺亚公司生产的。所有诺亚公司生产的护肤化妆品都价格昂贵，而价格昂贵的护肤化妆品无一例外地受到女士们的信任。

以下各项都能从题干的断定中推出，除了

A. 受到女士们信任的护肤化妆品中，有些实际效果并不优良。

B. 效果并不优良的护肤化妆品受到女士们信任。

C. 所有诺亚公司生产的护肤化妆品都受到女士们信任。

D. 有些价格昂贵的护肤化妆品是效果优良的。

E. 所有被女士们不信任的护肤化妆品价格都不昂贵。

解析： 答案是 A。

本题可用欧拉图很快得到答案。

当开放实线到虚线位置时，显然符合题干，但不符合选项 A。对于欧拉图解题，关键的一点就是熟悉同一表述可能对应多种画法。例如本题中，“具有优良效果”可以和“诺亚生产”如下图所示相交，也可以将“诺亚生产”完全包含起来，还可以一个小圈的形式位于“诺亚生产”之内，甚至可以与“诺亚生产”完全重合。

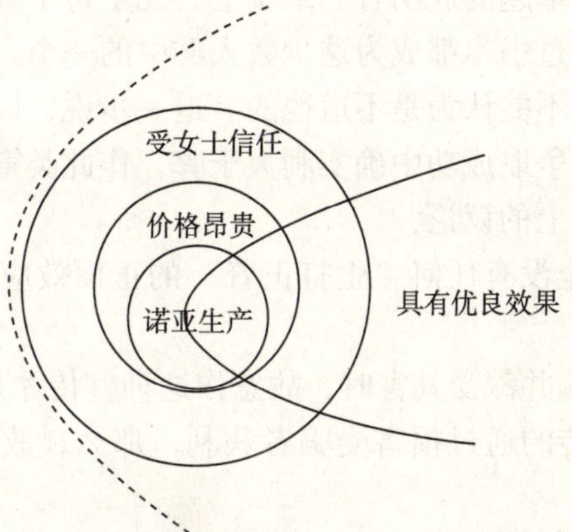

46. 据医学资料记载，全球癌症的发病率在 20 世纪下半叶比上半叶增长了近 10 倍，成为威胁人类生命的第一杀手。这说明，20 世纪下半叶以高科技为标志的积极迅猛发展所造成的全球性生态失衡是诱发癌症的重要原因。

以下哪项，如果为真，最不能削弱上述论证？

A. 人类的平均寿命，20 世纪初约为 30 岁，20 世纪中叶约为 40 岁，目前约为 65 岁，癌症高发病的发达国家的人均寿命普遍超过 70 岁。

B. 20 世纪上半叶，人类经历了两次世界大战，大量的青壮年人口死于战争；而 20 世纪下半叶，世界基本处于和平发展时期。

C. 高科技极大地提高了医疗诊断的准确率和这种准确的医疗诊断在世界范围内的覆

盖率。

D. 高科技极大地提高了人类预防、早期发现和诊治癌症的能力，有效地延长了癌症病人的生命时间。

E. 从世界范围来看，医学资料的覆盖率和保存完好率，在 20 世纪上半叶大约分别只有 20 世纪下半叶的 50% 和 70% 。

解析：答案是 D。

选项 D 如果为真，只能说明高科技提高了人类战胜癌症的能力，无助于削弱题干的论证。

其余各项均能用他因法削弱题干。

选项 A、选项 B 说明全球癌症的发病率在 20 世纪上半叶比下半叶较低，是由于相当多的人活不到癌症发病的年龄。

选项 C 说明全球癌症的发病率在 20 世纪上半叶比下半叶较低，是由于相当多的人得了癌症也没有被诊断出来。

选项 E 说明医学资料记载全球癌症的发病率在 20 世纪上半叶比下半叶较低，是由于相当多资料没有保留下来。

47. 现在市面上充斥着《成功十大要素》之类的书。出版商在推销此类书时声称，这些书将能切实地帮助读者成为卓越的成功者。事实上，几乎每个人都知道，卓越的成功注定只属于少数人，人们不可能通过书本都成为这少数人群中的一个。基于这一点出版商故意所作的上述夸张乃至虚假的宣传不能认为是不道德的。退一步说，即使有人相信出版商的虚假宣传，但只要读此类书对他在争取成功中确实利大于弊，作此类宣传也不能认为是不道德的。

以下哪项断定最符合以上的议论？

A. 只有当虚假宣传完全没有任何“歪打正着”的正面效应时，故意作此种虚假宣传才是不道德的。

B. 只有当人们受了欺骗并深受其害时，故意作这种宣传才是不道德的。

C. 如果故意作虚假宣传的通过损害受骗者获利，那么，故意作此种虚假宣传是不道德的。

D. 只有当虚假宣传的受骗者的数量超出了未受骗者时，故意作此种虚假宣传才是不道德的。

E. 只有当作虚假宣传的人完全意识到其所为的全部后果时，故意作此种虚假宣传才是不道德的。

解析：答案是 B。

题干实际上作了两个断定：第一，一个宣传，即使是虚假的，但只要没有产生欺骗效果，就不是不道德的；第二，一个虚假的宣传，即使产生了欺骗效果，但只要这个宣传的总体效果利大于弊，也不是不道德的。

所以，不道德的宣传应该是产生欺骗效果并且“弊大于利”，即有害的。显然，选项 B 符合题干的断定。

其余各项均不符合题干的断定。例如，选项 A 不符合题干的断定，因为没有提到“欺骗效果”。选项 C 不符合题干的断定，因为题干并没有把作虚假宣传的人是否获利作为评价此种宣传是否道德的标准。

48. 大山中学所有骑自行车上学的学生都回家吃午饭，因此，有些家在郊区的大山中学的学生不骑自行车上学。

为使上述论证成立，以下哪项关于大山中学的断定是必须假设的？

A. 骑自行车上学的学生家都不在郊区。

B. 回家吃午饭的学生都骑自行车上学。

C. 家在郊区的学生都不回家吃午饭。

D. 有些家在郊区的学生不回家吃午饭。

E. 有些不回家吃午饭的学生家不在郊区。

解析：答案是 D。

干扰项为 A、B、C，如果这三项为真，题干同样成立，但它们都假设过强，不是“必须假设”的。而且选项 A 没有涉及“回家吃午饭”，选项 B 没有涉及“郊区”，不够贴近题干。

49. 飞驰汽车制造公司同时推出飞鸟和锐进两款春季小型轿车。两款轿车以新颖的造型受到购车族的欢迎。两款轿车销售时都带有轿车安全性能和出现一般问题时的处理说明书以及使用轿车一年后的意见反馈表。飞鸟轿车购车族的 56% 同时购买了轿车保险，锐进轿车购车族的 82% 同时购买了轿车保险，一年后，锐进轿车出现问题的反馈表是飞鸟轿车的四倍，由此可见，锐进轿车的质量比飞鸟轿车的质量差，锐进轿车的购车者同时购买轿车保险的数量比飞鸟轿车多是有一定道理的。

下面哪一项，如果为真，最有助于加强上述论述？

A. 飞鸟轿车购车族的平均年龄比锐进轿车购车族的平均年龄低。

B. 飞鸟轿车情况反馈表比锐进轿车情况反馈表更完善，需要花费更多的时间完成表格的填写。

C. 飞驰汽车制造公司收到的飞鸟轿车投诉信数量是锐信轿车的两倍。

D. 购买飞鸟轿车的客户数量是购买锐进轿车的两倍。

E. 飞鸟轿车的广告是锐进轿车的两倍，其良好的质量广为人知。

解析：答案是 D。

“锐进轿车出现问题的反馈表是飞鸟轿车的四倍”，但如果锐进轿车购买者的数量比飞鸟轿车购车者的四倍还多，那么锐进轿车的故障率还是低于飞鸟轿车。所以，选项 D 的断定确定了其间的比例关系，这就有力地加强了题干的论证。

这种对比例关系的考查是 MBA 考试中的常见题型，希望读者认真体会。

其余各项均不能如选项 D 那样加强题干。

50. 毫无疑问，未成年人吸烟应该加以禁止。但是，我们不能为了防止给未成年人吸烟以可乘之机，就明令禁止自动售烟机的使用。马路上不是到处都有避孕套自动销售机吗？为什么不担心有人从中购买了避孕套去嫖娼呢？

以下哪项，如果为真，最能削弱上述论证？

A. 嫖娼是触犯法律的，但未成年人吸烟并不触犯法律。

B. 公众场合是否适合置放避孕套自动销售机，一直是一个有争议的问题。

C. 人工售烟营业点明令禁止向未成年人售烟。

D. 在司法部门的严厉打击下，卖淫嫖娼等丑恶现象逐年减少。

E. 据统计，近年来未成年吸烟者的比例有所上升。

解析：答案是 C。

本题是类比型题目，将“自动售烟机”与“避孕套自动销售机”相类比，其解题的关键是两者是否有差异，即不可比性。

如果选项 C 为真，则由于人工售烟营业点明令禁止向未成年人售烟，因此，禁止自动售烟机的使用，可有力地阻止未成年人吸烟。但由于避孕套可公开销售甚至免费提供，因此，禁止避孕套自动销售机的使用，对于杜绝嫖娼几乎没有什么作用。这种不可比性有力地削弱了题干的论证。

51. 西式快餐已被广大的中国消费者接受。随着美国快餐之父艾德熊的大踏步迈进并立足中国市场，一向生意火暴的麦当劳在中国的利润在今后几年肯定会有较明显的下降。

要使上述推测成立，以下哪项是必须假设的?

Ⅰ 今后几年中，中国消费者用于西式快餐的消费总额不会有大的变化。

Ⅱ 今后几年中，中国消费者用于除麦当劳、艾德熊以外的西式快餐（例如肯德基）上的消费总额不会有太大的变化。

Ⅲ 今后几年中，艾德熊的经营规模要达到和麦当劳相当。

A. 只有Ⅰ。

B. 只有Ⅱ。

C. 只有Ⅲ。

D. 只有Ⅰ和Ⅱ。

E. Ⅰ、Ⅱ和Ⅲ。

解析：答案是 D。

为使题干的推测成立，选项Ⅰ是必须假设的。否则，如果今后几年中，中国消费者用于西式快餐的消费总额有大幅度的增长，那么，虽然艾德熊占据了原来属于麦当劳的一部分西式快餐在中国的市场，但麦当劳在中国的利润在今后几年仍可能不但不会有明显的下降，甚至会有上升。这样，题干的推测就不成立。

为使题干的推测成立，选项Ⅱ是必须假设的。否则，如果今后几年中，中国消费者用于除麦当劳、艾德熊以外的西式快餐（例如肯德基）上的消费总额大幅度减少，那么，就很可能是艾德熊占据了原来属于像肯德基等的一部分西式快餐在中国的市场，而对麦当劳在中国的利润不发生不利影响。这样，题干的推测就不成立。

选项Ⅲ显然不是题干的推测必须假设的。

52. 一个产品要想稳固地占领市场，产品本身的质量和产品的售后服务二者缺一不可。空谷牌冰箱质量不错，但售后服务跟不上，因此，很难长期稳固地占领市场。

以下哪项推理的结构和题干最为类似?

A. 德才兼备是一个领导干部尽职胜任的必要条件。李主任富于才干但疏于品德，因此，他难以尽职胜任。

B. 如果天气晴朗并且风速在三级之下，跳伞训练场将对外开放。今天的天气晴朗但风速在三级以上，所以跳伞地不会对外开放。

C. 必须有超常业绩或者教龄在 30 年以上，才有资格获得教育部颁发的特殊津贴。张教授获得了教育部颁发的特殊津贴，但教龄只有 15 年，因此，他一定有超常业绩。

D. 如果不深入研究广告制作的规律，则所制作的广告的知名度和信誉度不可兼得。空谷牌冰箱的广告既有知名度又有信任度，因此，这一广告的制作者肯定深入地研究了广告制作的规律。

E. 一个罪犯要作案，必须既有作案动机又有作案时间。李某既无作案动机又无作案时间，因此，李某不可能是作案的罪犯。

解析： 答案是 A。

利用字母代入，题干的结构是：如果 p，则 q 并且 r。q 并且非 r，因此，非 p。

在各选项中，只有选项 A 具有和题干相同的结构。

53. 李工程师：农科院最近研制了一种高效杀虫剂，通过飞机喷洒，能够大面积地杀死农田中的害虫。

张研究员：我看使用这种杀虫剂未能达到保护农作物生长的目的，甚至可能适得其反，因为这种杀虫剂在杀死害虫的同时，也杀死了农田中的各种益虫。

李工程师：你的观点缺乏说服力，因为我们之所以要保护益虫，就在于它能消灭危害农作物的害虫，而我们的杀虫剂起到了这个作用。

以下哪项如果为真，最能加强李工程师对张研究员的反驳？

A. 一般地说，害虫的生长繁殖能力和速度要高于益虫。

B. 上述杀虫剂对人畜无害。

C. 害虫比益虫更容易获得对杀虫剂的抗药性。

D. 上述杀虫剂的有效率，在同类产品中是最高的。

E. 害虫的种类比益虫要多。

解析： 答案是 A。

如果选项 A 为真，说明害虫对于益虫有天然的优势，单靠益虫无法消灭害虫，所以，杀虫剂有益虫不可替代的作用。

选项 B、选项 D 与益虫无关。选项 C、选项 E 则离题更远。

54. 一般人总是这样认为，既然人工智能这门新兴学科以模拟人的思维为目标，那么，就应该深入地研究人的思维生理机制。其实，这种看法很可能误导这门新兴学科。如果说，飞机发明的最早灵感可能是来自于鸟的飞行原理的话，那么，现代飞机从发明、设计、制造到不断改进，没有哪一项是基于对鸟的研究之上的。

题干是用类比的方法来论证自己的观点，以下哪项是题干中所作的类比？

Ⅰ 把对人思维的模拟，比做对鸟的飞行的模拟。

Ⅱ 把人工智能的研究，比做对鸟飞行的模拟。

Ⅲ 把飞机的飞行，比做鸟的飞行。

A. 只有Ⅰ。

B. 只有Ⅱ。

C. 只有Ⅲ。

D. 只有Ⅰ和Ⅱ。

E. Ⅰ、Ⅱ和Ⅲ。

解析： 答案是D。

由题干第一句中“人工智能这门新兴学科以模拟人的思维为目标”，可知“人工智能的研究”和“对人思维的模拟”是基本一致的。

55. 据交通部去年对全国十个大城市的统计，S市的汽车交通事故率最低。S市在前年实施了汽车特殊安检制度，提高了安检的标准和力度。为了有效降低汽车交通事故率，其他大城市也应当像S市那样，对本市的汽车实施特殊安检。

以下哪项如果为真，最能削弱题干的叙述？

A. 在上述十个城市中，在S市行驶的汽车中外地汽车所占的比率最低。

B. 在上述十个城市中，在S市行驶的汽车交通事故中外地汽车肇事所占的比率最低。

C. 在上述十个大城市中，在S市行使的汽车的总量最少。

D. S市去年的汽车交通事故的数量少于前年。

E. 在上述十个城市中，H市也实行了和在S市同样的特殊安检制度，但去年其交通事故率要高于S市。

解析： 答案是B。

本题再次提醒读者对结论仔细阅读的重要性。注意题干结尾处的“本市”二字。

为了评价S市所实施的汽车特殊安检制度的效果，一个实质性的评价指标是S市实施特殊安检汽车的交通事故率。S市的汽车交通事故率最低，不等于S市实施特殊安检汽车交通事故率最低。如果选项B为真，则说明虽然S市的汽车交通事故率最低，但由于S市的汽车交通事故中外地汽车肇事所占的比率最低，完全可能S市实施特殊安检的汽车交通事故率并不低。这就有力地削弱了题干的论证。

56. 在超市购物后，张林把七件商品放在超市的传送带上，肉松后面紧跟着蛋糕，酸奶后面接着放的是饼干，可口可乐汽水紧跟在水果汁后面，方便面后面紧跟着酸奶，肉松和饼干之间有两件商品，方便面和水果汁之间有两件商品，最后放上去的是一块蛋糕。

如果上述陈述为真，那么，以下哪项也为真？

Ⅰ 水果汁在倒数第三位置上。

Ⅱ 酸奶放在第二位置上。

Ⅲ 可口可乐汽水放在中间。

A. 只有Ⅰ。

B. 只有Ⅱ。

C. 只有Ⅲ。

D. 只有Ⅰ和Ⅱ。

E. Ⅰ、Ⅱ和Ⅲ

解析： 答案是B。

上述七件商品的顺序是：方便面、酸奶、饼干、水果汁、可口可乐汽水、肉松、蛋糕。因此，只有选项Ⅱ为真。

57. 在20世纪30年代，人们已经发现了一种有绿色和褐色纤维的棉花。但是，直到最近培育出此种棉花的长纤维品种后，它们才具备了机纺的条件，才具有了商业价值。由于此种棉花不需要染色，加工企业就省去了染色的开销，并避免了由染色工艺流程带来的环境污染。

从题干可以推出以下哪项结论？

Ⅰ　只能手纺的绿色或褐色纤维棉花不具有商业价值。

Ⅱ　短纤维的绿色或褐色纤维棉花只能手纺。

Ⅲ　在棉花加工中如果省去了染色就可以避免造成环境污染。

A. 只有Ⅰ。

B. 只有Ⅱ。

C. 只有Ⅰ和Ⅱ。

D. 只有Ⅰ和Ⅲ。

E. Ⅰ、Ⅱ和Ⅲ。

解析： 答案是C。

“直到最近培育出此种棉花的长纤维品种后，它们才具备了机纺的条件，才具有了商业价值。”注意这句话中的两个“才”字，“才”后面的是充分条件，前面的是必要条件。所以：

第一，长纤维是该种棉花机纺的必要条件；

第二，机纺是该种棉花具有商业价值的必要条件。

由第一个必要条件可推出：短纤维的绿色或褐色纤维棉花只能手纺；由第二个必要条件可推出：只能手纺的绿色或褐色纤维棉花不具有商业价值。因此，从题干可推出选项Ⅰ和选项Ⅱ。

由题干，至多能得出结论：在棉花加工中如果省去了染色就可以避免由染色造成的环境污染，但不能得出结论：在棉花加工中如果省去了染色就可以避免环境污染。因此，选项Ⅲ不能由题干推出。

58. 张教授的身体状况恐怕不宜继续担任校长助理的职务。因为近一年来，只要张教授给校长写信，内容只有一个，不是这里不舒服，就是那里有毛病。

为使上述论证成立，以下哪项必须是假设的？

Ⅰ　任校长助理的职务，需要有良好的身体条件。

Ⅱ　教授给校长的信的内容基本都是真实的。

Ⅲ　近一年来，张教授经常给校长写信。

A. 只有Ⅰ。

B. 只有Ⅱ。

C. 只有Ⅲ。

D. 只有Ⅰ和Ⅱ。

E. Ⅰ、Ⅱ和Ⅲ。

解析：答案是E。

题干的论证实际上包括两个推断。第一，根据近一年来，只要张教授给校长写信，内容只有一个，不是这里不舒服，就是那里有毛病，推断出张教授身体确实不好；第二，根据张教授的身体不好，推断他不宜继续担任校长助理的职务。

选项Ⅰ是必须假设的。否则，第二个推断就不能成立。

选项Ⅱ是必须假设的。否则，第一个推断就不能成立。

选项Ⅲ也是必须假设的。否则，如果事实上近一年来张教授很少给校长写信，那么，即使信件的上述内容是真实的，也难以推出张教授的身体确实不好。

59. 环境学家认为，随着许多野生谷物的灭绝，粮食作物的遗传特性越来越单一化，这是人类面临的最严重的环境问题之一。人类必须采取措施，阻止野生谷物和那些不再种植的粮食作物的灭绝，否则，不同遗传特性的缺乏，很可能使我们的粮食作物在一夜之间遭到毁灭性破坏。例如，1980年，萎叶病横扫整个美国的南部，使得粮食作物减产大约20%，只有个别几个品种的谷物没有受到萎叶病的影响。

从上述信息能推出以下哪项结论？

A. 容易感染某种植物疾病，是一种通过遗传获得的特性。

B. 1980年在美国南部种植的粮食作物中，大约80%具有抵抗萎叶病的能力。

C. 目前种植的粮食作物的遗传特性都不利于它们抵抗植物疾病。

D. 已经灭绝的野生谷物，都具有抵抗萎叶病的能力。

E. 萎叶病只对植物中的谷物产生危害。

解析：答案是A。

题干断定，粮食作物的遗传特性的单一化使得它们难以抵抗疾病的侵害。这说明，容易感染某种植物疾病是一种通过遗传获得的特性。

本题也可以通过排除法求解。

选项B不难排除；而选项C、选项D中的“都”明显过强，题干并未断定，所以也排除；选项E中的“只”同样过强，也可排除。所以只有选项A可选。

2004年1月MBA联考逻辑真题解析

31. 不可能宏达公司和亚鹏公司都没有中标。

以下哪项最为准确地表达了上述断定的意思？

A. 宏达公司和亚鹏公司可能都中标。

B. 宏达公司和亚鹏公司至少有一个可能中标。

C. 宏达公司和亚鹏公司必然都中标。

D. 宏达公司和亚鹏公司至少有一个必然中标。

E. 如果宏达公司中标，那么亚鹏公司不可能中标。

解析：答案是 D。

由联言命题的负命题，¬（¬宏达∧¬亚鹏），相当于：¬（¬宏达）∨¬（¬亚鹏），显然，即：宏达∨亚鹏，也就是说：宏达公司和亚鹏公司至少有一个中标。

这里，应注意几种常见的联言词与否定词的组合表达方式：

p、q 都不……相当于¬p∧¬q

不会 p、q 都……（p、q 不都……）相当于：¬（p∧q）

32. 所有物质实体都是可见的，而任何可见的东西都没有神秘感。因此，精神世界不是物质实体。

以下哪项最可能是上述论证所假设的？

A. 精神世界是不可见的。

B. 有神秘感的东西都是不可见的。

C. 可见的东西都是物质实体。

D. 精神世界有时也是可见的。

E. 精神世界具有神秘感。

解析：答案是 E。

本题可以用欧拉图求解，图像如下。

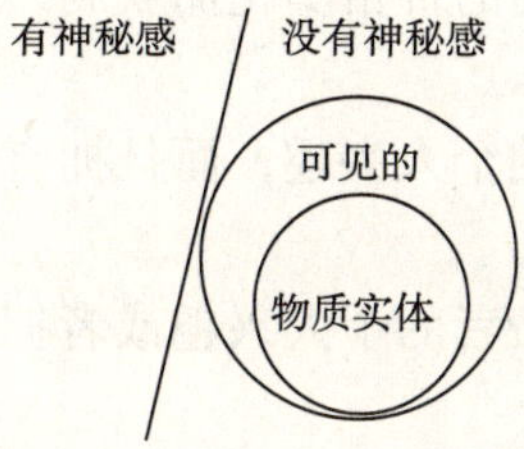

假设选项 A 和选项 E 为真，都能使题干的论证成立。但如果假设选项 A 为真，则由原论证的第一个论据就能推出结论，第二个论据成为多余。因此，相比之下，选项 E 更可能是题干的论证所假设的。这种不太符合常理的选项设置方式，在早期题目中出现较多，而近期已很少出现。

33. 汽油酒精，顾名思义是一种汽油酒精混合物。作为一种汽车燃料，和汽油相比，燃烧一个单位的汽油酒精能产生较多的能量，同时排出较少的有害废气一氧化碳和二氧化碳。以汽车日流量超过 200 万辆的北京为例，如果所有汽车都使用汽油酒精，那么，每天产生的二氧化碳，不比北京的绿色植被通过光合作用吸收的多。因此，可以预计，在世界范围内，汽油酒精将很快进军并占领汽车燃料市场。

以下各项如果为真，都能加强题干论证，除了

A. 汽车每公里消耗的汽油酒精量和汽油基本持平，至多略高。

B. 和汽油相比，使用汽油酒精更有利于汽车的保养。

C. 使用汽油酒精将减少对汽油的需求，有利于缓解石油短缺的压力。

D. 全世界汽车日流量超过 200 万辆的城市中，北京的绿色植被覆盖率较低。

E. 和汽油相比，汽油酒精的生产成本较低，因而售价也较低。

解析：答案是 A。

题干的结论是“汽油酒精将很快进军并占领汽车燃料市场”，要加强这一结论，显然只要说汽油酒精的优势即可。选项 B、选项 C、选项 E 说的都是汽油酒精的优势，所以是有加强作用的。

干扰项为选项 D，如果选项 D 为真，则说明在全世界汽车日流量超过 200 万辆的城市中，绿色植被覆盖率较低的北京都能全部吸收使用汽油酒精的汽车排出的二氧化碳，那么其他城市一般说来更能如此，这就加强了题干的论证。

如果选项 A 为真，则至多不削弱，但不能加强题干的论证。

34—35 题基于以下题干：

某花店只有从花农那里购得低于正常价格的花，才能以低于市场的价格卖花而获利；除非是该花店的销售量很大，否则，不能从花农那里购得低于正常价格的花。要想有大的销售量，该花店就要满足消费者的兴趣或者拥有特定品种的独家销售权。

34. 如果上述断定为真，则以下哪项必定为真？

A. 如果该花店从花农那里购得低于正常价格的花，那么就会以低于市场的价格卖花而获利。

B. 如果该花店没有以低于市场的价格卖花而获利，则一定没有从花农那里购得低于正常价格的花。

C. 该花店不仅满足了消费者的个人兴趣，而且拥有特定品种独家销售权，但仍然不能以低于市场的价格卖花而获利。

D. 如果该花店广泛满足了消费者的个人兴趣或者拥有特定品种独家销售权，那么就会有大的销售量。

E. 如果该花店以低于市场价格卖花而获利，那么一定是从花农那里购得了低于正常价格的花。

解析：答案是 E。

写出逻辑式：

（1）低于市场的价格卖花→购得低于正常价格的花；

（2）$\neg$销售量很大→$\neg$购得低于正常价格的花；

（3）销售量很大→满足消费者的兴趣 $\vee$ 拥有特定品种的独家销售权。

选项 E 的逻辑式为：低于市场的价格卖花→购得低于正常价格的花，与式（1）完全一致，所以是正确的。

其余各项均不能从题干的断定推出。例如选项 A 的逻辑式为：购得低于正常价格的花→低于市场的价格卖花。是式（1）的逆命题，无法确定真假。

35. 如果上述断定为真，并且事实上该花店没有满足广大消费者的个人兴趣，则以下哪项不可能为真？

A. 如果该花店不拥有特定品种独家销售权，就不能从花农那里购得低于正常价格的花。

B. 即使该花店拥有特定品种独家销售权，也不能从花农那里购得低于正常价格的花。

C. 该花店虽然没有拥有特定品种独家销售权，但仍以低于市场的价格卖花而获利。

D. 该花店通过广告促销的方法获利。

E. 花店以低于市场的价格卖花获利是花市普遍现象。

解析：答案是 C。

对于选项 C，如果“没有满足广大消费者的个人兴趣”并且“没有拥有特定品种独家销售权”，由式（3）的逆否命题知，其不能有很大的销售量；由式（2）知，其不能购得低于正常价格的花；由式（1）逆否命题知，其不可能以低于市场的价格卖花而获利。

其余各项均可能为真。

36. 一项对 30 名年龄在 3 岁的独生孩子与 30 名同龄非独生的第一胎孩子的研究发现，这两组孩子的日常行为能力非常相似。这种日常行为能力包括语言能力、对外界的反应能力，以及和同龄人、他们的家长及其他大人相处的能力等。因此，独生孩子与非独生孩子的社会能力发展几乎一致。

以下哪项如果为真，最能削弱上述结论？

A. 进行对比的两组孩子是不同地区的孩子。

B. 独生孩子与母亲的接触时间多于非独生孩子与母亲接触的时间。

C. 家长通常在第一胎孩子接近 3 岁时怀有他们的第二胎孩子。

D. 大部分参与此项目的研究者没有兄弟姐妹。

E. 独生孩子与非独生孩子与母亲的接触时间和与父亲接触的时间是各不相同的。

解析：答案是 C。

对于此类两者对比的论证，常见漏洞之一是，二者看似有差别，但实际并无差别。

如果选项 C 断定为真，则说明非独生子通常在 3 岁以后才有了弟弟或妹妹，在 3 岁以前，对于独生孩子和非独生孩子，影响其日常行为能力的生活环境实际上是一样的。因此，不能因为 3 岁的独生孩子和非独生孩子的日常行为非常相似而得出结论。这就有力地削弱了题干的论证。

37. 国产影片《英雄》显然是前两年最好的古装武打片。这部电影是由著名导演、演员、摄影师、武打设计师参与的一部国际化大制作的电影，票房收入明显领先，说明观看该片的人数远多于进口的美国大片《卧虎藏龙》的人数，尽管《卧虎藏龙》也是精心制作的中国古装武打片。

为使上述论证成立，以下哪项是必须假设的？

Ⅰ　国产影片《英雄》和美国影片《卧虎藏龙》的票价基本相同。

Ⅱ　观众数量是评价电影质量的标准。

Ⅲ 导演、演员、摄影师、武打设计师和服装设计师的阵容是评价电影质量的标准。

A. 只有Ⅰ。

B. 只有 Ⅱ。

C. 只有Ⅲ。

D. 只有Ⅰ和Ⅱ。

E. Ⅰ、Ⅱ、Ⅲ。

解析： 答案是D。

注意题干中的“最”字。题干的结论是：即使和美国大片《卧虎藏龙》相比，国产影片《英雄》也显然是前两年最好的古装武打片。

题干的论据中又有两组推理：

（1）《英雄》票房收入的明显领先说明观看该部影片的人数远多于《卧虎藏龙》；

（2）观看《英雄》的人数远多于《卧虎藏龙》说明前者优于后者。

选项Ⅰ是必须假设的，否则就不能根据《英雄》票房收入的明显领先而得出结论：观看该部影片的人数远多于《卧虎藏龙》。

选项Ⅱ也是必须假设的，否则就不能根据观看《英雄》人数远多于《卧虎藏龙》而得出结论：前者优于后者。

选项Ⅲ不是必须假设的。题干只是指出，由著名导演、演员、摄影师、武打设计师和服装设计师参与，是《英雄》的一个特点，但并没有断定这是评价《英雄》质量的一个标准。

38. 实业钢铁厂将竞选厂长。如果董来春参加竞选，则极具竞选实力的郝建生和曾思敏不参加竞选。所以，如果董来春参加竞选，他将肯定当选。

为使上述论证成立，以下哪项是必须假设的？

Ⅰ 当选者一定是竞选实力最强的竞选者。

Ⅱ 如果董来春参加竞选，那么，他将是唯一的候选人。

Ⅲ 在实业钢铁厂，除了郝建生和曾思敏，没有其他人的竞选实力比董来春强。

A. 只有Ⅰ。

B. 只有Ⅱ。

C. 只有 Ⅲ。

D. 只有Ⅰ和Ⅲ。

E. Ⅰ、Ⅱ、Ⅲ。

解析： 答案是D。

题干的结论是：如果董来春参加竞选，他将肯定当选。论据是：如果董来春参加竞选，则极具竞选实力的郝建生和曾思敏不参加竞选。

为使上述论证成立，选项Ⅰ是必须假设的，否则，如果当选者不一定是竞选实力最强的竞选者，就不能根据极具竞选实力的郝建生和曾思敏不参加竞选而得出结论：董来春肯定当选。

选项Ⅲ也是必须假设的。否则，如果除了郝建生和曾思敏，还有其他人的竞选实力比董来春强，那就同样不能根据极具竞选实力的郝建生和曾思敏不参加竞选而得出结论：董来春肯定当选。

选项Ⅱ不是必须假设的。即使除了董来春还有其他竞选人，只要他们的竞争实力不强于董来春，题干的论证仍然可以成立。

39. 在一项社会调查中，调查者通过电话向大约一万名随机选择的被调查者问及有关他们的收入和储蓄方面的问题。结果显示，被调查者的年龄越大，越不愿意回答这样的问题。

这说明，年龄较轻的人比年龄较大的人更愿意告诉别人有关自己的收入状况。

以下哪项如果为真，最能削弱上述论证？

A. 小张不是被调查者，在其他场合表示，不愿意告诉别人自己的收入状况。

B. 老李是被调查者，愿意告诉别人自己的收入状况。

C. 老陈是被调查者，不愿意告诉别人收入状况，并在其他场合表示，自己年轻时因收入高，很愿意告诉别人自己的收入状况。

D. 小刘是被调查者，愿意告诉别人自己的收入状况，并且在其他场合表示，自己的这种意愿不会随着年龄而改变。

E. 被调查者中，年龄大的收入状况一般比年龄小的要好。

解析： 答案是 E。

本题是典型的他因法削弱。选项 E 指出，调查的结果很可能是由样本中收入状况的差异导致的，而并非年龄差异所导致。

有参考书认为本题答案是 D，但选项 D 仅说明了一个个体事例，很难说出对统计结论有什么削弱。

40. 风险资本家融资的初创公司比通过其他渠道融资的公司失败率要低。所以，与诸如企业家个人素质、战略规划质量或公司管理结构等因素相比，融资渠道对于初创公司的成功更为重要。

以下哪项如果为真，最能削弱上述论证？

A. 风险资本家在决定是否为初创公司提供资金时，把该公司的企业家个人素质、战略规划质量和管理结构等作为主要的考虑因素。

B. 作为取得成功的要素，初创公司的企业家个人素质比它的战略规划更为重要。

C. 初创公司的倒闭率近年逐步下降。

D. 一般来讲，初创公司的管理结构不如发展中的公司完整。

E. 风险资本家对初创公司的财务背景比其他融资渠道更为敏感。

解析： 答案是 A。

题干的结论是“与诸如企业家个人素质、战略规划质量或公司管理结构等因素相比，融资渠道对于初创公司的成功更为重要”，这实际上是否定了“诸如企业家个人素质、战略规划质量或公司管理结构等因素”的重要性。选项 A 指出，融资渠道与上述因素有实质性的联系，前者以后者为主要考虑因素。这就有力地削弱了题干的论证。而且从“贴近原则”考虑，选项 A 显然非常贴近题干的用词。

41. 某乡间公路附近经常有鸡群聚集。这些鸡群对这条公路上高速行驶的汽车的安全造成了威胁。为了解决这个问题，当地交通部门计划购入一群猎狗来驱赶鸡群。

以下哪项如果为真，最能对上述计划构成质疑？

A. 出没于公路边的成群猎狗会对交通安全构成威胁。

B. 猎狗在驱赶鸡群时可能伤害鸡群。

C. 猎狗需要经过特殊训练才能够驱赶鸡群。

D. 猎狗可能会有疫病，有必要进行定期检疫。

E. 猎狗的使用会增加交通管理的成本。

解析： 答案是 A。

这类题目可以称做目的方法题，其特征是：结论是一种建议或解决问题的方法，而解题的关键之一在于找到相应目的——并非凭空猜测其目的。

对于本题，其目的为：解决“鸡群对这条公路上高速行驶的汽车的安全造成了威胁”这一问题。

对于干扰选项 B，因为题干的计划并不要求：驱赶鸡群不能伤害鸡群。

选项 A 如果为真，说明用猎狗来驱赶鸡群，虽然可能减少鸡群对交通安全的威胁，但因此带来了猎狗对交通安全的威胁，这实际上指出题干方法是不可行的。

这类题目的另一关键之处就是：通常关注与结论中的建议或方法是否可行或是否有副作用。这点将在以后的题目中讲解。

42. 许多国家首脑在出任前并未有丰富的外交经验，但这并没有妨碍他们作出成功的外交决策。外交学院的教授告诉我们，丰富的外交经验对于成功的外交决策是不可缺少的。但事实上，一个人，只要有高度的政治敏感、准确的信息分析能力和果断的个人勇气，就能很快地学会如何作出成功的外交决策。对于一个缺少以上三种素养的外交决策者来说，丰富的外交经验没有什么价值。

如果上述断定为真，则以下哪项一定为真？

A. 外交学院的教授比任前的国家首脑具有更多的外交经验。

B. 具有高度的政治敏感、准确的信息分析能力和果断的个人勇气，是一个国家首脑作出成功的外交决策的必要条件。

C. 丰富的外交经验，对于国家首脑作出成功的外交决策来说，既不是充分条件，也不是必要条件。

D. 丰富的外交经验，对于国家首脑作出成功的外交决策来说，是必要条件，但不是充分条件。

E. 在其他条件相同的情况下，外交经验越丰富，越有利于作出成功的外交决策。

解析： 答案是 C。

从题干第一句知：没有外交经验，也可以作决策。

从题干最后一句知：有外交经验，也不一定能作决策。

所以，丰富的外交经验对于国家首脑作出成功的外交决策来说，既不是充分条件，也不是必要条件。这正是选项 C 所断定的。

43. 环宇公司规定，其所属的各营业分公司，如果年营业额超过 800 万元，其职员可获得优秀奖；只有年营业额超过 600 万元，其职员才能获得激励奖。年终统计显示，该公司所属的 12 个分公司中，6 个年营业额超过了 1 000 万元，其余的则不足 600 万元。

如果上述断定为真，则以下哪项关于该公司今年获奖的断定一定为真？

Ⅰ 获得激励奖的职员，一定获得优秀奖。

Ⅱ 获得优秀奖的职员，一定获得激励奖。

Ⅲ 半数职员获得了优秀奖。

A. 仅Ⅰ。

B. 仅Ⅱ。

C. 仅Ⅲ。

D. 仅Ⅰ和Ⅲ。

E. Ⅰ、Ⅱ、Ⅲ。

解析：答案是 A。

由题干：

（1）超过 800 万元→优秀奖；

（2）激励奖→超过 600 万元；

（3）或者超过 1 000 万元，或者不足 600 万元。

选项Ⅰ一定为真。由式（2）得知，获得激励奖的职员所在的分公司，年营业额一定超过 600 万元；又由式（3）得知，超过 1 000 万元的，一定超过 800 万元；再由式（1）得知，年营业额超过 800 万元的分公司，其职员获得优秀奖。因此，获得激励奖的职员，一定可获得优秀奖。

选项Ⅱ不一定为真。因为从上述式子可以看出，无法由“获得优秀奖”推出任何结论。因此，完全可能一个获优秀奖的职员所在的分公司的年营业额不足 600 万元，因此不能获得激励奖。

在这里再次强调，对于此类题目，无法推出的结论就是不确定，切忌猜测。

选项Ⅲ不一定为真。因为分公司数量的半数，和职员数量的半数不是同一个概念——这种概念的混淆，是 MBA 逻辑试题常用的陷阱。

44. 通常的高山反应是由高海拔地区空气中缺氧造成的，当缺氧条件改变时，症状可以很快消失。急性脑血管梗阻也具有脑缺氧的病征，如不及时恰当处理，会危及生命。由于急性脑血管梗阻的症状和普通高山反应相似，因此，在高海拔地区，急性脑血管梗阻这种病特别危险。

以下哪项最可能是上述论证所假设的？

A. 普通高山反应和急性脑血管梗阻的医疗处理是不同的。

B. 高山反应不会诱发急性脑血管梗阻。

C. 急性脑血管梗阻如及时恰当处理不会危及生命。

D. 高海拔地区缺少抢救和医治急性脑血管梗阻的条件。

E. 高海拔地区的缺氧可能会影响医生的工作，降低其诊断的准确性。

解析：答案是 A。

对选项 A 取非后得到，事实上普通高山反应和急性脑血管梗阻的医疗处理没有什么不同，那么，即使由于急性脑血管梗阻的症状和普通高山反应相似，而把前者误诊为后者，也不会因此产生有害的结果，这样，就削弱了题干。所以选项 A 是应该假设的。

45. 只有具备足够的资金投入和技术人才，一个企业的产品才能拥有高科技含量。而这种高科技含量，对于一个产品长期稳定地占领市场是必不可少的。

以下哪项情况如果存在，最能削弱以上断定？

A. 苹果牌电脑拥有高科技含量，并长期稳定地占领着市场。

B. 西门子洗衣机没能长期稳定地占领市场，但该产品并不缺乏高科技含量。

C. 长江电视机没能长期稳定地占领市场，因为该产品缺乏高科技含量。

D. 清河空调长期稳定地占领着市场，但该产品的厂家缺乏足够的资金投入。

E. 开开电冰箱没能长期稳定地占领市场，但该产品的厂家有足够的资金投入和技术人才。

解析：答案是 D。

由于形式逻辑的推理属于必然推理，对于这些推理的削弱，实际上就是否定。

由题干：

（1）高科技含量→资金投入和技术人才；

（2）长期稳定地占领市场→高科技含量。

所以：

（3）长期稳定地占领市场→资金投入和技术人才

若削弱上式，则应肯定前件，否定后件。

选项 D 显然符合这一条件。

其余各项断定的情况均不能削弱题干。

46. 莱布尼兹是 17 世纪伟大的哲学家。他先于牛顿发表了他的微积分研究成果。但是当时牛顿公布了他的私人笔记，说明他至少在莱布尼兹发表其成果的 10 年前已经运用了微积分的原理。牛顿还说，在莱布尼兹发表其成果的不久前，他在给莱布尼兹的信中谈起过自己关于微积分的思想。但是事后的研究说明，牛顿的这封信中，有关微积分的几行字几乎没有涉及这一理论的任何重要之处。因此，可以得出结论，莱布尼兹和牛顿各自独立地发现了微积分。

以下哪项是上述论证必须假设的？

A. 莱布尼兹在数学方面的才能不亚于牛顿。

B. 莱布尼兹是个诚实的人。

C. 没有第三个人不迟于莱布尼兹和牛顿独立地发现了微积分。

D. 莱布尼兹发表微积分研究成果前从没有把其中的关键性内容告诉任何人。

E. 莱布尼兹和牛顿都没有从第三渠道获得关于微积分的关键性细节。

解析：答案是 E。

对选项 E 取非后得到，莱布尼兹或牛顿从第三渠道获得过关于微积分的关键性细节，那么，即使他们两人在发现微积分的过程中彼此没有实质性的沟通，也不能得出结论：莱布尼兹和牛顿各自独立地发现了微积分。所以选项 E 是必须假设的。

47. 去年春江市的汽车月销售量一直保持稳定。在这一年中，“宏达”车的月销售量较前年翻了一番，它在春江市的汽车市场上所占的销售份额也有相应的增长。今年一开始，尾气排放新标准开始在春江市实施。在该标准实施的头三个月中，虽然“宏达”车在春江市的月销售量仍然保持在去年年底达到的水平，但在春江市的汽车市场上所占的销售份额明显下降。

如果上述断定为真，以下哪项不可能为真？

A. 在实施尾气排放新标准的头三个月中，除了“宏达”车以外，所有品牌的汽车各自在春江市的月销售量都明显下降。

B. 在实施尾气排放新标准之前的三个月中，除了“宏达”车以外，所有品牌的汽车销售量在春江市汽车市场所占的份额明显下降。

C. 如果汽车尾气排放新标准不实施，“宏达”车在春江市汽车市场上所占的销售份额比题干所断定的情况更低。

D. 如果汽车尾气排放新标准继续实施，春江市的月销售总量将会出现下降。

E. 由于实施了汽车尾气排放新标准，在春江市销售的每辆“宏达”汽车的平均利润有所上升。

解析：答案是 A。

注意问题中的“不可能”三字。

题干断定，在尾气排放新标准实施的头三个月中，“宏达”车在春江市的月销售量仍然保持在去年年底达到的水平，但在春江市的汽车市场上所占的销量份额明显下降。由此可推出结论：这三个月春江市汽车销售总量明显增加——这里再次考查了考生对比例关系的理解。因此，选项 A 不可能为真。

其余各项均可能为真。注意，选项 B 断定的是“在实施尾气排放新标准之前的三个月中”，这不同于题干和选项 A 所断定的“在实施尾气排放新标准的头三个月中”。

48—49 题基于以下题干：

张先生：应该向吸烟者征税，用以缓解医疗保健事业的投入不足。因为正是吸烟，导致了许多严重的疾病。要吸烟者承担一部分费用，来对付因他们不良习惯而造成的健康问题，是完全合理的。

李女士：照您这么说，如果您经常吃奶油蛋糕，或者肥猪肉，也应该纳税。因为如同吸烟一样，经常食用高脂肪、高胆固醇的食物同样会导致许多严重的疾病。但是没有人会认为这样做是合理的，并且人们危害健康的不良习惯数不胜数，都对此征税，事实上无法操作。

48. 以下哪项最为恰当地概括了张先生和李女士争论的焦点？

A. 张先生关于缓解医疗保健事业投入不足的建议是否合理？

B. 有不良习惯的人是否应当对由此种习惯造成的社会后果负责？

C. 食用高脂肪、高胆固醇的食物对健康造成的危害是否同吸烟一样？

D. 由增加个人负担来缓解社会公共事业的投入不足是否合理？

E. 通过征税的方式来纠正不良习惯是否合理？

解析：答案是 A。

对于此类两人对话、找争论焦点的问题，第二人常常是反对第一人观点的，所以只要找到第一人的观点即可。

张先生实际上是提出了一个建议，通过向吸烟者征税来缓解医疗保健事业的投入不足。李女士对这一建议的合理性提出质疑。所以，两人争论的焦点是，张先生的建议是否合理。因此，选项 A 恰当地概括了两人争论的焦点。

其余各项的概括均不恰当。

例如，选项 B 不恰当。因为虽然张先生的建议中包含“有不良习惯的人应当对由此种习惯造成的社会后果负责”的意思，但张女士的争议不是针对这层意思的。

再如，选项 E 不恰当。因为虽然张女士的反驳中包含“通过征税的方式来纠正不良习惯不合理”的意思，但张先生并没有建议把征税作为纠正不良习惯的一般方式。

49. 以下哪项最为恰当地概括了李女士的反驳所运用的方法？

A. 举出一个反例说明对方的建议虽然合理但在执行中无法操作。

B. 指出对方对一个关键性概念的界定和运用有误。

C. 提出了一个和对方不同的解决问题的方法。

D. 从对方的论据得出了一个明显荒谬的结论。

E. 对对方在论证中所运用的信息的准确性提出质疑。

解析：答案是 D。

张女士采用的是类比归谬的方式，选项 D 恰当地概括了张女士的反驳所运用的方法。其余各项均不恰当。

本题是此类概况论证方式的题目中较为简单的。对于此类试题，考生常常无法自行总结出与选项完全一致的表达方式，所以排除法常常是有效的解题手段，而在排除选项时，对于有明显新概念或不恰当概念的选项则应优先排除。

例如，选项 A 中的“反例”、选项 B 中的“关键性概念”、选项 C 中的“方法”、选项 E 中的“准确性”都有助于我们将其排除。

50. 在一场魔术表演中，魔术师看来是随意请一位观众志愿者上台配合他的表演。根据魔术师的要求，志愿者从魔术师手中的一副扑克中随意抽出一张。志愿者看清楚了这张牌，但显然没有让魔术师看到这张牌。随后，志愿者把这张牌插回那副扑克中。魔术师把扑克洗了几遍，又切了一遍。最后魔术师从中取出一张，志愿者确认，这就是他抽出的那一张。有好奇者重复三次看了这个节目，想揭穿其中的奥秘。第一次，他用快速摄像机记录下了魔术师的手法，没有发现漏洞；第二次，他用自己的扑克代替魔术师的扑克；第三次，他自己充当志愿者。这三次表演，魔术师无一失手。此好奇者因此推断：该魔术的奥秘，不在手法技巧，也不在扑克或者志愿者有诈。

以下哪项最为确切地指出了好奇者的推理中的漏洞？

A. 好奇者忽视了这种可能性：他的摄像机功能会不稳定。

B. 好奇者忽视了这种可能性：除了摄像机以外，还有其他仪器可以准确记录魔术师的手法。

C. 好奇者忽视了这种可能性：手法技巧只有在使用做了手脚的扑克时才能奏效。

D. 好奇者忽视了这种可能性：魔术师表演同一个节目可以使用不同的方法。

E. 好奇者忽视了这种可能性：除了他所怀疑的上述三种方法外，魔术师还可能使用其他的方法。

解析：答案是 D。

如果魔术师表演同一个节目可以使用不同的方法，那么，好奇者的推断不能成立。例如，当他用快速摄像机记录下魔术师的手法时，魔术师完全可以使用有诈的扑克或志愿者。选项 D 正是指出了这一漏洞。

这里再次提醒把握题干结论的重要性。本题的结论是“不在手法技巧，也不在扑克或者志愿者有诈”。选项 E 确实是一种可能性，但与上述结论并不矛盾。

51. 储存在专用电脑中的某财团的商业核心机密被盗窃。该财团的三名高级雇员甲、乙、丙三人涉嫌被拘审。经审讯，查明了以下事实：

1. 机密是在电脑密码被破译后窃取的；破译电脑密码必须受过专门训练。
2. 如果甲作案，那么丙一定参与。
3. 乙没有受过破译电脑密码的专门训练。
4. 作案者就是这三人中的一人或一伙。

从上述条件，可推出以下哪项结论？

A. 作案者中有甲。

B. 作案者中有乙。

C. 作案者中有丙。

D. 作案者中有甲和丙。

E. 甲、乙和丙都是作案者。

解析：答案是 C。

由第 1 条和第 3 条知：乙不能单独作案，所以：甲、丙中必然有人作案。

由第 2 条知：$\neg$甲 ∨ 丙。所以，如果甲作案了，丙也作案了；如果甲没作案，那么由于要有一个人和乙合伙作案，丙仍然是作案者之一。

因此，作案者中一定有丙。

52. 一个部落或种族在历史的发展中灭绝了，但它的文字会留传下来。“亚里洛”就是这样一种文字。考古学家是在内陆发现这种文字的。经研究“亚里洛”中没有表示“海”的文字，但有表示“冬”、“雪”、“狼”的文字。因此，专家们推测，使用“亚里洛”文字的部落或种族在历史上生活在远离海洋的寒冷地带。

以下哪项如果为真，最能削弱上述专家的推测？

A. 蒙古语中有表示“海”的文字，尽管古代蒙古人从没见过海。

B. “亚里洛”中有表示“鱼”的文字。

C. “亚里洛”中有表示“热”的文字。

D. “亚里洛”中没有表示“山”的文字。

E. “亚里洛”中没有表示“云”的文字。

解析：答案是 E。

选项 A 能削弱题干，但力度不如选项 E。因为选项 A 的断定没有排除这种可能：表示“海”的文字，只出现于近代蒙古语中。

选项 B、选项 C 同样无法排除，使用“亚里洛”文字的部落知道河鱼或篝火的热量。

选项 D 无法排除，使用“亚里洛”文字的部落处于平原地区，少见山峦，而且题干中并未涉及“山”。

选项 E 为真，则说明不能根据“亚里洛”中没有表示“海”的文字，就推测使用“亚里洛”文字的部落或种族在历史上生活在远离海洋的地带。因为“亚里洛”中没有表示“云”的文字，但使用“亚里洛”文字的部落或种族生活的地带不可能没有云。这是“同因异果”法削弱。

53. 西方航空公司由北京至西安的全额票价一年多来保持不变，但是，目前西方航空公司由北京至西安的机票 90% 打折出售，只有 10% 全额出售；而在一年前则一半打折出售，一半全额出售。因此，目前西方航空公司由北京至西安的平均票价，比一年前要低。

以下哪项最可能是上述论证所假设的？

A. 目前和一年前一样，西方航空公司由北京至西安的机票，打折的和全额的，有基本相同的售出率。

B. 目前和一年前一样，西方航空公司由北京至西安的打折机票售出率，不低于全额机票。

C. 目前西方航空公司由北京至西安的打折机票的票价，和一年前基本相同。

D. 目前西方航空公司由北京至西安航线的服务水平比一年前下降。

E. 西方航空公司所有航线的全额票价一年多来保持不变。

解析：答案是 C。

注意题干的论证结构，结论说的是票价；而论据是打折票的比例。显然二者存在明显差异。

为使题干的论证成立，选项 C 是必须假设的。否则，完全可能出现这样的情况，目前机票的打折率高于九折，一年前打折率低于五折，即目前打折机票的票价远高于一年前。这样，题干的结论显然就不成立。

这一种假设方式称为“搭桥”。

54. 小丽在情人节那天收到了专递公司送来的一束鲜花。如果这束鲜花是熟人送的，那么送花人一定知道小丽不喜欢玫瑰，而喜欢紫罗兰。但小丽收到的是玫瑰。如果这束花不是熟人送的，那么，花中一定附有签字名片。但小丽收到的花中没有名片。因此，专递公司肯定犯了以下的某种错误；或者该送紫罗兰却误送了玫瑰，或者失落了花中的名片；或者这束花应该是送给别人的。

以下哪项如果为真，最能削弱上述论证？

A. 女士在情人节收到的鲜花一般都是玫瑰。

B. 有些人送花，除了取悦对方外，还有其他目的。

C. 有些人送花是出于取悦对方以外的其他目的。

D. 不是熟人不大可能给小丽送花。

E. 上述专递公司在以往的业务中从未有过失误记录。

解析：答案是 C。

如果选项 C 为真，则说明虽然送花人是熟人，但可能出于取悦小丽之外的目的，故意送上玫瑰。这样，题干的结论就不能成立，即严重削弱了题干。

选项 B、选项 E 对题干有所削弱，但力度显然不如选项 C。其余各项均不能削弱题干。

55. 张教授：如果没有爱迪生，人类还将生活在黑暗中。理解这样的评价，不需要任何想象力。爱迪生的发明，改变了人类的生存方式。但是，他只在学校中受过几个月的正式教育。因此，接受正式教育对于在技术发展中作出杰出贡献并不是必要的。

李研究员：你的看法完全错了。自爱迪生时代以来，技术的发展日新月异。在当代如果你想对技术发展作出杰出贡献，即使接受当时的正式教育，全面具备爱迪生时代的知识也是远远不够的。

以下哪项最恰当地指出了李研究员的反驳中存在的漏洞？

A. 没有确切界定何为“技术发展”。

B. 没有确切界定何为“接受正式教育”。

C. 夸大了当代技术发展的成果。

D. 忽略了一个核心概念：人类的生存方式。

E. 低估了爱迪生的发明对当代技术发展的意义。

解析：答案是 A。

李研究员的反驳中，把张教授所说的一般意义上的技术发展，限定为当代的技术发展。这样，即使李研究员的断定成立，也不能说明张教授的断定不成立。选项 A 恰当地指明了这一点。

第三章　备战演练篇

1997 年 1 月 MBA 联考逻辑真题

1. 一位教育工作者撰文表达了她对电子游戏给青少年带来的危害的焦虑之情。她认为电子游戏就像一头怪兽，贪婪、无情地剥夺青少年的学习和与社会交流的时间。

以下哪项不成为支持以上观点的理由？

A. 青少年玩电子游戏，上课时无精打采。

B. 青少年玩电子游戏，作业错误明显增多。

C. 青少年玩电子游戏，不愿与家长交谈。

D. 青少年玩电子游戏，花费了家里的资金。

E. 青少年玩电子游戏，小组活动时常缺席。

2. 如果缺乏奋斗精神，就不可能有较大成就。李阳有很强的奋斗精神，因此，他一定能成功。

如果下述何者为真，则上文推论可靠？

A. 李阳的奋斗精神异乎寻常。

B. 不奋斗，成功只是水中之月。

C. 成功者都有一番奋斗的经历。

D. 奋斗精神是成功的唯一要素。

E. 成功者的奋斗是成功的前提。

3. 某些理发师留胡子。因此，某些留胡子的人穿白衣服。

下述哪项如果为真，足以佐证上述论断的正确性？

A. 某些理发师不喜欢穿白衣服。

B. 某些穿白衣服的理发师不留胡子。

C. 所有理发师都穿白衣服。

D. 某些理发师不喜欢留胡子。

E. 所有穿白衣服的人都是理发师。

4. 一个月了，这个问题时时刻刻缠绕着我，而在工作非常繁忙或心情非常好的时候，又暂时抛开了这个问题，顾不上去想它了。

以上的陈述犯了下列哪些逻辑错误？

A. 论据不足。

B. 循环论证。

C. 偷换概念。

D. 转移论题。

E. 自相矛盾。

5. 有时为了医治一些危重病人，医院允许使用海洛因作为止痛药。其实，这样做是应当禁止的。因为，毒品贩子会通过这种渠道获取海洛因，对社会造成严重危害。

以下哪项为真，最能削弱以上的论证?

A. 有些止痛药可以起到和海洛因一样的止痛效果。

B. 贩毒是严重犯罪的行为，已经受到法律的严惩。

C. 用于止痛的海洛因在数量上与用做非法交易的比起来是微不足道的。

D. 海洛因如果用量过大就会致死。

E. 在治疗过程中，海洛因的使用不会使病人上瘾。

6. 正是因为有了第二味觉，哺乳动物才能够边吃边呼吸。很明显，边吃边呼吸对保持哺乳动物高效率的新陈代谢是必要的。

以下哪种哺乳动物的发现，最能削弱以上的断言?

A. 有高效率的新陈代谢和边吃边呼吸的能力的哺乳动物。

B. 有低效率的新陈代谢和边吃边呼吸的能力的哺乳动物。

C. 有低效率的新陈代谢但没有边吃边呼吸能力的哺乳动物。

D. 有高效率的新陈代谢但没有第二味觉的哺乳动物。

E. 有低效率的新陈代谢和有第二味觉的哺乳动物。

7. 桌子上有4个杯子，每个杯子上写着一句话：第一个杯子："所有的杯子中都有水果糖"；第二个杯子："本杯中有苹果"；第三个杯子："本杯中没有巧克力"；第四个杯子："有些杯子中没有水果糖"。

如果其中只有一句真话，那么以下哪项为真?

A. 所有的杯子中都有水果糖。

B. 所有的杯子中都没有水果糖。

C. 所有的杯子中都没有苹果。

D. 第三个杯子中有巧克力。

E. 第二个杯子中有苹果。

8. 凡金属都是导电的。铜是导电的，所以铜是金属。

下面哪项与上述推理结构最相似?

A. 所有的鸟都是卵生动物，蝙蝠不是卵生动物，所以，蝙蝠不是鸟。

B. 所有的鸟都是卵生动物，天鹅是鸟，所以天鹅是卵生动物。

C. 所有从事工商管理的都要学习企业管理，老陈是学习企业管理的，所以，老陈是从事工商管理工作的。

D. 只有精通市场营销理论，才是一个合格的市场营销经理，老张精通市场营销理论，所以，老张一定是合格的市场营销经理。

E. 华山险于黄山，黄山险于泰山，所以华山险于泰山。

9. 有些人坚信飞碟是存在的。理由是，谁能证明飞碟不存在呢?

下列选择中，哪一项与上文的论证方式是相同的?

A. 中世纪欧洲神学家论证上帝存在的理由是：你能证明上帝不存在吗?

B. 神农架地区有野人，因为有人看见过野人的踪影。

C. 科学家不是天生聪明的。因为，爱因斯坦就不是天生聪明的。

D. 一个经院哲学家不相信人的神经在脑中汇合。理由是，亚里士多德著作中讲到，神经是从心脏里产生出来的。

E. 鬼是存在的。如果没有鬼，为什么古今中外有那么多人讲鬼故事?

10. 有人认为鸡蛋黄的黄色跟鸡所吃的绿色植物性饲料有关，为了验证这个结论，下面哪种实验方法最可靠?

A. 选择一优良品种的蛋鸡进行实验。

B. 化验比较植物性饲料和非植物性饲料的营养成分。

C. 选择品种等级完全相同的蛋鸡，一半喂食植物性饲料，一半喂食非植物性饲料。

D. 对同一批蛋鸡逐渐增加（或减少）植物性饲料的比例。

E. 选出不同品种的蛋鸡，喂同样的植物性饲料。

11. 某公司多年来实行一套别出心裁的人事制度，即每隔半年就要让各层次的干部、职工实行一次内部调动，并将此称做“人才盘点”。

以下哪项对这种做法的必要性提出质疑?

A. 这种办法破除了职位高低的传统观念，强调每一项工作都重要。

B. 人才盘点使技术人员全面了解生产流程，利用技术创新。

C. 以此方式培养提拔的管理干部对公司的情况了如指掌。

D. 干部、职工相互体会各自工作的困难，有利于团结互助。

E. 工作交换时，由于情况生疏会出现不必要的失误。

12. 在过去的十年中，由美国半导体工业生产的半导体增加了200%，但日本半导体工业生产的半导体增加了500%，因此，日本现在比美国制造的半导体多。

以下哪项为真，最能削弱以上命题?

A. 在过去五年中，由美国半导体工业生产的半导体增长仅100%。

B. 过去十年中，美国生产的半导体的美元价值比日本生产的高。

C. 今天美国半导体出口在整个出口产品中所占的比例比十年前高。

D. 十年前，美国生产的半导体占世界半导体的90%，而日本仅占2%。

E. 十年前，日本生产的半导体是世界第四位，而美国列第一位。

13. 有人说："哺乳动物都是胎生的。"

以下哪项最能驳斥以上判断？

A. 也许有的非哺乳动物是胎生的。

B. 可能有的哺乳动物不是胎生的。

C. 没有见到过非胎生的哺乳动物。

D. 非胎生的动物不大可能是哺乳动物。

E. 鸭嘴兽是哺乳动物，但不是胎生的。

14. 商场经理为减少营业员和方便顾客，把儿童小玩具从营业专柜移入超市，让顾客自选。

以下哪项为真，则经理的做法会导致销售量下跌？

A. 儿童小玩具品种多，占地并不多。

B. 儿童和家长是在营业员的演示下引起对小玩具的兴趣的。

C. 儿童小玩具能启发儿童的智力，一直畅销。

D. 儿童自己不容易看懂玩具的说明书。

E. 儿童玩具的色彩艳丽，很有吸引力。

15. 某市经济委员会准备选四家企业给予表彰，并给予一些优惠政策。从企业的经济效益来看，A、B 两个企业比 C、D 两个企业好。

据此，再加上以下哪项可推出"E 企业比 D 企业的经济效益好"的结论？

A. E 企业的经济效益比 C 企业好。

B. B 企业的经济效益比 A 企业好。

C. E 企业的经济效益比 B 企业差。

D. A 企业的经济效益比 B 企业差。

E. E 企业的经济效益比 A 企业好。

16. 母亲要求儿子从小就努力学外语。儿子说，"我长大又不想当翻译，何必学外语"。

以下哪项是儿子的回答中包含的前提？

A. 要当翻译，需要学外语。

B. 只有当翻译，才需要学外语。

C. 当翻译没什么大意思。

D. 学了外语才能当翻译。

E. 学了外语也不见得能当翻译。

17. 鲁迅的著作不是一天能读完的，《狂人日记》是鲁迅的著作，因此，《狂人日记》不是一天能读完的。

下列哪项最为恰当地指出了上述推理的逻辑错误？

A. 偷换概念。

B. 自相矛盾。

C. 以偏概全。

D. 倒置因果。

E. 循环论证。

18. 在本届全国足球联赛的多轮比赛中，参赛的青年足球队先后有六个前锋、七个后卫、五个中卫、两个守门员。比赛规则规定：在一场比赛中，同一个球员不允许改变位置身份，当然也不允许有一个以上的位置身份，同时，在任一场比赛中，任一球员必须比赛到终场，除非受伤。由此可得出结论：联赛中青年足球队上场的共有球员 20 名。

以下哪项为真，最能削弱以上结论？

A. 比赛中若有球员受伤，可由其他球员替补。

B. 在本届全国足球联赛中，青年足球队中有些球员在各场球赛中都没有上场。

C. 青年足球队中有些队员同时是国家队队员。

D. 青年足球队的某个球员可能在不同的比赛中处于不同的位置。

E. 根据比赛规则，只允许 11 个球员上场。

19. 如果某人答应作为矛盾双方的调解人，那么，他就必须放弃事后袒护任何一方的权利。因为在调解之后再袒护一方，等于说明先前的公正是伪装的。

下列哪项是以上论述最为强调的？

A. 调解人不能有自己对争议双方矛盾的任何看法。

B. 如果不能保持公正的姿态，就不能做一个好的调解人。

C. 调解人要完全附和矛盾双方的意见，左右逢源。

D. 如果调解人把自己的偏见公开化，争论时可以袒护一方。

E. 为了不使争论公开化，调解人应当伪装公正。

20. 世界粮食年产量略微超过粮食需求量，可以提供世界人口所需要的最低限度的食物。那种预计粮食产量不足必将导致世界粮食饥荒的言论全是危言耸听。与其说饥荒是由粮食产量引起的，毋宁说是由分配不公造成的。

以下哪种情形是上面论述的作者所设想的？

A. 将来世界粮食需求量比现在的粮食需求量要小。

B. 一个好的分配制度也难以防止世界粮食饥荒的出现。

C. 世界粮食产量将持续增加，可以满足粮食需求。

D. 现存的粮食供应分配制度没有必要改进。

E. 世界粮食供不应求是大势所趋。

21. 大会主席宣布：“此方案没有异议，大家都赞同，通过。”

如果以上不是事实，下面哪项必为事实？

A. 大家都不赞同方案。

B. 有少数人不赞同方案。

C. 有些人赞同，有些人反对。

D. 至少有人是赞同方案的。

E. 至少有人是反对方案的。

22. 一国丧失过量表面土壤，需进口更多的粮食，这就增加了其他国家土壤的压力；一国大气污染，导致邻国受到酸雨的危害；二氧化碳排放过多，造成全球变暖、海平面上升，几乎可以危及所有的国家和地区。

下述哪项最能概括上文的主要观点？

A. 环境危机已影响到国与国之间的关系，可能引起国际争端。

B. 经济的快速发展必然导致环境污染的加剧，先污染、后治理是一条规律。

C. 在治理环境污染问题上，发达国家愿意承担更多的责任和义务。

D. 环境问题已成为区域性、国际性问题，解决环境问题是人类面临的共同任务。

E. 各国在环境污染治理方面要量力而行。

23. 在产品竞争激烈时，许多企业大做广告。一家电视台在同一个广告时段内，曾同时播放了四种白酒的广告。渲染过分的广告适得其反，大多数消费者在选购产品时，更重视自己的判断，而不轻信广告宣传。

上述陈述隐含着下列哪项的前提？

A. 真正的名牌产品不做广告。

B. 广告越多，商品的销售量越大。

C. 许多广告言过其实，缺乏真实性。

D. 消费者都是鉴别商品的内行里手。

E. 企业都把做广告当做例行公事。

24. 在某国的总统竞选中，争取连任的现任总统声言：“本届政府执政期间，失业率降低了两个百分点，可见本届政府的施政纲领是正确的。”

如果下列哪项为真，则能有力地削弱以上的声言？

A. 政府用调低利率的办法来刺激工商业的发展，使通货膨胀上升了40%。

B. 由于减轻了失业压力，从而减少了犯罪率。

C. 就业人数增加，减轻了政府福利开支。

D. 就业人数增加，刺激了人们学习职业技能的积极性。

E. 失业率下降，新毕业的大学生就业容易了。

25. 一本经济管理类杂志刊登的文章提出：在对外经济交往中不能一味好让不争。在必要的时候，我们也要用“反倾销”的武器来保护自己。

除哪项以外，下面都是对上述观点的进一步论述？

A. 一些国家频频对我国的某些产品提出“反倾销”，而我们却常常把市场拱手让人。

B. 某外国公司卖的某商品的价格远远低于专家推算的成本价。

C. “反倾销”是一把双刃剑，可能影响我国的商品出口。

D. 某外国公司计划用高额的代价取得在我国彩电市场上的绝对优势。

E. 我国要加速制定“反倾销”的有关法律、法规，并形成保护自身的群体意识。

26. 我国有 2 000 万家庭靠生产蚕丝维持生计，出口量占世界市场的四分之三，然而近年来丝绸业面临出口困境：丝绸形象降格，出口数量减少，又遇到亚洲的一些竞争对手，有些国家还对丝绸进口实行了配额，这无疑对我国丝绸业是一个打击。

以下哪项不是造成上述现象的原因？

A. 丝绸行业的决策者不认真研究国际行情，缺乏长远打算，只追求短期效益。

B. 几年来国内厂家一门心思提高丝绸产量，而忘记了质量。

C. 中国的丝绸技术传到了外国，使丝绸市场有了竞争对手。

D. 丝绸是人们非常喜欢的一种夏季面料，穿着凉爽、舒适。

E. 加剧的竞争和大大增加的产量使丝绸从充满异国情调的商品成为很平常的东西。

27. 目前的大学生普遍缺乏中国传统文化的学习和积累。根据国家教委有关部门及部分高等院校最近作的一次调查表明，大学生中喜欢和比较喜欢京剧艺术的只占到被调查人数的 14%。

下列陈述中的哪一个最能削弱上述观点？

A. 大学生缺乏对京剧艺术欣赏方面的指导，不懂得怎样去欣赏。

B. 喜欢京剧艺术与学习中国传统文化不是一回事，不要以偏概全。

C. 14% 的比例正说明培养大学生对传统文化的学习大有潜力可挖。

D. 有一些大学生既喜欢京剧，又对中国传统文化的其他方面有兴趣。

E. 调查的比例太小，恐怕不能反映当代大学生的真实情况。

28. 面试在求职过程中非常重要。经过面试，如果应聘者的个性不适合待聘工作的要求，则不可能被录用。

以上论断是建立在哪项假设基础上的？

A. 必须经过面试才能取得工作，这是工商界的规矩。

B. 只要与面试主持人关系好，就能被聘用。

C. 面试主持者能够准确地分辨出哪些个性是工作所需要的。

D. 面试的唯一目的就是测试应聘者的个性。

E. 若一个人的个性适合工作的要求，他就一定被录用。

29. “打猎不仅无害于动物，反而对其有一定的保护作用。”

以上观点最有可能基于以下哪个前提？

A. 许多人除非自卫不会杀死野生动物。

B. 对经济困难的家庭来说，打猎也是一种经济来源。

C. 当其他食物缺乏时，野生动物会偷吃庄稼。

D. 当野生动物过多时，减少其数量有利于种群的生存和发展。

E. 被猎获的动物大部分是弱小动物。

30. 某国对吸烟情况进行了调查，结果表明，最近三年来，中学生吸烟人数在逐年下降。于是，调查组得出结论：吸烟的青少年人数在逐年减少。

下述哪项如果为真，则调查组的结论受到怀疑？

A. 由于经费紧张，下一年不再对中学生作此调查。

B. 国际上的香烟打进国内市场，香烟的价格在下降。

C. 许多吸烟的青少年不是中学生。

D. 近三年来，反对吸烟的中学生在增加。

E. 近三年来，帮助吸烟者的戒烟协会在增加。

31. 我国共有5万多公里的铁路，承担着53%的客运量和70%的货运量。铁路运力紧张的矛盾十分突出。改造既有铁路线路，提高列车的运行速度，就成了现实的选择。

如果下列哪项为真，则上述的论证就要大大削弱？

A. 国家已经计划并且正逐步兴建大量的新铁路。

B. 我国铁路线路及车辆的维修和更新刻不容缓。

C. 随着经济的发展，铁路货运量还将增加。

D. 随着航空事业和高速公路的发展，铁路客运量会下降。

E. 正在试行时速达140～160公里的快速列车，比一般列车快50%。

32. 所有爱斯基摩土著人都是穿黑衣服的；所有的北婆罗洲土著人都是穿白衣服的；没有既穿白衣服又穿黑衣服的人；H是穿白衣服的。

基于以上事实，下列哪个判断必为真？

A. H是北婆罗洲土著人。

B. H不是爱斯基摩土著人。

C. H不是北婆罗洲土著人。

D. H是爱斯基摩土著人。

E. H既不是爱斯基摩土著人，也不是北婆罗洲土著人。

33. 某班有一位同学做了好事没留下姓名，他是甲、乙、丙、丁四人中的一个。

当老师问他们时，他们分别这样说：

甲：这件好事不是我做的。

乙：这件好事是丁做的。

丙：这件好事是乙做的。

丁：这件好事不是我做的。

这四人中只有一人说了真话，请你推出是谁做了好事？

A. 甲。

B. 乙。

C. 丙。

D. 丁。

E. 不能推出。

34. 一种虾常游弋于高温的深海间歇泉附近，在那里生长着有它爱吃的细菌类生物。由于间歇泉发射一种暗淡的光线，因此，科学家们认为这种虾背部的感光器官是用来寻找间歇泉，从而找到食物的。

下列哪项对科学家的结论提出质疑?

A. 实验表明，这种虾的感光器官对间歇泉发出的光并不敏感。

B. 间歇泉的光线十分暗淡，人类肉眼难以觉察。

C. 间歇泉的高温足以杀死这附近的细菌。

D. 大多数其他品种的虾的眼睛都位于眼柄的末端。

E. 其他虾身上的感热器官同样能起到发现间歇泉的作用。

35. 最近，在一百万年前的河姆渡氏族公社遗址发现了烧焦的羚羊骨残片，这证明人类在很早的时候就掌握了取火煮食肉类的技术。

上述推论中隐含着下列哪项假设?

A. 从河姆渡公社以来的所有人种都掌握了取火的技术。

B. 河姆渡人不生食羚羊肉。

C. 只要发现烧焦的羚羊骨就能证明早期人类曾聚居于此。

D. 河姆渡人以羚羊肉为主食。

E. 羚羊骨是被人类取火烧焦的。

36. 某律师事务所共有 12 名工作人员。①有人会使用计算机；②有人不会使用计算机；③所长不会使用计算机。上述三个判断中只有一个是真的。

以下哪项正确地表示了该律师事务所会使用计算机的人数?

A. 12 人都会使用。

B. 12 人没人会使用。

C. 仅有一人不会使用。

D. 仅有一人会使用。

E. 不能确定。

37. 相传古时候某国的国民都分别居住在两座坚城中，一座“真城”，一座“假城”。凡真城里的人个个说真话，假城里的人个个说假话。一位知晓这一情况的国外游客来到其中一座城市，他只向遇到的该国国民提了一个是非问题，就明白了自己所到的是真城还是假城。

下列哪个问句是最恰当的?

A. 你是真城的人吗?

B. 你是假城的人吗?

C. 你是说真话的人吗?

D. 你是说假话的人吗?

E. 你是这座城的人吗?

38. 在一次商业谈判中，甲方总经理说："根据以往贵公司履行合同的情况，有的产品不具备合同规格的要求，我公司蒙受了损失，希望以后不再出现类似的情况。"乙方总经理说："在履行合同中出现有不符合要求的产品，按合同规定可退回或要求赔偿，贵公司当时既不退回产品，又不要求赔偿，这究竟是怎么回事?"

以下哪一项判断了乙方总经理问句的实质?

A. 甲方企图要乙方赔偿上次合同的损失，这是难以答应的。

B. 甲方说的有的产品不符合要求，却没有证据。

C. 甲方可能是因为怕麻烦，没有追究乙方的违约行为。

D. 乙方虽有不符合要求的产品，甲方照顾乙方面子，就不提出。

E. 甲方为了在这次谈判中讨价还价，故意指责乙方以往有违约行为。

39. 小杨、小方和小孙在一起，一位是经理，一位是教师，一位是医生。小孙比医生年龄大，小杨和教师不同岁，教师比小方年龄小。

根据上述资料可以推理出的结论是：

A. 小杨是经理，小方是教师，小孙是医生。

B. 小杨是教师，小方是经理，小孙是医生。

C. 小杨是教师，小方是医生，小孙是经理。

D. 小杨是医生，小方是经理，小孙是教师。

E. 小杨是医生，小方是教师，小孙是经理。

40. 先天的遗传因素和后天的环境影响对人的发展的作用到底哪个重要？双胞胎的研究对于回答这一问题有重要的作用。唯环境影响决定论者预言，如果把一对双胞胎儿完全分开抚养，同时把一对不相关的婴儿放在一起抚养，那么，待他们长大成人后，在性格等内在特征上，前二者之间决不会比后二者之间有更大的类似。实际的统计数据并不支持这种极端的观点，但也不支持另一种极端的观点，即唯遗传因素决定论。

从以上论述最能推出以下哪个结论?

A. 为了确定上述两个极端的观点哪一个正确，还需要进一步的研究工作。

B. 虽然不能说环境影响对于人的发展起唯一决定的作用，但实际上起最重要的作用。

C. 环境影响和遗传因素对人的发展都起着重要的作用。

D. 试图通过改变一个人的环境来改变一个人是徒劳无益的。

E. 双胞胎研究是不能令人满意的，因为它得出了自相矛盾的结论。

41. 当西方企业还在产品质量的竞争中拚搏，日本企业却已开始改变竞争方式，将重点转移到顾客服务方面来。继质量之后，服务变成了企业下一个全力以赴的目标。

以下哪项不是上面文中之意?

A. 质量是企业生存的根本，是迎合顾客消费心理的唯一法宝。

B. 要通过实用、创新、适合市场需求的产品来增加顾客满意度。

C. 通过合理的雇用程序，录用最为顾客着想和最有责任心的员工。

D. 让产品超越顾客的期待，是使顾客建立忠诚度的最有效的办法。

E. 用科学的电脑系统联网，详细解答和记录顾客的问题和意见。

42. “人多力量大”、“众人拾柴火焰高”，这些名言证明了人口的增加是有利于社会发展的。

上述推断的主要缺陷在于：

A. “人多力量大”肯定了人力资源的作用，是重视人才的表现。

B. 不同的人对社会的贡献是不一样的，应当指明主要应增加哪一类人口。

C. 名言并非真理，不能由名言简单地证明上述结论。

D. 人口越少，消耗掉的社会资源就越少。

E. 人口越多，带来的社会问题越多。

43. 王鸿的这段话不大会错，因为他是听他爸爸说的。而他爸爸是一个治学严谨、受人尊敬、造诣很深、世界著名的数学家。

如果以下哪项是真的，则最能反驳上述结论？

A. 王鸿谈的不是关于数学的问题。

B. 王鸿平时曾说过错话。

C. 王鸿的爸爸并不认为他的每句话都是对的。

D. 王鸿的爸爸已经老了。

E. 王鸿很听他爸爸的话。

44. 商家为了推销商品，经常以“买一赠一”的广告招徕顾客。

以下哪项最能说明这种推销方式的实质？

A. 商家最喜欢这种推销方式。

B. 顾客最喜欢这种推销方式。

C. 这是一种亏本的推销方式。

D. 这是一种耐用商品的推销方式。

E. 这是一种以偷换概念的方法推销商品的手段。

45. 我最爱阅读外国文学作品，英国的、法国的、古典的，我都爱读。

上述陈列在逻辑上犯了哪项错误？

A. 划分外国文学作品的标准混乱，前者是按国别的，后者是按时代的。

B. 外国文学作品，没有分是诗歌、小说还是戏剧的。

C. 没有说最喜好什么？

D. 没有说是外文原版还是翻译本。

E. 在“古典的”后面，没有紧接着指出“现代的”。

46. 改革开放以后的中国社会，白领阶层以其得体入时的穿着、斯文潇洒的举止，在城市中逐渐形成一种新的时尚。张金力穿着十分得体，举止也很斯文，一定是白领阶层中的一员。

下列哪项陈述最准确地指出了上述判断在逻辑上的缺陷?

A. 有些白领阶层的人穿着也很普通，举止并不潇洒。

B. 有些穿着得体、举止斯文的人并非从事令人羡慕的白领工作。

C. 穿着举止是人的爱好、习惯，也与工作性质有一定关系。

D. 张金力的穿着举止受社会时尚的影响很大。

E. 白领阶层的工作性质决定了他们应当穿着得体、举止斯文。

47. 甲校学生的英语考试成绩总比乙校学生的英语考试成绩好，因此，甲校的英语教学方法比乙校好。

除了以下哪项外，其余各项若真都会削弱上述结论：

A. 甲校英语考试试题总比乙校的容易。

B. 甲校学生的英语基础比乙校学生好。

C. 乙校选用的英语教材比甲校选用的英语教材要难。

D. 乙校的英语教师比甲校英语教师工作更勤奋。

E. 乙校学生英语课的学时比甲校的少。

48. “如果张红是教师，那么他一定学过心理学。”

上述判断是从下面哪个判断中推论出来的?

A. 一个好教师应该学习心理学。

B. 只有学过心理学的才可以做教师。

C. 有些教师真的不懂心理学。

D. 心理学知识有助于提高教学效果。

E. 张红曾经说过她非常喜欢心理学。

49. 妈妈要带两个女儿去参加一个晚会，女儿在选择搭配衣服。家中有蓝色短袖衫、粉色长袖衫、绿色短裙和白色长裙各一件。妈妈不喜欢女儿穿长袖配短裙。

以下哪种是妈妈不喜欢的方案。

A. 姐姐穿粉色衫，妹妹穿短裙。

B. 姐姐穿蓝色衫，妹妹穿短裙。

C. 姐姐穿长裙，妹妹穿短袖衫。

D. 妹妹穿长袖衫和白色裙。

E. 姐姐穿蓝色衫和绿色裙。

50. 甲：什么是生命?

乙：生命是有机体的新陈代谢。

甲：什么是有机体?

乙：有机体是有生命的个体。

以下哪项与上述的对话最为类似?

A. 甲：什么是真理?

乙：真理是符合实际的认识。

甲：什么是认识？

乙：认识是人脑对外界的反应。

B. 甲：什么是逻辑学？

乙：逻辑学是研究思维形式结构规律的科学。

甲：什么是思维形式结构的规律？

乙：思维形式结构的规律是逻辑规律。

C. 甲：什么是家庭？

乙：家庭是以婚姻、血缘或收养关系为基础的社会群体。

甲：什么是社会群体？

乙：社会群体是在一定社会关系基础上建立起来的社会单位。

D. 甲：什么是命题？

乙：命题是用语句表达的判断。

甲：什么是判断？

乙：判断是对事物有所判定的思维形式。

E. 甲：什么是人？

乙：人是有思想的动物。

甲：什么是动物？

乙：动物是生物的一部分。

1997 年 10 月在职 MBA 联考逻辑真题

1. 医生告诫病人："吸烟有百害而无一利，特别是像你这样的患者，应该立即戒烟。"以下哪项未能给医生的观点提供进一步的论证？

A. 吸烟者认为戒烟后可能引起其他疾病。

B. 烟草中的尼古丁不仅危害人体健康，还可能引起精神紊乱。

C. 吸烟可能诱发心血管病。

D. 吸烟不仅损害心脏和肺，而且对皮肤也有危害。

E. 吸烟者吐出的烟雾，会妨碍他人的健康。

2. "我有好几次看见这位中年男子从化工厂里出来，才知道他是该厂的工人。"

上文谈话者的逻辑前提是：

A. 这位中年男子不像一个干部。

B. 很多工人的装束与此人极其相似。

C. 此人不是工人，就是干部。

D. 只有该厂工人，才会经常进出该厂。

E. 作者认识该厂的技术员，不是此人。

3. 《伊索寓言》中有这样一段文字：有一只狗习惯于吃鸡蛋。久而久之，它认为"一切鸡蛋都是圆的"。有一次，它看见一个圆圆的海螺，以为是鸡蛋，于是张开大嘴，一口就把海螺吞下肚去，结果肚子疼得直打滚。

狗误吃海螺是依据下述哪项判断的？

A. 所有圆的都是鸡蛋。

B. 有些圆的是鸡蛋。

C. 有些鸡蛋是圆的。

D. 所有的鸡蛋都是圆的。

E. 有些圆的不是鸡蛋。

4. 设"并非无奸不商"为真，则以下哪项一定为真？

A. 所有商人都是奸商。

B. 所有商人都不是奸商。

C. 并非有的商人不是奸商。

D. 并非有的商人是奸商。

E. 有的商人不是奸商。

5. 甲、乙两人就"人的有意识的活动是否都是有目的"这一论题展开辩论。甲认为，人有意识的活动都是有目的的，乙持相反的观点。为证明自己观点的正确性，乙说："我现在就可以有意识却无目的地举起我的手。"

乙的证明犯了下述哪项错误？

A. 模棱两可。

B. 两不可。

C. 自相矛盾。

D. 以偏概全。

E. 论据不足。

6. 有人说："不到小三峡，不算游三峡，不到小小三峡，白来小三峡。"

根据这句话，最有可能推出的结论是：

A. 游三峡，只要到小三峡就可以了。

B. 游三峡，只要到小小三峡就可以了。

C. 游三峡，最令人陶醉的是小小三峡。

D. 游三峡，应先游小小三峡。

E. 不游大小三峡，也可领略三峡之美。

7. 寻求一套普及性的伦理法则，是一个全球性法学理论研究课题。在中国，有求助于儒学者，有借助于西学者，更有倾心于宗教者。在我们看来，解决这个难题必须着眼于宪法和法律。

假设以下各选项都正确，判断哪一个选项最有可能是上述资料的加强型条件？

A. 重视精神文明建设，是中国自古以来的一大优良传统。

B. 宪法和法律集中体现了人民的根本意志和价值观念，具有权威性、普遍性、科学性等特点。

C. 极端个人主义者只想享受自己的权利而拒绝履行自己的义务，只向社会索取，不向社会奉献。

D. 儒家学说既包含我国古老文化的优良传统，也有一些不适应社会主义时代的封建糟粕。

E. 近十年中国经济的腾飞是依赖于社会物质财富的有效积累。

8. 有 A、B、C、D 四个有实力的排球队进行循环赛（每个队与其他队各比赛一场），比赛结果为，B 队输掉一场，C 队比 B 队少赢一场，而 B 队又比 D 队少赢一场。

关于 A 队的名次，下列哪一选项为真？

A. 第一名。

B. 第二名。

C. 第三名。

D. 第四名。

E. 条件不足，不能断定。

9. 某国报载："在过去的 20 年里，州立法机关的黑人成员人数增长超过了 100%，而白人成员却略微下降。这充分说明黑人的政治力量将很快与白人基本相等。"

下列哪一事实有力地削弱了上述观点？

A. 州立法机关提供的席位总数在 20 年里保持不变。

B. 20 年前，州立法机关成员中有 168 个黑人、7 614 个白人。

C. 过去 20 年里，选黑人为州长的州连 5 个也不到。

D. 过去 20 年里，中等家庭的收入提高了 80% 左右。

E. 过去 20 年里，登记选举的黑人比例提高了，而白人比例却有所下降。

10. 对基础研究投入大量经费似乎作用不大，因为直接对生产起作用的是应用型技术。但是，应用技术的发展需要基础理论研究作后盾。今天，纯理论研究可能暂时看不出有什么用处，但不能肯定它将来也不会带来巨大的效益。

上述论证的前提假设是：

A. 发展应用型新技术比搞纯理论研究见效快、效益高。

B. 纯理论研究耗时耗资，看不出有什么用处。

C. 纯理论研究会造福后代，而不会利于当代。

D. 发现一种新的现象与开发出它的实际用途之间存在时滞。

E. 发展应用型新技术容易，搞纯理论研究难。

11. 一所大学的经济系最近作的一次调查表明，教师的加薪常伴随着全国范围内平均酒类消费量的增加。从 1980 年到 1985 年，教师工资平均上涨 12%，酒类销售量增加 11.5%。从 1985 年到 1990 年，教师工资平均上涨 14%，酒类销售量增加 13.4%。从 1990 年到 1995

年，酒类销售量增加 15%，而教师平均工资也上涨 15.5%。

以下哪项最为恰当地说明了文中引用的调查结果？

A. 当教师有了更多的可支配收入，他们喜欢把多余的钱花费在饮酒上。

B. 教师所得越多，花在买书上的钱就越多。

C. 由于教师增加了，人口也就增加了，酒类消费者也会因此而增加。

D. 在文中所涉及的时期里，乡镇酒厂增加了很多。

E. 从 1980 年至 1995 年，人民生活水平提高了，酒类消费量和教师工资也增加了。

12. 甲省的省报发行量是乙省的省报发行量的十倍，可见，甲省的群众比乙省的群众更关心时事新闻。

以下哪项属实，最能减弱上述论证？

A. 甲省的人口是乙省人口的五倍。

B. 甲省的面积是乙省面积的十倍。

C. 甲省的省报在全国发行。

D. 甲省的省报主要在乙省销售。

E. 乙省的报纸在全国发行。

13. “常在河边走，哪有不湿鞋。”搞财会工作的，都免不了有或多或少的经济问题，特别是在当前商品经济大潮下，更是如此。

以下哪项如果是真的，则最有力地否定了上述断定？

A. 某投资信托公司的会计，经管财务 30 年，拒受贿赂，一尘不染，多次受到表彰。

B. 随着法制的健全，经济犯罪必将受到严厉的打击。

C. 由于加强了两个文明建设，广大财会人员的思想觉悟有了明显的提高。

D. 以上断定，宣扬的是一种“人不为己，天诛地灭”的剥削阶级世界观。

E. “慎独”是中国的传统美德，这种传统美德，必将发扬光大。

14. 一段时间以来，国产电器在国内市场的占有率逐渐减少。研究发现：国外电器的广告比国内电器的广告更吸引人。因此，国产电器制造商首先要改进广告，以增加市场占有率。

以下哪项为真，将严重地弱化上述的论证？

A. 准备购买新的家用电器的人比其他人更爱看广告。

B. 消费者只关心他们早已喜爱的产品的广告。

C. 国产电器制造商的广告费只有国外厂商的一半。

D. 尽管国外电器销售额增加，国产电器销售额同样在增加。

E. 某些国外电器的广告是由国内广告公司制作的。

15. 一个身穿工商行政管理人员制服的人从集贸市场走出来。

根据以上陈述，可作出下列哪项判断？

A. 这个人一定是该市场的管理人员。

B. 这个人可能是其他市场的管理人员。
C. 这个人一定不是该市场管理人员。
D. 这个人一定是来买东西的市场管理人员。
E. 这个人一定是上级派来的检查人员。

16. 电视是现代文明的产物，但也给人们带来很多麻烦。对于有孩子的家庭，来自电视节目正反两方面的诱惑力都很大。电视看久了，也会影响学习。更使家长担心的是电视中的暴力片等的副作用。因此，家长应对孩子看电视给以指导与约束。

以下哪种做法与以上观点不符？
A. 为保护孩子的视力，对孩子看电视的时间加以限制。
B. 教会孩子对各种电视节目作出正确的选择。
C. 看电视影响孩子的学习，索性把电视机关掉。
D. 只要不影响学习和身心健康，让孩子适当看电视，会达到增长知识的目的。
E. 教育孩子对电视节目要有分析，即使是好节目，也不能什么都模仿。

17. 经过对最近十年统计资料的分析，我们发现，某省因肺结核死亡的人数比例比全国的平均值要高两倍。而在历史上该省并不是肺结核的高发地区。看来，该省最近这十年的肺结核防治水平降低了。

以下哪项为真，则最能削弱上述论断？
A. 该省十年前的人口数量只是现在的五分之一。
B. 该省的气候适合肺结核病疗养，很多肺结核患者在此地走过最后一段人生之路。
C. 该省最近几年建设的步子迈得很大，到处都在修路盖楼。
D. 该省的人均病床数量仅达到了全国的平均水平。
E. 该省盛产椰子，椰子的产量比起十年前翻了一番。

18. 关于在广告中简化汉字和繁体汉字混用的问题，我们必须重申，发现一个就要纠正一个，并处以 1 000 元的罚款。若在广告中发现使用不当的汉字，罚款是简、繁混用的十倍。发现使用“谐音成语”进行广告宣传的，广告立即停播，并罚款 10 万元。对已经造成恶劣影响的，罚款可超过 10 万元，但不高于广告费用的 50% 。

以下哪项是不能够从上文推理得出的？
A. 广告中使用不当的汉字，其危害比简、繁混用要大得多。
B. 广告中使用不当的汉字，一经发现，罚款 1 万元。
C. 简、繁汉字混用的问题不是今天才第一次反对的。
D. 故意使用谐音成语作广告的，缴罚款后准予播出。
E. 广告停播造成的损失由广告制造者自负，并不视同于罚款。

19. 近来，电视上开展了轿车进入家庭的讨论。有人认为，放松对私人轿车的管制，可以推动中国汽车工业的发展，但同时又会使原本紧张的交通状况更加恶化，从而影响经济和社会生活秩序。因此，中国的私人轿车在近五年内不应该有大发展。

以下哪项如果为真，则最能支持上述观点？

A. 交通事业将伴随着轿车工业的发展而发展。

B. 引起交通拥挤的主要原因是自行车而不是私人轿车。

C. 总是先发展汽车工业，后发展交通事业。

D. 应该大力发展公共交通事业。

E. 本世纪内中国的道路状况不可能有根本改善。

20. 只有在适当的温度下，鸡蛋才能孵出小鸡来。现在，鸡蛋已经孵出了小鸡，可见温度是适当的。

下述推理结构哪个与上述推理在形式上是相同的？

A. 如果物体间发生摩擦，那么物体就会生热。物体间已经发生了摩擦，所以物体必然要生热。

B. 只有年满 18 岁的公民才有选举权。赵某已有选举权，他一定年满 18 岁了。

C. 公民都有劳动的权利。张明是公民，因此，他有劳动的权利。

D. 我国《刑法》规定：致人重伤的处三年以上七年以下有期徒刑。被告已致人重伤，因此，他应处三年以上七年以下的有期徒刑。

E. 只有侵害的对象是公共财物的行为，才构成贪污罪，张某侵害的对象不是公共财物，因此，他的行为不构成贪污罪。

21. 中华腾飞，系于企业；企业腾飞，系于企业家。因此，中国经济的腾飞迫切需要大批优秀的企业家。

下面哪一种逻辑推理方法与上述推理方法相同？

A. 红盒中装蓝球，蓝盒中装绿球。因此，红盒中不可能装绿球。

B. 新技术增加产品的科技含量，科技含量增加产品的价值，技术含量低的产品价值低。

C. 生产力决定生产关系，生产关系决定上层建筑，上层建筑又反作用于生产关系。

D. 优秀的学习成绩来自于勤奋，勤奋需要意志支撑。因此，要取得好的成绩必须具有坚韧的意志。

E. 王军霞的优异成绩来自于她个人的努力，也来自于教练对她的培养。

22. 报案人："二楼办公室被盗，窃贼一定是从窗户里进去的。"

下列哪一个事实不能支持报案人的意见？

A. 办公室的门锁完好无损。

B. 有两扇窗子打开，有一扇玻璃窗被击碎。

C. 击碎的玻璃窗碎片全都散落在窗外。

D. 窗口有一个朝向窗外的鞋印子。

E. 有一架长梯子紧靠在窗口。

23. 就工厂的在岗职工规模看，A、B 两厂都比 C、D 两厂规模大。

再加上以下哪项条件，可断定 E 厂在岗职工比 D 厂在岗职工人数多？

A. E 厂在岗职工比 A 厂在岗职工多。
B. A 厂在岗职工比 B 厂在岗职工少。
C. E 厂在岗职工比 B 厂在岗职工少。
D. B 厂在岗职工比 A 厂在岗职工多。
E. C 厂在岗职工比 E 厂在岗职工少。

24. 在一个候车室里，一个小偷顺手拿起了一个旅客身旁的皮包。旅客叫起来："我的皮包!"小偷马上放下皮包，说："对不起，我拿错了皮包。"说完就要走开。旁边的民警看见了，一把抓住他，只用一句话就让小偷认罪了。请问，民警说的是下面哪句话?
A. 你怎么能乱拿人家的皮包?
B. 不是你的包，你怎么能乱动呢?
C. 你这种顺手牵羊的行为就是小偷!
D. 请问，你自己的皮包在哪里?
E. 如果人家没发现，你不就把皮包拿走了吗?

25. 某国有一家非常受欢迎的冰淇淋店，最近将一种冰淇淋的单价从过去的 1.80 元提到 2 元，销售仍然不错。然而，在提价一周之内，几个雇员陆续辞职不干了。
下列哪项最能解释上述现象?
A. 提价后顾客不再像过去那样能将剩下的零钱作为小费。
B. 提高价格使该店不能继续保持其冰淇淋良好的市场占有率。
C. 尽管冰淇淋涨价了，老主顾们依然经常光顾该店。
D. 尽管提了价，该店的冰淇淋仍然比其他商店卖得便宜。
E. 冰淇淋的提价对店员们的工资水平并没有影响。

26. 大学图书馆员说：直到三年前，校外人员还能免费使用图书馆，后来因经费减少，校外人员每年须付 100 元才能使用我馆。但是，仍然有 150 个校外人员没有付钱，因此，如果我们雇用一名保安去辨别校外人员，并保障所有校外人员均按要求缴费，图书馆的收益将增加。
要判断图书馆员的话是否正确，必须首先知道下列哪一选项?
A. 每年使用图书馆的校内人员数。
B. 今年图书馆的费用预算是多少。
C. 图书馆是否安装了电脑查询系统。
D. 三年前图书馆经费降低了多少。
E. 雇用一名保安一年的开支是多少。

27. 俗话说："三十六计，走为上计。"这里的"走"，并不是消极地撤退，而是蕴藏着一种大踏步后退、大踏步前进的掌握主动权的高超智谋。
下列哪项最恰当地表达了上文的观点?
A. 铤而走险。

B. 走南闯北。

C. 远走高飞。

D. 走马观花。

E. 走着瞧。

28. “人靠衣服马靠鞍”，汽车的外观设计实际上就是汽车的衣装。顾客在购买汽车时不可能一眼就看出汽车的性能，他们总是先从汽车的外观来判断汽车的档次，并由此形成是否购买的初步意向。因此，汽车推销最重要的是向顾客展示汽车的外观美。

以下哪项为真，最能削弱上述结论？

A. 人们的审美观念影响到他们的购买行为。

B. 人们购买汽车时总希望一部汽车的某些特征能符合自己的身份。

C. 当价格相近时，显得豪华的汽车更能赢得顾客的青睐。

D. 绝大部分顾客购买汽车都是以方便实用为目的。

E. 汽车推销广告都设计得非常漂亮。

29. 当爸爸、妈妈中只有一个人外出时，儿子可以留在家里。如果爸爸、妈妈都外出，必须找一个保姆，才可以把儿子留在家中。

从上面的陈述中，可以推出下面哪项结论？

A. 儿子在家时，爸爸也在家。

B. 儿子在家时，爸爸不在家。

C. 保姆不在家，儿子不会单独在家。

D. 爸爸、妈妈都不在家，则儿子也不在家。

E. 爸爸不在家，则妈妈在家。

30. 如果你犯了法，你就会受到法律制裁；如果你受到法律制裁，别人就会看不起你；如果别人看不起你，你就无法受到尊重；而只有得到别人的尊重，你才能过得舒心。

从上述叙述中，可以推出下列哪一个结论？

A. 你不犯法，日子就会过得舒心。

B. 你犯了法，日子就不会过得舒心。

C. 你日子过得不舒心，证明你犯了法。

D. 你日子过得舒心，表明你看得起别人。

E. 如果别人看得起你，你日子就能过得舒心。

31. 有人说：“最高明的骗子，可能在某个时刻欺骗所有的人，也可能在所有的时刻欺骗某些人，但不可能在所有的时刻欺骗所有的人。”

如果上述断定为真，而且世界上总有一些高明的骗子，那么下述哪项断定必定是假的？

A. 张三可能在某个时刻受骗。

B. 李四可能在任何时候都不受骗。

C. 骗人的人也可能在某个时刻受骗。

D. 不存在某一时刻所有的人都不会受骗。

E. 不存在某一时刻有人可能不受骗。

32. 许多消费者并没有充分利用他们所购买的运动器械。据调查，美国有 17% 的成年人都有跑鞋，但其中只有 45% 的人一年跑一次以上，17% 的人一周跑一次以上。

下述哪项如果为真，则最能构成对于以上结论的质疑？

A. 跑步者在刚开始跑步的六个月里，很容易因运动拉伤。

B. 在有关的调查中，跑步者经常夸大跑步的次数。

C. 许多消费者买跑鞋是为参加其他活动，而不是跑步。

D. 喜欢跑步的消费者通常买运动鞋，因为这可提高成绩。

E. 每周坚持跑步一次以上的人，往往是其他运动的积极分子。

33. 某记者报道中指出：速冻食品业方兴未艾。食品专家预测，未来 10 年内，世界速冻食品消费量将占全部食品消费量的 60%。进入 90 年代以来，我国的肉类、水产品、蔬菜类年产量达 1.4 亿吨，如果其中 60% 加工成速冻食品，其市场规模无疑是十分巨大的。而 1995 年全国速冻食品仅为 220 万吨，离理想规模相去甚远。

根据以上资料，可以推理出的最有可能的结论是：

A. 该记者爱吃速冻食品。

B. 速冻食品大发展的良机已经过去。

C. 我国速冻食品消费量还不到全部食品消费量的 5%。

D. 我国速冻食品消费量已占全部食品消费量的 60%。

E. 双职工家庭经常购买速冻食品。

34. 要重振女排的雄风，关键是要发扬拼搏精神，如果没有拼搏精神，战术技术的训练发挥再好，也不可能在超级强手面前取得突破性的成功。

下列各选项除哪项外，都表达了上述议论的原意？

A. 只有发扬拼搏精神，才可能取得突破性成功。

B. 除非发扬拼搏精神，否则不能取得突破性成功。

C. 如果取得了突破性成功，说明一定发扬了拼搏精神。

D. 不能设想取得了突破性成功但却没有发扬拼搏精神。

E. 只要发扬了拼搏精神，即使战术技术发挥得不好，也能取得突破性成功。

35. “平反是对处理错误的案件进行纠正。”

以下哪项最为确切地说明上述定义的不严密？

A. 对案件是否处理错误，应该有明确的标准。

B. 应该说明平反的操作程序。

C. 应该说明平反的主体及其权威性。

D. 对平反的客体应该具体分析。平反了，不等于没错误。

E. 对原来重罪轻判的案件进行纠正不应该称为平反。

36. 群众对领导的不满，不仅仅产生于领导的作为和业绩，而且很大程度上是由于对领导的期望值与实际表现之间的差距。因此，如果竞选一个人企业的领导，竞选者在竞选演说中一味许愿是一种不聪明的做法。

从以上议论可以推出以下哪项结论？

Ⅰ　只要群众的期望值足够低，领导即使胡作非为，群众也不会产生不满情绪。

Ⅱ　只要领导的作为和业绩出色，群众就不会产生不满情绪。

Ⅲ　由于群众的期望值高，尽管领导的工作成绩优秀，群众的不满情绪仍可能存在。

A. 只有Ⅰ。

B. 只有Ⅱ。

C. 只有Ⅲ。

D. 只有Ⅰ和Ⅲ。

E. 只有Ⅱ和Ⅲ。

37. 东方日出，西方日落；社会是发展的，生物是进化的。这些都反映了不以人的意志为转移的客观规律。小王对此不以为然。他说，有的规律是可以改造的，人能改造一切，当然也能改造某些客观规律。比如价值规律不是乖乖地为精明的经营者服务了吗？人不是把肆虐的洪水制住而变害为利了吗？

试问，以下哪项最为确切地揭示了小王上述议论中的错误？

A. 他过高地估计了人的力量。

B. 他认为“人能改造一切”是武断的。

C. 他混淆了“运用”与“改造”这两个概念。

D. 洪水并没有都被彻底制服。

E. 价值规律若被改造就不叫价值规律了。

38. 从历史上看，美国的繁荣是依靠企业不断涌现的新发明，这些发明促使汽车、飞机制造、化工、制药、电子、计算机等领域出现了一批新工业和新产品。因此，经济不断壮大的最好保障是企业在科学研究和发展方面增加经费。

以下哪项为真，最能削弱以上命题？

A. 企业花在研究和开发上的投入关系着企业的发展战略。

B. 由于增加了资金投入，企业研究和开发部门申请的专利比以前多了。

C. 有一些工业的发展直接依靠公司研究和开发部门取得的科技突破。

D. 多数企业只能对现有产品作微小的改进，要发展新技术还要靠研究所。

E. 在今后五年中，企业对研究人才的需求将会增加。

39. 老师：“不完成作业就不能出去做游戏。”

学生：“老师，我完成作业了，我可以去外边做游戏了！”

老师：“不对。我只是说，你们如果不完成作业就不能出去做游戏。”

除了以下哪项，其余各选项都能从上面的对话中推出？

A. 学生完成作业后，老师就一定会准许他们出去做游戏。
B. 老师的意思是没有完成作业的肯定不能出去做游戏。
C. 学生的意思是只要完成了作业，就可以出去做游戏。
D. 老师的意思是只有完成了作业才可能出去做游戏。
E. 老师的意思是即使完成了作业，也不一定被准许出去做游戏。

40. 一份犯罪调研报告揭示，某市近三年来的严重刑事犯罪案件60%皆为已记录在案的350名惯犯所为。报告同时揭示，半数以上的严重刑事犯罪案件的作案者同时是吸毒者。

如果上述断定都是真的，并且同时考虑到事实上一个惯犯可能作案多起，那么，下述哪个断定一定是真的？

A. 350名惯犯中可能没有吸毒者。
B. 350名惯犯中一定有吸毒者。
C. 350名惯犯中大多数是吸毒者。
D. 吸毒者中大多数在350名惯犯中。
E. 吸毒是造成严重刑事犯罪的主要原因。

41. 陈娜和杨玲一起上了五门课，但其中只有一门课她俩的成绩相同——金融市场，她们每门课的成绩都在60至100分之间。

以下哪项为真，可以断定陈娜的总成绩好于杨玲。

A. 陈娜的某科成绩高于杨玲任何一科。
B. 杨玲的最高成绩低于陈娜的最高成绩。
C. 陈娜有三门课的成绩比杨玲的高。
D. 陈娜的金融市场成绩最低，而杨玲的金融市场成绩最高。
E. 陈娜的最高成绩和杨玲的最高成绩都是经济学。

42. 假设“如果甲是经理或乙不是经理，那么丙是经理”为真，由以下哪个前提可推出“乙是经理”的结论？

A. 丙不是经理。
B. 甲和丙都是经理。
C. 丙是经理。
D. 甲不是经理。
E. 甲或丙有一个不是经理。

43. 有甲、乙、丙三个学生，一个出生在B市，一个出生在S市，一个出生在W市。他们的专业，一个是金融，一是管理，一个是外语。已知：

（1）乙不是学外语的。
（2）乙不出生在W市。
（3）丙不出生在B市。
（4）学习金融的不出生在S市。

（5）学习外语的出生在 B 市。

根据上述条件，可推出甲所学的专业是：

A. 金融。

B. 管理。

C. 外语。

D. 金融或管理。

E. 推不出来。

44. 想从事秘书工作的学生，都报考中文专业。李芝报考了中文专业，她一定想从事秘书工作。

下述哪项如果为真，则最能支持上述观点？

A. 所有报考中文专业的考生都想从事秘书工作。

B. 有些秘书人员是大学中文专业毕业生。

C. 想从事秘书工作的人有些报考了中文专业。

D. 有不少秘书工作人员都有中文专业学位。

E. 只有中文专业毕业的，才有资格从事秘书工作。

45. 过儿童节，幼儿园阿姨给三个小孩分食品。现有月饼、桃酥、蛋糕各一块，苹果、香蕉、鸭梨各一个。小红不喜欢吃蛋糕和鸭梨，小华不喜欢吃桃酥和苹果，小林不喜欢吃蛋糕和苹果。阿姨想出了一个分配方案，使小朋友们分到了喜欢的点心和水果。

以下哪项不是阿姨想出的方案？

A. 小林分到月饼和香蕉，小红分到桃酥和苹果，小华分到蛋糕和鸭梨。

B. 小林分到蛋糕和苹果，小红分到桃酥和香蕉，小华分到月饼和鸭梨。

C. 小林分到桃酥和鸭梨，小红分到月饼和苹果，小华分到蛋糕和香蕉。

D. 小林分到月饼和鸭梨，小红分到桃酥和苹果，小华分到蛋糕和香蕉。

E. 小林分到桃酥和香蕉，小红分到月饼和苹果，小华分到蛋糕和鸭梨。

46. “笑一笑，十年少”，笑是免费药品，不仅能振奋精神，而且能增进健康。

以下哪项不支持以上观点？

A. 爱笑的人能使人体吸收更多的氧，改善新陈代谢。

B. 笑能使面部 17 块肌肉活动，使肌肤永葆光润。

C. 笑能使大脑的血液降温，使思维更敏捷。

D. 笑能使体内产生大量免疫球蛋白，提高肌体的保护功能。

E. 人在大笑时心跳比平常加快，增加心脏负担。

47. 据报道，上海 64 名中、小学生利用假期到江西茨坪、宁冈等贫困地区进行参观，还有的家长带孩子到自己当年上山下乡的地方寻根。他们认为现在的小孩甜蜜太多、吃苦太少，应该走出暖房，经受磨炼。

以下哪项断定为真，最能支持以上观点？

A. 由于人口过多，城市青年还得到农村去。
B. 一个人只有具备不怕苦、不怕难的精神，才能取得成功。
C. 农村山清水秀，空气清新，是城市人旅游的好去处。
D. 城市青年只有到农村去，才能全面了解中国的国情。
E. 上山下乡知青喜欢农村的黄土地。

48. 小李和小张就广告问题争论得面红耳赤，没完没了。小李说，广告进了百姓门，带来方便送福音。小张说，广告就会吹，真假难区分。

以下哪项对小张的论点提供了最有力的支持？

A. 某教师受浅表萎缩性胃炎折磨多年，从电视广告中找到了良药。
B. 电视广告对不愿意看的观众，是一种浪费。
C. 妈妈通过报纸广告为孩子找到计算机辅导班。
D. 64% 的保健品凭着广告走进了市场。在一次抽样调查中，仅有 2% 具有所说的效果。
E. 街头的招牌广告被风吹倒，造成了人身伤亡，应该引以为戒。

49. 某个饭店中，一桌人边用餐边谈生意。其中，一个人是哈尔滨人，两个人是北方人，一个人是广东人，两个人只做电脑生意。三个人只做服装生意。

假设以上的介绍涉及这餐桌上所有的人，那么，这一餐桌上最少可能是几个人？最多可能是几个人？

A. 最少可能是 3 人，最多可能是 8 人。
B. 最少可能是 5 人，最多可能是 8 人。
C. 最少可能是 5 人，最多可能是 9 人。
D. 最少可能是 3 人，最多可能是 8 人。
E. 无法确定。

50. 任何方法都是有缺陷的。如何公正合理地选拔合格的大学生？目前通行的高考制度恐怕是所有带缺陷的方法中最好的方法了。

以下各选项都符合上述断定的含义，除了

A. 被录取的大多数大学生的实际水平与他们的考分是基本相符的。
B. 存在落榜的考生，他们有较高的实际水平。
C. 存在被录取的考生，他们并无合格的实际水平。
D. 目前，没有比高考更能使人满意的招生制度。
E. 无合格的实际水平的考生被录取，是考场舞弊所致。

1998 年 1 月 MBA 联考逻辑真题

1. 某单位要从 100 名报名者中挑选 20 名献血者进行体检。最不可能被挑选上的是 1993 年以来已经献过血，或是 1995 年以来在献血体检中不合格的人。

如果上述断定是真的，则以下哪项所言及的报名者最有可能被选上？

A. 小张 1995 年献过血，他的血型是 O 型，医用价值最高。

B. 小王是区献血标兵，近年来每年献血，这次她坚决要求献血。

C. 小刘 1996 年报名献血，因“澳抗”阳性体检不合格，这次出具了“澳抗”转阴的证明，并坚决要求献血。

D. 大陈最近一次献血时间是在 1992 年，他因公伤截肢，血管中流动着义务献血者的血。他说，我比任何人都有理由献血。

E. 老孙 1993 年因体检不合格未能献血，1995 年体检合格后献血。

2. 如果“鱼和熊掌不可兼得”是不可改变的事实，则以下哪项也一定是事实？

A. 鱼可得但熊掌不可得。

B. 熊掌可得但鱼不可得。

C. 鱼和熊掌皆不可得。

D. 如果鱼不可得，则熊掌可得。

E. 如果鱼可得，则熊掌不可得。

3. 为了祛除脸上的黄褐斑，李小姐在今年夏秋之交开始严格按使用说明使用艾利雅祛斑霜。但经过整个秋季三个月的疗程，她脸上的黄褐斑毫不见少。由此可见，艾利雅祛斑霜是完全无效的。

以下哪项如果是真的，最能削弱上述结论？

A. 艾利雅祛斑霜价格昂贵。

B. 艾利雅祛斑霜获得了国家专利。

C. 艾利雅祛斑霜有技术合格证书。

D. 艾利雅祛斑霜是中外合资生产的，生产质量是信得过的。

E. 如果不使用艾利雅祛斑霜，李小姐脸上的黄褐斑会更多。

4. 如果甲和乙都没有考试及格的话，那么丙就一定及格了。

上述前提再增加以下哪项，就可以推出“甲考试及格了”的结论？

A. 丙及格了。

B. 丙没有及格。

C. 乙没有及格。

D. 乙和丙都没有及格。

E. 乙和丙都及格了。

5. 不可能所有的错误都能避免。

以下哪项最接近于上述断定的含义？

A. 所有的错误必然都不能避免。

B. 所有的错误可能都不能避免。

C. 有的错误可能不能避免。

D. 有的错误必然能避免。

E. 有的错误必然不能避免。

6. 如果祖大春被选进村计划生育委员会，他一定是结了婚的。

上述断定基于以下哪项假设？

A. 某些已婚者不可以被选进村计划生育委员会。

B. 只有已婚者才能被选进村计划生育委员会。

C. 某些已婚者必须被选进村计划生育委员会。

D. 某些已婚者可以不被选进村计划生育委员会。

E. 祖大春不拒绝在村计划生育委员会工作。

7. 很多自称是职业足球运动员的人，尽管日常生活中的很多时间都在进行足球训练和比赛，但其实他们并不真正属于这个行业，因为足球的比赛和训练并不是他们主要的经济来源。

上面这段话在推理过程中做了以下哪项假设？

A. 职业足球运动员的技术水准和收入水平都比业余足球运动员要高得多。

B. 经常进行足球训练和比赛是成为职业球员的必由之路。

C. 一个运动员除非他的大部分收入来自比赛和训练，否则不能称为职业运动员。

D. 运动员希望成为职业运动员的动力来自于想获得更高的经济收入。

E. 有一些经常进行足球训练和比赛的人们并不真正属于职业运动员行业。

8. 人体在晚上分泌的镇痛荷尔蒙比白天多，因此，在晚上进行手术的外科病人需要较少的麻醉剂。既然较大量的麻醉剂对病人的风险更大，那么，如果经常在晚上做手术，手术的风险也就可以降低了。

下列哪项如果为真，最能反驳上述结论？

A. 医院晚上能源的费用比白天低。

B. 多数的新生儿在半夜和早上七点之间出生。

C. 晚上的急症病人比白天多，包括那些急需外科手术的病人。

D. 护士和医疗技师晚上每小时薪金比白天高。

E. 手的灵巧和脑的警觉晚上比白天低，即使对习惯晚上工作的人也是如此。

9. 某学校最近进行的一项关于奖学金对学习效率促进作用的调查表明，获得奖学金的学生比那些没有获得奖学金的学生的学习效率平均要高出25%。调查的内容包括自习的出勤率、完成作业所需要的时间、日阅读量等许多指标。这充分说明，奖学金对帮助学生提高学习效率的作用是很明显的。

以下哪项如果为真，最能削弱以上的论证？

A. 获得奖学金通常是因为那些同学有好的学习习惯和高的学习效率。

B. 获得奖学金的同学可以更容易改善学习环境来提高学习效率。

C. 学习效率低的同学通常学习时间长而缺少正常的休息。

D. 学习效率的高低与奖学金的多少的研究应当采用定量方法进行。

E. 没有获得奖学金的同学的学习压力重，很难提高学习效率。

10. 经过人们长时间的统计研究，发现了一个极为有趣的现象：大部分的数学家都是长子。可见，长子天生的数学才华相对而言更强些。

以下哪项如果为真，能有效地削弱上述推论？

Ⅰ　女性才能普遍受到压抑，很难表现出她们的数学才华。

Ⅱ　长子的人数比起次子的人数要多得多。

Ⅲ　长子能够接受更多的来自父母的数学能力的遗传。

A. 仅Ⅰ。

B. 仅Ⅱ。

C. 仅Ⅰ和Ⅱ。

D. 仅Ⅱ和Ⅲ。

E. Ⅰ、Ⅱ和Ⅲ。

11. 所有的聪明人都是近视眼，我近视得很厉害，所以我很聪明。

以下哪项与上述推理的逻辑结构一致？

A. 我是个笨人，因为所有的聪明人都是近视眼，而我的视力那么好。

B. 所有的猪都有四条腿，但这种动物有八条腿，所以它不是猪。

C. 小陈十分高兴，所以小陈一定长得很胖；因为高兴的人都能长胖。

D. 所有的天才都高度近视，我一定是高度近视，因为我是天才。

E. 所有的鸡都是尖嘴，这种总在树上呆着的鸟是尖嘴，因此它是鸡。

12. 某家私人公交公司通过增加班次、降低票价、开辟新线路等方式，吸引了顾客，增加了利润。为了继续这一经营方向，该公司决定更换旧型汽车，换上新型大客车，包括双层客车。

该公司的上述计划假设了以下各项，除了：

A. 在该公司经营的区域内，客流量将有所增加。

B. 更换汽车的投入费用将在预期的利润中得到补偿。

C. 新汽车在质量、效能等方面足以保证公司获得预期的利润。

D. 驾驶新汽车将不比驾驶旧汽车更复杂、更困难。

E. 新换的双层大客车在该公司经营的区域内将不会受到诸如高度、载重等方面的限制。

13. 越来越多有说服力的统计数据表明，具有某种性格特征的人易患高血压，而另一种性格特征的人易患心脏病，如此等等。因此，随着对性格特征的进一步分类了解，通过主动修正行为和调整性格特征以达到防治疾病的可能性将大大提高。

以下哪项最能反驳上述观点？

A. 一个人可能会患有与各种不同性格特征均有关系的多种疾病。

B. 某种性格与其相关的疾病可能由相同的生理因素导致。

C. 某一种性格特征与某一种疾病的联系可能只是数据上的巧合，并不具有一般性意义。

D. 人们往往是在病情已难以扭转的情况下，才愿意修正自己的行为，但已为时太晚。
E. 用心理手段医治与性格特征相关的疾病这一研究，导致心理疗法遭到淘汰。

14. 甲、乙、丙和丁是同班同学。
甲说："我班同学都是团员。"
乙说："丁不是团员。"
丙说："我班有人不是团员。"
丁说："乙也不是团员。"
已知只有一人说假话，则可推出以下哪项断定是真的？
A. 说假话的是甲，乙不是团员。
B. 说假话的是乙，丙不是团员。
C. 说假话的是丙，丁不是团员。
D. 说假话的是丁，乙是团员。
E. 说假话的是甲，丙不是团员。

15. 经过对最近十年的统计资料分析，大连市因癌症死亡的人数比例比全国城市的平均值要高两倍。而在历史上大连市一直是癌症特别是肺癌的低发病地区。看来，大连最近这十年对癌症的防治出现了失误。
以下哪项如果为真，最能削弱上述论断？
A. 十年来大连市的人口增长和其他城市比起来并不算快。
B. 大连的气候和环境适合疗养，很多癌症病人在此地走过了最后一段人生之路。
C. 大连最近几年医疗保健的投入连年上升，医疗设施有了极大的改善。
D. 大连医学院在以中医理论探讨癌症机理方面取得了突破性的进展。
E. 尽管肺癌的死亡率上升，但大连的肺结核死亡率几乎降到了零。

16. 如今这几年参加注册会计师考试的人越来越多了，可以这样讲，所有想从事会计工作的人都想要获得注册会计师证书。小朱也想获得注册会计师证书，所以，小朱一定是想从事会计工作了。
以下哪项如果为真，最能加强上述论证？
A. 目前越来越多的从事会计工作的人具有注册会计师证书。
B. 不想获得注册会计师证书，就不是一个好的会计工作者。
C. 只有获得注册会计师证书的人，才有资格从事会计工作。
D. 只有想从事会计工作的人，才想获得注册会计师证书。
E. 想要获得注册会计师证书，一定要对会计理论非常熟悉。

17. 一位社会学家对两组青少年作了研究。第一组成员每周看暴力内容的影视的时间平均不少于 10 个小时；第二组则不多于 2 个小时。结果发现第一组成员中举止粗鲁者所占的比例要远高于第二组。因此，此项研究认为，多看暴力内容的影视容易导致青少年举止粗鲁。

以下哪项如果为真，将对上述研究的结论提出质疑？

A. 第一组中有的成员的行为并不粗鲁。

B. 第二组中有的成员的行为比第一组有的成员粗鲁。

C. 第二组中很多成员的行为很文明。

D. 第一组中有的成员的文明行为是父母从小教育的结果，这使得他们能抵制暴力影视的不良影响。

E. 第一组成员中很多成员的粗鲁举止是从小养成的，这使得他们特别爱看暴力影视。

18. 母亲：这学期冬冬的体重明显下降，我看这是因为他的学习负担太重了。

父亲：冬冬体重下降和学习负担没有关系。医生说冬冬营养不良，我看这是冬冬体重下降的原因。

以下哪项如果是真的，则最能对父亲的意见提出质疑？

A. 学习负担过重，会引起消化紊乱，妨碍对营养的正常吸收。

B. 隔壁松松和冬冬一个班，但松松是个小胖墩，正在减肥。

C. 由于学校的重视和努力，这学期冬冬和同学们的学习负担比上学期有所减轻。

D. 现在学生的普遍问题是过于肥胖，而不是体重过轻。

E. 冬冬所在的学校承认学生的负担偏重，并正在采取措施解决。

19. 威尔和埃克斯这两家公司，对使用他们字处理软件的顾客，提供 24 小时的热线电话服务。既然顾客仅在使用软件有困难时才打电话，并且威尔收到的热线电话比埃克斯收到的热线电话多四倍，因此，威尔的字处理软件一定是比埃克斯的字处理软件难用。

下列哪项如果为真，则最能够有效地支持上述论证？

A. 平均每个埃克斯的热线电话比威尔的热线电话时间长两倍。

B. 拥有埃克斯字处理软件的顾客数比拥有威尔字处理软件的顾客数多三倍。

C. 埃克斯收到的关于字处理软件的投诉信比威尔多两倍。

D. 两家公司收到的热线电话数量逐渐上升。

E. 威尔热线电话的号码比埃克斯的号码更公开。

20. 业余兼课是高校教师实际收入的一个重要来源。某校的一项统计表明，法律系教师的人均业余兼课的周时数是 3.5，而会计系则为 1.8。因此，该校法律系教师的当前人均实际收入要高于会计系。

以下哪项如果为真，将削弱上述论证？

Ⅰ　会计系教师的兼课课时费一般要高于法律系。

Ⅱ　会计系教师中当兼职会计的占 35%；法律系教师中当兼职律师的占 20%。

Ⅲ　会计系教师中业余兼课的占 48%；法律系教师中业余兼课的只占 20%。

A. Ⅰ、Ⅱ和Ⅲ。

B. 仅Ⅰ。

C. 仅Ⅱ。

D. 仅Ⅲ。

E. 仅Ⅰ和Ⅱ。

21. 甲：从举办奥运会的巨额耗费来看，观看各场奥运比赛的票额应该要高得多，是奥运会主办者的广告收入降低了每份票券的单价。因此，奥运会的现场观众从奥运会拉的广告中获得了经济利益。

乙：你的说法不能成立。谁来支付那些看来导致奥运会票券降价的广告费用？到头来还不是消费者，包括作为奥运会现场观众的消费者？因为厂家通过提高商品的价格把广告费用摊到了消费者的身上。

以下哪项如果为真，则能够有力地削弱乙对甲的反驳？

A. 奥运会的票价一般要远高于普通体育比赛的票价。

B. 在各种广告形式中，电视广告的效果要优于其他形式的广告。

C. 近年来，利用世界性体育比赛做广告的厂家越来越多，广告费用也越来越高。

D. 奥运会的举办带有越来越浓的商业色彩，引起了普遍的不满。

E. 总体上说，各厂家的广告支出是一个常量，有选择地采取广播、电视、报纸、杂志、广告牌、邮递印刷品等各种形式。

22. 一项对某高校教员的健康普查表明，80%的胃溃疡患者都有夜间工作的习惯。因此，夜间工作易造成的植物神经功能紊乱是诱发胃溃疡的重要原因。

以下哪项如果是真的，将严重削弱上述论证？

A. 医学研究尚不能清楚地揭示消化系统的疾病和神经系统的内在联系。

B. 该校的胃溃疡患者主要集中在中老年教师中。

C. 该校的胃溃疡患者近年来有上升的趋势。

D. 该校教员中只有近五分之一的教员没有夜间工作的习惯。

E. 该校胃溃疡患者中近60%患有不同程度的失眠症。

23. 关于确定商务谈判代表的人选，甲、乙、丙三位公司老总的意见分别是：

甲：如果不选派李经理，那么不选派王经理。

乙：如果不选派王经理，那么选派李经理。

丙：要么选派李经理，要么选派王经理。

以下诸项中，同时满足甲、乙、丙三人意见的方案是：

A. 选派李经理，不选派王经理。

B. 选派王经理，不选派李经理。

C. 两人都选派。

D. 两人都不选派。

E. 不存在这样的方案。

24. 科学家们发现，一种曾在美洲普遍栽培的经济作物比目前的主食作物如大米和小麦含有更高的蛋白质成分。科学家们宣称，推广这种作物，对那些人口稠密、人均卡路里和蛋白质摄入量均不足的国家是很有利的。

下列哪项如果为真，最能对科学家的宣称产生质疑？

A. 这种作物的亩产量大大低于目前主食作物的亩产量。

B. 许多重要的食物，如西红柿，都原产于美洲。

C. 小麦蛋白质含量比大米高。

D. 这种作物的卡路里含量高于目前主食作物的含量。

E. 只有 20 种不同的作物提供了地球上主要的食物供应。

25. 我国多数企业完全缺乏“专利意识”，不懂得通过专利来保护自己的合法利益。中国专利局最近对 500 家大中型企业专利工作的一次调查的结果表明，在科研或新产品规划时制定了专利计划的仅有 26%。

以下哪项如果为真，最能削弱上述论证？

A. 在被调查的 500 家企业以外，有一部分企业也制定了专利计划。

B. 一些企业不知道应当怎样制定出专利计划。

C. 有不少企业申请了很多专利，但并没有制定专利计划。

D. “专利意识”的培养是长期的任务。

E. 制定了专利计划的企业不一定就牢固地树立了“专利意识”。

26. 北方航空公司实行对教师机票六五折优惠，这实际上是吸引乘客的一种经营策略，该航空公司并没有实际让利，因为当某天某航班的满员率超过 90% 时，就停售当天优惠价机票，而即使在高峰期，航班的满员率也很少超过 90% 的。有座位空着，何不以优惠价促销它呢？

以下哪项如果是真的，将最有力地削弱上述论证？

A. 绝大多数教师乘客并不是因为票价优惠才选择北方航空公司的航班的。

B. 该航空公司实施优惠价的 7 月份的营业额比未实施优惠价的 2 月份增加了 30%。

C. 实施教师优惠票价是表示对教师职业的一种尊重，不应从功利角度对此进行评价。

D. 该航空公司在实施教师优惠价的同时，实施季节性调价。

E. 该航空公司各航班全年的平均满员率是 50%。

27. 北京市是个水资源严重缺乏的城市，但长期以来水价格一直偏低。最近北京市政府根据价值规律调高水价，这一举措将对节约使用该市的水资源产生重大的推动作用。

为使上述议论成立，以下哪项必须是真的？

Ⅰ　有相当数量的用水浪费是因为水价格偏低而造成的。

Ⅱ　水价格的上调幅度一般地足以对浪费用水的用户产生经济压力。

Ⅲ　水价格的上调不会引起用户的不满。

A. Ⅰ、Ⅱ和Ⅲ。

B. 仅Ⅰ和Ⅱ。

C. 仅Ⅰ和Ⅲ。

D. 仅Ⅱ和Ⅲ。

E. 仅Ⅲ。

28. 某大学某寝室中住着若干个学生。其中一个是哈尔滨人，两个是北方人，一个是广东人，两个在法律系，三个是进修生。因此，该寝室中恰好有8个人。

以下各项关于该寝室的断定如果是真的，都有可能加强上述论证，除了

A. 题干中的介绍涉及了寝室中所有的人。

B. 广东学生在法律系。

C. 哈尔滨学生在财金系。

D. 进修生都是南方人。

E. 该校法律系不招收进修生。

29. 正是因为有了充足的奶制品作为食物来源，生活在呼伦贝尔大草原的牧民才能摄入足够的钙质。很明显，这种足够的钙质，对于呼伦贝尔大草原的牧民拥有健壮的体魄是必不可少的。

以下哪种情况如果存在，最能削弱以上的断定？

A. 有的呼伦贝尔大草原的牧民从食物中能摄入足够的钙质，且有健壮的体魄。

B. 有的呼伦贝尔大草原的牧民不具有健壮的体魄，但从食物中摄入的钙质并不缺少。

C. 有的呼伦贝尔大草原的牧民不具有健壮的体魄，他们从食物中不能摄入足够的钙质。

D. 有的呼伦贝尔大草原的牧民有健壮的体魄，但没有充足的奶制品作为食物来源。

E. 有的呼伦贝尔大草原的牧民没有健壮的体魄，但有充足的奶制品作为食物来源。

30. 在世界市场上，日本生产的冰箱比其他国家生产的冰箱耗电量要少。因此，其他国家的冰箱工业将失去相当部分的冰箱市场，而这些市场将被日本冰箱占据。

以下哪项是上述论证所要假设的？

Ⅰ 日本的冰箱比其他国家的冰箱更为耐用。

Ⅱ 电费是冰箱购买者考虑的重要因素。

Ⅲ 日本冰箱与其他国家冰箱的价格基本相同。

A. Ⅰ、Ⅱ和Ⅲ。

B. 仅Ⅰ和Ⅱ。

C. 仅Ⅱ。

D. 仅Ⅱ和Ⅲ。

E. 仅Ⅲ。

31. 在美国纽约，有这样一种有趣的现象。每天晚上，总有几个时刻，城市的用水量突然增大。经过观察，这几个时刻都是热门电视节目间隔中插播大段广告的时间。而用水量的激增是人们同时去洗手间的缘故。

以下哪项作为从上述现象中推出的结论最为合理？

A. 电视节目广告要短小，零碎地插在电视节目中才会有效。

B. 电视台对于热门节目中插的广告费用要提高，否则竞争就更为激烈。

C. 热门的电视节目后插广告不如在冷门些的节目后插广告效果好。

D. 在热门的电视节目中插广告，需要向自来水公司缴纳一定的费用，补偿用水激增对设备的损害。

E. 现代生活中人们普遍不喜欢电视节目中大段广告的插入。

32. 在中国北部有这样两个村落，赵村所有的人都是白天祭祀祖先，李庄所有的人都是晚上才祭祀祖先，我们确信没有既在白天也在晚上祭祀祖先的人。我们也知道李明是晚上祭祀祖先的人。

依据以上信息，能断定以下哪项是对李明身份的正确判断？

A. 李明是赵村的人。

B. 李明不是赵村的人。

C. 李明是李庄的人。

D. 李明不是李庄的人。

E. 李明既不是赵村人，也不是李庄人。

33. 某对外营业游泳池更衣室的入口处贴着一张启事，称“凡穿拖鞋进入泳池者，罚款五至十元”。某顾客问：“根据有关法规，罚款规定的制定和实施，必须由专门机构进行，你们怎么可以随便罚款呢？”工作人员回答：“罚款本身不是目的。目的是通过罚款，来教育那些缺乏公德意识的人，保证泳池的卫生。”

上述对话中工作人员所犯的逻辑错误，与以下哪项中出现的最为类似？

A. 管理员：“每个进入泳池的同志必须带上泳帽，没有泳帽的到售票处购买。”

某顾客：“泳池中那两位同志怎么没戴泳帽？”管理员：“那是本池的工作人员。”

B. 市民：“专家同志，你们制定的市民文明公约共15条60款，内容太多，不易记忆，可否精简，以便直接起到警示的作用。”

专家：“这次市民文明公约，是在市政府的直接领导下，组织专家组，在广泛听取市民意见的基础上制定的，是领导、专家、群众三结合的产物。”

C. 甲：什么是战争？

乙：战争是两次和平之间的间歇。

甲：什么是和平？

乙：和平是两次战争之间的间歇。

D. 甲：为了使我国早日步入发达国家之列，应该加速发展私人汽车工业。

乙：为什么？

甲：因为发达国家私人都有汽车。

E. 甲：一样东西，如果你没有失去，就意味着你仍然拥有。是这样吗？

乙：是的。

甲：你并没有失去尾巴。是这样吗？

乙：是的。

甲：因此，你必须承认，你仍然有尾巴。

34. 如果一个儿童体重与身高的比值超过本地区80%的儿童的水平，就称其为肥胖儿。

根据历年的调查结果，15 年来，临江市的肥胖儿的数量一直在稳定增长。

如果以上断定为真，则以下哪项也必为真？

A. 临江市每一个肥胖儿的体重都超过全市儿童的平均体重。

B. 15 年来，临江市的儿童体育锻炼越来越不足。

C. 临江市的非肥胖儿的数量 15 年来不断增长。

D. 15 年来，临江市体重不足标准体重的儿童数量不断下降。

E. 临江市每一个肥胖儿的体重与身高的比值都超过全市儿童的平均值。

35. 由于工业废水的污染，淮河中下游水质恶化，有害物质的含量大幅度提高，这引起了多种鱼类的死亡。但由于蟹有适应污染水质的生存能力，因此，上述沿岸的捕蟹业和蟹类加工业将不会像渔业同行那样受到严重影响。

以下哪项如果是真的，将严重削弱上述论证？

A. 许多鱼类已向淮河上游及其他水域迁移。

B. 上述地区渔业的资金向蟹业转移，激化了蟹业的竞争。

C. 作为幼蟹主要食物来源的水生物蓝藻无法在污染水质中继续存活。

D. 蟹类适应污染水质的生理机制尚未得到科学的揭示。

E. 在鱼群分布稀少的水域中蟹类繁殖较快。

36. 广告：世界上最好的咖啡豆产自哥伦比亚。在咖啡的配方中，哥伦比亚咖啡豆的含量越多，则配制的咖啡越好。克力莫公司购买的哥伦比亚咖啡豆最多，因此，有理由相信，如果你购买了一罐克力莫公司的咖啡，那么，你就买到了世界上配制最好的咖啡。

以下哪项如果为真，最能削弱上述广告中的论证？

A. 克力莫公司配制及包装咖啡所使用的设备和其他咖啡制造商的不一样。

B. 不是所有克力莫公司的竞争者在他们销售的咖啡中，都使用哥伦比亚咖啡豆。

C. 克力莫公司销售的咖啡比任何别的公司销售的咖啡多得多。

D. 克力莫公司咖啡的价格是现在配制的咖啡中最高的。

E. 大部分没有配制过的咖啡比最好配制的咖啡好。

37. 某市教育系统评出了十所优秀中学，名单按它们在近三年中毕业生高考录取率的高低排序。专家指出不能把该名单排列的顺序作为评价这些学校教育水平的一个标准。

以下哪项如果是真的，能作为论据支持专家的结论？

Ⅰ 排列前五名的学校所得到的教育经费平均是后五名的 8 倍。

Ⅱ 名列第二的金山中学的高考录取率是 75%，其中录取全国重点院校的占 10%；名列第六的银湖中学的高考录取率是 48%，但其中录取全国重点院校的占 35%。

Ⅲ 名列前三名的学校位于学院区，学生的个人素质和家庭条件普遍比其他学校要好。

A. Ⅰ、Ⅱ和Ⅲ。

B. 仅Ⅰ和Ⅱ。

C. 仅Ⅰ和Ⅲ。

D. 仅Ⅱ和Ⅲ。

E. Ⅰ、Ⅱ和Ⅲ都不能。

38. 如果赵川参加宴会，那么钱华、孙旭和李元将一起参加宴会。

如果上述断定是真的，那么，以下哪项也是真的？

A. 如果赵川没参加宴会，那么钱、孙、李三人中至少有一人没参加宴会。

B. 如果赵川没参加宴会，那么钱、孙、李三人都没参加宴会。

C. 如果钱、孙、李都参加了宴会，那么赵川参加宴会。

D. 如果李元没参加宴会，那么钱华和孙旭不会都参加宴会。

E. 如果孙旭没参加宴会，那么赵川和李元不会都参加宴会。

39. 全国各地的电话公司目前开始为消费者提供电子接线员系统，然而，在近期内，人工接线员并不会因此减少。

除了下列哪项外，其他各项均有助于解释上述现象？

A. 需要接线员帮助的电话数量剧增。

B. 尽管已经过测试，新的电子接线员系统要全面发挥功能还需进一步调整。

C. 如果在目前的合同期内解雇人工接线员，有关方面将负法律的责任。

D. 在一个电子接线员系统的试用期内，几乎所有的消费者，在能够选择的情况下，都愿意选择人工接线员。

E. 新的电子接线员的接拨电话效率两倍于人工接线员。

40. 在英语四级考试中，陈文的分数比朱利的低，但是比李强的分数高；宋颖的分数比朱利和李强的分数低；王平的分数比宋颖的高，但是比朱利的低。

如果以上陈述为真，根据下列哪项能够推出张明的分数比陈文的分数低？

A. 陈文的分数和王平的分数一样高。

B. 王平的分数和张明的分数一样高。

C. 张明的分数比宋颖的高，但比王平的低。

D. 张明的分数比朱利的分数低。

E. 王平的分数比张明的高，但比李强的分数低。

41—42 题基于以下题干：

P. 任何在高速公路上运行的交通工具的时速必须超过 60 公里。

Q. 自行车的最高时速是 20 公里。

R. 我的汽车只有逢双日才被允许在高速公路上驾驶。

S. 今天是 5 月 18 日。

41. 如果上述断定都是真的，下面哪项断定也一定是真的？

Ⅰ　自行车不允许在高速公路上行驶。

Ⅱ　今天我的汽车仍然可能不被允许在高速公路上行驶。

Ⅲ　如果我的汽车的时速超过 60 公里，则当日肯定是逢双日。

A. Ⅰ、Ⅱ和Ⅲ。
B. 仅Ⅰ。
C. 仅Ⅰ和Ⅱ。
D. 仅Ⅰ和Ⅲ。
E. 仅Ⅱ和Ⅲ。

42. 假设只有高速公路才有最低时速限制，则从上述断定加上以下哪项条件可合理地得出结论："如果我的汽车正在行驶的话，时速不必超过60公里。"

A. Q改为"自行车的最高时速可达60公里"。
B. P改为"任何在高速公路上运行的交通工具的时速必须超过70公里"。
C. R改为"我的汽车在高速公路上驾驶不受单双日限制"。
D. S改为"今天是5月20日"。
E. S改为"今天是5月19日"。

43. 今年，所有向甲公司求职的人同时也向乙公司求职。甲、乙两公司各同意给予其中半数的求职者每人一个职位。因此，所有的求职者就都找到了一份工作。

上述推论基于以下哪项假设?

A. 所有求职者既能胜任甲公司的工作，又能胜任乙公司的工作。
B. 所有的求职者愿意接受甲、乙公司的职位。
C. 不存在一个求职者同时从甲、乙两公司处谋到了职位。
D. 没有任何一个求职者向第三家企业谋职。
E. 没有任何一个求职者以前在甲公司或是乙公司工作过。

44. 目前食品包装袋上没有把纤维素的含量和其他营养成分一起列出。因此，作为保护民众健康的一项措施，国家应该规定食品包装袋上明确列出纤维素的含量。

以下哪项如果是真的，能作为论据支持上述论证?

Ⅰ 大多数消费者购买食品时能注意包装袋上关于营养成分的说明。
Ⅱ 高纤维食品对于预防心脏病、直肠癌和糖尿病有重要作用。
Ⅲ 很多消费者都具有高纤维食品营养价值的常识。

A. 仅Ⅰ。
B. 仅Ⅱ。
C. 仅Ⅲ。
D. 仅Ⅰ和Ⅲ。
E. Ⅰ、Ⅱ、Ⅲ。

45—46题基于以下题干：

在某住宅小区的居民中，大多数中老年教员都办了人寿保险，所有买了四居室以上住房的居民都办了财产保险。而所有办了人寿保险的都没办理财产保险。

45. 如果上述断定是真的，以下哪项关于该小区居民的断定必定是真的？

Ⅰ 有中老年教员买了四居室以上的新房。

Ⅱ 有中老年教员没办理财产保险。

Ⅲ 买了四居室以上住房的居民都没办理人寿保险。

A. Ⅰ、Ⅱ和Ⅲ。

B. 仅Ⅰ和Ⅱ。

C. 仅Ⅱ和Ⅲ。

D. 仅Ⅰ和Ⅲ。

E. 仅Ⅱ。

46. 如果在题干的断定中再增加以下断定："所有的中老年教员都办理了人寿保险"，并假设这些断定都是真的，那么，以下哪项必定是假的？

A. 在买了四居室以上住房的居民中有中老年教员。

B. 并非所有办理人寿保险的都是中老年教员。

C. 某些中老年教员没买四居室以上的住房。

D. 所有的中老年教员都没办理财产保险。

E. 某些办理了人寿保险的没买四居室以上的住房。

47. 目前，北京市规定在公共场所禁止吸烟。京华大学国际工商学院将自己的教学楼整个划定为禁烟区。结果发现有不少人在教学楼厕所里偷偷吸烟，这一情况使得法规和校纪受到侵犯。有人建议，应当把教学楼的厕所定为吸烟区，这样，将使得烟民们有一个抽烟的地方而又不会使人们违反规定。

下列哪项如果为真，最能削弱上述建议的可行性？

A. 新的规定会把厕所的卫生和环境搞得非常糟糕，对不吸烟的人是不公平的。

B. 抽烟的人会使厕所变成一个"烟囱"，而且不利于烟民们戒烟。

C. 当新规定实施后，那些烟民中的有些人又会逐渐在教学楼内厕所以外其他的禁烟区吸烟。

D. 在厕所吸烟多了，在其他戒烟区发现违法者的可能性就小多了。

E. 这个新规定对于解决因为吸烟造成的学生宿舍的失火问题不起作用。

48. 以下是一则广告：就瘘痛而言，四分之三的医院都会给病人使用"诺维克斯"镇痛剂。因此，你想最有效地镇瘘痛，请选择"诺维克斯"。

以下哪项如果为真，能最强地削弱该广告的论点？

A. 一些名牌的镇痛剂除了减少瘘痛外，还可减少其他的疼痛。

B. 许多通常不用"诺维克斯"的医院，对那些不适应医院常用药的人，也用"诺维克斯"。

C. 许多药物制造商，以他们愿意提供的最低价格，销售这些产品给医院，从而增加他们产品的销售额。

D. 和其他名牌的镇痛剂不一样，没有医生的处方，也可以在药店里买到"诺维克斯"。

E. 在临床试验中发现，“诺维克斯”比其他名牌镇痛剂更有效。

49. 一则关于许多苹果含有一种致癌防腐剂的报道，对消费者产生的影响极小。几乎没有消费者打算改变他们购买苹果的习惯。尽管如此，在报道一个月后的三月份，食品杂货店的苹果销售大大地下降了。

下列哪项如果为真，能最好地解释上述明显的差异？

A. 在三月份里，许多食品杂货商为了显示他们对消费者健康的关心，移走了货架上的苹果。

B. 由于大量的食物安全警告，到了三月份，消费者已对这类警告漠不关心。

C. 除了报纸以外，电视上也出现了这个报道。

D. 尽管这种防腐剂也用在别的水果上，但是，这则报道没有提到。

E. 卫生部门的官员认为，由于苹果上仅含有少量的该种防腐剂，因此，不会对健康有威胁。

50. 过度工作和压力不可避免地导致失眠症。森达公司的所有管理人员都有压力。尽管医生已经提出警告，但大多数的管理人员每周工作仍然超过60小时，而其余的管理人员每周仅工作40小时。只有每周工作超过40小时的员工才能得到一定的奖金。

以上的陈述最强地支持下列哪项结论？

A. 大多数得到一定奖金的森达公司管理人员患有失眠症。

B. 森达公司员工的大部分奖金给了管理人员。

C. 森达公司管理人员比任何别的员工组更易患失眠症。

D. 没有一位每周仅仅工作40小时的管理人员工作过度。

E. 森达公司的工作比其他公司的工作压力大。

1998年10月在职MBA联考逻辑真题

1. 由甲乙双方协议共同承建的某项建筑尚未完工就发生倒塌事故。在对事故原因的民意调查中，70%的人认为是使用的建筑材料伪劣；30%的人认为是违章操作；25%的人认为原因不清，需要深入调查。

以下哪项最能合理地解释上述看来包含矛盾的陈述？

A. 被调查的共有125人。

B. 有的被调查者后来改变了自己的观点。

C. 有的被调查者认为事故的发生既有建筑材料伪劣的原因，也有违章操作的原因。

D. 很多认为原因不清的被调查者实际上有自己倾向性的判断，但是不愿意透露。

E. 调查的操作出现技术性差错。

2. 据卫星提供的最新气象资料表明，原先预报的明年北方地区的持续干旱不一定出现。

以下哪项最接近于上文中气象资料所表明的含义？

A. 明年北方地区的持续干旱可能不出现。

B. 明年北方地区的持续干旱可能出现。

C. 明年北方地区的持续干旱一定不出现。

D. 明年北方地区的持续干旱出现的可能性比不出现大。

E. 明年北方地区的持续干旱不可能出现。

3. 甲、乙二人之间有以下对话：

甲：张琳莉是爱丽丝祛斑霜上海经销部的总经理。

乙：这怎么可能呢？张琳莉脸上长满了黄褐斑。

如果乙的话是不包含讽刺的正面断定，则它预设了以下哪项？

Ⅰ　爱丽丝祛斑霜对黄褐斑具有良好的祛斑效果。

Ⅱ　爱丽丝祛斑霜上海经销部的总经理应该使用本品牌的产品。

Ⅲ　爱丽丝祛斑霜在上海的经销领先于其他品牌。

A. 仅Ⅰ。

B. 仅Ⅱ。

C. 仅Ⅲ。

D. 仅Ⅰ和Ⅱ。

E. Ⅰ、Ⅱ和Ⅲ。

4. 某公司共有包括总经理在内的 20 名员工。有关这 20 名员工，以下三个断定中只有一个是真的：

Ⅰ　有人在该公司入股。

Ⅱ　有人没在该公司入股。

Ⅲ　总经理没在该公司入股。

根据以上事实。则以下哪项是真的？

A. 20 名员工都入了股。

B. 20 名员工都没入股。

C. 只有一人入了股。

D. 只有一人没入股。

E. 无法确定入股员工的人数。

5—6 题基于以下题干：

八个博士 C、D、L、M、N、S、W、Z 正在争取获得某项科研基金。按规定只有一人能获得该项基金。谁能获取该项基金，由学校评委的投票数决定。评委分成不同的投票小组。如果 D 获得的票数比 W 多，那么 M 将获取该项基金；如果 Z 获得的票数比 L 多，或者 M 获得的票数比 N 多，那么 S 将获取该项基金：如果 L 获得的票数比 Z 多，同时 W 获得的票数比 D 多，那么 C 将获取该项基金。

5. 如果 S 获得了该项基金，那么下面哪个结论一定是正确的？

A. L 获得的票数比 Z 多。

B. Z 获得的票数比 L 多。

C. D 获得的票数不比 W 多。

D. M 获得的票数比 N 多。

E. W 获得的票数比 D 多。

6. 如果 W 获得的票数比 D 多，但 C 并没有获取该项基金，那么下面哪一个结论必然正确？

A. M 获得了该项基金。

B. S 获得了该项基金。

C. M 获得的票数比 N 多。

D. L 获得的票数不比 Z 多。

E. Z 获得的票数不比 M 多。

7. 用甘蔗提炼乙醇比用玉米提炼乙醇需要更多的能量，但奇怪的是，多数酿酒者却偏爱用甘蔗做原料。

以下哪项最能解释上述矛盾现象？

A. 任何提炼乙醇的原料的价格都随季节波动，而提炼的费用则相对稳定。

B. 用玉米提炼乙醇比用甘蔗节省时间。

C. 玉米质量对乙醇产出品的影响较甘蔗小。

D. 用甘蔗制糖或其他食品的生产时间比提炼乙醇的时间长。

E. 燃烧甘蔗废料可提供向乙醇转化所需的能量，而用玉米提炼乙醇则完全需额外提供能量。

8. 从赵、张、孙、李、周、吴六个工程技术人员中选出三位组成一个特别攻关小组，集中力量研制开发公司下一步准备推出的高技术拳头产品。为了使工作更有成效，我们了解到以下情况：

（1）赵、孙两个人中至少要选上一位；

（2）张、周两个人中至少选上一位；

（3）孙、周两个人中的每一个都绝对不要与张共同入选。

根据以上条件，若周未被选上，则下列中哪两位必同时入选？

A. 赵、吴。

B. 张、李。

C. 张、吴。

D. 赵、李。

E. 赵、张。

9. 林工程师不但专业功底扎实，而且非常有企业管理能力。他上任宏达电机厂厂长的三年来，该厂上缴的产值利润连年上升，这在当前国有企业普遍不景气的情况下是非常不易的。

上述议论一定假设了以下哪项前提？

Ⅰ　该厂上缴的产值利润连年上升，很大程度上要归结于林工程师的努力。

Ⅱ　宏达电机厂是国有企业。

Ⅲ　产值利润的上缴情况是衡量厂长管理能力的一个重要尺度。

Ⅳ　林工程师企业管理上的成功得益于他扎实的专业功底。

A. Ⅰ、Ⅱ、Ⅲ和Ⅳ。

B. 仅Ⅰ、Ⅱ和Ⅲ。

C. 仅Ⅰ和Ⅱ。

D. 仅Ⅱ和Ⅲ。

E. 仅Ⅱ、Ⅲ和Ⅳ。

10. 某宿舍住着若干个研究生。其中，一个是大连人，两个是北方人，一个是云南人，两个人这学期只选修了逻辑哲学，三个人这学期选修了古典音乐欣赏。假设以上的介绍涉及了这寝室中所有的人，那么，这寝室中最少可能是几个人？最多可能是几个人？

A. 最少可能是 3 人，最多可能是 8 人。

B. 最少可能是 5 人，最多可能是 8 人。

C. 最少可能是 5 人，最多可能是 9 人。

D. 最少可能是 3 人，最多可能是 9 人。

E. 无法确定。

11. 一种正在试制中的微波干衣机具有这样的优点：它既不加热空气，也不加热布料，却能加热衣服上的水。因此，能以较低的温度工作，既能省电，又能保护精细的纤维。但是，微波产生的波通常也能加热金属物体。目前，微波干衣机的开发者正在完善一个工艺，它能阻止放进干衣机的衣服上细小的金属（如发夹）被加热而烧坏衣服。

下列哪项如果为真，能最有力地说明，即使完善了这一工艺也不足以使微波干衣机有销路？

A. 经常使用干衣机干衣的顾客的衣服上大多有厚金属物，如装饰铜扣等。

B. 许多放进干衣机的衣服并不和发夹或其他金属物放在一起。

C. 试验微波干衣机比未来完善的微波干衣机耗电多。

D. 微波干衣机比机械干衣机引起的皱缩小。

E. 通常放进干衣机的衣服上的金属按扣同大多数的发夹一样厚。

12. 《信息报》每年都要按期公布当年国产和进口电视机销量的排行榜。管理咨询家认为，这个排行榜不应该成为每个消费者决定购买哪种电视机的基础。

以下哪项最能支持这个管理咨询家的观点？

A. 购买《信息报》的人不限于要购买电视机的人。

B. 在《信息报》上排名较前的电视机制造商利用此举进行广告宣传，以吸引更多的消费者。

C. 每年的排名变化较小。

D. 对任何两个消费者而言，可以根据自己具体情况的不同，而有不同的购物标准。

E. 一些消费者对他们根据《信息报》上的排名所购买的电视机很满意。

13. 现在，一个出版商正在为大学教授定做教材提供选择，教授们可以在一本书上删掉他们不感兴趣的章节，增添他们自己选择的材料。

这种选择的广泛应用对下列哪项教育目标的完成贡献最小？

A. 提高一部分学生的特殊兴趣。

B. 提供高级的选修课程，这些选修课程对某一领域所选择的主题进行深入的研究。

C. 保证学生对某一专业课程有系统的理解。

D. 便于介绍某些领域的最新成果。

E. 通过提供生动、有趣的作业，加深学生对该门功课的理解。

14. 东坡市有关部门策划了一项“全市理想生活小区排列名次”的评选活动。方法是，选择十项指标，内容涉及小区硬件设施（住房质量、配套设施等）、环境卫生、绿化程度、治安状况、交通方便程度等。每项指标按实际质量或数量的高低，评以从 1 至 10 分之间某一分值，然后求得这十个分值的平均数，并根据其高低排出名次。

以下各项都是上述策划具有可行性所必须假设的，除了

A. 各项指标的重要性基本是均等的。

B. 各项指标的测定，是可以较为准确地量化的。

C. 各项指标测定数据所反映的状况，具有较长时间的稳定性。

D. 若把指标内容作相应修改，则这种评选方法具有一般性，例如，可用于评“全市重点中学排列名次”。

E. 评选活动的实施者具有公平的精神和准确操作的能力。

15. 去年引进国外大片《马语者》，仅仅在白山市放映了一周，各影剧院的总票房收入就达到900 万元。这一次白山市又引进了《空军一号》，准备连续放映9 天，1 000 万的票房收入应该能够突破。

根据上文包含的信息，分析以上推断最可能隐含了以下哪项假设？

A. 白山市很多人因为映期短都没有看上《马语者》，这一次可以补偿一下了。

B. 有《马语者》做铺垫，《空军一号》的票房应当会更火暴。

C. 这两部片子的上座率、票价等将非常类似。

D. 连续放映 9 天是以往比较少见的映期安排，可以吸引更多的观众。

E. 以美国总统为题材的影片的影响力和票房号召力是巨大的。

16. 如果郑玲选修法语，那么，吴小东、李明和赵雄也将选修法语。

如果以上断定为真，以下哪项也一定为真？

A. 如果李明不选修法语，那么吴小东也不选修法语。

B. 如果赵雄不选修法语，那么郑玲也不选修法语。

C. 如果郑玲和吴小东选修法语，那么李明和赵雄不选修法语。

D. 如果吴小东、李明和赵雄选修法语，那么郑玲也选修法语。

E. 如果郑玲不选修法语，那么吴小东也不选修法语。

17. 人类中的智力缺陷者，无论经过怎样的培训和教育，也无法达到智力正常者所能达到的智力水平；同时，新生婴儿如果没有外界的刺激，尤其是人类社会的环境刺激，也同样达不到人类的正常智力水平，甚至还会退化为智力缺陷者。

以下哪项作为上面这段叙述的结论最为恰当？

A. 人的素质是由遗传决定的。

B. 在环境刺激接近的条件下，人的素质直接取决于遗传的质量。

C. 人的素质主要受环境因素的制约。

D. 遗传和环境的共同作用决定了人的素质状况的优劣。

E. 社会环境和自然地理环境都会对人的智力产生长远的影响。

18. 学校复印社试行承包后，复印价格由每张标准纸 0.35 元上升到 0.40 元，引起了学生的不满。校务委员会通知承包商，或者他能确保复印的原有价格保持不变，或者将中止他的承包。承包商采取了相应的措施，既没有因而减少了盈利，又没有违背校务委员会通知的字面要求。

以下哪项最可能是承包商采取的措施？

A. 承包商会见校长，陈述因耗材（特别是复印纸）价格上涨使复印经管面临的难处，说服校长指令校务委员会收回通知。

B. 承包商维持每张标准纸 0.40 元的复印价格不变，但由使用进价较低的三五牌复印纸改为使用进价较高的大北牌复印纸。

C. 承包商把复印价格由每张 0.40 元降低为 0.35 元，但由使用进价较高的大北牌复印纸改为使用进价较低的三五牌复印纸。

D. 承包商维持每张标准纸 0.40 元的复印价格不变，但同时增设了打字业务，其收费低于市价，受到学生欢迎。

E. 承包商决定中止承包。

19. 春江市师范大学的同学们普遍抱怨各个食堂的伙食太差。然而唯独一年前反映最差的风味食堂，这一次抱怨的同学人数比较少。学校后勤部门号召其他各个食堂向风味食堂学习，共同改善学校学生关心的伙食问题。

下列哪项如果为真，则表明学校后勤部门的这个决定是错误的？

A. 各个食堂的问题不同，不能一刀切，要因地制宜，采取不同的措施。

B. 风味食堂的进步也是与其他各个食堂的支持分不开的。

C. 粮食价格一天天上涨，蔬菜供应也很难保质保量，食堂再努力，也是“难为无米之炊”啊。

D. 因为差，风味食堂就餐的人数比起其他食堂要少得多。

E. 风味食堂的花样多，但是价格高，困难同学可能吃不起。

20. 体内不产生 P450 物质的人与产生 P450 物质的人比较，前者患帕金森式综合征（一种影响脑部的疾病）的可能性三倍于后者，因为 P450 物质可保护脑部组织不受有毒化学物质的侵害。因此，有毒化学物质可能导致帕金森式综合征。

下列哪项如果为真，将最有力地支持以上论证？

A. 除了保护脑部不受有毒化学物质的侵害，P450 对脑部无其他作用。

B. 体内不能产生 P450 物质的人，也缺乏产生某些其他物质的能力。

C. 一些帕金森式综合征病人有自然产生 P450 的能力。

D. 当用多乙胺（一种脑部自然产生的化学物质）治疗帕金森式综合征病人时，病人的症状减轻。

E. 很快就有可能合成 P450，用以治疗体内不能产生这种物质的病人。

21. 国家教育主管部门的有关负责人说："总的来说，现在的大学生的家庭困难情况比起以前有了大幅度的改观。这种情况十分明显，因为现在课余要求学校安排勤工俭学的人越来越少了。"

上面的结论是由下列哪个假设得出的？

A. 现在大学生父母亲的收入随着改革开放的深入发展而增加，使得大学生不再需要勤工俭学来自己养活自己了。

B. 尽管家境有了改善，也应当参加勤工俭学来锻炼自己的全面能力。

C. 课余要求学校安排勤工俭学是学生家庭是否困难的一个重要标志。

D. 大学生把更多的时间用在学业上，勤工俭学的人就少起来了。

E. 学校安排的勤工俭学报酬相对越来越低，不能满足学生的要求。

22. 洪罗市一项对健身爱好者的调查表明，那些称自己每周固定进行两至三次健身锻炼的人近两年来由 28% 增加到 35%，而对该市大多数健身房的调查则显示，近两年来去健身房的人数明显下降。

以下各项如果是真的，都有助于解释上述看来矛盾的断定，除了

A. 进行健身锻炼没什么规律的人在数量上明显减少。

B. 健身房出于非正常的考虑，往往少报顾客的人数。

C. 由于简易健身器的出现，家庭健身活动成为可能并逐渐流行。

D. 为了吸引更多的顾客，该市健身房普遍调低了营业价格。

E. 受调查的健身锻炼爱好者只占全市健身锻炼爱好者的 10%。

23. 已知：

第一，《神鞭》的首先翻译出版用的或者是英语或者是日语，二者必居其一。

第二，《神鞭》的首次翻译出版或者在旧金山或者在东京，二者必居其一。

第三，《神鞭》的译者或者是林浩如或者是胡乃初，二者必居其一。

如果上述断定都是真的，则以下哪项也一定是真的？

Ⅰ 《神鞭》不是林浩如用英语在旧金山首先翻译出版的，因此，《神鞭》是胡乃初用日语在东京首先翻译出版的。

Ⅱ 《神鞭》是林浩如用英语在东京首先翻译出版的，因此，《神鞭》不是胡乃初用日语在东京首先翻译出版的。

Ⅲ 《神鞭》的首次翻译出版是在东京，但不是林浩如用英语翻译出版的；因此一定是胡乃初用日语翻译出版的。

A. 仅Ⅰ。

B. 仅Ⅱ

C. 仅Ⅲ。

D. 仅Ⅱ和Ⅲ。

E. Ⅰ、Ⅱ和Ⅲ。

24. 某宿舍住着四位研究生，分别是四川人、安徽人、河北人和北京人。他们分别在中文、国政和法律三个系就学。其中：

Ⅰ 北京籍研究生单独在国政系。

Ⅱ 河北籍研究生不在中文系。

Ⅲ 四川籍研究生和另外某个研究生同在一个系。

Ⅳ 安徽籍研究生不和四川籍研究生同在一个系。

以上条件可以推出四川籍研究生所在的系为哪个系？

A. 中文系。

B. 国政系。

C. 法律系。

D. 中文系或法律系。

E. 无法确定。

25. 和十年前相比，苏格兰人的年人均食物摄入量增加了大约 80 公斤。这部分地因为和十年前相比，15 至 64 岁之间年龄段的人口所占的比例有了显著提高。

从以上叙述能得出以下哪项结论？

A. 目前苏格兰人口的半数以上处于 15 至 64 岁的年龄段。

B. 十年来苏格兰人口有了很大增长。

C. 15 岁以下儿童的平均食物摄入量要多于 65 岁以上的老人。

D. 十年前苏格兰 15 岁以下儿童的数量要多于 64 岁以上的老人。

E. 15 至 64 岁年龄段的人平均摄入的食物量要多于儿童或老人。

26. 据《计算机》杂志评论员分析，新一代的巨星微机比目前市场上的其他品牌微机质量更高、速度更快、价格更低。因此，它会很快在市场上建立起自己的销售优势。

以下哪项如果是真的，将最不能削弱上述论证？

A. 许多微机零售商店已经经销一种或数种低价位微机，它们并不想改变推出的品牌。

B. 除了巨星微机，又将有几种优质、快速、低价位的微机新品牌推出。

C. 巨星微机可以与其他厂家生产的高价位微机联网。

D. 巨星微机所瞄准的个人或公司客户对微机的需求已基本饱和。

E.《计算机》杂志评论员对巨星微机的高度评价并未被微机客户所广泛接受。

27—28 题基于以下题干：

如果“红都”娱乐宫在同一天既开放交谊舞厅又开放迪斯科舞厅，那么它也一定开放保龄球厅。该娱乐宫星期二不开放保龄球厅，李先生只有当开放交谊舞厅时才去“红都”娱乐宫。

27. 如果上述断定是真的，那么以下哪项也一定是真的？

A. 星期二李先生不会光顾“红都”娱乐宫。

B. 李先生不会在同一天在“红都”娱乐宫既光顾交谊舞厅又光顾迪斯科舞厅。

C. “红都”娱乐宫在星期二不开放迪斯科舞厅。

D. “红都”娱乐宫只在星期二不开放交谊舞厅。

E. 如果“红都”娱乐宫在星期二开放交谊舞厅，那么这天它一定不开放迪斯科舞厅。

28. 如果题干的断定是真的，并且事实上李先生星期二光顾“红都”娱乐宫，则以下哪项一定是真的？

A. “红都”在李先生光顾的那天没开放迪斯科舞厅。

B. “红都”在李先生光顾的那天没开放交谊舞厅。

C. “红都”在李先生光顾的那天开放了保龄球厅。

D. “红都”在李先生光顾的那天既开放了交谊舞厅，又开放了迪斯科舞厅。

E. “红都”在李先生光顾的那天既没开放交谊舞厅，又没开放迪斯科舞厅。

29. 这个单位已发现有育龄职工违纪超生。

如果上述断定是真的，则在下述三个断定中不能确定真假的是：

Ⅰ 这个单位没有育龄职工不违纪超生。

Ⅱ 这个单位有的育龄职工没违纪超生。

Ⅲ 这个单位所有的育龄职工都未违纪超生。

A. 只有Ⅰ和Ⅱ。

B. Ⅰ、Ⅱ和Ⅲ。

C. 只有Ⅰ和Ⅲ。

D. 只有Ⅱ。

E. 只有Ⅰ。

30. 这些年来，国产胶卷在国内市场的占有率逐渐减少，经研究发现：外国胶卷的广告比国内胶卷的广告更能吸引消费者的关注。因此，国产胶卷制造商计划通过改进广告改变商品形象，以增加市场占有率。

以下哪项如果为真，将最不利于国产胶卷制造商上述计划的成功？

A. 准备购买胶卷的人比不准备购买胶卷的人对胶卷广告会更加重视。

B. 消费者一般对那些他们已比较喜爱的产品的广告特别关注，而对不喜爱的产品，不管广告如何变化，也不会特别关注。

C. 国产胶卷花费在广告上的费用与外国胶卷广告费用一样。

D. 尽管外国胶卷销售额增加，每年国产胶卷销售额同样增加。

E. 某些外国胶卷广告是由国内广告公司制作的。

31. 环境学家关注保护濒临灭绝的动物的高昂费用，提出应通过评估各种濒临灭绝的动物对人类的价值，以决定保护哪些动物。此法实际不可行，因为，预言一种动物未来的价值是不可能的。评价对人类现在作出间接但很重要贡献的动物的价值也是不可能的。

以下哪项是作者的主要论点？

A. 保护没有价值的濒临灭绝的动物比保护有潜在价值的动物更重要。

B. 尽管保护所有濒临灭绝的动物是必须的，但在经济上却是不可行的。

C. 由于判断动物对人类价值高低的方法并不完善，在此基础上作出的决定也不可靠。

D. 保护对人类有直接价值的动物远比保护有间接价值的动物重要。

E. 要评估濒临灭绝的动物对人类是否重要是不可能的。

32. 如今的音像市场上，正版的激光唱盘和影视盘销售不佳，而盗版的激光唱盘和影视盘却屡禁不绝，销售非常火暴。有的分析人员认为，这主要是因为价格上盗版盘更有优势，所以在市场上更有活力。

以下哪项是这位分析人员在分析中隐含的假定？

A. 正版的激光唱盘和影视盘往往内容呆板，不适应市场的需要。

B. 与价格的差别相比，正版盗版的质量差别不大。

C. 盗版的激光唱盘和影视盘比正版的盘进货渠道畅通。

D. 正版的激光唱盘和影视盘不如盗版的盘销售网络完善。

E. 知识产权保护对盗版盘的打击使得盗版盘的价格上涨。

33. 一则公益广告劝告人们，酒后不要开车，直到你感到能安全驾驶的时候才开。然而，在医院进行的一项研究中，酒后立即被询问的对象往往低估他们恢复驾驶能力所需要的时间。这个结果表明，在驾驶前饮酒的人很难遵循这个广告的劝告。

下列哪项如果为真，最强地支持以上结论？

A. 对于许多人来说，如果他们计划饮酒的话，他们会事先安排不饮酒的人开车送他们回家。

B. 医院中被研究的对象估计他们能力，通常比其他饮酒的人更保守。

C. 一些不得不开车回家的人就不饮酒。

D. 医院研究的对象也被询问，恢复对安全驾驶不起重要作用的能力所需要的时间。

E. 一般的人对公益广告的警觉比医院研究对象的警觉高。

34. 科学家的平均收入与他们作出的贡献比起来是太低了。最杰出的科学家的收入不应该和普通的名演员、歌星、体育明星、大饭店经理相比，应该和他们之中的最杰出者相比。

除了以下哪项，其余各项都可能是上述议论所表达的意思？

A. 有的科学家的收入和他们作出的贡献比起来不算太低。

B. 最杰出的科学家的收入并不比普通的名演员、歌星、体育明星和大饭店经理低。

C. 最杰出的名演员、歌星、体育明星、大饭店经理的收入一般地要高于最杰出的科学家。

D. 最杰出的科学家的收入一般地还不如普通的名演员、歌星、体育明星和大饭店经理。

E. 最杰出的科学家的收入不应该低于最杰出的名演员、歌星、体育明星和大饭店经理。

35. 市长：在过去五年中的每一年，这个城市都削减教育经费，并且，每次学校官员都抱怨，减少教育经费可能逼迫他们减少基本服务的费用。但实际上，每次仅仅是减少了非基本服务的费用。因此，学校官员能够落实进一步的削减经费，而不会减少任何基本服务的费用。

下列哪项如果为真，最强地支持该市长的结论？

A. 该市的学校提供基本服务总是和提供非基本服务一样有效。

B. 现在，充足的经费允许该市的学校提供某些非基本的服务。

C. 自从最近削减学校经费以来，该市学校对提供非基本服务的价格估计实际没有增加。

D. 几乎没有重要的城市管理者支持该市学校的昂贵的非基本服务。

E. 该市学校官员几乎不夸大经费削减的潜在影响。

36. 长盛公司的管理者发现：和同行业其他企业相比，该公司产品的总成本远远高于其他企业，因而在市场上只能以偏高的价格出售，导致竞争力较弱。通过研究，公司决定降低工人工资，使之和同行业企业差不多。

以下哪项如果为真，将使公司的决定见效不大？

A. 长盛公司的产品质量和其他公司的相比，相差无几。

B. 长盛公司的销售费用比其他公司大。

C. 长盛公司员工工资总额只占产品成本的一小部分。

D. 长盛公司的设备比较落后。

E. 长盛公司交货速度不是特别快。

37. 在美国，比较复杂的民事审判往往超过陪审团的理解力，结果，陪审团对此作出的决定经常是错误的，因此，有人建议，涉及较复杂的民事审判由法官而不是陪审团来决定，将提高司法部门的服务质量。

上述建议依据下列哪项假设？

A. 大多数民事审判的复杂性超过了陪审团的理解力。

B. 法官在决定复杂民事审判的时候，对那些审判的复杂性，比陪审团的人员有更好的理解。

C. 在美国以外一些具有相同法系的国家，也早就有类似的提议，并有付诸实施的记录。

D. 即使涉及不复杂的民事审判，陪审团的决定也常常出现差错。

E. 赞成由法官决定民事审判的唯一理由是想象法官的决定几乎总是正确的。

38—39 题基于以下题干：

小儿神经性皮炎一直被认为是由母乳过敏引起的。但是，如果我们让患儿停止进食母乳而改用牛乳，他们的神经性皮炎并不能因此而消失。因此，显然存在别的某种原因引起小儿神经性皮炎。

38. 下列哪项如果是真的，最能削弱上面的论证？·

A. 牛乳有时也会引起过敏。

B. 小儿神经性皮炎属顽症，一旦发生，很难在短期内治愈。

C. 小儿神经性皮炎的患者大多有家族史。

D. 人乳比牛乳更易于被婴儿吸收。

E. 小儿神经性皮炎大多发生在有过敏体质的婴儿中。

39. 下列哪项如果是真的，最能支持题干的结论？

A. 医学已经证明，母乳是婴儿最理想的食料。

B. 医学尚不能揭示母乳过敏诱发小儿神经性皮炎的病理机制。

C. 已发现患有小儿神经性皮炎的患儿从未进食过母乳。

D. 已发现有母乳过敏导致婴儿突发性窒息的病例。

E. 小儿神经性皮炎的患儿并没有表现出对母乳的拒斥。

40. 最近公布的一项国家特别咨询委员会的调查报告声明：在选择了大量的研究对象进行对比实验后，发现在名人家族中才能出众者是普通人家族中才能出众者人数的 23 倍，因此我们可以得出可信度很高的结论，人的素质主要是由遗传决定的。

以下哪项如果为真，则最能削弱上述结论？

A. 美国心理学界普遍有这样的认识：一两的遗传胜过一吨的教育。事实也确实如此。

B. “家无三代兴”，才能再出众也避免不了兴衰轮回的历史规律。

C. 普通人家族中才能出众的表现方式与名人家族中不同，需要另外的衡量规则。

D. 一个人的才能培养、后天接受教育的程度，与他的成长环境之间有很强的正相关性。

E. 名人与普通人结合，下一代才能出众人数并不如名人家族中的比例高。

41. 旺堆山温泉中含有丰富的活性乳钙，这种活性乳钙被全国十分之九的医院用于治疗牛皮癣。

如果以上断定是真的，则以下哪项也一定是真的？

Ⅰ　全国有十分之九的医院使用旺堆山温泉治疗牛皮癣。

Ⅱ　全国至少有十分之一的医院不治疗牛皮癣。

Ⅲ　全国只有十分之一的医院不在旺堆山温泉设立牛皮癣治疗点。

A. 只有Ⅰ。

B. 只有Ⅱ。

C. 只有Ⅲ。

D. Ⅰ、Ⅱ和Ⅲ。

E. Ⅰ、Ⅱ和Ⅲ都不必须是真的。

42—43 题基于以下题干：

以下是在一场关于“安乐死是否应合法化”的辩论中正反方辩手的发言：

正方：反方辩友反对“安乐死是否应合法化”的根据主要是在什么条件下方可实施安乐死的标准不易掌握，这可能会给医疗事故甚至谋杀造成机会，使一些本来可以挽救的生命失去最后的机会。诚然，这样的风险是存在的，但是我们怎么能设想干任何事都排除所有风险呢？让我提出一个问题，我们为什么不把法定的汽车时速限制为不超过自行车，这样汽车交通死亡事故发生率不是几乎可以下降到 0 吗？

反方：对方辩友把安乐死和交通死亡事故作以上的类比是毫无意义的。因为不可能有人会作这样的交通立法。设想一下，如果汽车行驶得和自行车一样慢，那还要汽车干什么？对方辩友，你愿意我们的社会再回到没有汽车的时代？

42. 以下哪项最为确切地评价了反方的言论？

A. 他的发言实际上支持了正方的论证。

B. 他的发言有力地反驳了正方的论证。

C. 他的发言有力地支持了反安乐死的立场。

D. 他的发言完全离开了正方阐述的论题。

E. 他的发言是对正方的人身攻击而不是对正方论证的评价。

43. 正方论证预设了以下哪项？

Ⅰ 实施安乐死带来的好处比可能产生的风险损失总体上说要大得多。

Ⅱ 尽可能地延长病人的生命并不是医疗事业的绝对宗旨。

Ⅲ 总有一天医疗方面可以准确无误地把握何时方可实施安乐死的标准。

A. 仅仅Ⅰ。

B. 仅仅Ⅱ。

C. 仅仅Ⅲ。

D. 仅仅Ⅰ和Ⅱ。

E. Ⅰ、Ⅱ和Ⅲ。

44. 无论是工业用电还是民用电，现行的电价格一直偏低。某区推出一项举措，对超出月额定数的用电量，无论是工业用电还是民用电，一律按上调的高价收费。这一举措将对该区的节约用电产生重大的促进作用。

上述举措要达到预期的目的，以下哪项必须是真的？

Ⅰ 有相当数量的浪费用电是因为电价格偏低而造成的。

Ⅱ 有相当数量的用户是因为电价格偏低而浪费用电的。

Ⅲ 超额用电价格的上调幅度一般地足以对浪费用电的用户产生经济压力。

A. Ⅰ、Ⅱ和Ⅲ。

B. 仅Ⅰ和Ⅱ。

C. 仅Ⅰ和Ⅲ。

D. 仅Ⅱ和Ⅲ。

E. Ⅰ、Ⅱ和Ⅲ都不必须是真的。

45. 近三年来，京、津市餐饮业的年利润一直稳定在8 000万元左右。据估算，扣除物价上涨的因素，这个数字近几年不会因为新的餐饮点的出现而扩大。因此，随着粤菜馆的兴旺，原先最受欢迎的川菜馆的收入会随之减少。

以下哪项如果是真的，最能动摇上述论证？

A. 粤菜一般要比川菜贵，而且部分顾客觉得粤菜真是“好看不中吃”。

B. 该市相当一批餐馆既供应粤菜又供应川菜，而且分别由不同特长的厨师掌厨。

C. 粤菜馆虽逐年增多，但绝对数量仍不及川菜馆多。

D. 由于粤菜的兴起，人们用于粤菜馆和川菜馆以外的餐饮消费明显减少。

E. 一些川菜馆正在改变经营策略，树立新的形象，提高服务质量。

46. 某特级招待所报案失窃现款200万元。保安人员经过周密调查，得出结论是前台经理孙某作的案。所长说：“这是最不可能的。”保安人员说：“当所有其他的可能性都被排除了，剩下的可能性不管看来是多么不可能，都一定是事实。”

以下哪项如果为真，则最为有力地动摇保安人员的说法？

A. 保安人员事实上不可能比所长更了解自己的经理。

B. 对非法行为惩处的根据，不能是逻辑推理，而只能是证据。

C. 保安人员无法穷尽所有的可能性。

D. 孙某是该招待所公认的优秀经理。

E. 该招待所前台出纳王某的丈夫有作案的前科。

47. 东升商城公关部职工的平均工资是营业部职工的2倍，因此，公关部职工比营业部职工普遍有较高的收入。

以下哪项如果是真的，将最能削弱上述论证？

A. 公关部职工的人均周实际工作时数要超过营业部职工的50%。

B. 按可比因素计算，公关部职工为商城创造的人均价值是营业部职工的近十倍。

C. 公关部职工中最高工资与最低工资间的差别要远大于营业部职工。

D. 公关部职工的人数只是营业部职工的10%。

E. 公关部职工中有20%享受商城的特殊津贴，营业部职工中则有25%享受此种津贴。

48. 培养能适应新时代要求的学生的关键因素不是灌输知识，而是培养能力。因此，提高我国的中小学教育质量的关键措施是尽快地把目前的应试教育改为素质教育。

以下各项都可能是上述论证所假设的，除了

A. 提高我国的中小学教育质量的主要目标是培养能适应新时代要求的学生。

B. 目前我国的中小学教育中的应试教育不利于培养学生的能力。

C. 素质教育的着重点不是灌输知识。

D. 较多地掌握了知识的学生不一定有较强的能力。

E. 有较强能力的学生一定能掌握较多的知识。

49. 要使中国足球队真正能跻身世界强队列，至少必须解决两个关键问题。一是提高队员基本体能，二是讲究科学训练。不确实解决这两点，即使临战时拼搏精神发挥得再好，也不可能取得突破性的进展。

下列诸项都表达了上述议论的原意，除了

A. 只有提高队员的基本体能和讲究科学训练，才能取得突破性进展。

B. 除非提高队员的基本体能和讲究科学训练，否则不能取得突破性进展。

C. 如果取得了突破性进展，说明一定提高了队员的基本体能并且讲究了科学训练。

D. 如果不能提高队员的基本体能，即使讲究了科学训练，也不可能取得突破性进展。

E. 只要提高了队员的基本体能并且讲究了科学训练，再加上临战时拼搏精神发挥得好，就一定能取得突破性进展。

50. 中星集团要招聘 20 名直接参加中层管理的职员。最不可能被招上的是学历在大专以下，或是完全没有管理工作实践经验的人；在有可能被招上的人中，懂英语或懂日语将大大增加这种可能性。

如果上述断定是真的，则以下哪项所言及的报名者最有可能被选上？

A. 张先生现年 40 岁，中专学历，毕业后一直没有放松学习，曾到京平大学经济管理学院进修过半年，收获很大。最近，他刚辞去已任职五年的华亭宾馆前厅经理的职务。

B. 王女士是经济管理学院的副教授，硕士研究生学历，出版过管理学专著。出于收入的考虑，她表示如被招聘，将立即辞去现职。

C. 陈小姐是经贸大学专科班的应届毕业生，在学校实习期间，曾任过某商场业务部见习经理。

D. 刘小姐是外国语学院 1995 年的本科毕业生，毕业后当过半年涉外导游和近两年专职翻译，精通英语和日语。

E. 老孙曾是远近闻名的南方投资集团公司的老总，曾被誉为是无学历、无背景，白手起家的传奇式的企业家，南方投资集团的倒闭使他不得不从头做起。

1999 年 1 月 MBA 联考逻辑真题

31. 全国运动会举行女子 5 000 米比赛，辽宁、山东、河北各派了三名运动员参加。比赛前，四名体育爱好者在一起预测比赛结果。甲说：“辽宁队训练就是有一套，这次的前三名非他们莫属。”乙说：“今年与去年可不同了，金、银、铜牌辽宁队顶多拿一个。”丙说：“据我估计，山东队或者河北队会拿牌的。”丁说：“第一名如果不是辽宁队的，就该是山东队的了。”比赛结束后，发现以上四人只有一人言中。

以下哪项最可能是该项比赛的结果？

A. 第一名辽宁队，第二名辽宁队，第三名辽宁队。

B. 第一名辽宁队，第二名河北队，第三名山东队。

C. 第一名山东队，第二名辽宁队，第三名河北队。
D. 第一名河北队，第二名辽宁队，第三名辽宁队。
E. 第一名河北队，第二名辽宁队，第三名山东队。

32. 王大妈上街买东西，看见有个地方围了一群人。凑过去一看，原来是中国高血压日的宣传。王大妈转身就要走，一位年轻的白衣大夫叫住了她，“大妈，让我帮您测测血压好吗”？王大妈连忙挥手说：“我又不胖，算了吧。”

根据以上信息，以下哪项最可能是王大妈的回答所隐含的前提？
A. 只有患高血压病的人才需要测血压，我不用。
B. 只有胖人才可能得高血压病，经常测血压。
C. 虽然测血压是免费的，可给我开药方就要收钱了。
D. 你们这么忙，还是先给身体比较胖的人们测吧。
E. 让我当众测血压，多难为情。

33. 某县领导参加全县的乡计划生育干部会，临时被邀请上台讲话。由于事先没有作调查研究，也不熟悉县里计划生育的具体情况，只能说些模棱两可、无关痛痒的话。他讲道：“在我们县 14 个乡中，有的乡完成了计划生育指标；有的乡没有完成计划生育指标；李家集乡就没有完成嘛。”在领导讲话时，县计划生育委员会主任手里捏了一把汗，因为领导讲的三句话中有两句不符合实际，真后悔临时拉领导来讲话。

以下哪项正确地表示了该县计划生育工作的实际情况？
A. 在 14 个乡中至少有一个乡没有完成计划生育指标。
B. 在 14 个乡中除李家集乡外还有别的乡没有完成计划生育指标。
C. 在 14 个乡中没有一个乡没有完成计划生育指标。
D. 在 14 个乡中只有一个乡没有完成计划生育指标。
E. 在 14 个乡中只有李家集乡完成了计划生育指标。

34. 在 MBA 的财务管理课期终考试后，班长想从老师那里打听成绩。班长说：“老师，这次考试不太难，我估计我们班同学们的成绩都在 70 分以上吧。”老师说：“你的前半句话不错，后半句话不对。”

根据老师的意思，下列哪项必为事实？
A. 多数同学的成绩在 70 分以上，有少数同学的成绩在 60 分以下。
B. 有些同学的成绩在 70 分以上，有些同学的成绩在 70 分以下。
C. 如果研究生的课程 70 分才算及格，肯定有的同学成绩不及格。
D. 这次考试太难，多数同学的考试成绩不理想。
E. 这次考试太容易，全班同学的考试成绩都在 80 分以上。

35. 去年 MBA 入学考试的五门课程中，王海天和李素云只有数学成绩相同，其他科的成绩互有高低，但所有课程的分数都在 60 分以上。在录取时只能比较他们的总成绩了。

下列哪项如果为真，能够使你判断出王海天的总成绩高于李素云？

A. 王海天的最低分是数学，而李素云的最低分是英语。
B. 王海天的最高分比李素云的最高分要高。
C. 王海天的最低分比李素云的最低分高。
D. 王海天的最低分比李素云的两门课分别的成绩高。
E. 王海天的最低分比李素云的平均成绩高。

36. 壳牌石油公司连续三年在全球500家最大公司净利润总额排名中位列第一，其主要原因是该公司比其他公司有更多的国际业务。

下列哪项如果为真，则最能支持上述说法？

A. 与壳牌公司规模相当但国际业务少的石油公司的利润都比壳牌石油公司低。
B. 历史上全球500家大公司的净利润冠军都是石油公司。
C. 近三年来全球最大的500家公司都在努力走向国际化。
D. 近三年来石油和成品油的价格都很稳定。
E. 壳牌石油公司是英国和荷兰两国所共同拥有的。

37. 某学术会议正在举行分组会议。某一组有8人出席。分组会主席问大家原来各自认识与否。结果是全组中仅有一个人认识小组中的三个人，有三个人认识小组中的两个人，有四个人认识小组中的一个人。

若以上统计是真实的，则最能得出以下哪项结论？

A. 会议主席认识小组的人最多，其他人相互认识的少。
B. 此类学术会议是第一次召开，大家都是生面孔。
C. 有些成员所说的认识可能仅是在电视上或报告会上见过而已。
D. 虽然会议成员原来的熟人不多，但原来认识的都是至交。
E. 通过这次会议，小组成员都相互认识了，以后见面就能直呼其名了。

38. 群英和志城都是经营微型计算机的公司。它们是电子一条街上的两颗高科技新星。为了在微型计算机市场方面与几家国际大公司较量，群英公司和志城公司在加强管理、降低成本、提高质量和改善服务几方面实行了有效的措施，1998年的微机销售量比1997年分别增加了15万台和12万台，令国际大公司也不敢小看它们。

根据以上事实，最能得出下面哪项结论？

A. 在1998年群英公司与志城公司的销售量超过了国外公司在中国的微机销售量。
B. 在1998年群英公司和志城公司用降价倾销方式获利。
C. 在1998年群英公司销售量的增长率超过志城公司的增长率。
D. 在价格、质量相似的条件下，中国的许多消费者更喜欢买进口电脑。
E. 在1998年群英公司的市场份额增长量超过了志城公司的市场份额增长量。

39. 几年来，我国许多餐厅使用一次性筷子，这种现象受到越来越多人的批评。许多资源环境工作者在报刊上呼吁：为了保护森林资源，让山变绿、水变清，是采取坚决措施，禁用一次性筷子的时候了！

以下除哪项外，都从不同方面对批评者的观点提供了支持？

A. 我国森林资源十分匮乏，把大好的木材用来做一次性筷子，实在是莫大的浪费。

B. 1998 年的特大水灾造成的损失既与气候有关，也与多年的滥砍滥伐有很大关系。

C. 森林和各种绿色植被对涵养水分、调节气候、防止水土流失具有不可替代的作用。

D. 禁用一次性筷子既要大张旗鼓地宣传，又要制定相应的法规，建立完善的监督机制。

E. 保护森林不能只保不用。合理使用，适量地采伐，发展林区经济，还能促进保护。

40. 三位股评专家正在对三家上市公司明天的股价走势进行预测。甲说："公司一的股价会有一些上升，但不能期望过高。"乙说："公司二的股价可能下跌，除非公司一的股价上升超过 5%。"丙说："如果公司二的股价上升，公司三的股价也会上升。"三位股评专家果然厉害，一天后的事实表明他们的预言都对，而且公司三的股价跌了。

以下哪项叙述最可能是那一天股价变动的情况？

A. 公司一股价上升了 9%，公司二股价上升了 4%。

B. 公司一股价上升了 7%，公司二股价下跌了 3%。

C. 公司一股价上升了 4%，公司二股价上升了 2%。

D. 公司一股价上升了 5%，公司二股价持平。

E. 公司一股价上升了 2%，公司二股价有所上升。

41. 在某西方国家，高等学校的学费是中等收入家庭难以负担的，然而，许多家长还是节衣缩食供孩子上大学。有人说，这是因为高等教育是一项很好的投资。

以下哪项对以上说法提出质疑？

A. 一个大学文凭每年的利润率是 13% 以上，超过了股票的长期利润率。

B. 在 25 ~ 29 岁的人中，只有高中学历的失业率是受过高等教育的人的 3 倍。

C. 科技发展迅速，经济从依赖体力转变为更多地依赖脑力，对大学学历的回报进一步提高。

D. 1980 年有大学文凭的人的收入大约比只有高中文凭的人多 43%，1996 年增加到 75%。

E. 随着计算机技术的发展，许多原来需要高技术人才承担的工作可以雇只会操作键盘的技工来干。

42. 你可以随时愚弄某些人。

假若以上属实，以下哪些判断必然为真？

Ⅰ　张三和李四随时都可能被你愚弄。

Ⅱ　你随时都想愚弄人。

Ⅲ　你随时都可能愚弄人。

Ⅳ　你只能在某些时候愚弄人。

Ⅴ　你每时每刻都在愚弄人。

A. 只有Ⅲ。

B. 只有Ⅱ。

C. 只有Ⅰ和Ⅲ。

D. 只有Ⅱ、Ⅲ和Ⅳ。

E. 只有Ⅰ、Ⅲ和Ⅴ。

43. 学校抗洪抢险献爱心捐助小组突然收到一大笔没有署名的捐款，经过多方查找，可以断定是赵、钱、孙、李中的某一个人捐的。经询问，赵说："不是我捐的"；钱说："是李捐的"；孙说："是钱捐的"；李说："我肯定没有捐。"最后经过详细调查证实四个人中只有一个人说的是真话。

根据以上已知条件，请判断下列哪项为真？

A. 赵说的是真话，是孙捐的。

B. 李说的是真话，是赵捐的。

C. 钱说的是真话，是李捐的。

D. 孙说的是真话，是钱捐的。

E. 李说的是假话，是李捐的。

44. 某公司的销售部有五名工作人员，其中有两名本科专业是市场营销，两名本科专业是计算机，有一名本科专业是物理学。又知道五人中有两名女士，她们的本科专业背景不同。

根据上文所述，以下哪项论断最可能为真？

A. 该销售部有两名男士是来自不同本科专业的。

B. 该销售部的一名女士一定是计算机本科专业毕业的。

C. 该销售部三名男士来自不同的本科专业，女士也来自不同本科专业。

D. 该销售部至多有一名男士是市场营销专业毕业的。

E. 该销售部本科专业为物理学的一定是男士，不是女士。

45. 曙光机械厂、华业机械厂、祥瑞机械厂都在新宁市辖区。它们既是同一工业局下属的兄弟厂，在市场上也是竞争对手。在市场需求的五种机械产品中，曙光机械厂擅长生产产品 1、产品 2 和产品 4，华业机械厂擅长生产产品 2、产品 3 和产品 5，祥瑞机械厂擅长生产产品 3 和产品 5。如果两个厂生产同样的产品，一方面是规模不经济，另一方面是会产生恶性内部竞争。如果一个厂生产三种产品，在人力和设备上也有问题。为了发挥好地区经济合作的优势，工业局召集三个厂的领导对各自的生产产品作了协调，作出了满意的决策。

以下哪项最可能是这几个厂的产品选择方案？

A. 曙光机械厂生产产品 1 和产品 5，华业机械厂只生产产品 2。

B. 曙光机械厂生产产品 1 和产品 2，华业机械厂生产产品 3 和产品 5。

C. 华业机械厂生产产品 2 和产品 3，祥瑞机械厂只生产产品 4。

D. 华业机械厂生产产品 2 和产品 5，祥瑞机械厂生产产品 3 和产品 4。

E. 祥瑞机械厂生产产品 3 和产品 5，华业机械厂只生产产品 2。

46. 西方发达国家的大学教授几乎都是得到过博士学位的。目前，我国有些高等学校也坚持在招收新教员时，有博士学位是必要条件，除非是本校的优秀硕士毕业生留校。

根据以上论述，最可能得出以下哪一结论？

A. 在我国，大多数大学教授已经获得了博士学位，少数正在读在职博士。

B. 在西方发达国家，得到博士学位的人都到大学任教。

C. 在我国，有些高等学校的新教师都有了博士学位。

D. 在我国一些高校，得到博士学位的大学教师的比例在增加。

E. 大学教授中得到博士学位的比没有得到博士学位的更受学生欢迎。

47. K 国的公司能够在 V 国销售半导体，并且，售价比 V 国公司的生产成本低。为了帮助 V 国的那些公司，V 国的立法机构制定了一项计划，规定 K 国公司生产的半导体在 V 国的最低售价必须比 V 国公司的平均生产成本高百分之十。

以下哪项如果为真，将最严重地影响该项计划的成功？

A. 预计明年 K 国的通货膨胀率超过百分之十。

B. 现在 K 国的半导体不仅仅销往 V 国。

C. 一些销售半导体的 V 国公司宣布，它们打算降低半导体的售价。

D. K 国政府也制定半导体在本国的最低售价。

E. 越来越多的非 K 国的公司去 V 国销售半导体，并且售价比 K 国的产品低。

48. 某市的红光大厦工程建设任务进行招标。有四个建筑公司投标。为简便起见，称它们为公司甲、乙、丙、丁。在标底公布以前，各公司经理分别作出猜测。甲公司经理说："我们公司最有可能中标，其他公司不可能。"乙公司经理说："中标的公司一定出自乙和丙两个公司之中。"丙公司经理说："中标的若不是甲公司就是我们公司。"丁公司经理说："如果四个公司中必有一个中标，那就非我们莫属了！"当标底公布后发现，四人中只有一个人的预测成真了。

以下哪项判断最可能为真？

A. 甲公司经理猜对了，甲公司中标了。

B. 乙公司经理猜对了，丙公司中标了。

C. 甲公司和乙公司的经理都说错了。

D. 乙公司和丁公司的经理都说错了。

E. 乙公司、丙公司和丁公司的经理都说错了。

49. 据报道，某国科学家在一块 60 万年前来到地球的火星陨石上发现了有机生物的痕迹，因为该陨石由二氧化碳化合物构成，该化合物产生于甲烷，而甲烷可以是微生物受到高压和高温作用时产生的。由此可以推断火星上曾经有过生物，甚至可能有过像人一样的高级生物。

以下条件除了哪项外，都对上文的结论提出质疑？

A. 火星陨石在地球上的 60 万年间可能产生了很多的化学变化，要界定其中哪些物质仍完全保留着在火星上的性质不是那么容易的。

B. 60 万年的时间与宇宙的年龄相比是微不足道的，但在这一期间的生物进化的历史可以是丰富多彩的。

C. 微生物受到高压和高温作用时可以产生甲烷，但甲烷是否可以由其他方法产生是有待探讨的一个问题。

D. 由微生物进化到人类需要足够的时间和合适的条件，其复杂性及其中的一些偶然性可能是现在的人们难以想象的。

E. 所说的二氧化碳化合物可以从甲烷产生，但也不能绝对排除从其他物质产生的可能性。

50. 虽然有许多没有大学学历的人也能成为世界著名的企业家，比如微软公司的创始人之一比尔·盖茨就没有正式得到大学毕业文凭，但大多数优秀的管理人才还是接受过大学教育特别是MBA教育。虽然得到MBA学位并不意味着成功，但还是可以说MBA教育是培养现代企业管理人才的摇篮。

以下论断除了哪项外，都可能是以上题干的文中之义？

A. 有些人在大学里是学习哲学的，搞起经营管理来却不比学MBA的差。

B. 对于有些天才人物，不经历MBA教育阶段也可以学到MBA教育传授的知识和才能。

C. 由于MBA教育离实际的管理还有一定距离，得到MBA学位的人还需要在实践中不断积累管理经验。

D. 得到MBA学位的学生毕业后，大多数人成为优秀的管理人才，有些人成为世界知名企业高级主管。

E. 一些得到MBA学位的人并不一定能管理好企业，把企业搞到破产地步的也不少见。

51. 点子大王秦老师最近又要贡献一个点子给都市报报业集团。秦老师分析了目前报纸的发行时段：早上有晨报，上午有日报，下午有晚报，真正为晚上准备的报纸却没有。秦老师建议他们办一份《都市夜报》，打开这块市场。谁知都市报报业集团却没有采纳秦老师的建议。

以下哪项如果为真，能够恰当地指出秦老师的分析中所存在的问题？

A. 报纸的发行时段和阅读时间是不同的。

B. 酒吧或影剧院的灯光都很昏暗，无法读报。

C. 许多人睡前有读书的习惯，而读报的比较少。

D. 晚上人们一般习惯于看电视节目，很少读报。

E. 都市的夜生活非常丰富，读报纸显得太枯燥了。

52. 在最近几年，某地区的商场里只卖过昌盛、彩虹、佳音三种品牌的电视机。1997年，昌盛、彩虹、佳音三种品牌的电视机在该地区的市场占有率（按台数计算）分别为25%、35%和40%。到1998年，几个品牌的市场占有率变成昌盛第一、彩虹第二、佳音第三，其次序正好与1997年相反。

以下条件除了哪项外，都可能对上文提到的市场占有率的变化作出合理的解释？

A. 昌盛集团成立了信息部，应用信息技术网络与客户建立了密切的联系。

B. 佳音集团的经理班子与董事会的经营理念出现分歧，总经理在1998年年初辞职。

C. 昌盛集团耗巨资购并了一个濒临倒闭的大型电冰箱厂，转产 VCD 机。

D. 佳音集团新的总经理推行全面质量管理，引起费用增加，不得不提高价格。

E. 彩虹集团设计了新的生产线，要等到 1999 年才能投产，在 1998 年难有作为。

53. 方宁、王宜和余涌，一个是江西人，一个是安徽人，一个是上海人，余涌的年龄比上海人大，方宁和安徽人不同岁，安徽人比王宜年龄小。

根据上述断定，以下结论都不可能推出，除了

A. 方宁是江西人，王宜是安徽人，余涌是上海人。

B. 方宁是安徽人，王宜是江西人，余涌是上海人。

C. 方宁是安徽人，王宜是上海人，余涌是江西人。

D. 方宁是上海人，王宜是江西人，余涌是安徽人。

E. 方宁是江西人，王宜是上海人，余涌是安徽人。

54. 小光和小明是一对孪生兄弟，刚上小学一年级。一次，他们的爸爸带他们去密云水库游玩，看到了野鸭子。小光说："野鸭子吃小鱼。"小明说："野鸭子吃小虾。"哥俩说着说着就争论起来，非要爸爸给评评理。爸爸知道他们俩说的都不错，但没有直接回答他们的问题，而是用例子来进行比喻。说完后，哥俩都服气了。

以下哪项最可能是爸爸讲给儿子们听的话？

A. 一个人的爱好是会变化的。爸爸小时候很爱吃糖，你奶奶管也管不住。到现在，你让我吃我都不吃。

B. 什么事儿都有两面性。咱们家养了猫，耗子就没了。但是，如果猫身上长了跳蚤也是很讨厌的。

C. 动物有时也通人性。有时主人喂它某种饲料吃得很好，若是陌生人喂，怎么也不吃。

D. 你们兄弟俩的爱好几乎一样，只是对饮料的爱好不同。一个喜欢可乐，一个喜欢雪碧。你妈妈就不在乎，可乐、雪碧都行。

E. 野鸭子和家里饲养的鸭子是有区别的。虽然人工饲养的鸭子是由野鸭子进化来的，但据说已经有几千年的历史了。

55. 许多影视放映场所为了增加其票房收入，把一些并不包含有关限制内容的影视片也标以"少儿不宜"。

他们这样做是因为确信以下哪项断定？

Ⅰ 成年观众在数量上要大大超过少儿观众。

Ⅱ"少儿不宜"的影视片对成年人无害。

Ⅲ 成年人普遍对标明"少儿不宜"的影视片感兴趣。

A. 仅Ⅰ。

B. 仅Ⅱ。

C. 仅Ⅰ、Ⅲ。

D. 仅Ⅱ、Ⅲ。

E. Ⅰ、Ⅱ、Ⅲ。

56. 有四个外表看起来没有分别的小球，它们的重量可能有所不同。取一个天平，将甲、乙归为一组，丙、丁归为另一组，分别放在天平的两边，天平是基本平衡的。将乙和丁对调一下，甲、丁一边明显地要比乙、丙一边重得多。可奇怪的是，我们在天平一边放上甲、丙，而另一边刚放上乙，还没有来得及放上丁时，天平就压向了乙一边。

请你判断，这四个球中由重到轻的顺序是什么？

A. 丁、乙、甲、丙。

B. 丁、乙、丙、甲。

C. 乙、丙、丁、甲。

D. 乙、甲、丁、丙。

E. 乙、丁、甲、丙。

57. 王宏和李明是要好的朋友。王宏是学气象的，每天要作天气预报。李明是学哲学的，爱和人辩论。某个星期六的中午，两人在一块吃饭，王宏急着要走，说要去加班，准备明天的天气预报。李明说："何必着急？作天气预报还不容易。你只要说明天有50%的概率降水就行了。如果真的下了雨，你可以说'我预报准确'。因为你说过有50%的概率降水；如果明天没有下雨，你也没错，因为你预言有50%的概率不降雨。因此，你总是对的。"

以下哪项论述最科学地指出了李明论断的错误？

A. 一个天气预报员水平的高低不是仅用某一次是否符合天气实际情况来判断的。

B. 李明的说法不对。如果明天真的下雨了，只有预报降水概率100%才算预报正确，其他预报都不对。

C. 李明的说法有问题。如果明天没有下雨，只有预报降水概率为零才算预报正确，其他预报都算错。

D. 李明的说法揭示了现在天气预报方式的弊端。用百分率作天气预报不科学，应该像原来那样，明确地预报有雨或无雨。

E. 用百分率作天气预报是一种推卸责任的办法，就和算命先生给人算卦一样，都是些模棱两可的话。你说让人信还是不信？

58. 在人口最稠密的城市中，警察人数占总人口的比例也最大。这些城市中的"无目击证人犯罪"的犯罪率也最低。看来，维持高比例的警察至少可达到有效地阻止此类犯罪的效果。

下列哪项如果为真，最能有效地削弱上述推论？

A. 警察的工作态度和巡逻频率在各个城市是有很大差别的。

B. 高人口密度本身使得犯罪现场无目击证人的可能性减少。

C. 许多发生在大城市的非暴力犯罪都与毒品有关。

D. 人口稠密的城市中，大多数罪犯并不是被警察抓获的。

E. 无目击证人犯罪在所有犯罪中本来就只占很小的比例。

59. 一个著名的旅游城市，每年都接待许多中外旅客。在游览风景名胜的路上，导游小姐总在几个工艺品加工厂停车，劝大家去厂里参观，而且说买不买都没有关系。为此，一些游客常有怨言，但此种现象仍在继续，甚至一年胜似一年。

以下哪项最不可能是造成以上现象的原因？

A. 虽然有的人不满意，许多游客是愿意的，他们从厂里出来时的笑容就是证据。

B. 有些游客来旅游的一项重要任务就是购物。若是空手回家，家里人会不高兴的。

C. 厂家生产的产品直销，质量有保证，价格也便宜，何乐而不为？

D. 所有的游客经济上都是富裕的，他们只想省时间，不在意商品的价格。

E. 在厂家购物，导游小组会得到奖励。当然，奖励的钱是间接地从购物者那里来的。

60. 据世界卫生组织 1995 年的调查报告显示，70% 的肺癌患者有吸烟史，其中有 80% 的人吸烟的历史多于 10 年。这说明吸烟会增加人们患肺癌的危险。

以下哪项最能支持上述论断？

A. 1950 年至 1970 年期间男性吸烟者人数增加较快，女性吸烟者也有增加。

B. 虽然各国对吸烟有害进行大力宣传，但自 20 世纪 50 年代以来，吸烟者所占的比例还是呈明显的逐年上升的趋势。到 90 年代，成人吸烟者达到成人数的 50%。

C. 没有吸烟史或戒烟时间超过五年的人数在 1995 年超过了人口总数的 40%。

D. 1995 年未成年吸烟者的人数也在增加，成为一个令人挠头的社会问题。

E. 医学科研工作者已经用动物实验发现了尼古丁的致癌作用，并从事开发预防药物的研究。

61. 中国青少年发展基金会在成功地推行希望工程八年之后，又面向社会隆重推出“中华古诗文经典诵读”工程。为此，国家科学技术部研究中心组成了专题评估小组，进行了抽样调查，得到有效样本 1 342 个。调查结果显示：多数家长和教师认为古诗文诵读应从小抓起，作为孩子启蒙教育的一部分，这既能修身养性，又能促进学习。

以下哪项结论最不符合以上题干所表达的思想？

A. 国家科学技术部研究中心组成的专题评估小组采取了科学的研究方法，进行了细致的调查研究，其结论很有说服力。

B. 古诗文诵读不仅能让孩子学习语文知识，对加强精神文明建设也具有重要意义。

C. 有了推行希望工程的经验，中华古诗文经典诵读工程成功的可能性更大了。

D. 由于孩子们上中学以后，数理化课程加重，需要把古诗文诵读的任务放在幼儿园和小学阶段，在中学和大学阶段集中力量学习科学技术。

E. 少数老师和学生家长认为不应该过分强调古诗文诵读，因为在孩子小的时候，过分强调背诵，会影响独立思考能力的培养。

62. 甲：“你不能再抽烟了。抽烟确实对你的健康非常不利。”

乙：“你错了。我这样抽烟已经 15 年了，但并没有患肺癌，上个月我才做的体检。”

有关上述对话，以下哪项如果是真的，最能加强和支持甲的意见？

A. 抽烟增加了家庭的经济负担，容易造成家庭矛盾，甚至导致家庭破裂。

B. 抽烟不仅污染环境，影响卫生，还会造成家人或同事们被动吸烟。

C. 对健康的危害不仅指患肺癌或其他明显疾病，还包括潜在的影响。

D. 如果不断抽烟，那么烟瘾将越来越大，以后就更难戒除了。

E. 与名牌的优质烟相比，冒牌劣质烟对健康的危害更甚。

63. 我国多数软件开发工作者的“版权意识”十分淡薄，不懂得通过版权来保护自己的合法权益。最近对500多位软件开发者的调查表明，在制定开发计划时也同时制定了版权申请计划的仅占20%。

以下哪项如果为真，最能削弱上述结论？

A. 制定了版权申请计划并不代表有很强的“版权意识”，是否有“版权意识”要看实践。

B. 有许多软件开发者事先没有制定版权申请计划，但在软件完成后申请了版权。

C. 有些软件开发者不知道应该到什么地方去申请版权。有些版权受理机构服务态度也不怎么样。

D. 版权意识的培养需要有一个好的法制环境。人们既要保护自己的版权，也要尊重他人的版权。

E. 在被调查的500名软件开发者以外还有上万名计算机软件开发者，他们的“版权意识”如何，有待进一步调查。

64. 一段时间以来，国产洗发液在国内市场的占有率逐渐减小。研究发现，国外公司的产品广告比国内的广告更吸引人。因此，国产洗发液生产商需要加大广告投入，以增加市场占有率。

以下哪项如果为真，将严重地弱化上述的论证？

A. 一些国外洗发液的广告是由国内广告公司制作并由国内媒体传播的。

B. 广告只能引起人们对某种商品的注意，质量才能使人们产生对商品的喜爱。

C. 国产洗发液生产商的广告费现在只有国外厂商的一半。

D. 尽管国外洗发液销售额增加，国产洗发液销售额同样在增加。

E. 准备购买新的洗发液的人喜欢从广告中发现合意的品牌。

65. 环境污染已经成为全世界普遍关注的问题。科学家和环境保护组织不断发出警告：如果我们不从现在起就重视环境保护，那么人类总有一天将无法在地球上生存。

以下哪项解释最符合以上警告的含义？

A. 如果从后天而不是明天起就重视环境保护，人类的厄运就要早一天到来。

B. 如果我们从现在起开始重视环境保护，人类就可以在地球上永久地生活下去。

C. 只要我们从现在起就重视环境保护，人类就不至于在这个地球上无法生活下去。

D. 由于科学技术发展迅速，在厄运到来之前人类就可能移居到别的星球上去了。

E. 对污染问题的严重性要有高度的认识，并且要尽快采取行动做好环保工作。

66. 商业周期并未寿终正寝。在西方某国，目前的经济增长要进入第六个年头，增长速度稳定在2%~2.5%。但是，实业界的人士毕竟不是天使，中央银行的官员也不是贤主明君，关于商业周期已经寿终正寝的说法是过于夸大其词了。

以下除哪项外都进一步论述了上文的观点？

A. 适应顾客需求的制造业比原来大工厂的大批量生产更具有灵活性。

B. 当公司预见繁荣会继续时，大家就会争着投放过多的资金。

C. 当建厂过多、生产过剩时，公司就会急剧抽回资金。

D. 联邦储备委员会有时会反应过度或行动过火，动不动就提高利率。

E. 繁荣时的盲目乐观和萧条时的惶恐不安，都会妨碍市场进行自我调节。

67. 某计算机销售部向顾客承诺："本部销售的计算机在一个月内包换、一年内免费包修、三年内上门服务免收劳务费，因使用不当造成的故障除外。"

下面哪个选项所描述的现象与文中的承诺一致？

A. 某人购买了一台计算机，三个月后软驱出现问题，要求销售部修理，销售部给免费更换了软驱。

B. 计算机实验室从该销售部购买了30台计算机，50天后才拆箱安装。在安装时发现有一台显示器不能显示彩色，要求更换。

C. 某学校购买了10台计算机。没到一个月，计算机的鼠标丢失了三个，要求销售部无偿补齐。

D. 李明买了一台计算机，不小心感染了计算机病毒，造成存储的文件丢失，要求销售部赔偿损失。

E. 某人购买了一台计算机，一年后键盘出现故障，要求销售部按半价更换一个新键盘。

68. 金钱不是万能的，没有钱是万万不能的，发不义之财是绝对不行的。

以下除哪些项外，基本表达了上述题干的思想？

Ⅰ　有些事情不是仅有钱就能办成的，比如抗洪抢险的将士冒生命危险坚守堤防，不是为了钱才去干的。

Ⅱ　有钱能使鬼推磨。世上没有用钱干不成的事。抗洪抢险的将士也是要发工资的。

Ⅲ　对许多事情来说，没有钱是很难办成的。有时候真是"一分钱急死男子汉"。

Ⅳ　"钱"是身外之物，生不带来，死不带去，钱多了还惹是生非。

Ⅴ　"君子好财，取之有道。"通过合法的手段赚得的钱记载着你的劳动，可以用来帮助你做其他的事情。

A. 只有Ⅰ。

B. 只有Ⅱ。

C. 只有Ⅰ和Ⅲ。

D. 只有Ⅱ和Ⅳ。

E. 只有Ⅰ、Ⅲ和Ⅴ。

69. 有一个盒子里有100只分别涂有红、黄、绿三种颜色的球。

张三说："盒子里至少有一种颜色的球少于33只。"

李四说："盒子里至少有一种颜色的球不少于34只。"

王五说："盒子里任意两种颜色的球的总数不会超过99只。"
以下哪项论断是正确的？
A. 张三和李四的说法正确，王五的说法不正确。
B. 李四和王五的说法正确，张三的说法不正确。
C. 王五和张三的说法正确，李四的说法不正确。
D. 张三、李四和王五的说法都不正确。
E. 张三、李四和王五的说法都正确。

70. 某地有两个奇怪的村庄，张庄的人在星期一、三、五说谎，李村的人在星期二、四、六说谎。在其他日子他们说实话。一天，外地的王从明来到这里，见到两个人，分别向他们提出关于日期的问题。两个人都说："前天是我说谎的日子。"
如果被问的两个人分别来自张庄和李村，以下哪项判断最可能为真？
A. 这一天是星期五或星期日。
B. 这一天是星期二或星期四。
C. 这一天是星期一或星期三。
D. 这一天是星期四或星期五。
E. 这一天是星期三或星期六。

71. 某地区有些得到国家特殊政策的国有企业仍然未扭亏为盈，这让区委书记格外着急。
以下哪项论断最符合以上论述的基本思想？
A. 该地区得到国家特殊政策的国有企业都没有盈利，区委书记为此着急。
B. 该地区得到国家特殊政策的国有企业没有亏损，不需要扭亏，区委书记何必着急。
C. 该地区没有得到国家特殊政策的国有企业都有盈利，区委书记对他们放心。
D. 该地区的非国有企业可能都有盈利。即使没有盈利，区委书记也不着急。
E. 该地区所有不盈利的企业都让区委书记着急，尤其是其中的试点单位。

72. 在评价一个企业管理者的素质时，有人说："只要企业能获得利润，其管理者的素质就是好的。"
以下各项都是对上述看法的质疑，除了
A. 有时管理层会用牺牲企业长远利益的办法来获得近期利润。
B. 有的管理者采取不正当竞争的办法，损害其他企业，获得本企业的利益。
C. 某地的卷烟厂连年利润可观，但领导层中挖出了一个贪污集团。
D. 某电视机厂的领导任人唯亲，工厂越办越糟，群众意见很大。
E. 某计算机销售公司近几年的获利在同行业名列前茅，但有逃避关税的问题。

73. 世界级的马拉松选手每天跑步不少于两小时，除非是元旦、星期天或得了较严重的疾病。
若以上论述为真，以下哪项所描述的人不可能是世界级马拉松选手？

A. 某人连续三天每天跑步仅一个半小时，并且没有任何身体不适。

B. 某运动员几乎每天都要练习吊环。

C. 某人在脚伤痊愈的一周里每天跑步至多一小时。

D. 某运动员在某个星期三没有跑步。

E. 某运动员身体瘦高，别人都说他像跳高运动员，他的跳高成绩相当不错。

74. 以下是某报刊登的一则广告：对咽喉炎患者，有五分之四的医院都会给开“咽喉康含片”。因此，你若患了咽喉炎，最佳的选择是“咽喉康含片”。

以下哪项如果为真，最能对该广告的论点提出质疑？

A. 一些其他名牌药品，不但对咽喉炎有较好的疗效，对治疗其他疾病也有益处。

B. 其他五分之一的医院，也给病人开“咽喉康含片”，只是不像广告说的那样频繁。

C. “咽喉康含片”的味道有些怪，刚含时有点苦，等一会就变成有点甜味了。

D. 有的药厂以很低的价格向医院推销药品，甚至采取给回扣等办法进行促销。

E. 对10名患者的临床实验的结果表明，“咽喉康含片”没有明显的副作用。

75. “世间万物中，人是第一可宝贵的。”

以下哪种解释最符合以上判断的原意？

A. 在人们解决自然、社会问题时，需要多种条件，其中人的因素最重要。

B. 世间有大大多于一万种的生物。仅在其中的一万种之中，人是最宝贵的。

C. 因为我是人，我是最宝贵的。请你们给我最好的工作和最好的待遇吧。

D. 题干中的“人”指的是人类。“你”仅是一个具体的人，不是最宝贵的。

E. 在自然界中，人类是最高级的生物，其他动物或植物的存在是为人类服务的。

76. 某大学哲学系的几个学生在谈论文学作品时说起了荷花。甲说：“每年碧园池塘的荷花开放几天后，就该期终考试了。”乙接着说：“那就是说每次期终考试前不久碧园池塘的荷花已经开过了？”丙说：“我明明看到在期终考试后池塘里有含苞欲放的荷花嘛！”丁接着丙的话茬说：“在期终考试前后的一个月中，我每天从碧园池塘边走过，可从未见到开放的荷花啊？”

虽然以上四人都没有说假话，但各自的说法好像存在很大的分歧。以下哪项最能解释其中的原因？

A. 甲说的荷花开放并非指所有荷花，只要某年期终考试前夕有一枝荷花开放就行了。

B. 正如丙说的一样，有些年份在期终考试后池塘里有含苞欲放的荷花，这是自然界里的特殊现象，不要大惊小怪。

C. 自去年以来，碧园池塘里的水受到污染，荷花不再开了。所以丁也就不会看到荷花开放了。看来环境治理工作有待加强。

D. 通常说来，哲学系的学生爱咬文嚼字。可他们今天讨论问题时对一些基本概念还没有弄清楚，比如部分与全体的关系以及对时间范围的界定等等。

E. 虽然大多数期终考试的时间变化不大，有些时候也会变。比如，去年三年级的学生要去实习，期终考试就提前了半个月。

77. 广告：中国最好的橘子产于浙江黄岩。在橘子汁饮料的配方中，浙江黄岩蜜桔的含量越高，则配制的橘子汁的质量越好。可口笑公司购买的浙江黄岩蜜桔最多，因此，有理由相信，如果你购买了可口笑公司的橘子汁，你就买到了中国配制最好的橘子汁。

以下哪项如果为真，最能削弱上述广告中的结论？

A. 可口笑公司生产的橘子汁饮料比其他公司多得多，销路也不错。

B. 许多没有配制的橘子汁比配制的橘子汁饮料要好，当然，价格也贵些。

C. 可口笑公司制造橘子汁的设备与众不同，是 1992 年从德国进口的。

D. 可口笑公司的橘子汁饮料的价格高于大多数竞争对手。

E. 有些生产厂家根本不用浙江黄岩蜜桔做原料，而是用价格较低的橘子。

78. 厄尔尼诺和拉尼娜是热带海洋和大气相互作用的产物。拉尼娜的到来将对全球气候产生相反的影响，由厄尔尼诺现象造成的许多反常气候就会改变。美国沿海遭受飓风袭击的可能性会上升，澳大利亚东部可能发生洪水，南美和非洲东部地区可能出现干旱，南亚将出现猛烈的季风雨，英国气温将会下降，大西洋西岸可能提前出现暴雨和大雪，并使该地区的产粮区遭受破坏性旱灾，东亚的雨带将往北移，秋冬季雨水将会增多。拉尼娜在将冷水从海底带到水面的同时，也把海洋深层营养丰富的物质带到水面，加快浮游植物和动物繁殖，将使东太平洋沿岸国家渔业获得丰收。

以下除哪项外，都是上文所描述的拉尼娜现象可能带来的影响？

A. 非洲某些地区的干旱不但没有缓解，而且有加重的趋势，非洲一些国家的生活仍然艰难。

B. 澳大利亚西部可能发生洪水，对该地区的牧业将产生不良的影响，世界羊绒的价格可能上涨。

C. 美国东海岸地区的冬天会变冷，降雪量会有明显的增加，影响该地区的粮食生产，世界粮食价格有上涨的趋势。

D. 由于冬季雨水比较充沛，我国北方冬小麦的生长条件得到改善，小麦产量将会有所增加。

E. 墨西哥、智利等国的渔业将走出多年徘徊的局面，世界鱼产品的价格有可能下降。

79. 某西方国家高等院校的学费急剧上涨，其增长率几乎达到通货膨胀率的两倍。1980 ~ 1995 年中等家庭的收入只提高了 82%，而公立大学的学费的涨幅比家庭收入的涨幅几乎大了 3 倍，私立院校的学费在家庭收入中所占的比例几乎是 1980 年的 2 倍。高等教育的费用已经令中产阶级家庭苦恼不堪。

以下除哪项外都为上文的观点进一步提供论据？

A. 尽管 1980 ~ 1996 间年消费价格指数缓慢增长了 79%，公立四年制大学的学费上涨了 256%。

B. 私立学校的学费上涨比公立学校慢，从 1980 年到 1996 年上涨了 219%。

C. 如果学费继续保持过去的增长速度，1996 年新做父母的人将来他们的子女上私立大学每年的学费和食宿费总额将多达 9 万美元。

D. 政府对公立学校每个学生的补贴在学校收入中的比例从 1978 年的 66% 下降到 1993 年的 51%，而同一时期，学费在学校收入中所占比例从 16% 上升到 24%。

E. 高教市场已开始显露竞争迹象。几家私立学校和公立学校已通过缩短读学位时间的办法来间接地降低学习费用。

80. 如今，人们经常讨论职工下岗的问题，但也常常弄不清“下岗职工”的准确定义。国家统计局（1997）261 号统计报表的填表说明中对“下岗职工”的说明是：下岗职工是指由于企业的生产和经营状况等原因，已经离开本人的生产和工作岗位，并已不在本单位从事其他工作，但仍与用人单位保留劳动关系的人员。

按照以上划分标准，以下哪项所述的人员可以称为下岗职工？

A. 赵大大原来在汽车制造厂工作，半年前辞去工作，开了一个汽车修理铺。

B. 钱二萍原来是某咨询公司的办公室秘书。最近，公司以经营困难为由，解除了她的工作合同，她只能在家做家务。

C. 张三枫原来在手表厂工作，因长期疾病不能工作，经批准提前办理了退休手续。

D. 李四喜原来在某服装厂工作，长期请病假。其实他的身体并不坏，目前在家里开了个缝纫部。

E. 王五伯原来在电视机厂工作，今年 53 岁。去年工厂因产品积压，人员富余，让 50 岁以上的人回家休息，等 55 岁时再办正式退休手续。

1999 年 10 月在职 MBA 联考逻辑真题

1. 某些经济学家是大学数学系的毕业生。因此，某些大学数学系的毕业生是对企业经营很有研究的人。

下列哪项如果为真，则能够保证上述论断的正确？

A. 某些经济学家专攻经济学的某一领域，对企业经营没有太多的研究。

B. 某些对企业经营很有研究的经济学家不是大学数学系毕业的。

C. 所有对企业经营很有研究的人都是经济学家。

D. 某些经济学家不是大学数学系的毕业生，而是学经济学的。

E. 所有的经济学家都是对企业经营很有研究的人。

2. 某市繁星商厦服装部在前一阵疲软的服装市场中打了一个反季节销售的胜仗。据统计，繁星商厦皮服的销售额在 6、7、8 三个月连续成倍数增长，6 月 527 件，7 月 1 269 件，8 月 3 218 件。市有关主管部门希望在今年冬天向全市各大商场推广这种反季节销售的策略，力争今年 11、12 月和明年 1 月全市的夏衣销售有一个大的突破。

以下哪项如果为真，能够最好地说明该市有关主管部门的这个希望可能会遇到麻烦？

A. 皮衣的价格可以在夏天一降再降，是因为厂家可以在皮衣淡季的时候购买厚材料，其价格可以降低 30%。

B. 皮衣的生产企业为了使生产销售可以正常循环，宁愿自己保本或者微利，把利润压缩了 55%。

C. 在盛夏里搞皮衣反季节销售的不只是繁星商厦一家，但只有繁星商厦同时推出了售后服务由消协规定的三个月延长到七个月，打消了很多消费者的顾虑，所以在诸商家中独领风骚。

D. 今年夏天繁星商厦的冬衣反季节销售并没有使该商厦夏衣的销售获益，反而略有下降。

E. 根据最近进行的消费者心理调查的结果，买夏衣重流行、买冬衣重实惠是消费者的极为普遍的心理。

3. 在1997年开始的亚洲金融危机中，中国因为金融市场的开放程度有限而没有受到最严重的冲击。相反，亚洲各国中金融市场开放程度比较高的韩国、印度尼西亚、泰国等都饱受货币贬值、经济衰退之苦。看来，中国的金融市场还是应该自成体系地封闭运行为好。

以下哪项如果为真，则最能削弱上述结论？

A. 亚洲金融危机只是一个前奏，更危险的冲击还在后头。

B. 中国金融市场开放的程度受到中国经济发展阶段的限制。

C. 亚洲金融危机给中国带来的影响可能是深层次的，并非像表面这样平静。

D. 随着香港经济与内地经济越来越紧密地融合，中国金融市场的开放程度也会越来越大。

E. 如果不开放金融市场，金融体系无法走向成熟和完善，躲过了亚洲金融危机，也躲不过世界金融危机。

4. 所有的三星级饭店都被搜查过了，没有发现犯罪嫌疑人的踪迹。

如果上述断定为真，则在下面四个断定中可确定为假的是：

Ⅰ 没有三星级饭店被搜查过。

Ⅱ 有的三星级饭店被搜查过。

Ⅲ 有的三星级饭店没有被搜查过。

Ⅳ 犯罪嫌疑人躲藏的三星级饭店已被搜查过。

A. 仅Ⅰ、Ⅱ。

B. 仅Ⅰ、Ⅲ。

C. 仅Ⅱ、Ⅲ。

D. 仅Ⅰ、Ⅲ和Ⅳ。

E. Ⅰ、Ⅱ、Ⅲ和Ⅲ。

5. 甲、乙二人正在议论郑建敏。

甲：郑建敏是福特公司如今最得力的销售经理。

乙：这，这怎么可能呢？据我所知，郑建敏平时开的是一辆日本车。

乙的判断，包含了以下哪项假定？

A. 日本车现在越来越受欢迎，占领了越来越大的国际市场。

B. 这辆日本车的性能一定非常优异，才可能吸引福特公司的销售经理。

C. 一个公司的销售经理应当使用本公司的产品，哪能买别的公司的车。

D. 郑建敏开的那辆日本车可能是福特公司在日本的合资企业生产的。

E. 最得力的销售经理应当享受最高级的待遇，所以郑建敏能买日本车。

6. 据国际卫生与保健组织1999年年会“通讯与健康”公布的调查报告显示，68%的脑癌患者都有经常使用移动电话的历史。这充分说明，经常使用移动电话将会极大地增加一个人患脑癌的可能性。

以下哪项如果为真，将最严重地削弱上述结论？

A. 进入20世纪80年代以来，使用移动电话者的比例有惊人的增长。

B. 有经常使用移动电话的历史的人从1990年到1999年超过世界总人口的65%。

C. 在1999年全世界经常使用移动电话的人数比1998年增加了68%。

D. 使用普通电话与移动电话通话者同样有导致脑癌的危险。

E. 没有使用过移动电话的人数在90年代超过世界总人口的50%。

7. 刘先生一定是已经结了婚的，你看，他身上的衣服总是穿得精神得体、干干净净的。

以上这个结论是以下列哪项前提作为依据的？

A. 除非结了婚，男人们都是一副不修边幅、胡乱穿着的样子。

B. 所有结了婚的男人都穿着整齐、干净，概不例外。

C. 如果男人结了婚，他的穿着一定经常有人照料，自然就不同凡响啰。

D. 公司有规定，结了婚的男人一定要穿着得体，给年轻一代做个榜样。

E. 如果不是穿得体面又干净，刘先生恐怕现在还是单身一人呢。

8. 学校的抗洪赈灾义捐活动收到一大笔没有署真名的捐款，经过多方查找，可以断定是周、吴、郑、王中的某一位捐的。经询问，周说：“不是我捐的”；吴说：“是王捐的”；郑：“是吴捐的”；王说：“我肯定没有捐”。

最后，经过详细调查证实四个人中只有一个人说的是真话。

根据已知条件，请你判断下列哪项为真？

A. 周说的是真话，是吴捐的。

B. 周说的是假话，是周捐的。

C. 吴说的是真话，是王捐的。

D. 郑说的是假话，是郑捐的。

E. 王说的是真话，是郑捐的。

9. 古时候的一场大地震几乎毁灭了整个人类，只有两个部落死里逃生。最初在这两个部落中，神帝部落所有的人都坚信人性本恶，圣地部落所有的人都坚信人性本善，并且没有人既相信人性本善又相信人性本恶。后来两个部落繁衍生息，信仰追随和部落划分也遵循着一定的规律。部落内通婚，所生的孩子追随父母的信仰，归属原来的部落；部落间通婚，所生孩子追随母亲的信仰，归属母亲的部落。我们发现神圣子是相信人性本善的。

在以下各项对神圣子身份的判断中，不可能为真的是：

A. 神圣子的父亲是神帝部落的人。

B. 神圣子的母亲是神帝部落的人。

C. 神圣子的父母都是圣地部落的人。

D. 神圣子的母亲是圣地部落的人。

E. 神圣子的姥姥是圣地部落的人。

10. 由于信息高速公路上信息垃圾问题越来越严重，科学家们不断发出警告：如果我们不从现在开始就重视预防和消除信息高速公路上的信息垃圾，那么总有一天信息高速公路将无法正常通行。

以下哪项的意思最接近这些科学家们的警告？

A. 总有那么一天，信息高速公路不再能正常通行。

B. 只要从现在起就开始重视信息高速公路上信息垃圾的预防和消除，信息高速公路就可以一直正常通行下去。

C. 只有从现在起就开始重视信息高速公路上信息垃圾的预防和消除，信息高速公路才可能预防无法正常通行的后果。

D. 信息高速公路如果有一天不能再正常通行，那是因为我们没有从现在起重视信息高速公路上信息垃圾的预防和消除。

E. 信息高速公路上信息垃圾的严重性，已经引起了我们的高度重视。

11. 经济学家与考古学家就货币的问题展开了争论。

经济学家：在所有使用货币的文明中，无论货币以何种形式存在，它都是因为其稀缺性而产生其价值的。

考古学家：在索罗斯岛上，人们用贝壳作货币，可是该岛上贝壳遍布海滩，随手就能拾到。

下面哪一项能对二位专家论述之间的矛盾作出解释？

A. 索罗斯岛上居民节日期间在亲密的朋友之间互换货币，以示庆祝。

B. 索罗斯岛上的居民认为鲸牙很珍贵，他们把鲸牙串起来当做首饰。

C. 索罗斯岛上的男女居民使用不同种类的贝壳作货币，交换各自喜爱的商品。

D. 索罗斯岛上的居民只使用由专门工匠加工的有美丽花纹的贝壳作货币。

E. 即使在西方人将贵金属货币带上索罗斯岛之后，贝壳仍然是商品交换的媒介物。

12. 政府应该不允许烟草公司在其营业收入中扣除广告费用。这样的话，烟草公司将会缴纳更多的税金。它们只好提高自己的产品价格，而产品价格的提高正好可以起到减少烟草购买的作用。

以下哪个选项是上述论点的前提？

A. 烟草公司不可能降低其他方面的成本来抵消多缴的税金。

B. 如果它们需要付高额的税金，烟草公司将不再继续做广告。

C. 如果烟草公司不做广告，香烟的销售量将受到很大影响。

D. 政府从烟草公司的税收增加所得的收入将用于宣传吸烟的害处。

E. 烟草公司由此所增加的税金应该等于价格上涨所增加的盈利。

13. 以下诸项结论都是根据 1998 年度西单繁星商厦各个职能部收到的雇员报销单据综合得出的，在此项综合统计作出后，有的职能部又收到了雇员补交上来的报销单据。

以下哪项结论不可能被补交报销单据这一新的事实所推翻？

A. 超级市场部仅有 14 个雇员交了报销单据，报销了至少 8 700 元。

B. 公关部最多只有 3 个雇员交了报销单据，总额不多于 2 600 元。

C. 后勤部至少有 8 个雇员交了报销单据，报销总额为 5 234 元。

D. 会计部至少有 4 个雇员交了报销单据，报销了至少 2 500 元。

E. 总经理事务部至少有 7 个雇员交了报销单据，报销额不比后勤部多。

14. 福田石油公司连续两年在全球 500 家最大公司按净利润总额的排名中位列第一，其主要原因是该公司比其他公司有更多的国际业务。

下列哪项如果为真，则最能支持上述说法？

A. 与福田公司规模相当但国际业务少的石油公司的利润都比福田石油公司低。

B. 历史上全球 500 家大公司的净利润冠军都是石油公司。

C. 近两年全球最大的 500 家公司都在努力开拓国际业务。

D. 近两年来石油和成品油的价格都很稳定，是石油公司发展的好机会。

E. 福田石油公司是英国和荷兰两国共同拥有的。

15. 第一机械厂的有些管理人员取得了 MBA 学位。因此，有些工科背景的大学毕业生取得了 MBA 学位。

以下哪项如果为真，则最能保证上述论证的成立？

A. 有些管理人员是工科背景的大学毕业生。

B. 有些取得 MBA 学位的管理人员不是工科背景的大学毕业生。

C. 第一机械厂所有的管理人员都是工科背景的大学毕业生。

D. 第一机械厂的有些管理人员还没有取得 MBA 学位。

E. 第一机械厂所有的工科背景的大学毕业生都是管理人员。

16. 人类学家发现早在旧石器时代，人类就有了死后复生的信念。在发掘出的那个时代的古墓中，死者的身边有衣服、饰物和武器等陪葬物，这是最早的关于人类具有死后复生信念的证据。

以下哪项是上述议论所假定的？

A. 死者身边的陪葬物是死者生前所使用过的。

B. 死后复生是大多数宗教信仰的核心信念。

C. 宗教信仰是大多数古代文明社会的特征。

D. 放置陪葬物是后人表示对死者的怀念与崇敬。

E. 陪葬物是为了死者在复生后使用而准备的。

17. 为了估计当前人们管理基本知识掌握的水平，《管理者》杂志在读者中开展了一次管理知识有奖问答活动。答卷评分后发现，60% 的参加者对于管理基本知识掌握的水平很高，30% 左右的参加者也表现出了一定的水平。《管理者》杂志因此得出结论，目前社会群众对于管理基本知识的掌握还是不错的。

以下哪项如果为真，则最能削弱以上结论？

A. 管理基本知识的范围很广，仅凭一次答卷就得出结论未免过于草率。

B. 掌握了管理基本知识与管理水平的真正提高还有相当的距离。

C. 并非所有《管理者》的读者参加了此次答卷活动，其可信度值得商榷。

D. 从发行渠道看，《管理者》的读者主要是高学历者和实际的经营管理者。

E. 并不是所有人都那么认真。有少数人照抄了别人的答卷，还获了奖。

18. 一份综合调查报告显示，明年将参加高考的女生中，只有 4% 表示可以考虑报考女子大学。因此，现存的女子大学要想办下去，必须考虑改为男女同校。

以下哪项如果为真，则将最严重地削弱上述论证？

A. 女子大学的毕业生在医疗、会计、文秘领域更受用人单位欢迎。

B. 大约 60% 的接受调查的女生表示，她们并不反对办女子大学。

C. 女子大学近年来的招生人数有下降趋势，生源质量也不太理想。

D. 应届高中毕业生中近年来报考女子大学的人数有逐步上升的趋势。

E. 现有的女子大学每年招生数仅占全国招收女大学生总量的 2% 。

19. 林教授是河北人，考试时，他总是把满分给河北籍的学生。例如，上学期他教的班上只有张贝贝和李元元得了满分，她们都是河北籍的学生。

为了检验上述论证的有效性，最有可能提出以下哪个问题？

A. 林教授和张贝贝、李元元之间到底有没有特殊的亲戚关系？

B. 林教授为什么更愿意把满分给河北籍的学生？

C. 林教授所给满分的学生中是否曾有非河北籍的学生？

D. 张贝贝和李元元的实际考试水平是否与她们的得分相符？

E. 林教授平日的一贯工作表现如何？

20. 在发生全球危机那样极为紧急的时刻，投机活动猖獗，利率急剧上升，一切都变化不定，保护好自己的财产是至关重要的。管理和经济领域的专家认为：储蓄仍然是最安全的避难所，尽管收益非常低，但是把钱存起来实际上不会遇到风险。即使存款的银行破产，政府也保证归还储户一定数量的存款，对于存款数额多的人来说，在发生恐慌时，最好能将存款分别存入不同的户头，每个户头不超过政府保证归还的最高限额。

根据上述信息分析，以下哪项如果为真，则最能对上述建议产生质疑。

A. 每个人允许在不同的银行开设多个银行户头。

B. 政府在银行破产时只归还那些按照真实姓名开设户头的储户一定数量的存款。

C. 政府保证归还的最高存款限额是有明文规定的。

D. 在出现危机时购买房子、汽车也是一个安全的决定。当然这仅仅是在出现恶性通货膨胀时。

E. 在大批银行破产的时候，政府也会失去对银行的控制，地位岌岌可危。

21. 长天汽车制造公司的研究人员发现，轿车的减震系统越“硬”，驾驶人员越是在驾驶中感到刺激。因此，他建议长天汽车制造公司把所有的新产品的减震系统都设计得更“硬”一些，以提高产品的销量。

下面哪一项如果为真，最能削弱该研究人员的建议。

A. 长天公司原来生产的轿车的减震系统都比较“软”。

B. 驾驶汽车的刺激性越大，车就越容易开得快，越容易出交通事故。

C. 大多数人买车是为了便利和舒适，而“硬”的减震系统让人颠得实在难受。

D. 目前“硬”减震系统逐步流行起来，尤其是青年开车族中。

E. 买车的人中有些年长者不是为了追求驾驶中的刺激。

22. 高脂肪、高糖含量的食物有害人的健康。因此，既然越来越多的国家明令禁止未成年人吸烟和喝含酒精的饮料，那么，为什么不能用同样的方法对待那些有害健康的食品呢？应该明令禁止18岁以下的人食用高脂肪、高糖食品。

以下哪一项如果为真，则最能削弱上述建议？

A. 许多国家已经把未成年人的标准定为16岁以下。

B. 烟、酒对人体的危害比高脂肪、高糖食物的危害要大。

C. 并非所有的国家都禁止未成年人吸烟喝酒。

D. 禁止有害健康食品的生产，要比禁止有害健康食品的食用更有效。

E. 高脂肪、高糖食品主要危害中老年人的健康。

23. 以前有几项研究表明，食用巧克力会增加食用者患心脏病的可能性。而一项最新的、更为可靠的研究得出的结论为：食用巧克力与心脏病发病率无关。估计这项研究成果公布之后，巧克力的消费量将会大大增加。

上述推论基于以下哪项假设？

A. 大量食用巧克力的人中，并不是有很高的比例患心脏病。

B. 尽管有些人知道食用巧克力会增加心脏病的可能性，却照样大吃特吃。

C. 人们从来也不相信进食巧克力会更容易患心脏病的说法。

D. 现在许多人吃巧克力是因为他们没听过巧克力会导致心脏病的说法。

E. 现在许多人不吃巧克力完全是因为他们相信巧克力会诱发心脏病。

24. 如果风很大，我们就会放飞风筝。

如果天空不晴朗，我们就不会放飞风筝。

如果天气很暖和，我们就会放飞风筝。

假定上面的陈述属实，如果我们现在正在放飞风筝，则下面的哪项也必定是真的？

Ⅰ　风很大。

Ⅱ　天空晴朗。

Ⅲ　天气暖和。

A. 仅Ⅰ。

B. 仅Ⅰ、Ⅲ。

C. 仅Ⅲ。

D. 仅Ⅱ。

E. 仅Ⅱ、Ⅲ。

25. 由于近期的干旱和高温，导致海湾盐度增加，引起了许多鱼的死亡。虾虽然可以适应高盐度，但盐度高也给养虾场带来了不幸。

以下哪个选项如果为真，就能够提供解释以上现象的原因？

A. 一些鱼会游到低盐度的海域去，来逃脱死亡的厄运。

B. 持续的干旱会使海湾的水位下降，这已经引起了有关机构的注意。

C. 幼虾吃的有机物在盐度高的环境下几乎难以存活。

D. 水温升高会使虾更快速地繁殖。

E. 鱼多的海湾往往虾也多，虾少的海湾鱼也不多。

26. 一位计算机行业的资深分析专家认为，新型的 SuperReger 微机质量高、运转快，而且价格比市场上其他任何一种品牌都低。因此，我们可以这样认为，SuperReger 微机会很快发展成为销售快、价格低的现有微机的替代品。

以下哪个选项如果为真，则最不能削弱上述观点？

A. SuperReger 公司的微机可以与其他公司生产的高价格的微机一比高低。

B. 一些运转速度快、价格更低的微机将很快引入其他公司（特别是 SuperReger 公司的竞争对手公司）的生产中。

C. 大多数零售商已经销售了一种或多种低价微机，不愿意再销售别的低价微机。

D. 市场调查结果显示，SuperReger 微机潜在市场的大多数需求者已经解决了他们的微机需求问题。

E. 这位计算机行业的分析专家进行评论所使用的质量衡量标准是不被广大的微机购买者所接受的。

27. 小董并非既懂英文又懂法语。

如果上述断定为真，那么下述哪项断定必定为真？

A. 小董懂英文但不懂法语。

B. 小董懂法语但不懂英文。

C. 小董既不懂英文也不懂法语。

D. 如果小董懂英文，小董一定不懂法语。

E. 如果小董不懂法语，那么他一定懂英文。

28. 在过去的三年里，13 至 16 岁的少年中驾驶或乘坐大马力摩托车时因事故受伤或死亡的人数持续增加。这些大马力摩托车对 16 岁以下的少年来说实在是太难对付了，即使他们这个年龄中那些训练有素的骑手都缺乏灵活控制它们的能力。

上述这段话看起来最像是要通过一项法律来禁止：

A. 16 岁以下的少年驾驶大马力摩托车。

B. 13 至 16 岁之间的少年驾驶大马力摩托车。

C. 13 岁以下的少年驾驶大马力摩托车。

D. 16 岁以下的少年拥有大马力摩托车。

E. 16 岁以下的少年乘坐大马力摩托车。

29. 今年所有向甲大学申请奖学金的学生同时也向乙大学申请奖学金。甲、乙两所大学各同意给予半数的申请者每人一个全奖。因此，所有这些申请者就都获得了一份全奖。

上述推论基于以下哪项假设？

A. 所有申请者既符合甲大学的入学要求，又符合乙大学的入学要求。

B. 所有的申请者都愿意接受甲、乙大学的奖学金资助。

C. 甲、乙两所大学没有给同一个申请者以全额奖学金。

D. 没有任何一个申请者向第三家大学申请奖学金。

E. 没有任何一个申请者在今年以前向甲大学或是乙大学提过申请。

30. 中周公司准备在全市范围内展开一次证券投资竞赛。在竞赛报名事宜里规定有"没有证券投资实际经验的人不能参加本次比赛"这一条。张全力曾经在很多大的投资公司中实际从事过证券买卖操作。

那么关于张全力，以下哪项是根据上文能够推出的结论？

A. 他一定可以参加本次比赛，并获得优异成绩。

B. 他参加比赛的资格将取决于他证券投资经验的丰富程度。

C. 他一定不能参加本次比赛。

D. 他可能具有参加本次比赛的资格。

E. 他参加比赛的资格将取决于他以往证券投资的业绩。

31. 据调查，滨州市有 24% 的家庭拥有电脑，但拥有电脑的家庭中的 12% 每周编写程序 2 小时以上，23% 在 1 至 2 小时，其余的每周都不到 1 小时。可见，滨州市大部分购买电脑的家庭并没有充分利用他们的家庭电脑。

以下哪种说法如果为真，则最能构成对上述结论的疑问？

A. 过多地使用电脑会对眼睛产生危害，对孕妇身体也有影响。

B. 许多人购买电脑是为了娱乐或其他用途，而不是编程序。

C. 在调查中，会有相当比例的被调查对象夸大他们的电脑知识。

D. 使用电脑需要不断地学习与动手实践，有一个循序渐进的过程。

E. 家庭电脑的普及和充分利用肯定需要一个过程，不可操之过急。

32. "试点综合征"的问题屡见不鲜。每出台一项改革措施，先进行试点，积累经验后再推广，这种以点带面的工作方法本来是人们经常采用的。但现在许多项目中出现了"一试点就成功，一推广就失败”的怪现象。

以下哪项不是造成上述现象的可能原因？

A. 在选择试点单位时，一般选择工作基础比较好的单位。

B. 为保证试点成功，政府往往给予试点单位许多优惠政策。

C. 在试点过程中，领导往往比较重视，各方面的问题解决得快。

D. 试点尽管成功，但许多企业外部的政策、市场环境却并不相同。

E. 全社会往往比较关注试点和试点的推广工作。

33. 作为市电视台的摄像师，最近国内电池市场的突然变化让我非常头疼。进口高能量的电池缺货，我只能用国产电池来代替作为摄像的主要电源。尽管每单位的国产电池要比进口电池便宜，但我估计如果持续用国产电池替代进口电池的话，我支付在电源上的费用将会提高。

该摄像师在上面这段话中隐含了以下哪项假设？

A. 以每单位电池提供的电能来计算，国产电池要比进口电池提供得少。

B. 每单位的进口电池要比国产电池价格贵。

C. 生产国产电池要比生产进口电池成本低。

D. 持续使用国产电池，摄像的质量将无法得到保障。

E. 国产电池的价格会超过进口电池，厂家将大大盈利。

34. 只有她去，你和我才会一起去唱卡拉 OK；而她只到能跳舞的卡拉 OK 厅唱歌，那些场所都在市中心。只有你参加，她妹妹才会去唱卡拉 OK。

如果上述断定都是真的，则以下哪项也一定为真？

A. 她不和她妹妹一起唱卡拉 OK。

B. 你和我不会一起在市郊的卡拉 OK 厅唱歌。

C. 我不在，你不会和她一起去唱卡拉 OK。

D. 她不在，你不会和她妹妹一起去唱卡拉 OK。

E. 她妹妹也只到能跳舞的地方唱卡拉 OK。

35. 在当前的音像市场上，正版的激光唱盘和影视盘销售不佳，而盗版的激光唱盘和影视盘却屡禁不绝，销售异常火暴。有的分析人员认为这主要是因为在价格上盗版盘更有优势，所以在市场上更有活力。

以下哪项是这位分析人员在分析中隐含的假定？

A. 正版的激光唱盘和影视盘往往内容呆板，不适应市场的需要。

B. 与价格的差别相比，正版与盗版盘在质量方面的差别不大。

C. 盗版的激光唱盘和影视盘比正版的盘进货渠道畅通。

D. 正版的激光唱盘和影视盘不如盗版的盘销售网络完善。

E. 加强对知识产权的保护和对盗版行为的打击使得盗版盘的价格上涨。

36. 校务会议上，汪副校长发言说：“总的说来，现在的大学生的家庭困难情况比以前有了大幅度的改善。这种情况是十分明显的，因为现在要求学校安排课余勤工俭学的学生越来越少了。”

上面汪副校长的结论是由下列哪个假设得出的？

A. 随着改革开放的深入发展，现在大学生父母的收入不断增加，大学生不再需要用勤工俭学来养活自己了。

B. 尽管家境有了改善，也应当参加勤工俭学来锻炼自己的实践能力。

C. 课余要求学校安排勤工俭学是学生家庭是否困难的一个重要标志。

D. 大学生把更多的时间用在学业上，勤工俭学的人就少起来了。

E. 学校安排的勤工俭学报酬相对来说比较低，不如到校外去打工。

37. 如果学校的财务部门没有人上班，我们的支票就不能入账。我们的支票不能入账，因此，学校的财务部门没有人上班。

请在下列各项中选出与上句推理结构最为相似的一句。

A. 如果太阳神队主场是在雨中与对手激战，就一定会赢。现在太阳神队主场输了，看来一定不是在雨中进行的比赛。

B. 如果太阳晒得厉害，李明就不会游泳。今天太阳晒得果然厉害，因此可以断定，李明一定没有去游泳。

C. 所有的学生都可以参加这一次的决赛，除非没有通过资格赛的测试，这个学生不能参加决赛，因此他一定没有通过资格赛的测试。

D. 倘若是妈妈做的菜，菜里面就一定会放红辣椒。菜里面果然有红辣椒，看来，是妈妈做的菜。

E. 如果没有特别的原因，公司一般不批准职员们的事假申请。公司批准了职员陈小鹏的事假申请，看来其中一定有一些特别的原因。

38. 如果秦川考试及格了，那么钱华、孙旭和沈捕肯定也及格了。

如果上述断定是真的，那么，以下哪项也是真的？

A. 如果秦川考试没有及格，那么钱、孙、沈三人中至少有一人没有及格。

B. 如果秦川考试没有及格，那么钱、孙、沈三人都没有及格。

C. 如果钱、孙、沈考试都及格了，那么秦川的成绩也肯定及格了。

D. 如果沈捕的成绩没有及格，那么钱华和孙旭不会都考及格。

E. 如果孙旭的成绩没有及格，那么秦川和沈捕不会都考及格。

39. 全国各地的航空公司目前开始为旅行者提供因特网上的订票服务。然而，在近期内，电话订票并不会因此减少。

除了以下哪项，其他各项均有助于解释上述现象？

A. 正值国内外旅游旺季，需要订票的数量剧增。

B. 尽管已经过技术测试，这种新的因特网订票系统要正式运行还需进一步调试。

C. 绝大多数通过电话订票的旅行者还没有条件使用因特网。

D. 在因特网订票系统的试用期内，大多数旅行者为了保险起见愿意选择电话订票。

E. 因特网上订票服务的成本大大低于电话订票，而且还有更多的选择。

40. 一切有利于生产力发展的方针政策都是符合人民根本利益的，改革开放有利于生产力的发展，所以改革开放是符合人民根本利益的。

以下哪种推理方式与上面的这段论述最为相似？

A. 一切行动听指挥是一支队伍能够战无不胜的纪律保证。所以，一个企业、一个地区要发展，必须提倡令行禁止、服从大局。

B. 经过对最近六个月销售的健身器跟踪调查，没有发现一台因质量问题而退货或返修。因此，可以说这批健身器的质量是合格的。

C. 如果某种产品超过了市场需求，就可能出现滞销现象。“卓群”领带的供应量大大超过了市场需求，因此，一定会出现滞销现象。

D. 凡是超越代理人权限所签的合同都是无效的。这份房地产建设合同是超越代理权限签订的，所以它是无效的。

E. 我们对一部分实行产权明晰化的企业进行调查，发现企业通过明晰产权都提高了经济效益，没有发现反例。因此我们认为，凡是实行产权明晰化的企业都能提高经济效益。

41. 石船市的某些中学办起了“校中校”，引起人们的议论，褒贬不一。“校中校”指的是在公办学校另设的、高价接收自费择校生的学校。择校生包括学习优秀生、特长生，也包括没有特长还要择校的“特需生”。其中“特需生”每年要交纳 3 000 元左右的学费。学费的数量大大超过公费生交的学杂费。别看费用高，择校生的考试还是火暴得很，有的家长缠着校长，宁可花两三万元，也要把孩子送进来。

以下分析除了哪项，都对此“校中校”基本持否定的态度？

A. 现在国家对教育投入不足，应该加大投入，不要光想从家长那里收钱。

B. 在现在的经济条件下，下岗职工那么多，有几家能付得起那么高的学费？

C. 现在是市场经济，对特殊生的特殊需求应该采取各种措施满足。

D. “有钱的孩子上好学校，没钱的孩子上差学校”，这公平吗？

E. “校中校”私不私，公不公，用公家的设施，收私立的学费，那还不是稳赚？

42. 一项对东华大学企业管理系 94 届毕业生的调查结果看来有些问题，当被调查毕业生被问及其在校时学习成绩的名次时，统计资料表明：有 60% 的回答者说他们的成绩位居班级的前 20%。

如果我们已经排除了回答者说假话的可能，那么下面哪一项能够对上述现象给出更合适一些的解释？

A. 未回答者中也并不是所有的人的成绩名次都在班级的前 20% 以外。

B. 虽然回答者没有错报成绩，但不排除个别人对于学习成绩的排名有不同的理解。

C. 东华大学对学生学习成绩的名次排列方式与其他大多数学校不同。

D. 成绩较差的毕业生在被访问时一般没有回答这个有关学习成绩名次的问题。

E. 在校学习成绩名次是一个敏感的问题，几乎所有的毕业生都进行略微的美化。

43. 近来，信用卡公司遭到了很多顾客的指责，他们认为公司向他们的透支部分所收取的利息率太高了。事实上，公司收取的利率只比普通的银行给个人贷款的利率高两个百分点，但是，顾客忽视了信用卡给他们带来的便利，比如，他们可以在货物削价时及时购物。

上文顾客的指责是以下列哪个选项为前提的？

A. 购物折扣省下来的钱至少可以弥补以信用卡付款超出普通银行个人贷款利率的那部分花费。

B. 信用卡的申请人除非有长期的拖欠历史或其他信用问题，否则申请很容易批准。

C. 消费者在削价时购买的货物价格并不很低，无法使消费者抵销高利率成本，并有适当盈利。

D. 那些用信用卡付款买削价货物的消费者可能不具有在银行以低息获得贷款的资格。

E. 信用卡使用者所能透支的总量是有限制的，因此，其支付的利息也是有限的。

44. 全国政协常委、著名社会学家、法律专家钟万春教授认为：我们应当制定全国性的政策，用立法的方式规定父母每日与未成年子女共处的时间下限。这样的法律能够减少子女平日的压力。因此，这样的法律也就能够使家庭幸福。

以下各项如果为真，哪项最能够加强上述的推论？

A. 父母有责任抚养好自己的孩子，这是社会对每一个公民的起码要求。

B. 大部分的孩子平常都能够与父母经常地在一起。

C. 这项政策的目标是降低孩子们在平日生活中的压力。

D. 未成年孩子较高的压力水平是对成长过程以及长大后家庭幸福很大的障碍。

E. 父母现在对孩子多一分关心，就会减少日后父母很多的操心。

45. 小朱与小王在讨论有关用手习惯的问题。

小朱：在当今 85 岁到 90 岁的人中，你很难找到左撇子。

小王：在 70 年前，小孩用左手吃饭和写字就要挨打，所以被迫改用右手。

小王对小朱的回答能够加强下面哪个论断？

A. 天生的右撇子有生存优势，所以长寿。

B. 用手习惯是遗传优势与社会压力的共同产物。

C. 逼迫一个人改变用手习惯是可以办到的，也是无害的。

D. 在过去的不同时代人们对用左手还是用右手存在着不同的社会态度。

E. 小时候养成的良好习惯可以受用终生，而小时候的不良习惯也会影响终生。

46. 前年引进美国大片《廊桥遗梦》，仅仅在滨州市放映了一周时间，各影剧院的总票房收入就达到 900 万元。这一次滨州市又引进了《泰坦尼克号》，准备连续放映 10 天，1 000万元的票房收入应该能够突破。

根据上文包括的信息，分析以上推断最可能隐含了以下哪项假设？

A. 滨州市很多人因为映期时间短都没有看上《廊桥遗梦》，这一次可以得到补偿。

B. 这一次各影剧院普遍更新了设备，音响效果比以前有很大改善。

C. 这两部片子都是艺术精品，预计每天的上座率、票价等非常类似。

D. 连续放映 10 天是以往比较少见的映期安排，可以吸引更多的观众。
E. 灾难片加上爱情片，《泰坦尼克号》的影响力和票房号召力是巨大的。

47—48 题基于以下题干：

本问题发生在一所学校内。学校的教授们中有一些是足球迷。学校的预算委员会的成员们一致要把学校的足球场改建为一个科贸写字楼，以改善学校收入状况。所有的足球迷都反对将学校的足球场改建成科贸写字楼。

47. 如果以上各句陈述均为真，则下列哪项也必为真？
A. 学校所有的教授都是学校预算委员会的成员。
B. 学校有的教授不是学校预算委员会的成员。
C. 学校预算委员会有的成员是足球迷。
D. 并不是所有的学校预算委员会成员都是学校的教授。
E. 有的足球迷是学校预算委员会的成员。

48. 如果作为上面陈述的补充，明确以下条件：所有的学校教授都是足球迷，那么下列哪项一定不可能是真的？
A. 有的学校教授不是学校预算委员会的成员。
B. 学校预算委员会的成员中有的是学校教授。
C. 并不是所有的足球迷都是学校教授。
D. 所有的学校教授都反对将学校的足球场改建为科贸写字楼。
E. 有的足球迷不是学校预算委员会的成员。

49. 在新一年的电影节评比上，准备打破过去的只有一部最佳影片的限制，而是按照历史片、爱情片等几种专门的类型分别评选最佳影片，这样可以使电影工作者的工作能够得到更为公平的对待，也可以使观众和电影爱好者对电影的优劣有更多的发言权。

根据以上信息，这种评比制度的改革隐含了以下哪项假设？
A. 划分影片类型，对于规范影片拍摄有重要的引导作用。
B. 每一部影片都可以按照这几种专门的类型来进行分类，没有遗漏。
C. 观众和电影爱好者在进行电影评论时喜欢进行类型的划分。
D. 按照类型来进行影片的划分，不会使有些冷门题材的影片被忽视。
E. 过去因为只有一部最佳影片，影响了电影工作者参加电影节评比的积极性。

50. 英国研究各类精神紧张症的专家们发现，越来越多的人在使用 Internet 之后都会出现不同程度的不适反应。根据一项对 10 000 个经常上网的人的抽样调查，承认上网后感到烦躁和恼火的人数达到了三分之一；而 20 岁以下的网迷则有 44% 承认上网后感到紧张和烦躁。有关心理专家认为确实存在着某种“互联网狂躁症”。

根据上述资料，以下哪项最不可能成为导致“互联网狂躁症”的病因？
A. 由于上网者的人数剧增，通道拥挤，如果要访问比较繁忙的网址，有时需要等待很长时间。

B. 上网者经常是在不知道网址的情况下搜寻所需的资料和信息，成功的概率很小，有时花费了工夫也得不到预想的结果。

C. 虽然在有些国家使用互联网是免费的，但在我国实行上网交费制，这对网络用户的上网时间起到了制约作用。

D. 在 Internet 上能够接触到各种各样的信息，但很多时候信息过量会使人们无所适从，失去自信，个人注意力丧失。

E. 由于匿名的缘故，上网者经常会受到其他一些上网者的无礼对待或接收到一些莫名其妙的信息垃圾。

2000 年 1 月 MBA 联考逻辑真题

31. 为降低成本，华强生公司考虑对中层管理者大幅减员。这一减员准备按如下方法完成：首先让 50 岁以上、工龄满 15 年者提前退休，然后解雇足够多的其他人使总数缩减为以前的 50%。

以下各项如果为真，则都可能是公司这一计划的缺点，除了：

A. 由于人心浮动，经过该次减员后员工的忠诚度将会下降。

B. 管理工作的改革将迫使商业团体适应商业环境的变化。

C. 公司可以从中选拔未来高层经理人员的候选人将减少。

D. 有些最好的管理人员在不知道其是否会被解雇的情况下选择提前退休。

E. 剩下的管理人员的工作负担加重，使他们产生过分的压力而最终影响其表现。

32. 事实 1：电视广告已经变得不是那么有效：在电视上推广的品牌中，观看者能够回忆起来的比重在慢慢下降。

事实 2：电视的收看者对由一系列连续播出的广告组成的广告段中第一个和最后一个商业广告的回忆效果，远远比对中间的广告的回忆效果好。

以下哪项如果为真，事实 2 最有可能解释事实 1？

A. 由于因特网的迅速发展，人们每天用来看电视的平均时间减少了。

B. 为了吸引更多的观众，每个广告段的总时间长度减少了。

C. 一般电视观众目前能够记住的电视广告的品牌名称，还不到他看过的一半。

D. 在每一小时的电视节目中，广告段的数目增加了。

E. 一个广告段中所包含的电视广告的平均数目增加了。

33. 在大型游乐公园里，现场表演是刻意用来引导人群流动的。午餐时间的表演是为了减轻公园餐馆的压力；傍晚时间的表演则有一个完全不同的目的：鼓励参观者留下来吃晚餐。表面上不同时间的表演有不同的目的，但这背后，却有一个统一的潜在目标，即_____

以下哪一选项作为本段短文的结束语最为恰当？

A. 尽可能地减少各游览点的排队人数。

B. 吸引更多的人来看现场表演，以增加利润。

C. 最大限度地避免由于游客出入公园而引起交通阻塞。

D. 在尽可能多的时间里最大限度地发挥餐馆的作用。

E. 尽可能地招徕顾客，希望他们再次来公园游览。

34. 最近南方某保健医院进行为期 10 周的减肥试验，参加者平均减肥 9 公斤。男性参加者平均减肥 13 公斤，女性参加者平均减肥 7 公斤。医生将男女减肥差异归结为男性参加者减肥前体重比女性参加者重。

从上文可推出以下哪个结论？

A. 女性参加者减肥前体重都比男性参加者轻。

B. 所有参加者体重均下降。

C. 女性参加者比男性参加者多。

D. 男性参加者比女性参加者多。

E. 男性参加者减肥后体重都比女性参加者轻。

35. 过去，大多数航空公司都尽量减轻飞机的重量，从而达到节省燃油的目的。那时最安全的飞机座椅是非常重的，因此只安装很少的这类座椅。今年，最安全的座椅卖得最好。这非常明显地证明，现在的航空公司在安全和省油这两方面更倾向重视安全了。

以下哪项，如果为真，能够最有力地削弱上述结论？

A. 去年销售量最大的飞机座椅并不是最安全的座椅。

B. 所有航空公司总是宣称他们比其他公司更加重视安全。

C. 与安全座椅销售不好的那些年比，今年的油价有所提高。

D. 由于原材料成本提高，今年的座椅价格比以往都贵。

E. 由于技术创新，今年最安全的座椅反而比一般座椅的重量轻。

36. 在美国与西班牙作战期间，美国海军曾经广为散发海报，招募兵员。当时最有名的一个海军广告是这样说的：美国海军的死亡率比纽约市民的死亡率还要低。海军的官员具体就这个广告解释说："据统计，现在纽约市民的死亡率是每千人有 16 人，而尽管是战时，美国海军士兵的死亡率也不过每千人只有 9 人。"

如果以上资料为真，则以下哪项最能解释上述这种看起来很让人怀疑的结论？

A. 在战争期间，海军士兵的死亡率要低于陆军士兵。

B. 在纽约市民中包括生存能力较差的婴儿和老人。

C. 敌军打击美国海军的手段和途径没有打击普通市民的手段和途径来的多。

D. 美国海军的这种宣传主要是为了鼓动入伍，所以，要考虑其中夸张的成分。

E. 尽管是战时，纽约的犯罪仍然很猖獗，报纸的头条不时地有暴力和色情的报道。

37. 我国计算机网络事业发展很快。据中国互联网络中心（CNNIC）的一项统计显示，截止到 1999 年 6 月 30 日，我国上网用户人数约 400 万，其中使用专线上网的用户人数约为 144 万，使用拨号上网的用户人数约为 324 万。

根据以上统计数据，最可能推出以下哪项判断有误？

A. 考虑到我国有 12 亿多的人口，与先进国家相比，我国上网的人数还是少得可怜。

B. 专线上网与拨号上网的用户之和超过了上网用户的总数，这不能用四舍五入引起的误差来解释。

C. 用专线上网的用户中，多数也选用拨号上网，可能是从家里用拨号联网更方便。

D. 由于专线上网的设备能力不足，在使用拨号上网的用户中，仅有少数用户有使用专线上网的机会。

E. 从 1994 年到 1999 年的五年间，我国上网用户的平均年增长率在 50% 以上。

38. 在驾驶资格考试中，桩考（俗称考杆儿）是对学员要求很高的一项测试。在南崖市各驾驶学校以往的考试中，有一些考官违反工作纪律，也有些考官责任心不强，随意性较大，这些都是学员意见比较集中的问题。今年 1 月 1 日起，各驾驶学校考场均在场地的桩上安装了桩考器，由目测为主变成机器测量，使场地驾驶考试完全实现了电脑操作，提高了科学性。以下哪项如果为真，将最有力地怀疑这种仪器的作用？

A. 机器都是人发明的，并且最终还是由人来操纵，所以，在执法中防止考官徇私仍有很大的必要。

B. 场地驾驶考试也要包括考察学员在驾驶室中的操作是否规范。

C. 机器测量的结果直接通过计算机打印，随意性的问题能完全消除。

D. 桩考器严格了考试纪律，但是，也会引起部分学员的反对，因为，这样一来，就很难托关系走后门了。

E. 桩考器如果只在南崖市安装，许多学员会到外地去参加驾驶考试。

39. 学校在为失学儿童义捐活动中收到两笔没有署真名的捐款，经过多方查找，可以断定是周、吴、郑、王中的某两位捐的。经询问，周说："不是我捐的"；吴说："是王捐的"；郑说："是吴捐的"；王说："我肯定没有捐"。最后经过详细调查证实四个人中只有两个人说的是真话。

根据已知条件，请你判断下列哪项可能为真？

A. 是吴和王捐的。

B. 是周和王捐的。

C. 是郑和王捐的。

D. 是郑和吴捐的。

E. 是郑和周捐的。

40. 一位研究人员希望了解他所在社区的人们喜欢的口味是可口可乐还是百事可乐。他找了些喜欢可口可乐的人，要他们在一杯可口可乐和一杯百事可乐中，通过品尝指出喜好。杯子上不贴标签，以免商标引发明显的偏见，只是将可口可乐的杯子标志为"M"，将百事可乐的杯子标志为"Q"。结果显示，超过一半的人更喜欢百事可乐，而非可口可乐。

以下哪项如果为真，最可能削弱上述论证的结论？

A. 参加者受到了一定的暗示，觉得自己的回答会被认真对待。

B. 参加实验者中很多人从来都没有同时喝过这两种可乐，甚至其中 30% 的参加实验者只喝过其中一种可乐。

C. 多数参加者对于可口可乐和百事可乐的市场占有情况是了解的，并且经过研究证明，他们普遍有一种同情弱者的心态。

D. 在对参加实验的人所进行的另外一个对照实验中，发现了一个有趣的结果：这些实验者中的大部分更喜欢英文字母 Q，而不大喜欢 M。

E. 在参加实验前的一个星期中，百事可乐的形象代表正在举行大规模的演唱会，演唱会的场地中有百事可乐的大幅宣传画，并且在电视转播中反复出现。

41. 有些家长对学龄前的孩子束手无策，他们自愿参加了当地的一个为期六周的“家长培训”计划。家长们在参加该项计划前后，要在一份劣行调查表上为孩子评分，以表明孩子到底给他们带来了多少麻烦。家长们报告说，在参加该计划之后他们遇到的麻烦确实比参加之前要少。

以下哪项如果为真，最可能怀疑家长们所受到的这种培训的真正效果？

A. 这种训练计划所邀请的课程教授尚未结婚。

B. 参加这项训练计划的单亲家庭的家长比较多。

C. 家长们通常会在烦恼不堪、情绪落入低谷时才参加什么“家长培训”计划，而孩子们的捣乱和调皮有很强的周期性。

D. 填写劣行调查表对于这些家长来说不是一件容易的事情，尽管并不花费太多的时间。

E. 学龄前的孩子最需要父母亲的关心。起码，父母亲应当在每天都有和自己的孩子相处谈话的时间；专家建议，这个时间的低限是 30 分钟。

42. 近期的一项调查显示：日本产的“星愿”、德国产的“心动”和美国产的“EXAP”三种轿车最受女性买主的青睐。调查指出，在中国汽车市场上，按照女性买主所占的百分比计算，这三种轿车名列前三位。星愿、心动和 EXAP 三种车的买主，分别有 58%、55% 和 54% 是妇女。但是，最近连续 6 个月的女性购车量排行榜，却都是国产的富康轿车排在首位。

以下哪项如果为真，最有助于解释上述矛盾？

A. 每种轿车的女性买主占各种轿车买主总数的百分比，与某种轿车的买主之中女性所占的百分比是不同的。

B. 排行榜的设立，目的之一就是引导消费者的购车方向。而发展国产汽车业，排行榜的作用不可忽视。

C. 国产的富康轿车也曾经在女性买主所占的百分比的排行中名列前茅，只是最近才落到了第四名的位置。

D. 最受女性买主的青睐和女性买主真正花钱去购买是两回事，一个是购买欲望，一个是购买行为，不可混为一谈。

E. 女性买主并不意味着就是女性来驾驶，轿车登记的主人与轿车实际的使用者经常是不同的。而且，单位购车在国内占到了很重要的比例，不能忽略不计。

43. 最近的一项研究指出：“适量饮酒对妇女的心脏有益”。研究人员对 1 000 名女护士进行调查，发现那些每星期饮酒 3～15 次的人，其患心脏病的可能性较每星期饮酒少于 3 次的人为低。因此，研究人员发现了饮酒量与妇女心脏病之间的联系。

以下哪项如果为真，最不可能削弱上述论证的结论？

A. 许多妇女因为感觉自己的身体状况良好，从而使得她们的饮酒量增加。

B. 调查显示：性格独立的妇女更愿意适量饮酒并同时加强自己的身体锻炼。

C. 护士因为职业习惯的原因，饮酒次数比普通妇女要多一些。再者，她们的年龄也偏年轻。

D. 对男性饮酒的研究发现，每星期饮酒 3～15 次的人中，有一半人患心脏病的可能性比少于 3 次的人还要高。

E. 这项研究得到了某家酒精饮料企业的经费资助，有人检举研究人员在调查对象的选择上有不公正的行为。

44. 许多消费者在超级市场挑选食品时，往往喜欢挑选那些用透明材料包装的食品，其理由是透明包装可以直接看到包装内的食品，这样心里有一种安全感。

以下哪项如果为真，最能对上述心理感觉构成质疑？

A. 光线对食品营养所造成的破坏，引起了科学家和营养专家的高度重视。

B. 食品的包装与食品内部的卫生程度并没有直接的关系。

C. 美国宾州州立大学的研究结果表明：牛奶暴露于光线之下，无论是何种光线，都会引起风味上的变化。

D. 有些透明材料包装的食品，有时候让人看了会倒胃口，特别是不新鲜的蔬菜和水果。

E. 世界上许多国家在食品包装上大量采用阻光包装。

45. 光线的照射，有助于缓解冬季忧郁症。研究人员曾对九名患者进行研究，他们均因冬季白天变短而患上了冬季抑郁症。研究人员让患者在清早和傍晚各接受三小时伴有花香的强光照射。一周之内，七名患者完全摆脱了抑郁，另外两人也表现出了显著的好转。由于光照会诱使身体误以为夏季已经来临，这样便治好了冬季抑郁症。

以下哪项如果为真，最能削弱上述论证的结论？

A. 研究人员在强光照射时有意使用花香伴随，对于改善患上冬季抑郁症的患者的适应性有不小的作用。

B. 九名患者中最先痊愈的三位均为女性。而对男性患者治疗的效果较为迟缓。

C. 该实验均在北半球的温带气候中，无法区分南北半球的实验差异，但也无法预先排除。

D. 强光照射对于皮肤的损害已经得到专门研究的证实，其中夏季比起冬季的危害性更大。

E. 每天六小时的非工作状态，改变了患者原来的生活环境，改善了他们的心态，这是对抑郁症患者的一种主要影响。

46. 孩子出生后的第一年在托儿所度过，会引发孩子的紧张不安。在我们的研究中，有 464 名 12～13 岁的儿童接受了特异情景测试法的测验，该项测验意在测试儿童 1 岁时的状况与对母亲的依附心理之间的关系。其结果：有 41.5% 曾在托儿所看护的儿童和 25.7% 曾在家看护的儿童被认为紧张不安，过于依附母亲。

以下哪项如果为真，最没有可能对上述研究的推断提出质疑？

A. 研究中所测验的孩子并不是从托儿所看护和在家看护两种情况下随机选取的。因此，这两组样本儿童的家庭很可能有系统性的差异存在。

B. 这项研究的主持者被证实曾经在自己的幼儿时期受到过长时间来自托儿所阿姨的冷漠。

C. 针对孩子的母亲的另一部分研究发现：由于孩子在家里表现出过度的依附心理，父母因此希望将其送入托儿所予以矫正。

D. 因为风俗的关系，在 464 名被测者中，在托儿所看护的大多数为女童，而在家看护的多数为男童。一般地说，女童比男童更易表现为紧张不安和依附母亲。

E. 出生后第一年在家看护的孩子多数是由祖父母或外祖父母看护的，并形成浓厚的亲情。

47. 在美国，实行死刑的州，其犯罪率要比不实行死刑的州低。因此，死刑能够减少犯罪。

以下哪项如果为真，最可能质疑上述推断？

A. 犯罪的少年，较之守法的少年更多出自无父亲的家庭。因此，失去了父亲能够引发少年犯罪。

B. 美国的法律规定了在犯罪地起诉并按其法律裁决，许多罪犯因此经常流窜犯罪。

C. 在最近几年，美国民间呼吁废除死刑的力量在不断减弱，一些政治人物也已经不再像过去那样在竞选中承诺废除死刑了。

D. 经过长期的跟踪研究发现，监禁在某种程度上成为酝酿进一步犯罪的温室。

E. 调查结果表明：犯罪分子在犯罪时多数都曾经想过自己的行为可能会受到死刑或终身监禁的惩罚。

48. 京华大学的 30 名学生近日里答应参加一项旨在提高约会技巧的计划。在参加这项计划前一个月，他们平均已经有过一次约会。30 名学生被分成两组：第一组与 6 名不同志愿者进行 6 次“实习性”约会，并从约会对象处得到对其外表和行为的看法的反馈；第二组仅为对照组。在进行“实习性”约会前，每一组都要分别填写社交忧惧调查表，并对其社交的技巧评定分数。进行“实习性”约会后，第一组需要再次填写调查表。结果表明：第一组较之对照组表现出更少社交忧惧，在社交场合更多自信，以及更易进行约会。显然，实际进行约会，能够提高社会交际的水平。

以下哪项如果为真，最可能质疑上述推断？

A. 这种训练计划能否普遍开展，专家们对此有不同的看法。

B. 参加这项训练计划的学生并非随机抽取的，但是所有报名的学生并不知道实验计划将要包括的内容。

C. 对照组在事后一直抱怨他们并不知道计划已经开始，因此，他们所填写的调查表因对未来有期待而显得比较悲观。

D. 填写社交忧惧调查表时，学生需要对约会的情况进行一定的回忆，男学生普遍对约会对象评价得较为客观，而女学生则显得比较感性。

E. 约会对象是志愿者，他们在事先并不了解计划的全过程，也不认识约会的实验对象。

49. 赵青一定是一位出类拔萃的教练。她调到我们大学执教女排才一年，球队的成绩突飞猛进。

以下哪项如果为真，最有可能削弱上述论证？

A. 赵青以前曾经入选过国家青年女排，后来因为伤病提前退役。

B. 赵青之前的教练一直是男性，对于女运动员的运动生理和心理了解不够。

C. 调到大学担任女排教练之后，赵青在学校领导那里立下了军令状，一定要拿全国大学生联赛的冠军，结果只得了一个铜牌。

D. 女队员尽管是学生，但是对于赵青教练的指导都非常佩服，并自觉地加强训练。

E. 大学准备建设高水平的体育代表队，因此，从去年开始，就陆续招收一些职业队的退役队员。女排只招到了一个二传手。

50. 尽管是航空业萧条的时期，各家航空公司也没有节省广告宣传的开支。翻开许多城市的晚报，最近一直都在连续刊登如下广告：飞机远比汽车安全！你不要被空难的夸张报道吓破了胆，根据航空业协会的统计，飞机每飞行 1 亿公里死 1 人，而汽车每走 5 000 万公里死 1 人。汽车工业协会对这个广告大为恼火，他们通过电视公布了另外一个数字：飞机每 20 万飞行小时死 1 人，而汽车每 200 万行驶小时死 1 人。

如果以上资料均为真，则以下哪项最能解释上述这种看起来矛盾的结论？

A. 安全性只是人们在进行交通工具选择时所考虑问题的一个方面，便利性、舒适感以及某种特殊的体验都会影响消费者的选择。

B. 尽管飞机的驾驶员所受的专业训练远远超过汽车司机，但是，因为飞行高度的原因，飞机失事的生还率低于车祸。

C. 飞机的确比汽车安全，但是，空难事故所造成的新闻轰动要远远超过车祸，所以，给人们留下的印象也格外深刻。

D. 两种速度完全不同的交通工具，用运行的距离做单位来比较安全性是不全面的，用运行的时间来比较也会出偏差。

E. 媒体只关心能否提高收视率和发行量，根本不尊重事情的本来面目。

51. 澳大利亚是个地广人稀的国家，不仅劳动力价格昂贵，而且很难雇到工人，许多牧场主均为此发愁。有个叫德尔的牧场主采用了一种办法，他用电网把自己的牧场圈起来，既安全可靠，又不需要多少牧牛工人。但是反对者认为这样会造成大量的电力浪费，对牧场主来说增加了开支，对国家的资源也不够节约。

以下哪项，如果为真，能够削弱批评者对德尔的指责？

A. 电网在通电 10 天后就不再耗电，牛群因为有了惩罚性的经验，不会再靠近和触碰电网。

B. 节省人力资源对于国家来说也是一笔很大的财富。

C. 使用电网对于牛群来说是暴力式的放牧，不符合保护动物的基本理念。

D. 德尔的这种做法，既可以防止牛走失，也可以防范居心不良的人偷牛。

E. 德尔的这种做法思路新颖，可以考虑用在别的领域以节省宝贵的人力资源。

52. 由于烧伤致使四个手指黏结在一起时，处置方法是用手术刀将手指黏结部分切开，然后实施皮肤移植，将伤口覆盖住。但是，有一个非常头痛的问题是，手指靠近指根的部分常会随着伤势的愈合又黏结起来，非再一次开刀不可。一位年轻的医生从穿着晚礼服的新娘子手上戴的白手套得到启发，发明了完全套至指根的保护手套。

以下哪项如果为真，最能削弱该保护手套的作用？

A. 该保护手套的透气性能直接关系到伤势的愈合。

B. 由于材料的原因，保护手套的制作费用比较贵，如果不能大量使用，价格很难下降。

C. 烧伤后新生长的皮肤容易与保护手套粘连，在拆除保护手套时容易造成新的伤口。

D. 保护手套需要与伤患的手形吻合，这就影响了保护手套的大批量生产。

E. 保护手套不一定能适用于脚趾烧伤后的复原。

53. 日本脱口秀表演家金语楼曾获多项专利。有一种在打火机上装一个小抽屉代替烟灰缸的创意，在某次创意比赛中获得了大奖，备受推崇。比赛结束后，东京的一家打火机制造厂家将此创意进一步开发成产品推向市场，结果销路并不理想。

以下哪项如果为真，能最好地解释上面的矛盾？

A. 某家烟灰缸制造厂商在同期推出了一种新型的烟灰缸，吸引了很多消费者。

B. 这种新型打火机的价格比普通的打火机贵 20 日元，有的消费者觉得并不值得。

C. 许多抽烟的人觉得随地弹烟灰既不雅观，也不卫生，还容易烫坏衣服。

D. 参加创意比赛后，很多厂家都选择了这项创意来开发生产，几乎同时推向市场。

E. 作为一个脱口秀表演家，金语楼曾经在他主持的电视节目上介绍过这种新型打火机的奇妙构思。

54. 第二次世界大战期间，海洋上航行的商船常常遭到德国轰炸机的袭击，许多商船都先后在船上架设了高射炮。但是，商船在海上摇晃得比较厉害，用高射炮射击天上的飞机是很难命中的。战争结束后，研究人员发现，从整个战争期间架设过高射炮的商船的统计资料看，击落敌机的命中率只有 4%。因此，研究人员认为，商船上架设高射炮是得不偿失的。

以下哪项如果为真，最能削弱上述研究人员的结论？

A. 在战争期间，未架设高射炮的商船，被击沉的比例高达 25%；而架设了高射炮的商船，被击沉的比例只有不到 10%。

B. 架设了高射炮的商船，即使不能将敌机击中，在某些情况下也可能将敌机吓跑。

C. 架设高射炮的费用是一笔不小的投入，而且在战争结束后，为了运行的效率，还要再花费资金将高射炮拆除。

D. 一般地说，上述商船用于高射炮的费用，只占整个商船的总价值的极小部分。

E. 架设高射炮的商般速度会受到很大的影响，不利于逃避德国轰炸机的袭击。

55. 根据韩国当地媒体10月9日的报道：用于市场主流的PC100规格的64MB－DRAM的8Mx8内存元件，10月8日在美国现货市场的交易价格已跌至15.99～17.30美元，但前一个交易日的交易价格为16.99～18.38美元，一天内跌幅近1美元；而与台湾地震发生后曾经达到的最高价格21.46美元相比，已经下跌了约4美元。

以下哪项与题干内容有矛盾？

A. 台湾是生产这类元件的重要地区。

B. 美国是该元件的重要交易市场。

C. 若两人购买的数量相同，10月8日的购买者一定比10月7日的购买者省钱。

D. 韩国很可能是该元件的重要输出国或输入国，所以特别关心该元件的国际市场价格。

E. 该元件是计算机中的重要器件，供应商对市场的行情是很敏感的。

56. 在司法审判中，所谓肯定性误判是指把无罪者判为有罪，否定性误判是指把有罪者判为无罪。肯定性误判就是所谓的错判，否定性误判就是所谓的错放。而司法公正的根本原则是“不放过一个坏人，不冤枉一个好人”。某法学家认为，目前，衡量一个法院在办案中是否对司法公正的原则贯彻得足够好，就看它的肯定性误判率是否足够低。

以下哪项，如果为真，能最有力地支持上述法学家的观点？

A. 错放，只是放过了坏人；错判，则是既放过了坏人，又冤枉了好人。

B. 宁可错判，不可错放，是“左”的思想在司法界的反映。

C. 错放造成的损失，大多是可弥补的；错判对被害人造成的伤害，是不可弥补的。

D. 各个法院的办案正确率普遍有明显的提高。

E. 各个法院的否定性误判率基本相同。

57. 红星中学的四位老师在高考前对某理科毕业班学生的前景进行推测，他们特别关注班里的两个尖子生。张老师说：“如果余涌能考上清华，那么方宁也能考上清华。”李老师说：“依我看这个班没人能考上清华。”王老师说：“不管方宁能否考上清华，余涌考不上清华。”赵老师说：“我看方宁考不上清华，但余涌能考上清华。”高考的结果证明，四位老师中只有一人的推测成立。

如果上述断定是真的，则以下哪项也一定是真的？

A. 李老师的推测成立。

B. 王老师的推测成立。

C. 赵老师的推测成立。

D. 如果方宁考不上清华大学，则张老师的推测成立。

E. 如果方宁考上了清华大学，则张老师的推测成立。

58. 加拿大的一位运动医学研究人员报告说，利用放松体操和机能反馈疗法，有助于对头痛进行治疗。研究人员抽选出95名慢性牵张性头痛患者和75名周期性偏头痛患者，教他们放松头部、颈部和肩部的肌肉，以及用机能反馈疗法对压力和紧张程度加以控制。其结果，前者中有四分之三、后者中有一半人报告说，他们头痛的次数和剧烈程度有所下降。

以下哪项如果为真，最不能削弱上述论证的结论？

A. 参加者接受了高度的治疗有效的暗示，同时，对病情改善的希望亦起到推波助澜的作用。

B. 参加者有意迎合研究人员；即使不合事实，也会说感觉变好。

C. 多数参加者志愿合作，虽然他们的生活状况蒙受着巨大的压力。在研究过程中，他们会感觉到生活压力有所减轻。

D. 参加实验的人中，慢性牵张性头痛患者和周期性偏头痛患者人数选择不等，实验设计需要进行调整。

E. 放松体操和机能反馈疗法的锻炼，减少了这些头痛患者的工作时间，使得他们对于自己病情的感觉有所改善。

59. 在目前财政拮据的情况下，在本市增加警力的动议不可取。在计算增加警力所需的经费开支时，光考虑到支付新增警员的工资是不够的，同时还要考虑到支付法庭和监狱新雇员的工资。由于警力的增加带来的逮捕、宣判和监管任务的增加，势必需要相关部门同时增员。

以下哪项，如果为真，将最有力地削弱上述论证？

A. 增加警力所需的费用，将由中央和地方财政共同负担。

B. 目前的财政状况，决不至于拮据到连维护社会治安的费用都难以支付的地步。

C. 湖州市与本市毗邻，去年警力增加 19%，逮捕个案增加 40%，判决个案增加 13%。

D. 并非所有侦察都导致逮捕，并非所有逮捕都导致宣判，并非所有宣判都导致监禁。

E. 当警力增加到与市民的数量达到一个恰当的比例时，将减少犯罪。

60. 在经历了全球范围的股市暴跌的冲击以后，T 国政府宣称，它所经历的这场股市暴跌的冲击，是由于最近国内一些企业过快的非国有化造成的。

以下哪项，如果事实上是可操作的，最有利于评价 T 政府的上述宣称？

A. 在宏观和微观两个层面上，对 T 国一些企业最近的非国有化进程的正面影响和负面影响进行对比。

B. 把 T 国受这场股市暴跌的冲击程度，和那些经济情况与 T 国类似，但最近没有实行企业非国有化的国家所受到的冲击程度进行对比。

C. 把 T 国受这场股市暴跌的冲击程度，和那些经济情况与 T 国有很大差异，但最近同样实行了企业非国有化的国家所受到的冲击程度进行对比。

D. 计算出在这场股市风波中 T 国的个体企业的平均亏损值。

E. 运用经济计量方法预测 T 国的下一次股市风波的时间。

61. 据《科学日报》消息，1998 年 5 月，瑞典科学家在有关领域的研究中首次提出，一种对防治老年痴呆症有特殊功效的微量元素，只有在未经加工的加勒比椰果中才能提取。

如果《科学日报》的上述消息是真实的，那么，以下哪项不可能是真实的？

Ⅰ 1997 年 4 月，芬兰科学家在相关领域的研究中提出过，对防治老年痴呆症有特殊功效的微量元素，除了未经加工的加勒比椰果，不可能在其他对象中提取。

Ⅱ 荷兰科学家在相关领域的研究中证明，在未经加工的加勒比椰果中，并不能提取对防治老年痴呆症有特殊功效的微量元素，这种微量元素可以在某些深海微生物中提取。

Ⅲ　著名的苏格兰医生查理博士在相关的研究领域中证明，该微量元素对防治老年痴呆症并没有特殊功效。

A. 只有Ⅰ。

B. 只有Ⅱ。

C. 只有Ⅲ。

D. 只有Ⅱ和Ⅲ。

E. Ⅰ、Ⅱ和Ⅲ。

62. 世界卫生组织在全球范围内进行了一项有关献血对健康影响的跟踪调查。调查对象分为三组。第一组对象中均有二次以上的献血记录，其中最多的达数十次；第二组中的对象均仅有一次献血记录；第三组对象均从未献过血。调查结果显示，被调查对象中癌症和心脏病的发病率，第一组分别为 0.3% 和 0.5%，第二组分别为 0.7% 和 0.9%，第三组分别为 1.2% 和 2.7%。一些专家依此得出结论，献血有利于减少患癌症和心脏病的风险。这两种病已经不仅在发达国家而且也在发展中国家成为威胁中老人生命的主要杀手。因此，献血利己利人，一举两得。

以下哪项如果为真，将削弱以上结论？

Ⅰ　60 岁以上的调查对象，在第一组中占 60%，在第二组中占 70%，在第三组中占 80%。

Ⅱ　献血者在献血前要经过严格的体检，一般具有较好的体质。

Ⅲ　调查对象的人数，第一组为 1 700 人，第二组为 3 000 人，第三组为 7 000 人。

A. 只有Ⅰ。

B. 只有Ⅱ。

C. 只有Ⅲ。

D. 只有Ⅰ和Ⅱ。

E. Ⅰ、Ⅱ和Ⅲ。

63. 如果飞行员严格遵守操作规程，并且飞机在起飞前经过严格的例行技术检验，那么，飞机就不会失事，除非出现例如劫机这样的特殊意外。这架波音 747 在金沙岛上空失事。

如果上述断定是真的，则以下哪项也一定是真的？

A. 如果失事时无特殊意外发生，则飞行员一定没有严格遵守操作规程，并且飞机在起飞前没有经过严格的例行技术检验。

B. 如果失事时有特殊意外发生，则飞行员一定严格遵守了操作规程，并且飞机在起飞前经过了严格的例行技术检验。

C. 如果飞行员没有严格遵守操作规程，并且飞机起飞前没有经过严格的例行技术检验，则失事时一定没有特殊意外发生。

D. 如果失事时没有特殊意外发生，则可得出结论：只要飞机失事的原因是飞行员没有严格遵守操作规程，那么飞机在起飞前一定经过了严格的例行技术检验。

E. 如果失事时没有特殊意外发生，则可得出结论：只要飞机失事的原因不是飞机在起飞前没有经过严格的例行技术检验，那么一定是飞行员没有严格遵守操作规程。

64. 所有持有当代商厦购物优惠卡的顾客，同时持有双安商厦的购物优惠卡。今年国庆，当代商厦和双安商厦同时给持有本商厦的购物优惠卡顾客的半数，赠送了价值100元的购物奖券。结果，上述同时持有两个商厦的购物优惠的顾客，都收到了这样的购物奖券。

如果上述断定是真的，则以下哪项断定也一定为真？

Ⅰ 所有持有双安商厦的购物优惠卡的顾客，也同时持有当代商厦的购物优惠卡。

Ⅱ 今年国庆，没有一个持有上述购物优惠卡的顾客分别收到两个商厦的购物奖券。

Ⅲ 持有双安商厦的购物优惠卡的顾客中，至多有一半收到当代商厦的购物奖券。

A. 只有Ⅰ。

B. 只有Ⅱ。

C. 只有Ⅲ。

D. 只有Ⅰ和Ⅱ。

E. Ⅰ、Ⅱ和Ⅲ。

65—66题基于以下题干：

所有安徽来京打工人员，都办理了暂住证；所有办理了暂住证的人员，都获得了就业许可证；有些安徽来京打工人员当上了门卫，有些业余武术学校的学员也当上了门卫；所有的业余武术学校的学员都未获得就业许可证。

65. 如果上述断定都是真的，则除了以下哪项，其余的断定也必定是真的？

A. 所有安徽来京打工人员都获得了就业许可证。

B. 没有一个业余武术学校的学员办理了暂住证。

C. 有些安徽来京打工人员是业余武术学校的学员。

D. 有些门卫没有就业许可证。

E. 有些门卫有就业许可证。

66. 以下哪个人的身份，不可能符合上述题干所作的断定？

A. 一个获得了就业许可证的人，但并非是业余武术学校的学员。

B. 一个获得了就业许可证的人，但没有办理暂住证。

C. 一个办理了暂住证的人，但并非是安徽来京打工人员。

D. 一个办理了暂住证的业余武术学校的学员。

E. 一个门卫，他既没有办理暂住证，又不是业余武术学校的学员。

67. 法制的健全或者执政者强有力的社会控制能力，是维持一个国家社会稳定的必不可少的条件。Y国社会稳定但法制尚不健全。因此，Y国的执政者具有强有力的社会控制能力。

以下哪项论证方式，和题干的最为类似？

A. 一个影视作品，要想有高的收视率或票房价值，作品本身的质量和必要的包装宣传缺一不可。电影《青楼月》上映以来票房价值不佳但实际上质量堪称上乘。因此，看来它缺少必要的广告宣传和媒介炒作。

B. 必须有超常业绩或者30年以上服务于本公司的工龄的雇员，才有资格获得X公司本年度的特殊津贴。黄先生获得了本年度的特殊津贴但在本公司仅供职5年，因此他一定有超常业绩。

C. 如果既经营无方又铺张浪费，则一个企业将严重亏损。Z公司虽经营无方但并没有严重亏损，这说明它至少没有铺张浪费。

D. 一个罪犯要实施犯罪，必须既有作案动机，又有作案时间，在某案中，W先生有作案动机但无作案时间。因此，W先生不是该案的作案者。

E. 一个论证不能成立，当且仅当，或者它的论据虚假，或者它的推理错误。J女士在科学年会上关于她的发现之科学价值的论证尽管逻辑严密、推理无误，但还是被认定不能成立。因此，她的论证中至少有部分论据虚假。

68. 在国庆50周年仪仗队的训练营地，某连队一百多个战士在练习不同队形的转换。如果他们排成五列人数相等的横队，只剩下连长在队伍前面喊口令；如果他们排成七列这样的横队，只有连长仍然可以在前面领队；如果他们排成八列横队，就可以有两人作为领队了。在全营排练时，营长要求他们排成三列横队。

以下哪项是最可能出现的情况？

A. 该连队官兵正好排成三列横队。

B. 除了连长外，正好排成三列横队。

C. 排成了整齐的三列横队，另有两人作为全营的领队。

D. 排成了整齐的三列横队，其中有一人是其他连队的。

E. 排成了三列横队，连长在队外喊口令，但营长临时排在队中。

69. 某电脑公司正在研制可揣摩用户情绪的电脑。这种被称为“智能个人助理”的新装置主要通过分析用户敲击键盘的模式，来判断其心情是好是坏，还可通过不断监测用户的活动，逐渐琢磨出其好恶，能在使用者紧张或烦躁时自动减少其所浏览的电子邮件或网站的数量。

以下哪项最不可能是这种计算机提供的功能？

A. 在使用者连续使用计算机超过两个小时后，屏幕会显示“长时间看屏幕对眼睛有害，请您休息几分钟”。

B. 在深夜时间，使用者击键的速度逐渐变慢时，计算机便得知主人已经疲劳，会播出孩子招呼爸爸睡觉的喊话。

C. 在使用者经常出现习惯性拼写错误时，比如南方人难以分清“Z”和“ZH”，计算机可以自动加以更正，减轻主人的烦躁心理。

D. 在使用者利用国际网络查找资料时，计算机可以根据主人的喜好，把常用的站点放在最显眼的地方，尽可能让主人多看一些。

E. 在使用者心情烦躁时，计算机可以通过人机传递的信息觉察到，并及时放一段主人最喜欢的音乐。

70. 甲、乙、丙三人一起参加了物理和化学两门考试。三个人中，只有一个在考试中发挥正常。

考试前，甲说：如果我在考试中发挥不正常，我将不能通过物理考试。如果我在考试中发挥正常，我将能通过化学考试。

乙说：如果我在考试中发挥不正常，我将不能通过化学考试。如果我在考试中发挥正常，我将能通过物理考试。

丙说：如果我在考试中发挥不正常，我将不能通过物理考试。如果我在考试中发挥正常，我将能通过物理考试。

考试结束后，证明这三个人说的都是真话，并且：发挥正常的人是三人中唯一的一个通过这两门科目中某门考试的人；发挥正常的人也是三人中唯一的一个没有通过另一门考试的人。

从上述断定能推出以下哪项结论？

A. 甲是发挥正常的人。

B. 乙是发挥正常的人。

C. 丙是发挥正常的人。

D. 题干中缺乏足够的条件来确定谁是发挥正常的人。

E. 题干中包含互相矛盾的信息。

71. 血液中的高浓度脂肪蛋白含量的增多，会增加人体阻止吸收过多的胆固醇的能力，从而降低血液中的胆固醇。有些人通过有规律的体育锻炼和减肥，能明显地增加血液中高浓度脂肪蛋白的含量。

以下哪项，作为结论从上述题干中推出最为恰当？

A. 有些人通过有规律的体育锻炼降低了血液中的胆固醇，则这些人一定是胖子。

B. 不经常进行体育锻炼的人，特别是胖子，随着年龄的增大，血液中出现高胆固醇的风险越来越大。

C. 体育锻炼和减肥是降低血液中高胆固醇的最有效的方法。

D. 有些人可以通过有规律的体育锻炼和减肥来降低血液中的胆固醇。

E. 标准体重的人只需要通过有规律的体育锻炼就能降低血液中的胆固醇。

72. 在西方几个核大国中，当核试验得到了有效的限制，老百姓就会倾向于省更多的钱，出现所谓的商品负超常消费；当核试验的次数增多的时候，老百姓就会倾向于花更多的钱，出现所谓的商品正超常消费。因此，当核战争成为能普遍觉察到的现实威胁时，老百姓为存钱而限制消费的愿望大大降低，商品正超常消费的可能性大大增加。

上述论证基于以下哪项假设？

A. 当核试验次数增多时，有足够的商品支持正超常消费。

B. 在西方几个核大国中，核试验受到了老百姓普遍地反对。

C. 老百姓只能通过本国的核试验的次数来觉察核战争的现实威胁。

D. 商界对核试验乃至核战争的现实威胁持欢迎态度，因为这将带来经济利益。

E. 在冷战年代，上述核战争的现实威胁出现过数次。

73. 如果能有效地利用互联网，能快速方便地查询世界各地的信息，对科学研究、商业往来乃至寻医求药都带来很大的好处。然而，如果上网成瘾，也有许多弊端，还可能带来严重的危害。尤其是青少年，上网成瘾可能荒废学业、影响工作。为了解决这一问题，某个网点上登载了“互联网瘾”自我测试办法。

以下各项提问，除了哪项，都与“互联网瘾”的表现形式有关？

A. 你是否有时上网到深夜并为链接某个网站时间过长而着急？

B. 你是否曾一再试图限制、减少或停止上网而不果？

C. 你试图减少或停止上网时，是否会感到烦躁、压抑或容易动怒？

D. 你是否曾因上网而危及一段重要关系或一份工作机会？

E. 你是否曾向家人、治疗师或其他人谎称你并未沉迷互联网？

74. 提高教师应聘标准并不是引起目前中小学师资短缺的主要原因。引起中小学师资短缺的主要原因，是近年来中小学教学条件的改进缓慢，以及教师工资的增长未能与其他行业同步。

以下哪项，如果为真，最能加强上述断定？

A. 虽然还有别的原因，但收入低是许多教师离开教育岗位的理由。

B. 许多教师把应聘标准的提高视为师资短缺的理由。

C. 有些能胜任教师的人，把应聘标准的提高作为自己不愿执教的理由。

D. 许多在岗但不胜任的教师，把低工资作为自己不努力进取的理由。

E. 决策部门强调提高应聘标准是师资短缺的主要原因，以此作为不给教师加工资的理由。

75. 美国联邦所得税是累进税，收入越高，纳税率越高。美国有的州还在自己管辖的范围内，在绝大部分出售商品的价格上附加7%左右的销售税。如果销售税也被视为所得税的一种形式的话，那么，这种税收是违背累进原则的：收入越低，纳税率越高。

以下哪项，如果为真，最能加强题干的议论？

A. 人们花在购物上的钱基本上是一样的。

B. 近年来，美国的收入差别显著扩大。

C. 低收入者有能力支付销售税，因为他们缴纳的联邦所得税相对较低。

D. 销售税的实施，并没有减少商品的销售总量，但售出商品的比例有所变动。

E. 美国的大多数州并没有征收销售税。

76. 据对一批企业的调查显示，这些企业总经理的平均年龄是57岁，而在20年前，同档的这些企业的总经理的平均年龄大约是49岁。这说明，目前企业中总经理的年龄呈老化趋势。

以下哪项，对题干的论证提出的质疑最为有力？

A. 题干中没有说明，20 年前这些企业关于总经理人选是否有年龄限制。

B. 题干中没有说明，这些总经理任职的平均年数。

C. 题干中的信息，仅仅基于有 20 年以上历史的企业。

D. 20 年前这些企业的总经理的平均年龄仅是个近似数字。

E. 题干中没有说明被调查企业的规模。

77—78 题基于以下题干：

一项全球范围的调查显示，近 10 年来：吸烟者的总数基本保持不变；每年只有 10% 的吸烟者改变自己的品牌，放弃原有的品牌而改吸其他品牌；烟草制造商用在广告上的支出占其毛收入的 10%。在 Z 烟草公司的年终董事会上，董事 A 认为，上述统计表明，烟草业在广告上的收益正好等于其支出，因此，此类广告完全可以不做。董事 B 认为，由于上述 10% 的吸烟者所改吸的香烟品牌中几乎不包括本公司的品牌，因此，本公司的广告开支实际上是笔亏损性开支。

77. 以下哪项，构成对董事 A 的结论的最有力质疑？

A. 董事 A 的结论忽视了：对广告开支的有说服力的计算方法，应该计算其占整个开支的百分比，而不应该计算其占毛收入的百分比。

B. 董事 A 的结论忽视了：近年来各种品牌的香烟的价格都有了很大的变动。

C. 董事 A 的结论基于一个错误的假设：每个吸烟者在某个时候只喜欢一种品牌。

D. 董事 A 的结论基于一个错误的假设：每个烟草制造商只生产一种品牌。

E. 董事 A 的结论忽视了：世界烟草业是一个由处于竞争状态的众多经济实体组成的。

78. 以下哪项，如果为真，能构成对董事 B 的结论的质疑？

Ⅰ 如果没有 Z 公司的烟草广告，许多消费 Z 公司品牌的吸烟者将改吸其他品牌。

Ⅱ 上述改变品牌的 10% 的吸烟者所放弃的品牌中，几乎没有 Z 公司的品牌。

Ⅲ 烟草广告的效果之一，是吸引新吸烟者取代停止吸烟者（死亡的吸烟者或戒烟者）而消费自己的品牌。

A. 只有Ⅰ。

B. 只有Ⅱ。

C. 只有Ⅲ。

D. 只有Ⅰ和Ⅱ。

E. Ⅰ、Ⅱ和Ⅲ。

79. 美国法律规定，不论是驾驶员还是乘客，坐在行驶的小汽车中必须系好安全带。有人对此持反对意见。他们的理由是，每个人都有权冒自己愿意承担的风险，只要这种风险不会给别人带来损害。因此，坐在汽车里系不系安全带，纯粹是个人的私事，正如有人愿意承担风险去炒股，有人愿意承担风险去攀岩，纯属他个人的私事一样。

以下哪项，如果为真，最能对上述反对意见提出质疑？

A. 尽管确实为了保护每个乘客自己，而并非为了防备伤害他人，但所有航空公司仍然要求每个乘客在飞机起飞和降落时系好安全带。

B. 汽车保险费近年来连续上涨，原因之一，是由于不系安全带造成的伤亡使得汽车保险赔偿费连年上涨。

C. 在实施了强制要求系安全带的法律以后，美国的汽车交通事故死亡率明显下降。

D. 法律的实施带有强制性，不管它的反对意见看来多么有理。

E. 炒股或攀岩之类的风险是有价值的风险，不系安全带的风险是无谓的风险。

80. 美国《华盛顿邮报》发表文章，引述美国前中央情报局副局长的话称，在过去多次中美核子科学家交流会期间，美国曾获得过中国有关核技术的资料，而且远远超过早些时候美国指责中国窃取美方核机密的数量。

以下各项，除了哪项，都与题干中引用论述的观点相符合？

A. 中美核子科学家之间曾有过比较长的友好的学术交流历史。

B. 中美核子科学家在交流中会讨论一些本研究领域共同关心的理论问题。

C. 在发展核子技术方面，中国科学家也有独到的创造，美国对此也很感兴趣。

D. 中国的核子科学家可以独立地发展自己的核技术并与美国相抗衡。

E. 美国无根据地指责某华人科学家是为中国提供核机密的间谍，这是不公正的。

2000 年 10 月在职 MBA 联考逻辑真题

21. 某市一项对健身爱好者的调查表明，那些称自己每周固定进行二至三次健身锻炼的人近二年来由 28% 增加到 35%，而对该市大多数健身房的调查则显示，近二年来去健身房的人数明显下降。

以下各项如果是真的，都有助于解释上述看来矛盾的断定，除了

A. 进行健身锻炼没什么规律的人在数量上明显减少。

B. 健身房出于非正常的考虑，往往少报顾客的人数。

C. 由于简易健身器的出现，家庭健身活动成为可能并逐渐流行。

D. 为了吸引更多的顾客，该市健身房普遍调低了营业价格。

E. 受调查的健身锻炼爱好者只占全市健身锻炼爱好者的 10%。

22. 作为市电视台的摄像师，最近国内电池市场的突然变化让我非常头疼。进口高能量的电池缺货，我只能用国产电池来代替作为摄像的主要电源。尽管每单位的国产电池要比进口电池便宜，但我估计如果持续用国产电池替代进口电池的话，我支付在电源上的费用将会提高。

该摄像师在上面这段话中隐含了以下哪项假设？

A. 以每单位电池提供的电能来计算，国产电池要比进口电池提供得少。

B. 每单位的进口电池要比国产电池价格贵。

C. 生产国产电池要比生产进口电池成本低。

D. 持续使用国产电池，摄像的质量将无法得到保障。

E. 国产电池的价格会超过进口电池，厂家将大大赢利。

23. 据调查，临海市有24%的家庭拥有电脑，但拥有电脑的家庭中的12%每周编写程序2小时以上，23%在1至2小时，其余的每周都不到1小时。可见，临海市大部分购买电脑的家庭并没有充分利用他们的家庭电脑。

以下哪种说法如果为真，则最能构成对上述结论的疑问？

A. 过多地使用电脑会对眼睛产生危害，对孕妇身体也有影响。

B. 许多人购买电脑是为了文字处理，而不是编写程序。

C. 在调查中，会有相当比例的被调查对象夸大他们的电脑知识。

D. 临海市电脑培训中心在提高家用电脑拥有者的编程能力方面起了重要作用。

E. 家庭电脑的普及和充分利用肯定需要一个过程，不可操之过急。

24. 经过许多科学技术人员的攻关，目前DVD这种最新型的播放器的成本已经大大下降，单台的售价已经基本上与即将被淘汰的上一代播放设备VCD持平。有的市场分析人员认为，即将会出现一次DVD的“热销狂潮”。而对于这种预测，明讯管理学院的周教授表示不能同意，认为热销之说过于乐观。

以下哪项不能支持周教授的观点？

A. 目前市场中录制在DVD播放所使用的激光盘上的电影节目尚不多见。

B. VCD的技术虽然已经不很先进，但10年以来已经占领了很大一部分市场，恐怕不会很快退出市场。

C. DVD在美国的销量已经连续两年紧追彩电和冰箱，成为美国电器市场销售榜第三名。

D. 供DVD播放所使用的激光盘片的制作工艺非常特殊，经技术鉴定表明基本很难盗版。

E. 比DVD更先进的SVD的研制工作已经结束，据晚报报道，大约半年时间就能够推出普通中国百姓能够买得起的SVD产品。

25. 任何方法都是有缺陷的。在母语非英语的外国学生中，如何公正合理地选拔合格的考生？对于美国这样一个每年要吸收大量外国留学生的国家来说，目前实行的托福考试恐怕是所有带缺陷的方法中最好的方法了。

以下各项关于托福考试及其考生的断定都符合上述议论的含义，除了

A. 大多数考生的实际水平与他们的考分是基本相符的。

B. 存在低考分的考生，他们有较高的实际水平。

C. 高分低能或低分高能现象的产生，是实施考试中操作失误所致。

D. 存在高分的考生，他们并无相应的实际水平。

E. 对美国来说，目前恐怕没有比托福考试更能使人满意的方法来测试外国考生的英语能力。

26. 只有住在广江市的人才能够不理睬通货膨胀的影响；住在广江市的每一个人都要付税；每一个付税的人都发牢骚。

根据上面的这些句子，判断下列各项哪项一定是真的？

Ⅰ　每一个不理睬通货膨胀影响的人都要付税。

Ⅱ　不发牢骚的人中没有一个能够不理睬通货膨胀的影响。

Ⅲ　每一个发牢骚的人都能够不理睬通货膨胀的影响。

A. 仅Ⅰ。

B. 仅Ⅰ和Ⅱ。

C. 仅Ⅱ。

D. 仅Ⅱ和Ⅲ。

E. Ⅰ、Ⅱ和Ⅲ。

27. 通过调查得知，并非所有的个体商贩都有偷税、逃税行为。

如果上述调查的结论是真实的，则以下哪项一定为真？

A. 所有的个体商贩都没有偷税、逃税行为。

B. 多数个体商贩都有偷税、逃税行为。

C. 并非有的个体商贩没有偷税、逃税行为。

D. 并非有的个体商贩有偷税、逃税行为。

E. 有的个体商贩确实没有偷税、逃税行为。

28. 调查表明，最近几年来，成年人中患肺结核的病例逐年减少。但是，以此还不能得出肺结核发病率逐年下降的结论。

以下哪项，如果是真的，最能加强以上的结论？

A. 上述调查的重点是在城市，农村中肺结核的发病情况缺乏准确的统计。

B. 肺结核早就不是不治之症。

C. 和心血管病、肿瘤病等比较起来，近年来对肺结核的防治缺乏足够的重视。

D. 防治肺结核病的医疗条件近年来有较大的改善。

E. 近年来未成年人中的肺结核病例有所上升。

29. 几年来，我国许多餐厅使用一次性筷子。这种现象受到越来越多的批评，理由是我国森林资源不足，把大好的木材用来做一次性筷子，实在是莫大的浪费。但奇怪的是，至今一次性筷子的使用还没有被禁止。

以下除哪项外，都能对上文的疑问从某一方面给以解释？

A. 有些一次性筷子不是木制的，有些一次性木制筷子并没有使用森林中的木材。

B. 已经证明了，一次性筷子的使用能有效地避免一些疾病的交叉感染。

C. 一次性筷子的使用与餐厅之间相互攀比有关，要禁必须大家一起禁才行。

D. 一次性筷子并不如想象的那样卫生，有些病菌或病毒也会借助一次性筷子传播。

E. 保护森林不能只保不用。合理地使用，适量地采伐，有利于森林的保护。

30. 某大学一寝室中住着若干个学生。其中，一个是哈尔滨人，两个是北方人，一个是广东人，两个在法律系，三个是进修生。该寝室中恰好住了8个人。

如果题干中关于身份的介绍涉及了寝室中所有的人，则以下各项关于该寝室的断定都不与题干矛盾，除了

A. 该校法律系每年都招收进修生。

B. 该校法律系从未招收过进修生。

C. 来自广东的室友在法律系就读。

D. 来自哈尔滨的室友在财政金融系就读。

E. 该室的三个进修生都是南方人。

31. 老钟在度过一个月的戒烟生活后，又开始抽烟。奇怪的是，这得到了钟夫人的支持。钟夫人说“我们处长办公室有两位处长，年龄差不多，看起来身体状况也差不多，只是一位烟瘾很重，一位绝对不吸，可最近检查却查出来这位绝对不吸烟的处长得了肺癌。看来不吸烟未必就好。”

以下各项如果为真，除哪项外均能反驳钟夫人的这个推论？

A. 癌症和其他一些疑难病症的起因是许多医学科研工作者研究的课题，目前还没有一个确定的结论。

B. 来自世界妇女大会的报告表明，妇女由于经常在厨房操作，因为油烟的原因，患肺癌的比例相对较高。

C. 癌症的病因大多跟患者的性格和心情有关，许多并不吸烟的人因为长期心情抑郁，也容易患癌症。

D. 烟瘾很重的处长检查身体的结果还没出来，可能他的检查会暴露更多的问题。

E. 根据统计资料，肺癌患者中有长期吸烟史的比例高达 75%，而在成人中有长期吸烟史的只占 30%。

32. 有一个商家为了推销其家用电脑和网络服务，目前正在大力开展网络消费的广告宣传和推广促销。经过一定的市场分析，他们认为手机用户群是潜在的网络消费的用户群，于是决定在各种手机零售场所宣传、推销他们的产品。结果两个月下来，效果很不理想。

以下哪项如果为真，最有助于解释出现上述结果的原因？

A. 刚刚购买手机的消费者需要经过一段时期后才能成为网络消费的潜在用户。

B. 最近国家在有关规定中对国家机关人员使用手机加以限制，购买手机的人因此有所减少。

C. 购买电脑或是办理网络服务对中国老百姓来说还是件大事，一般来说，消费者对此的态度比较慎重。

D. 家用电脑和网络服务在知识分子中已经比较普及，他们所希望的是增强自己计算机的功能。

E. 目前家用电脑更新速度快，广告宣传和推广促销要收到效果，必须特色鲜明，才能够打动消费者的心。

33. 网络咖啡屋，或者是网吧目前在都市非常流行，不少专家觉得这是一个很好的服务方向，很有市场前途。但实际上，网络咖啡屋和网吧的经营遇到了很多困难，其中之一就是

电信部门网络服务基础收费太高，按照网络咖啡屋和网吧最初定的价格，就是加上酒水方面的利润，总体上也还是亏本。有些网络咖啡屋和网吧的经营者进行了量—本—利的计算后，准备全面提高网络服务和酒水的价格，来维持自身的生存和发展。

以下哪项如果为真，能有力地对上述措施提出质疑？

A. 在我们这样一个发展中国家，网络咖啡屋和网吧规模经营的进一步发展，有待于电信部门降低收费标准，目前的标准超过世界上绝大部分国家和地区。

B. 在计算机上玩游戏是现在网络咖啡屋和网吧中的常见现象，这部分顾客对网吧的消费环境并不十分在意。

C. 现在有些人到网络咖啡屋和网吧来是为了寻找出国信息或是爱好网络的朋友，甚至意中人，他们对收费的定价并不十分在意。

D. 提价后的酒水价格，应当不高于其他类型咖啡屋和酒吧的酒水价格，否则一批并不打算上网的顾客就会流失。

E. 根据《计算机世界》的市场调研报告，68% 的网络咖啡屋和网吧的常客很在意网络咖啡屋和网吧中网络服务的收费定价。

34. 获得奥斯卡大奖的影片《泰坦尼克号》在滨州上映，滨州独家经营权给了滨州电影发行放映公司，公司各部门可忙坏了，宣传部投入了史无前例的 170 万元进行各种形式的宣传，业务部组织了 8 家大影院超前放映和加长档期，财务部具体实施与各影院的收入分账，最终几乎全市的老百姓都去看了这部片子，公司赚了 750 万元。而公司在总结此项工作时却批评了宣传部此次工作中的失误。

以下哪项如果为真，最能合理地解释上述情况？

A. 公司宣传部没有事先跟其他部门沟通，宣传中缺少针对性。

B. 由于忽视了奥斯卡获奖片自身具有免费宣传效应，公司宣传部的投入事实上过大。

C. 公司宣传部的投入力度不足，《泰坦尼克号》在滨州上映时，滨州公司宣传投入了 300 万元。

D. 公司宣传部的宣传在创意和形式上没有新的突破。

E. 公司宣传部的宣传对今年其他影片的发行也产生了很大的影响。

35. 学生家长：这学期学生的视力普遍下降，这是由于学生书面作业的负担太重。

校长：学生视力下降和书面作业负担没有关系，经我们调查，学生视力下降的原因，是由于他们做作业时的姿势不正确。

以下哪项，如果是真的，最能削弱校长的辩解？

A. 学生书面作业的负担过重容易使学生感到疲劳，同时，感到疲劳，学生就不容易保持正确的书写姿势。

B. 该校学生的书面作业的负担和其他学校相比确实较重。

C. 校方在纠正学生姿势以保护视力方面做了一些工作，但力度不够。

D. 学生视力下降是个普遍的社会问题，不唯该校然。

E. 该校学生的书面作业比上学年有所减轻。

36. 在电影界也同样存在对女性的不公正，《好莱坞报道》评论说，在过去的十年中，妇女从事电影幕后工作的人数虽有增长，但“学院奖”的评选中，最佳制片、导演、编剧、剪辑、摄影等几项重要奖项的男女获奖比例仅为8:1。

以下哪项如果为真，能对上述论断提出最有力的质疑？

A. “学院奖”的评选完全是一个匿名投票的过程，很难说有什么偏向。

B. 是否获得“学院奖”并不是衡量电影成就的唯一标准。

C. 妇女从事制片、导演、编剧、剪辑、摄影这几项幕后工作的人数不到男性的十分之一。

D. 在电影表演、新闻媒介和服装设计等诸多领域中，女性尽管从业人数众多，但真正干得出色的还是男性。

E. “学院奖”的评委多数是男性。

37. 在历史上，从来都是科学技术新发明的浪潮导致了新产业的诞生和兴旺，在此基础上逐步形成区域性直至世界性的经济繁荣，从汽车、飞机产业到化工、制药、电子等领域，情况都是如此。因此，目前产业界普遍增加在科学研究和开发上的投入必将有力地促进经济繁荣。

以下哪项如果为真，最能削弱上面的推论？

A. 在目前的资金水平上，公司的研究开发部门申请专利的数量比起十年前来要少得多。

B. 大部分产业的研究开发部门关心的只是对现有产品进行有利于经销的低成本改进，而不是开发有远大前途的高成本新技术。

C. 历史上，只有一些新的主干行业是直接依赖公司研究开发部门获得技术突破的。

D. 公司在科学研究和开发上的投入与公司每年新的发明专利的数量直接相关。

E. 政府在科学研究和开发的投入将在未来五年中大大缩减。

38. 青少年如果连续看书时间过长，眼睛近视几乎是不可避免的。菁华中学的学生个个努力学习。尽管大家都懂得要保护眼睛，但大多数的学生每天看书时间超过10小时，这不可避免地导致连续看书时间过长。其余的学生每天看书也有8小时。班主任老师表扬的都是每天看书时间超过10小时的学生。

以上的叙述如果为真，最能得出以下哪项结论？

A. 菁华中学的同学中没有一个同学的视力正常，大家都戴近视镜。

B. 每天看书时间不满10小时的学生学习不太用功。

C. 菁华中学的学生比其他学校的同学学习更刻苦。

D. 菁华中学的学生中近视眼的比例大于其他学校。

E. 得到班主任老师表扬的学生中大部分是近视眼。

39. 某年，国内某电视台在综合报道了当年的诺贝尔各项奖金的获得者的消息后，做了以下评论：今年又有一位华裔科学家获得了诺贝尔物理学奖，这是中国人的骄傲。但是到目前为止，还没有中国人获得诺贝尔经济学奖和诺贝尔文学奖，看来中国在人文社会科学方面的研究与世界先进水平相比还有比较大的差距。

以上评论中所得出的结论最可能把以下哪项断定作为隐含的前提？

A. 中国在物理学等理科研究方面与世界先进水平的差距在逐步缩小。

B. 中国的人文科学有先进的理论基础和雄厚的历史基础，目前和世界先进水平的差距是不正常的。

C. 诺贝尔奖金是衡量一个国家某个学科发展水平的重要标志。

D. 诺贝尔奖金的评比在原则上对各人种是公平的，但实际上很难做到。

E. 包括经济学在内的人文社会科学研究与各国的文化传统有非常密切的联系。

40. 在新一年的电影节评比上，准备打破过去的只有一部最佳影片的限制，而是按照历史片、爱情片等几种专门的类型分别评选最佳影片，这样可以使电影工作者的工作能够得到更为公平的对待，也可以使观众和电影爱好者对电影的优劣有更多的发言权。

根据以上信息，这种评比制度的改革隐含了以下哪项假设？

A. 划分影片类型，对于规范影片拍摄有重要的引导作用。

B. 每一部影片都可以按照这几种专门的类型来进行分类。

C. 观众和电影爱好者在进行电影评论时喜欢进行类型的划分。

D. 按照类型来进行影片的划分，不会使有些冷门题材的影片被忽视。

E. 过去因为只有一部最佳影片，影响了电影工作者参加电影节评比的积极性。

41. 去年某经营儿童食品的商家采取了这样一种促销的方式，在每个出售的儿童食品包装中放入一套小的系列画片中的一枚，这样，鼓励孩子们不断购买该商家出售的同种儿童食品，以便集齐整套的系列画片。这种销售方式收到很好的效果，很多商家也都准备仿效。

以下各项，如果为真，都能对上述促销方式提出质疑，除了

A. 随着儿童娱乐方式的多样化，系列画片对儿童的吸引力正在下降。

B. 在儿童们吃过一次不合口味的食品后，即使里面的画片再有趣，也不会准备再去买第二次。

C. 有些画片经营者针对儿童食品的这种促销策略，准备设计和推出更为有趣的系列画片。

D. 因为许多系列画片中经常有一两片很难搜集到，有的家长已经准备到消费者协会投诉这种不正当竞争行为。

E. 这种促销方式已经引起了很多家长的不满，他们觉得这种促销对孩子有不正确的引导作用，准备联合抵制采取这种促销的食品公司的其他非儿童产品。

42. 《都市青年报》准备在5月4日青年节的时候推出一种订报有奖的营销活动。如果你在5月4日到6月1日之间订了下半年的《都市青年报》的话，你就可以免费获赠下半年的《都市广播电视导报》。推出这个活动之后，报社每天都在统计新订户的情况，结果非常失望。

以下哪项如果为真，最能够解释这项促销活动没能成功的原因？

A. 根据邮局发行部门的统计，《都市广播电视导报》并不是一份十分有吸引力的报纸。

B. 根据一项调查的结果，《都市青年报》的订户中有些已经同时订了《都市广播电视

导报》。

C.《都市广播电视导报》的发行渠道很广，据统计，订户比《都市青年报》的还要多1倍。

D.《都市青年报》没有考虑很多人的订阅习惯。大多数报刊订户在去年年底已经订了今年一年的《都市广播电视导报》。

E.《都市青年报》推出这个活动，伤害了那些《都市青年报》老订户的感情，影响了它的发行工作。

43. 甲、乙、丙、丁四人在一起议论本班同学申请建行学生贷款的情况。

甲说："我班所有同学都已申请了贷款。"

乙说："如果班长申请了贷款，那么学习委员就没申请。"

丙说："班长申请了贷款。"

丁说："我班有人没有申请贷款。"

已知四人中只有一人说假话，则可推出以下哪项结论？

A. 甲说假话，班长没申请。

B. 乙说假话，学习委员没申请。

C. 丙说假话，班长没申请。

D. 丁说假话，学习委员申请了。

E. 甲说假话，学习委员没申请。

44. 在刚刚闭幕的高科技交易会上，无话费手机项目正式签约。这种新型的智能广告手机有望年内面世，"打手机不花钱"将不再是梦想。

以下哪项断定，最不可能与上述无话费手机的功能和特点相符？

A. 这种无话费手机的价格比一般手机的价格要高些。

B. 这种手机具有独特的接收广告信息的功能。

C. 无话费手机的意思是打电话免费，并不意味着免费入网。

D. 这种手机是智能式的，当用户每天收看十条广告后，才可获得话费相赠。

E. 这种手机的老板推出该项产品的目的，是用自己多年的积蓄为社会免费提供服务。

45—46 题基于以下题干：

李浩、王鸣和张翔是同班同学，住在同一宿舍。其中，一个是湖南人，一个是重庆人，一个是辽宁人。李浩和重庆人不同岁，张翔的年龄比辽宁人小，重庆人比王鸣年龄大。

45. 根据题干所述，可以推出以下哪项结论？

A. 李浩是湖南人，王鸣是重庆人，张翔是辽宁人。

B. 李浩是重庆人，王鸣是湖南人，张翔是辽宁人。

C. 李浩是重庆人，王鸣是辽宁人，张翔是湖南人。

D. 李浩是辽宁人，王鸣是湖南人，张翔是重庆人。

D. 李浩是辽宁人，王鸣是重庆人，张翔是湖南人。

46. 根据题干所述，以下哪项是关于他们三个人的年龄次序（由大到小）的正确表述？

A. 李浩、王鸣、张翔。

B. 李浩、张翔、王鸣。

C. 王鸣、李浩、张翔。

D. 张翔、李浩、王鸣。

E. 张翔、王鸣、李浩。

47. 为了估计当前人们对管理基本知识掌握的水平，《管理者》杂志为读者开展了一次管理知识有奖答卷活动。答卷评分后发现，60%的参加者对于管理基本知识掌握的水平很高，30%左右的参加者也表现出了一定的水平。《管理者》杂志因此得出结论，目前社会群众对于管理基本知识的掌握还是不错的。

以下哪项，如果为真，则最能削弱以上结论？

A. 管理基本知识的范围很广，仅凭一次答卷就得出结论未免过于草率。

B. 管理基本知识的掌握与管理水平的真正提高还有相当的差距。

C. 并非所有的《管理者》的读者都参加了此次答卷活动。

D. 从定价、发行渠道等方面看，《管理者》的读者主要集中在高学历知识阶层。

E. 可能有几位杂志社的工作人员的亲戚也参加了此次答卷，并获了奖。

48. 由于工业废水的污染，淮河中下游水质恶化，有害物质的含量大幅度提高，这引起了多种鱼类的死亡。但由于蟹有适应污染水质的生存能力，因此，上述沿岸的捕蟹业和蟹类加工业将不会像渔业同行那样受到严重影响。

以下哪项如果是真的，将严重削弱上述论证？

A. 许多鱼类已向淮河上游及其他水域迁移。

B. 上述地区渔业的资金向蟹业转移，激化了蟹业的竞争。

C. 作为幼蟹主要食物来源的水生物蓝藻无法在污染水质中继续存活。

D. 蟹类适应污染水质的生理机制尚未得到科学的揭示。

E. 在鱼群分布稀少的水域中蟹类繁殖较快。

49. 某市的红光大厦工程建设任务进行招标。有四个建筑公司投标。为简便起见，称它们为公司甲、乙、丙、丁。在标底公布以前，各公司经理分别作出猜测。甲公司经理说：“我们公司最有可能中标，其他公司不可能。”乙公司经理说：“中标的公司一定出自乙和丙两个公司之中。”丙公司经理说：“中标的若不是甲公司就是我们公司。”丁公司经理说：“如果四个公司中必有一个中标，那就非我们莫属了！”当标底公布后发现，四人中只有一个人的预测成真了。

以下哪项判断最可能为真？

A. 甲公司经理猜对了，甲公司中标了。

B. 乙公司经理猜对了，丙公司中标了。

C. 甲公司和乙公司的经理都说错了。

D. 乙公司和丁公司的经理都说错了。

E. 乙公司、丙公司和丁公司的经理都说错了。

50. 对冲基金每年提供给它的投资者的回报从来都不少于25%。因此，如果这个基金每年最多只能给我们20%的回报的话，它就一定不是一个对冲基金。

以下哪项的推理方法与上文相同？

A. 好的演员从来都不会因为自己的一点进步而沾沾自喜，谦虚的黄升一直注意不以点滴的成功而自傲，看来，黄升就是个好演员。

B. 移动电话的话费一般比普通电话贵。如果移动电话和普通电话都在身边时，我们选择了普通电话，那就体现了节约的美德。

C. 如果一个公司在遇到像亚洲金融危机这样的挑战的时候还能够保持良好的增长势头，那么在危机过后就会更红火。秉东电信公司今年在金融危机中没有退步，所以明年会更旺。

D. 一个成熟的学校在一批老教授离开自己的工作岗位后，应当有一批年轻的学术人才脱颖而出，勇挑大梁。华成大学去年一批教授退休后，大批年轻骨干纷纷外流，一时间群龙无首，看来华成大学还算不上是一个成熟的学校。

E. 练习武功有恒心的人一定会每天早上五点起床，练上半小时，今天武钢早上五点起床后，一口气练了一个小时，我看武钢是个练武功有恒心的好小伙子。

51. 以下诸项结论都是东方理工学院学生处根据各个系收到的1997至1998学年度奖助学金申请表综合得出的。在此项综合统计作出后，因为落实灾区政策，有的系又收到了一些学生补交上来的申请表。

以下哪项结论最不可能被补交奖助学金申请表的新事实所推翻？

A. 汽车系仅有14名学生交申请表，总申请金额至少有5 700元。

B. 物理系最多有7名学生交申请表，总申请金额为2 800元。

C. 数学系共有8名学生交申请表，总申请金额等于3 000元。

D. 化学系至少有5名学生交申请表，总申请金额多于2 000元。

E. 生物系至少有7名学生交申请表，总申请金额不会多于汽车系。

52. 甲市的劳动力人口是乙市的十倍。但奇怪的是，乙市各行业的就业竞争程度反而比甲市更为激烈。

以下哪项断定如果为真，最有助于解释上述现象？

A. 甲市的人口是乙市人口的十倍。

B. 甲市的面积是乙市面积的五倍。

C. 甲市的劳动力主要在外省市寻求再就业。

D. 乙市的劳动力主要在本市寻求再就业。

E. 甲市的劳动力主要在乙市寻求再就业。

53. 对同一事物，有的人说“好”，有的人说“不好”，这两种人之间没有共同语言。可见，不存在全民族通用的共同语言。

以下除哪项外，都与题干推理所犯的逻辑错误近似？

A. 甲："厂里规定，工作时禁止吸烟。"乙："当然，可我吸烟时从不工作。"

B. 有的写作教材上讲写作中应该讲究语言形式的美，我的看法不同。我认为语言就应该朴实，不应该追求那些形式主义的东西。

C. 有意杀人者应处死刑，行刑者是有意杀人者，所以行刑者应处死刑。

D. 象是动物，所以小象是小动物。

E. 这种观点既不属于唯物主义，又不属于唯心主义，我看两者都有点像。

54—55 题基于以下题干：

小李：如果在视觉上不能辨别艺术复制品和真品之间的差异，那么复制品就应该和真品的价值一样。因为如果两件艺术品在视觉上无差异，那么它们就有相同的品质。要是它们有相同的品质，它们的价格就应该相等。

小王：你对艺术了解得太少啦！即使某人做了一件精致的复制品，并且在视觉上难以把这件复制品与真品区别开来，由于这件复制品和真品产生于不同的年代，不能算有同样的品质。现代人重塑的兵马俑再逼真，也不能与秦陵的兵马俑相提并论。

54. 以下哪项是小李和小王的分歧之所在？

A. 到底能不能用视觉来区分复制品和真品。

B. 一件复制品是不是比真品的价值高。

C. 是不是把一件复制品误认为真品。

D. 一件复制品是不是和真品有同样的时代背景。

E. 首创性是否是一件艺术品所体现的宝贵品质。

55. 小王用下列哪项方法驳斥小李的论证？

A. 攻击小李的一个假设，这个假设认为：一件艺术品的价格表明它的价值。

B. 提出一个观点，这个观点削弱对方的一个断言，它是对方得出结论的基础。

C. 对小李的一个断言提出质疑，这个断言是：在视觉上难以把一件精致的复制品和真品区别开来。

D. 给出确认小李不能判断一件艺术品品质的理由，这个理由是小李对艺术品的鉴赏还缺乏经验。

E. 提出一个标准，依据这个标准，可判定两件艺术品是否可以从视觉上加以区别。

56. 最近举行的一项调查表明，师大附中的学生对滚轴溜冰的着迷程度远远超过其他任何游戏，同时调查发现经常玩滚轴溜冰的学生的平均学习成绩相对其他学生更好一些。看来，玩滚轴溜冰可以提高学生的学习成绩。

以下哪项如果为真，最能削弱上面的推论？

A. 师大附中与学生家长订了协议，如果孩子的学习成绩的名次没有排在前二十名，双方共同禁止学生玩滚轴溜冰。

B. 玩滚轴溜冰能够锻炼身体，保证学习效率的提高。

C. 玩滚轴溜冰的同学受到了学校有效的指导，其中一部分同学才不至于因此荒废学业。

D. 玩滚轴溜冰有助于智力开发，从而提高学习成绩。

E. 玩滚轴溜冰很难，能够锻炼学生克服困难做好一件事情的毅力，这对学习是有帮助的。

57. 人类的和平共处是一个不可实现的理想。统计数字显示，自 1945 年以来，每天有 12 场战斗在进行，这包括大大小小的国际战争以及内战中的武力交战。

以下哪项如果为真，最能对上述结论提出质疑？

A. 1945 年以前至 20 世纪初，国与国之间在外交关系的处理上都表现出了极大的克制，边境冲突也少有发生。

B. 现代战争更讲究威慑而不是攻击，比如曾经愈演愈烈的核军备竞赛以及由此而造成的东西方的冷战。

C. 自从有人类以来，人们为争夺资源和领土的冲突一直都没有停止过。

D. 20 世纪 60 年代全世界总共爆发了 30 次战争，而到 80 年代爆发的战争总共还不到 10 次。

E. 就像静止是相对于运动而存在的一样，没有战争也就没有现在意义上的和平。

58. 如果新产品打开了销路，则本企业今年就能实现转亏为盈。只有引进新的生产线或者对现有设备实行有效的改造，新产品才能打开销路。本企业今年没能实现转亏为盈。

如果上述断定是真的，则以下哪项也一定是真的？

Ⅰ 新产品没能打开销路。

Ⅱ 没引进新的生产线。

Ⅲ 对现有设备没实行有效的改造。

A. 只有Ⅰ。

B. 只有Ⅱ。

C. 只有Ⅲ。

D. Ⅰ、Ⅱ和Ⅲ。

E. Ⅰ、Ⅱ和Ⅲ都不必定是真的。

59. 目前，港南市主要干道上自行车道的标准宽度为单侧 3 米。很长一段时期以来，很多骑自行车的人经常在机动车道上抢道骑行。在对自行车违章执法还比较困难的现阶段，这种情况的存在严重地影响了交通，助长了人们对交通法规的漠视。有人向市政府提出，应当将自行车道拓宽为 3.5 米，这样，给骑自行车的人一个更宽松的车道而能够消除自行车抢道的违章现象。

下列哪项如果为真，最能削弱上述论点？

A. 拓宽自行车道的费用较高，此项建议可行性较差。

B. 自行车道宽了，机动车走起来不方便，许多乘坐公共交通工具的人会很有意见。

C. 拓宽自行车道的办法对于机动车的违章问题没有什么作用。

D. 当自行车道拓宽到 3.5 米以后，人们仍会在缩小后的机动车道上抢道违章。

E. 自行车道拓宽，自行车车速加快，交通事故可能增多。

60. 农业中连续使用大剂量的杀虫剂会产生两种危害性很大的作用。第一，它经常会杀死农田中害虫的天敌；第二，它经常会使害虫产生抗药性，因为没被杀虫剂杀死的昆虫最具有抗药性，而且它们得以存活下来继续繁衍后代。

从上文中，我们可以推出以下哪项是解决以上问题的最好方法？

A. 只使用化学性稳定的杀虫剂。

B. 培育更高产的农作物抵消害虫造成的危害。

C. 逐渐增加杀虫剂的使用量，使没被杀死的害虫尽可能地减少。

D. 每年闲置一些耕地使害虫因为没有充足的粮食而死亡。

E. 周期性使用不同种类的杀虫剂。

61—62 题基于以下题干：

以下是在一场关于“安乐死应合法化”的辩论中正反方辩手的发言：

正方：反方辩友反对“安乐死应合法化”的根据主要是在什么条件下方可实施安乐死的标准不易掌握，这可能会给医疗事故甚至谋杀造成机会，使一些本来可以挽救的生命失去最后的机会。诚然，这样的风险是存在的，但是我们怎么能设想干任何事都排除所有风险呢？让我提出一个问题，我们为什么不把法定的汽车时速限制为不超过自行车，这样汽车交通死亡事故发生率不是几乎可以下降到 0 吗？

反方：对方辩友把安乐死和交通死亡事故作以上的类比是毫无意义的。因为不可能有人会制定这样的交通立法。设想一下，如果汽车行驶得和自行车一样慢，那还要汽车干什么？对方辩友，你愿意我们的社会再回到没有汽车的时代？

61. 以下哪项最为确切地评价了反方的言论？

A. 他的发言有力地反驳了正方的论证。

B. 他的发言实际上支持了正方的论证。

C. 他的发言有力地支持了反安乐死的立场。

D. 他的发言完全离开了正方阐述的论题。

E. 他的发言是对正方的人身攻击而不是对正方论证的评价。

62. 正方论证预设了以下哪项？

Ⅰ　实施安乐死带来的好处比可能产生的风险损失总体上说要大得多。

Ⅱ　尽可能地延长病人的生命并不是医疗事业的绝对宗旨。

Ⅲ　总有一天医疗方面可以准确无误地把握何时方可实施安乐死的标准。

A. 仅仅Ⅰ。

B. 仅仅Ⅱ。

C. 仅仅Ⅲ。

D. 仅仅Ⅰ和Ⅱ。

E. Ⅰ、Ⅱ和Ⅲ。

63. 在黑、蓝、黄、白四种由深至浅排列的涂料中，一种涂料只能被它自身或者比它颜色更深的涂料所覆盖。

若上述断定为真，则以下哪一项确切地概括了能被蓝色覆盖的颜色？

Ⅰ 这种颜色不是蓝色。

Ⅱ 这种颜色不是黑色。

Ⅲ 这种颜色不如蓝色深。

A. 只有Ⅰ。

B. 只有Ⅱ。

C. 只有Ⅲ。

D. 只有Ⅰ和Ⅱ。

E. Ⅰ、Ⅱ和Ⅲ。

64. “试点综合征”的问题屡见不鲜。每出台一项改革措施，先进行试点，积累经验后再推广，这种以点带面的工作方法本来是人们经常采用的。但现在许多项目中出现了“一试点就成功，一推广就失败”的怪现象。

以下哪项不是造成上述现象的可能的原因？

A. 在选择试点单位时，一般选择工作基础比较好的单位。

B. 为保证试点成功，政府往往给予试点单位许多优惠政策。

C. 在试点过程中，领导往往比较重视，各方面的问题解决得快。

D. 试点尽管成功，但许多企业外部的政策、市场环境却并不相同。

E. 全社会往往比较关注试点。

65. 某市繁星商厦服装部在前一阵疲软的服装市场中打了一个反季节销售的胜仗。据统计，繁星商厦皮服的销售额在6、7、8三个月连续成倍数增长，6月527件，7月1 269件，8月3 218件。市有关主管部门希望在今年冬天向全市各大商场推广这种反季节销售的策略，力争在今年11、12月和明年1月使全市的夏衣销售能有一个大突破。

以下哪项如果为真，能够最好地说明该市有关主管部门的这种希望可能会遇到麻烦？

A. 皮衣的价格可以在夏天一降再降，是因为厂家可以在皮衣淡季的时候购买原材料，其价格可以降低30%。

B. 皮衣的生产企业为了使生产销售可以正常循环，宁愿自己保本或者微利，把利润压缩了55%。

C. 盛夏里搞皮衣反季节销售的不只是繁星商厦一家。但只有繁星商厦同时推出了售后服务，由消协规定的三个月延长到七个月，打消了很多消费者的顾虑，所以在诸商家中独领风骚。

D. 今年夏天繁星商厦的冬衣反季节销售并没有使该商厦夏衣的销售获益，反而略有下降。

E. 根据最近进行的消费者心理调查的结果，买夏衣重流行、买冬衣重实惠是消费者的极为普遍的心理。

66. 小郭和小万在讨论这次学校“艺翔助学金”发放的一些情况。

小郭：这次没有女生获得“艺翔助学金”的资助。

小万：那就是说这次全校的“艺翔助学金”的名额都空缺了。

小郭：不，事实上这次咱们学校有几位男生获得了“艺翔助学金”。

以下各项断定如果为真，都能使小万的推断成立，除了

A. “艺翔助学金”的申请者中，大部分的女生比大部分的男生更够条件。

B. 只有女生才有资格申请“艺翔助学金”。

C. “艺翔助学金”的申请者中，所有的女生都比男生更够条件。

D. 按规定，男生和女生必须获得相等数量的“艺翔助学金”名额。

E. “艺翔助学金”只发给女生。

67. 某市有关部门策划了一项“全市理想生活小区排列名次”的评选活动。方法是，选择十项指标，内容涉及小区硬件设施（住房质量、配套设施等）、环境卫生、绿化程度、治安状况、交通方便程度等。每项指标按实际质量或数量的高低，评以从1~10分之间某一分值，然后求得这十个分值的平均数，并根据其高低排出名次。

以下各项都是上述策划具有可行性所必须假设的，除了

A. 若把指标内容作相应修改，则这种评选方法具有一般性，例如，可用于评“全市重点中学排列名次”。

B. 各项指标的测定，是可以较为准确地量化的。

C. 各项指标测定数据所反映的状况，具有较长时间的稳定性。

D. 评选活动的实施者具有公平的精神和准确操作的能力。

E. 各项指标的重要性基本是均等的。

68. 新民住宅小区扩建后，新搬入的住户纷纷向房产承销公司投诉附近机场噪声太大令人难以忍受。然而，老住户们并没有声援说他们同样感到噪声巨大。尽管房产承销公司宣称不会置住户的健康于不顾，但还是决定对投诉不准备采取措施。他们认为机场的噪声并不大，因为老住户并没有投诉。

下列哪项如果为真，则最能表明房产承销公司对投诉不采取措施的做法是错误的？

A. 房产承销商们的住宅并不在该小区，所以不能体会噪声的巨大危害。

B. 有些老住户自己配备了耳塞来解决这个问题，他们觉得挺有效果的。

C. 老住户觉得自己并没有与房产承销商有什么联系，也没有太大的矛盾。

D. 老住户认为噪声并不巨大而没有声援投诉，是因为他们的听觉长期受噪音影响已经迟钝失灵。

E. 房产承销公司从来没有隐瞒过小区位于飞机场旁边这一事实。

69. “净菜进万家”是目前“巧媳妇综合服务公司”正在大力开展的一项促销活动。他们在市场分析人员的建议下，选择了格物和致知这两所本城最著名的大学作为主攻方向。市场分析人员提交给他们的报告认为，格物和致知这两所大学，汇聚了众多国家宝贵的高级知

识分子。提供洗净包好的“净菜”能够为他们节省大量的家务时间，更好地做好教学科研工作，因此会受到他们的欢迎。

以下哪项如果为真，能最为有力地对上述推论构成质疑？

A. 净菜的价格只比一般市场上卖的蔬菜略高。

B. 格物和致知这两所大学的大部分家庭都雇用了钟点工做各种家务，付给钟点工的报酬比买净菜所增加的开支还少一些。

C. 对于净菜的卫生标准教师们还是信得过的，而且“巧媳妇”净菜还能提供上门送货服务。

D. 净菜的花样品种比一般市场卖的蔬菜要少一些，恐怕不能满足格物和致知两所大学这么多老师的口味。

E. 买净菜对很多格物和致知的老师来说还是一件新鲜事，恐怕要有一个适应过程。

70. 是否公开学生的学习成绩，已成为明讯管理学院的一个热点话题。很多学生认为学习成绩是个人隐私，需要得到保护，呼吁学院不要再公开发布学生的学习成绩。学院的管理部门经过慎重的考虑，决定今后所有的学习成绩统一通过电子函件的方式发送，每个学生将只能收到自己的学习成绩。

以下各项为得知学院的这个决定后大家的一些反馈意见，其中哪项最能让学院的管理部门重新思考或修正他们的决定？

A. 学习成绩在奖学金的评定、研究生录取、毕业分配等方面是重要的指标，公开发布学生的学习成绩，能够让学生都来参与和监督这方面的工作。

B. 通过电子函件发送学生的学习成绩，会增加管理部门的工作量，恐怕工作人员还需要一段时间的适应。

C. 部分学生尚不熟悉电子函件的收发，如果弄丢了自己的学习成绩，会给工作带来不必要的麻烦。

D. 公开发布学生的学习成绩，虽然能起到一定的激励作用，但也会损伤一部分同学的自尊心。

E. 电子函件的保密性并不绝对可靠，如果发生泄密，个人隐私的保护也同样会出现问题。

2001 年 1 月 MBA 联考逻辑真题

21. 今年上半年，即从 1 月到 6 月间，全国大约有 300 万台录像机售出。这个数字仅是去年全部录像机销售量的 35%。由此可知，今年的录像机销售量一定会比去年少。

以下哪项如果为真，最能削弱以上的结论？

A. 去年的录像机销售量比前年要少。

B. 大多数对录像机感兴趣的家庭都已至少备有一台。

C. 录像机的销售价格今年比去年便宜。

D. 去年销售的录像机中有 6 成左右是在 1 月售出的。

E. 一般说来，录像机的全年销售量 70% 以上是在年末两个月中完成的。

22. 据S市的卫生检疫部门统计，和去年相比，今年该市肠炎患者的数量有明显的下降。权威人士认为，这是由于该市的饮用水净化工程正式投入了使用。

以下哪项，最不能削弱上述权威人士的结论？

A. 和天然饮用水相比，S市经过净化的饮用水中缺少了几种重要的微量元素。

B. S市的饮用水净化工程在五年前动工，于前年正式投入了使用。

C. 去年S市对餐饮业特别是卫生条件较差的大排档进行了严格的卫生检查和整顿。

D. 由于引进了新的论断技术，许多以前被诊断为肠炎的病案，今年被确诊为肠溃疡。

E. 全国范围的统计数字显示，我国肠炎患者的数量呈逐年明显下降的趋势。

23. 一个心理健康的人，必须保持自尊：一个人只有受到自己所尊敬的人的尊敬，才能保持自尊；而一个用“追星”方式来表达自己尊敬情感的人，不可能受到自己所尊敬的人的尊敬。

以下哪项结论可以从题干的断定中推出？

A. 一个心理健康的人，不可能用“追星”的方式来表达自己的尊敬情感。

B. 一个心理健康的人，不可能接受用“追星”的方式所表达的尊敬。

C. 一个人如果受到了自己所尊敬的人的尊敬，他（她）一定是个心理健康的人。

D. 没有一个保持自尊的人，会尊敬一个用“追星”方式表达尊敬情感的人。

E. 一个用“追星”方式表达自己尊敬情感的人，完全可以同时保持自尊。

24. 某大公司的会计部经理要求总经理批准一项改革计划。

会计部经理：我打算把本公司会计核算所使用的良友财务软件更换为智达财务软件。

总经理：良友软件不是一直用得很好吗，为什么要换？

会计部经理：主要是想降低员工成本。我拿到了一个会计公会的统计，在新雇员的财会软件培训成本上，智达软件要比良友软件低28%。

总经理：我认为你这个理由并不够充分，你们完全可以聘请原本就会使用良友财务软件的雇员嘛。

以下哪项如果为真，最能削弱总经理的反驳？

A. 现在公司的所有雇员都曾经被要求参加良友财务软件的培训。

B. 当一个雇员掌握了财务会计软件的使用技能后，他们就开始不断地更换雇主。

C. 有会计软件使用经验的雇员通常比没有太多经验的雇员要求更高的工资。

D. 该公司雇员的平均工作效率比其竞争对手的雇员要低。

E. 智达财务软件的升级换代费用可能会比良友财务软件升级换代的费用高。

25. 某仓库失窃，四个保管员因涉嫌而被传讯。四人的供述如下：

甲：我们四人都没作案。

乙：我们中有人作案。

丙：乙和丁至少有一人没作案。

丁：我没作案。

如果四人中有两人说的是真话，有两人说的是假话，则以下哪项断定成立？

A. 说真话的是甲和丙。

B. 说真话的是甲和丁。

C. 说真话的是乙和丙。

D. 说真话的是乙和丁。

E. 说真话的是丙和丁。

26. 一位海关检查员认为，他在特殊工作经历中培养了一种特殊的技能，即能够准确地判定一个人是否在欺骗他。他的根据是，在海关通道执行公务时，短短的几句对话就能使他确定对方是否可疑；而在他认为可疑的人身上，无一例外地都查出了违禁物品。

以下哪项如果为真，能削弱上述海关检查员的论证？

Ⅰ 在他认为不可疑而未经检查的入关人员中，有人无意地携带了违禁物品。

Ⅱ 在他认为不可疑而未经检查的入关人员中，有人有意地携带了违禁物品。

Ⅲ 在他认为可疑并查出违禁物品的入关人员中，有人是无意地携带了违禁物品。

A. 只有Ⅰ。

B. 只有Ⅱ。

C. 只有Ⅲ。

D. 只有Ⅱ和Ⅲ。

E. Ⅰ、Ⅱ和Ⅲ。

27. 商业伦理调查员：XYZ 钱币交易所一直误导它的客户说，它的一些钱币是很稀有的。实际上那些钱币是比较常见而且很容易得到的。

XYZ 钱币交易所：这太可笑了。XYZ 钱币交易所是世界上最大的几个钱币交易所之一。我们销售钱币是经过一家国际认证的公司鉴定的，并且有钱币经销的执照。

XYZ 钱币交易所的回答显得很没有说服力，因为它________

以下哪项作为上文的后继最为恰当？

A. 故意夸大了商业伦理调查员的论述，使其显得不可信。

B. 指责商业伦理调查员有偏见，但不能提供足够的证据来证实他的指责。

C. 没能证实其他钱币交易所也不能鉴定他们所卖的钱币。

D. 列出了 XYZ 钱币交易所的优势，但没有对商业伦理调查员的问题作出回答。

E. 没有对“非常稀少”这一意思含混的词作出解释。

28. 某些种类的海豚利用回声定位来发现猎物：它们发射出滴答的声音，然后接收水域中远处物体反射的回音。海洋生物学家推测这些滴答声可能有另一个作用：海豚用异常高频的滴答声使猎物的感官超负荷，从而击晕近距离的猎物。

以下哪项如果为真，最能对上述推测构成质疑？

A. 海豚用回声定位不仅能发现远距离的猎物，而且能发现中距离的猎物。

B. 作用一种发现猎物的讯号，海豚发出的滴答声，是它的猎物的感官所不能感知的，只有海豚能够感知从而定位。

C. 海豚发出的高频讯号即使能击晕它们的猎物，这种效果也是很短暂的。

D. 蝙蝠发出的声波不仅能使它发现猎物，而且这种声波能对猎物形成特殊刺激，从而有助于蝙蝠捕获它的猎物。

E. 海豚想捕获的猎物离自己越远，它发出的滴答声就越高。

29. 针对当时建筑施工中工伤事故频发的严峻形势，国家有关部门颁布了《建筑业安全生产实施细则》（以下简称《细则》）。但是，在《细则》颁布实施两年间，覆盖全国的统计显示，在建筑施工中伤亡职工的数量每年仍有增加。这说明，《细则》并没有得到有效的实施。

以下哪项如果为真，最能削弱上述论证？

A. 在《细则》颁布后的两年中，施工中的建筑项目的数量有了大的增长。

B. 严格实施《细则》，将不可避免地提高建筑业的生产成本。

C. 在题干所提及的统计结果中，在事故中死亡职工的数量较《细则》颁布前有所下降。

D. 《细则》实施后，对工伤职工的补偿金和抚恤金的标准较颁布前有所提高。

E. 在《细则》颁布后的两年中，在建筑业施工的职工数量有了很大的增长。

30—31 题基于以下题干：

李工程师：在日本，肺癌病人的平均生存年限（即从确诊至死亡的年限）是 9 年，而在亚洲的其他国家，肺癌病人的平均生存年限只有 4 年。因此，日本在延长肺癌病人生命方面的医疗水平要高于亚洲的其他国家。

张研究员：你的论证缺乏充分的说服力。因为日本人的自我保健意识总体上高于其他的亚洲人，因此，日本肺癌患者的早期确诊率要高于亚洲其他国家。

30. 张研究员的反驳，基于以下哪项假设？

Ⅰ　肺癌患者的自我保健意识对于其疾病的早期确诊起到重要作用。

Ⅱ　肺癌的早期确诊对延长患者的生存年限起到重要作用。

Ⅲ　对肺癌的早期确诊技术是衡量防治肺癌医疗水平的一个重要方面。

A. 只有Ⅰ。

B. 只有Ⅱ。

C. 只有Ⅲ。

D. 只有Ⅰ和Ⅱ。

E. Ⅰ、Ⅱ和Ⅲ。

31. 以下哪项如果为真，能最为有力地指出李工程师论证中的漏洞？

A. 亚洲一些发展中国家的肺癌患者是死于由肺癌引起的并发症。

B. 日本人的平均寿命不仅居亚洲之首，而且居世界之首。

C. 日本的胰腺癌病人的平均生存年限是 5 年，接近于亚洲的平均水平。

D. 日本医疗技术的发展，很大程度上得益于对中医的研究和引进。

E. 一个数大大高于某些数的平均数，不意味着这个数高于这些数中的每个数。

32. 近10年来，移居清河界森林周边地区生活的居民越来越多。环保组织的调查统计表明，清河界森林中的百灵鸟的数量近十年来呈明显下降的趋势。但是恐怕不能把这归咎于森林周边地区居民的增多，因为森林的面积并没有因为周边居民人口的增多而减少。

以下哪项如果为真，最能削弱题干的论证？

A. 警方每年都接到报案，来自全国各地的不法分子无视禁令，深入清河界森林捕猎。

B. 清河界森林的面积虽没减少，但主要由于几个大木材集团公司的滥砍滥伐，森林中树木的数量锐减。

C. 清河界森林周边居民丢弃的生活垃圾吸引了越来越多的乌鸦，这是一种专门觅食百灵鸟卵的鸟类。

D. 清河界森林周边的居民大都从事农业，只有少数经营商业。

E. 清河界森林中除百灵鸟的数量近十年来呈明显下降的趋势外，其余的野生动物生长态势良好。

33. 农科院最近研制了一高效杀虫剂，通过飞机喷撒，能够大面积地杀死农田中的害虫。这种杀虫剂的特殊配方虽然能保护鸟类免受其害，但却无法保护有益昆虫。因此，这种杀虫剂在杀死害虫的同时，也杀死了农田中的各种益虫。

以下哪项产品的特点，和题干中的杀虫剂最为类似？

A. 一种新型战斗机，它所装有的特殊电子仪器使得飞行员能对视野之外的目标发起有效攻击。这种电子仪器能区分客机和战斗机，但不能同样准确地区分不同的战斗机。因此，当它在对视野之外的目标发起有效攻击时，有可能误击友机。

B. 一种带有特殊回音强立体声效果的组合音响，它能使其主人在欣赏它的时候倍感兴奋和刺激，但往往同时使左邻右舍不得安宁。

C. 一部经典的中国文学名著，它真实地再现了中晚期中国封建社会的历史，但是，不同立场的读者可从中得出不同的见解和结论。

D. 一种新投入市场的感冒药，它能迅速消除患者的感冒症状，但也会使服药者在一段时间中昏昏欲睡。

E. 一种新推出的电脑杀毒软件，它能随机监视并杀除入侵病毒，并在必要时会自动提醒使用者升级，但是，它同时减低了电脑的运作速度。

34. 用蒸馏麦芽渣提取的酒精作为汽油的替代品进入市场，使得粮食市场和能源市场发生了前所未有的直接联系。到1995年，谷物作为酒精的价值已经超过了作为粮食的价值。西方国家已经或正在考虑用从谷物提取的酒精来替代一部分进口石油。

如果上述断定为真，则对于那些已经用从谷物提取的酒精来替代一部分进口石油的西方国家，以下哪项，最可能是1995年后进口石油价格下跌的后果？

A. 一些谷物从能源市场转入粮食市场。

B. 一些谷物从粮食市场转入能源市场。

C. 谷物的价格面临下跌的压力。

D. 谷物的价格出现上浮。

E. 国产石油的销量大增。

35. 自从20世纪中叶化学工业在世界范围内成为一个产业以来，人们一直担心，它所造成的污染将会严重影响人类的健康。但统计数据表明，这半个世纪以来，化学工业发达的工业化国家的人均寿命增长率，大大高于化学工业不发达的发展中国家。因此，人们关于化学工业危害人类健康的担心是多余的。

以下哪项是上述论证必须假设的?

A. 20世纪中叶，发展中国家的人均寿命，低于发达国家。

B. 如果出现发达的化学工业，发展中国家的人均寿命增长率会因此更低。

C. 如果不出现发达的化学工业，发达国家的人均寿命增长率不会因此更高。

D. 化学工业带来的污染与它带给人类的巨大效益相比是微不足道的。

E. 发达国家在治理化学工业污染方面投入巨大，效果明显。

36. 许多孕妇都出现了维生素缺乏的症状，但这通常不是由于孕妇的饮食中缺乏维生素，而是由于腹内婴儿的生长使她们比其他人对维生素有更高的需求。

为了评价上述结论的确切程度，以下哪项操作最为重要?

A. 对某个缺乏维生素的孕妇的日常饮食进行检测，确定其中维生素的含量。

B. 对某个不缺乏维生素的孕妇的日常饮食进行检测，确定其中维生素的含量。

C. 对孕妇的科学食谱进行研究，以确定有利于孕妇摄入足量维生素的最佳食谱。

D. 对日常饮食中维生素足量的一个孕妇和一个非孕妇进行检测，并分别确定她们是否缺乏维生素。

E. 对日常饮食中维生素不足量的一个孕妇和另一个非孕妇进行检测，并分别确定她们是否缺乏维生素。

37. 经A省的防疫部门检测，在该省境内接受检疫的长尾猴中，有1%感染上了狂犬病。但是只有与人及其宠物有接触的长尾猴才接受检疫。防疫部门的专家因此推测，该省长尾猴中感染有狂犬病的比例，将大大小于1%。

以下哪项如果为真，将最有力地支持专家的推测?

A. 在A省境内，与人及其宠物有接触的长尾猴，只占长尾猴总数的不到10%。

B. 在A省，感染有狂犬病的宠物，约占宠物总数的0.1%。

C. 在与A省毗邻的B省境内，至今没有关于长尾猴感染狂犬病的疫情报告。

D. 与和人的接触相比，健康的长尾猴更愿意与人的宠物接触。

E. 与健康的长尾猴相比，感染有狂犬病的长尾猴更愿意与人及其宠物接触。

38. 一个已经公认的结论是，北美洲人的祖先来自亚洲。至于亚洲人是如何到达北美的呢，科学家们一直假设，亚洲人是跨越在14 000年以前还连接着北美和亚洲，后来沉入海底的陆地进入北美的，在艰难的迁徙途中，他们靠捕猎沿途陆地上的动物为食。最近的新发现导致了一个新的假设，亚洲人是驾船沿着上述陆地的南部海岸，沿途以鱼和海洋生物为食而进入北美的。

以下哪项如果为真，最能使人有理由在两个假设中更相信后者？

A. 当北美和亚洲还连在一起的时候，亚洲人主要以捕猎陆地上的动物为生。

B. 上述连接北美和亚洲的陆地气候极为寒冷，植物品种和数量都极为稀少，无法维持动物的生存。

C. 存在于8 000年以前的亚洲和北美文化，显示出极大的类似性。

D. 在欧洲，靠海洋生物为人的食物来源的海洋文化，最早发端于10 000年以前。

E. 在亚洲南部，靠海洋生物为人的食物来源的海洋文化，最早发端于14 000年以前。

39. 有着悠久历史的肯尼亚国家自然公园以野生动物在其中自由出没而著称。在这个公园中，已经有10多年没有出现灰狼了。最近，公园的董事会决定引进灰狼。董事会认为，灰狼不会对游客造成危害，因为灰狼的习性是避免与人接触的；灰狼也不会对公园中的其他野生动物造成危害，因为公园为灰狼准备了足够的家畜如山羊、兔子等作为食物。

以下各项如果为真，都能加强题干中董事会的论证，除了

A. 作为灰狼食物的山羊、兔子等和野生动物一样在公园中自由出没，这增加了公园的自然气息和游客的乐趣。

B. 灰狼在进入公园前将经过严格的检疫，事实证明，只有患有狂犬病的灰狼才会主动攻击人。

C. 自然公园中，游客通常坐在汽车中游览，不会遭到野兽的直接攻击。

D. 麋鹿是一种反应极其敏捷的野生动物。灰狼在公园中对麋鹿可能的捕食将减少其中的不良个体，从总体上有利于麋鹿的优化繁衍。

E. 公园有完备的排险设施，能及时地监控并有效地排除人或野生动物遭遇的险情。

40. 科学研究表明，大量吃鱼可以大大减少患心脏病的危险，这里起作用的关键因素是在鱼油中所含的丰富的“奥米加·3”脂肪酸。因此，经常服用保健品“奥米加·3”脂肪酸胶囊将大大有助于预防心脏病。

以下哪项如果为真，最能削弱题干的论证？

A. “奥米加·3”脂肪酸胶囊从研制到试销，才不到半年的时间。

B. 在导致心脏病的各种因素中，遗传因素占了很重要的地位。

C. 不少保健品都有不同程度的副作用。

D. “奥米加·3”脂肪酸只有和主要存在于鱼体内的某些物质化合后才能产生保健疗效。

E. “奥米加·3”脂肪酸胶囊不在卫生部最近推荐的十大保健品之列。

41. 关节尿酸炎是一种罕见的严重关节疾病。一种传统的观点认为，这种疾病曾于2 500年前在古埃及流行，其根据是在所发现的那个时代的古埃及木乃伊中，有相当高的比例可以发现患有这种疾病的痕迹。但是，最近对于上述木乃伊骨骼的化学分析使科学家们推测，木乃伊所显示的关节损害实际上是对尸体进行防腐处理时所使用的化学物质引起的。

以下哪项如果为真，最能进一步加强对题干中所提及的传统观点的质疑？

A. 在我国西部所发现的木乃伊中，同样可以发现患有关节尿酸炎的痕迹。

B. 关节尿酸炎是一种遗传性疾病，但在古埃及人的后代中这种病的发病率并不比一般的要高。

C. 对尸体进行成功的防腐处理，是古埃及人一项密不宣人的技术，科学家至今很难确定他们所使用物质的化学性质。

D. 在古代中东文物艺术品的人物造型中，可以发现当时的人患有关节尿酸炎的参考证据。

E. 一些古埃及的木乃伊并没有显示患有关节尿酸炎的痕迹。

42. 为了挽救濒临灭绝的大熊猫，一种有效的方法是把它们都捕获到动物园进行人工饲养和繁殖。

以下哪项如果为真，最能对上述结论提出质疑？

A. 在北京动物园出生的小熊猫京京，在出生 24 小时后，意外地被它的母亲咬断颈动脉而不幸夭折。

B. 近五年在全世界各动物园中出生的熊猫总数是 9 只，而在野生自然环境中出生的熊猫的数字，不可能准确地获得。

C. 只有在熊猫生活的自然环境中，才有它们足够吃的嫩竹，而嫩竹几乎是熊猫的唯一食物。

D. 动物学家警告，对野生动物的人工饲养将会改变它们的某些遗传特性。

E. 提出上述观点的是一个动物园主，他的动议带有明显的商业动机。

43. 自 1940 年以来，全世界的离婚率不断上升。因此，目前世界上的单亲儿童，即只与生身父母中的某一位一起生活的儿童，在整个儿童中所占的比例，一定高于 1940 年。

以下哪项关于世界范围内相关情况的断定，如果为真，最能对上述推断提出质疑？

A. 1940 年以来，特别是 20 世纪 70 年代以来，相对和平的环境和医疗技术的发展，使中青年已婚男女的死亡率极大地降低。

B. 1980 年以来，离婚男女中的再婚率逐年提高，但其中的复婚率却极低。

C. 目前全世界儿童的总数，是 1940 年的两倍以上。

D. 1970 年以来，初婚夫妇的平均年龄在逐年上升。

E. 目前每对夫妇所生子女的平均数，要低于 1940 年。

44. 鸡油菌这种野生蘑菇生长在宿主树下，如在道氏杉树的底部生长。道氏杉树为它提供生长所需的糖分。鸡油菌在地下用来汲取糖分的纤维部分为它的宿主提供养料和水。由于它们之间的这种互利关系，过量采摘道氏杉树根部的鸡油菌会对道氏杉树的生长不利。

以下哪项如果为真，将对题干的论述构成质疑？

A. 在最近的几年中，野生蘑菇的产量有所上升。

B. 鸡油菌不只在道氏杉树底部生长，也在其他树木的底部生长。

C. 很多在森林中生长的野生蘑菇在其他地方无法生长。

D. 对某些野生蘑菇的采摘会促进其他有利于道氏杉树的蘑菇的生长。

E. 如果没有鸡油菌的滋养，道氏杉树的种子不能存活。

45. 以下是一个西方经济学家陈述的观点：一个国家如果能有效率地运作经济，就一定能创造财富而变得富有；而这样的一个国家想保持政治稳定，它所创造的财富必须得到公正的分配；而财富的公正分配将结束经济风险；但是，风险的存在正是经济有效率运作的不可或缺的先决条件。

从这个经济学家的上述观点，可以得出以下哪项结论？

A. 一个国家政治上的稳定和经济上的富有不可能并存。

B. 一个国家政治上的稳定和经济上的有效率运作不可能并存。

C. 一个富有国家的经济运作一定是有效率的。

D. 在一个经济运作无效率的国家中，财富一定得到了公正的分配。

E. 一个政治上不稳定的国家，一定同时充满了经济风险。

46. 各品种的葡萄中都存在着一种化学物质，这种物质能有效地减少人血液中的胆固醇。这种物质也存在于各类红酒和葡萄汁中，但白酒中不存在。红酒和葡萄汁都是用完整的葡萄做原料制做的；白酒除了用粮食做原料外，也用水果做原料，但和红酒不同，白酒在以水果做原料时，必须除去其表皮。

以上信息最能支持以下哪项结论？

A. 用做制酒的葡萄的表皮都是红色的。

B. 经常喝白酒会增加血液中的胆固醇。

C. 食用葡萄本身比饮用由葡萄制作的红酒或葡萄汁更有利于减少血液中的胆固醇。

D. 能有效地减少血液中胆固醇的化学物质，只存在于葡萄之中，不存在于粮食作物之中。

E. 能有效地减少血液中胆固醇的化学物质，只存在于葡萄的表皮之中，而不存在于葡萄的其他部分中。

47. 一词当然可以多义，但一词的多义应当是相近的。例如，“帅”可以解释为“元帅”，也可以解释为“杰出”，这两个含义是相近的。由此看来，把“酷（cool）”解释为“帅”实在是英语中的一种误用，应当加以纠正，因为“酷”在英语中的初始含义是“凉爽”，和“帅”丝毫不相及。

以下哪项是题干的论证所必须假设的？

A. 一个词的初始含义是该词唯一确切的含义。

B. 除了“cool”以外，在英语中不存在其他的词具有不相关的多种含义。

C. 语词的多义将造成思想交流的困难。

D. 英语比汉语更容易产生语词歧义。

E. 语言的发展方向是一词一义，用人工语言取代自然语言。

48. 在各种动物中，只有人的发育过程包括了一段青春期，即由性器官逐步发育到完全成熟的一段相对较长的时期。至于各个人种的原始人类，当然我们现在只能通过化石才能确认和研究他们的曾经存在，是否也像人类一样有青春期这一点则难以得知，因为——

以下哪项作为上文的后继最为恰当？

A. 关于原始人类的化石，虽然越来越多地被发现，但对于我们完全地了解自己的祖先总是不够的。

B. 对动物的性器官由发育到成熟的测定，必须基于对同一个体在不同年龄段的测定。

C. 对于异种动物，甚至对于同种动物中的不同个体，性器官由发育到成熟所需的时间是不同的。

D. 已灭绝的原始人的完整骨架化石是极其稀少的。

E. 无法排除原始人类像其他动物一样，性器官无须逐渐发育而迅速成熟以完成繁衍。

49. 麦角碱是一种可以在谷物种子的表层大量滋生的菌类，特别多见于黑麦。麦角碱中含有一种危害人体的有毒化学物质。黑麦是在中世纪引进欧洲的。由于黑麦可以在小麦难以生长的贫瘠和潮湿的土地上有较好的收成，因此，就成了那个时代贫穷农民的主要食物来源。

上述信息最能支持以下哪项断定？

A. 在中世纪以前，麦角碱从未在欧洲出现。

B. 在中世纪以前，欧洲贫瘠而潮湿的土地基本上没有得到耕作。

C. 在中世纪的欧洲，如果不食用黑麦，就可以避免受到麦角碱所含有毒物质的危害。

D. 在中世纪的欧洲，富裕农民比贫穷农民较多地意识到麦角碱所含有毒物质的危害。

E. 在中世纪的欧洲，富裕农民比贫穷农民较少受到麦角碱所含有毒物质的危害。

50. 有种观点认为，到21世纪初，和发达国家相比，发展中国家将有更多的人死于艾滋病。其根据是：据统计，艾滋病毒感染者人数在发达国家趋于稳定或略有下降，在发展中国家却持续快速发展；到21世纪初，估计全球的艾滋病毒感染者将达到4 000万至1亿1千万人，其中，60%将集中在发展中国家。这一观点缺乏充分的说服力。因为，同样权威的统计数据表明，发达国家艾滋病感染者从感染到发病的平均时间要大大短于发展中国家，而从发病到死亡的平均时间只有发展中国家的二分之一。

以下哪项最为恰当地概括了上述反驳所使用的方法？

A. 对“论敌”的立论动机提出质疑。

B. 指出“论敌”把两个相近的概念当做同一概念来使用。

C. 对“论敌”的论据的真实性提出质疑。

D. 提出一个反例来否定“论敌”的一般性结论。

E. 指出“论敌”在论证中没有明确具体的时间范围。

51. 在目前财政拮据的情况下，在本市增加警力的动议不可取。在计算增加警力所需的经费开支时，光考虑到支付新增警员的工资是不够的，同时还要考虑到支付法庭和监狱新雇员的工资，由于警力的增加带来的逮捕、宣判和监管任务的增加，势必需要相关机构同时增员。

以下哪项如果为真，将最有力地削弱上述论证？

A. 增加警力所需的费用，将由中央和地方财政共同负担。

B. 目前的财政状况，绝不至于拮据到连维护社会治安的费用都难以支付的地步。
C. 湖州市与本市毗邻，去年警力增加 19%，逮捕个案增加 40%，判决个案增加 13%。
D. 并非所有侦察都导致逮捕，并非所有逮捕都导致宣判，并非所有宣判都导致监禁。
E. 当警力增加到与市民的数量达到一个恰当的比例时，将会减少犯罪。

52. 烟草业仍然是有利可图的。在中国，尽管今年吸烟者中成人的人数减少，烟草生产商销售的烟草总量还是增加了。

以下哪项不能用来解释烟草销售量的增长和吸烟者中成人人数的减少？

A. 今年中，开始吸烟的妇女数量多于戒烟的男子数量。
B. 今年中，开始吸烟的少年数量多于同期戒烟的成人数量。
C. 今年，非吸烟者中咀嚼烟草及嗅鼻烟的人多于戒烟者。
D. 今年和往年相比，那些有常年吸烟史的人平均消费了更多的烟草。
E. 今年中国生产的香烟中用于出口的数量高于往年。

53. 赞扬一个历史学家对于具体历史事件阐述的准确性，就如同是在赞扬一个建筑师在完成一项宏伟建筑物时使用了合格的水泥、钢筋和砖瓦，而不是赞扬一个建筑材料供应商提供了合格的水泥、钢筋和砖瓦。

以下哪项最为恰当地概括了题干所要表达的意思？

A. 合格的建筑材料对于完成一项宏伟的建筑是不可缺少的。
B. 准确地把握具体的历史事件，对于科学地阐述历史发展的规律是不可缺少的。
C. 建筑材料供应商和建筑师不同，他的任务仅是提供合格的建筑材料。
D. 就如同一个建筑师一样，一个历史学家的成就，不可能脱离其他领域的研究成果。
E. 一个历史学家必须准确地阐述具体的历史事件，但这并不是他的主要任务。

54. 一般人总会这样认为，既然人工智能这门新兴学科是以模拟人的思维为目标，那么，就应该深入地研究人思维的生理机制和心理机制。其实，这种看法很可能误导这门新兴学科。如果说，飞机发明的最早灵感是来自于鸟的飞行原理的话，那么，现代飞机从发明、设计、制造到不断改进，没有哪一项是基于对鸟的研究之上的。

上述议论，最可能把人工智能的研究，比做以下哪项？

A. 对鸟的飞行原理的研究。
B. 对鸟的飞行的模拟。
C. 对人思维的生理机制和心理机制的研究。
D. 飞机的设计制造。
E. 飞机的不断改进。

55. 交通部科研所最近研制了一种自动照相机，凭借其对速度的敏锐反应，当且仅当违规超速的汽车经过镜头时，它会自动按下快门。在某条单向行驶的公路上，在一个小时中，这样的一架照相机共摄下了 50 辆超速的汽车的照片。从这架照相机出发，在这条公路前方的 1 公里处，一批交通警察于隐蔽处在进行目测超速汽车能力的测试。在上述同一个小时中，某个警察测定，共有25辆汽车超速通过。由于经过自动照相机的汽车一定经过目测处，因此，可以推定，这个警察的目测超速汽车的准确率不高于50%。

要使题干的推断成立，以下哪项是必须假设的？

A. 在该警察测定为超速的汽车中，包括在照相机处不超速而到目测处超速的汽车。

B. 在该警察测定为超速的汽车中，包括在照相机处超速而到目测处不超速的汽车。

C. 在上述一个小时中，在照相机前不超速的汽车，到目测处不会超速。

D. 在上述一个小时中，在照相机前超速的汽车，都一定超速通过目测处。

E. 在上述一个小时中，通过目测处的非超速汽车一定超过25辆。

56. 有的地质学家认为，如果地球的未勘探地区中单位面积的平均石油储藏量能和已勘探地区一样的话，那么，目前关于地下未开采的能源含量的正确估计因此要乘上一万倍。如果地质学家的这一观点成立，那么，我们可以得出结论：地球上未勘探地区的总面积是已勘探地区的一万倍。

为使上述论证成立，以下哪些是必须假设的？

Ⅰ　目前关于地下未开采的能源含量的估计，只限于对已勘探地区。

Ⅱ　目前关于地下未开采的能源含量的估计，只限于对石油含量。

Ⅲ　未勘探地区中的石油储藏能和已勘探地区一样得到有效的勘测和开采。

A. 只有Ⅰ。

B. 只有Ⅱ。

C. 只有Ⅲ。

D. 只有Ⅰ和Ⅱ。

E. Ⅰ、Ⅱ和Ⅲ。

57. 虽然菠菜中含有丰富的钙，但同时含有大量的浆草酸，浆草酸会有力地阻止人体对于钙的吸收。因此，一个人要想摄入足够的钙，就必须用其他含钙丰富的食物来取代菠菜，至少和菠菜一起食用。

以下哪项如果为真，最能削弱题干的论证？

A. 大米中不含有钙，但含有中和浆草酸并改变其性能的碱性物质。

B. 奶制品中的钙含量要远高于菠菜。许多经常食用菠菜的人也同时食用奶制品。

C. 在烹饪的过程中，菠菜中受到破坏的浆草酸要略多于钙。

D. 在人的日常饮食中，除了菠菜以外，事实上大量的蔬菜都含有钙。

E. 菠菜中除了钙以外，还含有其他丰富的营养素，另外，其中的浆草酸只阻止人体对钙的吸收，并不阻止对其他营养素的吸收。

58. 大嘴鲈鱼只在有鲦鱼出现的河中长有浮藻的水域里生活。漠亚河中没有大嘴鲈鱼。

从上述断定能得出以下哪项结论？

Ⅰ　鲦鱼只在长有浮藻的河中才能发现。

Ⅱ　漠亚河中既没有浮藻，又发现不了鲦鱼。

Ⅲ　如果在漠亚河中发现了鲦鱼，则其中肯定不会有浮藻。

A. 只有Ⅰ。

B. 只有Ⅱ。

C. 只有Ⅲ。

D. 只有Ⅰ和Ⅱ。

E. Ⅰ、Ⅱ和Ⅲ都不是。

59. 只要天上有太阳并且气温在零度以下，街上总有很多人穿着皮夹克。只要天下着雨并且气温在零度以上，街上总有人穿着雨衣。有时，天上有太阳但却同时下着雨。

如果上述断定为真，则以下哪项一定为真？

A. 有时街上会有人在皮夹克外面套着雨衣。

B. 如果街上有很多人穿着皮夹克但天没下雨，则天上一定有太阳。

C. 如果气温在零度以下并且街上没有多少人穿着皮夹克，则天一定下着雨。

D. 如果气温在零度以上并且街上有人穿着雨衣，则天一定下着雨。

E. 如果气温在零度以上但街上没人穿雨衣，则天一定没下雨。

60. 在某校新当选的校学生会的七名委员中，有一个大连人、两个北方人、一个福州人、两个特长生（即有特殊专长的学生）、三个贫困生（即有特殊经济困难的学生）。

假设上述介绍涉及了该学生会中的所有委员，则以下各项关于该学生会委员的断定都与题干不矛盾，除了

A. 两个特长生都是贫困生。

B. 贫困生不都是南方人。

C. 特长生都是南方人。

D. 大连人是特长生。

E. 福州人不是贫困生。

61. 尽管计算机可以帮助人们进行沟通，计算机游戏却妨碍了青少年沟通能力的发展。他们把课余时间都花费在玩游戏上，而不是与人交流上。所以说，把课余时间花费在玩游戏上的青少年比其他孩子有较少的沟通能力。

以下哪项是上述议论最可能假设的？

A. 一些被动的活动，如看电视和听音乐，并不会阻碍孩子们的交流能力的发展。

B. 大多数孩子在玩电子游戏之外还有其他事情可做。

C. 在课余时间不玩电子游戏的孩子至少有一些时候是在与人交流。

D. 传统的教育体制对增强孩子们与人交流的能力没有帮助。

E. 由玩电子游戏带来的思维能力的增强对孩子们的智力开发并没有实质性的益处。

62—63 题基于以下题干：

以下是某市体委对该市业余体育运动爱好者一项调查中的若干结论：

所有的桥牌爱好者都爱好围棋；有围棋爱好者爱好武术；所有的武术爱好者都不爱好健身操；有的桥牌爱好者同时爱好健身操。

62. 如果上述结论都是真实的，则以下哪项不可能为真？

A. 所有的围棋爱好者也都爱好桥牌。

B. 有的桥牌爱好者爱好武术。

C. 健身操爱好者都爱好围棋。

D. 有桥牌爱好者不爱好健身操。

E. 围棋爱好者都爱好健身操。

63. 如果在题干中再增加一个结论：每个围棋爱好者爱好武术或者健身操，则以下哪个人的业余体育爱好和题干断定的条件矛盾？

A. 一个桥牌爱好者，既不爱好武术，也不爱好健身操。

B. 一个健身操爱好者，既不爱好围棋，也不爱好桥牌。

C. 一个武术爱好者，爱好围棋，但不爱好桥牌。

D. 一个武术爱好者，既不爱好围棋，也不爱好桥牌。

E. 一个围棋爱好者，爱好武术，但不爱好桥牌。

64. 林园小区有住户家中发现了白蚁。除非小区中有住户家中发现白蚁，否则任何小区都不能免费领取高效杀蚁灵。静园小区可以免费领取高效杀蚁灵。

如果上述断定都真，则以下哪项据此不能断定真假？

Ⅰ　林园小区有的住户家中没有发现白蚁。

Ⅱ　林园小区能免费领取高效杀蚁灵。

Ⅲ　静园小区的住户家中都发现了白蚁。

A. 只有Ⅰ。

B. 只有Ⅱ。

C. 只有Ⅲ。

D. 只有Ⅱ和Ⅲ。

E. Ⅰ、Ⅱ和Ⅲ。

65. 一个产品要想稳固地占领市场，产品本身的质量和产品的售后服务二者缺一不可。空谷牌冰箱质量不错，但售后服务跟不上，因此，很难长期稳固地占领市场。

以下哪项推理的结构和题干的最为类似？

A. 德才兼备是一个领导干部尽职胜任的必要条件。李主任富于才干但疏于品德，因此，他难以尽职胜任。

B. 如果天气晴朗并且风速在三级之下，跳伞训练场将对外开放。今天的天气晴朗但风速在三级以上，所以跳伞场地不会对外开放。

C. 必须有超常业绩或者教龄在 30 年以上，才有资格获得教育部颁发的特殊津贴。张教授获得了教育部颁发的特殊津贴但教龄只有 15 年，因此，他一定有超常业绩。

D. 如果不深入研究广告制作的规律，则所制作的广告知名度和信任度不可兼得。空谷牌冰箱的广告既有知名度又有信任度，因此，这一广告的制作者肯定深入研究了广告制作的规律。

E. 一个罪犯要作案，必须既有作案动机又有作案时间。李某既有作案动机又有作案时间，因此，李某肯定是作案的罪犯。

66. 统计数据正确地揭示：整个 20 世纪，全球范围内火山爆发的次数逐年缓慢上升，只有在两次世界大战期间，火山爆发的次数明显下降。科学家同样正确地揭示：整个 20 世纪，全球火山的活动性处于一个几乎不变的水平上，这和 19 世纪的情况形成了鲜明的对比。

如果上述断定是真的，则以下哪项也一定是真的？

Ⅰ 如果本世纪不发生两次世界大战，全球范围内火山爆发的次数将无例外地呈逐年缓慢上升的趋势。

Ⅱ 火山自身的活动性，并不是造成火山爆发的唯一原因。

Ⅲ 19 世纪全球火山爆发比 20 世纪要频繁。

A. 只有Ⅰ。

B. 只有Ⅱ。

C. 只有Ⅲ。

D. 只有Ⅰ和Ⅱ。

E. Ⅰ、Ⅱ和Ⅲ。

67. 吴大成教授：各国的国情和传统不同，但是对于谋杀和其他严重刑事犯罪实施死刑，至少是大多数人可以接受的。公开宣判和执行死刑可以有效地阻止恶性刑事案件的发生，它所带来的正面影响比可能存在的负面影响肯定要大得多，这是社会自我保护的一种必要机制。

史密斯教授：我不能接受您的见解。因为在我看来，对于十恶不赦的罪犯来说，终身监禁是比死刑更严厉的惩罚，而一般的民众往往以为只有死刑才是最严厉的。

以下哪项是对上述对话的最恰当评价？

A. 两人对各国的国情和传统有不同的理解。

B. 两人对什么是最严厉的刑事惩罚有不同的理解。

C. 两人对执行死刑的目的有不同的理解。

D. 两人对产生恶性刑事案件的原因有不同的理解。

E. 两人对是否大多数人都接受死刑有不同的理解。

68. 毫无疑问，未成年人吸烟应该加以禁止。但是，我们不能为了防止给未成年人吸烟以可乘之机，就明令禁止自动售烟机的使用。这种禁令就如同为了禁止无证驾车在道路上设立路障，这道路障自然禁止了无证驾车，但同时也阻挡了 99% 以上的有证驾驶者。

为了对上述论证作出评价，回答以下哪个问题最为重要？

A. 未成年吸烟者在整个吸烟者中所占的比例是否超过 1%？

B. 禁止使用自动售烟机带给成年购烟者的不便究竟有多大？

C. 无证驾车者在整个驾车者中所占的比例是否真的不超过 1%？

D. 从自动售烟机中是否能买到任何一种品牌的香烟？

E. 未成年人吸烟的危害，是否真如公众认为的那样严重？

69. 1998 年度的统计显示，对中国人的健康威胁最大的三种慢性病，按其在总人口中的发病率排列，依次是乙型肝炎、关节炎和高血压。其中，关节炎和高血压的发病率随着年龄的增长而增加，而乙型肝炎在各个年龄段的发病率没有明显的不同。中国人口的平均年龄，在 1998 年至 2010 年之间，将呈明显上升态势而逐步进入老年人社会。

依据题干提供的信息，推出以下哪项结论最为恰当？

A. 到 2010 年，发病率最高的将是关节炎。

B. 到 2010 年，发病率最高的将仍是乙型肝炎。

C. 在 1998 年至 2010 年之间，乙型肝炎患者的平均年龄将增大。

D. 到 2010 年，乙型肝炎患者的数量将少于 1998 年。

E. 到 2010 年，乙型肝炎的老年患者将多于非老年患者。

70. 某研究所对该所上年度研究成果的统计显示：在该所所有的研究人员中，没有两个人发表的论文的数量完全相同；没有人恰好发表了 10 篇论文；没有人发表的论文的数量等于或超过全所研究人员的数量。

如果上述统计是真实的，则以下哪项断定也一定是真实的？

Ⅰ　该所研究人员中，有人上年度没有发表 1 篇论文。

Ⅱ　该所研究人员的数量，不少于 3 人。

Ⅲ　该所研究人员的数量，不多于 10 人。

A. 只有Ⅰ和Ⅱ。

B. 只有Ⅰ和Ⅲ。

C. 只有Ⅰ。

D. Ⅰ、Ⅱ和Ⅲ。

E. Ⅰ、Ⅱ和Ⅲ都不一定是真实的。

2001 年 10 月在职 MBA 联考逻辑真题

21. 正是因为有了第二味觉，哺乳动物才能够边吃边呼吸。很明显，边吃边呼吸对保持哺乳动物高效率的新陈代谢是必要的。

以下哪种哺乳动物的发现，最能削弱以上的断言？

A. 有高效率的新陈代谢和边吃边呼吸的能力的哺乳动物。

B. 有低效率的新陈代谢和边吃边呼吸的能力的哺乳动物。

C. 有低效率的新陈代谢但没有边吃边呼吸能力的哺乳动物。

D. 有高效率的新陈代谢但没有第二味觉的哺乳动物。

E. 有低效率的新陈代谢和第二味觉的哺乳动物。

22. 为了估计当前人们对管理基本知识掌握的水平，《管理者》杂志为读者开展了一次管理知识有奖答卷活动。答卷评分后发现，60% 的参加者对于管理基本知识掌握的水平很高，30%左右的参加者也表现出了一定的水平。《管理者》杂志因此得出结论，目前社会群众对于管理基本知识的掌握还是不错的。

以下哪项，如果为真，则最能削弱以上结论？

A. 管理基本知识的范围很广，仅凭一次答卷就得出结论未免过于草率。

B. 管理基本知识的掌握与管理水平的真正提高还有相当的差距。

C. 并非所有的《管理者》的读者都参加了此次答卷活动。

D. 从定价、发行渠道等方面看，《管理者》的读者主要集中在高学历知识阶层。

E. 可能有几位杂志社的工作人员的亲戚也参加了此次答卷，并获了奖。

23. 有些外科手术需要一种特殊类型的线带，使外科伤口缝合达到十天，这是外科伤口需要线带的最长时间。D 型带是这种线带的一个新品种。D 型带的销售人员声称 D 型带将会提高治疗功效，因为 D 型带的黏附时间是目前使用的线带的两倍长。

以下哪项如果成立，最能说明 D 型带销售人员所作声明中的漏洞：

A. 大多数外科伤口愈合大约需要十天。

B. 大多数外科线带是从医院而不是从药店得到的。

C. 目前使用的线带的黏性足够使伤口缝合十天。

D. 现在还不清楚究竟是 D 型带线带还是目前使用的线带更有利于皮肤的愈合。

E. D 型带线带对已经预先涂上一层药物的皮肤的黏性只有目前使用的线带的一半好。

24. 近十年来，移居清河界森林周边地区生活的居民越来越多。环保组织的调查统计表明，清河界森林中的百灵鸟的数量近十年来呈明显下降的趋势。但是恐怕不能把这归咎于森林周边地区居民的增多，因为森林的面积并没有因为周边居民人口的增多而减少。

以下哪项如果为真，最能削弱题干的论证？

A. 警方每年都接到报案，来自全国各地的不法分子无视禁令，深入清河界森林捕猎。

B. 清河界森林的面积虽没减少，但主要由于几个大木材集团公司的滥砍滥伐，森林中树木的数量锐减。

C. 清河界森林周边居民丢弃的生活垃圾吸引了越来越多的乌鸦，这是一种专门觅食百灵鸟卵的鸟类。

D. 清河界森林周边的居民大都经营农业，只有少数经营商业。

E. 清河界森林中除百灵鸟的数量近十年来呈明显下降的趋势外，其余的野生动物生长态势良好。

25. 农科院最近研制了一种高效杀虫剂，通过飞机喷撒，能够大面积地杀死农田中的害虫。但使用这种杀虫剂未必能达到提高农作物产量的目的，甚至可能适得其反，因为这种杀虫剂在杀死害虫的同时，也杀死了保护农作物的各种益虫。

以下哪项如果为真，最能削弱上述论证？

A. 上述杀虫剂的有效率，在同类产品中是最高的。

B. 益虫对农作物的保护作用，主要在于能消灭危害农作物的害虫。

C. 使用飞机喷撒上述杀虫剂，将增加农作物的生产成本。

D. 如果不发生虫灾，农田中的益虫要多于害虫。

E. 上述杀虫剂只适合在平原地区使用。

26. 实验发现，少量口服某种类型的安定药物，可使人们在测谎器的测验中撒谎而不被发现。测谎器所产生的心理压力能够被这类安定药物有效地抑制，同时没有显著的副作用。因此，这类药物可同样有效地减少日常生活中的心理压力而无显著的副作用。

以下哪项最可能是题干的论证所假设的？

A. 任何类型的安定药物都有抑制心理压力的效果。

B. 如果禁止测试者服用任何药物，测谎器就有完全准确的测试结果。

C. 测谎器所产生的心理压力与日常生活中人们面临的心理压力类似。

D. 大多数药物都有副作用。

E. 越来越多的人在日常生活中面临日益加重的心理压力。

27. 在疟疾流行地区，许多人多次感染疟疾后，对此病产生免疫力。很明显，感染一次疟疾后人的免疫系统仅受到轻微的激活；而多次感染疟疾，与疟原虫接触，可产生有效的免疫反应，使人免于患疟疾。

以下哪项如果为真，最能削弱上述结论？

A. 疟疾病人由于体质的严重消耗，极易同时感染其他疾病。

B. 有几种不同类型的疟疾，身体对某一种疟原虫的免疫反应并不能保护其免于其他类型的疟疾感染。

C. 疟疾只通过蚊子传播，现在的蚊子对杀蚊剂已产生抵抗力。

D. 将疟疾患者隔离不能阻止此病的流行。

E. 对疟疾的免疫力可通过遗传的方法获得。

28. 大多数工人的专业知识和技能都会逐渐过时，而从掌握到过时所需的时间目前由于新的生产工艺（AMT）的出现而被缩短。考虑到 AMT 的更新速度，一般的工人从技能的掌握到过时的时间逐渐缩短为 4 年。

以下哪项如果可行，将使企业在上述技能的加速折旧中，能最充分地利用工人的技能？

A. 公司把能力强的雇员在他们进入公司的 6 年之后送去培训。

B. 公司每年都对其为期 5 年的 AMT 计划追加投资。

C. 公司定期走访雇员，来确定 AMT 计划对他们的影响。

D. 在 AMT 计划实行之前，公司将开设一个教育机构来向雇员说明 AMT 计划将对他们产生的影响。

E. 公司为其雇员定期开办培训，使他们不断适应工作的需要。

29. 硕鼠通常不患血癌。在一项实验中发现，给 300 只硕鼠同等量的辐射后，将它们平均分为两组，第一组可以不受限制地吃食物，第二组限量吃食物。结果第一组 75 只硕鼠患血癌，第二组 5 只硕鼠患血癌。因此，通过限制硕鼠的进食量，可以控制由实验辐射导致的硕鼠血癌的发生。

以下哪项如果为真，最能削弱上述实验结论？

A. 硕鼠与其他动物一样，有时原因不明就患有血癌。

B. 第一组硕鼠的食物易于使其患血癌，而第二组的食物不易使其患血癌。

C. 第一组硕鼠体质较弱，第二组硕鼠体质较强。

D. 对其他种类的实验动物，实验辐射很少导致患血癌。

E. 不管是否控制进食量，暴露于实验辐射的硕鼠都可能患有血癌。

30. 胡萝卜、西红柿和其他一些蔬菜含有较丰富的β－胡萝卜素，β－胡萝卜素具有防止细胞癌变的作用。近年来提炼出的β－胡萝卜素被制成片剂并建议吸烟者服用，以防止吸烟引起的癌症。然而，意大利博洛尼亚大学和美国得克萨斯大学的科学家发现，经常服用β－胡萝卜素片剂的吸烟者反而比不常服用β－胡萝卜素片剂的吸烟者更易于患癌症。

以下哪项如果为真，最能解释上述矛盾？

A. 有些β－胡萝卜素片剂含有不洁物质，其中有致癌物质。

B. 意大利博洛尼亚大学和美国得克萨斯大学地区的居民吸烟者中癌症患者的比例都较其他地区高。

C. 经常服用β－胡萝卜素片剂的吸烟者有其他许多易于患癌症的不良习惯。

D. β－胡萝卜素片剂不稳定，易于分解变性，从而与身体发生不良反应，易于致癌。而自然β－胡萝卜素性质稳定，不会致癌。

E. 吸烟者吸入体内烟雾中的尼古丁与β－胡萝卜素发生作用，生成一种比尼古丁致癌作用更强的有害物质。

31. 新的法律规定，由政府资助的高校研究成果的专利将归学校所有。京华大学的管理者计划卖掉他们所有的专利给企业，以此来获得资金，改善该校本科生的教育条件。

以下哪项如果为真，将对学校管理者的计划的可行性构成严重质疑？

A. 对学校专利产品感兴趣的盈利企业有可能对高校的研究计划提供赞助。

B. 在新的税法中，对高校研究提供赞助的可以减免一部分税收。

C. 在京华大学从事研究的科学家几乎完全不涉足本科生教育。

D. 由政府资助的设在京华大学的研究机构的研究成果已经被一些企业自行研制出来。

E. 京华大学不能吸引企业对其研究进行投资。

32. 玫瑰城需要100万美元来修理所有的道路。在一年内完成这样的修理之后，估计玫瑰城每年将因此避免支付大约3 007万美元的赔偿金，这笔赔偿金历年来一直作为因道路长年失修而损坏的汽车的修理费。

以下哪项如果为真，最能支持题干的估计？

A. 与玫瑰城邻近的其他城市，同样也要为它们年久失修的道路赔偿车辆修理费。

B. 该地的道路修理好之后，在近几年内不会因道路原因对行驶车辆造成损坏。

C. 为了修路，该地要征税。

D. 恶劣天气对道路造成的损害在不同的年份之间差别很大。

E. 道路的损坏主要是由卡车造成的，但是其车主同样为劣质路面造成的车辆损坏进行索赔。

33. 所有名词是实词，动词不是名词，所以动词不是实词。

以下哪项推理与上述推理在结构上最为相似？

A. 凡细粮都不是高产作物。因为凡薯类都是高产作物，凡细粮都不是薯类。

B. 先进学生都是遵守纪律的，有些先进学生是大学生，所以大学生都是遵守纪律的。

C. 铝是金属，又因为金属都是导电的，因此铝是导电的。

D. 虚词不能独立充当句法成分，介词是虚词，所以介词不能独立充当句法成分。

E. 实词能独立充当句法成分，连词不能独立充当句法成分，所以连词不是实词。

34. 某公司一项对员工工作效率的调查测试显示，办公室中白领人员的平均工作效率和室内气温有直接关系。夏季，当气温高于30℃时，无法达到完成最低工作指标的平均效率；而在此温度线之下，气温越低，平均效率越高，只要不低于22℃；冬季，当气温低于5℃时，无法达到完成最低工作指标的平均效率；而在此温度线之上，气温越高，平均效率越高，只要不高于15℃。另外，调查测试显示，车间中蓝领工人的平均工作效率和车间中的气温没有直接关系，只要气温不低于5℃，不高于30℃。

从上述断定，推出以下哪项结论最为恰当？

A. 在车间所安装的空调设备是一种浪费。

B. 在车间中，如果气温低于5℃，则气温越低，工作效率越低。

C. 在春秋两季，办公室白领人员的工作效率最高时的室内气温在15℃～22℃之间。

D. 在夏季，办公室白领人员在室内气温32℃时的平均工作效率，低于在气温31℃时。

E. 在冬季，当室内气温为15℃时，办公室白领人员的平均工作效率最高。

35. 某保险公司计划推出一项医疗保险，对象是60岁以上经体检无重大疾病的老年人。投保者在有生之年如果患心血管疾病或癌症，则其医疗费用的90%将由保险公司赔付。为了吸引投保者，保险金又不能定得太高。有人估计保险金将不足以支付赔付金，因而会是个赔本生意。尽管如此，保险公司的老总们仍决定推出该项保险。

以下各项断定如果为真，其中，哪项最不可能是老总们作出上述决策的依据？

A. 题干中的估计只是一种悲观估计，事实上还存在着乐观的估计。

B. 推出这种带有明显折赔风险的险种，有利于树立保险公司的道义形象和信誉，而这有利于开拓更大的保险市场。

C. 随着全民健身的普及，中老年人中癌症和心血管疾病的发病率呈逐年下降的趋势。

D. 随着相关科研的深入和医疗技术的提高，对癌症和心血管疾病的检测和医治近年内将会出现突破性的进展。

E. 推出上述险种，可以从国际老年人福利基金组织申请资助。

36. 为了奖励那些经常乘坐本公司航班的乘客，大北亚航空公司每年都向这部分乘客赠送礼券，凭一张礼券可免费兑换大北亚公司机票一张。这样的机票自然不办理退票。一家商贸公司计划组织人力，专门收购这样的礼券，再以低于相应的机票标准价出售，从中牟利。

为了避免上述商贸公司在实施其计划后可能给大北亚公司带来的经济损失，以下哪项最可能是大北亚公司所采取的措施?

A. 提高赠送礼券的标准，从而减少所要赠送的礼券的数量。

B. 缩短由礼券兑换机票的时限。

C. 缩短由礼券所兑换的机票的有效期限。

D. 限制由礼券所兑换的机票的使用者的身份。

E. 限制由礼券所兑换的机票的有效航线。

37. 如果二氧化碳气体超量产生，就会在大气层中聚集，使全球气候出现令人讨厌的温室效应。在绿色植被覆盖的地方，特别是在森林中，通过光合作用，绿色植物吸收空气中的二氧化碳，放出氧气。因此，从这个意义上，绿色植被特别是森林的破坏，就意味着在“生产”二氧化碳。工厂中对由植物生成的燃料的耗用产生了大量的二氧化碳气体，这些燃料包括木材、煤和石油。

上述断定最能支持以下哪项结论?

A. 如果地球上的绿色植被特别是森林受到严重破坏，将使全球气候不可避免地出现温室效应。

B. 只要有效地保护好地球上的绿色植被特别是森林，那么，即使工厂超量耗用由植物生成的燃料，也不会使全球的气候出现温室效应。

C. 如果各国工厂耗用的由植物生成的燃料超过了一定的限度，那就不可避免地使全球气候出现温室效应，除非全球的绿色植被特别是森林得到足够良好的保护。

D. 只要各国工厂耗用的由植物生成的燃料控制在一定的限度内，就可使全球气候的温室效应避免出现。

E. 如果全球气候出现了温室效应，则说明或者是全球的绿色植被没有得到有效的保护，或者各国的工厂耗用了超量的由植物生成的燃料。

38. 妇女适合当警察的想法是荒唐的。妇女毕竟比男子平均矮 15 公分，轻 15 公斤。很显然，在遇到暴力事件时，妇女没有男子有效。

以下哪项，如果为真，最能削弱以上论证?

A. 有些申请当警察的妇女比在职的男警察长得高大。

B. 警察必须经过 18 个月的强化训练。

C. 在许多情况下，罪犯或受害者是妇女。

D. 警察要求携带和使用枪支，而妇女通常胆小怕枪。

E. 有许多警察部门的办公室职位妇女可以做。

39. 据统计资料显示，美国的人均寿命是 73.9 岁，而在夏威夷出生的人的平均寿命是 77 岁，在路易斯安那州出生的人的平均寿命是 71.7 岁。因此，一个来自路易斯安那州的新婚夫妇，如果选择定居夏威夷，那么，他们的孩子的寿命，可以指望比在路易斯安那州出生要长。

以下哪项如果为真，将最有力地削弱题干的结论？

A. 在路易斯安那州首府巴吞鲁日出生的人平均寿命是 78 岁。

B. 路易斯安那州的居民中 1/3 以上的是黑人，是美国黑人比例最高的州；美国黑人的平均寿命要低于白人 3 个至 5 个百分点。

C. 美国人寿保险公司的专家并不认为移居夏威夷会使路易斯安那州人的平均寿命明显提高。

D. 夏威夷群岛的大部分岛屿的空气污染程度要大大低于全美的平均水平。

E. 和环境相比，遗传是人的寿命长短的更为重要的决定性因素。

40. 美国的一个动物保护组织试图改变蝙蝠在人们心目中一直存在的恐怖形象。这个组织认为，蝙蝠之所以让人觉得可怕和遭到捕杀，仅仅是因为这些羞怯的动物在夜间表现得特别活跃。

以下哪项如果为真，将对上述动物保护组织的观点构成最严重的质疑？

A. 蝙蝠之所以能在夜间特别活跃，是由于它们具有在夜间感知各种射线和声波的特殊能力。

B. 蝙蝠是夜间飞行昆虫的主要捕食者。在这样的夜间飞行昆虫中，有很多是危害人类健康的。

C. 蝙蝠在中国及其他许多国家同样被认为是一种恐怖的飞禽。

D. 美国人熟知的浣熊和中国人熟知的食蚊雀，都是些在夜间特别活跃的羞怯动物，但在人们的印象中一般并没有恐怖的印象。

E. 许多视觉艺术品，特别是动画片丑化了蝙蝠的形象。

41. 在生活中有时候可以看到一些人会反复地洗手，反复对餐具高温消毒，反复地检查门锁等，重复这类无意义的动作并使自己感到十分烦恼和苦闷，这就是神经症中的一种，称为强迫症。王强每天洗手的次数超过普通人的 20 倍，看来，王强是得了强迫症。

以下哪项如果为真，将对上述结论构成最有力的质疑？

A. 王强在洗手时并没有感到任何的烦恼和苦闷。

B. 王强的工作性质是需要洁净卫生的。

C. 王强的家里人的洗手次数都比普通人高。

D. 王强并没有检查门锁的习惯，甚至有一次还忘记了锁家门，结果被盗。

E. 王强的同事也都经常洗手，比较起来，王强并不是每天洗手次数最多的人。

42. 所有切实关心教员福利的校长，都被证明是管理得法的校长；而切实关心教员福利的校长，都首先把注意力放在解决中青年教员的住房上。因此，那些不首先把注意力放在解决中青年教员住房上的校长，都不是管理得法的校长。

为使上述论证成立，以下哪项必须为真？

A. 中青年教员的住房问题，是教员的福利中最为突出的问题。

B. 所有管理得法的校长，都是关心教员福利的校长。

C. 中青年教员的比例，近年来普遍有了大的增长。

D. 所有首先把注意力放在解决中青年教员住房上的校长，都是管理得法的校长。

E. 老年教员普遍对自己的住房状况比较满意。

43. 据一项统计显示，在婚后的 13 年中，妇女的体重平均增加了 15 公斤，男子的体重平均增加了 12 公斤。因此，结婚是人变得肥胖的重要原因。

为了对上述论证作出评价，回答以下哪个问题最为重要？

A. 为什么这项统计要选择 13 年这个时间段作为依据？为什么不选择其他时间段，例如为什么不是 12 年或 14 年？

B. 在上述统计中，婚后体重减轻的人有没有？如果有的话，占多大的比例？

C. 在被统计的对象中，男女各占多少比例？

D. 这项统计的对象，是平均体重较重的北方人，还是平均体重较轻的南方人？如果二者都有的话，各占多少比例？

E. 在上述 13 年中，处于相同年龄段的单身男女的体重增减状况是怎样的？

44. 人们对于搭乘航班的恐惧其实是毫无道理的。据统计，仅 1995 年，全世界死于地面交通事故的人数超出 80 万，而在自 1990 年至 1999 年的 10 年间，全世界平均每年死于空难的还不到 500 人，而在这 10 年间，我国平均每年罹于空难的还不到 25 人。

为了评价上述论证的正确性，回答以下哪个问题最为重要？

A. 在上述 10 年间，我国平均每年有多少人死于地面交通事故？

B. 在上述 10 年间，我国平均每年有多少人加入地面交通，有多少人加入航运？

C. 在上述 10 年间，全世界平均每年有多少人加入地面交通，有多少人加入航运？

D. 在上述 10 年间，1995 年全世界死于地面交通事故的人数是否是最高的？

E. 在上述 10 年间，哪一年死于空难的人数最多？人数是多少？

45. 在北欧一个称为古堡的城镇的郊外，有一个不乏凶禽猛兽的天然猎场。每年秋季吸引了来自世界各地富于冒险精神的狩猎者。一个秋季下来，古堡镇的居民发现，他们之中在此期间在马路边散步时被汽车撞伤的人的数量，比在狩猎时受到野兽意外伤害的人数多出了两倍！因此，对于古堡镇的居民来说，在狩猎季节，待在猎场中比在马路边散步更安全。

为了要评价上述结论的可信程度，最可能提出以下哪个问题？

A. 在这个秋季，古堡镇有多少数量的居民去猎场狩猎？

B. 在这个秋季，古堡镇有多少比例的居民去猎场狩猎？

C. 古堡镇的交通安全记录在周边的几个城镇中是否是最差的？

D. 来自世界各地的狩猎者在这个季节中有多少比例的人在狩猎时意外受伤？

E. 古堡镇的居民中有多少好猎手？

46. 1985 年，W 国国会降低了单身公民的收入税收比率，这对有两份收入的已婚夫妇十分不利，因为他们必须支付比分别保持单身更多的税。从 1985 年到 1995 年，未婚同居者的数量上升了 205%。因此，国会通过修改单身公民的收入税收比率，可使更多的未婚同居者结婚。

以下哪项如果为真，将最有力地削弱上述论证？

A. 从 1985 年到 1995 年，W 国的离婚率上升 185%，高离婚率对当事者特别是单亲子女造成的伤害，成为受到普遍关注特别是受到婚龄段青年人关注的社会问题。

B. 在 H 国，国会并未降低单身公民的收入税收比例，但在 1985 年至 1995 年间，未婚同居者的数量也有所上升。

C. W 国的税收率在相同发展水平的国家中并不算高。

D. 从 1985 年至 1995 年，W 国的未婚同居者的数量并不呈直线上升，而是在 1990 年有所回落。

E. W 国的未婚同居的现象，并不像在有些国家中那样受到道义上的指责。

47. 帕金森氏病是一种严重危害大脑的疾病。那些在体内不能生成细胞色素 P405 的人和那些体内能生成这种细胞色素的人相比，在他们进入中老年后，患帕金森氏病的可能性要大三倍。因为细胞色素 P405 具有使大脑免受有毒化学物质侵害的功能，所以有害化学物质很可能是造成帕金森氏病的重要原因。

以下哪项如果为真，最能加强上述论证？

A. 人类很快就能人工合成细胞色素 P405，并把它用于治疗因体内不能生成这种细胞色素而导致的疾病。

B. 那些体内无法生成细胞色素 P405 的人，往往同时无法生成其他多种人体有用物质。

C. 细胞色素 P405 除了能使大脑免受有毒化学物质侵害之外，对大脑没有其他影响。

D. 多巴胺是一种在大脑中自然生成的化学物质，当对帕金森氏病患者使用多巴胺进行治疗时，他们的症状大都明显缓解。

E. 许多帕金森氏病患者具有在体内自然产生细胞色素 P405 的能力。

48. 某公司在一次招聘中，对所有申请者进行了一次书面测试，其中包括这样一个问题："你是否是一个诚实的人？"有 2/5 的申请者的回答是："我至少有一点不诚实。"该公司在这次测试中，很可能低估了申请者中不诚实的人所占的比例，因为

以下哪项作为上文的后续最为恰当？

A. 在这次测试中，有些非常诚实的申请者可能作了不诚实的回答。

B. 在这次测试中，那些回答"我至少有一点不诚实"的申请者可能是非常不诚实的。

C. 在这次测试中，那些回答自己是不诚实的申请者，他所作的这一回答可能是诚实的。

D. 在这次测试中，有些不诚实的申请者可能宣称自己是诚实的。

E. 在这次测试中，其余 3/5 的申请者中，可能很多人的回答是"我非常不诚实"。

49—50 题基于以下题干：

据 1999 年所做的统计，在美国 35 岁以上的居民中，10% 患有肥胖症。因此，如果到 2009 年美国的人口将达到 4 亿的估计是正确的话，那么，到 2009 年美国 35 岁以上患肥胖症的人数将达到 2 000 万。

49. 以下哪项最可能是题干的推测所假设的？

A. 在未来的10年中，世界的总人口将有大的增长。
B. 在未来的10年中，美国人的饮食方式将不会有任何变化。
C. 在未来的10年中，世界上将不会有大的战争发生。
D. 到2009年，美国人口中35岁以上的将占一半。
E. 到2009年，对肥胖症的防治仍没有任何进展。

50. 以下哪项如果为真，最能削弱题干的推测？
A. 肥胖症对健康的危害，已日益引起美国和其他发达国家的重视。
B. 据1998年所做的统计，在美国35岁以上的居民中，肥胖症患者的比例是12%。
C. 权威人士指出，对到2009年美国人口将达到4亿的推测缺乏足够的根据。
D. 到2009年，美国人口的年龄结构中，35岁以上所占的比例将比目前的有所下降。
E. 一个设计有误的统计，将不可避免地提供错误的数据。

51. 科学研究证明，非饱和脂肪酸含量高和饱和脂肪酸含量低的食物有利于预防心脏病。鱼通过食用浮游生物中的绿色植物使得体内含有丰富的非饱和脂肪酸“奥米加·3”。而牛和其他反刍动物通过食用青草同样获得丰富的非饱和脂肪酸“奥米加·3”。因此，多食用牛肉和多食用鱼对于预防心脏病都是有效的。

以下哪项如果为真，最能削弱题干的论证？
A. 在单位数量的牛肉和鱼肉中，前者非饱和脂肪酸“奥米加·3”的含量要少于后者。
B. 欧洲疯牛病的风波在全球范围内大大减少了牛肉的消费者，增加了鱼肉的消费者。
C. 牛和其他反刍动物在反刍消化的过程中，把大量的非饱和脂肪酸转化为饱和脂肪酸。
D. 实验证明，鱼肉中含有的非饱和脂肪酸“奥米加·3”比牛肉中含有的非饱和脂肪酸更易被人吸收。
E. 统计表明，在欧洲内陆大量食用牛肉和奶制品的居民中患心脏病的比例，要高于在欧洲沿海大量食用鱼类的居民中的比例。

52—53题基于以下题干：

李昌和王平的期终考试课程共五门。他俩的成绩除了历史课相同外，其他的都不同。他俩的各门考试都及格了，即每门成绩都在60分与100分之间。

52. 以下哪项关于上述考试的断定如果为真，使你能依据题干的信息，确定李昌五门课程的平均成绩高于王平。

Ⅰ 李昌的最低分高于王平的最高分。
Ⅱ 至少有四门课程，李昌的平均分高于王平的平均分。
Ⅲ 至少有一门课程，李昌的成绩分别高于王平各门课程的成绩。

A. 只有Ⅰ。
B. 只有Ⅱ。
C. 只有Ⅲ。
D. 只有Ⅰ和Ⅲ。

E. Ⅰ、Ⅱ和Ⅲ。

53. 如果题干的断定都真，并且事实上李昌五门课程的平均成绩高于王平。

则以下哪项关于上述考试的断定一定为真？

Ⅰ　李昌的最低分高于王平的最高分。

Ⅱ　至少有四门课程，李昌的平均分高于王平的平均分。

Ⅲ　至少有一门课程，李昌的成绩分别高于王平各门课程的成绩。

A. 只有Ⅰ。

B. 只有Ⅱ。

C. 只有Ⅲ。

D. 只有Ⅰ和Ⅲ。

E. Ⅰ、Ⅱ和Ⅲ。

54. 最近五年来，共有五架 W－160 客机失事。面对 W－160 设计有误的指控，W－160 的生产厂商明确加以否定，其理由是，每次 W－160 空难的调查都表明，失事的原因是飞行员的操作失误。

为使厂商的上述反驳成立，以下哪项是必须假设的？

Ⅰ　如果飞行员不操作失误，W－160 就不会失事。

Ⅱ　飞行员的操作失误和 W－160 任一部分的设计都没有关系。

Ⅲ　每次对 W－160 空难的调查结论都可信。

A. 只有Ⅰ。

B. 只有Ⅱ。

C. 只有Ⅲ。

D. 只有Ⅱ和Ⅲ。

E. Ⅰ、Ⅲ和Ⅲ。

55. 最近几年，外科医生数量的增长超过了外科手术数量的增长，而许多原来必须施行的外科手术现在又可以代之以内科治疗，这样，最近几年，每个外科医生每年所做的手术的数量平均下降了1/4。如果这种趋势得不到扭转，那么，外科手术的普遍质量和水平不可避免地会降低。

上述论证基于以下哪项假设？

A. 一个外科医生不可能保持他的手术水平，除非他每年所做手术的数量不低于一个起码的标准。

B. 新上任的外科医生的手术水平普遍低于已在任的外科医生。

C. 最近几年，外科手术的数量逐年减少。

D. 最近几年，外科手术的平均质量和水平下降了。

E. 一些有经验的外科医生最近几年每年所做的外科手术比以前要多。

56. 江口市急救中心向市政府申请购置一辆新的救护车，以进一步增强该中心的急救能力。市政府否决了这项申请，理由是：急救中心所需的救护车的数量，必须与中心的规模和综合能力相配套。根据该急救中心现有的医护人员和医疗设施的规模和综合能力，现有的救护车足够了。

以下哪项是市政府关于此项决定的论证所必须假设的？

A. 江口市的急救对象的数量不会有大的增长。

B. 市政府的财政面临困难，无力购置新的救护车。

C. 急救中心现有的救护车中，至少有一辆近期内不会退役。

D. 江口市的其他大中医院有足够的能力配合急救中心抢救全市的危重病人。

E. 市政府至少在五年内不会拨款以扩大急救中心的规模和综合能力。

57—59 题基于以下题干：

李工程师：一项权威性的调查数据显示，在医疗技术和设施最先进的美国，婴儿最低死亡率在世界上只占第 17 位。这使我得出结论，先进的医疗技术和设施，对于人类生命和健康所起的保护作用，对成人要比对婴儿显著得多。

张研究员：我不能同意您的论证。事实上，一个国家所具有的先进的医疗技术和设施，并不是每个人都能均等地享受的。较之医疗技术和设施而言，较高的婴儿死亡率更可能是低收入的结果。

57. 以下哪项最为恰当地概括了张研究员反驳李工程师所使用的方法？

A. 对他的论据的真实性提出质疑。

B. 对他的结论的真实性提出质疑。

C. 对他援引的数据提出另一种解释。

D. 暗指他的数据会导致产生一个相反的结论。

E. 指出他偷换了一个关键性的概念。

58. 张研究员的反驳基于以下哪项假设？

Ⅰ 在美国，享受先进的医疗技术和设施需要一定的经济条件。

Ⅱ 在美国，存在着明显的贫富差别。

Ⅲ 在美国，先进的医疗技术和设施，主要用于成人的保健和治疗。

A. 只有Ⅰ。

B. 只有Ⅱ。

C. 只有Ⅲ。

D. 只有Ⅰ和Ⅱ。

E. Ⅰ、Ⅱ和Ⅲ。

59. 以下哪项如果为真，能最有力地削弱张研究员的反驳？

A. 美国的人均寿命占世界第二。

B. 全世界的百岁老人中，美国人占了 30%。

C. 美国的婴儿死亡率呈逐年下降趋势。

D. 美国用于医疗新技术开发的投资占世界之最。
E. 一般地说，拯救婴儿免于死亡的医疗要求高于成人。

60. 毫无疑问，未成年人吸烟应该加以禁止。但是，我们不能为了防止给未成年人吸烟以可乘之机，就明令禁止自动售烟机的使用，马路边上不是到处有避孕套自动销售机吗？为什么不担心有人从中买了避孕套去嫖娼呢？

以下哪项如果为真，最能削弱题干的论证？
A. 嫖娼是触犯法律的，但未成年人吸烟并不触犯法律。
B. 公众场合是否适合置放避孕套自动销售机，一直是一个有争议的问题。
C. 人工售烟营业点明令禁止向未成年人售烟。
D. 在司法部门的严厉打击下，卖淫嫖娼等社会丑恶现象逐年减少。
E. 据统计，近年来未成年吸烟者的比例有所上升。

61. 在过去几十年中，高等教育中的女生比例正在逐渐升高。以下事实可以部分地说明这一点：在1959年，20～21岁之间的女性只有11%正在接受高等教育，而在1991年，在这年龄段中的女性的30%在高校读书。

了解以下哪项，对评价上述论证最为重要？
A. 在该年龄段的女性中，没有在接受高等教育的比例。
B. 在该年龄段的女性中，已完成高等教育的比例。
C. 完成高等教育的女性中，毕业后进入高薪阶层的比例。
D. 在该年龄段的男性中，接受高等教育的比例。
E. 在该年龄段的男性中，完成高等教育的比例。

62. 在试飞新设计的超轻型飞机时，经验丰富的老飞行员似乎比新手碰到了更多的麻烦。有经验的飞行员已经习惯了驾驶重型飞机，当他们驾驶超轻型飞机时，总是会忘记驾驶要则的提示而忽视风速的影响。

以下哪项作为题干蕴涵的结论最为恰当？
A. 重型飞机比超轻型飞机在风中更易于驾驶。
B. 超轻型飞机的安全性不如重型飞机。
C. 风速对重型飞机的飞行不会产生影响。
D. 飞行员新手在驾驶重型飞机时不会忽视风速的影响。
E. 新飞行员比老飞行员对超轻型飞机更为熟悉。

63. 一项调查统计显示，肥胖者参加体育锻炼的月平均量，只占正常体重者的一半不到。而肥胖者的食物摄入的月平均量，基本和正常体重者持平。专家由此得出结论，导致肥胖的主要原因是缺乏锻炼，而不是摄入过多的热量。

以下哪项如果为真，将严重削弱上述论证？
A. 肥胖者的食物摄入平均量总体上和正常体重者基本持平，但肥胖者中有人是在节食。
B. 肥胖者由于体重的负担，比正常体重者较为不乐意参加体育锻炼。

C. 某些肥胖者体育锻炼的平均量，要大于正常体重者。
D. 体育锻炼通常会刺激食欲，从而增加食物摄入量。
E. 通过节食减肥有损健康。

64—65 题基于以下题干：

一份教育部的调查报告指出，城市儿童的心理素质，特别是承受挫折的能力，普遍比乡村儿童较差；这是由城市儿童的生活条件一般比乡村儿童较为优越造成的。作为一个长期从事儿童生理心理研究的学者，我不能同意此种看法。我认为城市儿童的心理素质较差是因为不能得到足够的新鲜空气和阳光。

64. 以下哪项，最为恰当地概括了上述学者的观点？
A. 它完全否认了教育部调查报告的可信性。
B. 它指出了调查报告在操作方法上的错误。
C. 它蕴涵着一个超越调查报告的断定：城市成人的心理素质也比乡村成人较差。
D. 它蕴涵着一个针对调查报告的断定：目前乡村儿童的生活条件并不比城市差。
E. 它对调查报告发现的差别提出了另一种解释。

65. 以下哪项，最可能无助于支持上述学者的观点？
A. 一份研究城乡环境污染差别的报告。
B. 一份研究环境污染和人的生理素质关系的报告。
C. 一份研究城市环境综合治理的报告。
D. 一份研究城乡人民生活条件差别报告。
E. 一份研究生理素质和心理素质关系的报告。

66. “本公司自 1980 年以来生产的轿车，至今仍有一半在公路上奔驰；其他公司自 1980 年以来生产的轿车，目前至多有 1/3 没有被淘汰。”该公司希望以此广告向消费者显示，该汽车公司生产的轿车的耐用性能极佳。

下列哪项如果为真，能够最有效地支持上述广告的观点？
A. 扣除通货膨胀的因素，该公司目前生产的新车的价格只比 1980 年生产的稍高一点。
B. 自 1980 年以来，其他公司轿车的年产量有显著增长。
C. 该公司轿车的车主，经常都把车保养得很好。
D. 自 1980 年以来，该公司在生产轿车上的改进远远小于其他公司对轿车的改进。
E. 自 1980 年以来，该公司每年生产的轿车数量没有显著增长。

67. 面对预算困难，W 国政府不得不削减对于科研项目的资助，一大批这样的研究项目转而由私人基金资助。这样，可能产生争议结果的研究项目在整个受资助研究项目中的比例肯定会因此降低，因为私人基金资助者非常关心其公众形象，他们不希望自己资助的项目会导致争议。

以下哪项是上述论证所必须假设的？

A. W 国政府比私人基金资助者较为愿意资助可能产生争议的科研项目。

B. W 国政府只注意所资助的研究项目的效果，而不在意它是否会导致争议。

C. W 国政府没有必要像私人基金资助者那样关心自己的公众形象。

D. 可能引起争议的科研项目并不一定会有损资助者的公众形象。

E. 可能引起争议的科研项目比一般的项目更有价值。

68. 有的地质学家认为，如果地球的未勘探地区中单位面积的平均石油储藏量能和已勘探地区一样的话，那么，目前关于地下未开采的能源含量的正确估计因此要乘上一万，由此可得出结论，全球的石油需求，至少可以在未来五个世纪中得到满足，即使此种需求每年呈加速上升的趋势。

为使上述论证成立，以下哪项是必须假设的？

A. 地球上未勘探地区的总面积是已勘探地区的一万倍。

B. 地球上未勘探地区中储藏的石油可以被勘测和开采出来。

C. 新技术将使未来对石油的勘探和开采比现在更为可行。

D. 在未来至少五个世纪中，石油仍然是全球主要的能源。

E. 在未来至少五个世纪中，世界人口的增长率不会超过对石油需求的增长率。

69. 由于工业废水的污染，淮河中下游水质恶化，有害物质的含量大幅度提高，这引起了多种鱼类的死亡。但由于蟹有适应污染水质的生存能力，因此，上述沿岸的捕蟹业和蟹类加工业将不会像渔业同行那样受到严重影响。

以下哪项，如果是真的，将严重削弱上述论证？

A. 许多鱼类已向淮河上游及其他水域迁移。

B. 上述地区渔业的资金向蟹业转移，激化了蟹业的竞争。

C. 在鱼群分布稀少的水域中蟹类繁殖较快。

D. 蟹类适应污染水质的生理机制尚未得到科学的揭示。

E. 作为幼蟹主要食物来源的水生物蓝藻无法在污染水质中继续存活。

70. 据一项在几个大城市所作的统计显示，餐饮业的发展和瘦身健身业的发展呈密切正相关。从 1985 年到 1990 年，餐饮业的网点增加了 18%，同期在健身房正式注册参加瘦身健身的人数增加了 17.5%；从 1990 年到 1995 年，餐饮业的网点增加了 25%，同期参加瘦身健身的人数增加了 25.6%；从 1995 年到 2000 年，餐饮业的网点增加了 20%，同期参加瘦身健身的人数也正好增加了 20%。

如果上述统计真实无误，则以下哪项对上述统计事实的解释最可能成立？

A. 餐饮业的发展扩大了肥胖人群体，从而刺激了瘦身健身业的发展。

B. 瘦身健身运动刺激了参加者的食欲，从而刺激了餐饮业的发展。

C. 在上述几个大城市中，最近 15 年来，主要从事低收入重体力工作的外来人口的逐年上升，刺激了各消费行业的发展。

D. 在上述几个大城市中，最近 15 年来，城市人口的收入的逐年提高，刺激了包括餐饮业和健身业在内的各消费行业的发展。

E. 高收入阶层中，相当一批人既是餐桌上的常客，又是健身房内的常客。

2002年1月MBA联考逻辑真题

11. 如果你的笔记本计算机是1999年以后制造的，那么它就带有调制解调器。

上述断定可由以下哪个选项得出？

A. 只有1999年以后制造的笔记本计算机才带有调制解调器。

B. 所有1999年以后制造的笔记本计算机都带有调制解调器。

C. 有些1999年以前制造的笔记本计算机也带有调制解调器。

D. 所有1999年以前制造的笔记本计算机都不带有调制解调器。

E. 笔记本的调制解调器技术是在1999年以后才发展起来的。

12. 认为大学的附属医院比社区医院或私立医院要好，是一种误解。事实上，大学的附属医院抢救病人的成功率比其他医院要小。这说明大学的附属医院的医疗护理水平比其他医院要低。

以下哪项，如果为真，最能驳斥上述论证？

A. 很多医生既在大学工作又在私立医院工作。

B. 大学，特别是医科大学的附属医院拥有其他医院所缺少的精密设备。

C. 大学附属医院的主要任务是科学研究，而不是治疗和护理病人。

D. 去大学附属医院就诊的病人的病情，通常比去私立医院或社区医院的病人的病情重。

E. 抢救病人的成功率只是评价医院的标准之一，而不是唯一的标准。

13. 第一个事实：电视广告的效果越来越差。一项跟踪调查显示，在电视广告所推出的各种商品中，观众能够记住其品牌名称的商品的百分比逐年降低。

第二个事实：在一段连续插播的电视广告中，观众印象较深的是第一个和最后一个，而中间播出的广告留给观众的印象，一般地说要浅得多。

以下哪项，如果为真，最能使得第二个事实成为对第一个事实的一个合理解释？

A. 在从电视广告里见过的商品中，一般电视观众能记住其品牌名称的大约还不到一半。

B. 近年来，被允许在电视节目中连续插播广告的平均时间逐渐缩短。

C. 近年来，人们花在看电视上的平均时间逐渐缩短。

D. 近年来，一段连续播出的电视广告所占用的平均时间逐渐增加。

E. 近年来，一段连续播出的电视广告中所出现的广告的平均数量逐渐增加。

14. 调查表明，一年中任何月份，18岁至65岁的女性中都有52%在家庭以外工作。因此，18岁至65岁的女性中有48%是全年不在外工作的家庭主妇。

以下哪项，如果为真，最严重地削弱了上述论证？

A. 现在离家工作的女性比历史上的任何时期都多。

B. 尽管在每个月中参与调查的女性人数都不多，但是这些样本有很好的代表性。

C. 调查表明将承担一份有薪工作作为优先考虑的女性比以往任何时候都多。

D. 总体上说，职业女性比家庭主妇有更高的社会地位。

E. 不管男性还是女性，都有许多人经常进出于劳动力市场。

15. 威尼斯面临的问题具有典型意义。一方面，为了解决市民的就业，增强城市的经济实力，必须保留和发展它的传统工业，这是旅游业所不能替代的经济发展的基础；另一方面，为了保护其独特的生态环境，必须杜绝工业污染，但是，发展工业将不可避免地导致工业污染。

以下哪项能作为结论从上述断定中推出？

A. 威尼斯将不可避免地面临经济发展的停滞或生态环境的破坏。

B. 威尼斯市政府的正确决策应是停止发展工业以保护生态环境。

C. 威尼斯市民的生活质量只依赖于经济和生态环境。

D. 旅游业是威尼斯经济收入的主要来源。

E. 如果有一天威尼斯的生态环境受到了破坏，这一定是它为发展经济所付出的代价。

16. 在微波炉清洁剂中加入漂白剂，就会释放出氯气；在浴盆清洁剂中加入漂白剂，也会释放出氯气；在排烟机清洁剂中加入漂白剂，没有释放出任何气体。现有一种未知类型的清洁剂，加入漂白剂后，没有释放出氯气。

根据上述实验，以下哪项关于这种未知类型的清洁剂的断定一定为真？

Ⅰ　它是排烟机清洁剂。

Ⅱ　它既不是微波炉清洁剂，也不是浴盆清洁剂。

Ⅲ　它要么是排烟机清洁剂，要么是微波炉清洁剂或浴盆清洁剂。

A. 仅Ⅰ。

B. 仅Ⅱ。

C. 仅Ⅲ。

D. 仅Ⅰ和Ⅱ。

E. Ⅰ、Ⅱ和Ⅲ。

17. 心脏的搏动引起血液循环。对同一个人，心率越快，单位时间进入循环的血液量越多。血液中的红血球运输氧气。一般地说，一个人单位时间通过血液循环获得的氧气越多，他的体能及其发挥就越佳。因此，为了提高运动员在体育比赛中的竞技水平，应该加强他们在高海拔地区的训练，因为在高海拔地区，人体内每单位体积血液中含有的红血球数量，要高于在低海拔地区。

以下哪项是题干的论证必须假设的？

A. 海拔的高低对运动员的心率不发生影响。

B. 不同运动员的心率基本相同。

C. 运动员的心率比普通人慢。

D. 在高海拔地区训练能使运动员的心率加快。

E. 运动员在高海拔地区的心率不低于在低海拔地区。

18. 因偷盗、抢劫或流氓罪入狱的刑满释放人员的重新犯罪率，要远远高于因索贿受贿等职务犯罪入狱的刑满释放人员。这说明，在狱中对上述前一类罪犯教育改造的效果，远不如对后一类罪犯。

以下哪项如果为真，最能削弱上述论证？

A. 与其他类型的罪犯相比，职务犯罪者往往有较高的文化水平。

B. 对贪污、受贿的刑事打击，并没能有效地扼制腐败，有些地方的腐败反而愈演愈烈。

C. 刑满释放人员很难再得到官职。

D. 职务犯罪的罪犯在整个服刑犯中只占很小的比例。

E. 统计显示，职务犯罪者很少有前科。

19—20 题基于以下题干：

张小珍：在我国，90% 的人所认识的人中都有失业者，这真是个令人震惊的事实。

王大为：我不认为您所说的现象有令人震惊之处。其实，就 5% 这样可接受的失业率来讲，每 20 个人中就有 1 个人失业。在这种情况下，如果一个人所认识的人超过 50 个，那么，其中就很可能有 1 个或更多的失业者。

19. 根据王大为的断定能得出以下哪个结论？

A. 90% 的人都认识失业者的事实并不表明失业率高到不可被接受。

B. 超过 5% 的失业率是一个社会所不能接受的。

C. 如果我国失业率不低于 5%，那么就不可能 90% 的人所认识的人中都包括失业者。

D. 在我国，90% 的人所认识的人不超过 50 个。

E. 我国目前的失业率不可能高于 5%。

20. 以下哪项最可能是王大为的论断所假设的？

A. 失业率很少超过社会能接受的限度。

B. 张小珍所引述的统计数据是准确的。

C. 失业通常并不集中在社会联系闭塞的区域。

D. 认识失业者的人通常超过总人口的 90%。

E. 失业者比就业者具有更多的社会联系。

21. 有一种通过寄生方式来繁衍后代的黄蜂，它能够在适合自己后代寄生的各种昆虫的大小不同的虫卵中，注入恰好数量的自己的卵。如果它在宿主的卵中注入的卵过多，它的幼虫就会在互相竞争中因为得不到足够的空间和营养而死亡；如果它在宿主的卵中注入的卵过少，宿主卵中的多余营养部分就会腐败，这又会导致它的幼虫的死亡。

如果上述断定是真的，则以下哪项有关断定也一定是真的？

Ⅰ 上述黄蜂的寄生繁衍机制中，包括它准确区分宿主虫卵大小的能力。

Ⅱ 在虫卵较大的昆虫聚集区出现的上述黄蜂比在虫卵较小的昆虫聚集区多。

Ⅲ 黄蜂注入过多的虫卵比注入过少的虫卵更易引起寄生幼虫的死亡。

A. 仅Ⅰ。

B. 仅Ⅱ。

C. 仅Ⅲ。

D. 仅Ⅰ和Ⅱ。

E. Ⅰ、Ⅱ和Ⅲ。

22. 被疟原虫寄生的红血球在人体内的存在时间不会超过120天。因为疟原虫不可能从一个它所寄生衰亡的红血球进入一个新生的红血球，因此，如果一个疟疾患者在进入了一个绝对不会再被疟蚊叮咬的地方120天后仍然周期性高烧不退，那么，这种高烧不会是由疟原虫引起的。

以下哪项，如果为真，最能削弱上述结论？

A. 由疟原虫引起的高烧和由感冒病毒引起的高烧有时不容易区别。

B. 携带疟原虫的疟蚊和普通的蚊子很难区别。

C. 引起周期性高烧的疟原虫有时会进入人的脾脏细胞，这种细胞在人体内的存在时间要长于红血球。

D. 除了周期性的高烧只有到疟疾治愈后才会消失外，疟疾的其他某些症状会随着药物治疗而缓解乃至消失，但在120天内仍会再次出现。

E. 疟原虫只有在疟蚊体内和人的细胞内才能生存与繁殖。

23. 左撇子的人比右撇子的人更容易患某些免疫失调症，例如过敏。然而，左撇子也有优于右撇子的地方，例如，左撇子更擅长于由右脑半球执行的工作。而人的数学推理的工作一般是由右脑半球执行的。

从上述断定能推出以下哪个结论？

Ⅰ　患有过敏或其他免疫失调症的人中，左撇子比右撇子多。

Ⅱ　在所有数学推理能力强的人当中左撇子的比例，高于所有推理能力弱的人中左撇子的比例。

Ⅲ　在所有左撇子的人中，数学推理能力强的比例，高于数学推理能力弱的比例。

A. 仅Ⅰ。

B. 仅Ⅱ。

C. 仅Ⅲ。

D. 仅Ⅰ和Ⅲ。

E. Ⅰ、Ⅱ和Ⅲ。

24. 一种外表类似苹果的水果被培育出来，我们称它为皮果。皮果皮里面会包含少量杀虫剂的残余物。然而，专家建议我们吃皮果之前不应该剥皮，因为这种皮果的果皮里面含有一种特殊的维生素，这种维生素在其他水果里面含量很少，对人体健康很有益处，弃之可惜。

以下哪项，如果为真，最能对专家的上述建议构成质疑？

A. 皮果皮上的杀虫剂残余物不能被洗掉。

B. 皮果皮中的那种维生素不能被人体充分消化吸收。

C. 吸收皮果皮上的杀虫剂残余物对人体的危害超过了吸收皮果皮中的维生素对人体的益处。

D. 皮果皮上杀虫剂残余物的数量太少，不会对人体带来危害。

E. 皮果皮上的这种维生素未来也可能用人工的方式合成，有关研究成果已经公布。

25. 最近10年，地震、火山爆发和异常天气对人类造成的灾害比数十年前明显增多，这说明，地球正变得对人类愈来愈充满敌意和危险。这是人类在追求经济高速发展中因破坏生态环境而付出的代价。

以下哪项如果为真，最能削弱上述论证？

A. 经济发展使人类有可能运用高科技手段来减轻自然灾害的危害。

B. 经济发展并不必然导致全球生态环境的恶化。

C. W国和H国是两个毗邻的小国，W国经济发达，H国经济落后，地震、火山爆发和异常天气所造成的灾害，在H国显然比W国严重。

D. 自然灾害对人类造成的危害，远低于战争、恐怖主义等人为灾害。

E. 全球经济发展的不平衡所造成的人口膨胀和相对贫困，使得越来越多的人不得不居住在生态环境恶劣甚至危险的地区。

26. 由于邮费上涨，广州《周末画报》杂志为减少成本、增加利润，准备将每年发行52期改为每年发行26期，但每期文章的质量、每年的文章总数和每年的定价都不变。市场研究表明，杂志的订户和在杂志上刊登广告的客户的数量均不会下降。

以下哪项，如果为真，最能说明该杂志社的利润将会因上述变动而降低？

A. 在新的邮资政策下，每期的发行费用将比原来高1/3。

B. 杂志的大部分订户较多地关心文章的质量，而较少地关心文章的数量。

C. 即使邮资上涨，许多杂志的长期订户仍将继续订阅。

D. 在该杂志上购买广告页的多数广告商将继续在每一期上购买同过去一样多的页数。

E. 杂志的设计、制作成本预期将保持不变。

27. 在一次聚会上，10个吃了水果色拉的人中，有5个很快出现了明显的不适。吃剩的色拉立刻被送去检验。检验的结果不能肯定其中存在超标的有害细菌。因此，食用水果色拉不是造成食用者不适的原因。

如果上述检验结果是可信的，则以下哪项对上述论证的评价最为恰当？

A. 题干的论证是成立的。

B. 题干的论证有漏洞，因为它把事件的原因，当做该事件的结果。

C. 题干的论证有漏洞，因为它没有考虑到这种可能性：那些吃了水果色拉后没有很快出现不适的人，过不久也出现了不适。

D. 题干的论证有漏洞，因为它没有充分利用一个有力的论据：为什么有的水果色拉食用者没有出现不适？

E. 题干的论证有漏洞，因为它把缺少证据证明某种情况存在，当做有充分证据证明某种情况不存在。

28. 一个社会是公正的，则以下两个条件必须满足：第一，有健全的法律；第二，贫富差异是允许的，但必须同时确保消灭绝对贫困和每个公民事实上都有公平竞争的机会。

根据题干的条件，最能够得出以下哪项结论？

A. S社会有健全的法律，同时又在消灭了绝对贫困的条件下，允许贫富差异的存在，并且绝大多数公民事实上都有公平竞争的机会。因此，S社会是公正的。

B. S社会有健全的法律，但这是以贫富差异为代价的，因此，S社会是不公正的。

C. S社会允许贫富差异，但所有人都由此获益，并且每个公民都事实上有公平竞争的权利。因此，S社会是公正的。

D. S社会虽然不存在贫富差异，但这是以法律不健全为代价的，因此，S社会是不公正的。

E. S社会法律健全，虽然存在贫富差异，但消灭了绝对贫困。因此，S社会是公正的。

29—30题基于以下题干：

三位高中生赵、钱、孙和三位初中生张、王、李参加一个课外学习小组。可选修的课程有：文学、经济、历史和物理。

赵选修的是文学或经济；

王选修物理；

如果一门课程没有任何一个高中生选修，那么任何一个初中生也不能选修该课程；

如果一门课程没有任何初中生选修，那么任何一个高中生也不能选修该课程；

一个学生只能选修一门课程。

29. 如果上述断定为真，且钱选修历史，以下哪项一定为真？

A. 孙选修物理。

B. 赵选修文学。

C. 张选修经济。

D. 李选修历史。

E. 赵选修经济。

30. 如果题干的断定为真，且有人选修经济，则选修经济的学生中不可能同时包含

A. 赵和钱。

B. 钱和孙。

C. 孙和张。

D. 孙和李。

E. 张和李。

31. W公司制作的正版音乐光盘每张售价25元，盈利10元。而这样的光盘的盗版制品每张仅售价5元。因此，这样的盗版光盘如果销售10万张，就会给W公司造成100万元的利润损失。

为使上述论证成立，以下哪项是必须假设的？

A. 每个已购买各种盗版制品的人，若没有盗版制品可买，都仍会购买相应的正版制品。

B. 如果没有盗版光盘，W 公司的上述正版音乐光盘的销售量不会少于 10 万张。

C. 上述盗版光盘的单价不可能低于 5 元。

D. 与上述正版光盘相比，盗版光盘的质量无实质性的缺陷。

E. W 公司制作的上述正版光盘价格偏高是造成盗版光盘充斥市场的原因。

32. 一群在海滩边嬉戏的孩子的口袋中，共装有 25 块卵石。他们的老师对此说了以下两句话：

第一句话："至多有 5 个孩子口袋里装有卵石"；

第二句话："每个孩子的口袋中，或者没有卵石，或者至少有 5 块卵石。"

如果上述断定为真，则以下哪项关于老师两句话关系的断定一定成立？

Ⅰ 如果第一句话为真，则第二句话为真。

Ⅱ 如果第二句话为真，则第一句话为真。

Ⅲ 两句话可以都是真的，但不会都是假的。

A. 仅Ⅰ。

B. 仅Ⅱ。

C. 仅Ⅲ。

D. 仅Ⅰ和Ⅱ。

E. 仅Ⅱ和Ⅲ。

33. 自从《行政诉讼法》颁布以来，"民告官"的案件成为社会关注的热点。一种普遍的担心是，"官官相护"会成为公正审理此类案件的障碍。但据 A 省本年度的调查显示，凡正式立案审理的"民告官"案件，65% 都是以原告胜诉结案。这说明，A 省的法院在审理"民告官"的案件中，并没有出现社会舆论所担心的"官官相护"。

以下哪项如果为真，将最有力地削弱上述论证？

A. 由于新闻媒介的特殊关注，"民告官"案件的审理的透明度，要大大高于其他的案件。

B. 有关部门收到的关于司法审理有失公正的投诉，A 省要多于周边省份。

C. 所谓"民告官"的案件审理中，在法院受理的案件中，只占很小的比例。

D. 在民告官的案件审理中，司法公正不能简单理解为原告胜诉。

E. 在"民告官"的案件中，原告如果不掌握能胜诉的确凿证据，一般不会起诉。

34. 一项关于 21 世纪初我国就业情况的报告预测，在 2002 年至 2007 年之间，首次就业人员数量增加最多的是低收入的行业。但是，在整个就业人口中，低收入行业所占的比例并不会增加，有所增加的是高收入的行业所占的比例。

从以上预测所作的断定中，最可能得出以下哪项结论？

A. 在 2002 年，低收入行业的就业人员要多于高收入行业。

B. 到 2007 年，高收入行业的就业人员要多于低收入行业。

C. 到2007年，中等收入行业的就业人员在整个就业人员中所占的比例将有所减少。

D. 相当数量的2002年在低收入行业就业的人员，到2007年将进入高收入行业。

E. 在2002年至2007年之间，低收入行业的经营实体的增长率，将大于此期间整个就业人员的增长率。

35. 在美国，近年来在电视卫星的发射和操作中事故不断，这使得不少保险公司不得不面临巨额赔偿，这不可避免地导致了电视卫星的保险金的猛涨，使得发射和操作电视卫星的费用变得更为昂贵。为了应付昂贵的成本，必须进一步开发电视卫星更多的尖端功能来提高电视卫星的售价。

以下哪项如果为真，和题干的断定一起，最能支持这样一个结论，即电视卫星的成本将继续上涨？

A. 承担电视卫星保险业风险的只有为数不多的几家大公司，这使得保险金必定很高。

B. 美国电视卫星业面临的问题，在西方发达国家带有普遍性。

C. 电视卫星目前具备的功能已能满足需要，用户并没有对此提出新的要求。

D. 卫星的故障大都发生在进入轨道以后，对这类故障的分析及排除变得十分困难。

E. 电视卫星具备的尖端功能越多，越容易出问题。

36. 喜欢甜味的习性曾经对人类有益，因为它使人在健康食品和非健康食品之间选择前者。例如，成熟的水果是甜的，不成熟的水果则不甜，喜欢甜味的习性促使人类选择成熟的水果。但是，现在的食糖是经过精制的。因此，喜欢甜味不再是一种对人有益的习性，因为精制食糖不是健康食品。

以下哪项如果为真，最能加强上述论证？

A. 绝大多数人都喜欢甜味。

B. 许多食物虽然生吃有害健康，但经过烹饪则可成为极有营养的健康食品。

C. 有些喜欢甜味的人，在一道甜点心和一盘成熟的水果之间，更可能选择后者。

D. 喜欢甜味的人，在含食糖的食品和有甜味的自然食品（例如成熟的水果）之间，更可能选择前者。

E. 史前人类只有依赖味觉才能区分健康食品。

37. 是否应当废除死刑，在一些国家中一直存在争议。下面是相关的一段对话：

史密斯：一个健全的社会应当允许甚至提倡对罪大恶极者执行死刑。公开执行死刑通过其震慑作用显然可以减少恶性犯罪，这是社会自我保护的必要机制。

苏珊：您忽视了讨论这个议题的一个前提，这就是一个国家或者社会是否有权力剥夺一个人的生命。如果事实上这样的权力不存在，那么，讨论执行死刑是否可以减少恶性犯罪这样的问题是没有意义的。

如果事实上执行死刑可以减少恶性犯罪，则以下哪项最为恰当地评价了这一事实对两人所持观点的影响？

A. 两人的观点都得到加强。

B. 两人的观点都未受到影响。

C. 史密斯的观点得到加强，苏珊的观点未受影响。

D. 史密斯的观点未受影响，苏珊的观点得到加强。

E. 史密斯的观点得到加强，苏珊的观点受到削弱。

38. 在产品检验中，误检包括两种情况：一是把不合格产品定为合格：二是把合格产品定为不合格。有甲、乙两个产品检验系统，它们依据的是不同的原理，但共同之处在于：第一，它们都能检测出所有送检的不合格产品；第二，都仍有恰好3%的误检率：第三，不存在一个产品，会被两个系统都误检。现在把这两个系统合并为一个系统，使得被该系统测定为不合格的产品，包括且只包括两个系统分别工作时都测定的不合格产品。可以得出结论：这样的产品检验系统的误检率为零。

以下哪项最为恰当地评价了上述推理？

A. 上述推理是必然性的，即如果前提真，则结论一定真。

B. 上述推理很强，但不是必然性的，即如果前提真，则为结论提供了很强的证据，但附加的信息仍可能削弱该论证。

C. 上述推理很弱，前提尽管与结论相关，但最多只为结论提供了不充分的根据。

D. 上述推理的前提中包含矛盾。

E. 该推理不能成立，因为它把某事件发生的必要条件的根据，当做充分条件的根据。

39—40 题基于以下题干：

史密斯：根据《国际珍稀动物保护条例》的规定，杂种动物不属于该条例的保护对象。《国际珍稀动物保护条例》的保护对象中，包括赤狼。而最新的基因研究技术发现，一直被认为是纯种物种的赤狼实际上是山狗与灰狼的杂交种。由于赤狼明显需要保护，所以条例应当修改，使其也保护杂种动物。

张大中：您的观点不能成立。因为，如果赤狼确实是山狗与灰狼的杂交种的话，那么，即使现有的赤狼灭绝了，仍然可以通过山狗与灰狼的杂交来重新获得它。

39. 以下哪项最为确切地概括了张大忠与史密斯争论的焦点？

A. 赤狼是否为山狗与灰狼的杂交种。

B. 《国际珍稀动物保护条例》的保护对象中，是否应当包括赤狼。

C. 《国际珍稀动物保护条例》的保护对象中，是否应当包括杂种动物。

D. 山狗与灰狼是否都是纯种物种。

E. 目前赤狼是否有灭绝的危险。

40. 以下哪项最可能是张大中的反驳所假设的？

A. 目前用于鉴别某种动物是否为杂种的技术是可靠的。

B. 所有现存杂种动物都是现存纯种动物杂交的后代。

C. 山狗与灰狼都是纯种物种。

D. 《国际珍稀动物保护条例》执行效果良好。

E. 赤狼并不是山狗与灰狼的杂交种。

41. 在2000年，世界范围的造纸业所用的鲜纸浆（即直接从植物纤维制成的纸浆）是回收纸浆（从废纸制成的纸浆）的2倍。造纸业的分析人员指出，到2010年，世界造纸业所用的回收纸浆将不少于鲜纸浆，而鲜纸浆的使用量也将比2000年持续上升。

如果上面提供的信息均为真，并且分析人员的预测也是正确的，那么可以得出以下哪个结论？

Ⅰ　在2010年，造纸业所用的回收纸浆至少是2000年的2倍。

Ⅱ　在2010年，造纸业所用的总的纸浆至少是2000年的2倍。

Ⅲ　造纸业在2010年造的只含鲜纸浆的纸将会比2000年少。

A. 仅Ⅰ。

B. 仅Ⅱ。

C. 仅Ⅲ。

D. 仅Ⅰ和Ⅱ。

E. Ⅰ、Ⅱ和Ⅲ。

42. 近年来，立氏化妆品的销量有了明显的增长，同时，该品牌用于广告的费用也有同样明显的增长。业内人士人为，立氏化妆品销量的增长，得益于其广告的促销作用。

以下哪项如果为真，最能削弱上述结论？

A. 立氏化妆品的广告费用，并不多于其他化妆品。

B. 立氏化妆品的购买者中，很少有人注意到该品牌的广告。

C. 注意到立氏化妆品广告的人中，很少有人购买该产品。

D. 消协收到的对立氏化妆品的质量投诉，多于其他化妆品。

E. 近年来，化妆品的销售总量有明显增长。

43. 清朝雍正年间，市面流通的铸币，其金属构成是铜六铅四，即六成为铜，四成为铅。不少商人出以利计，纷纷融币取铜，使得市面的铸币严重匮乏，不少地方出现以物易物。但朝廷征于市民的赋税，须以铸币缴纳，不得代以实物或银子。市民只得以银子向官吏购兑铸币用以纳税，不少官吏因此大发了一笔。这种情况，雍正之前的明清两朝历代从未出现过。

从以上陈述，可推出以下哪项结论？

Ⅰ　上述铸币中所含铜的价值要高于该铸币的面值。

Ⅱ　上述用银子购兑铸币的交易中，不少并不按朝廷规定的比价成交。

Ⅲ　雍正以前明清两朝历代，铸币的铜含量均在六成以下。

A. 只有Ⅰ。

B. 只有Ⅱ。

C. 只有Ⅲ。

D. 只有Ⅰ和Ⅱ。

E. Ⅰ、Ⅱ和Ⅲ。

44. 随着人才竞争的日益激烈，市场上出现了一种“挖人公司”，其业务是为客户招募所需的人才，包括从其他的公司中“挖人”。“挖人公司”自然不得同时帮助其他公司从自己的雇主处挖人。一个“挖人公司”的成功率越高，雇用它的公司也就越多。

上述断定最能支持以下哪项结论?

A. 一个“挖人公司”的成功率越高，能成为其“挖人”目标的公司就越少。

B. 为了有利于“挖进”人才同时又确保自己的人才不被“挖走”，雇主的最佳策略是雇用只为自己服务的“挖人公司”。

C. 为了有利于“挖进”人才同时又确保自己的人才不被“挖走”，雇主的最佳策略提高雇员的工资。

D. 为了保护自己的人才不被挖走，一个公司不应雇用“挖人公司”从别的公司挖人。

E. “挖人公司”的运作是一种不正当的人才竞争方式。

45. 在法庭的被告中，被指控偷盗、抢劫的定罪率，要远高于被指控贪污、受贿的定罪率。其重要原因是后者能聘请收费昂贵的私人律师，而前者主要由法庭指定的律师辩护。

以下哪项如果为真，最能支持题干的叙述?

A. 被指控偷盗、抢劫的被告，远多于被指控贪污、受贿的被告。

B. 一个合格的私人律师，与法庭指定的律师一样，既忠实于法律，又努力维护委托人的合法权益。

C. 被指控偷盗、抢劫的被告中罪犯的比例，不高于被指控贪污、受贿的被告。

D. 一些被指控偷盗、抢劫的被告，有能力聘请私人律师。

E. 司法腐败导致对有权势的罪犯的庇护，而贪污、受贿等职务犯罪的构成要件是当事人有职权。

46. 某矿山发生了一起严重的安全事故。关于事故原因，甲、乙、丙、丁四位负责人有如下断定：

甲：如果造成事故的直接原因是设备故障，那么肯定有人违反操作规程。

乙：确实有人违反操作规程，但造成事故的直接原因不是设备故障。

丙：造成事故的直接原因确实是设备故障，但并没有人违反操作规章。

丁：造成事故的直接原因是设备故障。

如果上述断定中只有一个人的断定为真，则以下断定都不可能为真，除了

A. 甲的断定为真，有人违反了操作规程。

B. 甲的断定为真，但没有人违反操作规程。

C. 乙的断定为真。

D. 丙的断定为真。

E. 丁的断定为真。

47. 随着年龄的增长，人体对卡路里的日需求量逐渐减少，而对维生素的需求却日趋势多。因此，为了摄取足够的维生素，老年人应当服用一些补充维生素的保健品，或者应当注意比年轻时食用更多的含有维生素的食物。

为了对上述断定作出评价，回答以下哪个问题最为重要？

A. 对老年人来说，人体对卡路里需求量的减少幅度，是否小于对维生素需求量的增加幅度？

B. 保健品中的维生素，是否比日常食品中的维生素更易被人体吸收？

C. 缺乏维生素所造成的后果，对老年人是否比对年轻人更严重？

D. 一般地说，年轻人的日常食物中的维生素含量，是否较多地超过人体的实际需要？

E. 保健品是否会产生危害健康的副作用？

48. 总经理：我主张小王和小孙两人中至少提拔一人。

董事长：我不同意。

以下哪项，最为准确地表述了董事长实际上同意的意思？

A. 小王和小孙两人都得提拔。

B. 小王和小孙两人都不提拔。

C. 小王和小孙两人中至多提拔一人。

D. 如果提拔小王，则不提拔小孙。

E. 如果不提拔小王，则提拔小孙。

49—50 基于以下题干：

张教授：智人是一种早期人种。最近在百万年前的智人遗址发现了烧焦的羚羊骨头碎片的化石。这说明人类在自己进化的早期就已经知道用火来烧肉了。

李研究员：但是在同样的地方也同时发现了被烧焦的智人骨头碎片的化石。

49. 以下哪项最可能是李研究员所要说明的？

A. 百万年前森林大火的发生概率要远高于现代。

B. 百万年前的智人不可能掌握取火用火的技能。

C. 上述被发现的智人骨头不是被人控制的火烧焦的。

D. 羚羊并不是智人所喜欢的食物。

E. 研究智人的正确依据，是考古学的发现，而不是后人的推测。

50. 以下哪项最可能是李研究员的议论所假设的？

A. 包括人在内的所有动物，一般不以自己的同类为食。

B. 即使在发展的早期，人类也不会以自己的同类为食。

C. 上述被发现的智人骨头碎片的化石不少于羚羊骨头碎片的化石。

D. 张教授并没有掌握关于智人研究的所有考古资料。

E. 智人的主要食物是动物而不是植物。

51. 要选修数理逻辑课，必须已修普通逻辑课，并对数学感兴趣。有些学生虽然对数学感兴趣，但并没修过普通逻辑课，因此，有些对数学感兴趣的学生不能选修数理逻辑课。

以下哪项的逻辑结构与题干的最为类似？

A. 据学校规定，要获得本年度的特设奖学金，必须来自贫困地区，并且成绩优秀。有些本年度特设奖学金的获得者成绩优秀，但并非来自贫困地区，因此，学校评选本年度奖学金的规定并没有得到很好的执行。

B. 一本书要畅销，必须既有可读性，又经过精心的包装。有些畅销书可读性并不大，因此，有些畅销书主要是靠包装。

C. 任何缺乏经常保养的汽车使用了几年之后都需要维修，有些汽车用了很长时间以后还不需要维修，因此，有些汽车经常得到保养。

D. 高级写字楼要值得投资，必须设计新颖，或者能提供大量办公用地。有些新写字楼虽然设计新颖，但不能提供大量的办公用地，因此，有些新写字楼不值得投资。

E. 为初学的骑士训练的马必须强健而且温驯，有些马强健但并不温驯，因此，有些强健的马并不适合于初学的骑手。

52. 一本小说要畅销，必须有可读性：一本小说，只有深刻触及社会的敏感点，才能有可读性：而一个作者如果不深入生活，他的作品就不可能深刻触及社会的敏感点。

以下哪项结论可以从题干的断定中推出？

Ⅰ　一个畅销小说作者，不可能不深入生活。

Ⅱ　一本不触及社会敏感点的小说，不可能畅销。

Ⅲ　一本不具有可读性的小说的作者，一定没有深入生活。

A. 只有Ⅰ。

B. 只有Ⅱ。

C. 只有Ⅲ。

D. 只有Ⅰ和Ⅱ。

E. Ⅰ、Ⅱ和Ⅲ。

53. 任何一篇译文都带着译者的行文风格。有时，为了及时地翻译出一篇公文，需要几个笔译同时工作，每人负责翻译其中一部分。在这种情况下，译文的风格往往显得不协调。与此相比，用于语言翻译的计算机程序显示出优势：准确率不低于人工笔译，但速度比人工笔译快得多，并且能保持译文风格的统一。所以，为及时译出那些长的公文，最好使用机译而不是人工笔译。

为对上述论证作出评价，回答以下哪个问题最不重要？

A. 是否可以通过对行文风格的统一要求，来避免或至少减少合作译文在风格上的不协调？

B. 根据何种标准可以准确地判定一篇译文的准确率？

C. 机译的准确率是否同样不低于翻译家的笔译？

D. 日常语言表达中是否存在由特殊语境决定的含义，这些含义只有靠人的头脑，而不能靠计算机程序把握？

E. 不同的计算机翻译程序，是否也和不同的人工译者一样，会具有不同的行文风格？

54. 有人对某位法官在性别歧视类案件审理中的公正性提出了质疑。这一质疑不能成立，因为有记录表明，该法官审理的这类案件中 60% 的获胜方为女性，这说明该法官并未在性别歧视类案件的审理中有失公正。

以下哪项如果为真，能对上述论证构成质疑？

Ⅰ　在性别歧视案件中，女性原告如果没有确凿的理由和证据，一般不会起诉。

Ⅱ　一个为人公正的法官在性别歧视案件的审理中保持公正也是件很困难的事情。

Ⅲ　统计数据表明，如果不是因为遭到性别歧视，女性应该在 60% 以上的此类案件的诉讼中获胜。

A. 只有Ⅰ。

B. 只有Ⅱ。

C. 只有Ⅲ。

D. 只有Ⅰ和Ⅲ。

E. Ⅰ、Ⅱ和Ⅲ。

55. 甘蓝比菠菜更有营养。但是，因为绿芥蓝比莴苣更有营养，所以甘蓝比莴苣更有营养。

以下各项，作为新的前提分别加入到题干的前提中，都能使题干的推理成立，除了

A. 甘蓝与绿芥蓝同样有营养。

B. 菠菜比莴苣更有营养。

C. 菠菜比绿芥蓝更有营养。

D. 菠菜与绿芥蓝同样有营养。

E. 绿芥蓝比甘蓝更有营养。

56. 如果一个用电单位的日均耗电量超过所在地区 80% 用电单位的水平，则称其为该地区的用电超标单位。近三年来，湖州地区的用电超标单位的数量逐年明显增加。

如果以上断定为真，并且湖州地区的非单位用电忽略不计，则以下哪项断定也必定为真？

Ⅰ　近三年来，湖州地区不超标的用电单位的数量逐年明显增加。

Ⅱ　近三年来，湖州地区日均耗电量逐年明显增加。

Ⅲ　今年湖州地区任一用电超标单位的日均耗电量都高于全地区的日均耗电量。

A. 只有Ⅰ。

B. 只有Ⅱ。

C. 只有Ⅲ。

D. 只有Ⅱ和Ⅲ。

E. Ⅰ、Ⅱ和Ⅲ。

57—58 题基于以下题干：

以下是一份商用测谎器的广告：

员工诚实的个人品质，对于一个企业来说至关重要。一种新型的商用测谎器，可以有效地帮助贵公司聘用诚实的员工。著名的 QQQ 公司在一次招聘面试时使用了测谎器，结果完

全有理由让人相信它的有效功能。有三分之一的应聘者在这次面试中撒谎。当被问及他们是否知道法国经济学家道尔时，他们都回答知道，或至少回答听说过。但事实上这个经济学家是不存在的。

57. 以下哪项最可能是上述广告所假设的？

A. 上述应聘者中的三分之二知道所谓的法国经济学家道尔是不存在的。

B. 上述面试的主持者是诚实的。

C. 上述应聘者中的大多数是诚实的。

D. 上述应聘者在面试时并不知道使用了测谎器。

E. 该测谎器的性能价格比非常合理。

58. 以下哪项最能说明上述广告存在漏洞？

A. 上述广告只说明面试中有人撒谎，并未说明测谎器能有效测谎。

B. 上述广告未说明为何员工诚实的个人品质，对于一个公司来说至关重要。

C. 上述广告忽视了：一个应聘者即使如实地回答了某个问题，仍可能是一个不诚实的人。

D. 上述广告依据的只有一个实例，难以论证一般性的介绍。

E. 上述广告未对 QQQ 公司及其业务进行足够的介绍。

59. W 病毒是一种严重危害谷物生长的病毒，每年要造成谷物的大量减产。W 病毒分为三种：W1、W2 和 W3。科学家们发现，把一种从 W1 中提取的基因，植入易受感染的谷物基因中，可以使该谷物产生对 W1 的抗体，这样处理的谷物会在 W2 和 W3 中同时产生对其中一种病毒的抗体，但严重减弱对另一种病毒的抵抗力。科学家证实，这种方法能大大减少谷物因病毒危害造成的损失。

从上述断定最可能得出以下哪项结论？

A. 在三种 W 病毒中，不存在一种病毒，其对谷物的危害性，比其余两种病毒的危害性加在一起还大。

B. 在 W2 和 W3 两种病毒中，不存在一种病毒，其对谷物的危害性，比其余两种病毒的危害性加在一起还大。

C. W1 对谷物的危害性，比 W2 和 W3 的危害性加在一起还大。

D. W2 和 W3 对谷物具有相同的危害性。

E. W2 和 W3 对谷物具有不同的危害性。

60. 在 H 国 2000 年进行的人口普查种，婚姻状况分为四种：未婚，已婚，离婚和丧偶。其中，已婚分为正常婚姻和分居；分居分为合法分居和非法分居；非法分居指分居者与人非法同居；非法同居指无婚姻关系的异性之间的同居。普查显示，非法同居的分居者中，女性比男性多 100 万人。

如果上述断定及相应的数据为真，并且上述非法同居者都为 H 国本国人，则以下哪项有关 H 国的断定必定为真？

Ⅰ　与分居者非法同居的未婚、离婚或丧偶者中，男性多于女性。

Ⅱ　与分居者非法同居的人中，男性多于女性。

Ⅲ　与分居者非法同居的分居者中，男性多于女性。

A. 仅Ⅰ。

B. 仅Ⅱ。

C. 仅Ⅲ。

D. 仅Ⅰ和Ⅱ。

E. Ⅰ、Ⅱ和Ⅲ。

2002 年 10 月在职 MBA 联考逻辑真题

11. 目前全球的粮食年产量比满足全球人口的最低粮食需求略高。因此，那种认为将来会因为粮食短缺而引发饥饿危机的预言，是危言耸听。饥饿危机总是源于分配而不是生产。

以下关于全球粮食需求的断定，哪项最符合题干？

A. 将来不会有粮食短缺。

B. 将来不会有饥饿危机。

C. 将来不会有粮食分配不均。

D. 将来粮食年产不低于目前。

E. 全球人口的最低粮食需求将基本保持不变。

12. 在疟疾流行的地区，很多孩子在感染疟疾几次后才对疟疾有免疫力。显然，孩子的免疫系统在受到疟疾原虫的一次攻击后只能产生微弱的反应，而必须被攻击多次后才能产生有效的免疫反应。

以下哪项，如果为真，最严重地削弱了上面的假设？

A. 在一个孩子一旦感染疟疾后，孩子的监护人提高了避免使孩子再次感染疟疾的警惕，但是这种警惕过不了多久就降低了。

B. 疟疾是通过蚊子从一个人传播到另一个人的，而蚊子已经对控制它们的杀虫剂产生越来越大的抵抗性。

C. 某一种基因如果可以从孩子的父母之一那里遗传下来，则可以使孩子对疟疾产生免疫力。

D. 治疗疟疾的疫苗都是通过激发人体的免疫力来发挥作用的。

E. 治疗疟疾有几种截然不同的类型，人体对某一类型的免疫力并不能保护人免受其他类型疟疾的攻击。

13. 小陈并非既懂英语又懂法语。

如果上述断定为真，那么下述哪项断定必定为真？

A. 小陈懂英语但不懂法语。

B. 小陈懂法语但却不懂英语。

C. 小陈既不懂英语又不懂法语。

D. 如果小陈懂英语，那么他一定不懂法语。

E. 如果小陈不懂法语，那么他一定懂英语。

14. S 市公寓区近年来发生的入室盗窃案件，90% 以上都发生在没有安装自动报警装置的住户，这说明，民用自动报警装置对于防止入室盗窃起到了有效的作用。

以下哪项，如果为真，能削弱上述论证？

Ⅰ　S 市公寓区内的自动报警装置具有良好的性能：一方面，它反应准确而灵敏；另一方面，它不易被发现。

Ⅱ　S 市公寓区内安装自动报警装置的住户不到 10% 。

Ⅲ　S 市公寓区近年来接近 10% 的入室盗窃案件的破获，是依靠自动报警装置。

A. 只有Ⅰ。

B. 只有Ⅱ。

C. 只有Ⅲ。

D. 只有Ⅰ和Ⅱ。

E. Ⅰ、Ⅱ和Ⅲ。

15. 一份对北方山区先天性精神分裂症患者的调查统计表明，大部分患者都出生在冬季。专家们指出，其原因很可能是那些临产的孕妇营养不良，因为在这一年最寒冷的季节中，人们很难买到新鲜食品。

以下哪项如果为真，最能支持题干中的专家的结论？

A. 在精神分裂患者中，先天性患者只占很小的比例。

B. 调查中有相当比例的患者有家族史。

C. 与引起精神分裂症有关的大脑区域的发育，大部分发生在产前一个月。

D. 新鲜食品与腌制食品中的营养成分对大脑发育的影响相同。

E. 虽然生活在北方山区，但被调查对象的家庭，大部分经济条件良好。

16. 近十年来，海达冰箱厂通过不断引进先进设备和技术，使得劳动生产率大为提高，即在单位时间里，较少的工人生产了较多的产品。

以下哪项如果为真，一定能支持上述结论？

Ⅰ　和 1991 年相比，2000 年海达冰箱厂的年利润增加了一倍，工人增加了 10% 。

Ⅱ　和 1991 年相比，2000 年海达冰箱厂的年产量增加了一倍，工人增加了 100 人。

Ⅲ　和 1991 年相比，2000 年海达冰箱厂的年产量增加了一倍，工人增加了 10%

A. 只有Ⅰ。

B. 只有Ⅱ。

C. 只有Ⅲ。

D. 只有Ⅰ和Ⅲ。

E. Ⅰ、Ⅱ和Ⅲ。

17. 某本科专业按如下原则选拔特别奖学金的候选人。

将本专业的学生按德育情况排列名次，均分为上、中、下三个等级（即三个等级的人数相等，下同），候选人在德育方面的表现必须为上等。

将本专业的同学按学习成绩排列名次，均分为优、良、中、差四个等级，候选人的学习成绩必须为优。

将本专业的同学按身体状况排列名次，均分为好与差两个等级，候选人的身体状况必须为好。

假设该专业共有36名本科生，则除了以下哪项外，其余都可能是这次选拔的结果？

A. 恰好有四个学生被选为候选人。

B. 只有两个学生被选为候选人。

C. 没有学生被选为候选人。

D. 候选人数多于本专业学生的1/4。

E. 候选人数少于本专业学生的1/3。

18. 是否应当废除死刑，在一些国家一直存在争议。下面是相关的一段话：

史密斯：一个健全的社会应当允许甚至提倡对罪大恶极者执行死刑。公开执行死刑通过其震慑作用显然可以减少恶性犯罪，这是社会自我保护的必要机制。

苏珊：您忽视了讨论这个议题的前提，这就是一个国家或者社会是否有权力剥夺一个人的生命。如果事实上这样的权利不存在，那么，讨论执行死刑是否可以减少恶性犯罪这样的问题是没有意义的。

如果事实上社会有权力剥夺一个人的生命，则以下哪项最为恰当地评价了这一事实对两个人所持观点的影响？

A. 两人的观点都得到加强。

B. 两人的观点都未受影响。

C. 史密斯的观点得到加强，苏珊的观点未受影响。

D. 史密斯的观点未受影响，苏珊的观点得到加强。

E. 史密斯的观点得到加强，苏珊的观点受到削弱。

19—20题基于以下题干：

有钱并不意味着幸福。由一项覆盖面相当广的调查显示，在自认为有钱的被调查者中，只有1/3的人感觉自己是幸福的。

19. 要使上述论证成立，以下哪项必须为真？

A. 在不认为自己有钱的被调查者中，感觉自己是幸福的人多于1/3。

B. 在自认为有钱的被调查者中，其余的2/3都感觉自己很不幸福。

C. 许多自认为有钱的人，实际上并不有钱。

D. 上述调查的对象全部是有钱人。

E. 是否幸福的标准是当事人的自我感觉。

20. 以下哪项有关上述调查的断定如果为真，最能支持上述论证？

A. 绝大多数自认为有钱的人，实际上都达到中等以上的富裕程度。

B. 许多感觉不幸福的人，实际上十分幸福。

C. 许多不认为自己有钱的人，实际上很有钱。

D. 被调查的有钱人绝大多数是合法致富。

E. 被调查的有钱人中，许多是非法致富。

21. 员工诚实的个人品质，对于一个企业来说至关重要。一种新型的商用测谎器，可以有效地帮助企业聘用诚实的员工。著名的 QQQ 公司在一次对 300 名应聘者面试时使用了测谎器，结果完全有理由让人相信它的有效功能。当被问及是否知道法国经济学家道尔时，有 1/3 的应聘者回答知道；当被问及是否知道比利时的卡达特公司时，有 1/5 的人回答知道。但事实上这个经济学家和公司都是不存在的。测试结果证明：该测谎器的准确率是 100%。

如果上述断定为真，并且测谎器测试的结果是：上述应聘者中撒谎的人数不多于 160 人，则以下哪项关于该项测试的断定一定为真？

Ⅰ　应聘者只被问了上述两个问题。

Ⅱ　没有一个应聘者在回答上述两个问题时都撒了谎。

Ⅲ　测谎器测定的未撒谎的人数不多于 200 人。

A. 只有Ⅰ。

B. 只有Ⅱ。

C. 只有Ⅲ。

D. Ⅰ、Ⅱ和Ⅲ。

E. Ⅰ、Ⅱ和Ⅲ都不一定是真的。

22. 为了增加收入，新桥机场决定调整在计时停车场的收费标准。对每一在此停靠的车辆，新标准规定：在第一个 4 小时或不到 4 小时期间收取 4 元，尔后每小时收取 1 元；而旧标准为：第一个 2 小时或不到 2 小时期间收取 2 元，而后每小时收取 1 元。

以下哪项，如果为真，最能说明上述调整有利于增加收入？

A. 把车停在机场停车场作短途旅游的人较前有很大的增长。

B. 机场停车场经过扩充，容量较前大有增加。

C. 机场停车场自投入使用以来，每年的收入都低于运营成本。

D. 大多数车辆在机场的停靠时间不超过 2 小时。

E. 把车停在机场停车场作短途旅游的人，通常把车停在按天计费而非按时计费的停车场内。

23. 我国正常婴儿在 3 个月时的平均体重在 5～6 公斤之间。因此，如果一个 3 个月的婴儿的体重只有 4 公斤，则说明其间他（她）的体重增长低于平均水平。

以下哪项，如果为真，最有助于说明上述论证存在漏洞？

A. 婴儿体重增长低于平均水平不意味着发育不正常。

B. 上述婴儿在 6 个月时的体重高于平均水平。

C. 上述婴儿出生时的体重低于平均水平。

D. 母乳喂养的婴儿体重增长较快。

E. 我国婴儿的平均体重较20年前有了显著的增加。

24. 在美国，每年接受治疗的精神忧郁症病人的人数超过200万人，是中国的接近10倍，而中国的人口则接近美国的10倍。

以下各项如果为真，都有助于解释上述现象，除了

A. 中美两国医学界对何为精神忧郁症的解释不同。

B. 考虑到实际收入，和中国相比，美国的医疗费用并不过于昂贵。

C. 和中国相比，美国有较好的医疗条件。

D. 和中国人相比，美国人有较高的自我保健意识。

E. 和中国相比，美国的生活环境较不利于人的精神健康。

25. 在H国2000年的人口普查中，婚姻状况分为四种：未婚、已婚、离婚和丧偶。其中，已婚分为正常婚姻和分居；分居分为合法分居和非法分居；非法分居指分居者与无婚姻关系的异性非法同居。普查显示，分居者中，女性比男性多100万。

以下哪项如果为真，有助于解释上述普查结果?

Ⅰ　分居者中的男性非法同居者多于分居女性。

Ⅱ　未在上述普查中登记的分居男性多于分居女性。

Ⅲ　离开H国移居他国的分居男性多于分居女性。

A. 只有Ⅰ。

B. 只有Ⅱ。

C. 只有Ⅲ。

D. 只有Ⅱ和Ⅲ。

E. Ⅰ、Ⅱ和Ⅲ。

26. R国的工业界存在着一种看来矛盾的现象：一方面，根据该国的法律，工人终身不得被解雇，工资标准只能升不能降；但另一方面，这并没有阻止工厂主引进先进的生产设备，这些设备提高了劳动生产率，使得一部分工人事实上被变相闲置（例如让3个人干2个人可以胜任的活）。

以下哪项相关断定如果为真，最能合理地解释上述现象?

A. 每个工人在被雇用之前，都经过严格的技术考核和培训。

B. 先进设备提高劳动生产率所创造的利润，高于重新培训工人从事其他工作的费用。

C. 先进设备的引进，提高了产品的最终成本。

D. R国面临着修改上述法律的压力。

E. R国的产品具有很强的国际竞争力。

27. 张教授：在我国，因偷盗、抢劫或流氓罪入狱的刑满释放人员的重新犯罪率，要远远高于因索贿受贿等职务犯罪入狱的刑满释放人员。这说明，在狱中对上述前一类罪犯教育改造的效果，远不如对后一类犯罪。

李研究员：你的论证忽视了一个事实：流氓犯罪等除了犯罪的直接主客体之外，几乎不需要什么外部条件。而职务犯罪是以犯罪嫌疑人取得某种官职为条件的。事实上刑满释放人员不具备重新犯罪的条件。

以下哪项最可能是李研究员的反驳所假设的？

A. 因职务犯罪入狱的刑满释放人员如果具备条件仍然会重新犯罪。

B. 职务犯罪比流氓罪等具有更大的危害。

C. 我国监狱对罪犯的教育改造是普遍有效的。

D. 流氓犯罪等比职务犯罪更容易得手。

E. 惯犯基本上犯的是同一类罪行。

28. 一个医生在进行健康检查时，如果检查得足够彻底，就会使那些本没有疾病的被检查者无谓地饱经折腾，并白白地支付了昂贵的检查费用；如果检查得不够彻底，又可能错过一些严重的疾病，给病人一种虚假的安全感而延误治疗。问题在于，一个医生往往很难确定该把一个检查进行到何种程度。因此，对普通人来说，没有感觉不适就去接受医疗检查是不明智的。

以下各项如果为真，都能削弱上述论证，除了

A. 有些严重疾病早期就有病人自己能察觉的明显症状。

B. 有些严重疾病早期虽无病人能察觉的明显症状，但这些症状并不难被医生发现。

C. 有些严重疾病只能经过彻底检查才能发现。

D. 有些经验丰富的医生可以恰如其分地把握检查的彻底程度。

E. 有些严重疾病发展到病人有明显不适已错过了治疗的最佳时机。

29. 通常人们总认为，赞助人向博物馆赠送展品，是对博物馆的一种财政上的支持。事实上，对捐赠品的日常保管和维护是笔昂贵的开支。这笔开支的累计，甚至很快就会超过该捐赠品的市场价。因此，这些捐赠品事实上加剧而并非减轻了博物馆的财政负担。

以下哪项如果为真，最能削弱上述论证？

A. 捐赠品中包括珍贵的历史文物。

B. 博物馆的开支，主要由国家财政负担。

C. 博物馆一般只接受允许并易于出售的赠品。

D. 博物馆对藏品的保管和维护费用，因藏品的等级而异。

E. 博物馆对藏品的保管和维护费用，近年来有下降的趋势。

30. 烟斗和雪茄比香烟对健康的危害明显要小。吸香烟的人如果戒烟的话，则可以免除对健康的危害，但是如果改吸烟斗或雪茄的话，对健康的危害和以前差不多。

如果以上断定为真，则以下哪项断定最不可能为真？

A. 香烟对所有吸香烟者健康的危害基本相同。

B. 烟斗和雪茄对所有吸烟斗或雪茄者健康的危害基本相同。

C. 同时吸香烟、烟斗和雪茄所受到的健康危害，不大于只吸香烟。

D. 吸烟斗和雪茄的人戒烟后如果改吸香烟，则所受到的健康危害比以前大。

E. 烟斗比雪茄对健康的危害大。

31. W－12是一种严重危害谷物生长的病毒，每年要造成谷物的大量减产。科学家们发现，把一种从W－12中提取的基因，植入易受其感染的谷物基因中，可以使该谷物产生对W－12的抗体，从而大大减少损失。

以下各项如果为真，都能加强上述结论，除了

A. 经验证明，在同一块土地上相继种植两种谷物，如果第一种谷物不易感染某种病毒，则第二种谷物通常也如此。

B. 病毒的感染能力越强，则其繁衍越强，反之，则越弱。

C. 植物通过基因变异获得的抗体会传给后代。

D. 植物通过基因变异获得对某种病毒的抗体的同时，会增加对其他某些病毒的抵抗力。

E. 植物通过基因变异获得对某种病毒的抗体的同时，会改变其某些生长特性。

32. 当在微波炉中加热时，不含食盐的食物，其内部可以达到很高的足以把所有引起食物中毒的细菌杀死的温度；但是含有食盐的食物的内部则达不到这样高的温度。

假设以下提及的微波炉都性能正常，则上述断定可推出以下所有的结论，除了

A. 食盐可以有效地阻止微波加热食物的内部。

B. 当用微波炉烹调含盐食物时，其原有的杀菌功能大大减弱。

C. 经过微波炉加热的食物如果引起食物中毒，则其中一定含盐。

D. 如果不向就要放进微波炉中加热的食物中加盐，则由此引起食物中毒的危险就会减少。

E. 食用经微波炉足够加热的不含盐食品，肯定不会引起食物中毒。

33. 某个实验把一批吸烟者作为对象。实验对象分为两组。第一组是实验组，第二组是对照组。实验组的成员被强制戒烟，对照组的成员不戒烟。三个月后，实验组成员的平均体重增加了10%，而对照组成员的平均体重基本不变。实验结果说明，戒烟会导致吸烟者的体重增加。

以下哪项如果为真，最能加强上述实验结论的说服力？

A. 实验组和对照组成员的平均体重基本相同。

B. 实验组和对照组的人数相等。

C. 除戒烟外，对每个实验对象来说，可能影响体重变化的生存条件基本相同。

D. 除戒烟外，对每个实验对象来说，可能影响体重变化的生存条件基本保持不变。

E. 上述实验的设计者是著名的保健专家。

34. 在LH公司，从董事长、总经理、总会计师到每个员工，没有人信任所有的人。董事长信任总经理。总会计师不信任董事长。总经理信任所有信任董事长的人。

如果上述断定为真，则以下哪项不可能为真？

Ⅰ　总经理不信任董事长。

Ⅱ　总经理信任总会计师。

Ⅲ　所有的人都信任董事长。

A. 只有Ⅰ。

B. 只有Ⅱ。

C. 只有Ⅲ。

D. Ⅱ和Ⅲ。

E. Ⅰ、Ⅱ和Ⅲ。

35. 某商店失窃，四职工涉嫌被拘审。

甲：只有乙作案，丙才会作案。

乙：甲和丙两人中至少有一人作案。

丙：乙没作案，作案的是我。

丁：是乙作的案。

四人中只有一个说假话，可推出以下哪项成立？

A. 甲说假话，丙作案。

B. 乙说假话，乙作案。

C. 丙说假话，乙作案。

D. 丁说假话，丙作案。

E. 丙说假话，丙没作案。

36. 在西西里的一处墓穴里，发现了一支陶瓷花瓶。考古学家证实这只花瓶原产自希腊。墓穴主人生活在2 700年前，是当时的一个统治者。因此，这说明在2 700年前，西西里和希腊间已有贸易。

以下哪项是上述论证必须假设的？

A. 当时西西里的陶瓷匠人的水平不及希腊陶瓷匠人。

B. 在当时用来制造陶瓷的黏土，西西里产的和希腊产的很不一样。

C. 墓穴主人活着的时候，已经有大批船队能够往来于西西里和希腊。

D. 在西西里墓穴里发现的这只花瓶不是墓穴主人的后裔在后来放进去的。

E. 墓穴主人不是西西里皇族的成员。

37. 总经理：我主张小王和小孙两人中至多提拔一人。

董事长：我不同意。

以下哪项，最为准确地表达了董事长实际的意思？

A. 小王、小孙都得提拔。

B. 小王、小孙都不能提拔。

C. 小王和小孙两人中至少提拔一人。

D. 如果提拔小王，则也得提拔小孙。

E. 如果不提拔小王，则也不得提拔小孙。

38. 塑料垃圾因为难以被自然分解一直令人类感到头疼。近年来，许多易于被自然分解的塑料代用品纷纷问世，这是人类为减少塑料垃圾的一种努力。但是，这种努力几乎没有成效，因为据全球范围内大多数垃圾处理公司统计，近年来，他们每年填埋的垃圾中塑料垃圾的比例，不但没有减少，反而有所增加。

以下哪项如果为真，最能削弱上述论证？

A. 近年来，由于实施了垃圾分类，越来越多过去被填埋的垃圾被回收利用了。

B. 塑料代用品利润很低，生产商缺乏投资的积极性。

C. 近年来，用塑料包装的商品品种有了很大的增长。

D. 上述垃圾处理公司绝大多数属于发达或中等发达国家。

E. 由于燃烧时会产生有毒污染物，塑料垃圾只适合填埋地下。

39—40 题基于以下题干：

在一个古代的部落社会，每个人都属于某个家族，每个家族只崇拜以下五个图腾之一：熊、狼、鹿、鸟、鱼。这个社会的婚姻关系遵守以下法则：

崇拜同一图腾的男女可以结婚。

崇拜狼的男子可以娶崇拜鹿或鸟的女子。

崇拜狼的女子可以嫁崇拜鸟或鱼的男子。

崇拜鸟的男子可以娶崇拜鱼的女子。

父亲与儿子的图腾崇拜相同。

母亲与女儿的图腾崇拜相同。

39. 崇拜以下哪项图腾的男子一定可以娶崇拜鱼的女子？

A. 狼或鸟。

B. 鸟或鹿。

C. 鱼或鹿。

D. 鸟或鱼。

E. 狼或鱼。

40. 如果某男子崇拜的图腾是狼，则他妹妹崇拜的图腾最可能是：

A. 狼、鱼或鹿。

B. 狼、鱼或鸟。

C. 狼、鹿或熊。

D. 狼、熊或鸟。

E. 狼、鹿或鸟。

41. 有些具有优良效果的护肤化妆品是诺亚公司生产的。所有诺亚公司生产的护肤化妆品都价格昂贵，而价格昂贵的护肤化妆品无一例外地受到女士们的信任。

以下各项都能从题干的断定中推出，除了

A. 受到女士们信任的护肤化妆品中，有些实际效果并不优良。

B. 有些效果优良的化妆品受到女士们的信任。

C. 所有诺亚公司生产的护肤化妆品都受到女士们的信任。

D. 有些价格昂贵的护肤化妆品是效果优良的。

E. 所有被女士们不信任的护肤化妆品价格都不昂贵。

42. 法官：原告提出的所有论据，不足以说明被告的行为已构成犯罪。

如果法官的上述断定为真，则以下哪项相关断定也一定为真？

Ⅰ 原告提出的论据中，至少没包括这样一个论据，有了它，足以断定被告有罪。

Ⅱ 原告提出的论据中，至少没包括这样一个论据，没有它，不足以断定被告有罪。

Ⅲ 原告提出的论据中，至少有一个与事实不符。

A. 只有Ⅰ。

B. 只有Ⅱ。

C. 只有Ⅲ。

D. 只有Ⅰ和Ⅱ。

E. Ⅰ、Ⅱ和Ⅲ。

43. 和上一个十年相比，近十年吸烟者中肺癌患者的比例下降了10%。据分析，这种结果有两个明显的原因：第一，近十年中高档品牌的香烟都带有过滤嘴，这有效地阻止了香烟中有害物质的吸入；第二，和上一个十年相比，近十年吸烟人数大约下降了10%。

以下哪项对上述分析的评价最为恰当？

A. 上述分析不存在逻辑漏洞。

B. 上述分析依据的数据有误，因为吸烟者中肺癌患者下降的比例，不可能正好等于吸烟人数下降的比例。

C. 上述分析缺乏说服力，因为显然存在吸过滤嘴香烟的肺癌患者。

D. 上述分析存在漏洞，这种漏洞和以下分析中的漏洞类似：和去年相比，今年京都大学录取的来自西部新生的比例上升了10%。据分析，这有两个原因：第一，西部地区的中等教育水平逐年提高；第二，今年西部地区的考生比去年增加了10%。

E. 上述分析存在漏洞，这种漏洞和以下分析中的类似：人们对航行的恐惧完全是一种心理障碍。统计说明，空难死亡率不到机动车事故死亡率的1%。随着机动车数量的大幅度上升，航空旅行相对地将变得更为安全。

44. 按照餐饮业卫生管理条例，对宴席，特别是规模宴席（例如婚宴）的卫生检查程序要比普通散座餐饮更为严格。S市的绝大多数餐馆事实上都执行了上述规定。但是，近年来在S市对餐饮业的食物中毒投诉大多数是针对宴席的。

以下哪项如果为真，有助于解释上述矛盾？

Ⅰ S市餐饮业的主要利润来自宴席，特别是规模宴席。

Ⅱ 人们一般不会把吃一顿饭与之后出现的疾病联系起来，除非一群相关的人都出现了同样的疾病。

Ⅲ S市的卫生执法足够严格。

A. 只有Ⅰ。

B. 只有Ⅱ。

C. 只有Ⅲ。

D. 只有Ⅰ和Ⅱ。

E. Ⅰ、Ⅱ和Ⅲ。

45. 尽管有关法律越来越严厉，盗猎现象并没有得到有效抑制，反而有愈演愈烈的趋势，特别是对犀牛的捕杀。一只没有角的犀牛对盗猎者是没有价值的，野生动物保护委员会为了有效地保护犀牛，计划将所有的犀牛角都切掉，以使它们免遭杀害厄运。

野生动物保护委员会的计划假设了以下哪项？

A. 盗猎者不会杀害对他们没有价值的犀牛。

B. 犀牛是盗猎者为获得其角而猎杀的唯一动物。

C. 无角的犀牛比有角的对包括盗猎者在内的人威胁都小。

D. 无角的犀牛仍可成功地对人类以外的敌人进行防卫。

E. 对盗猎者进行更严格的惩罚并不会降低盗猎者猎杀犀牛的数量。

46. 从技术上讲，一种保险单如果其索赔额及管理费用超过保金收入，这种保险单就属于折价发行。但是保金收入可以用来投资并产生回报，因而折价发行的保单并不一定总是亏本的。

上述论断建立在以下哪项假设基础之上？

A. 保险公司不会为吸引顾客而故意折价发行保单。

B. 并不是每一种亏本的保单都是折价发行的。

C. 在索赔发生前，保单每年的索赔额都是可以精确估计的。

D. 投资与保金收入的所得是保险公司利润的最重要来源。

E. 至少部分折价发行的保单，并不要求保险公司在得到保金后立即支付全部赔偿。

47. 纯种的蒙古奶牛一般每年产奶400升；如果蒙古奶牛与欧洲奶牛杂交，其后代一般每年可产2 700升牛奶。为此，一个国际组织计划通过杂交的方式，帮助蒙古牧民提高其牛奶产量。

以下哪项，如果为真，对该国际组织的计划提出了最严重的质疑？

A. 并不是欧洲所有奶牛品种都可以成功地同蒙古奶牛杂交。

B. 许多年轻的蒙古人认为饲养奶牛是一种很低贱的职业，因为它不如其他许多职业更有利可图。

C. 蒙古地区的放牧条件只适于饲养当地品种的奶牛，不适合杂交奶牛生长。

D. 蒙古牧民出口到欧洲的主要产品是牛皮和牛角，而不是牛奶。

E. 许多欧洲奶牛品种每年产奶超过2 700升。

48. 在今年上半年，数字照相机的销量是300万台。这个数字是去年全国销量的35%。因此，今年全国数字照相机的销量肯定要低于去年。

以下哪项，如果为真，最严重地削弱了上述结论？

A. 去年全年数字照相机的销量比前年低。
B. 现在喜欢数字照相机的人基本上都有数字照相机了。
C. 今年数字照相机比去年价格更便宜。
D. 去年销售的数字照相机中，60% 是在 1 月份卖出的。
E. 一般地说，数字照相机销量的 70% 都是在 11 月份和 12 月份卖出的。

49. 这个国家在 1987 年控制非法药物进入的计划失败了。尽管对非法药物的需求呈下降趋势，但是，如果这个计划没有失败，多数非法药物在 1987 年的批发价格不会急剧下降。

以下结论依赖于以下哪一个假设？
A. 1987 年非法药物的供给大幅下降。
B. 1987 年平均每个消费者支付的非法药物的价格并未显著下降。
C. 本国非法药物产量比非法进入该国的非法药物增加更多。
D. 1987 年少数几种非法药物的批发价格大幅上升了。
E. 1987 年非法药物需求的下降不是其批发价格下降的唯一原因。

50. 如果小李报考 MBA，那么，小孙、小王和小张也都报考 MBA。
如果以上断定为真，以下哪项也一定为真？
A. 如果小王不报考 MBA，那么小孙也不报考 MBA。
B. 如果小张不报考 MBA，那么小李也不报考 MBA。
C. 如果小李和小孙报考 MBA，那么，小王和小张不报考 MBA。
D. 如果小孙、小王和小张报考 MBA，那么小李也报考 MBA。
E. 如果小李不报考 MBA，那么小孙、小王和小张三人中至少有一人不报考 MBA。

51. 为了缓解城市交通拥挤的状况，市长建议对每天进入市区的私人小汽车收取 5 元的费用。市长说，这个费用将超过乘公交车进出市区的车费，所以很多人都会因此不再开车上班，而改乘公交车。

以下哪项，如果为真，最严重地削弱了市长的结论？
A. 汽油价格的大幅上涨将增加开车上下班的成本。
B. 对多数自己开车进入市区的人来说，在市区内停车的费用已经远远超过了乘公交车的费用。
C. 多数现在乘公交车的人没有私人汽车。
D. 很多进出市区的人反对市长的计划，他们宁愿承受交通阻塞也不愿交那 5 元钱。
E. 在一个平常工作日，住在市区内的人的私人汽车占了交通阻塞时汽车总量的 20%。

52. 在塞普西路斯的一个古城蒙科云，发掘出城市的残骸，这一残骸呈现出被地震损坏的典型特征。考古学家猜想，该城的破坏是这个地区公元 365 年的一次地震所致。

以下哪项，如果为真，最有力地支持考古学家的猜想？
A. 经常在公元 365 年前后的墓穴里发现的青铜器制纪念花瓶，在蒙科云城里也发现了。
B. 在蒙科云城废墟里没有发现在公元 365 年以后铸的硬币，但是却有 365 年前的铸币。

C. 多数现代塞普西路斯历史学家曾经提及，在公元365年前后在附近发生过地震。

D. 在蒙科云城废墟中发现了公元300年至400年风格的雕塑。

E. 在蒙科云发现了塞普西路斯365年以后才使用的希腊字母的石刻。

53. 美国授予发明者的专利数量，由1971年的56 000项下降到1978年的45 000项。美国在研究和开发方面的投入在1964年到达其顶峰——占GNP的3%，而在1978年只有2.2%，在这期间，研究和开发费用占GNP的比重一直在下降。同一时期，西德和日本却增加了它们GNP中研究和开发的比重，分别增长到3.2%和1.6%。

上述信息最能支持以下哪个结论？

A. 一个国家的GNP和发明数量之间有直接的关系。

B. 日本和西德在1978年比美国在研究和开发方面花费了更多的钱。

C. 一个国家花在研究和开发上的钱的数量，直接决定该国产生的专利数量。

D. 1964—1978年间，美国研究开发费用占GNP的比重一直高于日本。

E. 西德和日本都将很快在专利数量方面超过美国。

54. 据卫星提供的最新气象资料表明，原先预报的明年北方地区的持续干旱不一定出现。

以下哪项最接近于上文中气象资料所表明的含义？

A. 明年北方地区的持续干旱一定不出现。

B. 明年北方地区的持续干旱可能出现。

C. 明年北方地区的持续干旱可能不出现。

D. 明年北方地区的持续干旱出现的可能性比不出现大。

E. 明年北方地区的持续干旱不可能出现。

55. 学校董事会决定减少员工中教师的数量。学校董事会计划首先解雇效率较低的教师，而不是简单地按照年龄的长幼决定解雇哪个教师。

校董事会的这个决定假定了：

A. 有能比较准确地判定教师效率的方法。

B. 一个人的效率不会与另一个人的相同。

C. 最有教学经验的教师就是最好的教师。

D. 报酬最高的教师通常是最称职的。

E. 每个教师都有某些教学工作是自己的强项。

56. 一项试验显示，那些免疫系统功能较差的人，比起那些免疫系统功能一般或较强的人，在进行心理健康的测试时记录明显较差。因此，这项实验的设计和实施者得出结论，人的免疫系统，不仅保护人类抵御生理疾病，而且保护人类抵御心理疾病。

上述结论是基于以下哪项假设？

A. 免疫系统功能较强的人比功能一般的人更能抵御心理疾病。

B. 患有某种心理疾病的人，一定患有某种相关的生理疾病。

C. 具有较强的免疫系统功能的人，不会患心理疾病。
D. 心理疾病不会引起免疫系统功能的降低。
E. 心理疾病不能依靠药物治疗，而只能依靠心理治疗。

57. 公寓住户设法减少住宅小区物业管理费的努力是不明智的。因为对于住户来说，物业管理费少交1元，为了应付因物业管理质量下降而付出的费用很可能是3元、4元甚至更多。

以下哪项最可能是上述论证所假设的？
A. 目前许多住宅小区的物业管理费的标准偏高。
B. 目前许多住宅小区的物业管理费的标准是合理的。
C. 目前许多住宅小区的物业管理质量是合格的。
D. 物业管理费的减少必然导致管理质量的下降。
E. 物业管理部门很可能以降低服务质量来应付管理费的减少。

58. 棕榈树在亚洲是一种外来树种，长期以来，它一直靠手工授粉，因此棕榈果的生产率极低。1994年，一种能有效地对棕榈树进行授粉的象鼻虫引进了亚洲，使得当年的棕榈果生产率显著提高，在有的地方甚至提高了50%以上，但是到了1998年，棕榈果的生产率却大幅度降低。

以下哪项如果为真，最有助于解释上述现象？
A. 在1994—1998年间，随着棕榈果产量的增加，棕榈果的价格在不断下降。
B. 1998年秋季，亚洲的棕榈树林区开始出现象鼻虫的天敌赤峰。
C. 在亚洲，象鼻虫的数量在1998年比1994年增加了一倍。
D. 果实产量连年不断上升会导致孕育果实的雌花无法从树木中汲取必要的营养。
E. 在1998年，同样是外来树种的椰果的产量在亚洲也大幅度低于往年的水平。

59—60题基于以下题干：

张教授：据世界范围的统计显示，20世纪50年代，癌症病人的平均生存年限（即从确诊至死亡的年限）是2年，而到20世纪末这种生存年限已升至6年。这说明，世界范围内诊治癌症的医疗水平总体上有了显著的提高。

李研究员：您的论证缺乏说服力。因为您至少忽视了这样一个事实：20世纪末癌症的早期确诊率较20世纪50年代有了显著的提高。

59. 李研究员的反驳基于以下哪项假设？
A. 张教授的论证所依据的统计数据是完全准确的。
B. 癌症的早期确诊有利于延长患者的生存年限。
C. 20世纪末人类的平均寿命较20世纪50年代有了显著的提高。
D. 20世纪50年代以来，癌症一直是威胁人类健康和生命的头号杀手。
E. 癌症是可以彻底治愈的。

60. 以下哪项，如果为真，最能削弱李研究员的反驳？

A. 癌症早期确诊，很大程度上依赖于患者的自我保健意识。

B. 对癌症的早期确诊，是提高癌症诊治水平的重要内容和标准。

C. 无论是在20世纪50年代还是在20世纪末，诊治癌症的医疗水平在世界的不同国家和地区是不平衡的。

D. 20世纪末癌症的发病率比20世纪50年代有显著提高。

E. 20世纪末和20世纪50年代相比，有更多的癌症患者接受化疗。

1997 年 1 月 MBA 联考逻辑真题解析

1. 解析：答案是 D。

题干的依据是“剥夺青少年的学习和与社会交流的时间”。而选项 D 说的是花费了家里的资金，与青少年的学习和社会交流的时间无直接关系。其他选项都与“学习”和“社会交流”有关，并支持题干的观点。

2. 解析：答案是 D。

题干中前一句话说奋斗精神是成功的必要条件；后一句话又从“李阳有很强的奋斗精神”，直接推出“他一定能成功”的结论，把奋斗精神当做成功的充分条件。如果奋斗精神是成功的唯一要素，成功的必要条件就是充分条件。因此，加上选项 D 中给的条件后，题干中的推论就能成立。

选项 B、选项 C、选项 E 只是以不同的方式重复题干中第一句话的意思。选项 A 也不能得出“一定能成功”的必然结论，因为可能有影响成功的其他要素存在，而李阳并不具备。

3. 解析：答案是 C。

如果理发师都穿白衣服，又有某些理发师留胡子，当然某些留胡子的人穿白衣服。

选项 E 不对。因为即使所有穿白衣服的人都是理发师，仍可能有些理发师不穿白衣服。若所有留胡子的理发师都不穿白衣服，就不能得出题干中的结论。

4. 解析：答案是 E。

题干中一方面说“时时刻刻缠绕着”，又说“暂时抛开”，是明显的自相矛盾。

5. 解析：答案是 C。

由于用于止痛的海洛因在数量上“微不足道”，即使毒品贩子通过这种渠道获得海洛因，数量上也有限，不至于“对社会造成严重危害”。

选项 A、选项 B、选项 D、选项 E 与题干中的关键词“对社会造成危害”无关。

6. 解析：答案是 D。

注意题干第一句中的“才”字，一般来说，“才”后面引导的是充分条件，由此写出逻辑式：边吃边呼吸→第二味觉；

由第二句：高效率的新陈代谢→边吃边呼吸。

所以：高效率的新陈代谢→边吃边呼吸→第二味觉。

若否定上式，则应肯定前件，否定后件。显然选项 D 符合上述条件，而其余选项都不具备。

7. 解析：答案是 D。

题干中第一个和第四个小杯子上的话是矛盾的——“所有都有”和“有些没有”是矛盾关系，两句话中必有且只有一句为真，所以第二个和第三个杯子上的话必为假。由第三个杯子上的话“本杯中没有巧克力”是假，可知选项D中所说“第三个杯子中有巧克力”为真。

8. 解析：答案是C。

虽然题干和选项C中的推理都是无效的，但它们的推理结构是相似的，即所有p是q，特称是q，所以特称是p。

选项A中有否定词，与题干不同。选项B是一个三段论推理，虽然有效，但与题干结构不同。选项D的前一部分是一个必要条件假言判断，与题干明显不同。选项E是一个比较关系判断，而并非题干中的直言命题，也不是正确的选项。

9. 解析：答案是A。

题干和选项A的论断都把不能证明某事不存在作为论证的充分理由，其论证方式是相同的。

10. 解析：答案是C。

为了检查题干中的因果关系（植物性饲料与蛋黄为黄色）是否为真，最可靠的实验方法是改变原因后，看结果是否不同。“选择品种等级完全相同的蛋鸡”是为了让实验对象的其他方面的条件相同（比如蛋鸡的品种、年龄等）。

选项A没谈何种实验。选项B只讲化验，与因果关系无关。选项D只是变化饲料的量，对验证题干的结论来说，不及选项C中的方法可靠。选项E不对，因题干中的结论并不是对某些特定的鸡而言的。

11. 解析：答案是E。

题目的要求是“质疑”题干。所以要寻找的自然是题干的负面作用。

“不必要的失误”即指出“人才盘点”的负面作用，也就是对其必要性提出质疑。

选项A、选项B、选项C、选项D都是讲“人才盘点”的正面作用，没有对题干提出质疑。这么简单的题目出现的概率不高，对于有些题目，弄清要找的是正面还是负面，确实就成功了大半。

12. 解析：答案是D。

按选项D和题干中的数据，“现在”美国半导体的产量仍为日本的20多倍，削弱了题干的结论。注意：$[90\%\ (1+200\%)]/[2\%\ (1+500\%)]=2.7/0.12=22.5$

选A不对，五年增100%比十年增200%所说的年增长速度更快。选项B、选项C与题干所说的无直接关系。选项E虽有削弱题干命题的意思，但名次的差别不能准确反映其数量之间的差异，从削弱的角度看明显不及选项D。

13. 解析：答案是E。

要否定题干，只要证明“有的哺乳动物不是胎生的”即可，选项E所举的鸭嘴兽是题干所作判断的反例。

选项 C、选项 D 赞同题干的判断。选项 A 对题干的判断没有提出质疑。选项 B 是对题干提出的“可能性”的怀疑，但不如选项 E 有力。

14. 解析：答案是 B。

若儿童小玩具的销售让顾客自选，没有营业员演示，难以引起儿童和家长的兴趣，销售量就会受到影响。

选项 C、选项 E 的论断有助于得出销售量增长的结论，不符合问题的要求。选项 A 与题干关系不大。选项 D 似乎可作为答案，但通常儿童是对小玩具的形象和动态产生兴趣的，而且大多是由家长领着去商店的，所以从常识上看力度不如选项 B。

15. 解析：答案是 E。

在比较企业好坏时，其关系存在传递性。由于 E 企业好于 A 企业，A 企业好于 D 企业，所以 E 企业好于 D 企业。

选项 B、选项 D 没有提到 E 企业。选项 A 中作比较的是 C 企业，而 C 企业与 D 企业之间没有排序。选项 C 中比较的是 B 企业，但 E 企业比 B 企业更差，而不是更好，所以得不出所要求的结论。

16. 解析：答案是 B。

对于这类题目，只要把题干中的话转化为逻辑表达即可。

儿子的话相当于：如果不想当翻译，就可以不学外语。其逆否命题即如果学外语，就要想当翻译。显然与选项 B 在逻辑关系上一致。

17. 解析：答案是 A。

题干中的推理两次提到“著作”，前一个指鲁迅著作的总体，第二个指一部具体的著作《狂人日记》，前后概念不一致。

18. 解析：答案是 D。

题干中根据某足球队多次比赛中先后出场的各位置上队员的人数总和，推断此球队的队员人数，得出该球队有 20 名球员的结论。

如果某个球员曾在不同的比赛中先后充当两个位置的角色，总人数就会多计算一个。因此，选项 D 能削弱题干的结论。

选项 A 讲的队员替补，如果还是用曾上场的固定位置的角色替换，仍然能得出“共有 20 名球员”的结论。

选项 B 不对，因为题干中说的是“上场的共有球员 20 名”，并未包括不上场的队员。

选项 C 与本题没有关系。

选项 E 不对，因为联赛中有多轮比赛。即使每场比赛严格限制 11 人上场，在多轮比赛中仍可能有 20 名队员上场。

19. 解析：答案是 B。

解答本题需要一定的阅读理解能力。

题干第二句表明，先前的（即做调解人时的）公正是不能被削弱的，所以，在当时“公正”是必要的。即公正是做好调解人的必要条件。选项 B 所说的是若不具备此必要条件，就不是好的调解人，与题干的观点一致。

选项 A 中的“任何”是明显过分的提法，题干中的“公正”并不意味着调解人没有自己的观点或看法；选项 C 中所说的调解人“完全”，仍显然过分；选项 D 中说调解人可以袒护一方，显然不符合题干的观点；选项 E 中的“伪装公正”正是题干所否定的。

20. 解析：答案是 C。

作者认为“预计粮食产量不足必将导致世界粮食饥荒的言论全是危言耸听”，“世界粮食年产量略微超过粮食求量”，说明他认为粮食产量可以满足需求。但并不能由此认为“世界粮食产量将持续增加”，也可能是人们的需求会减少。但相对其他选项，选项 C 仍为最佳。在逻辑试题中，有时必须找出“最”正确的。这一方面是指在几个都基本正确的选项中选出更好的；另一方面，正如此题，是在都不太正确的选项中排除更差的，留下可能是正确的。

选项 A 中所说的观点在题干中没有。

选项 B 和选项 D 与题干中观点相悖，因为题干强调了分配制度的重要性。

选项 E 认为粮食“供不应求”，而题干中认为粮食产量“略微超过”粮食需求量，两者有明显区别。

21. 解析：答案是 E。

题干的意思是“所有人都赞同”，其矛盾命题是“有人不赞同”，与选项 E 一致。

选项 A、选项 B、选项 C 几种选项各自都可以推出题干所说不是事实，但由题干必然不是事实，不能推出它们中任何一个“必为事实”的结论，这里“必为”二字很重要。选项 D 忽视了一个特例，即由全体不同意也可以得出题干所说不是事实。

22. 解析：答案是 D。

题干强调的是环境问题及其对超出国界的影响，选项 D 中的内容概括了题干的观点，其他选择都增加了题干没有包含的观点，比如“国际争端”、“先污染、后治理”、“发达国家”、“量力而行”等，不难用贴近原则排除。

23. 解析：答案是 C。

题干中说大多数消费者不轻信广告宣传，其原因是广告“渲染过分”，正是选项 C 中说的广告“言过真实，缺乏真实性”。

选项 A 不妥，因为题干中批评的是“大做广告”，并不是像选项 A 中主张的“不做广告”。选项 B 与选项 E 显然与题干陈述不符。选项 D 中说“都是”，题干并未断定。

24. 解析：答案是 A。

题目要求的是反对现任总统观点的，而选项 B、选项 C、选项 D、选项 E 几项选择都是持支持态度的。可见，对于一些简单的问题，只要弄清支持还是反对，要找优点还是缺点，就可以解决问题。

对于选项 A，指出了施政纲领的一个副作用，所以起到了削弱的作用。

25. 解析：答案是 C。

选项 C 中指出了“反倾销”的弊端，与题干中主张用“反倾销”作为武器的观点不同，不是对题干的进一步论述。

选项 A 中说我国“反倾销”的武器运用得不够，并以外国经常“反倾销”的事实论证我国运用“反倾销”武器的合理性。

选项 B 和选项 D 指出外国对我国正在进行“倾销”，进一步论证“反倾销”不是无中生有。

选项 E 论述如何运用“反倾销”武器，指出需要加强法制和宣传教育。

26. 解析：答案是 D。

选项 D 中说的是丝绸的优点，不会是丝绸出口下降的原因。

选项 A 讲的是出口决策者目光短浅，只顾眼前利益，造成丝绸出口的好形势维持不久。

选项 B 指出质量问题是影响出口的原因。

选项 C 讲的是竞争对手多了，客观上增加了出口的困难。

选项 E 指出随着竞争的加剧和产量的增加，丝绸不再具有很大的吸引力，这也会影响出口。

27. 解析：答案是 B。

题干中的观点是“大学生普遍缺乏中国传统文化的学习和积累”，根据是关于其是否喜欢京剧的调查。选项 B 指出了“京剧艺术”与“中国传统文化”的区别，说明不能以不喜欢京剧之“偏”概对中国传统文化的态度之“全”。

选项 A 对题干中的观点不置可否，仅对不喜欢京剧作了点解释。

选项 C 只是说“大有潜力可挖”，但承认绝大多数（86%）大学生缺乏中国文化的修养，实际是赞成题干的观点。

选项 D 举出“有一些”大学生的例子，好像是与题干辩论。但题干中的观点和调查数据都是说的“大多数”，并没有说“全体”。因此，选项 D 也不能削弱题干的观点。

选项 E 对调查方法提出质疑，怀疑样本数目太小，从某种意义上来说是削弱题干的观点。但与选项 B 比起来，选项 E 不是最能削弱题干观点的。在这里，可以记一下，由于样本多大才合适是一个很难回答的问题，所以逻辑题中很少会用样本太小来做削弱题的答案。

28. 解析：答案是 C。

对选项 C 取非后得到，面试主持人不能分辨参加面试者“哪些个性是工作所需要的”，那么显然严重削弱题干的论断，所以选项 C 是必需的假设。

选项 A 只讲面试是按规矩要求的，不是有关面试的作用和结果。选项 B 是在削弱题干。

选项 D 把"测试应聘者的个性"作为目的，而题干中的目的很清楚，是"适合待聘工作的要求"。选项 E 说"个性适合工作"是录用的充分条件，而题干中说的却是必要条件。

29. 解析： 答案是 D。

按选项 D 所说，当野生动物过多时，减少数量有好处，因此，打猎有保护作用。

选项 A、选项 B、选项 C 明显不符合要求。选项 E 的断定不能明确判断是否能支持题干。

30. 解析： 答案是 C。

题干的论据是"中学生……"，而结论是"青少年……"，两者之间明显存在差异。选项 C 充分利用这个关键差异，并指出有很多中学生以外的青少年吸烟，起到了最强的削弱作用。

本题的模式值得读者认真体会。

31. 解析： 答案是 A。

选项 A 中讲的是正"兴建大量的新铁路"，意味着铁路运输问题会逐步缓解，因此，题干中关于"改造既有铁路"和"提高列车的运行速度"，就不显得那么必要，即削弱了题干的论证。

选项 B、选项 C 基本符合题干的观点。选项 E 说明了快速列车的可行性，也是符合题干的。选项 D 似乎是对铁路运力的矛盾提出质疑，说明矛盾会缓解。

选项 E 作为本题答案不如选项 A。因为选项 E 中只是说铁路"客运量"会下降，而题干中的论述说明铁路承担的货运量的比例大大超过承担的客运量的比例，只将客运的矛盾缓解，并未对题干的论证"大大"地削弱。

32. 解析： 答案是 B。

因为"穿黑衣服"是"爱斯基摩土著人"的必要条件，H（穿白衣服）不具备此必要条件，所以 H 不是爱斯基摩土著人。

选项 A 不妥，因为除了题干所讲的两种人以外，还可能有其他的人，H 可能是其他种族的人中穿白衣服的。选项 C、选项 D 明显不符合要求。选项 E 也不对，因为 H 穿白衣服，可能就是北婆罗洲土著人（虽然不能肯定是，但不能断言不是）。

33. 解析： 答案是 A。

此类真假话题有比较强的规律性。解题方法也比较程式化。

第一步，写出每个人的观点。

甲：¬甲（注意不要用"我"、"他"之类的代词）；

乙：丁；

丙：乙；

丁：¬丁。

第二步，找其中的逻辑关系。

显然，乙和丁说的话是矛盾的，有且仅有一个人说的话为真。

第三步，根据找到的关系推出结论。由于真话必然在乙、丁之中，所以，甲和丙说的话都是假的。从甲的话为假，可知好事是甲做的。

34. 解析：答案是 A。

既然该“感光器官对间歇泉发出的光并不敏感”，认为此感光器官是用来寻找间歇泉的说法就是值得怀疑的。

选项 B 不妥，因为人类的觉察能力与其他动物不能简单类比。选项 C、选项 D 所言与题干和问题无关。选项 E 举出其他虾的感热器官也有此功能，但并未怀疑题干中所讲的虾的感光器官有此功能。

35. 解析：答案是 E。

题干以人类遗址和烧焦的羚羊骨残片并存作为依据，推出人类掌握了取火煮食肉类的技术。但这种并存可能有其他的解释，例如由于野火造成等。选项 E 作为假设，弥补了这些可能存在的漏洞。

36. 解析：答案是 A。

让我们利用前面 33 题的方法来解决本题。

由于题干简单，第一步略。

第二步，①和②是下反对关系，必然有一真。

第三边，由于真的在①和②之中，所以，③为假，那么所长会用计算机。这样①为真，进一步可推出②为假，则没有人不会用计算机，也就是律师事务所 12 名工作人员都会用计算机。

37. 解析：答案是 E。

如果按选项 E 中问“你是这座城的人吗?”，若此游客到的是真城，住在此城的该国国民会说：“是”，不住在此城的该国国民（住在假城临时访问真城的人）也会说：“是”，因为他要说假话。当游客听到“是”的回答，就知道此城是真城。

若游客到的是假城，住在此城的该国国民会说：“不是”，因为他说假话；不住在此城的该国国民（必住在真城）也会说：“不是”，因为他说真话。当游客听到“不是”的回答，就知道此城是假城。

若按选项 A 或选项 C 发问，不管他到哪个城，游客只能得到“是”的回答；若按选项 B 或选项 D 发问，只能得到“不是”的回答。因此，这类的发问不能让游客分清他到的是哪个城市。

38. 解析：答案是 E。

乙方经理先说明了合同对“不符合要求的产品”的处置有明确的规定，如果真有此类事情发生，甲公司完全可以退回或索赔。

乙公司经理反问：“贵公司当时既不退回产品，又不要求赔偿，这究竟是怎么回事?”，并不是承认是产品有质量问题，也就是说，不是正面提出问题等待甲公司经理的回答，而是一个反问句。

此反问的目的是指出甲方在谈判中无中生有，故意指责乙方，以便在本次谈判中讨价还价。

选项A不妥，我们注意甲方经理的问话，他并不是想对上次进行索赔，而是说："希望以后不再出现类似的情况"，也就是说对上次可能存在的质量问题既往不咎。乙方经理不会听不出甲方经理此话的意思。

选项B不妥，因为要注意到甲乙双方是在进行一次新的商业谈判，不是为了解决上次交易中的产品质量问题。所以，双方不是在提供或检查产品不合格的证据。因为甲方的话已经是表示了不追究的态度。

选项C、选项D的论断都承认有不合格产品的事实，是对乙方不利的。因此，不可能是乙方总经理问句的意思。

39. 解析：答案是D。

由于"小杨和教师不同岁，教师比小方年龄小"，小杨和小方不是教师，因此，小孙是教师。进一步分析可知选项D是正确的。事实上在五个选项中，只有选项D中判断小孙是教师。

40. 解析：答案是C。

题干中讨论的问题是"先天的遗传因素和后天的环境影响对人的发展所起的作用到底哪个重要"，由此看出，两者都起作用是不成问题的，只是要对它们的作用的重要性作一比较。题干举出对双胞胎的研究所得到的实际的统计数据，否定了两种极端观点："唯环境影响决定论"和"唯遗传因素决定论"，即不能片面强调两种因素中的任何一种。这正是选项C中说的两种因素"都起着重要的作用"。

选项A不妥，因为题干已经基本说明了两个观点都不正确，所以已经不需要再证明哪个正确了。

选项B不对，题干并没有说环境影响的作用比遗传因素大。

选项D中"改变一个人"的含义模糊，好像环境对人的发展没有影响似的。因为题干承认环境会对人的发展带来影响，即带来某种程度的改变，所以不能选D。

选项E否定了双胞胎研究，理由是其结论"自相矛盾"，这种指责是站不住脚的。因为影响人的发展的两种因素并不是非此即彼，完全可以都起重要的作用。双胞胎研究的方法的确有一定的科学依据，题干是把它作为值得肯定的实验方法加以介绍的。

41. 解析：答案是A。

选项A中说"质量"是"根本"、"唯一法宝"，而题干强调的是"顾客服务"，所以选项A显然不是题干文中之意，是应该选的答案。

选项B提出的办法是为了"增加顾客满意度"，强调的是"实用、创新、符合市场需求"，不仅仅强调质量，符合题干的意思。

选项C从雇用员工着眼，体现为顾客服务的宗旨。

选项 D 中提出“超越顾客的期待”的思想，体现顾客至上。

选项 E 从咨询服务上为顾客提供方便。

可见，选项 B、选项 C、选项 D、选项 E 从不同方面体现了题干的文中之意。

42. 解析：答案是 C。

题干以名言为依据，证明一个结论。选项 C 直接指出了名言作为论据并不充分。

其余选项抛开了题干的论证结构，虽然说的都有道理，但没有指出题干中的逻辑缺陷。

43. 解析：答案是 A。

当王鸿谈数学问题时，他爸爸的话有权威性，当讨论其他问题时，比如关于体育、音乐或生物等方面的问题时，王鸿的爸爸的见解可能与常人无异。因此，选项 A 能反驳题干中的结论。

选项 B 不妥，即使“王鸿平时曾说过错话”，但这次的根据是王鸿的爸爸说的。

选项 C 说王鸿的爸爸不认为自己总是对的，即使数学问题也是可以这么说的，这正体现了他的治学精神。但这不能成为对题干结论的有力反驳。再者，题干的结论只是“不大会错”。

选项 D、选项 E 与题干无关。

44. 解析：答案是 E。

“买一赠一”有两种情况：一种是“买”一件某商品，“赠”一件价值低一些的商品；另一种是“买”一件某商品，“赠”一件同样的商品。通常，“买一赠一”是指第一种情况。

选项 E 指出其实质是“偷换概念”。对第一种情况，这种广告是偷换了“一”的概念，即两个“一”所指的是不同的商品。对第二种情况，“买”一件又“赠”一件，好像顾客赚了便宜，第二件似乎是白送的，其实都是买的，只是批发两件的价格都算到第一件上，又把实际是顾客花钱“买”的第二件商品说成是“赠”的。

选项 A 和选项 B 说的不是“实质”。

选项 C 说这样会亏本，看来没认清此推销手段的实质。

选项 D 说的是这种方法适合推销耐用商品，也不是有关此推销方式实质的。另外，题干中也没有提到此方式只适用于耐用商品。

45. 解析：答案是 A。

选项 A 指出了题干在外国文学作品分类时犯的逻辑错误是标准不一致。

选项 B 指出的是如何分类好，不是题干的逻辑错误。

选项 C、选项 D 和选项 E 明显不合适。

46. 解析：答案是 B。

题干中说“白领阶层”、“穿着得体”，但逆命题显然不一定成立。选项 B 举出“穿着得体”但不是“白领阶层”的例子，指出了题干推论的逻辑缺陷。

选项 A 是指出题干中前提的错误，不是题干判断的逻辑错误。

选项C、选项D、选项E都和题干关系不大，不是合适的答案。

47. 解析：答案是D。

选项A说甲校试题容易，因此，其成绩好不能说明其水平高，也就得不出教学方法好的结论。选项B说甲校学生基础好，意味着英语成绩好的原因不一定是教学方法好。选项C讲乙校的教材难，即要求高，学生考试成绩差不一定是英语水平低。选项E说乙校课时少，即学生英语成绩差可能是课时不够所致。这三个选项都是他因法削弱。

选项C所说“教材”看上去确实并没有明显的削弱作用，但如选项D为真，即乙校的英语教师更勤奋，则其学生成绩差更可能是教学方法不当所致。因此，选项D会加强题干的结论。一个不能削弱，一个反而加强，自然应该选择后者。

总之，除选项D，其余各项都提到一些教学方法以外的原因，为乙校英语成绩差作解释，削弱了题干的结论。

48. 解析：答案是B。

选项B讲“学过心理学”是所有当教师的必要条件，它可以作为题干推理的大前提，形成一个完整的三段论推理：“所有教师都学过心理学，张红是教师，所以张红学过心理学。”

选项A中讲“好”教师应该学心理学，一般教师就不一定了，不能由此推出题干结论。

选项C有点与题干唱反调。

选项D是从工作需要讲的，并不是必须学心理学。

选项E提到张红喜欢心理学，但不能作为推论的基础。

49. 解析：答案是B。

按选项B的方案：姐姐穿蓝色短袖衫、白色长裙，妹妹穿粉色长袖衫、绿色短裙，妹妹的穿着正是妈妈不喜欢的搭配。

关于其他方案，若是选项A或选项C，则姐姐穿粉色长袖衫、白色长裙，妹妹穿蓝色短袖衫、绿色短裙；若是选项D或选项E，则姐姐穿蓝色短袖衫、绿色短裙，妹妹穿粉色长袖衫、白色长裙。这些方案都没有“长袖衫配短裙”的搭配。

50. 解析：答案是B。

题干中的对话中，乙的回答犯了循环定义的逻辑错误，即为了定义“生命”要用到“有机体”，而定义“有机体”时又用到“生命”的概念。选项B在“逻辑”和“思维形式结构的规律”这两个概念的定义上犯了类似的错误。

选项A、选项C、选项D、选项E四个选项没有循环定义，不是合适的选择。

1997年10月在职MBA联考逻辑真题解析

1. 解析：答案是A。

只有选项 A 说的是戒烟的坏处，而其他选项说的都是吸烟的坏处，自然有利于支持戒烟的建议。

2. 解析：答案是 D。

题干由此人多次从厂里出来，推出“他是该厂的工人”，选项 D 的逻辑关系与之基本一致。

3. 解析：答案是 A。

狗显然从“圆的”推出“鸡蛋”，与选项 A 一致。

4. 解析：答案是 E。

首先要知道“无奸不商”的意思是“所有商人都是奸商”。对其取非就得到选项 E。

5. 解析：答案是 C。

乙嘴上说“无目的”，但他的目的就是证明某事，所以是矛盾的。

6. 解析：答案是 C。

“不到小三峡，不算游三峡”可理解为“如果不到小三峡，那么不算游三峡”，从其逆否命题知，游三峡就要游小三峡。类似可知，游小三峡就要游小小三峡。各选项中选项 C 最恰当。选项 D 中的“先”题干并未涉及。

7. 解析：答案是 B。

选项 B 说明了宪法和法律的优势，可以有效地加强题干的结论。而且也只有选项 B 涉及了题干的关键词“宪法和法律”。

8. 解析：答案是 D。

显然每队比赛 3 场，而一共比赛 6 场，这里利用了数学排列组合的知识。B 队 1 负 2 胜，C 队 2 负 1 胜，D 队 3 胜，上述三个队一共已经获胜了 6 场，所以 A 队全负，当然垫底。

9. 解析：答案是 B。

题干用论据“增长超过了 100%”，得到结论“黑人的政治力量将很快与白人基本相等”。论据是一个比例变化，而结论是绝对数量的变化。

利用选项 B 和题干的数据计算（实际只需要估算一下）后可知，即使增加了 100%，黑人成员仍远少于白人成员。所以选项 B 是正确答案。

10. 解析：答案是 E。

由“对基础研究投入大量经费似乎作用不大”看出“搞纯理论研究难”。

11. 解析：答案是 E。

选项 E 将题干中的两个现象用同一个原因解释，非如此不能说明为什么上涨幅度如此接近。

12. 解析：答案是 D。

选项 D 说明甲省的群众不一定比乙省的群众更关注省报。选项 C 也有类似作用，很难说哪个更好，所以后来大多数人引用此题时将选项 C 改做“甲省的省报主要在外省销售”。

13. 解析：答案是 A。

“常在河边走，哪有不湿鞋”可理解为“如果常在河边走，那么一定会湿鞋”，否定假言命题，则需肯定前件，否定后件。选项 A 恰好如此。

14. 解析：答案是 B。

选项 B 为真，则说明即使国产电器制造商改进广告，但消费者由于已不再喜爱他们的产品，所以也不会关注。

15. 解析：答案是 B。

由题干显然不能作出准确的判断，所以不能选含有“一定”的选项。那样只剩下了选项 B。

16. 解析：答案是 C。

题干的结论是“家长应对孩子看电视给以指导与约束”，而选项 C 干脆不让孩子看电视，这不算“指导与约束”，所以与题干不一致。

17. 解析：答案是 B。

典型的他因法削弱。题干用“肺结核防治水平降低了”来解释“因肺结核死亡的人数比例比起全国的平均值要高两倍”，而选项 B 用“很多肺结核患者在此地走过最后一段人生之路”作出了更好的解释。

18. 解析：答案是 B。

其他选项都不能严格地推出，只有选项 B 可以准确地算出来。

19. 解析：答案是 E。

注意本题是 1997 年的试题，选项 E 中的“本世纪内”指的是 2000 年之前。选项 A、选项 B、选项 C 都是支持发展私人轿车的。选项 D 中的“公共交通事业”题干中并未涉及。只有选项 E 是支持题干的结论的，且与题干贴近。

20. 解析：答案是 B。

题干的结构是利用必要条件假言命题直接推理。只有选项 B 与之一致。

21. 解析： 答案是 D。

题干的结构是两次关系传递，然后直接推理。只有选项 D 与之一致。

22. 解析： 答案是 C。

干扰项是 D，但有可能窃贼从窗户进来后，逃走时留下向外的鞋印子。选项 C 说明窗户是被从里到外击碎的，更难于解释。

23. 解析： 答案是 A。

显然 A 厂在岗职工比 D 厂在岗职工多，利用不等式的传递，很容易找到答案 A。

24. 解析： 答案是 D。

小偷暗示他有自己的包，若他指不出自己的包，则说明他在说谎，那么他的行为就并非误拿，而是偷盗了。

25. 解析： 答案是 A。

雇员离开，应首先从个人效益上找原因。显然选项 A 最为贴切。

26. 解析： 答案是 E。

题干的目的是"图书馆的收益将增加"，所以应判断的就是收入和支出的关系。所以选项 E 是应该考虑的。

27. 解析： 答案是 B。

注意题干中的"大踏步后退、大踏步前进"。各选项中，只有选项 B 有这种意思（注意南和北的关系）。

28. 解析： 答案是 D。

选项 D 指出了顾客的目的不同于题干叙述。选项 B 中的"某些特征"可以恰好为外观，所以力度不如选项 D。

29. 解析： 答案是 C。

由题干可知，儿子在家时，家里或者有父母（两人或一人），或者有保姆。所以选项 C 正确。

30. 解析： 答案是 B。

由题干：

（1）犯了法→受到法律制裁；

（2）受到法律制裁→别人就会看不起你；

（3）别人看不起你→无法受到尊重。

（4）过得舒心→受到尊重；

充分利用逻辑关系的传递性，并注意到（4）的逆否命题是：无法受到尊重→过得舒心，可以得到选项 B 的结果。

31. 解析：答案是 E。

对于要求“必定是假的”的问题，一般可以直接对题干取非后与选项核对，但本题题干有三个命题，而且较难取非后转换，所以可以依次判断选项。

注意到题干前两个命题都是“可能”，所以选项 A、选项 B、选项 C 与之并不矛盾。

选项 D 取非后为：所有时刻，有的人会受骗。与题干不矛盾。

选项 E 等价于：存在所有时刻所有人必然受骗。与题干“不可能在所有的时刻欺骗所有的人”矛盾。

32. 解析：答案是 C。

题干的论据是没有跑步，结论是没有充分利用。“跑步”和“充分利用”之间明显存在差异。选项 C 指出，虽然没有跑步，但还是用其他方式利用了跑鞋，起到了有力的削弱作用。

33. 解析：答案是 C。

本题考查考生对数字的敏感。其他选项显然不对，对于选项 C，注意到 220 万元与 1.4 亿元的比值，可知是正确的。

34. 解析：答案是 E。

题干中有一些附加的词语，但核心是说：（1）如果没有拼搏精神，不可能取得突破性的成功。

这种用无用的词语干扰考生的命题方式比较多见于逻辑试题中。

需要注意的是选项 D 等价于：（2）$\neg$（突破性成功 $\wedge$ $\neg$ 发扬拼搏精神），即 $\neg$ 突破性成功 $\vee$ 发扬拼搏精神。

这与（1）是一致的。

35. 解析：答案是 E。

“错误的案件”包括多种，例如量刑过重、量刑过轻、无罪判为有罪、有罪判为无罪等，其中并非每一种的纠正都可以叫平反。所以选项 E 是正确的。

36. 解析：答案是 C。

选项Ⅰ与“（不满）产生于领导的作为和业绩”矛盾；选项Ⅱ与“（不满）由于对领导的期望值与实际表现之间的差距”矛盾。选项Ⅲ显然正确。

37. 解析：答案是 C。

小王将运用规律当做改造规律。选项 C 归纳正确。

38. 解析： 答案是 D。

题干认为新发明的出现是企业的作用，而选项 D 指出，多数企业没有这种能力，这起到了削弱题干的作用。

39. 解析： 答案是 A。

学生在充分和必要条件的理解上有误解。选项 A 恰好指出了这种误解。

40. 解析： 答案是 A。

注意到“60%”的基数是案件，而“半数以上”的基数是作案者。假设案件共 1 000 起，其中由 350 名惯犯作案的案件有 600 起，且这 350 名惯犯都不吸毒，其余 400 起为另 400 人所为，而此 400 人全部是吸毒者。这样，选项 B、选项 C 不成立，而选项 A 成立。

41. 解析： 答案是 D。

选项 D 为真，即陈娜其他任何一科都好于杨玲。

其他各选项的特例请读者自行验证。

42. 解析： 答案是 A。

由题干的逆否命题知，若丙不是经理，则甲不是经理而乙是经理。

43. 解析： 答案是 C。

由条件（4）和条件（5），知学习金融的出生在 W 市，学习管理的出生在 S 市，学习外语的出生在 B 市。

进而由条件（1）、条件（2）、条件（3）知甲学习外语，乙学习管理，丙学习金融。

44. 解析： 答案是 A。

如果所有报考中文专业的考生都想从事秘书工作，那么李芝报考了中文专业，当然她一定想从事秘书工作。

45. 解析： 答案是 B。

显然，小红必然要苹果，小华必然要蛋糕，其他请自行演算。

46. 解析： 答案是 E。

选项 E 说的是笑的缺点，当然不能起到支持作用。对于很多类似题目，找清楚支持或反对的态度，就可以解决问题。

47. 解析： 答案是 B。

题干的重点显然在于“吃苦”、“锻炼”。而只有选项 B 涉及了“吃苦”。

48. 解析：答案是 D。

小张的论点关键在于“真假”，只有选项 D 说的是假广告的问题。

49. 解析：答案是 B。

按行业划分的人数多于按地区划分的人数，所以最少 2（电脑生意人）+3（服装生意人）=5；注意哈尔滨属于北方。最多的情况下地区划分和行业划分没有交集，则 2（北方人）+1（广东人）+2（电脑生意人）+3（服装生意人）=8。

50. 解析：答案是 E。

题干并未涉及“舞弊”。对于逻辑题目，对于题干中从未涉及的概念应十分关注。

1998 年 1 月 MBA 联考逻辑真题解析

1. 解析：答案是 D。

选项 A、选项 B、选项 E 所涉及的人都在 1993 年后献过血了，选项 C 所涉及的人自 1995 年以来在献血体检中不合格。所以只有选项 D 可作为答案。

2. 解析：答案是 E。

“不可兼得”等于“不能都要”，即$\neg$(鱼$\wedge$熊掌)，等于：$\neg$鱼$\vee\neg$熊掌。

选项 E：鱼$\rightarrow\neg$熊掌，是上式的等价形式。

3. 解析：答案是 E。

当要求否定一个无效性的评价，只要说出其作用（可以是被掩盖了或抵消了的作用）即可。

选项 E 说明艾利雅祛斑霜是有作用的。

4. 解析：答案是 D。

由题干：$\neg$甲$\wedge\neg$乙$\rightarrow$丙，等于：$\neg$($\neg$甲$\wedge\neg$乙)$\vee$丙，即甲$\vee$乙$\vee$丙。

显然，当乙和丙都没及格时，甲必然及格。

5. 解析：答案是 E。

“不可能”等于“必然不”，题干变为：必然不所有的错误都能避免。再将必然后面的“不”去掉，“所有”变为“有的”，“能”前面加“不”，则题干转化为：必然有的错误不能避免。可见选项 E 与之一致。

6. 解析：答案是 B。

显然，当“结婚”是“村计划生育委员会”的子集时，题干成立。选项 B 正是这个意思。

7. 解析：答案是 C。

题干由“足球的比赛和训练并不是他们主要的经济来源”推出“他们并不真正属于这个行业”，意思即：如果足球的比赛和训练并不是他们主要的经济来源，那么他们并不是职业足球运动员。选项 C 显然正是这个意思。

选项 E 也是应作的假设，但没有选项 C 贴近题干。

8. 解析：答案是 E。

题干指出，由于晚上可以用较少的麻醉剂，所以可以降低风险。但选项 E 指出，虽然在麻醉剂方面确实如此，但在医生手的灵巧和脑的警觉方面，晚上的风险更高。这指出了题干建议的不良影响，所以削弱了题干。

9. 解析：答案是 A。

典型的因果倒置法削弱。题干认为是奖学金影响了学习效率，而选项 A 指出，是学习效率导致了获得奖学金。

10. 解析：答案是 C。

注意题干中“长子”有两层含义，年长和儿子（而非女儿）。选项Ⅰ、选项Ⅱ通过这两个方面削弱了题干的推论。而选项Ⅲ是在加强题干。

11. 解析：答案是 E。

题干的结构是：所有 p 都是 q，特称是 q，所以特称是 p。

只有选项 E 与之一致。选项 D 看似与之一致，其实后两句颠倒了因果位置。

12. 解析：答案是 D。

题干指出，该公司决策的目的是“吸引了顾客，增加了利润”，选项 A、选项 B、选项 C 紧扣这两点，贴近题干，所以是应该选择的。选项 D、选项 E 取非后似乎都将削弱题干，但选项 E 削弱的力度明显更大，而选项 D 取非后并非不可克服的困难，所以答案是 D。

13. 解析：答案是 B。

题干将性格特征与疾病并存，归纳为因果关系，期望通过改变原因（性格特征）来改变结果。选项 B 指出，这两者都是另一个原因的结果，所以削弱了题干。

14. 解析：答案是 A。

甲和丙为矛盾关系，必一真一假。所以乙、丙说的都是真话，那么可以得到结论，丁和乙不是团员，甲说的是假话。

15. 解析：答案是 B。

典型的他因法削弱。选项 B 指出，大连因癌症死亡的人多，并非由于防治不力，而是由于很多癌症患者特意来到大连。

16. 解析：答案是 D。

题干的结论是：想获得注册会计师证书→想从事会计工作。

显然只有选项 D 与之一致。

17. 解析：答案是 E。

典型的因果倒置法削弱。题干认为是看暴力节目导致了行为粗鲁，而选项 E 指出是由于行为粗鲁而爱看暴力节目。

18. 解析：答案是 A。

选项 A 指出，营养不良正是由于学习负担太重导致的。所以问题的根本还在学习负担太重。

19. 解析：答案是 B。

如果埃克斯字处理软件的顾客数仅是威尔字处理软件的顾客数的四分之一，那么两家公司得到的热线电话的比例是基本相同的，题干的论证将被削弱。选项 B 通过数据说明上述漏洞是不存在的，所以是有力的加强。

20. 解析：答案是 E。

选项Ⅰ、选项Ⅱ成立应没有问题，而选项Ⅲ很可能被误选。题干中的数据是“人均业余兼课的周时数”，该数据已经考虑了教师间兼课的程度不同——有人兼课很多、有人并不兼课，所以选项Ⅲ的数据是无用的。

21. 解析：答案是 E。

如果选项 E 为真，那么即使上述商家不投资奥运会广告——你们奥运会票券不降价，仍会将这笔费用投资在其他方面，并将这些支出摊入产品的成本。这样奥运会现场观众既不会得到奥运会票券降价的好处，也得不到更便宜些的商品。

22. 解析：答案是 D。

此类题目在历年真题中出现的概率很高，而且有一定难度，在此重点讲解一下。

本题涉及了两个样本群，即胃溃疡患者和某高校教员，而前者显然是后者的子集。我们将前者称为“特例样本”，后者称为“普通样本”，即前者是后者中的特例——患胃溃疡的人，而将患胃溃疡这一现象称为“特例现象”。

而本题所要讨论的关键事件是“夜间工作”。显然，普通人和胃溃疡患者都可能有夜间工作的情况，所以我们将“夜间工作”这一事件称为“共同事件”。

而本题的论据是特例样本（胃溃疡患者）具备共同事件的比例是 80%，题目的隐含意思是，这一比例超出正常值，所以可以得到结论，夜间工作导致了胃溃疡。

而上述论证的关键是：这一比例是否真的不寻常。如果普通样本中具备共同事件的比例等于80%，那么说明这一比例是正常的，不能说明任何问题，恰如选项D。另外题干中的80%和选项D中的五分之一是很好的对应。选项D说明，“80%的胃溃疡患者都有夜间工作的习惯”只是该学校员工的平均情况，不能说明什么问题。

我们通过下表再次讲解并总结一下。

题干论证	特例样本	比例1	共同事件	结论
	胃溃疡患者	80%	夜间工作	特例现象影响了共同事件，即夜间工作造成胃溃疡
选项	普通样本	比例2	共同事件	对题干的影响
	某高校教员	80%（比例2 = 比例1）	夜间工作	削弱：特例现象和共同事件之间无明显关系
		90%（比例2 > 比例1）		削弱：特例现象和共同事件之间反而有负向关系，即夜间工作可以避免胃溃疡
		20%（比例2 < 比例1）		加强：特例现象和共同事件之间有正向关系

23. 解析：答案是A。

写出逻辑式：

甲：李∨¬王；

乙：王∨李；

丙：王∨李。

显然，如果选王经理，则违背了甲的意见；选李经理则满足所有条件。

24. 解析：答案是A。

选项A如果为真，则说明虽然这种作物蛋白质成分高，但由于亩产量低，每亩供应的蛋白质可能仍不及目前的作物。

25. 解析：答案是C。

题干通过未制定“专利计划”，得到结论“不懂得通过专利来保护自己的合法利益”。显然，制定计划和实施并非同一件事，二者存在明显差异。选项C指出了这一问题。

26. 解析：答案是A。

题干的结论是“这实际上是吸引乘客的一种经营策略，该航空公司并没有实际让利”，即航空公司没想让利。如果选项A为真，则即使航空公司不打折，绝大多数教师乘客仍会选择该公司，那么，如果该公司真不想让利的话，完全可以不打折，赚取额外利润。这样，就削弱了题干的论证。

27. 解析：答案是B。

题干指出，政府的依据是“价值规律”，选项Ⅰ和选项Ⅱ都从经济方面作出适当的假设。而选项Ⅲ涉及的情绪问题与题干无关。

在解答逻辑题时，应牢牢把握题干的目的或结论，切忌掺杂个人倾向性或学术观点等其他因素。

28. 解析：答案是 B。

上述学生可以分三个组，Ⅰ组，按地域，由于哈尔滨属于北方，加上广东人后，该组有 3 个有效元素。Ⅱ组是 2 个法律系的学生，有 2 个有效元素。Ⅲ组是进修生，有 3 个有效元素。题干将各组有效元素相加得到 8 人的结论，显然认为这三个组是没有公共元素的。

选项 A 是应该断定的，否则如果还有其他并未涉及的学生，上面的讨论将毫无意义。

选项 C、选项 D、选项 E 与这三个组是没有公共元素的都不矛盾。

只有选项 B 断定存在公共元素，实际上否定了题干。

29. 解析：答案是 D。

注意题干第一句中的“才”，这表示必要条件命题。根据题干得到：

健壮的体魄→足够的钙质→充足的奶制品。

若削弱题干，则肯定前件，否定后件。显然只有选项 D 符合。

30. 解析：答案是 D。

对于选项Ⅰ，有假设过分之嫌，只要耐用性差不多就可以了。

对于选项Ⅱ，题干的依据就是耗电量，所以选项Ⅱ是应该假设的。

对于选项Ⅲ，如果对选项Ⅲ取非，显然削弱题干，所以是应该假设的。

31. 解析：答案是 E。

人们同时去洗手间说明大家都不看那些广告，所以选项 E 是正确的。

选项 A、选项 C 所说如何使广告有效题干并未涉及。选项 B、选项 D 则更为无关。

32. 解析：答案是 B。

李明夜间祭祀，而非白天祭祀，所以并非赵村的人。至于是否是李庄的人，则不一定，也许他是其他村落的人。

33. 解析：答案是 B。

题干中的错误是，回答与问题无关。选项 B 也犯了这个错误。而其他选项虽然回答不一定正确，但都有相关性。

34. 解析：答案是 C。

肥胖儿显然一定占全市儿童数的 20%，所以他们的数量增多了，而所占的比例不会变化（因为题干断定了必须是 20%），这样，作为基数的全市儿童数也必然随之增多了，非肥胖儿数量也成比例地增加。

对于干扰选项 E，我们不妨假定全市仅 10 个儿童，前 8 个的体重与身高的比值是 20（单位为 kg/m，下同），第 9 个是 21，第 10 个是 40，那么平均值是 22.1，第 9 个虽然是肥胖儿，但仍低于平均值。

35. 解析：答案是 C。

题干由蟹类可适应污水，推出捕蟹业和蟹类加工业将不会受到污水的影响。

选项 C 指出，污水将导致幼蟹食物来源匮乏。

36. 解析：答案是 C。

题干暗示，由于克力莫公司购买的哥伦比亚咖啡豆最多，所以他们的咖啡中哥伦比亚咖啡豆的含量也最多。选项 C 指出，由于他们的产品多，基数很大，所以每件产品中哥伦比亚咖啡豆的含量不一定多。

37. 解析：答案是 D。

题干指出需评价的是“教育水平”。

选项Ⅲ指出了导致高考录取率不同的其他原因，即学生素质不同。

选项Ⅱ明显正确。

问题的焦点在于选项Ⅰ，首先教育经费不会影响高考录取率，或以为教育经费将影响硬件设施的投入，但这些原因都可以归结为教育水平，所以与题干不矛盾。

38. 解析：答案是 E。

由题干：赵川→钱华∧孙旭∧李元，即：¬钱华∨¬孙旭∨¬李元→¬赵川。

显然只有选项 E 符合。该选项设置了一个陷阱，“赵川和李元都不会参加宴会”等于：¬赵川∨¬李元（1）而由孙旭未参加只能推出赵川未参加，但由选言命题的性质，已知¬赵川时，(1) 式就是成立的（李元的情况与之无关），请读者自行复习一下。

39. 解析：答案是 E。

选项 A、选项 C、选项 D 说明人工接线员还有需要或暂不能减少；选项 B 说明电子接线员还不完善。

选项 E 则并无解释作用。

40. 解析：答案是 E。

由题干：

(1) 李强＜陈文＜朱利；

(2) 宋颖＜朱利；

(3) 宋颖＜李强；

(4) 宋颖＜王平＜朱利；

由 (1)、(2)、(3) 得

(5) 宋颖＜李强＜陈文＜朱利。

注意到陈文并未在 (4) 中出现，所以只要将各选项代入 (5) 内检验即可，若与 (5) 无关即可排除。

41. 解析：答案是 C。

选项Ⅰ显然正确。

由于双日仪是必要条件，并非充分，所以选项Ⅱ是正确的。

选项Ⅲ显然不一定正确。

42. 解析：答案是 E。

对于选项 D。题干的隐含意思是“时速一定不必超过 60 公里”。所以不应选择 D。

其余选项不难排除。

43. 解析：答案是 C。

对选项 C 取非，显然将削弱题干，例如，假设所有得到甲公司职位的也得到了乙公司职位，那么另一半向甲公司求职的人将没有职位。所以选项 C 是必须假设的。

44. 解析：答案是 E。

选项Ⅱ可以作为支持是明显的。而选项Ⅰ和选项Ⅲ取非后都有削弱作用，所以都可以作为支持。

45. 解析：答案是 C。

本题可用欧拉图求解。对于选项Ⅰ，当如下图所示时不是真的，所以并非一定为真。对于选项Ⅱ和选项Ⅲ，无论图像如何变化，都一定是真的。

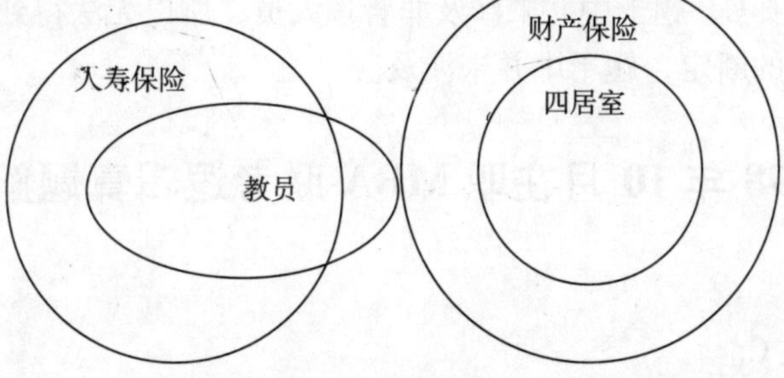

46. 解析：答案是 A。

本题可用欧拉图求解。从图中可知，“四居室”与“教员”不可能有交集，所以选项 A 必然是假的。其他选项都与下图吻合。

47. 解析：答案是 C。

若选项 C 为真，将仍然使法规和校纪受到侵犯。所以题干的方法是不可行的。这个选项违反常识，但解答逻辑题不必考虑常识。

48. 解析：答案是 C。

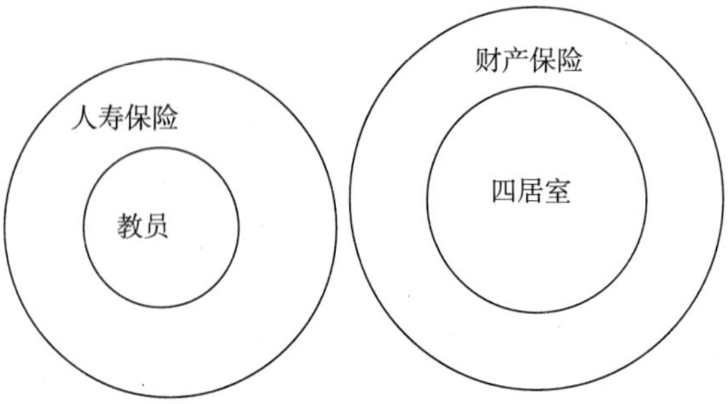

选项 C 指出，四分之三的医院都会给病人使用“诺维克斯”镇痛剂并非由于该药效果好，而是有其他原因。

49. 解析：答案是 A。
选项 A 说明，虽然消费者并未改变购买习惯，但商家改变了，这很好地解释了题干。

50. 解析：答案是 A。
由题干：
（1）一定的奖金→每周工作超过 40 小时；
（2）每周工作超过 40 小时→每周工作仍然超过 60 小时。
所以可以推出选项 A 的结论。
对于选项 B、选项 C，题干中并未涉及非管理人员，所以无法得到相应断定。
选项 D、选项 E 的断定，题干中并未涉及。

1998 年 10 月在职 MBA 联考逻辑真题解析

1. 解析：答案是 C。
题干中的“矛盾”是指三个百分比之和大于 100%，选项 C 的解释显然是最佳的。
选项 B 认为“有的被调查者后来改变了自己的观点”，并不能解释上述的矛盾。因为，要么统计时只统计改变后的观点，要么你重复统计（调查就失真了），这都不会引起百分比之和超过 100% 的情形。选项 A 误解了百分比的含义。选项 D 与题意不合。如果“愿意透露”，那么调查者就会对此不得而知，也就不会反映在统计中。选项 E 也与题意不合。因为若“调查的操作出现技术性差错”，那就与问题中的要求“合理地解释上述看起来包含矛盾的陈述”冲突了。

2. 解析：答案是 A。
只要记住“不一定”等于“不必然”、等于“可能不”，本题很容易解答。
选项 C 和选项 E 都是必然性判断，与题干的意思不符合。选项 B 和选项 D 都认为持续干旱可能出现的概率比不出现持续干旱的概率要大，这也与题干不符合。题干的意思更倾向于说不出现，但又不那么肯定，所以选项 A 更合适些。

3. 解析：答案是 D。

本题是对两部分信息综合的考察。在乙的答话中，既包含了“爱丽丝祛斑霜上海经销部的总经理应该使用本品牌的产品”（在某些西方发达国家，这是一种职业规范），然后又假设了“爱丽丝祛斑霜对黄褐斑具有良好的祛斑效果”，从而归结出矛盾：要么张女士不用这种“爱丽丝祛斑霜”，要么用了“爱丽丝祛斑霜却没有效果”。

4. 解析：答案是 A。

选项Ⅰ和选项Ⅱ显然是下反对关系，必有一真。所以选项Ⅲ是假的，即总经理肯定入股了。由此，选项Ⅰ就肯定为真，而选项Ⅱ（有人没在该公司入股）就肯定为假，其矛盾关系的判断“20 名员工都入了股”即选项 A 一定真。

5. 解析：答案是 C。

由题干：

（1）$D > W \rightarrow M$；

（2）$Z > L \vee M > N \rightarrow S$；

（3）$L > Z \wedge W > D \rightarrow C$。

S 获得了基金，即 M 和 C 都没有获得基金。于是我们就得到了“D 获得的票数比 W 多”不成立的结论。这样，选项 C 就是正确答案。

6. 解析：答案是 D。

C 并没有获得该项基金，由 5 题解析中的选项（3）知，$L > Z \wedge W > D$ 为假，在这种情形下，如果 $W > D$ 为真，那么 $L > Z$ 肯定为假。

7. 解析：答案是 E。

选项 B、选项 C 和选项 D 都在支持用玉米提炼乙醇。选项 A 对这二者没有选择。而选项 E 则明确提出了用甘蔗的优势所在，因此，选项 E 为正确答案。

8. 解析：答案是 E。

周未被选上，而根据题设，张、周两个人中至少选上一个，所以张肯定被选上了。如果张被选上了，那么孙就肯定未被选上，这样，赵就肯定被选上了。因此，答案是赵、张，即选项 E。

9. 解析：答案是 B。

有没有扎实的专业功底，题干中没有明确表达。但是要推测题干的假设前提，选择前三个选项是必要的。

10. 解析：答案是 B。

本题的关键是：大连人属于北方人。而“只选修了逻辑哲学”的两个人和“选修了古典音乐欣赏”的三个人是绝不会重合的。

11. 解析：答案是A。

注意题干中讲到的是“细小的金属”，选项A中的“厚金属物”与之形成了很好的对应，注意这种词语上的对应，对解题常常很有帮助。选项A说明：即使完善了这一工艺，由于顾客的衣服经常会有“厚”的金属，所以仍与需求发生矛盾。

选项B、选项C、选项D、选项E都是讲微波干衣机的优点。

12. 解析：答案是D。

选项D指出，每个人的购物标准不同，所以排行榜参考价值不大。

选项A、选项C、选项E不难排除。选项B所说“宣传”是在排行榜出现之后，所以并不影响排行榜的信誉度。

13. 解析：答案是C。

教授们对教材任意的增删和定做的结果非常容易影响学生对于某一专门课程的系统学习和理解，所以选C。

其余各选项说的都是这一应用的优点。

14. 解析：答案是D。

选项D所说虽然是有益的，但与“可行性”无关，明显不是需要预先假设的。

15. 解析：答案是C。

要在两种对象或是两种方法之间进行类推，很重要的一点就是这两者之间具有可类比或类推的属性，对本题而言，放映期大致可以类比，剩下的就是票价和上座率了，这些指标的综合就是一部影片的票房。

16. 解析：答案是B。

由题干：郑玲→吴小东∧李明∧赵雄。

其逆否命题为：¬吴小东∨¬李明∨¬赵雄→¬郑玲。

而“赵雄不选修法语”就可以推出：¬吴小东∨¬李明∨¬赵雄，这一点是很容易忽略的，据此，选项B是正确答案。

17. 解析：答案是D。

本题考查考生阅读理解的能力。选项D比较完整地综合了这段叙述的全部内容。

18. 解析：答案是C。

由题意，该承包商显然没有中止承包，所以选项E不对。要确保复印的原有价格不变，同时又要保证自己的盈利，只有走降低成本这条路。因此选C。

选项 B、选项 D 违背了校务委员会的通知。

19. 解析：答案是 D。

典型的他因法削弱。抱怨的绝对人数比较少，而不是抱怨的相对比例较低，这是本题的关键所在。为什么抱怨的绝对人数比较少呢，不是因为该食堂伙食好，而是因为太差了，差到大多数同学们不去该食堂用餐，剩下的只是少数对此无所谓的学生，当然就没有什么人抱怨了。

20. 解析：答案是 A。

推理的主线：

（1）P450 可以保护脑部组织不受有毒化学物质的侵害。

（2）体内产生 P450 物质的人比较不容易患帕金森式综合征。

所以，有毒化学物质可能导致帕金森式综合征。

这个推理其实并不完备，有 P450 的人身上有两种性质，要想证明这两种性质之间的因果关联，那就需要保证没有别的一些性质在中间起作用。选项 A“除了保护脑部不受有毒化学物质的侵害，P450 对脑部无其他作用”，就满足这一点。如果没有选项 A，比如，除了保护脑部不受有毒化学物质的侵害之外，P450 还能够产生一种什么抗原，这种抗原能够使人脑免受帕金森式综合征之扰的话，题干的推理就出问题，不能成立了。

21. 解析：答案是 C。

题干从“要求学校安排勤工俭学的人越来越少”，得到结论“大学生的家庭困难情况比起以前有了大幅度的改观”。显然二者并非一回事，所以需要假设的是二者之间存在联系，选项 C 给出了这个联系，所以是最好的假设。这种方式叫做“搭桥”。

22. 解析：答案是 D。

应注意，“每周固定进行两次至三次健身锻炼”与“去健身房”并非一码事。

选项 A、选项 C 暗示部分人进行除“去健身房”之外的其他锻炼。选项 B、选项 E 指出数据可能不准确。

选项 D 如果为真，去健身房的人应该更多，所以无助于解释题干。

23. 解析：答案是 B。

题干告诉我们：不是英语，必是日语；不是林浩如，必是胡乃初；不是在旧金山，必是在东京。

考察选项Ⅰ。“林浩如用英语在旧金山首先翻译出版”不成立，那就意味着“林浩如”、“英语”、“旧金山”三个中间至少有一个不成立，但这并不能推出“胡乃初用日语在东京首先翻译出版”。所以，选项Ⅰ不一定为真。

考察选项Ⅱ。“林浩如用英语在东京首先翻译出版”成立，则“林浩如”、“英语”、“东京”三个必须都成立，也就是说，与这三个不完全相同的任何一种组合都不成立，“胡乃初用日语在东京首先翻译出版”肯定不成立，选项Ⅱ一定为真。

考察选项Ⅲ。“林浩如”和“英语”不同时成立，但并不能推出“胡乃初”和“日语”的同时成立。

24. 解析：答案是C。

由条件Ⅰ，其他三人都不能在国政系，即三人在法律系或中文系。

由条件Ⅱ，河北籍研究生在法律系。

由条件Ⅲ、条件Ⅳ，四川籍研究生不能和安徽籍研究生一个系，那么他只能和河北籍研究生一个系，所以他在法律系。

25. 解析：答案是E。

“15岁至64岁之间年龄段的人口所占的比例有了显著提高”部分地促成了“苏格兰人的年人均食物摄入量增加了大约80公斤”。这说明15至64岁年龄段的人口的食物摄入量比人均要大，否则，这部分人的增加，只会导致人均食物摄入量的下降。

26. 解析：答案是C。

选项A、选项B、选项D和选项E都在相当程度上削弱了题干的论证。而选项C说的是巨星微机的优势，所以没有削弱作用。

27. 解析：答案是E。

由题干：

（1）交谊舞厅∧迪斯科舞厅→保龄球厅，即¬保龄球厅→¬交谊舞厅∨¬迪斯科舞厅；

（2）星期二→¬保龄球厅→¬交谊舞厅∨¬迪斯科舞厅；

（3）李先生→交谊舞厅。

由上述式子，星期二交谊舞厅和迪斯科舞厅至少一个开放，也可能都没开放。但星期二交谊舞厅和迪斯科舞厅每一个都是可能单独开放的，李先生也是可能光顾“红都”的，所以，选项A、选项C、选项E不正确。

李先生在除周二的某一天来，就有可能既光顾交谊舞厅又光顾迪斯科舞厅，所以，选项B不对。

由式（2）得，如果在星期二开放交谊舞厅，那么这天它一定不开放迪斯科舞厅。因此，选项E为正确答案。

28. 解析：答案是A。

李先生星期二光顾了“红都”娱乐宫，即星期二这天交谊舞厅开放了，这就是说迪斯科舞厅肯定没有开放。

29. 解析：答案是A。

选项Ⅰ的意思是，这个单位所有的育龄职工都违纪超生了，与题干为从属关系，有可能是真的，但也有可能是假的，不能确定真假。

选项Ⅱ的意思是，这个单位有的育龄职工没违纪超生，与题干为下反对关系，也不能确定真假。

选项Ⅲ的意思是这个单位没有一个育龄职工违纪超生，与题干矛盾，肯定为假。

该题要求选择不能确定真假的选项，所以选 A。

30. 解析： 答案是 B。

选项 B 提供了新的资料，告诉我们“消费者一般对那些他们已比较喜爱的产品的广告特别关注，而对不喜爱的产品，不管广告如何变化，也不会特别关注”，这就是说，国产胶卷作为消费者已经不喜爱的产品，不管广告如何变化，也不会引起消费者的关注。这指出，制造商的计划是不可行的。

31. 解析： 答案是 C。

选项 A、选项 D 所说的比较关系题干并未涉及。选项 B 所说的“经济”题干也没有涉及。

干扰选项是选项 E。

题干的结论是，方法“不可行”，而“方法”是“……以决定保护哪些动物”，其关键在于作出决定，所以选项 E 与选项 C 相比，不够贴近题干。选项 C 的结果则既贴近题干又符合内涵，为最佳选项。

32. 解析： 答案是 B。

盗版盘只要在价格上有优势就畅销，这中间暗含着一个假设，就是盗版盘与正版盘的质量差别不大，至少质量的差别要远小于价格的差别。如果对选项 B 取非，显然可以构成对题干的他因法削弱。

33. 解析： 答案是 B。

选项 B 说明其他饮酒的人可能会比医院中的那些研究对象更冒险，也就是更加低估他们恢复驾驶能力所需要的时间。这对题干的结论是很有力的支持。

34. 解析： 答案是 D。

题干说“最杰出的科学家的收入不应该和普通的名演员、歌星、体育明星、大饭店经理相比，应该和他们之中的最杰出者相比”，就是隐含说，尽管现在这些最杰出的科学家的收入比普通的名演员等的要高，但却无法与他们之中的最杰出者相比（就是选项 B 和选项 C 的结合）。选项 A 虽然并非可由题干推出，但不与题干矛盾。只有选项 D 与此内容相反。

35. 解析： 答案是 B。

在题干中有一关键语句：“实际上，每次仅仅是减少了非基本服务费用”，因而，选项 B 对此语句最有支持作用，即非基本服务费用不会已经少到不够用的程度。

选项 E 中说的是“影响”，而题干的结论是“费用”，所以选项 E 不对。

36. 解析： 答案是 C。

选项 C 断定“长盛公司员工工资总额只占产品成本的一小部分”，这就使得想通过降低工人工资来大幅度减少公司的总成本的措施不能奏效。

37. 解析：答案是 B。

题干的实质是在法官和陪审团之间进行一种对比，并最终认为法官更佳。但题干只是说陪审团能力不够，就得出了应交给法官的结论。但法官的能力如何呢？这是问题的关键。这是对比题目常见的漏洞：只说一方。

只有选项 B 成立，才完成了陪审团与法官之间的对比。

38. 解析：答案是 B。

在题干的推理过程中，其实有一个假设：改换进食母乳为进食牛乳，小儿神经性皮炎应该立刻治愈，如果不是这样，小儿神经性皮炎就不是母乳过敏造成的。这个假设的致命弱点在选项 B 中被揭示出来。

39. 解析：答案是 C。

题干的结论是，显然存在（除母乳外的）别的某种原因引起小儿神经性皮炎，选项 C 的事例证明了这一点。

40. 解析：答案是 D。

选项 A 和选项 E 其实是加强了题干的结论。选项 B 没有针对遗传和后天教育，不能削弱题干的结论。

选项 C 提出了衡量规则的问题，但并无证据表明题干的调查没有采用正确的衡量规则。

选项 D 给出了名人家族名人比例高的“遗传”以外的原因，那就是名人家族中的人后天接受教育和培养才能要比普通人好得多（正相关性），所以容易成为名人，而不是遗传。这确实比较好地反驳了题干的结论。

41. 解析：答案是 E。

三个选项其实都可能是真的，但都并非一定是真的，所以只能选 E。

42. 解析：答案是 A。

反方让正方设想汽车如果行驶得像自行车一样慢，说明这样的汽车就毫无意义。反方的这一观点正是支持了正方所认为的不能设想干任何事情都排除风险。

43. 解析：答案是 D。

选项 I 中的“风险”正是题干中的重点，所以毫无疑问是应该选择的。

若对选项Ⅱ取非，则明显可以削弱题干，所以似乎也该选。但其中的“宗旨”题干毫无涉及，所以本题并不严谨。

选项Ⅲ明显不该选。

44. 解析：答案是 C。

若把“有相当数量的用户是因为电价格偏低而浪费用电的”这个选项也选进来，其实不妥。比如尽管相当数量的用户因为电价低而浪费用电，但浪费的总量很有限，那么提高电价就不一定能达到目的。

45. 解析：答案是 D。

餐饮总体当然不是只由粤菜和川菜组成，还有其他餐饮消费，所以，在总体不变的情况下，粤菜馆的兴旺，并不一定使川菜馆的收入受到影响，可能川菜馆保持不变甚至也更兴旺，而粤菜、川菜之外的第三者收入明显减少。

46. 解析：答案是 C。

选项 A、选项 D 和选项 E 都是迷惑选项，再优秀的经理也有可能犯罪，有作案前科的人也不一定参与每一次新的作案。

选项 C 其实指出了保安人员话中的问题，“当所有其他的可能性都被排除了，剩下的可能性不管看来是多么不可能，都一定是事实”。这话不能说没有道理，可毕竟无法穷尽所有的可能性。

47. 解析：答案是 C。

选项 A、选项 B 似乎都是在讨论这种分配差异合理不合理的问题，不能削弱题干的论证，故不选。选项 D 讲人数，这影响不了平均工资和普遍收入水平的关系，不选。其实选项 E 是削弱题干的，说明工资只是收入中的一部分。但 20% 和 25% 的差距太小了。

选项 C 是个算术题。一种极端的情况是公关部有几个职工工资特别高的，剩下的职工的工资普遍比营业部绝大部分职工的工资还低，但是平均下来，公关部的平均工资还是营业部的 2 倍。

48. 解析：答案是 E。

选项 E 断定，有较强能力和能掌握较多知识之间具有必然联系，这是在削弱题干。

49. 解析：答案是 E。

突破性进展的必要条件至少包括：提高队员基本体能和讲究科学训练。选项 E 将必要条件错误地当成了充分条件。

选项 A、选项 B、选项 C 和选项 D 都用不同的方式表达了“提高队员基本体能和讲究科学训练”是突破性进展的两个必要条件。

50. 解析：答案是 C。

题干的关键点有两个，“学历在大专以下”、“完全没有管理工作实践经验的人”，这两点是可以起到决定（否决）作用的，所以在阅读选项时应高度关注。而“懂英语或懂日语”只是增加可能性，反而应放在次要位置上。

选项 A 学历在大专以下；选项 B 学历在大专以上，又是副教授，但仍然没有管理工作实践经验，不选；对于选项 D，涉外导游和专职翻译不能算是管理工作实践经验，不选；选项 E 学历在大专以下，也不选。选项 C 学历在大专以上，又曾任见习经理，才是正确答案。

1999 年 1 月 MBA 联考逻辑真题解析

31. 解析：答案是 D。

由于一共只有三个队，甲的话相当于：所有奖牌是辽宁的；丙的话相当于：有的奖牌不是辽宁的。

所以甲和丙为矛盾关系。必然一真一假。所以乙和丁都是假的。

丁为假，那么第一名既不是辽宁的，也不是山东的，所以第一名是河北的；乙为假，那么，辽宁至少拿两块奖牌，所以第二名、第三名都是辽宁的。

32. 解析：答案是 B。

王大妈的话含义是：如果不胖，那么血压不高。逆否命题即：血压高，必然胖。选项 B 与之一致。

33. 解析：答案是 C。

该领导前两句话是下反对关系，所以至少有一句是真的。那么第三句是假的，可知，李家集乡完成了，所以第一句是真的。因此，第二句是假的，即：所有乡都完成了。

34. 解析：答案是 C。

班长的后半句不对，即：有的同学成绩低于 70 分。

35. 解析：答案是 E。

这是一道简单的数学题，既然科目数量相同，王海天的总成绩自然高于最低分与科目数（5 科）的乘积，也就高于李素云的总成绩（平均分乘以 5）。

36. 解析：答案是 A。

典型的异因异果法加强。

37. 解析：答案是 C。

注意到 $3+3\times2+4\times1=13$ 是奇数。所以肯定存在甲认识乙而乙不认识甲的情况。所以肯定有人并非互相认识。

本题出得颇为晦涩，而且并不严谨，如果有人确实在记忆他人相貌姓名方面能力较差呢？

38. 解析：答案是 E。

市场份额 = 本公司销售额/总市场销售额，由于总市场销售额对于两家公司是相同的，注意到这个公式后，选项 E 显然正确。

39. 解析：答案是 E。

选项 E 含有支持使用一次性筷子的意思，当然不能支持批评者。

40. 解析：答案是 B。

记各公司依次为Ⅰ、Ⅱ、Ⅲ，写出逻辑式：

甲：Ⅰ上升；

乙：¯Ⅰ上升 5% 以上→Ⅱ下跌，即：Ⅰ上升 5% 以上∨Ⅱ下跌；

丙：Ⅱ上升→Ⅲ上升，即：Ⅱ不上升∨Ⅲ上升。

由于Ⅲ下跌了，丙真，所以Ⅱ不能上升，甲真，所以Ⅰ上升。

选项 A、选项 B、选项 E 因为Ⅱ上升，所以排除；选项 D 因为不符合乙，所以排除。

41. 解析：答案是 E。

选项 A、选项 B、选项 C、选项 D 都说明上大学有好处，只有选项 E 说明以后高技术的工作可能会减少。

42. 解析：答案是 A。

题干中的“某些”并非特指，所以选项Ⅰ不正确；选项Ⅱ中的“想”和选项Ⅴ中的“在”题干并未涉及；选项Ⅳ中的“某些时刻”与题干中的“随时”不一致。只有选项Ⅲ正确。

43. 解析：答案是 B。

写出逻辑式：

赵：¯赵；

钱：李；

孙：钱；

李：¯李。

显然钱和李是矛盾关系，必然一真一假。那么，赵和孙说的都是假话，所以是赵捐的。

44. 解析：答案是 A。

共有三名男士，由于一个专业最多有两人，所以一定有两个男士是不同专业的。

45. 解析：答案是 E。

表面上看，本题只能用归谬法，依次尝试各选项求解。

但如果注意到每个厂都应该生产自己擅长的产品。那么，由条件，只有曙光机械厂擅长生产产品 4。选项 A、选项 B 中，曙光机械厂没生产产品 4，所以排除；选项 C、选项 D 中，祥瑞机械厂生产了产品 4，所以也排除。这样直接选 E 即可。

46. 解析： 答案是 D。

其实任何一个选项都不能必然推出，不过选项 D 确实是比较可能得到的。

应注意选项 C 中的“都”题干中没有提及的。

47. 解析： 答案是 E。

选项 E 说明，虽然新规定可以限制 K 国半导体销售的影响，但其他国家的半导体产品销售比 K 国半导体销售的影响更大。

48. 解析： 答案是 C。

写出逻辑式：

甲：甲；

乙：乙∨丙；

丙：甲∨丙；

丁：丁。

注意到甲和丙断定的关系，可知，甲是错误的，即：甲不可能中标。但推理到此也就难以继续了。所以往下只能用归谬法。

假设乙中标，那么乙是对的，也没有任何矛盾，所以是可能的。

假设丙中标，显然乙、丙说的都是真话，不可能。

假设丁中标，丁是对的，也是可能的。

对照选项，知选项 C 是答案。

49. 解析： 答案是 B。

选项 B 的内容与题干无关。其余都可以削弱题干。

50. 解析： 答案是 D。

选项 D 中的高级主管题干中并未涉及，所以选项 D 确实并非题干的意思，但选项 E 中的破产，题干中同样没有涉及，所以选项 E 似乎也可作为答案。本题不太严谨。

51. 解析： 答案是 A。

注意题干中的“发行时段”。秦老师显然认为某个时候发行的报纸就是为那个时候“准备的”。但实际上很多人可能在购买了报纸后等到有空闲的时间（例如晚上）才看。选项 A 恰当地指出了这个漏洞。

52. 解析： 答案是 C。

选项 A、选项 B、选项 D、选项 E 的信息都说明了进步品牌的正确举措或退步（或停滞不前）品牌的不良举措。只有选项 C 说的是无关内容。

53. 解析： 答案是 D。

由于“方宁和安徽人不同岁，安徽人比王宜年龄小”，可知安徽人是余涌，然后由年龄大小可知其余答案。

54. 解析：答案是 D。

显然野鸭子既吃小鱼又吃小虾。只有选项 D 说明了在同一时间爱好可以有多种。选项 A 中涉及了不同时间的爱好，所以不够贴切。

55. 解析：答案是 C。

注意到题干已经指出影视放映场所的目的是“增加其票房收入”，所以是否有害显然不是他们考虑的，所以选项Ⅱ不正确。

选项Ⅰ是他们要断定的，否则如果少儿观众多于成人，他们将失去更多的观众。选项Ⅲ显然成立。

56. 解析：答案是 A。

这是一道数学题，由题干：

（1）甲 + 乙 = 丙 + 丁；

（2）甲 + 丁 > 丙 + 乙；

（3）乙 > 甲 + 丙。

（2）左式减（1）左式，（2）右式减（1）右式得：丁 - 乙 > 乙 - 丁，所以，丁 > 乙。

（2）左式减（1）右式，（2）右式减（1）左式得到：甲 - 丙 > 丙 - 甲，所以，甲 > 丙。

由（3），显然乙 > 甲。

57. 解析：答案是 A。

题干的论据是“明天……”，而结论是“总是……”，选项 A 充分利用了其中的差异，所以是最佳的削弱。

58. 解析：答案是 B。

典型的他因法削弱，选项 B 指出“无目击证人犯罪”的犯罪率低并非是由于警察多，而是可能的目击者多。

59. 解析：答案是 D。

其余选项或者说购物对部分游客是有利的，或者说导游由于利益驱使坚持，都可以解释上述现象。选项 D 说所有游客都要“省时间”，而题干中提到的现象恰好耽误了他们的时间，所以没有解释作用。

60. 解析：答案是 B。

题干以“70% 的肺癌患者有吸烟史”证明“吸烟会增加人们患肺癌的危险”。但如果人口中有吸烟史的比例本来就大于 70%，那么论证显然会受到削弱。选项 B 弥补了这个可能的漏洞。

注意到题干中的提法是“有吸烟史的”，选项 C 中的“戒烟时间超过五年的人”也是有吸烟史的人，所以选项 C 并非答案。

61. 解析：答案是 D。

选项 D 中提到了“在中学和大学阶段集中力量学习科学技术”题干中并未涉及。

干扰项是 E，虽然 E 中的观点也与题干无关，但其中的“少数”与题干中的“多数”对应明显，所以在有选项 D 的情况下，不应选 E。

62. 解析：答案是 C。

乙的观点是，因为没有患肺癌，所以抽烟并不危害健康。

选项 C 指出，可能还有潜在的危害。注意到甲的观点是，“危害健康”，所以经济、环境等选项与之无关。

63. 解析：答案是 B。

题干的论据是很多人没有“制定了版权申请计划”，而结论是“版权意识十分淡漠”，显然制定并不等于实施，选项 B 指出了其中的漏洞。

64. 解析：答案是 B。

题干用广告来解释销量，而选项 B 指出真正影响销量的并非广告而是质量，所以有力地削弱了题干的论证。

65. 解析：答案是 E。

题干的断定是：¬重视环境保护→¬在地球上生存。

选项 A、选项 B、选项 C 都是否定前件，所以无法得到有效的结论。选项 D 与题干无关。选项 E 虽然并无逻辑必然性，但符合对语义的理解。

66. 解析：答案是 A。

解答本题的关键是对关键词语的把握，除选项 A 外，其余选项论述的都是商业上的问题，只有选项 A 说的是产业。

67. 解析：答案是 A。

注意题干中的时间概念，不难找到答案。

68. 解析：答案是 D。

选项Ⅱ的观点等价于金钱是万能的。

选项Ⅳ的观点题干并未涉及。

69. 解析：答案是 B。

张三的说法错误，例如，两种颜色是 33 只，另一种颜色是 34 只。

李四的说法正确，否则，每种颜色都至少 34 只，总数将超过 100 只。

王五的说法正确，否则，另一种颜色的球数将是0。

70. 解析： 答案是C。

注意到两村人不会在同一天说谎话，所以两人必然是一人真话、一人谎话。因此，在前天，说真话者必然说谎话，说谎话者必然说真话。即两人“这一天”和“前天”说的话都是不同种类的。

参考下表可知，题干中的“这一天”只能是周一（其他日子与前天说话的种类都至少有一人可能是相同的），所以选项C正确。在解答本题中，如果能注意到周日的特殊性，将会加快解题速度。

	周一	周二	周三	周四	周五	周六	周日
张庄	谎话	真话	谎话	真话	谎话	真话	真话
李庄	真话	谎话	真话	谎话	真话	谎话	真话

71. 解析： 答案是E。

各选项中没有可以严格推出的，这只能证明当时的出题水平还比较差。

72. 解析： 答案是D。

若想否定假言命题，只能肯定前件，否定后件。选项D否定了前件，所以是错误的。

73. 解析： 答案是A。

由题干：世界级马拉松选手→跑步不少于两小时∨元旦∨星期天∨得了较严重的疾病。

对于选项A，由于连续三天不可能全部是元旦或星期天，而他又没有疾病，且没有跑步两小时，所以他必然不是世界级马拉松选手。

选项B、选项E中的信息与题干无关，所以他仍可能是世界级马拉松选手。

对于选项C，由于他有疾病，所以仍可能是世界级马拉松选手。

对于选项D，那一天可能是元旦，或者他有疾病。

74. 解析： 答案是D。

选项D指出了影响题干论据的其他原因，所以削弱了题干中的因果关系。

75. 解析： 答案是A。

理解题干中的语义即可。

76. 解析： 答案是D。

本题其实有些问题，如果勉强解释，是这样的：

甲、乙说的是部分荷花，而且恰在考试前几天开放，且很快凋零。上述部分荷花凋零后，丁开始每天从碧园池塘边走过，而其余荷花不开花，长达一个月。期终考试后，有部分含苞欲放，并被丙看到，当仍要坚持到前面说的“一个月”后才能开花。

77. 解析： 答案是 A。

题干从“可口笑公司购买的浙江黄岩蜜桔最多”，推出“可口笑公司的橘子汁最好”，其隐含意思是，可口笑公司每瓶橘子汁中含浙江黄岩蜜桔最多。

选项 A 指出，虽然购买得多，但由于产品也多，所以每件产品的含量可能并不多。

78. 解析： 答案是 B。

题干中说的是“澳大利亚东部”，选项 B 中的“澳大利亚西部”的情况无法断定。

79. 解析： 答案是 E。

只有选项 E 说的是降低学费。

80. 解析： 答案是 E。

选项 A、选项 B 涉及的人均已经与用人单位解除了劳动关系。

选项 C、选项 D 涉及的情况并非由于企业的生产和经营状况等原因。

1999 年 10 月在职 MBA 联考逻辑真题解析

1. 解析： 答案是 E。

“某些经济学家是大学数学系的毕业生”的含义相当于：“某些大学数学系的毕业生是经济学家”。再与选项 E 结合，恰可得到题干的结论。

2. 解析： 答案是 E。

注意到题干是一种类比关系，重点显然是寻找不可比性。选项 E 说明冬夏两季的服装消费者购买心理有很大区别，该计划是不可行的。

3. 解析： 答案是 E。

题干由这次的结果，得出对以后政策的结论。选项 E 指出了未来的风险，所以是很好的削弱。

4. 解析： 答案是 B。

题干是联言命题。选项Ⅰ、选项Ⅲ与第一个联言支矛盾，所以为假。对于选项Ⅳ，犯罪嫌疑人若在某三星级饭店，则为真，反之为假，所以是不能确定真假的。

5. 解析： 答案是 C。

乙显然认为由他所提到的事实，可以推翻甲的陈述。即日本车→¬福特。考查其逆否命题，并适当联想，可得选项 C。当然本题要求考生知道福特公司并非日本企业这一常识。

6. 解析：答案是 B。

本题解析可参考 1998 年 1 月真题的第 22 题解析。

题干的特例样本是脑癌患者，普通样本是普通人群，而共同事件是“使用手机”。

在特例样本中，有共同事件的比例是 68%，所以题干得到结论，共同事件影响了特例现象（即患病）。

选项 B 说明脑癌患者中有经常使用移动电话的历史的人所占的比例与普通人群中的比例基本相当，所以题干的论据不能说明问题。

我们可以进一步讨论，如果普通人群中使用手机的比例是 20%，远小于 68%，那么自然可以大大加强题干。反之，若普通人群中使用手机的比例是 98%，远高于 68%，那么我们反倒可以得到结论，使用手机有助于预防脑癌。

选项 C 很有欺骗性，但其所说比例与题干无关。例如，如果 1998 年仅有 100 万人经常使用移动电话，到 1999 年增加至 168 万人，这样也符合选项 C，但与题干的逻辑论证毫无关系。

7. 解析：答案是 A。

题干的逻辑式为：衣服整洁→结婚。选项 A 即其逆否命题。

选项 B 作为前提无法得到题干的结论，请自行验证。

8. 解析：答案是 B。

吴和王说的话为矛盾关系，所以必然一真一假。这样，周、郑说的都是假话。由周说假话知，是周捐的。

9. 解析：答案是 B。

由题意，神圣子的母亲必然是圣地部落的，选项 B 与之矛盾，所以必假。

10. 解析：答案是 C。

选项 C 是题干命题的逆否命题，所以为真。

选项 A、选项 E 所说题干并未涉及；选项 B、选项 D 所说是题干命题的否命题和逆命题，不一定为真。

11. 解析：答案是 D。

考古学家指出贝壳并不稀缺，可是仍作为货币。选项 D 作出了很好的解释——虽然贝壳并不稀缺，但作为货币的贝壳是特殊的。

12. 解析：答案是 A。

对选项 A 取非后得到，烟草公司可以用其他办法（除提高价格外）来抵消多缴的税金。那样将削弱题干的论证，所以选项 A 是应有的前提。

13. 解析：答案是 D。

选项D的前后两句都是“至少”，所以增加一些也没有关系。

14. 解析：答案是A。

典型的异因异果法加强。

15. 解析：答案是C。

注意到题干两句话的形式，必须让“管理人员”和“工科背景的大学毕业生”建立起桥梁，所以答案必然是选项C或选项E，进一步判断后可知选项C正确。

16. 解析：答案是E。

题干以“陪葬物”为论据得到了“复生”这一结论，二者之间缺少桥梁，选项E显然起到了搭桥的作用。其余各选项都与“复生”无关。

17. 解析：答案是D。

题干将对读者的调查结论推广至“社会群众”，是一种样本到一般的推理。选项D指出其样本是特殊的——高学历者和实际的经营管理者——并不具有代表性。

18. 解析：答案是E。

题干的结论是“必须……”，所以只要指出不一定“必须”即可。

选项E指出，虽然只有4%，但已经足够了。注意题干与结论间百分比的关系。虽然两者的基数并不一致，但正常情况下，题干中的基数（女考生）应大致成比例地考上大学，所以，选项D中的基数（女大学生）中，已考虑报考女子大学仍应大致为4%。

干扰项为B，应注意“不反对办女子大学”和“报考女子大学”并无关系。

19. 解析：答案是C。

显然，如果选项C的答案为否，则可以否定题干的论证。

20. 解析：答案是B。

选项B指出上述建议是不可行的。

21. 解析：答案是C。

注意题干中建议者的目的是“提高产品的销量”，干扰项B虽然看似有理，但与“销量”无关，所以不如选项C。

22. 解析：答案是E。

题干以吸烟喝酒与食用高脂肪、高糖食品相类比，所以应关注其间差异或不可比性，选项E指出了其作用人群的差异，所以是最好的选项。

23. 解析：答案是E。

对选项 E 取非后显然将削弱题干的论证，所以 E 是必须的假设。

24. 解析：答案是 D。

只有利用题干的第二句话的逆否命题可以推出确定的结论。

25. 解析：答案是 C。

选项 C 提供了不利于虾存活的原因。

26. 解析：答案是 A。

题干说的是 SuperReger 微机有前景，则“不能削弱”的应是 SuperReger 微机的优点。选项 A 说的恰是优点，所以为答案。

其余各选项都有削弱作用。选项 B 指出有更好的替代品；选项 C 指出销售商不会接受这种产品；选项 D 指出用户端已经饱和；选项 E 指出论据不可靠。

27. 解析：答案是 D。

选项 D 的等价逻辑式为：$\neg$英文 $\vee$ $\neg$法语，与题干完全一致。

28. 解析：答案是 A。

题干中的第二句话表明，“16 岁以下”的少年没有能力驾驶大马力摩托车，所以应立法禁止他们驾驶。应注意，题干中第一句只是论据，所以“13 岁至 16 岁”、“乘坐”等都不如第二句结论中的意思重要。而“拥有”题干中并未提及。

29. 解析：答案是 C。

题干的结论是“获得了一份全奖”，如果选项 C 为假，则有人获得了“两份”全奖。

选项 D、选项 E 不难排除；选项 A 中的“入学”和选项 B 中的“接受”题干中并未涉及。

30. 解析：答案是 D。

“有证券投资实际经验”是参赛的必要条件，但并非充分条件。所以由题干信息无法获得准确的断定，而只能得到如选项 D 的可能性判断。

31. 解析：答案是 B。

题干以“编程”少为论据推出“没有充分利用他们的家庭电脑”，而二者并非一码事，这显然不够严密，选项 B 指出了其中的漏洞。

32. 解析：答案是 E。

其余选项都指出了试点单位和非试点单位（即日后接受实施试点经验的单位）的区别，可以解释题干中的现象。

33. 解析：答案是A。

干扰项是B，但选项B中的意思题干中已经明确说明，不是“隐含”的。

34. 解析：答案是B。

由题干：

（1）你∧我→她；

（2）她→能跳舞的卡拉OK厅→市中心；

（3）她妹妹→你。

对于选项B，既然“你”和“我”一起去了，“她”一定在；“她”在，那么一定在市中心，所以不可能在市郊。

其余选项请读者自行练习推理。

35. 解析：答案是B。

对选项B取非，则恰好起到排除法削弱的作用，所选项B恰为应有的假设。

36. 解析：答案是C。

题干以“勤工俭学的学生越来越少了”为论据，得到了“家庭困难情况比以前有了大幅度的改善”，显然两者之间缺少桥梁，选项C恰好起到了搭桥的作用。

37. 解析：答案是D。

其余各选项的第二句的前件都没有完整地利用第一句的后件。

38. 解析：答案是E。

选项A、选项B否定前件，选项C肯定后件，选项D只涉及后件，都得不到有意义的结论。只有选项E正确。

应注意：“秦川和沈捕不会都”相当于：¬（秦∧沈），即¬秦∨¬沈。

而¬秦即可推出¬秦∨¬沈。

上述的推理虽然简单，但却是很容易忽略或混淆的。

39. 解析：答案是E。

其余选项都说明了目前电话订票的必要性或因特网订票的不完善。只有选项E提到的是因特网订票的优点。

40. 解析：答案是D。

注意到题干的开端，则应在各选项中寻找表示“一切”的词语，只有选项D含有其同义词“凡是”，进一步阅读发现选项D是正确的。注意选项A中的“一切”与题干的用法不同。

41. 解析：答案是C。

选项 C 明显是持支持的态度，当然不可能起到反对作用。

42. 解析：答案是 D。

对于这类关于百分比的问题，首要注意的就是比例的基数。如果题干两个百分比的基数相同，那么其矛盾是几乎无法解释的。但选项 D 含蓄地指出，它们的基数不一样。60% 的基数是回答者，20% 的基数是班级总人数。为解说方便，假设该班有 100 人，而回答问题的只有 10 人，显然题干中的现象就可以理解了。

43. 解析：答案是 C。

选项 A、选项 E 是站在信用卡公司的立场上。选项 B、选项 D 与题干无关。只有选项 C 是站在顾客的立场上。

44. 解析：答案是 B。

若选项 B 不成立，题干的推论显然是不可行的，所以选项 B 是必须的假设，自然能起到加强作用。

45. 解析：答案是 B。

对于选项 B，是符合题意的。对于选项 C，“无害”题干并未断定。

46. 解析：答案是 C。

对于类比关系，首先考虑可比性。选项 C 断定了两部影片的关键因素是类似的，所以应作为假设。

47. 解析：答案是 B。

本题应用欧拉图求解。从图上可以看出，选项 B 是必然正确的。选项 A、选项 C、选项 E 是必然错误的。当“预算委员会成员”全部处于“教授”之内时，选项 D 是错误的，所以选项 D 不是一定正确的。

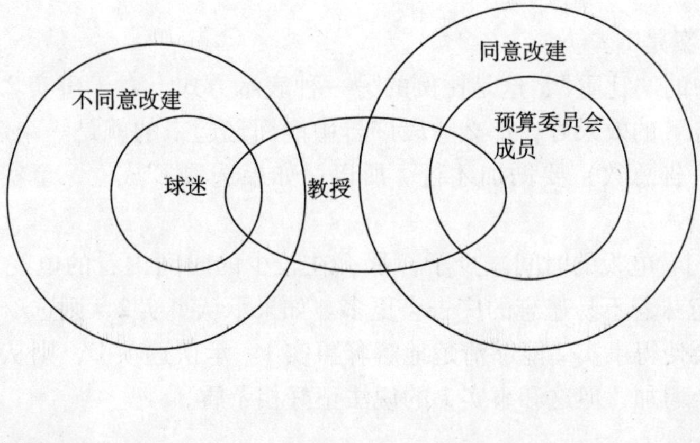

48. 解析：答案是 B。

本题同样用欧拉图求解，而且比 47 题更为清晰。

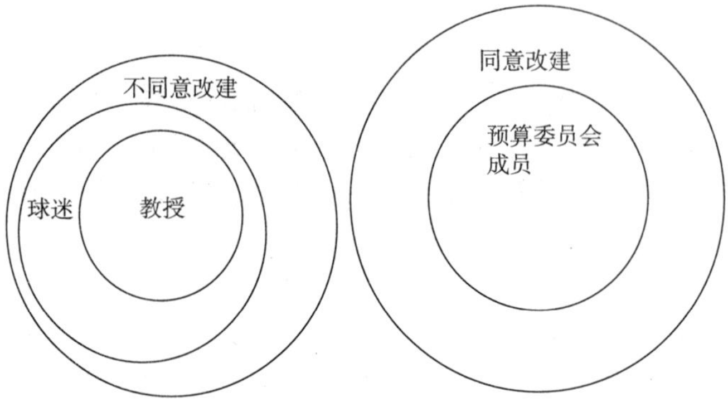

49. 解析：答案是 B。

干扰项为 D。对选项 D 和选项 B 取非后都可以削弱题干，但对选项 B 取非后将导致题干的改革不可行；而对选项 D 取非只是“忽视”了一些影片，所以削弱力度要弱一些。

50. 解析：答案是 C。

费用方面的问题与心理上的问题并不相干。

2000 年 1 月 MBA 联考逻辑真题解析

31. 解析：答案是 B。

选项 A、选项 C、选项 D 所说的均可能是公司这一计划的缺点。只有选项 B 所说的对公司发展来说是该计划的优点，所以应选 B。

如此简单的题目以后再考的可能性已经很小，但对于很多题目，找到问题的方向性（优点或者缺点、支持或者反对）都是至关重要的。

32. 解析：答案是 E。

注意事实 1 中的“比重”，这是比例的另一种表示方式。对于事实 2，既然“第一个和最后一个商业广告”的效果好，那么一段广告中能回忆起来的就是一个定值——2，而比重下降，则分母（广告总数）要增加才行。所以，如果选项 E 成立，事实 2 就能解释事实 1 了。

选项 A 说人们看电视的时间减少了，那么在较少的时间内看的电视广告不会更容易遗忘。选项 B 真，意味着不易遗忘的广告会更多。如果承认事实 2，则选项 C 是一个极其自然的现象，但它不会使得事实 2 能够清楚地解释事实 1。承认选项 D，则从事实 2 可推出：能够回忆起的广告会增加，但这和事实 1 的说法正好相矛盾。

33. 解析：答案是 D。

应注意题干中反复出现的“午餐”、“餐馆”、“晚餐”等词语，所以题干所谈的是公园餐馆的使用问题。故应选选项 D。

选项 A 的断定不恰当。题干所谈和减少各游览点排队人数没有关系，餐馆显然不是游览点。选项 B 和公园的目的也不相符合，使参观者在公园内就餐也是增加利润的一种方式，并不一定要通过现场表演这一方式。选项 C 和题干所言不相关，不能选。选项 E 说公园有招徕顾客之意，总的说来这是对的，但未免太过笼统，故它不能和题干中前面的文字密切结合，形成其最后的特别断定。

34. 解析：答案是 C。

题干说参加者平均减肥 9 公斤，如果男女参加者人数一样，那么参加者平均减肥为：（13 +7）/2 =10（公斤），可见女性参加者多于男性参加者。故应选 C。

注意到选项 A、选项 B、选项 E 中的“都”、“所有”等字，则它们不难排除。

35. 解析：答案是 E。

题干从“飞机重量减轻会节省燃油”、“以前最安全的座椅很重”和“今年最安全的座椅卖得最好”三个判断中推出结论。如果选项 E 为真，则会改变这三个判断中的中间的那个判断，从而表明航空公司现在可以两者兼顾了。

选项 A 只说了去年卖得最火的飞机座椅并不是最安全的座椅，但这种座椅是否最轻，它未作断定，就此不能说航空公司更重视省油而非安全，因此对题干中的结论只能说有一定程度的削弱。选项 B 正好和题干结论相符，不能削弱题干中的结论。安全座椅销售不好的那些年，说明人们已比较重视省油的问题了，这当然和油价较高有关；今年油价还会提高，这必使得航空公司更重视省油了。因此选项 C 当然不能削弱题干中的结论。选项 D 所谈的座椅价格不在题干所讨论的范围内，属于题外话，也不能削弱题干中的结论。

36. 解析：答案是 B。

对于比例问题，很重要的一点就是分析比例的基数是否妥当。

选项 B 指出，美国海军士兵均是青壮年，他们的生存能力当然要比婴儿和老人高得多，由于两种死亡率所针对的基数不一样，所以题干中的数据是可以理解的。

题干中海军广告谈论的是美国海军和普通市民在战时的死亡率，并没有比较海军士兵和陆军士兵的死亡率，因此选项 A 不能解释这一广告所说的结论。

选项 D、选项 E 所谈的是题外话，不能解释广告中的结论。

选项 C 也有解释作用，但力度不如选项 B。

37. 解析：答案是 C。

题干所谈的是关于上网用户人数及其分类的问题。由于两类上网用户人数之和大于上网用户人数，这必然是这两类上网用户中有两类上网方式都用的用户，即有的用户既用专线上网，也用拨号上网。从统计数字看，前者人数较少，为 144 万；后者人数较多，为 324 万，由于上网用户人数为 400 万，所以既用专线上网又用拨号上网的用户人数为（144 +324）－400 =68，相比各类上网用户而言，68 万用户在 144 万专线上网用户中和在 324 万拨号上网用户中均为少数。因此，选项 C 说“能够在专线上网的用户中，多数也选用拨号上网”，这就不符合事实了。所以，选项 C 必假。

选项 A 与题干无关，难以从题干推得选项 A 必假。

选项 B 是正确的，因为确实不能用四舍五入来解释上面的统计数字，否则上网用户人数应为 500 万了（对 468 万四舍五入）。

选项 D 说的拨号上网用户中有少数用户用专线上网，这符合事实，但是否是由于专线上网的设备能力不足，这只能存疑。

选项 E 与题干中的统计资料不相干，属于题外话，所以难以说它必然有误。

38. 解析：答案是 B。

选项 A 说的是一个普遍真理，这虽能使人对机器的作用产生怀疑，但这只是针对任何一种机器的怀疑，是一种一般性怀疑，不够有力。

如选项 B 为真，则能较有力地怀疑该仪器的作用，因为桩考器测不了学员的动作是否规范。如果桩考包括了测量学员动作是否规范这一内容，则桩考器的作用显然是十分有限的。因此选项 B 的怀疑程度比选项 A 强。

选项 C 说明了机器测量的随意性能完全排除；选项 D 指出，桩考器能严格考试纪律；选项 E 指出，南崖市如果安装桩考器，许多学员就不会在该市参加桩考了，这些均说明了桩考器有着可靠的作用，难以对其有什么怀疑。

39. 解析：答案是 C。

写出逻辑式：

（1）¬周；

（2）王；

（3）吴；

（4）¬王。

显然（2）和（4）矛盾，必然一真一假。

根据题意——两真两假，所以（1）和（3）也必然是一真一假。

这样，¬周和吴矛盾，所以要么周∧吴，要么¬周∧¬吴。

40. 解析：答案是 D。

选项 D 指出，有其他原因影响了人们的选择。

41. 解析：答案是 C。

选项 C 表明，家长在培训后遇到较少麻烦的现象，不是培训带来的效果，而是孩子们正处于调皮捣乱的“低潮”所造成的。这是对培训效果所作的最强烈怀疑。

选项 A 如果为真，不一定就意味着那些课程教授没带过学龄前的孩子，不一定就不称职，因为教育孩子关键在于掌握方法。当然在掌握方法的基础上，如有过带自己孩子的亲身经历，则会更加称职。所以，选项 A 真，只能对家长培训的效果起着轻微的怀疑作用。

若选项 B 真，对培训效果没有影响，不可能从此产生对效果的怀疑。

选项 D、选项 E 所言和培训效果没有关系，所以也不会对其起到怀疑作用。

42. 解析： 答案是 A。

题干中的三个百分比是该款车的买主中女性的比例。例如，有 100 人买了“星愿”，其中有 58 个女性；有 1 000 人买了“心动”，其中有 550 个女性。

而后文中的“女性购车量排行榜”其实比较的是购车人数（一种绝对数量值），就是购买某种轿车的女性人数。如果按前面的假设，显然“心动”要排在“星愿”前面了。而选项 A 中，又将这个人数除以各种轿车买主总数——“每种轿车的女性买主占各种轿车买主总数的百分比”，显然这不会影响“女性购车量排行榜”的排名。

为解说明白，让我们再用数字作个假设，有 100 人买了“星愿”，其中有 58 个女性，而女性买主所占的百分比为 58%；有 1 000 人买了“心动”，其中有 550 个女性，而女性买主所占的百分比为 55%；有 100 人买了“EXAP”，其中有 54 个女性，而女性买主所占的百分比为 54%；有 2 000 人买了“富康”，其中有 551 个女性，而女性买主所占的百分比为 27. 55%；其余各品牌只有男性买主。那么女性购车排行榜上，富康就居首位了；而按照女性买主所占的百分比计算，富康则在第四位。

43. 解析： 答案是 D。

题干谈论的是“适量饮酒对妇女的心脏有益”，而选项 D 谈论的是男性的数据，所以选项 D 最不可能削弱原结论。

选项 A 意味着感觉好导致饮酒量增加，说明题干的论证犯了因果倒置的错误，所以选项 A 能削弱题干中的结论。

选项 B 指出，性格独立的妇女适量饮酒并加强锻炼。在这种情况下，如果她们的心脏好，则很难说就一定是适量饮酒导致的，也许有可能是加强锻炼导致的。所以选项 B 是他因法削弱。

从选项 C 中可知，护士年轻，她们患心脏病的可能性相对较少，也是他因法削弱。

选项 E 也在相当程度上削弱了题干中的结论，故不能选。

44. 解析： 答案是 A。

注意题干结尾的“安全感”。

选项 A 表明，光线对食品营养有破坏作用。这就十分有力地说明了消费者所谓的“安全感”是很成问题的。

对于选项 B，既然“没有关系”，自然也没质疑作用。选项 C 只是说某种食品——牛奶在光线下会引起风味上的变化，质疑力度极小。选项 D 所说的情况不仅没有质疑作用，反而有一定的加强作用，说明了透明包装的好处——可以看到是否新鲜。选项 E 说了一种现象，但对其原因没有揭示，而且“许多”国家在世界各国中所占的比例如何又未说明。所以，选项 E 的质疑力度也很小。

45. 解析： 答案是 E。

选项 E 指出，患者冬季抑郁症的缓解，不是因为强光照射，而是因为这些患者改变了原来的生活环境，从而改变了自己的心态，也就因此治好了冬季抑郁症。这是典型的他因法削弱。

从选项 A 得知，强光照射还是有助于治疗冬季抑郁症状的，所以选项 A 不能削弱题干中的结论。

选项 B 指出光线照射对于男女性患者各有不同的疗效，虽然有迅速、迟缓之分，但总是有疗效的，这就不能削弱题干中的结论。

选项 C 所谈的南北球差异和题干不相关，因此也不能削弱题干中的论证。

选项 D 只强调强光照射对皮肤的损害，并未涉及它是否有助于缓解冬季抑郁症，所以它也不能削弱题干中的结论。

46. 解析：答案是 B。

题干的结论是“孩子出生后的第一年在托儿所度过，会引发孩子的紧张不安”。而论据是其后的样本统计结果。但需注意题干结尾处的“过于依附母亲”。

对于样本统计对比的题目，显然应关注样本选取和可比性等问题。

选项 A 表明，这次测验所选样本不是随机的，这有可能会出现两组样本儿童的家庭有系统性的差异，从而必然影响测验结论的可信度。因此，选项 A 对题干中的结论是有质疑的。

选项 C 中推出了因果倒置型削弱，它指出，是由于已经产生了依附心理，所以才送去托儿所，而并非由于在托儿所才产生依附心理。

选项 D 类似选项 A，同样指出了样本选取的问题。

有参考书认为正确答案是 E。但如果注意到结尾“过于依附母亲”和 E 中“祖父母或外祖父母看护”的对应关系，可以发现，选项 E 有如下削弱作用：两组样本的大部分儿童，都是由非母亲的其他人看护的，这时托儿所和家庭并无本质区别，统计数据的差别应有其他原因，而并非题干的推论。这是同因异果法削弱。

而选项 B 并不比选项 E 更有削弱作用，因为题干中提到是“我们”进行的研究，而数据都是统计获得，并无理由认为个人可以影响结论。

47. 解析：答案是 B。

题干中的结论是“死刑能够减少犯罪”，选项 B 的意思正好表明死刑并不能够减少犯罪。因为虽然在实行死刑的州犯罪会减少，但由于罪犯会流窜到其他未实行死刑的州去犯罪，所以罪犯的“犯罪总量”并未减少。

选项 A、选项 D 明显是无关选项。选项 C 说明反对死刑的人少了，反而有加强作用。选项 E 说明死刑至少会让罪犯三思，也有加强作用。

48. 解析：答案是 C。

选项 A 没有明确否定这一次计划的实行及其所得的论断，只是表明这项训练计划不一定能普遍开展，这其中当然可能有多种原因。就此而言，A 选项能对原论断有一定程度的质疑。B 选项的前一断定可在一定程度上质疑原论断，但后一断定就难以质疑了。D 选项提到的是对约会对象的评价，这和原论断不太相干。E 选项真，只会支持原论断。

从选项 C 中可知，对照组学生在第一次填写社交忧惧调查表时故意表现得较为悲观，由于调查表的填写不客观，所以通过比较相关调查表所得的结论就令人难以相信了。因此，相对来说，选项 C 最可能质疑原论断。

49. 解析：答案是 E。

题干的论据是“球队的成绩突飞猛进”，而结论是“赵青一定是一位出类拔萃的教练”，这类推理的关键之一是是否有其他原因导致了论据。从选项 E 中可知，球队成绩突飞猛进并不一定是赵青的功劳，而是因为女排招到了一个职业队的退役队员，这是典型的他因法削弱。

选项 A 说赵青原来曾入选国家青年女排，这说明她是一位优秀的排球运动员，优秀运动员能否成为优秀教练员，选项 A 却没作断定，故与题干的结论不相干。

选项 B 说明，赵青了解女运动员的运动生理和心理，这当然在一定程度上支持赵青是位优秀教练的论断，而不可能削弱该论断。

从选项 C 中不知道“我们大学”女排以前的成绩，这就难以评价全国大学联赛铜牌是否对球队称得上是“突飞猛进”。所以，选项 C 有可能削弱题干中的论证。

选项 D 只能说明赵青是位好教练，当然不能削弱题干中的论证。

50. 解析：答案是 D。

选项 A 讲的是消费者选择交通工具时的种种考虑，选项 E 讲的是媒体的情况，这些均和题干内容不相关，所以不能解释它的矛盾。选项 B 倾向于坐飞机更危险，选项 C 说坐汽车更危险，这当然也不能解释两者之间的矛盾。

选项 D 指出了航空协会和汽车工业协会按照各自标准来比较两种速度完全不同的交通工具，均是不全面的、有偏差的。

51. 解析：答案是 A。

批评者对德尔的指责的依据是，德尔的电网会“造成大量的电力浪费”。要削弱这种指责，只要说明不会浪费就可以了。选项 A 正好表明了这一点。因为只通电 10 天，以后就不再耗电。

其他选项均和题干关系不大，没有正面应对批评者的指责。

52. 解析：答案是 C。

选项 A 提到保护手套的透气性和伤势愈合直接相关，如果透气性好，该手套还是有作用的，所以削弱力度微乎其微。

选项 B、选项 D、选项 E 所谈的都和保护手套的作用不相干，当然也就不能削弱这一作用。

只有选项 C 指出，皮肤容易和保护手套粘连，在拆除时会造成新的伤口。这一说法将最能削弱保护手套的作用，因为该手套之所以要发明出来，就是为了不造成新的创伤，但如果选项 C 为真，则保护手套的“保护”作用就无从谈起了。

53. 解析：答案是 D。

金语楼的创意好，但如果许多厂家纷纷把这一好的创意开发成产品推向市场，则市场上这样的产品将会供过于求，一旦这样，产品的销路就不会太理想了。所以，如果选项 D 为真，就能体现这一意思，也就能很好地解释题干中的矛盾。

选项 A 谈的是烟灰缸，即使它销路很好，也不一定能影响打火机的销路。选项 B 说新型打火机贵 20 日元，其实 20 日元相对于打火机的创新来说，应该说是一个非常小的金额，它难以使大部分消费者在意这一点。如果选项 C 为真，则更应买新型打火机。选项 E 提到金语楼还做过有关宣传新型打火机的电视节目，这当然也应使得销路好一些。所以，选项 A、选项 B、选项 C、选项 E 均难以很好地解释题干中的矛盾。

54. 解析：答案是 A。

题干中的命中率是指击中敌机的炮弹数除以发射的炮弹数，而商船上架设高射炮的目的是保护自己不被敌机击沉。所以该命中率与安装高射炮的目的并不相关。

而选项 A 中的两个百分比才说明了问题的实质，商船的被击沉率降低了 15 个百分点，比较架设高射炮所花费的成本，应当说是合算的。

从选项 B 中不能确切地知道架设高射炮的效益情况。选项 D 只说明高射炮的费用较小，效益情况却不得而知，这样，选项 B、选项 D 难以对题干中的“得不偿失”作出质疑或削弱。选项 C、选项 E 正说明“得不偿失”，当然就不可能削弱题干中的结论了。

55. 解析：答案是 C。

因为台湾地震就会引起那种内存元件的价格上涨，这极有可能表明，台湾是生产这类元件的重要地区，所以选项 A 不会和题干内容相矛盾。由于在美国现货交易市场中那种内存元件的交易价格变动频繁，这说明美国极有可能是该元件的重要交易市场。所以选项 B 也不和题干内容相矛盾。因为题干中表明，关于内存元件的价格变动情况，是一家韩国媒体报道的，选项 D 不与题干内容相矛盾。选项 E 表明供应商对那种内存元件的市场行情很敏感，这可以从题干内该元件的价格变动较大且较快得到说明。所以，选项 E 也不会与题干相矛盾。

与题干内容相矛盾的是选项 C。因为从 10 月 8 日和 10 月 7 日两天的交易价格来看，它们在某一天中总是在某一个范围中起伏，不一定 8 日的交易价格就会比 7 日的低，如 8 日的 17.30 美元就比 7 日的 16.99 美元高。所以选项 C 的断定是和题干表述相矛盾的。

56. 解析：答案是 E。

从题干得知，司法公正的根本原则是既不要错判，又不要错放。因此，衡量一个法院在办案中是否对司法公正原则贯彻得足够好，就要从既不错判又不错放两方面来全面考察，一般不能仅看一方面；只有当一方面各法院执行情况基本相同时，才可从另一方面来考察其司法公正情况。

在题干中，某法学家只提到用错判率来衡量，这需要是在误判率基本相同的情况下。所以选项 E 真对法学家的观点支持较为有力。

选项 A 真，就会与题干的表述存在一定的矛盾。选项 B 真，只是反映了司法界的某种客观情况，但究竟对这种情况怎样看待，没有明说，所以它难以对法学家的观点给予有力支持。选项 C 真，能对法学家的观点给予一定程度的支持。选项 D 没有提到错判率和错放率的问题，因此也不会对法学家的观点给予支持。

57. 解析：答案是 E。

写出各逻辑式：

张：¬余涌∨方宁；

李：¬余涌∧¬方宁；

王：¬余涌；

赵：余涌∧¬方宁。

张老师的话和赵老师的话互相矛盾，根据普通逻辑的排中律得知，其中必有一真。又从题干中得知，四位老师的话中只有一个人的话为真。所以说真话的人必会是张、赵中的某一位，所以李、王两位教师必然说假话。从王说的假话反面得知，余涌能考上清华。

本题的特点是无法推出必然的结论，分析到这里后，通过阅读答案可知选项 E 是正确的。

58. 解析：答案是 D。

选项 A、选项 B、选项 C、选项 E 均是他因法削弱题干。

选项 D 指出了实验设计中对两类患者的人数选择不等，但两类患者中“四分之三”和“一半”这两个比例不会随其两类总人数的改变而有所变化，因此也就不能削弱其结论。

59. 解析：答案是 E。

题干由“逮捕、宣判和监管任务的增加，势必需要相关部门同时增员”，得到“增加警力的动议不可取”。

选项 E 指出，警力增加可以导致减少犯罪，那么，逮捕、宣判和监管任务也就不会增加了。

选项 A、选项 B 的削弱力度不如选项 E，而且也不如选项 E 贴近题干。

60. 解析：答案是 B。

选项 B 会更有利于评价题干的结论。因为当两者其他情况基本相同，而仅一种情况不同的时候，则这一种情况就极有可能是造成两者在股市暴跌冲击后行情差异的原因。这是探求因果联系的差异法所告诉我们的。

选项 C 不符合差异法实行的条件，既然操作对象和题干中的论证中的对象差异很大，则很可能会有其他因素的干扰，所以再比较其差异意义不大。

61. 解析：答案是 A。

注意时间元素。

从《科学日报》的上述消息为真，可知在 1998 年 5 月以前，不可能有科学家提出过这一观点。因此，选项 I 所描述的消息不可能是真实的。

虽然《科学日报》的上述消息为真，但并不意味着消息中某些人的观点就一定是真实的，就永不可能被别人所反驳。所以选项Ⅱ、选项Ⅲ所描述的情况有可能是存在的，因此选项Ⅱ、选项Ⅲ也有可能是真实的，当然这也不意味着其中的荷兰科学家和苏格兰医生的观点就一定正确。

62. 解析：答案是 D。

如果选项Ⅰ真，则题干中的结论将被削弱，因为一般来说年龄越大，人们患癌症和心脏病的可能性也就越大，而老年人越多的组，显然这两类病的发病率也就越高；否则反之。题干中指出，第一组的发病率要低于第二组，而第二组又低于第三组；但选项Ⅰ又指出，第一组中 60 岁以上老年人的比例要低于第二组，而第二组又低于第三组。所以，题干中所述现象极有可能并不是献血的多少或有无造成的，而是年龄的大小差异或分布差异所造成的。

选项Ⅱ表明，献血者在献血前就有较好的体质，所以好体质并非是献血所造成的，它是早在献血前就已形成的。所以，第一组、第二组和第三组相比，前两组的对象均有献血记录，至少表明他们在第一次献血前，就具有好体质，而第三组对象却从未献过血，他们的体质却无从得知，他们当中一些体质差的人也很难通过献血前体检的方式得到筛选，所以第三组中癌症和心脏病发病率要高于前两组是很自然的，它并非由献血所造成。从这一点来看，选项Ⅱ真仍是削弱了题干中的结论。

选项Ⅲ指出对象的人数，这和题干的结论不相关。因为问题的关键在于每组中的发病率，而和人群总数无关。

63. 解析：答案是 E。

由题干：

遵守操作规程∧例行技术检验∧无特殊意外→不失事，即失事了→¬遵守操作规程∨¬例行技术检验∨特殊意外。

分析各选项可知选项 E 正确。

64. 解析：答案是 C。

本题可用数字代入。

（1）假设持有当代商厦购物优惠卡的顾客是 2 人，持有双安商厦的购物优惠卡的顾客是 8 人，那么一共是 8 人。

（2）另一种极端情况就是有当代商厦购物优惠卡的顾客是 2 人，持有双安商厦的购物优惠卡的顾客也是 2 人，那么一共是 2 人。

可以看出，情况（1）时，选项Ⅰ不成立；情况（2）时，选项Ⅱ不成立。

选项Ⅲ是成立的。

65. 解析：答案是 C。

可用欧拉图求解。其中“未办就业许可证”的画法虽然不严谨，但出于经验，对解题是有帮助的。从图中看出“安徽人”和“武术学校学员”不可能有交集，所以选项 C 必然是假的。

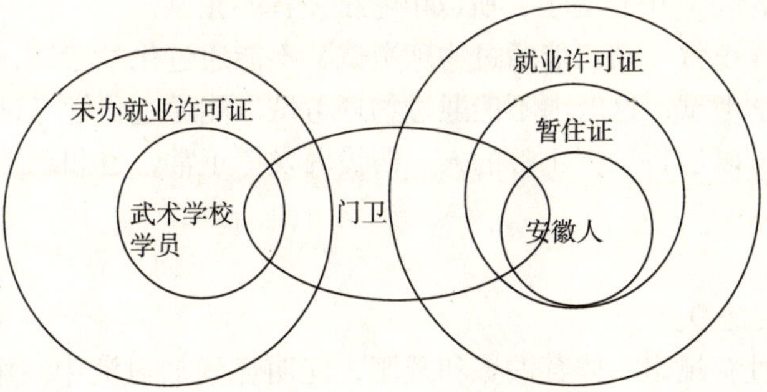

66. 解析：答案是 D。

仍用上面的欧拉图求解。

67. 解析：答案是 B。

题干的论证方式是：只有 p 或 q，才 r；r 并且非 p；所以 q。

各选项中只有选项 B 与上述论证方式最为类似，也运用了这种推理形式，所以应选 B。其他选项均不合适。

68. 解析：答案是 B。

从题干得知，当排成五行人数相等的横队和七行这样的横队时，每一横队的人数必须既是 5 的倍数，又是 7 的倍数，即它们的最小公倍数是 35（5×7），又由于战士人数在 100 至 200 之间，所以，这一人数具有 $35\times3+1$ 或 $35\times4+1$ 或 $35\times5+1$ 三种可能。在第一种可能即 106 人时，可满足排成八行余两人的条件，即 $106\div13$ 余 2；在第二种可能即 141 人和第三种可能即 176 人时，均不可能满足除以 8 余 2 的条件。所以，可确定该连队的人数为 106 人，$106=35\times3+1$，这意味着该连队除了 1 人（假设他就是连长）外，正好可排成三行横队。所以，选项 B 是正确的。

69. 解析：答案是 D。

题干中所言的电脑有“揣摩用户情绪”的功能。

选项 B、选项 E 均涉及人的情绪表现，电脑由此进行监测和判断，是可能作出某种反应的。选项 A、选项 C 涉及人机交互，也是比较容易实现的。选项 D 中的“喜好”并不等于“情绪”。

70. 解析：答案是 B。

由题干中的说话内容可推知，甲、乙、丙三人每人均通过一门科目的考试，均有一门没有通过。当我们知道他们每人已通过了某一门以后，则可断定另外一门一定没通过。

本题用试算法最为快捷。

假设甲考试发挥正常，则他能通过化学考试；这时丙不能通过物理考试，故他能通过化学考试，但这样一来，就和题干中的规定“发挥正常的人也是三人中唯一的一个通过这两门科目中某门考试的人”相矛盾了，所以甲考试发挥不正常。

假设乙考试发挥正常，则乙能通过物理考试，不能通过化学考试；这时甲不能通过物理考试，故能通过化学考试；这时丙不能通过物理考试，能通过化学考试，这样的结果和题干的断定完全相符。所以乙是发挥正常的人。假设丙发挥正常，也和题干断定相矛盾。故应选B。

71. 解析：答案是D。

既然有些人通过有规律的体育锻炼和减肥，能明显增加血液中高浓度脂肪蛋白的含量，而且这种含量的增多能降低血液中的胆固醇，所以有些人可以通过有规律的体育锻炼和减肥来降低血液中的胆固醇。因此选项D可从题干中必然推出。

选项A断定从题干中推不出，因为题干中没有明确规定，进行锻炼和减肥的人一定就是胖子。题干中只提到降低血液中胆固醇的方法中有体育锻炼和减肥的方法，但这并不表明只有这两种方法。如果不用这两种方法，而采用其他方法，降低胆固醇的可能性还是可以存在的。所以选项B的断定难以从题干中必然推出。

题干中没有提到体育锻炼和减肥是降低高胆固醇的最有效方法，因此选项C从题干中推不出。

选项E断定所有的标准体重的人都可以通过有规律的体育锻炼来降低血液中的胆固醇，但题干中只是断定了“有些人”是可以通过有规律的体育锻炼来降低血液中的胆固醇的，从部分对象具有某种性质不能有效必然地断定全部对象也具有该种性质，所以选项E也从题干中推不出。

72. 解析：答案是A。

对选项A取非后得到，没有足够的商品，那么题干中提到的商品正超常消费就无从谈起。所以选项A是必须的假设。

选项B、选项D、选项E均和题干中的前提和结论无关，不能称其为论证的假设。

选项C是过强假设。

73. 解析：答案是A。

选项A的提问中有“有时上网”的字样，“有时上网”应该不是互联网瘾的表现形式，因联结某网站时间过长而着急，是非常正常的事情，这里并没有荒废学业、影响工作、欲罢不能等成“瘾”的表现。

而选项B、选项C讲的是欲罢不能的现象，选项D讲的是影响工作等的现象，选项E提到“谎称你并未沉迷互联网”，这正意味着正沉迷于互联网中，所以选项B、选项C、选项D、选项E均与“互联网瘾”的表现形式有关，不应选。

74. 解析：答案是A。

题干中断定，中小学师资短缺的主要原因是近年来中小学条件改进缓慢和教师工资不能与其他行业同步增长，而不是提高教师应聘标准。所以，选项A真能加强上述断定。

而选项B、选项C强调应聘标准是中小学师资短缺的原因，没有强调是其主要原因，因而只在一定程度上加强上述断定，选项 D 说的是在岗教师不努力进取的原因是低工资，没有提到他们是否准备离开教师岗位，这和所谈论的中小学教师“短缺”是不相干的。选项 E 所说的决策部门看法，正好和题干断定相矛盾，当然不能加强这一断定。

75. 解析：答案是 A。

如果选项 A 为真，则意味着人们缴纳的销售税也基本上是一样的；又如果这种销售税是所得税的一种形式，所以，当人们收入越低时，其所缴纳的销售税（基本上是一个常量）和收入之间的比值将会增大，这意味着纳税率越高。所以，选项 A 能有力地加强题干的议论。

选项 B 所谈收入差别现象，选项 C 谈低收入者的支付能力，选项 E 所谈美国大多数州没有征收销售税均和题干议论不太相关，因而不能加强该议论。选项 D 的说法较为含混，不足以得出收入和纳税率的反比例关系。

76. 解析：答案是 C。

选项 A 关于“是否有年龄限制”的说法、选项 B 关于“任职平均年数”的说法、选项 D 关于“平均年龄为近似数字”的说法、选项 E 关于“企业规模”的说法，均和题干论证无关，因而不能对它提出强有力的质疑。

只有选项 C 的断定能够提出质疑，由于被调查的企业仅仅是有 20 年以上历史的企业，这明显地质疑了样本的有效性。

77. 解析：答案是 E。

从题干中得知，每年有 10% 的人改吸其他品牌的香烟，而烟草制造商总是用其毛收入的 10% 来做广告。董事 A 的话表明，占毛收入 10% 的广告支出的效益只是使 10% 的吸烟者改吸其他品牌的香烟，如果不做广告，则能维持收支平衡。这里董事 A 显然犯了一个错误，因为不做广告，自有其他烟草公司去做，烟草市场的竞争是异常激烈的，这样一来，Z 烟草公司就不可能维持现在的状态了，而会在竞争中处于劣势，甚至有可能会被挤出市场。所以，董事 A 的结论是不正确的，他忽略了世界烟草业的激烈竞争状态。故选 E。

选项 A 不能构成对董事 A 的质疑，广告开支可以从毛收入角度来看，进行所谓成本效益分析。选项 B 所谈的香烟价格变动具体内容不详，所以不能构成对董事 A 结论的有力质疑。选项 C 所谈吸烟者的喜好，以及选项 D 所谈品牌种类也均不能质疑董事 A。

78. 解析：答案是 E。

要分析广告开支是否为亏损性开支，需要从三个角度来加以分析：

（1）要看有无在广告后放弃吸本公司品牌香烟的现象，即看原来的总量是否减少，能维持过去的数字也是广告的效用之一；

（2）要看有无在广告后改吸本公司品牌香烟的现象，这涉及吸烟人数的增加问题；

（3）要看新吸烟者有无选择本公司品牌的现象，这也涉及吸烟人数的增加问题。增加过去的数字当然也是广告的效用之一。

因此，选项Ⅰ、选项Ⅱ谈的均是从上述第一个角度所作的分析，表明没有放弃吸本公司品牌香烟的现象，选项Ⅲ是从上述第三个角度谈的关于吸引新吸烟者的广告效用。董事 B 仅仅依据了上述第二个角度中关于没有改吸本公司品牌香烟的现象，就作出如此断定，显然是没有看到从第一、第三两个角度分析出的广告效用。所以，选项 E 为应选答案。

79. 解析：答案是 B。

从题干中可知，反对意见是同意冒险不能给别人带来损害，只有这样，冒险才是纯粹属于个人的私事。

选项 A 真，但不能对此提出质疑。因为它指出航空公司要人们系安全带，不是为了防备伤害他人。选项 C、选项 D、选项 E 都对损害他人的问题不置一词，所以也难以对上述反对意见提出质疑。

只有选项 B 指出了，由于某些人不系安全带的缘故，使得汽车保险赔偿费连年上涨，这就导致了汽车保险费近年来连续上涨，这当然是损害了大家的利益。

80. 解析：答案是 D。

从题干中得知，中美核子科学家在过去多次交流，美国指责中国窃取美国核机密，仅仅是“早些时候”发生的事，因而可以认为，选项 A、选项 B 是与题干中引述观点相符合的。既然中美两国核子科学家过去多次交流，当然可以设想他们在“讨论一些本研究领域共同关心的理论问题”。因为“美国曾获得过中国有关核技术的资料”，所以选项 C 又是和引述观点相符合。又因为引述中有“美国指责中国……”等词句，其中“指责”一词是一个贬义词，它表明了说话人对美国的这种行为和态度是不赞成的，因此选项 E 是和那位说话人的观点相符合的。

只有选项 D 难以和引述观点相符，因为从引述观点中并无也不能推出“抗衡”这一内涵。

2000 年 10 月在职 MBA 联考逻辑真题解析

21. 解析：答案是 D。

应注意，“每周固定进行二次至三次健身锻炼”与“去健身房”并非一码事。

选项 A、选项 C 暗示部分人进行除“去健身房”之外的其他锻炼。选项 B、选项 E 指出数据可能不准确。

选项 D 如果为真，去健身房的人应该更多，所以无助于解释题干。

22. 解析：答案是 A。

干扰项是 B，但选项 B 中的意思题干中已经明确说明，不是“隐含”的。

23. 解析：答案是 B。

题干的论据是“编程少”，而结论是“没有充分利用他们的家庭电脑”，选项 B 充分利用了其间的差异，指明了漏洞。

24. 解析：答案是 C。

周教授“不同意”，所以他的观点就是 DVD 不会热销，那么“不能支持周教授的观点”的选项就应该是支持 DVD 热销的。

显然，只有选项 C 是这一观点。其余各选项都说明 DVD 还不会热销。

25. 解析：答案是 C。

选项 C 中的“实施考试中操作失误”，题干并未涉及。

26. 解析：答案是 B。

本题可用欧拉图求解。注意第一句话的意思是，所有能够不理睬通货膨胀的人都住在广江市。

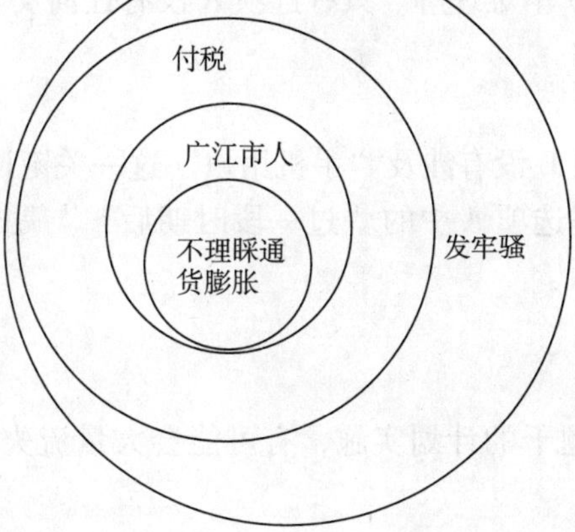

27. 解析：答案是 E。

并非所有的个体商贩都有偷税、逃税行为，即有的个体商贩没有偷税、逃税行为。

28. 解析：答案是 E。

注意到题干中的论据是基于“成年人”的，而由此得到的结论是针对所有人的，所以，其中漏洞就是不知道除成年人以外的其他人的情况。选项 E 很好地利用了这个漏洞。

另外可以注意一下，本题的论据是针对绝对数量的，而结论是针对“发病率”的。所以还可以有其他的削弱方式，请读者自行练习。

29. 解析：答案是 D。

要想对上文的疑问给以某一方面的解释，就一定要调和题干中的矛盾。这一矛盾就是，一方面，一次性筷子浪费木材；另一方面，一次性筷子没被禁止。

选项 A 说明有的一次性筷子并不浪费木材；选项 B 说明了一次性筷子的好处；选项 C 说明了目前不能禁止的一个现实原因；选项 E 说明了保护森林不能过分。上述选项都紧扣题干给出了一种解释。而选项 D 非但没有调和，反而加剧了题干的矛盾，故选 D。

30. 解析：答案是 C。

这类题目就是考查考生对概念的外延是否交叉和包含的判断。要做对本题，就要理解，哈尔滨人是北方人；所以，假设其他概念不交叉，那么一共是 8 个人，因此，其他概念必须不能“交叉”。选项 C 中，广东人和法律系交叉了，这样，总人数就少于 8 人了，因此，与题干矛盾。

选项 A、选项 B、选项 D、选项 E 都没有构成新的概念交叉，因此不与题干矛盾。其中选项 A 只断定该校法律系每年都招收进修生，但不能证明该寝室的进修生就是法律系的。

31. 解析：答案是 A。

题干的论证采用了类比的手法，所以寻找差异是削弱的重点。选项 B、选项 C 中两位处长可能有其他方面的差异，例如性别、心情等。选项 E 从一般性的数据证明了吸烟的危害，所以也有反驳作用。选项 D 不难理解。只有选项 A 没有任何反驳作用。

32. 解析：答案是 A。

选项 C、选项 D、选项 E 没有涉及“手机用户”这一关键词，首先排除。选项 A、选项 B 都有一定的削弱作用，但选项 A 中的“过一段时期后”与题干中的“两个月下来”构成对应关系，所以其力度更大。

33. 解析：答案是 E。

选项 E 说明如果按照题干的计划实施，有可能会大量流失顾客，所以题干的措施是不可行的。

选项 A、选项 B 与价格无关，不难排除。选项 C 支持了题干。选项 D 是一种建议，并无支持或反对的意思。

34. 解析：答案是 B。

经济效益显然是这类工作的关键，选项 B 表明本来是可以节约一些，赚取更多钱的。其他各选项的力度显然不能与之相比。

35. 解析：答案是 A。

题干中学生家长和校长讨论的问题是：学生视力的下降与他们的书面作业负担过重有无因果上的联系。学生家长认为两者有因果关系，校长则否认两者有因果上的联系，认为学生视力下降的原因是他们做作业的姿势不正确。显然，哪个选项能够说明两者之间确实存在因果关系，哪个就是正确答案。选项 A 承认导致学生视力下降的原因是他们做作业的姿势不正确，但导致学生不能保持正确的书写姿势的原因是他们过于疲劳，而导致学生过于疲劳的原因是他们的书面作业负担过重；把这些因果环节联系起来就不难看出，导致学生视力下降的真正原因是他们的书面作业负担过重，这就否定了校长的辩解。其他选项都没有涉及两者的关系，故不成立。

36. 解析：答案是 C。

选项 C 用比例证明获奖女性占女性工作者的比例已经超过男性了，当然对女性也就没什么不公平的了。

37. 解析：答案是 B。

选项 B 说明，虽然产业界增加投入，但并不会用在高新技术方面。选项 E 看似也可作为削弱，但其中的“未来五年”与题干结论中的“目前”不一致。

38. 解析：答案是 E。

由题干：

（1）看书时间过长→眼睛近视；

（2）大多数学生看书时间超过 10 小时→看书时间过长；

（3）班主任老师表扬→看书时间超过 10 小时。

显然，得到班主任老师表扬的大多数都会近视。

39. 解析：答案是 C。

题干由“还没有中国人获得诺贝尔经济学奖和诺贝尔文学奖”，推出“中国在人文社会科学方面的研究与世界先进水平相比还有比较大的差距”。显然“诺贝尔奖”与“研究水平”间需要一个桥梁。选项 C 给出了这个桥梁。

40. 解析：答案是 B。

干扰项为 D。对选项 D 和选项 B 取非后都可以削弱题干，但对选项 B 取非后将导致题干的改革不可行；而对选项 D 取非后只能得到“被忽视”，削弱力度要弱一些。

41. 解析：答案是 C。

选项 A、选项 B 说明儿童不一定接受这种方式。选项 D、选项 E 说明家长将不接受这种方式。只有选项 C 与之无关。

42. 解析：答案是 D。

选项 A、选项 B、选项 C、选项 D 都说明该计划中搭配作为赠品的《都市广播电视导报》不具有足够的吸引力，但选项 D 中的“大多数”使其力度最大。

43. 解析：答案是 E。

甲和丁是矛盾关系，必有一假。所以乙和丙说的都是真话，因此，班长申请了，学习委员没申请。这样甲说的就是假话了。

44. 解析：答案是 E。

注意到“广告手机”，不难猜到这绝不是慈善行为。

45. 解析： 答案是 D。

注意到李浩和王鸣都不是重庆人，所以张翔是重庆人。而张翔的年龄比辽宁人小，比王鸣年龄大，说明王鸣不是辽宁人，之后不难得到答案。

46. 解析： 答案是 B。

解析见 45 题。

47. 解析： 答案是 D。

题干由对参与者（样本）的统计评价，推出针对“社会群众”的结论。显然，样本的代表性是关键问题。

选项 D 说明上述样本是一个特点群体，不具有代表性，所以是最有力的削弱。

48. 解析： 答案是 C。

题干由蟹类可适应污水，推出捕蟹业和蟹类加工业将不会受到污水的影响。

选项 C 指出，污水将导致幼蟹食物来源匮乏。

49. 解析： 答案是 C。

写出逻辑式：

甲：甲；

乙：乙∨丙；

丙：甲∨丙；

丁：丁。

注意到甲和丙断定的关系（二者显然必有一假），可知，甲是错误的，即甲不可能中标。

但推理到此也就难以继续了，以后只能用归谬法。

假设乙中标，那么乙是对的，也没有任何矛盾，所以是可能的。

假设丙中标，显然乙、丙说的都是真话，不可能。

假设丁中标，丁是对的，也是可能的。

对照选项，知选项 C 是答案。

50. 解析： 答案是 D。

题干的结构是：原命题，逆否命题。只有选项 D 与之一致。

其余各选项都没有出现否定关系。

51. 解析： 答案是 D。

选项 D 的前后两句都是“至少”和“多于”，所以增加一些也没有关系。

52. 解析： 答案是 E。

选项 E 说明，甲市的人都到乙市来竞争，所以解释了题干的现象。

53. 解析：答案是 E。

题干的逻辑错误在于偷换概念。而选项 E 的问题在于自相矛盾。

54. 解析：答案是 E。

选项 E 并不是很好理解，但选项 B、选项 C、选项 D 都不难排除。

对于选项 A，用小王的话，“即使……并且在视觉上难以把这件复制品与真品区别开来”，可见他并没有否定“不能用视觉来区分复制品和真品”。所以只能选 E。

选项 E 可以这样理解，小李的意思是，如果视觉上无差异，就应该有相同的品质。而小王认为，年代才是重要的。而年代实际上就是首创性的问题。

55. 解析：答案是 B。

对于选项 A，小王并未涉及“价格”；对于选项 C，类似前题解析，小王并未否定这个断言；对于选项 D，小王并非强调这一点；对于选项 E，并无此“标准”。

对于选项 B，小李提出，如果视觉上无差异，就应该有相同的品质。这显然是他得到结论的基础。而小王指出，即使……在视觉上难以把这件复制品与真品区别开来，由于这件复制品和真品产生于不同的年代，不能算有同样的品质。这削弱了小李的断言。

56. 解析：答案是 A。

典型的因果倒置法削弱。题干认为是玩滚轴溜冰导致了学习好，而选项 A 说明，是学习好的同学才能玩滚轴溜冰。

57. 解析：答案是 D。

选项 D 指出战争数量有逐渐减少的趋势，所以可能最终会减到没有。

58. 解析：答案是 A。

由题干：

（1）销路→扭亏，即¬扭亏→¬销路；

（2）销路→生产线∨改造。

现在只知道¬扭亏，所以只能由（1）推出¬销路。

59. 解析：答案是 D。

选项 D 虽然看起来不合情理，但只要它说明该建议是不可行的，就是最好的削弱。

60. 解析：答案是 E。

选项 E 中的“周期性”和题干中的“连续”是很好的对应，再对比其他选项后可以得到答案是 E。

61. 解析：答案是 B。

反方让正方设想汽车如果行驶得像自行车一样慢，说明这样的汽车就毫无意义。反方的这一观点正是支持了正方所认为的不能设想干任何事情都排除所有风险。

62. 解析：答案是 D。

选项Ⅰ中的“风险”正是题干中的重点，所以毫无疑问是应该选择的。

若对选项Ⅱ取非，则明显可以削弱题干，所以似乎也该选。但其中的“宗旨”题干毫无涉及，所以本题并不严谨，选 A 也可以理解——早期的题目很多并不严谨，考生练习时不必深究。

选项Ⅲ明显不该选。

63. 解析：答案是 B。

选项Ⅲ没有包含蓝色本身，选项Ⅰ本身是假命题，因为蓝色也是能被蓝色覆盖的颜色，但黑色不能被蓝色覆盖。

64. 解析：答案是 E。

其余选项都指出了试点单位和非试点单位（即日后接受实施试点经验的单位）的差异，可以解释题干中的现象。选项 D 略有干扰作用，但“政策、市场环境”是切实可以影响项目成败的，而选项 E 中的“关注”则明显无关。

65. 解析：答案是 E。

市有关主管部门的建议依据类比推理：夏季反季节销售冬季服装获得成功，因此若在冬季反季节销售夏季服装也将获得成功。显然这个类比结论是错的，题目所要求的就是找出使这个类比不成立的理由。选项 A、选项 B、选项 C 都只是部分地说明了繁星商厦反季节销售冬装取得成功的原因，与“反季节销售夏装是否会取得成功”毫不相干。选项 D 只是陈述了一个事实，即上述类比的结论是假的，并没有说明类比不成功的原因。

而选项 E 则解释了原因：买冬衣重实惠，在夏天买冬衣便宜，所以夏季反季节销售容易取得成功；买夏衣重流行，而在冬天无法知道来年夏天流行什么，因此冬季反季节销售夏衣不太容易取得成功。

66. 解析：答案是 A。

对于形式逻辑的题目，“大部分”是不能说明问题的。所以选项 A 不能使小万的推断成立。

67. 解析：答案是 A。

选项 A 所说虽然是有益的，但与“可行性”无关，明显不是需要预先假设的。

68. 解析：答案是 D。

房产承销公司以“老住户并没有投诉”为原因，说明机场的噪声并不大。选项 D 说明

“老住户并没有投诉”正是因为机场的噪声太大。这是另一种形式的因果倒置。

69. 解析：答案是B。

选项B说明格物和致知这两所大学的大部分家庭都有成本更低的节省家务时间的方式，所以可以削弱题干。

70. 解析：答案是A。

首先找到问题的态度和关键结论，学院的决定是“不公开”，问题要求能使他们“重新思考或修正他们的决定”，则应为“要公开”。

选项D的态度是“不公开”，选项E的态度是“更加保密”，所以首先排除。

选项B、选项C都拘泥于“电子函件”这一细节，没有明确是否“公开”这一关键结论；只有选项A态度明确，用词贴近题干，为最佳选项。

2001年1月MBA联考逻辑真题解析

21. 解析：答案是E。

题干的论据（第一句）说的是“上半年”的情况，而结论（第二句）说的是“去年全部”的情况，选项E充分利用其间的差异，指明了问题所在。

22. 解析：答案是A。

选项A中的“微量元素”与题干毫无关系。

选项B中的“前年”与题干中的“去年”有很好的对应关系，选项B指出，如果是饮用水的作用，那么应该是在去年起作用，到今年应该和去年差不多了。

选项C、选项D、选项E都是比较典型的他因削弱。

23. 解析：答案是A。

由题干：心理健康→保持自尊→受到自己所尊敬的人的尊敬→¬用“追星”方式来表达自己尊敬情感。

显然，只有选项A与上式一致。对于选项B，其中说的是“接受用‘追星’的方式所表达的尊敬”，与题干不一致。

24. 解析：答案是C。

问题要求削弱的对象是“总经理”，而总经理的观点是“完全可以聘请原本就会使用良友财务软件的雇员嘛”。选项C指出，上述建议会带来更多的工资成本，方法的可行性受到了质疑。

25. 解析：答案是C。

写出逻辑式：

甲：都没作案；

乙：有的作案；

丙：¬乙∨¬丁；

丁：¬丁。

显然，甲、乙是矛盾关系，必然一真一假；所以丙、丁也必然一真一假，由于丙包含丁，所以丙真、丁假（读者可以自行推导，这个结论值得一记）。所以丁作案了，而乙没有作案。

26. 解析：答案是 D。

若削弱题干，那么实际是找到该检查员的错误，而这种错误有两种可能，其一是把说真话的当成骗子，其二是放过了骗子。

选项Ⅱ就是第二种情况，选项Ⅲ是第一种情况，请注意，对方“无意”时，与检查员对话时就并非欺骗了，而检查员靠他的所谓经验发现违禁物品也只是歪打正着。

选项Ⅰ并无削弱作用，其关键同样在“无意”二字上。

27. 解析：答案是 D。

XYZ 钱币交易所的回答与调查员指出的问题毫无关系，选项 D 清楚地指出了这一点。

28. 解析：答案是 B。

题干的结论是“使猎物的感官超负荷”，而选项 B 说“感官所不能感知”，这直接否定了题干的结论。

29. 解析：答案是 E。

对于效果的评价，比例（率）常常比绝对数量更为有效。本题题干中给出的论据是“伤亡职工的数量每年仍有增加”，如果选项 E 为真，那么虽然伤亡职工数量有所增加，但伤亡比例可能有所减小，则题干受到了削弱。

干扰项为 A，选项 A 也有类似的削弱作用，但“建筑项目的数量”明显不如“职工数量”更为贴近题干，直接有效。

30. 解析：答案是 D。

选项Ⅰ是张研究员论证中因果关系的桥梁，所以是必须假设的。

选项Ⅱ若不成立，则确诊率与生存年限无关，那么张研究员的反驳也就没了依据，所以选项Ⅱ也是必须假设的。

选项Ⅲ明显无关。

31. 解析：答案是 E。

李工程师的论据是日本的肺癌病人的平均生存年限大于亚洲各国平均水平，而结论是日本在延长肺癌病人生命方面的医疗水平要高于亚洲的“其他国家”。显然其中存在漏洞，很可能虽然各国的平均水平低于日本，但仍有亚洲某国的水平高于日本。选项 E 指明了这个漏洞。

32. 解析：答案是 C。

题干的结论是，百灵鸟减少并非由于居民的增多。

选项 C 指出，居民虽然没有直接伤害百灵鸟，但带来了百灵鸟的天敌，是一种间接伤害。

33. 解析：答案是 A。

题干的结构是，有作用 p，但不能区分 q 和 s，会伤害 s。

只有选项 A 与之一致。

34. 解析：答案是 C。

石油价格下跌显然可能导致酒精价格下跌，而酒精价格下跌，显然会导致其原料——谷物价格下跌。

干扰项是 A，选项 A 的情况只有在谷物作为酒精的价值已经低于作为粮食的价值时才会发生，所以选项 A 可能发生，但可能性不如选项 C。

对比本题的选项 A 和选项 C，显然选项 C 的表达更为和缓，而选项 A 相当绝对，对于此类推出结论的题目，一般应慎选过为绝对的选项。

35. 解析：答案是 C。

对选项 C 取非，显然会削弱题干，所以选项 C 是必须的假设。

36. 解析：答案是 D。

题干结论的重点显然在于，怀孕可能导致缺乏维生素。

对于选项 D，如果孕妇缺乏维生素，显然支持题干；如果不缺乏，显然削弱题干。

对干扰项 A，如果饮食中不缺维生素，固然支持题干，但如果不缺，则无法判断是由于饮食的原因还是怀孕的原因，所以不如选项 D 恰当。

37. 解析：答案是 E。

如果选项 E 为真，说明被检测的长尾猴中感染狂犬病的比例会高于没有被检测的，这显然有助于支持题干。

38. 解析：答案是 B。

选项 B 指出，第一种假设是不可行的，所以明显地支持了第二种假设。选项 E 也有支持第二种假设的作用，但几乎毫不涉及题干的内容，所以削弱力度远弱于选项 B。

39. 解析：答案是 A。

题干的论据涉及了两点，“不会对游客造成危害”和“不会对公园中的其他野生动物造成危害”。

选项A提到的“自然气息”和“乐趣”与上述两点均无关，所以不能加强相关论证。

其余各选项均涉及了上述两点中的至少一点，选项E更涉及了“人和野生动物”两点，都是能够起到加强作用的。

40. 解析：答案是D。

题干的论据（第一句）说的是鱼，而第二句作为结论说的是保健品。选项D充分利用了二者之间的差异，起到了切断两者间桥梁的作用。

41. 解析：答案是B。

对选项B取非后显然对题干有削弱作用，所以可以作为题干的加强。

42. 解析：答案是C。

选项C如果为真，表明题干的方法是完全不可行的，所以最能质疑题干。虽然选项C的断定与常识完全不符，但这不是考生要考虑的。

43. 解析：答案是A。

注意题干中对单亲儿童的定义：只与生身父母中的某一位一起生活的儿童。导致单亲的原因显然包括离异和父母一方死亡等情况。

选项A指出，虽然离异这一原因增加了，但父母一方死亡却减少了，所以削弱了题干。

注意到定义的重点是“生身父母”，对于选项B由于已经指明了“复婚率却极低”，所以并非答案。

44. 解析：答案是D。

选项D如果为真，说明这种采摘除了负面影响外，还有正面影响，这就削弱了题干的结论。

45. 解析：答案是B。

本题考查考生对假言命题各种表达形式的掌握情况。

由题干：

（1）有效率地运作经济→富有；

（2）政治稳定→公正的分配→¬经济风险；

（3）经济有效率运作→经济风险。

可见，（2）和（3）构成了两难推理，所以选项B是正确的。

46. 解析：答案是E。

注意题干结尾处的“表皮”。选项E显然最为合理并贴近题干。

47. 解析：答案是A。

题干的论据部分强调了“初始含义”。显然“初始含义”不一定是所有的含义或正确的含义。选项 A 在上述概念之间搭了一个桥梁，所以是必须假设的。

48. 解析：答案是 B。

注意题干中的“一段相对较长的时期”。选项 B 与之形成很好的对应关系，由于化石只能记录其主人一个时间点上的情况，通过化石显然无法进行针对较长时间段的研究。

49. 解析：答案是 E。

问题中虽然有“支持”二字，但实际是直接推理题。由题干直推，不难得到答案。

50. 解析：答案是 B。

题干的结论说的是“死亡人数”，而论据说的是“感染人数”。而反驳部分指出，发展中国家的部分感染者不会很快死亡。选项 B 给出了很好的归纳。

本题也可以作为排除法的练习，选项 A 中的“立论动机”、选项 C 的“真实性”、选项 D 的“反例”、选项 E 的“时间范围”在题干中都没有很好的对应，所以理应排除。

51. 解析：答案是 E。

题干中的论据是“增加带来的逮捕、宣判和监管任务的增加……”选项 E 说明上述“增加”并非必然，所以削弱了题干。

选项 A、选项 B 的削弱力度不如选项 E，而且不够贴近题干。

52. 解析：答案是 A。

注意题干中的关键词“成人”，选项 A 中的“妇女”、“男子”无法断定是否“成人”，所以无助于解释题干。

其余各选项都有助于解释，选项 B 说明少年开始更多地消耗烟草。选项 C 说明人们通过其他途径消耗烟草。选项 D 说明虽然人数少了，但每人的消耗量多了。选项 D 说明国内消耗少了，但国外消耗多了。

53. 解析：答案是 E。

这是一道类比关系题。对于建筑师来说，“使用了合格的水泥、钢筋和砖瓦”显然是必须的，但并非主要的。而对于历史学家，“准确地阐述具体的历史事件”也是类似的，选项 E 说明了这个观点。

54. 解析：答案是 D。

直接类比题，干扰项为 E，但显然不如选项 D 妥帖。

55. 解析：答案是 D。

注意题干中的空间词语“1 公里处”。1 公里外超速的车辆，不一定在 1 公里后仍然超速。选项 D 弥合了这个差异，所以是必须的假设。

56. 解析： 答案是 D。

题干的结论是，“地球上未勘探地区的总面积是已勘探地区的一万倍”。而题干中先后谈到了“石油”和“能源”。如果不假设选项Ⅰ，那么目前的估计已经包括部分未勘探地区，显然题干的结论不一定成立。如果不假设选项Ⅱ，如果目前的估计还包括其他能源，那么只依靠石油的数据，显然不能得到结论。

由于题干并未涉及勘测和开采，所以选项Ⅲ并非是必须假设的。

57. 解析： 答案是 A。

题干的结论是，“必须用其他含钙丰富的食物来取代菠菜，至少和菠菜一起食用”。注意其中的“必须”二字，对于这类题目的削弱，只要指出有其他的手段解决问题即可。

选项 A 指出，多吃大米就可以了，而且大米并不含钙。

58. 解析： 答案是 E。

由题干：大嘴鲈鱼→鲦鱼∧浮藻。显然否定前件获得不了任何确定的结论。

59. 解析： 答案是 E。

写出逻辑式：

（1）太阳∧零度以下→皮夹克，即¬皮夹克→¬太阳∨零度以上；

（2）下雨∧零度以上→雨衣，即¬雨衣→¬下雨∨零度以下；

（3）有时太阳∧下雨。

对于选项 A，由于温度不可能既在零度以上，又在零度以下，所以是并非一定的。

对于选项 B，从上面的式子中可以看到，皮夹克和没下雨都不能推出结论。

对于选项 C，从式（1）可以看出，只能推出没太阳，不能推出下雨。

对于选项 D，从上面的式子中可以看到，零度以上和穿雨衣都不能推出结论。

对于选项 E，从式（2）式可以看出，可以获得结论。所以选项 E 是正确的。

60. 解析： 答案是 A。

一共有七人。大连人属于北方人，所以从地域看，该集合有三个有效元素（两个北方人，一个福州人）是不会重叠的。两个特长生，该集合有两个元素。三个贫困生，该集合三个元素。如果互不重叠，那么将共有八人。所以上述三个集合的交集中必然只有一个元素。所以选项 A 是错误的，因为选项 A 断定交集中有两个元素。

61. 解析： 答案是 C。

这是一类对比关系的推理。题干只说明了把时间花在玩游戏上的青少年不与人交流，就得到结论，把时间花在玩游戏上的青少年比其他孩子“有较少的沟通能力”，但“其他孩子”到底如何呢？题干没有说明，所以其问题在于“其他孩子”是否与人有更多的交流，如果他们也不与人交流，那么题干自然受到削弱。

选项 C 很好地弥补了这一漏洞，所以是必须假设的。

这类对比双方而只言及一方的题目是值得考生关注的。

62. 解析： 答案是 E。

本题可用欧拉图求解。由于“爱好武术”和“爱好围棋”的交集是必然存在的，且一定处于“不爱好健身操”之内，所以选项 E 是不可能为真的。

对于选项 A，当“爱好围棋”和“爱好桥牌”完全重合时是正确的；对于选项 B，当“爱好武术”与“爱好桥牌”有交集时是正确的；对于选项 C，当如图 b 所示时是正确的（图 b 中，“爱好健身操”圈外全部为“不爱好健身操”）；选项 D 显然如图 a 所示即可。

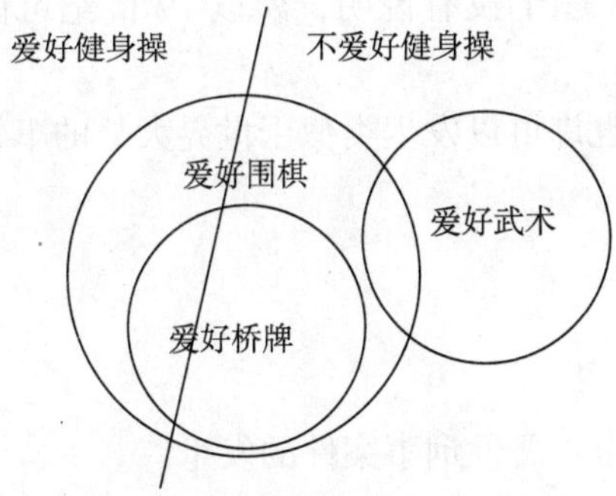

图a

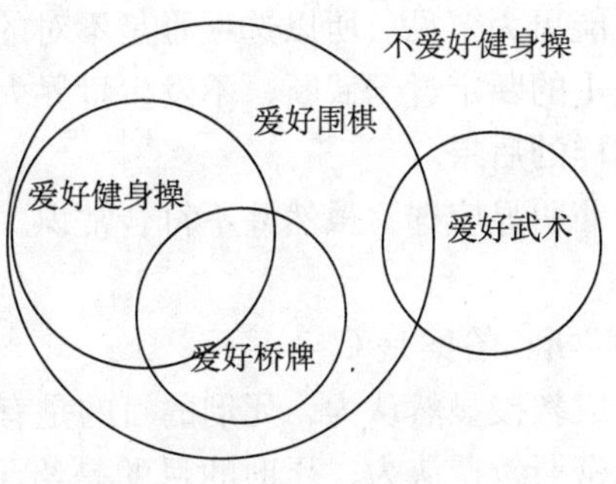

图b

63. 解析： 答案是 A。

仍用欧拉图求解。由于“每个围棋爱好者爱好武术或者健身操”，所以不爱好健身操的必然爱好武术，实际上“爱好武术”和“爱好健身操”完全可以有交集。由图可知，选项 A 是不可能的。

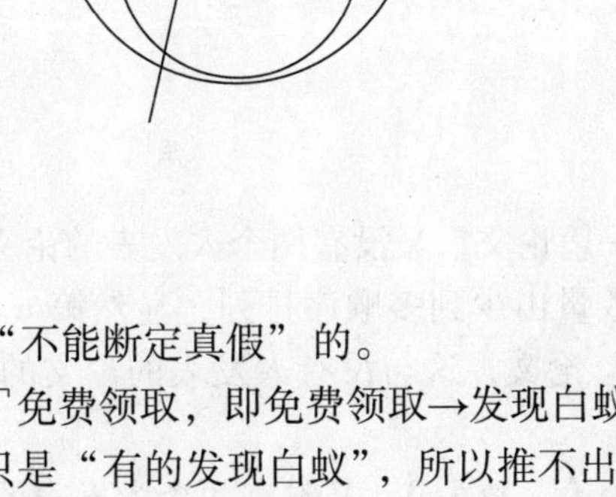

64. 解析： 答案是 E。

首先应注意本题问的是“不能断定真假”的。

由题干：¬发现白蚁→¬免费领取，即免费领取→发现白蚁。

由上式得知，林园小区只是“有的发现白蚁”，所以推不出任何结论。

静园小区只能断定“有的住户发现白蚁”。

所以，各选项都不能断定真假，对于选项Ⅲ应注意其中的“都”字。

65. 解析：答案是 A。

题干的结构是：若 p，必须 q 并且 s，特例有 q 无 s，所以特例不能 p。

只有选项 A 与之一致。

66. 解析：答案是 B。

题干断定，“整个 20 世纪，全球火山的活动性处于一个几乎不变的水平上，这和 19 世纪的情况形成了鲜明的对比”。但哪里明显不同？题干没有说明，所以 19 世纪可能更为频繁，也可能更为罕见。所以选项Ⅲ是不对的。

选项Ⅰ的断定过于武断，不发生世界大战，也许可以发生类似于世界大战的事情，也可能导致同样的后果。

选项Ⅱ明显应选，虽然并不符合常识。

67. 解析：答案是 C。

吴大成教授显然认为，死刑的目的是有效地阻止恶性刑事案件的发生。

而史密斯教授认为，死刑的目的是给予十恶不赦的罪犯最严厉的惩罚（这需要一定的理解能力）。选项 C 指出了这一点。

68. 解析：答案是 B。

题干将禁止自动售烟机与设立路障作类比，其关键自然是二者之间的可比性或差异，即禁止自动售烟机是否会如设立路障一样给无辜者带来很大不便，正如选项 B 所关注的。

69. 解析：答案是 C。

选项 A、选项 B 中，“最”字明显是过强的断定。

选项 D、选项 E 是没有根据的断定，题干中并没有给出相关的证据。

只有选项 C 是正确的，因为“乙型肝炎在各个年龄段的发病率没有明显的不同”，而“中国人口的平均年龄，在 1998 年至 2010 年之间，将呈明显上升态势”，所以患者中老人将增多，平均年龄自然增大。

70. 解析：答案是 B。

本题是一道数学题。

设全所人数为 n。

假设每人都发表了至少一篇论文，又没有两个人发表的论文的数量完全相同，那么，对于这 n 个人，若按发表论文数量由少到多顺序排列，显然第 n 个人（即发表最多的人）将要发表 n 篇（或更多的论文）论文，这与没有人发表的论文的数量等于或超过全所研究人员的数量矛盾。

所以至少要有一个人发表论文数为 0。又没有两个人发表的论文的数量完全相同，所以只有一个人发表论文数为 0，选项Ⅰ正确。

这样，重复上文中的排序，显然，必须将从 0 至 $n-1$ 的所有整数分配给 n 个人，才能满足题干要求，由于没有人发表 10 篇论文，所以 $n-1$ 最大只能为 9，即 n 不能大于 10，所以选项Ⅲ正确。

选项Ⅱ显然错误，n 可以为 1 或 2。

2001 年 10 月在职 MBA 联考逻辑真题解析

21. 解析：答案是 D。

由题干：边吃边呼吸→第二味觉（注意“才”字后面是充分条件）；高效率的新陈代谢→边吃边呼吸

所以：高效率的新陈代谢→边吃边呼吸→第二味觉

要削弱上式，则需要肯定前件，否定后件，只有选项 D 符合。

22. 解析：答案是 D。

题干由对参与者的统计评价，推出针对“社会群众”的结论。显然，样本的代表性是关键问题。

选项 D 质疑了这一点，所以是最有力的削弱。

23. 解析：答案是 C。

注意题干中的“最”字。选项 C 表明，目前产品已经可以满足最长时间的需求，那么新产品的优势也就毫无意义了。

24. 解析：答案是 C。

选项 C 指出虽然居民没有直接影响百灵鸟，但他们引来的鸟类影响了百灵鸟，这构成了因果传递。

要注意的是题干的结论是“不能把这归咎于森林周边地区居民的增多”。选项 A、选项 B 都给出了百灵鸟的数量明显下降的原因，但都与居民无关，所以并非削弱。

25. 解析：答案是 B。

题干由“杀死益虫”，推出“未必能达到提高农作物产量的目的”。选项 B 指出，益虫的作用杀虫剂可以替代，所以有力地削弱了题干。

26. 解析：答案是 C。

题干以测谎器测谎与日常生活相类比，显然，可比性是重要的因素。选项 C 肯定了这种可比性，所以是合理的假设。

27. 解析：答案是 B。

选项 B 指出并非一次感染后“仅受到轻微的激活”感染，而是由于有多种的疟原虫。

选项 A 中的“感染其他疾病”与题干无关，并无削弱作用。

28. 解析：答案是 E。

选项 C、选项 D 明显无作用。而注意到题干中的数字“4”，选项 A、选项 B 的时间间隔显然过长，选项 E 没有明确的时间间隔，反而是可行的计划。

29. 解析：答案是 B。

在对比问题中，差异是需要注意的重要因素。选项 B 指出了两组硕鼠之间的其他差异，这种差异构成了可以削弱结论的其他原因。

30. 解析：答案是 E。

干扰项为 D。选项 D 同样可以解释题干中的矛盾，但完全没有提到“吸烟”，不如选项 E 贴近题干。

31. 解析：答案是 D。

选项 D 指出这种计划是不可行的。

32. 解析：答案是 B。

注意题干中“因道路长年失修而损坏”。选项 B 显然十分贴近题干，并指出题干的计划确实可以达到目的。

33. 解析：答案 A。

出题者故意在选项 A 中将句子顺序调换了。如果注意到“凡细粮都不是高产作物”后面是句号，那么本题就毫无难度。这说明仔细阅读是多么重要。

34. 解析：答案是 E。

选项 A 显然不是答案。对于选项 B，由题干最后一句，低于 5℃的情况没有结论，所以不是答案。对于选项 C，题干并未提及春秋两季。对于选项 D，由题干第二句，对于高于 30℃的情况没有结论。

选项 E 可由题干第二句推出。

35. 解析：答案是 D。

选项 D 的断定既无法导致治疗费用下降，也不能推出发病率降低，所以是不可能作为决策依据的。

其余各项都能支持题干中的决定。

36. 解析：答案是 D。

这是一道很贴近生活的题目，解析略。

37. 解析：答案是 C。

题干断定：

（1）二氧化碳造成温室效应。

（2）植被吸收二氧化碳。

（3）工厂产生二氧化碳。

选项 C 明晰地表述了这三者之间的关系，是正确的选项。

对于选项 A，忽视了“不产生二氧化碳”的可能。对于选项 B、选项 D，题干中并无如何避免温室效应的断定。对于选项 E，题干中并无关于温室效应的必要条件的断定。

38. 解析：答案是 E。

本题虽然简单，却是一道很好的例题。

首先分析题干三句话的逻辑关系，显然：

妇女毕竟比男子平均矮 15 公分，轻 15 公斤。→在遇到暴力事件时，妇女没有男子有效地保护自己。→妇女适合当警察的想法是荒唐的。

这里“→”表示推理而非充分性。

题干的结论是“妇女适合当警察的想法是荒唐的”。所以其他两句可以看做该结论的论据。

选项 A、选项 B、选项 C 同样似乎可以削弱题干，但它们都拘泥于论据当中，即妇女也可以高大，或者妇女也可以对付暴力事件之类。

而选项 E 指出，即使上述论据成立，妇女仍然可以做警察，这很好地切断了论据和结论之间的联系，所以是最佳答案。

在解答削弱题中，应注意切断论据和结论的关系，而非否定论据，这是十分重要的。

39. 解析：答案是 E。

题干的论证以为，出生地可以显著地影响寿命。选项 E 明确地否定了这一点。

40. 解析：答案是 D。

“上述动物保护组织的观点”是：因为“羞怯的动物在夜间表现得特别活跃”，所以“让人觉得可怕和遭到捕杀”。

选项 D 是一个同因异果的事例，起到了明显的削弱作用。

41. 解析：答案是 A。

题干中对于神经症的叙述有两个关键词，“无意义”和“烦恼和苦闷”。

选项 A、选项 B 都有削弱作用。选项 B 意在指出，王强的洗手并非无意义的；但选项 A 显然更贴近题干，连用词都是一样的，所以选项 A 是更好的质疑。

42. 解析：答案是 B。

结论的逆否命题是，管理得法的校长都是把注意力放在解决中青年教员住房上的校长。所以应优先考虑类似的选项，而以“管理得法”开头的选项只有 B。检验后可知，选项 B 是正确的。

43. 解析：答案是 E。

注意到题干中的“婚后”和选项 E 中的“单身”的对应关系，可知选项 E 是很好的选项。

本题的评价属于异因同果或异因异果的评价。对于本题，由于题干的信息已经比较充分，无明显漏洞，所以不适合作同因同果或同因异果的评价。

44. 解析：答案是 C。

显然死亡率比绝对数量更有说服力。由于题干给出的是两个全世界的数据和一个我国的数据，所以应选 C 而不是干扰项 B。

45. 解析：答案是 B。

类似 44 题，这又是一个比例问题，题干给出了受伤人数的比例，如果知道基数的比例，就可以知道受伤率的比例。由选项 B 就可以得到相应的比例。

46. 解析：答案是 A。

如果选项 A 为真，说明未婚同居的增多是由于人们对婚姻保持谨慎的结果，所以，国会通过修改单身公民的收入税收比率，未必能使更多的未婚同居者结婚。

选项 B 看似也可以削弱题干，但应注意 B 中说的是“有所上升”，而题干中是“上升了 205%”，所以削弱力度太小。

47. 解析：答案是 C。

题干的结论是，有害化学物质很可能是造成帕金森氏病的重要原因。而论据是 P405 能降低帕金森氏病的几率。P405 具有使大脑免受有毒化学物质侵害的功能。

论证中的漏洞是也许有害化学物质并非是造成帕金森氏病的原因，造成帕金森氏病的是其他原因，而 P405 恰好同样有可以制约该原因的作用。

选项 C 很好地弥补了这一漏洞。

选项 A、选项 B、选项 D、选项 E 根本没有提到这种有害物质，所以不难排除。

48. 解析：答案是 D。

当一个人说自己不诚实（无论程度如何）时，他肯定就是不诚实的。所以影响对不诚实人比例判断的因素在于那些说自己诚实的人中，有多少是真正诚实的。选项 D 明确地指出了这一点。

49. 解析：答案是 D。

题干实际需要两个假设：一是 2009 年时美国 35 岁以上的居民中肥胖症比例不变，二是 2009 年时美国人口中 35 岁以上的将占了一半。选项 D 是其中的一个。

50. 解析：答案 D。

选项 E 不难排除；注意到题干结论是假言命题，选项 C 否定前件毫无意义，所以也可排除。

49题的解析中已经指出了题干所需的两个假设，选项B、选项D分别削弱了其中的一个假设，但题干结论针对的是2009年的事情，选项D更为贴近题干。但有参考书认为答案是B。

51. 解析：答案是C。

注意题干中的用词，鱼“含有”非饱和脂肪酸“奥米加·3”，而牛和其他反刍动物“获得”非饱和脂肪酸“奥米加·3”。“获得”的东西是否就会留在体内，并被人体吸收呢？选项C指出了漏洞。

还要注意的是，题干结论是联言命题，质疑了一个联言支即削弱了整个命题。

52. 解析：答案是A。

但选项Ⅰ不够严谨，应为“除历史外，李昌的最低分高于王平的最高分。”

对于选项Ⅱ，反例为：有四门课（含历史），李昌的平均分为62分，高于王平的平均分61分，而李昌另一门课成绩为60分，王平为99分。

对于选项Ⅲ，反例为：李昌的一门课成绩为99分，历史为98分，其他全部为61分，王平的全部课程成绩为98分。

53. 解析：答案为B。

由于历史成绩相同，所以不难得到选项Ⅱ是对的。

选项Ⅰ、选项Ⅲ的反例请参考52题解析。

54. 解析：答案是D。

选项Ⅰ是过强假设，操作不失误，设计没问题，还有天气等很多因素可能导致失事，所以不是必须的。

对选项Ⅱ、选项Ⅲ取非后都可明显削弱题干，所以是必须的假设。

55. 解析：答案是A。

题干由数量下降，推出水平下降。选项A起到了搭桥的作用。而其他选项都没有同时涉及这两个方面。

56. 解析：答案是C。

对选项C取非，近期所有救护车将全部退役，那么救护车当然将不够用了。

题干中重点论证的是“急救中心”的问题，江口市不一定只有一个医疗机构，所以选项A不够贴近题干。

选项E很有迷惑性，它非常贴近题干，但其中的“五年内”毫无根据，所以不选。

57. 解析：答案是C。

注意题干结尾处“更可能是低收入的结果”，显然张给出了另一个原因——即解释。所以选项 C 正确。

58. 解析：答案是 D。

对选项Ⅰ和选项Ⅱ取非后都可以构成对题干的削弱，所以它们都是必须的假设。

选项Ⅲ是对张的质疑。

59. 解析：答案是 A。

如果张的观点是真实的，那么难以接受好的医疗服务的将包括婴儿和成年人，选项 A 指出，成年人的健康状况很好，所以削弱了张的观点。

选项 B 有类似作用，但在有效性上，人均寿命明显要优于百岁老人的数量，因为百岁老人可能全部属于富裕阶层。

60. 解析：答案是 C。

对于这类类比型题目，可比性是应首先关注的。题干将自动售烟机与避孕套自动销售机类比，而选项 C 指出了它们的区别：不易获得避孕套的人可以通过其他渠道购买，而未成年人不能通过其他渠道获得烟。

61. 解析：答案是 D。

本题考查考生对比例关系的理解。

题干的结论是第一句，其中提到的“高等教育中的女生比例”指所有接受高等教育的人中，女性的比例（记为比例 1）。而后面提到的两个比例，都指一定年龄段所有女性中在接受高等教育的比例（记为比例 2）。要通过比例 2 获得比例 1 并非易事，但如果假定全国该年龄段的男性和女性总人数基本相等，通过获得在该年龄段的男性中接受高等教育的比例（记为比例 3）就可以算出比例 1 了。假设比例 3 也为 30%，那么比例 1 即为 50%。所以获得比例 3 非常重要。

但必须指出，即使获得了比例 3，算出了比例 1，仍无法知道，在过去几十年中，高等教育中的女生比例（比例 1）是否在逐渐升高。这还需要知道几十年前比例 1 的情况。

62. 解析：答案是 A。

题干指出，老飞行员们驾驶超轻型飞机时，总是忽视风速的影响，而他们习惯驾驶重型飞机，可见驾驶重型飞机时，无须过多关注风速的影响。这与选项 A 一致。

对于选项 B，题干并未提到安全性问题。

对于选项 C，断定过强，风速对重型飞机不一定“不会”产生影响，而可能是只有些许影响。

对于选项 D，同样断定过强，题干并未断定这个结论，也许新手不像老飞行员那样经常忽视，但也偶尔忽视。

对于选项 E，题干并未涉及。

63. 解析：答案是 B。

典型的因果倒置法削弱。题干认为是缺乏锻炼导致了肥胖，而选项 B 指出是肥胖导致了不爱锻炼。

64. 解析：答案是 E。

教育部的调查报告有两点结论（注意题干中的分号），城市儿童的心理素质较差；这是由城市儿童的生活条件较为优越造成的。

该学者显然承认了第一点，而对第二点进行了质疑。所以选项 E 正确。

65. 解析：答案是 C。

注意到该学者的研究方向是“儿童生理心理”。他的观点很可能是，不能得到足够的新鲜空气和阳光导致了生理差异，进而导致心理素质较差。所以，选项 B、选项 E 是有帮助的。

选项 A 显然有帮助。选项 D 有助于对教育部的调研报告予以支持或削弱，所以也间接地有帮助。

选项 C 中的“治理”与该学者的观点无关。

66. 解析：答案是 E。

对选项 E 取非后得到，自 1980 年以来，该公司每年生产的轿车数量都在显著增长。这样，很可能现在仍在使用的轿车都是近一两年生产的，而之前的产品已经全部报废，那么就无法证明其产品的耐用性极佳。所以选项 E 是重要的支持。

67. 解析：答案是 A。

题干对比了政府和私人基金，得到私人基金会较少资助可能产生争议结果的研究项目。

作为对比的结果，政府自然应该更愿意资助可能产生争议结果的研究项目。这与选项 A 一致。

选项 B、选项 C 假设过强，也许政府也同样在意，但有其他更重要的原因影响了政府的决定。

68. 解析：答案是 B。

题干由“地下有油”，推出“有油可用”。显然存在漏洞，地下的油可能用不上。选项 B 很好地弥补了这一漏洞。

69. 解析：答案是 E。

题干指出，污水不影响蟹，所以捕蟹业和蟹类加工业将不受影响。

选项 E 指出，污水虽然不直接影响蟹，但有间接影响。这里利用了因果传递。

70. 解析：答案是 D。

事实上选项 A、选项 B、选项 E 也都有解释作用。但选项 D 在时间概念紧扣题干，又将两个行业并列，佐证了两者应同步发展（增速基本一致），所以是最好的选择。

2002 年 1 月 MBA 联考逻辑真题解析

11. 解析：答案是 B。

题干断定：1999 年以后制造→带有调制解调器

对照各选项后，只有选项 B 正确。

选项 A 和选项 D 分别是题干的逆命题和否命题，这两种命题是类似题目中常见的干扰选项，而对于问题为“除了哪项，其余都与题干一致”的题目，上述两种命题之一常常作为答案出现，值得关注。

12. 解析：答案是 D。

典型的他因法削弱。如果选项 D 为真，说明大学的附属医院抢救病人的成功率比其他医院要小是由于去大学附属医院就诊的病人的病情，通常比去私立医院或社区医院的病人的病情重，这就有力地驳斥了题干的论证。

选项 B、选项 C 和选项 E 如果为真，都对题干的论证有所削弱，但力度显然不如选项 D。

13. 解析：答案是 E。

选项 E 断定，近年来，一段连续播出的电视广告中所出现的广告的平均数量逐渐增加，由题干的事实二，在一段连续播出的电视广告中，观众印象较深的是第一个和最后一个，其余的印象较浅。由此可知，近年来，在观众所看到的电视广告中，印象较深的所占的比例逐年减少，这就从一个角度合理地解释了为什么在电视广告所推出的各种商品中，观众能够记住其品牌名称的商品的百分比逐年降低。

其余各项都不能起到上述作用。其中，选项 B 和选项 C 有利于说明，近年来人们看到的电视广告的数量逐渐减少，但不能说明，在人们所看过的电视广告中，为什么能记住的百分比逐年降低。选项 D 断定，近年来，一段连续播出的电视广告所占用的平均时间逐渐增加，由此不能推出，一段连续播出的电视广告中所出现的广告的平均数量逐渐增加，因为完全有可能少数几个广告所占的时间增加了，而人们在所看过的广告中记住的百分比并不会降低。

14. 解析：答案是 E。

注意题干中的“一年中任何月份”和“全年”这两个关键词。题干的论证显然是有漏洞的，要使这个论证成立，必须满足条件：一年中任一月份，18 岁至 65 岁的女性中不在外工作的家庭主妇，在全年的所有月份中都不在外工作。如果选项 E 为真，则由于事实上许多妇女经常进出于劳动力市场，因此，上述条件很难成立，这就严重削弱了题干的论证。

15. 解析：答案是 A。

题干断定了以下几个条件：

（1）经济发展→发展传统工业；

（2）保护生态环境→￢工业污染；

（3）发展传统工业→工业污染。

由（1）、（3）得

经济发展→发展传统工业→工业污染，所以

（4）￢工业污染→￢经济发展。

由（2）得

（5）工业污染→￢保护生态环境。

对照（4）、（5）可知，由于在两个互为矛盾的命题中必然有一个为真，所以相应的两个结果必然有一个将会发生。这种推理称为两难推理。

16. 解析：答案是 B。

题干断定了四个条件：

（1）在微波炉清洁剂中加入漂白剂，会释放出氯气；

（2）在浴盆清洁剂中加入漂白剂，会释放出氯气；

（3）在排烟机清洁剂中加入漂白剂，没有释放出任何气体；

（4）一种未知类型的清洁剂，加入漂白剂后，没有释放出氯气。

由（1）和（4）可以推出该清洁剂不是微波炉清洁剂；

由（2）和（4）可以推出该清洁剂不是浴盆清洁剂；

因此，由题干可推出：该清洁剂既不是微波炉清洁剂，也不是浴盆清洁剂。这正是选项Ⅱ所断定的。其余选项均不一定为真。

17. 解析：答案是 E。

对选项 E 取非后得到，运动员在高海拔地区的心率低于在低海拔地区，那么即使在高海拔地区，人体内每单位体积血液中含有的红血球数量，要高于在低海拔地区，但由于心率较慢，单位时间进入循环的血液量较少，这样单位时间里血液中运输氧气的白血球并不见得就多，因而通过血液循环获得的氧气也并不见得就多，可见在高海拔地区训练的运动员的体能及其发挥未必就能较佳。

选项 A 的断定过强，不是题干的论证必须假设的。例如，如果事实上海拔越高，运动员的心率越快，即选项 A 的断定不成立，但题干的论证并不因此不成立。

选项 D 能加强题干的论证，但同样不是题干的论证必须假设的。同样可以通过取非后比较削弱力度的方式加以排除。

18. 解析：答案是 C。

索贿受贿等职务犯罪的条件是具有一定的职务和权力。选项 C 指出职务犯罪的刑满释放人员重新犯罪率低并非因为教育改造的效果好，而是因为较难具备重新犯罪的条件。

19. 解析：答案是 A。

张小珍的结论是“……是个令人震惊的事实”，显然她认为上述事实是很难接受的。

而王大为明确表示反对她的意见，即选项 A 的陈述。

选项 B 并不能从题干得出，题干只说“5% 可接受”，与超过 5% 是否可接受并无关系。

20. 解析：答案是 C。

选项 C 是王大为的论断需要假设的，否则，如果事实上失业通常集中在社会联系闭塞的区域，那么，一个人所认识的人的数量就可能大大降低，王大为的分析就不能成立。

选项 B 并不是王大为的论断必须假设的。因为即使张小珍所引述的统计数据不准确，王大为的论断仍然可以成立。

选项 E 仍然是过强的假设。

21. 解析：答案是 A。

选项Ⅰ一定是真的。否则，如果上述黄蜂的寄生繁衍机制中，不包括它准确区分宿主虫卵大小的能力，那么，它就不能在适合自己后代寄生的各种昆虫的大小不同的虫卵中，注入恰好数量的自己的卵。

选项Ⅱ不一定是真的，因为完全可能虫卵较大的昆虫数量比虫卵较小的昆虫数量少得多，这样，上述黄蜂就会相对集中在虫卵较小的昆虫聚集区。

选项Ⅲ显然不一定是真的。

22. 解析：答案是 C。

本题为他因法削弱。如果选项 C 为真，则能说明：如果一个疟疾患者在进入了一个绝对不会再被疟疾蚊叮咬的地方 120 天后仍然周期性高烧不退，这种高烧虽然并非由于红血球中的疟原虫引起，但可能是由进入人的脾脏细胞的疟原虫引起的，这就有力地削弱了题干的结论。

23. 解析：答案是 B。

选项Ⅰ不能作为结论从题干中推出，因为从“左撇子的人比右撇子的人更容易患某些免疫失调症”，推不出“患免疫失调症的人中，左撇子比右撇子多”。因为在总人口中，左撇子远少于右撇子。

选项Ⅲ也不能作为结论从题干中推出，“数学推理能力强”与“数学推理能力弱”本身是很含糊的概念，到什么程度算强、什么程度算弱很难界定。而且，一般来说，在人群中，“强”的总是少数。例如，虽然一般认为，南方人做生意的能力比北方人强，但南方人中做生意的比例未必高过不做生意的比例。

选项Ⅱ可以作为结论从题干中推出。首先，应该注意题干中“左撇子也有优于右撇子的地方”这个结论。所以我们应该比较的是左撇子和右撇子。而选项Ⅱ中故意将这种比较隐藏了起来。显然，人群中左撇子的比例是一定的，我们认为这是一个基础值。由题干的断定得知，数学推理能力强的人中，左撇子的比例就会高于这个基础值，而数学推理能力弱的人中，左撇子的比例就会低于这个基础值。这样就得到了选项Ⅱ中的结论，而这个结论是与“数学推理能力强”和“数学推理能力弱”的界定无关的。

24. 解析：答案是 C。

题干指出了皮果皮的好处和坏处，显然，评价的关键在于好处和坏处哪个更大。选项 C 明确指出其坏处大于好处，这有力地质疑了专家的建议。

选项 A 和选项 B 也能对专家的建议构成质疑，但不如选项 C 切中要害。

选项 D 和选项 E 不能构成质疑，其中，选项 D 对专家的建议有所支持。

25. 解析：答案是 E。

注意题干中“对人类造成的”这个关键词组。

选项 E 说明：最近 10 年，地震、火山爆发和异常天气不一定真的增加了，只是以往很多类似的情况并没有影响到人类，而现在造成了对人类的灾害，这就有力地削弱了题干的论证。

其余各项均不能削弱题干的论证。其中，选项 C 只是特例，即使有削弱作用，也不如选项 E 有力。

26. 解析：答案是 D。

如果选项 D 为真，则由于该杂志全年的发行期数只是变动前的一半，因此多数广告商每年在该杂志上所购买的广告页数将比变动前减少一半，这说明该杂志社的利润将会因上述变动降低。

其余各项均不能说明该杂志社的利润将会因上述变动而降低。其中，选项 A 断定，在新的邮资政策下，每期的发行费用将比原来高 1/3，但由于每年的发行量将减少一半，因此，发行成本并未提高。

27. 解析：答案是 E。

不能肯定送检物中存在超标的有害细菌，不等于否定送检物中不存在超标的有害细菌，选项 E 的评价恰如其分。

28. 解析：答案是 D。

由题干：社会公正→法律健全∧公平竞争的机会，即￢法律健全∨￢公平竞争的机会→￢社会公正。

显然只有选项 D 符合上式。

选项 B、选项 E 并未提到是否有公平竞争的机会，选项 C 未提到法律健全，所以不一定为真。

29. 解析：答案是 A。

由题干，如果有一个初中生选修某门课程，那么就有一个高中生也选修该课程；反之则相反。

已知初中生王选修物理，所以有一个高中生也选修物理，即赵、钱或孙选修物理。

又因为一个学生只能选修一门课程，已知钱选修历史，所以钱不选修物理，赵选修文学或经济，所以赵不选修物理。因此，可推出孙选修物理。

30. 解析：答案是 B。

因为赵、钱或孙中至少有一人选修物理，又已知赵选修文学或经济，所以钱或孙中至少有一人选修物理，不可能同时选修经济。

31. 解析：答案是 B。

本题考查考生对数字的敏感性。

为使题干的论证成立，选项 B 是必须假设的，否则，如果没有盗版光盘，W 公司的上述正版音乐光盘的销量仍少于 10 万张，那么它的总利润本来就到不了 100 万元，自然不可能损失 100 万元的利润。

其余各项都不是题干的论证必须假设的。其中，选项 A 的断定过强了，题干只涉及盗版光盘，而选项 A 断定的是“各种”盗版制品。

32. 解析：答案是 B。

选项Ⅰ不一定成立。例如，当只有两个孩子装有卵石，其中一个装有 24 块，另一个装有 1 块时，第一句话为真，而第二句话为假。

选项Ⅱ一定成立。因为，如果每个孩子的口袋中，或者没有卵石，或者至少有 5 块卵石，那么装有卵石的孩子数目不可能超过 5 个，否则卵石的总数就会超出 25 块。

选项Ⅲ不一定成立。例如，当有 25 个孩子，每人装有 1 块卵石时，两句话都是假的。

33. 解析：答案是 E。

如果选项 E 为真，说明在“民告官”的案件中，起诉的原告一般都掌握能胜诉的确凿证据，因此，如果没有各种非正常因素，包括“官官相护”，那么，其胜诉率应该大大高于 65%。这就有力地削弱了题干的论证。这是一种他因法削弱。

选项 D 也能削弱题干。如果选项 D 正确，题干中提及的 65% 以原告胜诉结案的案件，并不自然意味着司法公正，但是，其中可能存在的司法不公正，并不一定是“官官相护”。综合考虑，选项 D 的力度似乎不如明显的他因削弱。

很多时候在解答逻辑题时，应注意套路重于道理，对于明显的他因削弱，应优先选择。

34. 解析：答案是 D。

题干断定：在 2002 年至 2007 年之间，首次就业人员数量增加最多的是低收入行业。如果原就业人员的就业状况基本不变，那么整个就业人口中，低收入所占的比例应有明显增加。但是，题干又断定，此期间，在整个就业人口中，低收入行业所占的比例并不会增加，有所增加的是高收入行业所占的比例。对此一个合理的解释是：相当数量的 2002 年在低收入行业就业的人员，到 2007 年将进入高收入行业。这正是 D 选项所断定的。

选项 C 似乎也可行，但其中“中等收入行业的就业人员”在题干中并未涉及，所以不如选项 D 贴近题干。

35. 解析：答案是 E。

由题干，进一步开发电视卫星更多的尖端功能的初衷是提高电视卫星的售价，用以应付昂贵的成本。如果选项 E 为真，则电视卫星具备的尖端功能越多，越容易出问题，因而又将导致保险金的新一轮上涨，使得电视卫星的成本继续上涨。

本题的题干看似复杂难懂，但如果注意到题干结尾处“尖端功能”这一关键词语，且只有选项 E 有所涉及，则自然应该予以关注。

36. 解析：答案是 D。

题干的结论是喜欢甜味不再是一种有益的习性，其根据是有甜味的精制食糖不是健康食品。要使题干的论证成立，有一个条件必须满足，即喜欢甜味的人，在含食糖的食品和有甜味的自然食品（例如成熟的水果）之间，更可能选择前者。否则，只要有甜味的自然食品（例如成熟的水果）仍然是人可供选择并更喜欢的食品，就没有理由认为喜欢甜味这种习性不再对人有益。选项 D 正是断定了这一点。因此，如果选项 D 为真，能有力地加强题干的论证。

其余各项均不能加强题干，其中选项 C 削弱了题干。

37. 解析：答案是 C。

史密斯的观点是：执行死刑可取，因为它能减少恶性犯罪。

苏珊的观点是：执行死刑是否可取，首先要以一个国家或者社会有权力剥夺一个人的生命为前提。

因此，执行死刑可以减少恶性犯罪的事实，则史密斯观点中的原因成为事实，该观点自然得到加强；而苏珊的观点本质上与之无关，自然不受影响。

38. 解析：答案是 A。

不妨把上述甲乙两个系统所合并成的系统称为系统丙。

由题干，对于甲、乙两个系统中的任一系统：

（1）测定为合格的产品实际上都是合格产品；

（2）测定为不合格的产品中，实际上有 3% 是合格产品，属误检；

（3）甲系统误检为不合格的产品，若经乙系统检验，则被测定为合格（同样，乙系统误检为不合格的产品，若经甲系统检验，则被测定为合格）。

因此，任意一批产品，如果分别经过甲、乙两个系统的检验，那么，其中的不合格产品，包括并且只包括两个系统都测定为不合格的产品。

由题干，丙系统测定为不合格的产品，包括且只包括两个系统分别工作时都测定的不合格产品，因此，其误检率为零。

39. 解析：答案是 C。

史密斯的结论明显是题干中的最后一句，“条例应当修改，使其也保护杂种动物”。张大中明确反对史密斯。因此，两人争论的焦点是：《国际珍稀动物保护条例》的保护对象中，是否应当包括杂种动物。

40. 解析： 答案是 B。

本题并不十分严谨，首先应注意，显然不可能保护所有的纯种动物或杂种动物，这是很明显的常识，而且题干也没有提到“所有”，所以选项 B 是有过强之嫌。但其余各项均不是需要假设的。

41. 解析： 答案是 A。

选项Ⅰ一定是真的。假设 2000 年是用回收纸浆 1 个单位，则鲜纸浆为 2 个单位；到 2010 年，由于鲜纸浆用量上升，自然多于 2 个单位，而回收纸浆不少于鲜纸浆自然也多于 2 个单位，即 2000 年的 2 倍。

选项Ⅱ不一定是真的。例如，假设 2000 年鲜纸浆的用量是 1 个单位，回收纸浆是 0.5 个单位；到 2010 年，鲜纸浆的用量是 1.1 个单位。回收纸浆是 1.2 个单位。这一假设符合题干的所有条件，但 2010 年纸浆总量少于 2000 年的 2 倍。

选项Ⅲ不一定是真的，事实上，参考对选项Ⅰ的分析可知，很可能 2010 年造的只含鲜纸浆的纸将会比 2000 年多。

42. 解析： 答案是 C。

诸选项中，选项 B 和选项 C 都能削弱题干的结论。但选项 C 明确说明了广告没什么促销作用，更为直接一些，力度较选项 B 更大一些。

43. 解析： 答案是 D。

本题略为复杂，现举例阐述。

题目中有三种人，商人、市民和官吏。我们假设市民是商人的雇工，并假设当时 1 斤铜钱按朝廷规定的比价可兑换 1 两银子，而 1 斤铜钱（即 1 两银子）恰为雇工 1 个月的工钱。

商人以 1 两银子从朝廷获得铜钱 1 斤，融币得到铜 0.6 斤，显然其价值要大于 1 两银子，否则商人就无利可图。所以选项Ⅰ可以从题干的陈述中推出。

假设 0.6 斤铜的价值是 2 两银子，商人将其中 1 两银子作为工钱交给市民（雇工）。

雇工缴纳赋税时要去购兑铜钱，若仍能换回 1 斤铜钱，则朝廷（官吏）并无收益，所以选项Ⅱ可以从题干的陈述中推出。

造成上述现象的原因是多方面的，至少与铜价、铜钱总量和官吏的素质都密切相关，若铜价降低，那么商人不会融币取铜；若铜钱充足，则市民无须购兑铸币；若官吏清廉，则不会敲诈市民。所以，选项Ⅲ是不能推出的。

44. 解析： 答案是 A。

题干断定：

（1）一个“挖人公司”的成功率越高，雇用它的公司也就越多；

（2）“挖人公司”不得帮助其他公司从自己的雇主处挖人。

从以上两个断定可得出结论：一个“挖人公司”的成功率越高，它的雇主就越多，由于公司总量是一定的，那么它的目标就越少。这正是选项 A 所断定的。

选项 B 似是而非，不如选项 A 贴近题干。

45. 解析： 答案是 C。

被告不等于犯罪。要使题干的分析成立，有一个条件必须满足，即被指控偷盗、抢劫的被告中犯罪的比例，不高于被指控贪污、受贿的被告。否则，如果事实上被指控偷盗、抢劫的被告中犯罪的比例，高于甚至远高于被指控贪污、受贿的被告，那么，被指控偷盗、抢劫的被告的定罪率，自然要远高于被指控贪污、受贿的被告的定罪率，没有理由认为这种结果与所聘请的律师有实质性的联系。因此，如果选项 C 为真，能有力地支持题干。

46. 解析： 答案是 B。

写出逻辑式：

甲：$\neg$设备故障 ∨ 违反操作规程；

乙：$\neg$设备故障 ∧ 违反操作规程；

丙：设备故障 ∧ $\neg$违反操作规程；

丁：设备故障。

可以看出；甲和丙的断定互相矛盾，其中必有一真一假。同时又只有一人的断定为真，因此，乙和丁的断定为假。由丁的断定为假，可知造成事故的直接原因不是设备故障。由乙的断定为假，可推知：或者没有人违反操作规程，或者造成事故的直接原因是设备故障。因为已知造成事故的直接原因不是设备故障，所以，可推知没有人违反操作规程。

这样，可得出结论：

（1）事实上造成事故的直接原因不是设备故障；

（2）事实上没有人违反操作规程。

丙的断定为假，因而甲的断定为真。

因此，除了选项 B 为真外，其余各项均不可能真。

47. 解析： 答案是 D。

题干的议论要成立，需要满足一个条件，即年轻人的日常食物中的维生素含量，并非较多地超过人体的实际需要，否则，如果年轻人的日常食物中的维生素含量，实际上较多地超过人体的实际需要，那么，老年人只要维持年轻时的日常食物就可以了，无须服用一些补充维生素的保健品，或者比年轻时食用更多的含有维生素的食物。选项 D 的问题涉及的正是这个条件，因此对于评判题干至关重要。

其余各项中，选项 A 和选项 C 与评判题干无关，选项 B 和选项 E 与评判题干有关，但其重要性不如选项 D。

48. 解析： 答案是 B。

总经理的意思是：王 ∨ 孙。董事长对此否定，即$\neg$王 ∧ $\neg$孙。

49. 解析： 答案是 C。

张教授从智人遗址和烧焦的羚羊骨头碎片的化石共存得到结论：人类在自己进化的早期已经知道用火来烧肉了。

李研究员对此质疑的根据是：在同样的地方也同时发现了被烧焦的智人骨头碎片的化石，他的意思是，虽然张教授所说的现象是正确的，但因果推理有问题。也许事实是智人和羚羊是一起被野火烧焦的。

50. 解析：答案是 B。

对选项 B 取非后得到，在发展早期，人类以自己的同类为食，那么，上述被烧焦的智人骨头碎片完全可能是人为火烧的结果，这样，李研究员的质疑就失去了根据。

选项 A 的断定中包含对选项 B 的断定，但注意到其中“所有”二字后即可发现，其为过强假设，不是李研究员的议论所必须假设的。

51. 解析：答案是 E。

题干的结构是：如果 p，则（q 并且 r）；r 并且非 q；因此，r 并且非 p。

各选项中，选项 E 的结构和题干的最为类似。

52. 解析：答案是 D。

写出逻辑式：一本小说畅销→可读性→触及社会的敏感点→深入生活。

显然答案是选项 D。

53. 解析：答案是 B。

题干讨论的是机译和人工笔译的问题，而并未涉及“判定”，所以选项 B 与之无关。

有参考书认为答案是选项 E。但注意题干最后一句中的“那些”，对选项 E 的回答有助于评价，对于大量的多种类公文，是否可以用不同的程序同时翻译。

54. 解析：答案是 D。

选项Ⅱ不能对题干的论证构成质疑。因为，第一，它不能对题干的论证构成质疑；第二，它不能对题干中从论据到结论的推断构成质疑；第三，它同样不能对题干的结论构成质疑，因为一般地，某人做某件事有难度，不能对某人做成了这件事构成质疑。

选项Ⅰ为他因法削弱，选项Ⅲ则为较为明显的削弱。

55. 解析：答案是 E。

选项 E 断定：绿芥蓝比甘蓝更有营养；题干断定：绿芥蓝比莴苣更有营养。由这两个断定显然不能推出“甘蓝比莴苣更有营养”。

其余各项，作为新的前提分别加入到题干的前提中，都能使题干的推理成立。

56. 解析：答案是 A。

由题干，湖州地区的用电单位中，超标单位占 20%，不超标单位占 80%。又近三年来，湖州地区的用电超标单位的数量逐年明显增加，那么，单位总量也会增加，所以不超标单位也在增加。所以选项Ⅰ一定为真。

选项Ⅱ不一定为真。因为由题干得知，一个单位是否为用电超标单位，不取决于自己的绝对用电量，而取决于和其他单位比较的相对用电量。因此，用电超标单位的数量的增加，并一定导致实际用电量的增加。

选项Ⅲ不一定为真。例如，假设该地区共有 10 个用电单位，其中 8 个不超标单位分别日均耗电 1 个单位；2 个超标单位中，一个日均耗电 2 个单位，另一个日均耗电 30 个单位。这个假设完全符合题干的条件，但日均耗电 2 个单位的超标单位，其日均耗电量并不高于全地区的日均耗电量。

57. 解析：答案是 D。

选项 D 显然是上述广告必须假设的，否则，如果应聘者在面试时知道使用了测谎器，并因此显然就能意识到面试的目的之一是测试是否诚实，那么，就没有必要在上述这样一个无关紧要的问题上撒谎。这样的话，他们回答知道，或至少回答听说过，很可能是因为他们确实有错误的印象，而并非撒谎。

选项 A 并非需要假设的，即使另三分之二不知道所谓的法国经济学家道尔是不存在的，但他们确实并没听说过他，那么他们回答不，就不是撒谎。

58. 解析：答案是 A。

上述广告的目的是宣传商用测谎器的有效功能，但广告中只说明面试中有人撒谎，并未说明这些撒谎的人能够被测谎器有效测出，这是该广告中一个明显的漏洞。选项 A 正确地指出了这一点。

59. 解析：答案是 B。

如果选项 B 不成立，即如果在 W2 和 W3 两种病毒中，存在一种病毒，不妨假设是 W2，其对谷物的危害性，比其余两种 W 病毒的危害性加在一起还要大，那么，运用题干中的方法，谷物虽然得益于对 W1 和 W3 产生的抗体，但却同时受害于严重减弱了对 W2 的抵抗力。由于 W2 对谷物的危害性，比其余两种 W 病毒的危害性加在一起还要大，因此，题干的方法是谷物受害大于受益，这样，题干的陈述就不能成立。所以，如果题干成立，那么，选项 B 一定成立，即选项 B 是从题干中可以推出的结论。

同理，选项 A 也可以作为结论从题干中推出，但是他断定得过强了，事实上，如果 W1 的危害性比其余两种病毒的危害性加在一起还大，题干的陈述仍然成立。因此，不必强调在三种 W 病毒中，只需强调在 W2 和 W3 两种病毒中，不存在这样一种病毒就可以了。

因此，和选项 A 比较，选项 B 作为题干的结论更适当。

60. 解析：答案是 D

与分居者的非法同居包括两种类型：一是分居者和分居者同居；二是分居者与非已婚者（未婚、离婚或丧偶者）同居。

由题干得知，非法同居是指异性之间的同居，因此，与分居者非法同居的分居者中，男性和女性各占一半。所以选项Ⅲ为假。

由题干得知，非法同居的分居者中，女性比男性多 100 万人，这说明与分居者非法同居的未婚、离婚或丧偶者中，男性多于女性。所以选项Ⅰ为真。

与分居者非法同居的人包括两部分：一部分是分居者，另一部分是未婚、离婚或丧偶者。上面已得出两个结论：第一，与分居者非法同居的分居者中，男性和女性各占一半；第二，与分居者非法同居的未婚、离婚或丧偶者中，男性多于女性。因此，可以得出结论：与分居者非法同居的人中，男性多于女性。所以选项Ⅱ真。

2002 年 10 月在职 MBA 联考逻辑真题解析

11. 解析：答案是 A。

本题考查的是考生的阅读能力。

题干的第二句似乎否定了饥饿危机的可能性，但第三句已经暗示，由于分配问题引起的饥饿危机并非不可能，所以第二句否定的是粮食短缺的可能性。

题干实际上断定的是这样的意思：粮食短缺当然会引发饥饿危机，但这样的粮食短缺目前和将来都不会发生，因为粮食总产量总大于人口对粮食的最低需求。因此，粮食短缺不可能是引发将来饥饿危机的原因。将来发生饥饿危机并非不可能，但其根源在于分配。

12. 解析：答案是 E。

本题的论据是题干的第一句话——实际上是一个现象，而结论是题干的第二句话——提出了对上述现象的一种解释。

选项 E 是他因法削弱，它如果为真，说明疟疾有不同的类型；感染某种疟疾，只能产生对这种疟疾的免疫力，而不能产生对其他类型疟疾的免疫力。因此，很多孩子在感染疟疾几次后才对疟疾具有的免疫力，很可能是感染不同类型的疟疾后产生的对多种类型疟疾的免疫力。产生对疟疾的免疫力，并非需要多次干扰，而是需要覆盖多种类型。这同样很好地解释了论据中的现象。

13. 解析：答案是 D。

题干的解析式：¬（英语∧法语），即¬英语∨¬法语。

而选项 D：英语→¬法语，即¬英语∨¬法语（注意假言命题的等价形式）。

14. 解析：答案是 D。

要区分两个概念：第一，民用自动报警装置对防止入室盗窃所起的作用；第二，民用自动报警装置对破获入室盗窃所起的作用。

民用自动报警装置对防止入室盗窃所起的作用，只能表现为通过公开明显的标识使盗窃者不敢或中止入室作案。如果选项Ⅰ断定为真，即事实上民用报警装置不易被发现，入室盗窃者难以区分一个住户是否安装了自动报警装置，则就不能根据 90% 以上的入室盗窃案都发生在没有安装自动报警装置的住户，就得出题干中的结论。这就削弱了题干的论证。

选项Ⅱ显然可以削弱题干，因为，如果 S 市公寓区内安装自动报警装置的住户不到 10%，那么 90% 以上住户都没有安装自动报警装置。题干中的对应比例数就不能说明什么问题。

选项Ⅲ说明的是破案的作用，而非防范的作用，所以不能削弱题干。

15. 解析：答案是 C。

题干中的“出生”与选项 C 中的“产前”有很好的对应关系。如果选项 C 为真，则由于与引起精神分裂症有关的大脑区域的发育，大部分发生在产前一个月，又由于冬季很难买到新鲜食品易使临产的孕妇营养不良，因此，冬季出生的婴儿易患先天性精神分裂症，这就支持了题干中专家的结论。

16. 解析：答案是 C。

选项Ⅰ不一定能支持题干，因为利润的增加，并不一定意味着产品数量的增加。

选项Ⅱ不一定能支持题干，因为无从确定近十年来该厂工人增加的比例。

选项Ⅲ如果为真，则说明近十年来，该厂产量上升的比例大于工人增加的比例，即在单位时间里，较少的工人产生了较多的产品，这就支持了题干的结论。

17. 解析：答案是 D。

选项 D 不可能是上述选拔的结果，因为“选拔特别奖学金的候选人的标准之一是：将本专业的同学按学习成绩排列名次，均分为优、良、中、差四个等级，候选人的学习成绩必须为优”，这说明，候选人数不能多于本专业学生的 1/4。其余各项都可能是选拔的结果。

18. 解析：答案是 C。

史密斯的观点是执行死刑有利于减少恶性犯罪因而应当允许。苏珊并未肯定或否定史密斯的这一观点，只是指出了讨论这个议题必须首先明确的一个前提，这就是一个国家或者社会是否有权力剥夺一个人的生命。因此，如果事实上社会有权力剥夺一个人的生命，则史密斯的观点得到了加强（如果事实上社会没有权力剥夺一个人的生命，那么，即使执行死刑有利于减少恶性犯罪也不能被允许，史密斯的观点就不能成立），但对苏珊的观点则不发生影响，因为社会事实上有没有权力剥夺一个人的生命，和这点是否应当成为讨论死刑问题的一个前提没有关系。

19. 解析：答案是 E。

题干的结论是“有钱并不意味着幸福”。所以选项 A 中所涉及的“在不认为自己有钱的”的调查结果实际上与题干无关。

而题干的论据是“自认为有钱”和“感觉自己是幸福的”，显然“认为”、“感觉”和事实是有差异的。

选项 E 很好地弥合了上述差异，否则，就不能根据当事人的自我感觉，来推断金钱和幸福的关系。

选项 B 也不必须为真，在自认为有钱的被调查者中，其余的 2/3 可以感觉自己不幸福，但并非都感觉自己很不幸福，在这种情况下，题干的论证仍然可以成立。

20. 解析：答案是 A。

本题仍然考查了对上一题解析中的“差异”的理解——事实上，把握这种论据与结论中的差异的能力对于解答逻辑试题是至关重要的。

选项 A 如果为真，则有力地加强了题干的论证。否则，如果绝大多数自认为有钱的人，实际上并未达到中等以上的富裕程度，则他们中的一些人不感到幸福，很可能还是因为不够有钱。这就会严重削弱题干的论证。其余各项不支持题干，其中选项 B 如果为真，能削弱题干的论证。

21. 解析：答案是 C。

由题干得知，当被问及是否知道法国经济学家道尔时，300 名应聘者中有 1/3 回答知道，事实上这个经济学家是不存在的，又因为测谎器的准确率是 100%，所以在上述面试中撒谎的不少于 100 人，即未撒谎的不多于 200 人，即选项Ⅲ一定为真。

选项Ⅰ显然不一定为真。

选项Ⅱ如果为真，那么撒谎的人将至少有 160 人（由题干中的 1/3 和 1/5 可以算出），与问题中“不多于 160 人”相矛盾。

22. 解析：答案是 D。

如果选项 D 为真，则大多数在机场停靠的车辆，按旧标准每次只需交 2 元停车费，按新标准则须交 4 元停车费。这就有力地说明，上述调查有利于增加收入。

选项 A 中的“短途旅游”显然不同于短时间停车。

23. 解析：答案是 C。

应注意题干“体重增长”与“体重”两个概念之间的差异。

如果选项 C 为真，则说明虽然上述婴儿在 3 个月时体重低于平均水平，但由于出生时的体重低于平均水平，因此，其间他的体重增长不一定低于平均水平。这就指出了上述论证存在的漏洞。

24. 解析：答案是 B。

本题的矛盾之处在于，美国人少，但接受治疗的精神忧郁症病人多；而中国人多，但接受治疗的精神忧郁症病人少。

如果选项 B 改为“考虑到实际收入，和中国相比，美国的医疗费用要便宜得多”，则自然能解释题干。现在选项 B 断定的是：“考虑到实际收入，和中国相比，美国的医疗费用并不过于昂贵，”也就是说，美国人的医疗费用负担，几乎和中国人差不多，这无法解释，为什么美国每年接受治疗的精神忧郁症病人的数量是中国的接近 10 倍。

其余各项均有助于解释题干。

25. 解析：答案是 D。

在一夫一妻制的通常情况下，分居者中两性的数量应当是相等的。题干中的人口普查显示，分居者中，女性比男性多 100 万人，这一定是由某些非正常情况产生的。

注意到题干中的数据来源是“人口普查”，选项Ⅱ和选项Ⅲ就指出未接受人口普查的分居男性多于分居女性，有助于解释上述普查结果。

选项Ⅰ显然无助于解释题干。

26. 解析： 答案是 B。

如果选项 B 为真，则由于先进设备提高劳动生产率所创造的利润，高于重新培训工人从事其他工作的费用，因此，工厂主宁愿让一部分工人闲置，也要引进先进生产设备。这就合理地解释了题干。

27. 解析： 答案是 E。

李研究员反驳的根据是：因职务犯罪入狱的刑满释放人员不具备重新犯罪的条件，因为刑满释放人员很难再得到官职；因而流氓罪入狱的刑满释放人员如果重新犯罪，几乎不需要什么外部条件。这里显然假设：刑满释放人员如果重新犯罪，犯的还是同一类罪行。因此，选项 E 最可能是李研究员的反驳所假设的。

28. 解析： 答案是 A。

题干的结论是：对普通人来说，没有感觉不适就去接受医疗检查是不明智的。

除选项 A 外，其他选项都有削弱作用。

选项 B、选项 C、选项 E 都指出，早检查可以发现严重疾病，选项 D 指出，找好医生检查就可以避免题干中描述的问题。

而选项 A 断定，有些严重疾病早期就有病人自己能察觉的明显症状，其中显然可能包括某种程度的感觉不适，因此，这和题干的结论及其论证无关，既不加强也不削弱题干。

29. 解析： 答案是 C。

如果选项 C 为真。则由于博物馆一般只接受允许并易于出售的赠品，因此，只要及时出售这些赠品，就不需要支出昂贵的开支来保管和维护它们，这就有力地削弱了题干的论证。

30. 解析： 答案是 B。

由题干可知，烟斗和雪茄对只吸烟斗和雪茄的人的危害，要比对吸香烟后又戒烟，后改吸烟斗和雪茄的人的危害要大。因此，选项 B 不可能为真。

31. 解析： 答案是 E。

选项 E 断定，植物通过基因变异获得对某种病毒的抗体的同时，会改变其某些生长特性。至于这些特性，是有利于还是不利于植物的生长，没有断定，因而也无从断定有利于还是不利于减少 W－12 对谷物造成的损失。因此，选项 E 如果为真，不加强也不削弱题干的结论。其余各项均能加强题干的结论。其中选项 B 暗示，如果病毒不易感染谷物了，也就不易繁殖了，所以加强作用比 E 要好得多。

32. 解析： 答案是 C。

由题干可能得出结论：经过微波炉足够加热的食物如果引起食物中毒，则其中一定含盐。选项 C 没有断定“足够加热”这个条件，因而不能从题干推出。事实上，根据题干的条件，完全可能存在这样一种食物，它不含盐，也经过微波炉加热，但由于未足够加热而造成了食物中毒。

33. 解析： 答案是 D。

对于对比类题目，常见漏洞之一为：除了对比的因素外，还有其他的差异导致了对比的结果。

以本题为例，两组实验对象有戒烟与否的差异，实验后出现了体重变化的差异，但如果两组人员还有其他差异，可能导致体重变化，则将大大削弱实验的结论。

所以为了加强题干结论的说服力，选项 D 是应该假设的，否则，如果除戒烟外，对每个实验对象来说，可能影响体重变化的生存条件有实质性的变化，那么，实验对象的体重变化很可能是这些生存条件的变化引起的，而不是戒烟引起的。

选项 C 中的“基本相同”，与选项 D 中的“保持不变”是不同的，戒烟显然是一种变化，所以对应的更应该是“不变”而非“相同”。其中区别值得体会。

34. 解析： 答案是 C。

选项Ⅰ可能为真。总经理信任所有信任董事长的人，但可能不信任董事长本人。

选项Ⅱ可能为真。总经理信任所有信任董事长的人，由此不能推出，总经理不信任所有不信任董事长的人。因此，总经理可能信任总会计师。

选项Ⅲ不可能为真，因为，总会计师不信任董事长。

35. 解析： 答案是 C。

写出逻辑式：

甲：丙→乙，即¬丙∨乙；

乙：甲∨丙；

丙：丙∧¬乙；

丁：乙。

可见：甲和丙的断定是互相矛盾的，因此，其中必有一人说假话。又由题干，四人中只有一人说假话，因此，乙和丁说真话。由丁说真话可推出事实上乙作案。因此，说假话的是丙。所以选项 C 成立。由丙说假话，可推出：乙作案或者丙没作案，推不出丙没作案。因此，选项 E 不成立。

36. 解析： 答案是 D。

对选项 D 取非后得到：事实上在西西里墓穴里发现的这只花瓶是墓穴主人的后裔在后来放进去的，那么，显然严重削弱题干，所以选项 C 是必须假设的。

37. 解析： 答案是 A。

总经理的意见是：¬王∨¬孙。

董事长不同意总经理的意见，即¬(¬王∨¬孙)，即王∧孙。

38. 解析：答案是 A。

题干的结论是：塑料代用品的使用并没有减少塑料垃圾。其论据是：每年填埋的垃圾中塑料垃圾的比例，不但没有减少，反而有所增加。如果选项 A 为真，则说明近年来每年填埋的垃圾总量大大减少，因此，虽然每年填埋的垃圾中塑料垃圾的比例没有减少，但总量却可能明显减少，这就有力地削弱了题干的论证。

商品品种增加，不等于其塑料包装的数量增加。因此，选项 C 的削弱力度不大。

39. 解析：答案是 D。

崇拜鸟或鱼的男子，如果他崇拜鸟，则由条件“崇拜鸟的男子可以娶崇拜鱼的女子”，因此可以娶崇拜鱼的女子；如果他崇拜鱼，则由条件“崇拜同一图腾的男女可以结婚”，因此可以娶崇拜鱼的女子。所以，他一定可以娶崇拜鱼的女子。因此，选项 D 成立。

40. 解析：答案是 E。

如果某男子崇拜的图腾是狼，则他父亲崇拜的图腾也是狼。由条件得知，崇拜同一图腾的男女可以结婚，并且崇拜狼的男子可以娶崇拜鹿或鸟的女子，因此，他母亲崇拜狼、鹿或鸟。又由条件得知，母亲与女儿的图腾崇拜相同，因此，他妹妹崇拜狼、鹿或鸟。

41. 解析：答案是 A。

本题可以用欧拉图求解。

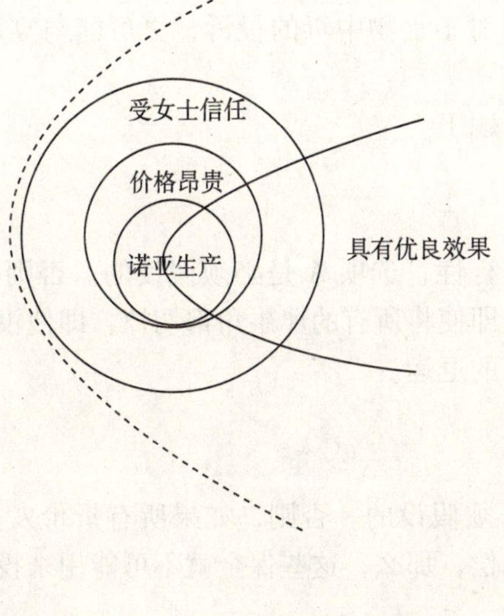

当图中开发实线到达虚线位置时，显然符合题干的结论但不符合选项 A。其余各项都可以从题干推出。

42. 解析：答案是 A。

假设选项Ⅰ为假，即原告提出的证据中，包括这样一个证据，有了它，足以断定被告有罪，则法官的断定就不成立。这说明如果法官的断定为真，则选项Ⅰ一定为真。

选项Ⅱ不一定为真。假设原告提出的论据中，包括这样一个证据，没有它，不足以断定被告有罪，但有了它，并不足以断定被告有罪，在这种假设下，选项Ⅱ为假，但法官的断定仍然成立。这说明如果法官的断定为真，选项Ⅱ不一定为真。

选项Ⅲ也不一定为真。因为原告提出的所有证据完全可能都符合事实，但不足以说明被告的行为已构成犯罪。

43. 解析：答案是 E。

题干的问题在于，误认为吸烟者中肺癌患者的比例下降与吸烟人数（绝对数量）下降比例存在关系。

选项 E 在空难死亡率、机动车事故死亡率、机动车数量三者间建立联系，与题干的错误是一样的。

选项 D 看上去也犯了类似的错误，但考生人数和录取比例毕竟还有一些细微的联系，所以本着选择最优的原则，还是要选 E。

44. 解析：答案是 B。

对于选项Ⅰ，有参考书（给出答案为 D）解释如下："有利于解释题干。例如，一个大堂，100 个餐桌，90 个经营宴席，10 个经营散座，即使宴席比散座管理更严格，宴席受到的投诉仍可能比散座多。"但选项Ⅰ只提到利润，而完全没有涉及经营数量，事实上，利润取决于单价和数量。如其假设，如果 100 个餐桌中，一个月内，只有一次规模宴席，可能由于规格很高而利润丰厚，但仍不能解释题干中的问题。

选项Ⅱ如果为真，说明对于食物中毒的投诉，更可能与宴席相联系，这有助于解释题干。

选项Ⅲ显然无助于解释题干。

45. 解析：答案是 A。

为使题干的计划具有可行性，选项 A 是必须假设的。否则，如果盗猎者照样杀害对他们没有价值的犀牛，那么，即使将所有的犀牛角都切掉，即使没有角的犀牛对盗猎者没有价值，也难使它们免遭被杀害的厄运。

46. 解析：答案是 E。

选项 E 是题干的论证必须假设的。否则，如果所有折价发行的保单都要求保险公司在得到保金后立即支付全部赔偿，那么，这些保金就不可能用来投资并产生回报，这样的保单注定要亏本。

47. 解析：答案是 C。

对于这类计划、建议的论证，关键之一在于其可行性。

如果选项 C 为真，则由于蒙古地区的放牧条件只适于饲养当地品种的奶牛，不适合杂交奶牛生长，这就对上述国际组织的计划的可行性提出了最严重的质疑。

对于选项A，即使并不是欧洲所有奶牛品种都可以成功地同蒙古奶牛杂交，只要有一个品种可行就可以了。

48. 解析： 答案是E。

题干第一句提到的是半年的数据，而第二句说的是全年的数据。

如果选项E断定为真，即如果数字照相机销量的70%一般都是在11月和12月卖出的，那么，就没有理由根据今年上半年数字照相机的销量是去年全年销量的35%，就得出结论，今年全年数字照相机的销量肯定要低于去年。

49. 解析： 答案是E。

要使题干的结论成立，选项E是必须假设的，否则，如果1987年非法药物需求的下降是其批发价格下降的唯一原因，那么，不管国家控制非法药物进入的计划是否失败，只要非法药物需求下降，其批发价格一定会下降，这和题干的结论相矛盾。因此，要使题干的结论成立，选项E必须为真。

50. 解析： 答案是B。

由题干：李→孙∧王∧张；

其逆否命题为：￢孙∨￢王∨￢张→￢李；

显然￢张→￢孙∨￢王∨￢张。

所以选项B符合题意。

上述推理模式在逻辑考试中多次出现，应该熟练掌握。

51. 解析： 答案是B。

题干的论据是费用，而结论是改变交通工具，其间存在差异。

选项B很好地利用了这一差异，指出上述费用不足以达到改变交通工具的目的。这是“断桥”法削弱。

52. 解析： 答案是B。

题干的关键问题在于，蒙科云城是否是在365年之前或之后的地震中被毁的。如果选项B为真，则由于在蒙科云城废墟里没有发现在公元365年以后的铸币，但是却有365年前的铸币，这就有力地支持了题干的猜想：该城的破坏是这个地区公元365年的一次地震所致。

53. 解析： 答案是D。

由题干得知，1964—1978年，美国研究和开发费用占GNP的比重一直在下降，也就是说，1964年的3%是最高值，1978年的2.2%是最低值，而此期间，日本的最高值是1.6%。因此，1964—1978年，美国研究和开发费用占GNP的比重一直高于日本。这正是选项D断定的。

54. 解析： 答案是 C。

对任意命题 p，“不必然（不一定）p”等于“可能非 p”。因此，“明年北方地区的持续干旱不一定出现”等于“明年北方地区的持续干旱可能不出现”。

55. 解析： 答案是 A。

要解雇效率较低的教师，首先必须能依据一定的方法来较为准确地判定一个教师是否有效率。因此，选项 A 是校董事会的决定必须假设的。

56. 解析： 答案是 D。

如果心理疾病会引起免疫系统功能的降低，那么，免疫系统功能差很可能是心理疾病的结果，而不是其原因，这就指出题干犯了因果倒置的错误。选项 D 排除了这一漏洞，所以使题干的结论有说服力，是必须假设的。

应注意，因果倒置是削弱中常用的一种手段。

57. 解析： 答案是 E。

题干论证的是物业管理费与物业管理质量的问题，所以不难看出涉及二者联系的选项 D、选项 E 很可能是答案。但二者之间如何取舍呢？

我们用取非后看削弱力度的方式进行判断。

对选项 D 取非后，“必然”变成“可能不”，得到：物业管理费的减少可能不会导致管理质量的下降。

对选项 E 取非后，“可能”变成“必然不”，得到：物业管理部门必然不会以降低服务质量来应付管理费的减少。

显然后者说的更为确定，削弱力度也更强，所以选项 E 是更好的假设。

由此可以得到如下经验：在假设题中，选项含有“可能”、“有些”的要比含有“必然”、“所有”的更可能是答案。因为“可能”、“有些”取非后变成“必然不”、“所有不”，含义更为肯定，削弱力度一般也更大。

58. 解析： 答案是 D。

选项 D 如果为真，显然指出了棕榈果的生产率大幅度降低的一个重要原因，有助于解释题干的现象。

选项 B 断定亚洲的棕榈树林区开始出现象鼻虫的天敌赤蜂，这显然也能解释棕榈果的生产率为什么大幅度降低，但由于选项 B 同时断定这种赤蜂出现在 1998 年秋季，因此，无法对 1998 年当年的现象作出解释。

59. 解析： 答案是 B。

张教授断定，诊治癌症的医疗水平的提高，是癌症病人的平均生存年限上升的原因。李研究员对此反驳的根据是，早期确诊率的提高也是癌症病人的平均生存年限上升的原因，而这个原因被张教授忽略了。

“早期确诊率”和“平均生存年限”之间显然存在差异，需要一个桥梁来联系。选项 B

很好地给出了这个桥梁，所以是最好的假设。

另外，李研究员的话也可以这样理解：50 年代时，癌症病人都是到了中晚期才能确诊，而 20 世纪末大多可以早期就能确诊，所以虽然诊疗水平停滞不前，但生存年限至少多了由早期至中晚期的间隔时间。这个解释也不与选项 B 矛盾。

60. 解析：答案是 B。

如果选项 B 为真，即如果对癌症的早期确诊，是提高癌症诊治水平的重要内容和标准，那么，张教授所断定的诊治癌症的医疗水平的提高，也包括对癌症的早期确诊率的提高，这样，李研究员的议论就不能构成对张教授的反驳。

第四章　实战演习篇

2004 年 10 月在职 MBA 联考逻辑真题

24. 某大学对非英语专业的基础英语教学进行了改革。英语教师可以自行选择教材，可以删掉其中部分章节，同时也可以加入他们自己选择的材料。

上述改革最不利于实现下面哪项目标？

A. 满足某些学生对于英语教学的特殊需要。

B. 调动英语教师的教学积极性和创造力。

C. 提高学生运用英语的能力，包括口语和听力。

D. 提高学生参加全国统一英语考试的成绩。

E. 提高学生对英语学习的兴趣。

25. 从国外引进的波尔山羊具有生长速度快、耐粗饲、肉质鲜嫩等特点，养羊效益高。我国北方某地计划鼓励当地农民把波尔山羊与当地的山羊进行杂交，以提高农民养羊的经济效益，满足发展高效优质肉羊的生产需要。

以下哪项如果为真，最能对上述计划的可行性提出质疑？

A. 波尔山羊耐高温不耐低温，杂交羊不能适应当地的气候条件。

B. 并非所有的波尔山羊都可以与当地的山羊成功杂交。

C. 当地许多年轻人认为饲养羊是低等的工作，因为养羊的利润比其他工作的利润低。

D. 当地许多人不喜欢波尔山羊。

E. 当地一些山羊也具有生长快、耐粗饲、屠宰率高、肉质鲜嫩的优点。

26. 近几年来，一种从国外传入的白蝇严重危害着我国南方农作物的生长。昆虫学家认为，这种白蝇是甜薯白蝇的一个变种，为了控制这种白蝇的繁殖，他们一直在寻找并人工繁殖甜薯白蝇的寄生虫。但最新的基因研究成果表明，这种白蝇不是甜薯白蝇的变种，而是与之不同的一种蝇种，称做银叶白蝇。因此，如果这项最新的基因研究成果是可信的话，那么，近年来昆虫学家寻找白蝇寄生虫的努力是白费了。

以下哪项是上述论证最可能假设的？

A. 上述最新的基因研究成果是可信的。

B. 甜薯白蝇的寄生虫对农作物没有任何危害。

C. 农作物害虫的寄生虫都可以用来有效控制这种害虫的繁殖。

D. 甜薯白蝇的寄生虫无法在银叶白蝇中寄生。

E. 某种生物的寄生虫只能在这种生物及其变种中才能寄生。

27. 和专门的科研机构不同，高等院校，即使是研究型的高等院校，其首要任务是培养学生。这一任务完成得不好，校园再漂亮，硬件设施再先进，教师的科研成果再多，也是没有意义的。

上述议论的结构和以下哪项最不类似？

A. 一个饭店，最重要的是要使顾客感到饭菜好吃。价格的合理，服务的周到，环境的优雅，只有在顾客吃得满意的情况下才有意义。

B. 一个人最要紧的是不能穷。一旦没钱，有学问，有相貌，有品行，又能有什么用呢？

C. 和学术著作不同，对于文艺作品来说，最重要的是它的可读性、观赏性。只要有足够多的读者，高质量的文艺作品就一定能实现它的社会效益、经济效益，同时体现它的学术价值。

D. 一个国家要发展，最重要的是保持稳定。一旦失去稳定，经济的发展，政治的改革就失去了可行性。

E. 一个品牌最重要的是产品质量。如果广告和其他形式的包装对于某个品牌的产品长期占领市场确实起到了实质性的作用。那么该产品一定具有过硬的质量。

28—29 题基于以下题干：

人们已经认识到，除了人以外，一些高级生物不仅能适应环境，而且能改变环境以利于自己的生存。其实，这种特性很普遍。例如，一些低级浮游生物会产生一种气体，这种气体在大气层中转化为硫酸盐颗粒，这些颗粒使水蒸气浓缩而形成云。事实上，海洋上空的云层的形成很大程度上依赖于这种颗粒。较厚的云层意味着较多的阳光被遮挡，意味着地球吸收较少的热量。因此，这些浮游生物使得地球变得凉爽，而这有利于它们的生存，当然也有利于人类。

28. 以下哪项最为准确地概括了上述议论的主题？

A. 为了改变地球的温室效应，人类应当保护浮游生物。

B. 并非只有高级生物才能改变环境以利于自己的生存。

C. 一些浮游生物通过改变环境以利于自己的生存，同时也造福于人类。

D. 海洋上空云层形成的规模，很大程度上取决于海洋中浮游生物的数量。

E. 低等生物以对其他种类的生物无害的方式改变环境，而高等生物则往往相反。

29. 以下哪项最为准确地概括了上述议论所运用的方法？

A. 基于一般性的见解说明一个具体的事例。

B. 运用一个反例来反驳一个一般性见解。

C. 运用一个具体事例来补充推广一个一般性见解。

D. 运用一个具体事例来论证一个一般性见解。

E. 对某种现象进行分析，并对这种现象产生的条件及其意义进行一般性的概括。

30. 随着心脏病成为人类的第一杀手，人体血液中的胆固醇含量越来越引起人们的重视。一个人血液中的胆固醇含量越高，患致命的心脏病的风险也就越大。至少有三个因素会影响人的血液中胆固醇的含量，它们是抽烟、饮酒和运动。

如果上述断定为真，则以下哪项一定为真？

Ⅰ 某些生活方式的改变，会影响一个人患心脏病的风险。

Ⅱ 如果一个人血液中的胆固醇含量不高，那么他患致命的心脏病的风险也不高。

Ⅲ 血液中的胆固醇高含量是造成当今人类死亡的主要原因。

A. 只有Ⅰ。

B. 只有Ⅱ。

C. 只有Ⅰ和Ⅱ。

D. 只有Ⅰ和Ⅲ。

E. Ⅰ、Ⅱ和Ⅲ。

31. 据统计，被指控抢劫的定罪率要远高于被指控贪污的定罪率。其重要原因是贪污案的被告能聘请收费昂贵的律师，而抢劫案的被告主要由法庭指定的律师辩护。

以下哪项如果为真，最能支持题干的叙述？

A. 被指控抢劫的被告，远多于被指控贪污的被告。

B. 被告聘请的律师与法庭指定的律师一样，既忠实于法律，又努力维护委托人的合法权益。

C. 被指控抢劫的被告中事实上犯罪的比例，不高于被指控贪污的被告相应的比例。

D. 一些被指控抢劫的被告有能力聘请收费昂贵的律师。

E. 司法腐败导致对有权势的罪犯的庇护，而贪污等职务犯罪的构成要件是当事人有职权。

32—33 题基于以下题干：

张教授：在我国大陆架外围海域建设新油井的计划不足取，因为由此带来的收益不足以补偿由此带来生态破坏的风险。目前我国每年海底石油的产量，还不能满足我国一天石油的需求量，而上述拟建中的新油井，最多只能使这个数量增加 0.1%。

李研究员：你的论证不能成立。你能因为新建的防护林不能在一夜之间消灭北京的沙尘暴，而反对实施防护林计划吗？

32. 以下哪项最为确切地概括了李研究员的反驳所运用的方法：

A. 提出了一个比对方更有力的证据。

B. 构造了一个和对方类似的论证，但这个论证的结论显然是不可接受的。

C. 提出了一个反例来反驳对方的一般性结论。

D. 指出对方在一个关键性概念的理解和运用上存在含混。

E. 指出对方对所引用数据的解释有误，即使这些数据自身并非不准确。

33. 以下哪项如果为真，最能削弱李研究员的反驳？

A. 在北京周边建防护林，只能防阻沙尘暴，不能根治沙尘暴。

B. 我国在治理沙尘暴方面还缺乏成功的经验。

C. 建防护林不像建海上油井那样能产生直接的经济效益。

D. 建防护林只会保护生态，不会破坏生态。

E. 建防护林不会产生类似于建海上油井所带来的风险。

34. 根据一种心理学理论，一个人要想快乐就必须和周围的人保持亲密的关系。但是，世界上伟大的画家往往是在孤独中度过了他们大部分的时光，并且没有亲密的人际关系。所以，这种心理学理论是不成立的。

以下哪项最可能是上述论证所假设的?

A. 世界上伟大的画家都喜欢逃避亲密的人际关系。

B. 有亲密的人际关系的人几乎没有孤独的时候。

C. 孤独对于伟大的绘画艺术来说是必需的。

D. 几乎没有著名的画家有亲密的人际关系。

E. 世界上伟大的画家都是快乐的。

35. 大多数抗忧郁药物都会引起体重的增加。尽管在服用这些抗忧郁药物时，节食有助于减少体重的增加，但不可能完全避免这种体重的增加。

以上信息最能支持以下哪项结论?

A. 医生不应当给超重的患者开抗忧郁药处方。

B. 至少有些服用抗忧郁药物的人的体重会超重。

C. 至少有些服用抗忧郁药物的人会增加体重。

D. 至少有些服用抗忧郁药物的患者应当通过节食来保持体重。

E. 服用抗忧郁药物的人超重，是由于没有坚持节食。

36. 越来越多的计算机软件被开发应用于机械工程，这使得该领域操作流程中原来需要通过复杂数学计算得到的结果，现在只要通过简单操作电脑就能得到。因此，对于操作型的机械工程师来说，理解和掌握数学知识变得越来越没有必要；在培养机械工程师的院校中，应大大缩减数学课程，以腾出时间，加强其他课程的教学。

以下各项如果为真，哪项最不能削弱上述论证?

A. 用于机械工程的计算机软件，其功能不仅是数学计算。

B. 机械工程学院的培养目标，不仅是纯操作型人才，而且是具有操作能力的理论型人才。

C. 数学知识是学习和掌握机械工程一系列基础课程的重要工具。

D. 数学教学的目的，不仅是传授数学知识，而且是训练锐利、敏捷、清晰和准确的思维能力，这对于提高操作型人员的素质，同样具有重要的作用。

E. 用于机械工程的计算机软件的开发研究，不仅需要机械工程的专业知识，而且需要数学专业知识。

37. 在一项实验中，第一组被试验者摄取了大量的人造糖，第二组则没有吃糖。结果发现，吃糖的人比没有吃糖的人认知能力低。这一实验说明，人造糖中所含的某种成分会影响人的认知能力。

以下哪项如果为真，最能支持上述结论？

A. 在上述实验中，第一组被试验者吃的糖大大超出日常生活中糖的摄入量。

B. 上述人造糖中所含的该种成分也存在于大多数日常食物中。

C. 第一组被试验者摄取的糖的数量没有超出卫生部门规定的安全范围。

D. 两组被试验者的认知能力在试验前是相当的。

E. 两组被试验者的人数相等。

38—39 题基于以下题干：

贾女士：我支持日达公司雇员的投诉。他们受到了不公正的待遇。他们中大多数人的年薪还不到 10 000 元。

陈先生：如果说工资是主要原因的话，我很难认同你的态度。据我了解，日达公司雇员的平均年薪超过 15 000 元。

38. 以下哪项最为恰当地概括了陈先生和贾女士意见分歧的焦点？

A. 日达公司雇员是否都参与了投诉？

B. 大多数日达公司雇员的年薪是否不到 10 000 元？

C. 日达公司雇员的工资待遇是否不公正？

D. 工资待遇是否为日达公司雇员投诉的主要原因？

E. 工资待遇不合理是否应当成为投诉的理由？

39. 以下哪项最为恰当地指出了陈先生反驳中存在的漏洞？

A. 在一个核心概念的界定和使用上没有与论辩对方保持一致。

B. 所反驳的并不是论辩对方事实上所持的观点。

C. 在反驳过程中出现自相矛盾。

D. 在反驳过程中没有对某个核心概念的界定和使用保持一致。

E. 对关键性数据的引用有误。

40. 营养学研究发现，在其他条件不变的情况下，如果增加每天吃饭的次数，只要进食总量不显著增加，一个人的血脂水平将显著低于他常规就餐次数时的血脂水平。因此，多餐进食有利于降低血脂。然而，事实上，大多数每日增加就餐次数的人都会吃更多的食物。

上述断定最能支持以下哪项？

A. 对于大多数人，增加每天吃饭的次数一般不能导致他的血脂水平显著下降。

B. 对于少数人，增加每天吃饭的次数是降低高血脂的最佳方式。

C. 对于大多数人，每天所吃的食物总量一般不受吃饭次数的影响。

D. 对于大多数人，血脂水平不会受每天所吃的食物量的影响。

E. 对于大多数人，血脂水平可受到就餐时间的影响。

41. 语言在人类的交流中起重要的作用。如果一种语言是完全有效的，那么，其基本语音的每一种可能的组合都能够表达有独立意义和可以理解的词。但是，如果人类的听觉系统接收声音信号的功能有问题，那么，并非基本语音每一种可能的组合都能够成为有独立意义和可以理解的词。

如果上述断定为真，则以下哪项一定为真？

A. 如果人类的听觉系统接收声音信号的功能正常，那么一种语言的基本语音的每一种可能的组合都能够成为有独立意义和可以理解的词。

B. 如果人类的听觉系统接收声音信号的功能有问题，那么语言就不可能完全有效。

C. 语言的有效性导致了人类交流的实用性。

D. 人体的听觉系统是人类交流最重要的部分。

E. 如果基本语音每一种可能的组合都能够成为有独立意义和可以理解的词，则该语言完全有效。

42. 小红装病逃学了一天，大明答应为她保密。事后，知道事情底细的老师对大明说，我和你一样，都认为违背承诺是一件不好的事；但是，人和人的交往，事实上默认一个承诺，这就是说真话，任何谎言都违背这一承诺。因此，如果小红确实装病逃学，那么，你即使已经承诺为她保密，也应该对我说实话。

要使老师的话成立，以下哪项是必须假设的？

A. 说谎比违背其他承诺更有害。

B. 有时，违背承诺并不是一件坏事。

C. 任何默认的承诺都比表达的承诺更重要。

D. 违背默认的承诺有时要比违背表达的承诺更不好。

E. 每一个人都不应该违背任何承诺。

43. 爱尔兰有大片泥煤蕴藏量丰富的湿地。环境保护主义者一直反对在湿地区域采煤。他们的理由是开采泥煤会破坏爱尔兰湿地的生态平衡，其直接严重后果是会污染水源。然而，这一担心是站不住脚的。据近50年的相关统计，从未发现过因采煤而污染水源的报告。

以下哪项如果为真，最能加强题干的论证？

A. 在爱尔兰的湿地采煤已有200年的历史，其间从未因此造成水源污染。

B. 在爱尔兰，采煤湿地的生态环境和未采煤湿地没有实质性的不同。

C. 在爱尔兰，采煤湿地的生态环境和未开采前没有实质性的不同。

D. 爱尔兰具备足够的科技水平和财政支持来治理污染、保护生态。

E. 爱尔兰是世界上生态环境最佳的国家之一。

44. 如果鸿图公司的亏损进一步加大，那么是胡经理不称职；如果没有丝毫撤换胡经理的意向，那么胡经理就是称职的；如果公司的领导班子不能团结一心，那么是胡经理不称职。

如果上述断定为真，并且事实上胡经理不称职，那么以下哪项一定为真？

A. 公司的亏损进一步加大了。

B. 出现了撤换胡经理的意向。

C. 公司的领导班子仍不能团结一心。

D. 公司的亏损进一步加大，并且出现撤换胡经理的意向。

E. 领导班子不能团结一心，并且出现撤换胡经理的意向。

45. 1989 年以前，我国文物被盗情况严重，国家主要的博物馆中也发生了多起文物被盗案件，丢失珍贵文物多件。1989 年后，国家主要的博物馆安装了技术先进的多功能防范系统，结果，此类重大盗窃案显著下降，这说明多功能防范系统对于保护文物安全起到了重要作用。

以下哪项如果为真，最能加强上述结论？

A. 20 世纪 90 年代被窃的文物中包括一件珍贵的传世工艺品。

B. 从 20 世纪 90 年代早期开始，私人收藏和小展馆中发生的文物失盗案件明显上升。

C. 上述多功能防范系统经过国家级的技术鉴定。

D. 在 1989 年到 1999 年之间，主要博物馆为馆内重要的珍贵文物所付的保险金有了较大幅度的增加。

E. 在 20 世纪 90 年代初，文物失盗案件北方比南方严重，因为南方经济较发达，保护文物方法较先进。

46—47 题基于以下题干：

李娜说，作为一个科学家，她知道没有一个科学家喜欢朦胧诗，而绝大多数科学家都擅长逻辑思维。因此，至少有些喜欢朦胧诗的人不擅长逻辑思维。

46. 以下哪项是对李娜的推理的最恰当评价？

A. 李娜的推理是正确的。

B. 李娜的推理不正确，因为事实上有科学家喜欢朦胧诗。

C. 李娜的推理不正确，因为从“绝大多数科学家都擅长逻辑思维”，推不出“擅长逻辑思维的都是科学家”。

D. 李娜的推理不正确，因为合乎逻辑的结论应当是“喜弥朦胧诗的人都不擅长逻辑思维”，而不应当弱化为“至少有些喜欢朦胧诗的人不擅长逻辑思维”。

E. 李娜的推理不正确，因为创作朦胧诗需要形象思维，也需要逻辑思维。

47. 以下哪项的推理结构和题干的推理结构最为类似？

A. 余静说，作为一个生物学家，他知道所有的有袋动物都不产卵，而绝大多数有袋动物都产在澳大利亚。因此，至少有些澳大利亚动物不产卵。

B. 方华说，作为父亲，他知道没有父亲会希望孩子在临睡前吃零食，而绝大多数父亲都是成年人。因此，至少有些希望孩子临睡前吃零食的人是孩子。

C. 王唯说，作为一个品酒专家，他知道，陶瓷容器中的陈年酒的质量，都不如木桶中的陈年酒，而绝大多数中国陈年酒都装在陶瓷容器中。因此，中国陈年酒的质量至少不如装在木桶中的法国陈年酒。

D. 林宜说，作为一个摄影师，他知道，没有彩色照片的清晰度能超过最好的黑白照片，而绝大多数风景照片都是彩色照片。因此，至少有些风景照片的清晰度不如最好的黑白照片。

E. 张杰说，作为一个商人，他知道，没有商人不想发财。因为绝大多数商人都是守法的，因此，至少有些守法的人并不想发财。

48. 某商场失窃，员工甲、乙、丙、丁涉嫌被拘审。

甲说："是丙作的案。"

乙说："我和甲、丁三人中至少有一人作案。"

丙说："我没作案。"

丁说："我们四人都没作案。"

如果四人中只有一人说真话，则可推出以下哪项结论？

A. 甲说真话，作案的是丙。

B. 乙说真话，作案的是乙。

C. 丙说真话，作案的是甲。

D. 丙说真话，作案的是丁。

E. 丁说真话，四人中无人作案。

49. 当一只鱼鹰捕捉到一条白鲢、一条草鱼或一条鲤鱼而飞离水面时，往往会有许多鱼鹰几乎同时跟着飞聚到这一水面捕食。但是，当一只鱼鹰捕捉到的是一条鲇鱼时，这种情况却很少出现。

以下哪项如果为真，最能合理地解释上述现象？

A. 草鱼或鲤鱼比鲇鱼更符合鱼鹰的口味。

B. 在鱼鹰捕食的水域中，白鲢、草鱼和鲤鱼比较多见，而鲇鱼比较少见。

C. 在鱼鹰捕食的水域中，白鲢、草鱼和鲤鱼比较少见，而鲇鱼比较多见。

D. 白鲢、草鱼或鲤鱼经常成群出现，而鲇鱼则没有这种习性。

E. 白鲢、草鱼和鲤鱼比鲇鱼更易被鱼鹰捕食。

50. 如果比较全日制学生的数量，东江大学的学生数是西海大学学生数的70%，如果比较学生总数量（全日制学生加上成人教育学生），则东江大学的学生数是西海大学的120%。

由上文最能推出以下哪项结论？

A. 东江大学比西海大学更注重教学质量。

B. 东江大学成人教育学生数量所占总学生数的比例比西海大学的高。

C. 西海大学的成人教育学生比全日制学生数多。

D. 东江大学的成人教育学生数比西海大学的少。

E. 东江大学的全日制学生比成人教育学生多。

51. 一种检测假币的仪器在检测到假币时会亮起红灯，制造商称该仪器将真币误认为是假币的可能性只有0.1%。因此，该仪器在1 000次亮起红灯时有999次会发现假币。

上述论证的推理是错误的，因为：

A. 忽略了在假币出现时红灯不亮的可能性。

B. 基于一个可能有偏差的事例概括出一个普遍的结论。

C. 忽略了仪器在检测假币时操作人员可能发生的人为错误。

D. 在讨论百分比时偷换了数据概念。

E. 没有说明该仪器是否对所有的假币都同样敏感。

52. 林教授的身体状况恐怕不宜继续担任校长助理的职务。因为近一年来，只要林教授给校长写信，内容只有一个，不是这里不舒服，就是那里有毛病。

为使上述论证成立，以下哪项是必须假设的？

Ⅰ 胜任校长助理的职务，需要有良好的身体条件。

Ⅱ 林教授给校长的信的内容基本上都是真实的。

Ⅲ 近一年来，林教授经常给校长写信。

A. 只有Ⅰ。

B. 只有Ⅱ。

C. 只有Ⅲ。

D. 只有Ⅰ和Ⅱ。

E. Ⅰ、Ⅱ和Ⅲ。

53. 张勇认为他父亲生于1934年，而张勇的妹妹则认为父亲生于1935年。张勇的父亲出生的医院没有1934年的产科记录，但有1935年的记录。据记载，该医院没有张勇父亲的出生记录。因此，可以得出结论，张勇的父亲出生于1934年。

为使上述论证成立，以下哪项是必须假设的？

Ⅰ 上述医院1935年的产科记录是完整的。

Ⅱ 张勇和他妹妹关于父亲的出生年份的断定，至少有一个是真实的。

Ⅲ 张勇的父亲已经过世。

A. 只有Ⅰ。

B. 只有Ⅱ。

C. 只有Ⅲ。

D. 只有Ⅰ和Ⅱ。

E. Ⅰ、Ⅱ和Ⅲ。

2005年1月MBA联考逻辑真题

24—25题基于以下题干：

市政府计划对全市的地铁进行全面改造，通过较大幅度地提高客运量，缓解沿线包括高速公路上机动车的拥堵，市政府同时又计划增收沿线两条主要高速公路的机动车过路费，用以弥补上述改造的费用。这样的理由是，机动车主是上述改造的直接受益者，应当承担部分开支。

24. 以下哪项相关断定如果为真，最能质疑上述计划？

A. 市政府无权支配全部高速公路机动车过路费收入。

B. 地铁乘客同样是上述改造的直接受益者，但并不承担开支。

C. 机动车有不同的档次，但收取的过路费区别不大。

D. 为躲避多交过路费，机动车会绕开收费站，增加普通公路的流量。

E. 高速公路上机动车拥堵现象不如普通公路严重。

25. 以下哪项相关断定为真，最有助于论证上述计划的合理性？

A. 上述计划通过了市民听证会的审议。

B. 在相邻的大中城市中，该市的交通拥堵状况最为严重。

C. 增收过路费的数额，经过专家的严格论证。

D. 市政府有足够的财力完成上述改造。

E. 改造后的地铁中，相当数量的乘客都有私人机动车。

26. 在期货市场上，粮食可以在收获前就“出售”。如果预测歉收，粮价就上升，如果预测丰收，粮价就下跌，目前粮食作物正面临严重干旱，今晨气象学家预测，一场足以解除旱情的大面积降雨将在傍晚开始。因此，近期期货市场上的粮价会大幅度下跌。

以下哪项如果为真，最能削弱上述论证？

A. 气象学家气候预测的准确性并不稳定。

B. 气象学家同时提醒做好防涝准备，防备这场大面积降雨延续过长。

C. 农业学家预测，一种严重的虫害将在本季粮食作物的成熟期出现。

D. 和期货市场上的某些商品相比，粮食价格的波动幅度较小。

E. 干旱不是对粮食作物生长的最严重威胁。

27. 以优惠价出售日常家用小商品的零售商通常有上千雇员，其中大多数只能领取最低工资，随着国家法定的最低工资额的提高，零售商的人力成本也随之大幅度提高。但是，零售商的利润非但没有降低，反而提高了。

以下哪项如果为真，最有助于解释上述看来矛盾的现象？

A. 上述零售商的基本顾客，是领取最低工资的人。

B. 人力成本只占零售商经营成本的一半。

C. 在国家提高最低工资额的法令实施后，除了人力成本以外，其他零售商经营成本也有所提高。

D. 零售商的雇员有一部分来自农村，他们都拿最低工资。

E. 在国家提高最低工资额的法令实施后，零售商降低了某些高薪雇员的工资。

28. 马医生发现，在进行手术前喝高浓度加蜂蜜的热参茶可以使他手术时主刀更稳，用时更短，效果更好。因此，他认为，要么是参，要么是蜂蜜，含有的某些化学成分能帮助他更快更好地进行手术。

以下哪项如果为真，能削弱马医生的上述结论？

Ⅰ 马医生在喝含高浓度加蜂蜜的热柠檬茶后的手术效果同喝高浓度加蜂蜜的热参茶一样好。

Ⅱ 马医生在喝白开水之后的手术效果与喝高浓度加蜂蜜的热参茶一样好。

Ⅲ 洪医生主刀的手术效果比马医生好，而前者没有术前喝高浓度的蜂蜜热参茶的习惯。

A. 只有Ⅰ。

B. 只有Ⅱ。

C. 只有Ⅲ。

D. 只有Ⅰ和Ⅱ。

E. Ⅰ、Ⅱ和Ⅲ。

29—30 题基于以下题干：

宏达山钢铁公司由 5 个子公司组成。去年，其子公司火龙公司试行与利润挂钩的工资制度，其他子公司则维持原有的工资制度。结果，火龙公司的劳动生产率比其他子公司的平均劳动生产率高出 13%。因此，在宏达山钢铁公司实行与利润挂钩的工资制度有利于提高该公司的劳动生产率。

29. 以下哪项最可能是上述论证所假设的？

A. 火龙公司与其他各子公司分别相比，原来的劳动生产率基本相同。

B. 火龙公司与其他各子公司分别相比，原来的利润率基本相同。

C. 火龙公司的职工数量，和其他子公司的平均职工数量基本相同。

D. 火龙公司原来的劳动生产率，与其他子公司相比不是最高的。

E. 火龙公司原来的劳动生产率，和其他各子公司原来的平均劳动生产率基本相同。

30. 以下哪项如果为真，最能削弱上述论证？

A. 实行了与利润挂钩的分配制度后，火龙公司从其他子公司挖走了不少人才。

B. 宏达山钢铁公司去年从国外购进的先进技术装备，主要用于火龙公司。

C. 火龙公司是三年前组建的，而其他子公司都有 10 年以上的历史。

D. 红塔钢铁公司去年也实行了与利润挂钩的工资制度，但劳动生产率没有明显提高。

E. 宏达山公司的子公司金龙公司去年没有实行与利润挂钩的工资制度，但它的劳动生产率比火龙公司略高。

31. 市场上推出了一种新型的电脑键盘。新型键盘具有传统键盘所没有的“三最”特点，即最常用的键设计在最靠近最灵活手指的部位。新型键盘能大大提高键入速度，并减少错误率。因此，用新型键盘替换传统键盘能迅速地提高相关部门的工作效率。

以下哪项如果为真，最能削弱上述论证？

A. 有的键盘使用者最灵活的手指和平常人不同。

B. 传统键盘中最常用的键并非设计在离最灵活手指最远的部位。

C. 越能高效率地使用传统键盘，短期内越不易熟练地使用新型键盘。

D. 新型键盘的价格高于传统键盘的价格。

E. 无论使用何种键盘，键入速度和错误率都因人而异。

32. 面试是招聘的一个不可取代的环节，因为通过面试，可以了解应聘者的个性。那些个性不适合的应聘者将被淘汰。

以下哪项是上述论证最可能假设的？

A. 应聘者的个性很难通过招聘的其他环节展示。

B. 个性是确定录用应聘者的最主要因素。

C. 只有经验丰富的招聘者才能通过面试准确把握应聘者的个性。

D. 在招聘各环节中，面试比其他环节更重要。

E. 面试的唯一目的是为了解应聘者的个性。

33. 人应对自己的正常行为负责，这种负责甚至包括因行为触犯法律而承受制裁。但是，人不应该对自己不可控制的行为负责。

以下哪项结论能从上述断定推出？

Ⅰ 人的有些正常行为会导致触犯法律。

Ⅱ 人对自己的正常行为有控制力。

Ⅲ 不可控制的行为不可能触犯法律。

A. 只有Ⅰ。

B. 只有Ⅱ。

C. 只有Ⅲ。

D. 只有Ⅰ和Ⅱ。

E. Ⅰ、Ⅱ和Ⅲ。

34. 也许令许多经常不刷牙的人感到意外的是，这种不良习惯已使他们成为易患口腔癌的高危人群。为了帮助这部分人早期发现口腔癌，市卫生部门发行了一个小册子，教人们如何使用一些简单的家用照明工具，如台灯、手电等，进行每周一次的口腔自检。

以下哪项如果为真，最能对上述小册子的效果提出质疑？

A. 有些口腔疾病的病症靠自检难以发现。

B. 预防口腔癌的方案因人而异。

C. 经常刷牙的人也可能患口腔癌。

D. 口腔自检的可靠性不如在医院所作的专门检查。

E. 经常不刷牙的人不大可能作每周一次的口腔自检。

35. 户籍改革的要点是放宽对外来人口的限制。G 市在对待户籍改革上面临两难。一方面，市政府懂得吸引外来人口对城市化进程的意义，另一方面又担心人口激增的压力。在决策班子里形成了“开放”和“保守”两派意见。

以下各项如果为真，都只能支持上述某一派的意见，除了

A. 城市与农村户口分离的户籍制度，不适应目前社会主义市场经济的需要。

B. G 市存在严重的交通堵塞、环境污染等问题，其城市人口的合理容量有限。

C. G 市近几年的犯罪案件增加，案犯中来自农村的打工人员比例增高。

D. 近年来，G 市的许多工程的建设者多数是来自农村的农民工，其子女的就学成为市教育部门面临的难题。

E. 由于计划生育政策和生育观的转变，近年来 G 市的幼儿园，小学乃至中学的班级数量递减。

36. 一个花匠正在配制插花，可供配制的花共有常苍兰、玫瑰、百合、牡丹、海棠和秋菊 6 个品种。一件合格的插花必须至少由两种花组成，同时须满足以下条件：

如果有苍兰或海棠，则不能有秋菊；

如果有牡丹，则必须有秋菊；

如果有玫瑰，则必须有海棠。

以下各项都可以单独或与其他花搭配，组成一件合格的插花，除了

A. 苍兰和玫瑰。

B. 苍兰和海棠。

C. 玫瑰和百合。

D. 玫瑰和牡丹。

E. 百合和秋菊。

37. 一桩投毒谋杀案，作案者要么是甲，要么是乙，二者必有其一；所用毒药或者是毒鼠强，或者是乐果，二者至少是其一。

如果上述断定为真，则以下哪项推断一定成立？

Ⅰ 该投毒案不是甲投毒鼠强所为。因此，一定是乙投乐果所为。

Ⅱ 在该案侦破中，发现甲投了毒鼠强。因此，案中的毒药不可能是乐果。

Ⅲ 该投毒案的作案者不是甲，并且所投的毒药不是毒鼠强。因此，一定是乙投乐果所为。

A. 只有Ⅰ。

B. 只有Ⅱ。

C. 只有Ⅲ。

D. 只有Ⅰ和Ⅲ。

E. Ⅰ、Ⅱ和Ⅲ。

38. 一个产品要畅销，产品的质量和经销商的诚信缺一不可。

以下各项都符合题干的断定，除了

A. 一个产品滞销，说明它或者质量不好，或者经销商缺乏诚信。

B. 一个产品，只有质量高并且由诚信者经销，才能畅销。

C. 一个产品畅销，说明它质量高并有诚信的经销商。

D. 一个产品，除非有高的质量和诚信的经销商，否则不能畅销。

E. 一个质量好并且由诚信者经销的产品不一定畅销。

39. 一方面确保法律面前人人平等，同时又允许有人触犯法律而不受制裁，这是不可能的。以下哪项最符合题干的断定？

A. 或者允许有人凌驾于法律之上，或者任何人触犯法律都要受到制裁，这是必然的。

B. 任何人触犯法律都要受到制裁，这是必然的。

C. 有人凌驾于法律之上，触犯法律而不受制裁，这是可能的。

D. 如果不允许有人触犯法律可以不受制裁，那么法律面前人人平等是可能的。

E. 一方面允许有人凌驾于法律之上，同时声称任何人触犯法律都要受到制裁，这是可能的。

40—41 题基于以下题干：

某校的一项抽样调查显示：该校经常泡网吧的学生中，家庭经济条件优越的占 80%；学习成绩下降的也占 80%。因此：家庭条件优越是学生泡网吧的重要原因；泡网吧是学习成绩下降的重要原因。

40. 以下哪项如果为真，最能削弱上述论证？

A. 该校位于高档住宅区，学生九成以上的家庭条件优越。

B. 经过清理整顿，该校周边网吧管理规范。

C. 有的家庭条件优越的学生并不泡网吧。

D. 家庭条件优越的家长并不赞成学生泡网吧。

E. 被抽样调查的学生占全校学生的 30%。

41. 以下哪项如果为真，最能加强上述论证？

A. 该校是市重点学校，学生的成绩普遍高于普通学校。

B. 该校狠抓教学质量，上学期半数以上学生的成绩都有明显提高。

C. 被抽样调查的学生多数能如实填写问卷。

D. 该校经常做这种形式的问卷调查。

E. 该项调查的结果已见报，受到了市教育局的重视。

42. 对所有的产品都进行了检查，没发现假冒伪劣产品。

如果上述断定为假，则以下哪项一定为真？

Ⅰ 有的产品尚未经检查，但发现了假冒伪劣产品。

Ⅱ 或者有的产品尚未经检查，或者发现了假冒伪劣产品。

Ⅲ 如果对所有的产品都进行了检查，则可发现假冒伪劣产品。

A. 只有Ⅰ。

B. 只有Ⅱ。

C. 只有Ⅲ。

D. 只有Ⅰ和Ⅱ。

E. 只有Ⅱ和Ⅲ。

43. 当有些纳税人隐瞒实际收入逃避缴纳所得税时，一个恶性循环就出现了。逃税造成了年度总税收量的减少；总税收量的减少迫使立法者提高所得税税率；所得税税率的提高增加了合法纳税者的税负，这促使更多的人没法通过隐瞒实际收入逃税。

如果以下哪项为真，上述恶性循环可以打破？

A. 提高所得税率的目的之一是激励缴税人努力增加税前收入。

B. 能有效识别逃税行为的金税工程即将实施。

C. 年度税收总量不允许因逃税等原因而减少。

D. 所得税率必须有上限。

E. 纳税人的实际收入基本持平。

44. 厂长：采用新的工艺流程可以大大减少炼铜车间所产生的二氧化碳。这一新流程的要点是用封闭式熔炉替代原来的开放式熔炉。但是，不仅购置和安装新的设备是笔大的开支，而且运作新流程的成本也高于目前的流程。因此，从总体上说，采用新的工艺流程将大大增加生产成本而使本厂无利可图。

总工程师：我有不同意见。事实上，最新的封闭式熔炉的熔炼能力是现有的开放式熔炉无法相比的。

在以下哪个问题上，总工程师和厂长最可能有不同意见？

A. 采用新的工艺流程是否确实可以大大减少炼铜车间所产生的二氧化碳？

B. 运作新流程的成本是否一定高于目前的流程？

C. 采用新的工艺流程是否一定使本厂无利可图？

D. 最新的封闭式熔炉的熔炼能力是否确实明显优于现有的开放式熔炉？

E. 使用最新的封闭式熔炉是否明显增加了生产成本？

45. 香蕉叶斑病是一种严重影响香蕉树生长的传染病，它的危害范围遍及全球。这种疾病可由一种专门的杀菌剂有效控制，但喷洒这种杀菌剂会对周边人群的健康造成危害。因此，在人口集中的地区对小块香蕉林喷洒这种杀菌剂是不妥当的。幸亏规模香蕉种植园大都远离人口集中的地区，可以安全地使用这种杀菌剂。因此，全世界的香蕉产量，大部分不会受到香蕉叶斑病的影响。

以下哪项最可能是上述论证所假设的？

A. 人类最终可以培育出抗叶斑病的香蕉品种。

B. 全世界生产的香蕉，大部分产自规模香蕉种植园。

C. 和在小块香蕉林中相比，香蕉叶斑病在规模香蕉种植园中传播得较慢。

D. 香蕉叶斑病是全球范围内唯一危害香蕉生长的传染病。

E. 香蕉叶斑病不危害其他植物。

46. 为了减少汽车追尾事故，有些国家的法律规定，汽车在白天行使时也必须打开尾灯。一般地说，一个国家的地理位置离赤道越远，其白天的能见度越差；而白天的能见度越差，实施上述法律的效果越显著。事实上，目前世界上实施上述法律的国家都比中国离赤道远。

上述断定最能支持以下哪项相关结论？

A. 中国离赤道较近，没有必要制定和实施上述法律。

B. 在实施上述法律的国家中，能见度差是造成白天汽车追尾的最主要原因。

C. 一般地说，和目前已实施上述法律的国家相比，如果在中国实施上述法律，其效果将较不显著。

D. 中国白天汽车追尾事故在交通事故中的比例，高于已实施上述法律的国家。

E. 如果离赤道的距离相同，则实施上述法律的国家每年发生的白天汽车追尾事故的数量，少于未实施上述法律的国家。

47. 去年 4 月，股市出现了强劲反弹，某证券部通过对该部股民持仓品种的调查发现，大多数经验丰富的股民都买了小盘绩优股，而所有年轻的股民都选择了大盘蓝筹股，而所有买了小盘绩优股的股民都没买大盘蓝筹股。

如果上述情况为真，则以下哪项关于该证券部股民的调查结果也必定为真：

Ⅰ 有些年轻的股民是经验丰富的股民。

Ⅱ 有些经验丰富的股民没买大盘蓝筹股。

Ⅲ 年轻的股民都没买小盘绩优股。

A. 只有Ⅱ。

B. 只有Ⅰ和Ⅱ。

C. 只有Ⅱ和Ⅲ。

D. 只有Ⅰ和Ⅲ。

E. Ⅰ和Ⅱ、Ⅲ。

48. 城市污染是工业化社会的一个突出问题。城市居民因污染而患病的比例一般高于农村。但奇怪的是，城市中心的树木反而比农村的树木长得更茂盛、更高大。

以下各项如果为真，哪项最无助于解释上述现象？

A. 城里人对树木的保护意识比农村人强。

B. 由于热岛效应，城市中心的年平均气温明显比农村高。

C. 城市多高楼，树木因其趋光性而长得更高大。

D. 城市栽种的主要树木品种与农村不同。

E. 农村空气中的氧含量高于城市。

49. 19 世纪前，技术、科学发展相对独立。而 19 世纪的电气革命，是建立在科学基础上的技术创新，它不可避免地导致了两者的结合与发展，而这又使人类不可避免地面对尖锐的伦理道德问题和资源环境问题。

以下哪项符合题干的断定？

Ⅰ 产生当今尖锐的伦理道德问题和资源环境问题的一个重要根源是电气革命。

Ⅱ 如果没有电气革命，则不会产生当今尖锐的伦理道德问题和资源环境问题。

Ⅲ 如果没有科学与技术的结合，就不会有电气革命。

A. 只有Ⅰ。

B. 只有Ⅱ。

C. 只有Ⅲ。

D. 只有Ⅰ和Ⅲ。

E. Ⅰ和Ⅱ、Ⅲ。

50. 新华大学在北戴河设有疗养院，每年夏季接待该校的教职工。去年夏季该疗养院的入住率，即全部床位的使用率为87%，来此疗养的教职工占全校教职工的比例为10%。今年夏季来此疗养的教职工占全校教职工的比例下降至8%，但入住率却上升至92%。

以下各项如果为真，都有助于解释上述看来矛盾的数据，除了

A. 今年该校新成立了理学院，教职工总数比去年有较大增长。

B. 今年该疗养院打破了历年的惯例，第一次有限制地对外开放。

C. 今年该疗养院的客房总数不变，但单人间的比例由原来的5%提高至10%；双人间由原来的40%提高到60%。

D. 该疗养院去年的部分客房，今年改为足疗保健室或棋牌娱乐室。

E. 经过去年冬季的改建，该疗养院的各项设施的质量明显提高，大大增加了对疗养者的吸引力。

51. 一项关于婚姻状况的调查显示，那些起居时间明显不同的夫妻之间，虽然每天相处的时间相对要少，但每月爆发激烈争吵的次数，比起那些起居时间基本相同的夫妻明显要多。因此，为了维护良好的夫妻关系，夫妻之间应当注意尽量保持基本相同的起居规律。

以下哪项如果为真，最能削弱上述论证？

A. 夫妻间不发生激烈争吵，不一定关系就好。

B. 夫妻闹矛盾时，一方往往用不同时起居的方式以示不满。

C. 个人的起居时间一般随季节变化。

D. 起居时间的明显变化会影响人的情绪和健康。

E. 起居时间的不同很少是夫妻间争吵的直接原因。

52. 一般而言，科学家总是把创新性研究当做自己的目标，并且只把同样具有此种目标的人作为自己的同行。因此，如果有的科学家因为向大众普及科学知识而赢得赞誉，虽然大多数科学家会认同这种赞誉，但不会把这样的科学家作为自己的同行。

为使上述论证成立，以下哪项是必须假设的？

Ⅰ 创新性科学研究比普及科学知识更重要。

Ⅱ 大多数科学家认为，普及科学知识不需要创新性研究。

Ⅲ 大多数科学家认为，从事普及科学知识，不可能同时进行创新性研究。

A. 只有Ⅰ。

B. 只有Ⅱ。

C. 只有Ⅲ。

D. 只有Ⅱ和Ⅲ。

E. Ⅰ和Ⅱ、Ⅲ。

53. 要杜绝令人深恶痛绝的“黑哨”，必须对其课以罚款，或者永久性地取消其裁判资格，或者直至追究其刑事责任。事实证明，罚款的手段在这里难以完全奏效，因为在一些大型赛事中，高额的贿金往往足以抵消被罚款的损失。因此，如果不永久性地取消“黑哨”的裁判资格，就不可能杜绝令人深恶痛绝的“黑哨”现象。

以下哪项，是上述论证最可能假设的？

A. 一个被追究刑事责任的“黑哨”，必定被永久性地取消裁判资格。

B. 大型赛事中对裁判的贿金没有上限。

C. “黑哨”是一种职务犯罪，本身已触犯刑律。

D. 对“黑哨”的罚金不可能没有上限。

E. “黑哨”现象只存在于大型赛事中。

2005 年 10 月在职 MBA 联考逻辑真题

24. 我国博士研究生中女生的比例近年来有显著的增长。说明这一结论的一组数据是：2000 年，报考博士生的女性考生的录取比例是 30%；而 2004 年这一比例上升为 45%。

另外，这两年报考博士生的考生中男女的比例基本不变。

为了评价上述论证，对 2000 年和 2004 年的以下哪项数据进行比较最为重要？

A. 报考博士生的男性考生的录取比例。

B. 报考博士生的考生的总数。

C. 报考博士生的女性考生的总数。

D. 报考博士生的男性考生的总数。

E. 报考博士生的考生中理工科的比例。

25—26 题基于以下题干：

张教授：有的歌星的一次出场费是诺贝尔奖金的数十倍甚至更高，这是不合理的。一般地说，诺贝尔奖得主对人类社会和历史的贡献，要远高于这样或那样的明星。

李研究员：你完全错了。歌星的酬金是一种商业回报，他的一次演出，可能为他的老板带来了上千万的利润。

张教授：按照你的逻辑，诺贝尔奖金就不应该设立。因为，例如，诺贝尔在生前不可能获益于杨振宁的理论发现。

25. 以下哪项最为恰当地概括了张教授和李研究员争论的焦点？

A. 诺贝尔奖得主是否应当比歌星有更高的个人收入？

B. 商业回报是否可以成为一种正当的个人收入？

C. 是否存在判别个人收入的合理性的标准？

D. 什么是判别个人收入合理性的标准？

E. 诺贝尔基金是否应当设立？

26. 以下哪项最为恰当地指出了张教授反驳中存在的逻辑漏洞？

A. 张教授的反驳夸大了不合理个人收入的不良后果。

B. 张教授的反驳忽视了：降低歌星的酬金，意味着增加老板的利润，这是一种更大的不公正。

C. 张教授的反驳忽视了：巨额的出场费只属于个别当红歌星。

D. 张教授的反驳忽视了：诺贝尔生前虽然没有，但他的后代获益于诺贝尔奖金得主的理论发现。

E. 张教授的反驳忽视了：商业回报只是个人收益的一种形式，不是唯一形式。

27. 除了何东辉，4 班所有的奖学金获得者都是来自西部地区。

上述结论可从以下哪项中推出？

A. 除了何东辉，如果有人是来自于西部地区的奖学金获得者，他一定是 4 班的学生。

B. 何东辉是唯一来自西部地区的奖学金获得者。

C. 如果一个 4 班的学生是来自于西部地区，只要他不是何东辉，他就是奖学金获得者。

D. 何东辉不是 4 班来自于西部地区的奖学金获得者。

E. 除了获得奖学金的何东辉，如果有人是 4 班的学生，他一定来自于西部地区。

28. 番茄红素、谷胱甘肽、谷氨酰胺是有效的抗氧化剂，这些抗氧化剂可以中和人体内新陈代谢所产生的自由基。体内自由基过量会加速细胞的损伤从而加速人的衰老。因而为了延缓衰老，人们必须在每天饮食中添加这些抗氧化剂。

以下哪项如果为真，最能削弱上述论证？

A. 体内自由基不是造成人衰老的唯一原因。

B. 每天参加运动可有效中和甚至清除体内的自由基。

C. 抗氧化剂的价格普通偏高，大部分消费者难以承受。

D. 缺乏锻炼的超重者在体内极易出现自由基过量。

E. 吸烟是导致体内细胞损伤的主要原因之一。

29. 一项研究将一组有严重失眠的人与另一组未曾失眠的人进行比较，结果发现，有严重失眠的人出现了感觉障碍和肌肉痉挛，例如，皮肤过敏或不停的“跳眼”症状。研究人员的这一结果有力地支持了这样一个假设：失眠会导致周围神经系统功能障碍。

以下哪项如果为真，最能质疑上述假设？

A. 感觉障碍或肌肉痉挛是一般人常有的周围神经系统功能障碍。

B. 常人偶尔也会严重失眠。

C. 该项研究并非由权威人士组织实施。

D. 周围神经系统功能障碍的人常患有严重的失眠。

E. 参与研究的两组人员的性别与年龄构成并不完全相同。

30. 母鼠对它所生的鼠崽立即显示出母性行为。而一只刚生产后的从未接触鼠崽的母鼠，在一个封闭的地方开始接触一只非己所生的鼠崽，七天后，这只母鼠显示出明显的母性行为。如果破坏这只母鼠的嗅觉，或者摘除鼠崽产生气味的腺体，上述七天的时间将大大缩短。

上述断定最能推出以下哪项结论？

A. 不同母鼠所生的鼠崽发出不同的气味。

B. 鼠崽的气味是母鼠母性行为的重要诱因。

C. 非己所生的鼠崽的气味是母鼠对其产生母性行为的障碍。

D. 公鼠对鼠崽的气味没有反应。

E. 母鼠的嗅觉是老鼠繁衍的障碍。

31. 对当代学生来说，德育比智育更重要。学校的课程设计如果不注意培养学生的完美人格，那么，即使用高薪聘请著名的专家教授，也不能使学生在面临道德伦理、价值观念挑战的 21 世纪脱颖而出。

以下各项关于当代学生的断定都符合上述断定的原意，除了

A. 学校的课程设计只有注重培养学生的完美人格，才能使当代学生取得成就。

B. 如果当代学生在 21 世纪脱颖而出，那一定是对他们注重了完美的人格的教育。

C. 不能设想学生在面临道德伦理、价值观念挑战的 21 世纪脱颖而出，而他的人格却不完善。

D. 除非注重完美的人格培养，否则 21 世纪的学生难以脱颖而出。

E. 即使不能用高薪聘请著名的专家教授，学校的课程设计只要注重培养学生的完美人格，当代的学生就能在 21 世纪脱颖而出。

32. 当航空事故发生后，乘客必须尽快地撤离飞机，因为在事故中泄漏的瓦斯对人体有毒，并且随时可能发生爆炸。为了避免因吸入瓦斯造成死亡，安全专家建议在飞机上为乘客提供防毒面罩，用以防止瓦斯的吸入。

以下哪项如果为真，最能质疑上述安全专家的建议？

A. 防毒面罩只能阻止瓦斯的吸入，但不能防止瓦斯的爆炸。

B. 防毒面罩的价格相当昂贵。

C. 使用防毒面罩并不是阻止吸入瓦斯的唯一方式。

D. 在大多数航空事故中，乘客是死于瓦斯中毒而不是瓦斯的爆炸。

E. 使用防毒面罩延长了乘客撤离机舱的时间。

33—34 题基于以下题干：

大湾公司实施工间操制度的经验揭示：一个雇员，每周参加工间操的次数越多，全年病假的天数就越少。即使那些每周只参加一次工间操的雇员全年的病假天数，也比那些从不参加工间操的要少。因此，如果大湾公司把每工作日一次的工间操改为上午、下午各一次，则能进一步降低雇员的病假率。

33. 为使上述论证成立，以下哪项是必须假设的？

Ⅰ 每工作日两次工间操，不会影响公司的正常工作。

Ⅱ 增加工间操的次数，能增加参加工间操的人数。

Ⅲ 增加工间操的次数，能增加参加工间操的人次。

A. 只有Ⅰ。

B. 只有Ⅱ。

C. 只有Ⅲ。

D. 只有Ⅱ和Ⅲ。

E. Ⅰ、Ⅱ和Ⅲ。

34. 以下哪项如果为真，最能削弱上述论证？

A. 经常休病假的雇员，大多不参加体育锻炼，包括工间操。

B. 每工作日两次工间操，使有些雇员产生怠倦，影响工作效率。

C. 有的雇员坚持业余体育锻炼。

D. 工间操运动量小，不是一种最佳的群众性体育锻炼方式。

E. 一般地说，参加工间操的雇员的工作效率，并不比参加工间操的雇员高。

35. 许多人认为，香烟广告是造成青少年吸烟流行的关键原因。但是，挪威自1975年以来一直禁止香烟广告，这个国家青少年吸烟的现象却至少和那些不禁止香烟广告的国家一样流行。

上述断定最能支持以下哪些结论？

A. 广告对于引起青少年吸烟并没有起什么作用。

B. 香烟广告不是影响青少年吸烟流行的唯一原因。

C. 如果不禁止香烟广告，挪威青少年吸烟的现象将比现在更流行。

D. 禁止香烟广告并没有减少香烟的消费。

E. 广告对青少年的影响甚于成年人。

36. 为了更好地理解人类个性的特征及其发展，一些心理学家对动物的个性进行了研究。

以下各项如果为真，都能对上述行为提供解释，除了

A. 人类和动物的行为都产生于类似的本能，但动物的本能较为明显。

B. 对人的某些实验受到法律的限制，但对动物的实验一般不受限制。

C. 和对动物的实验相比，对人的实验的费用较为昂贵。

D. 在数年中可完成对某些动物个体从幼年至老年个性发展的全程观察。

E. 对人的个性的科学理解，能为恰当理解动物的个性提供模式。

37—38题基于以下题干：

一种流行的说法是，多吃巧克力会引起皮肤特别是脸上长粉刺。确实，许多长粉刺的人都证实，他们皮肤上的粉刺都是在吃了大量巧克力以后出现的。但是，这种说法很可能是把结果当成了原因。最近一些科学研究指出，荷尔蒙的改变加上精神压力会引起粉刺，有证据

表明，喜欢吃巧克力的人，在遇到精神压力时会吃更多的巧克力。

37. 以下哪项最为恰当地概括了题干所要表达的意思？

A. 发生在前的现象和发生在后的现象之间不一定有因果关系。

B. 精神压力引起多吃巧克力；多吃巧克力引发粉刺。对于长粉刺来说，多吃巧克力是表面原因，精神压力是内在原因。

C. 多吃巧克力是内在原因。

D. 多吃巧克力不大可能引发粉刺，多吃巧克力和长粉刺二者很可能都是精神压力造成的结果。

E. 一个人巧克力吃得越多，越可能造成荷尔蒙的改变和精神压力的加重。

38. 以下哪项最为准确地概括了题干中所运用的方法？

A. 引用反例，对所要反驳的观点之论据作出不同的解释。

B. 提出新的论据，对所要反驳的观点之论据作出不同的解释。

C. 运用科学权威的个人影响来破除人们对流行看法的盲从。

D. 指出所要反驳的观点会引申出自相矛盾的结论。

E. 指出所要反驳的观点是基于小概率事件轻率概括出来的结论。

39. 某纺织厂从国外引进了一套自动质量检验设备。开始使用该设备的 10 月份和 11 月份，产品的质量不合格率由 9 月份的 0.04% 分别提高到 0.07% 和 0.06%。因此，使用该设备对减少该厂的不合格产品进入市场起到了重要的作用。

以下哪项是上述论证最可能假设的？

A. 上述设备检测为不合格的产品中，没有一件事实上是合格的。

B. 上述设备检测为不合格的产品中，没有一件事实上是不合格的。

C. 9 月份检测为合格的产品中，至少有一些是不合格的。

D. 9 月份检测为不合格的产品中，至少有一些是合格的。

E. 上述设备是国内目前同类设备中最先进的。

40. 去年，和羊毛的批发价不同，棉花的批发价大幅度地下跌。因此，虽然目前商店中棉织品的零售价还没有下跌，但它肯定会下跌。

以下哪项如果为真，最能削弱上述论证？

A. 去年由于引进新的工艺，棉织品的生产加工成本普遍上升。

B. 去年，羊毛批发价的上涨幅度，小于棉花批发价的下跌幅度。

C. 棉织品比羊毛制品更受消费者的欢迎。

D. 零售价的变动一般都滞后于批发价的变动。

E. 目前商品中羊毛制品的零售价没有大的变动。

41. 人们在设计调查问卷时通常仅注意问题的设计，而往往忽略语言设计可能出现的各种问题（如语境、语言的歧义等）。最新研究结果确认：这些语言设计方面的问题对调查的结果可以产生十分重要的影响。

假设被调查者都能如实地回答问卷，则以下哪项结论最可能从上述断定中推出？

A. 问卷调查结果通常不能完全反映实际情况。

B. 问卷调查结果通常能完全反映实际情况。

C. 被调查者都不具备识别语境、语言歧义的能力。

D. 在设计调查问卷时，语言设计比问题设计更重要。

E. 在设计调查问卷时，语言设计比问题设计更困难。

42. 张经理在公司大会结束后宣布："此次提出的方案得到一致赞同，全体通过。"会后，小陈就此事进行了调查，发现张经理所言并非是事实。

如果小陈的发现为真，以下哪项也必然为真？

A. 有少数人未发表意见。

B. 有些人赞同，有些人反对。

C. 至少有人不赞同。

D. 至少有人赞同。

E. 大家都不赞同。

43. 一些国家为了保护储户免受因银行故障造成的损失，由政府给个人储户提供相应的保险。有的经济学家指出，这种保险政策对这些国家的银行高故障率承担部分责任。因为有了这种保险，储户在选择银行时就不关心其故障率的高低，这极大地影响了银行通过降低故障率来吸引储户的积极性。

为使上述经济学家的论证成立，以下哪项是必须假设的？

A. 银行故障是可以避免的。

B. 储户有能力区分不同银行的故障率的高低。

C. 故障率是储户选择银行的主要依据。

D. 储户存入的钱越多，选择银行就越谨慎。

E. 银行故障的主要原因是计算机病毒。

44. 1970 年，U 国汽车保险业的赔付总额中，只有 10% 用于赔付汽车事故造成的人身伤害。而 2000 年，这部分赔付金所占的比例上升到 50%，尽管这 30 年来 U 国的汽车事故率呈逐年下降的趋势。

以下哪项如果为真，最有助于解释上述看来矛盾的现象？

A. 这 30 年来，U 国汽车的总量呈逐年上升的趋势。

B. 这 30 年，U 国的医疗费用显著上升。

C. 2000 年 U 国的交通事故数量明显多于 1970 年。

D. 2000 年 U 国实施的新交通法规比 1970 年的更为严格。

E. 这 30 年来 U 国汽车保险金的上涨率明显高于此期间的通货膨胀率。

45. 20 世纪 90 年代初，小普村镇建立了洗涤剂厂，当地村民虽然因此提高了收入，但工厂每天排出的大量污水，使村民们忧心忡忡：如果工厂继续排放污水，他们的饮用水将被污染，健康将受到影响。然而，这种担心是多余的。因为 1994 年对小普村镇的村民健康检查发现，几乎没人因水污染而患病。

以下哪项如果为真，最能质疑上述论证？

A. 1994 年，上述洗涤剂厂排放的污水量是历年中较小的。

B. 1994 年，小普村镇的村民并非全体参加健康检查。

C. 在 1994 年，上述洗涤剂厂的生产量减少了。

D. 合成洗涤剂污染饮用水导致的疾病需要多年后才会显现出来。

E. 成洗涤剂污染饮用水导致的疾病与一般疾病相比更难检测。

46. 近年来，我国南北方都出现了酸雨。一项相关的研究报告得出结论：酸雨并没有对我国的绝大多数森林造成危害。专家建议将此结论修改为：我国的绝大多数森林没有出现受酸雨危害的显著特征，如非正常的落叶、高枯死率等。

以下哪项如果为真，最有助于说明专家所作修改是必要的？

A. 酸雨对森林造成的危害结果有些是不显著的。

B. 我国有些森林出现了非正常的落叶、高枯死率的现象。

C. 非正常落叶、高枯死率是森林受酸雨危害的典型特征。如果不出现这种特征，说明森林未受酸雨危害。

D. 酸雨是工业污染，特别是燃煤污染的直接结果。

E. 我国并不是酸雨危害最严重的国家。

47. 有一种识别个人签名的电脑软件，不但能准确辨别签名者的笔迹，而且能准确辨别其他一些特征，如下笔的力度、签名的速度等。一个最在行的伪造签名的人，即使能完全模仿签名者的笔迹，也不能同时完全模仿上述这些特征。

如果上述断定为真，则以下哪项最可能为真？

A. 一个伪造签名者，如果能完全模仿签名者下笔的力度，则一定不能完全模仿签名的速度。

B. 一个最在行的伪造签名者，如果不能完全模仿签名者下笔的力度，则一定能完全模仿签名的速度。

C. 对于配备上述软件的电脑来说，如果把使用者的个人签名作为密码，那么除使用者本人外，无人能进入。

D. 上述电脑软件将首先在银行系统得到应用。

E. 上述电脑软件不能辨别指纹。

48—49 题基于以下题干：

是过于集中的经济模式，而不是气候状况，造成了近年来 H 国糟糕的粮食收成。K 国和 H 国耕地条件基本相同，但当 H 国的粮食收成连年下降的时候，K 国的粮食收成却连年上升。

48. 为使上述论证有说服力，以下哪项是必须假设的？

Ⅰ 近年来 H 国的气候状况不比 K 国差。

Ⅱ K 国并非采取过于集中的经济模式。

Ⅲ 气候状况不是影响粮食收成的重要因素。

A. 仅仅Ⅰ。

B. 仅仅Ⅱ。

C. 仅仅Ⅲ。

D. 仅仅Ⅰ和Ⅱ。

E. Ⅰ、Ⅱ和Ⅲ。

49. 以下哪项如果为真，最能削弱上述论证？

A. H 国种植的主要谷物品种不是 K 国种植的主要谷物品种。

B. H 国一些谷物不适合在 K 国生长。

C. K 国一些谷物不适合在 H 国生长。

D. H 国的北方邻国 J 国近年的粮食收成呈下降趋势。

E. H 国集中的经济模式使有限的粮食得到了最合理的分配。

50. 一种新型飞机发动机的广告称：实验表明，其安全性明显高于旧型发动机，只是燃料消耗略高。去年，两种发动机同时销售，结果旧型发动机的销售明显高于新型发动机。这说明，飞机发动机的购买者并不把安全性作为首要考虑的因素。

依据以下哪项原则，最有助于反驳上述论证？

A. 所陈述的是事实，并不等于这个陈述广为人知。

B. 所陈述的是事实，并不等于所陈述的事实被广泛认同。

C. 所陈述的是事实，并不等于该事实最重要。

D. 所陈述的是事实，并不等于其他陈述就不符合事实。

E. 所陈述的是事实，并不等于未经陈述的就不是事实。

51. 讯通驾校希望减少中老年学员的数量。因为一般而言，中老年人的培训难度较大。但统计数据表明，该校中老年学员的比例在逐渐增加。很显然，讯通驾校的上述希望落空了。

以下哪项如果为真，最能削弱上述论证？

A. 讯通驾校关于年龄阶段的划分不准确。

B. 国家关于汽车驾驶者的年龄限制放宽了。

C. 培训合格的中老年驾驶员是驾校不可推卸的责任。

D. 中老年人学习驾车是汽车进入家庭后的必然趋势。

E. 讯通驾校附近另一家驾校开设了专招青年学员的低价速成培训班。

52. 生活成本与一个地区的主导行业支付的工资平均水平呈正相关。例如，某省雁南地区的主导行业是农业，而龙山地区的主导行业是汽车制造业，由此，我们可以得出结论：龙山地区的生活成本一定比雁南地区高。

以下哪项最可能是上文所作的假设？

A. 龙山地区的生活质量比雁南地区高。

B. 雁南地区参与汽车制造业的人比龙山地区少。

C. 汽车制造业支付的工资平均水平比农业高。

D. 龙山地区的生活成本比其他地区都高。

E. 龙山地区的居民希望离开龙山地区，到生活成本较低的地区生活。

53. 刘建是乐进足球队的主力左后卫，有很强的助攻能力，有时甚至能破门得分。但是，新来的主教练上任后，刘建却降为替补，鲜有上场机会。该教练的理由是：刘建虽然助攻能力强，但他把守的左路经常在比赛中被对手突破，使本队陷入被动。

以下哪项如果为真，最有助于解释该教练决定的合理性？

A. 对队员的调整拥有决定权能树立新教练的权威。

B. 刘建曾公开为前主教练辩护，反对更换主教练。

C. 该教练崇尚进攻，主张进攻是最好的防守。

D. 足球队后卫最主要的职责是防守。

E. 刘建喜欢喝酒的习惯会影响训练和比赛的状态。

2006 年 1 月 MBA 联考逻辑真题

26. 小张承诺：如果天不下雨，我一定去听音乐会。

以下哪项为真，说明小张没有兑现承诺？

Ⅰ 天没下雨，小张没去听音乐会。

Ⅱ 天下雨，小张去听了音乐会。

Ⅲ 天下雨，小张没去听音乐会。

A. 仅Ⅰ。

B. 仅Ⅱ。

C. 仅Ⅲ。

D. 仅Ⅰ和Ⅱ。

E. Ⅰ、Ⅱ和Ⅲ。

27. 我想说的都是真话，但真话我未必都说。

如果上述断定为真，则以下各项都可能为真，除了

A. 我有时也说假话。

B. 我不是想啥说啥。

C. 有时说某些善意的假话并不违背我的意愿。

D. 我说的都是我想说的话。

E. 我说的都是真话。

28. 有些人若有一次厌食，会对这次膳食中有特殊味道的食物持续产生强烈厌恶，不管这种食物是否会对身体有利。这种现象可以解释为什么小孩更易于对某些食物产生强烈的厌食。

以下哪项如果为真，最能加强上述解释？

A. 小孩的膳食搭配中含有特殊味道的食物比成年人多。

B. 对未尝过的食物，成年人比小孩更容易产生抗拒心理。

C. 小孩的嗅觉和味觉比成年人敏锐。

D. 和成年人相比，小孩较为缺乏食物与健康的相关知识。

E. 如果讨厌某种食物，小孩厌食的持续时间比成年人更长。

29. 在桂林漓江一些有地下河流的岩洞中，有许多露出河流水面的石笋。这些石笋是由水滴长年滴落在岩石表面而逐渐积聚的矿物质形成的。

如果上述断定为真，最能支持以下哪项结论？

A. 过去漓江的江面比现在高。

B. 只有漓江的岩洞中才有地下河流。

C. 漓江的岩洞中大都有地下河流。

D. 上述岩洞中的地下河流是在石笋形成前出现的。

E. 上述岩洞中地下河流的水比过去深。

30－31 题基于以下题干：

一般认为，一个人 80 岁和他在 30 岁相比，理解和记忆能力都显著减退。最近的一项调查显示，80 岁的老人和 30 岁的年轻人在玩麻将时所表现出的理解和记忆能力没有明显差别。因此，认为一个人到了 80 岁理解和记忆能力会显著减退的看法是站不住脚的。

30. 以下哪项如果为真，最能削弱上述论证？

A. 玩麻将需要的主要不是理解和记忆能力。

B. 玩麻将只需要较低的理解和记忆能力。

C. 80 岁的老人比 30 岁的年轻人有更多时间玩麻将。

D. 玩麻将有利于提高一个人的理解和记忆能力。

E. 一个人到了 80 岁理解和记忆能力会显著减退的看法，是对老年人的偏见。

31. 以下哪项如果为真，最能加强上述论证？

A. 目前 30 岁的年轻人的理解和记忆能力，高于 50 年前的同龄人。

B. 上述调查的对象都是退休或在职的大学教师。

C. 上述调查由权威部门策划和实施。

D. 记忆能力的减退不必然导致理解能力的减退。

E. 科学研究证明，人的平均寿命可以达到 120 岁。

32. 除了吃川菜，张涛不吃其他菜肴。所有林村人都爱吃川菜。川菜的特点为麻、辣、香，其中有大量的干鲜辣椒、花椒、大蒜、姜、葱、香菜等调料。大部分吃川菜的人都喜好一边吃川菜，一边喝四川特有的盖碗茶。

如果上述断定为真，则以下哪项一定为真？

A. 所有林村人都爱吃麻、辣、香的食物。

B. 所有林村人都喝四川出产的茶。

C. 大部分林村人喝盖碗茶。

D. 张涛喝盖碗茶。

E. 张涛是四川人。

33. 地球在其形成的早期是一个熔岩状态的快速旋转体，绝大部分的铁元素处于其核心部分。有一些熔岩从这个旋转体的表面甩出，后来冷凝形成了月球。

如果以上这种关于月球起源的理论正确，则最能支持以下哪项结论？

A. 月球是唯一围绕地球运行的星球。

B. 月球将早于地球解体。

C. 月球表面的凝固是在地球表面凝固之后。

D. 月球像地球一样具有固体的表层结构和熔岩状态的核心。

E. 月球的含铁比例小于地球核心部分的含铁比例。

34. 雌性斑马和它们的幼小子女离散后，可以在相貌体形相近的成群斑马中很快又聚集到一起。研究表明，斑马身上的黑白条纹是它们互相辨认的标志，而幼小斑马不能将自己母亲的条纹与其他成年斑马区分开来。显而易见，每个母斑马都可以辨别出自己后代的条纹。

上述论证采用了以下哪种论证方法？

A. 通过对发生机制的适当描述，支持关于某个可能发生现象的假说。

B. 在对某种现象的两种可供选择的解释中，通过排除其中的一种，来确定另一种。

C. 论证一个普遍规律，并用来说明一特殊情况。

D. 根据两组对象有某些类似的特性，得出它们具有一个相同的特性。

E. 通过反例推翻一个一般性结论。

35. 海拔越高，空气越稀薄。因为西宁的海拔高于西安，因此，西宁的空气比西安稀薄。

以下哪项中的推理与题干的最为类似？

A. 一个人的年龄越大，他就变得越成熟。老张的年龄比他的儿子大，因此，老张比他的儿子成熟。

B. 一棵树的年头越长，它的年轮越多，老张院子中槐树的年头比老李家的槐树年头长，因此，老张家的槐树比老李家的年轮多。

C. 今年马拉松冠军的成绩比前年好，张华是今年的马拉松冠军，因此，他今年的马拉松成绩比他前年的好。

D. 在激烈竞争的市场上，产品质量越高并且广告投入越多，产品需要就越大。甲公司投入的广告费比乙公司的多，因此，对甲公司产品的需求量比对乙公司的需求量大。

E. 一种语言的词汇量越大，越难学。英语比意大利语难学，因此，英语的词汇量比意大利语大。

36. 张教授：和谐的本质是多样性的统一。自然界是和谐的，例如没有两片树叶是完全相同的。因此，克隆人是破坏社会和谐的一种潜在危险。

李研究员：你设想的那种危险是不现实的，因为一个人和他的克隆复制品完全相同的仅仅是遗传基因。克隆人在成长和受教育的过程中，必然在外形、个性和人生目标等诸方面形成自己的不同特点。如果说克隆人有可能破坏社会和谐的话，我看一个现实危险是，有人可能把他的克隆复制品当做自己的活“器官银行”。

以下哪项最为恰当地概括了张教授与李研究员争论的焦点？

A. 克隆人是否会破坏社会的和谐？

B. 一个人和他的克隆复制品的遗传基因是否可能不同？

C. 一个人和他的克隆复制品是否完全相同？

D. 和谐的本质是否为多样性的统一？

E. 是否可能有人把他的克隆复制品当做自己的活“器官银行”？

37. 在近现代科技的发展中，技术革新从发明、应用到推广的循环过程不断加快。世界经济的繁荣是建立在导致新产业诞生的连续不断的技术革新之上的。因此，产业界需要增加科研投入以促使经济进一步持续发展。

上述论证基于以下哪项假设？

Ⅰ 科研成果能够产生一系列新技术、新发明。

Ⅱ 电信、生物制药、环保是目前技术革新循环最快的产业，将会在未来几年中产生大量的新技术、新发明。

Ⅲ 目前产业界投入科研的资金量还不足以确保一系列新技术、新发明的产生。

A. 仅Ⅰ。

B. 仅Ⅲ。

C. 仅Ⅰ和Ⅱ。

D. 仅Ⅰ和Ⅲ。

E. Ⅰ、Ⅱ和Ⅲ。

38. 在一次对全省小煤矿的安全检查后，甲、乙、丙三个安检人员有如下结论：

甲：有小煤矿存在安全隐患。

乙：有小煤矿不存在安全隐患。

丙：大运和宏通两个小煤矿不存在安全隐患。

如果上述三个结论只有一个正确，则以下哪项一定为真？

A. 大运和宏通煤矿都不存在安全隐患。

B. 大运和宏通煤矿都存在安全隐患。

C. 大运存在安全隐患，但宏通不存在安全隐患。

D. 大运不存在安全隐患，但宏通存在安全隐患。

E. 上述断定都不一定为真。

39. 研究发现，市面上 X 牌香烟的 Y 成分可以抑制 EB 病毒。实验证实，EB 病毒是很强的导致鼻咽癌的病原体，可以导致正常的鼻咽部细胞转化为癌细胞。因此，经常吸 X 牌香烟的人将减少鼻咽癌的风险。

以下哪项如果为真，最能削弱上述论证？

A. 不同条件下的实验，可以得出类似的结论。

B. 已经患鼻咽癌的患者吸 X 牌香烟后并未发现病情好转。

C. Y 成分可以抑制 EB 病毒，也可以对人的免疫系统产生负面作用。

D. 经常吸 X 牌香烟会加强 Y 成分对 EB 病毒的抑制作用。

E. Y 成分的作用可以被 X 牌香烟的 Z 成分中和。

40—41 题基于以下题干：

免疫研究室的钟教授说："生命科学院从前的研究生那种勤奋精神越来越不多见了，因为我发现目前在我的研究生中，起早摸黑做实验的人越来越少了。"

40. 钟教授的论证基于以下哪项假设？

A. 现在生命科学院的研究生需要从事的实验外活动越来越多。

B. 对于生命科学院的研究生来说，只有起早摸黑才能确保完成实验任务。

C. 研究生是否起早摸黑做实验是他们勤奋与否的一个重要标准。

D. 钟教授的研究生做实验不勤奋是由于钟教授没有足够的科研经费。

E. 现在的年轻人不热衷于实验室工作。

41. 以下哪项最为恰当地指出了钟教授推理中的漏洞？

A. 不当地断定：除了生命科学院以外，其他学院的研究生普遍都不够用功。

B. 没有考虑到研究生的不勤奋有各自不同的原因。

C. 只是提出了问题，但没有提出解决问题的方法。

D. 不当地假设：他的学生状况就是生命科学院所有研究生的一般状况。

E. 没有设身处地考虑他的研究生毕业后找工作的难处。

42. 某报评论：H 市的空气质量本来应该已经得到改善。五年来，市政府在环境保护方面花了气力，包括耗资 600 多亿元将一些污染最严重的工厂迁走，但是，H 市仍难摆脱空气污染的困扰，因为解决空气污染问题面临着许多不利条件，其中，一个是机动车辆的增加，另一个是全球石油价格的上升。

以下各项如果为真，都能削弱上述论断，除了

A. 近年来 H 市加强了对废气的排放的限制，加大了对污染治理费征收的力度。

B. 近年来 H 市启用了大量电车和使用燃气的公交车，地铁的运行路线也有明显增加。

C. 由于石油涨价，许多计划购买豪华车的人转为购买低耗油的小型车。

D. 由于石油涨价，在国际市场上一些价位偏低的劣质含硫石油进入 H 市。

E. 由于汽油涨价和公车改革，拥有汽车的人缩减了驾车旅游的计划。

43. 对常兴市23家老人院的一项评估显示，爱慈老人院在疾病治疗水平方面受到的评价相当低，而在其他不少方面评价不错，虽然各老人院的规模大致相当，但爱慈老人院医生与住院老人的比率在常兴市的老人院中几乎是最小的。因此，医生数量不足是造成爱慈老人院在疾病治疗水平方面评价偏低的原因。

以下哪项如果为真，最能加强上述论证？

A. 和祥老人院也在常兴市，对其疾病治疗水平的评价比爱慈老人院还要低。

B. 爱慈老人院的医务护理人员比常兴市其他老人院都要多。

C. 爱慈老人院的医生发表的相关学术文章很少。

D. 爱慈老人院位于常兴市的市郊。

E. 爱慈老人院某些医生的医术一般。

44—45题基于以下题干：

小红说：如果中山大道只允许通行轿车和不超过10吨的货车，大部分货车将绕开中山大道。

小兵说：如果这样的话，中山大道的车流量将减少，从而减少中山大道的撞车事故。

44. 以下哪项是小红的断定所假设的？

A. 轿车和10吨以下的货仅能在中山大道行驶。

B. 目前中山大道的交通十分拥挤。

C. 货车司机都喜欢在中山大道行驶。

D. 大小货车在中山大道外的马路行驶十分便利。

E. 目前行驶在中山大道的大部分货车都在10吨以上。

45. 以下哪项如果为真，最能加强小兵的结论？

A. 中山大道的撞车事故主要发生在10吨以上的货车。

B. 在中山大道上，大客车很少发生撞车事故。

C. 中山大道因为常发生撞车事故，交通堵塞严重。

D. 许多原计划购买10吨以上货车的单位转而购买10吨以下的货车。

E. 近来中山大道周围的撞车事故减少了。

46. 一把钥匙能打开天下所有的锁。这样的万能钥匙是不可能存在的。

以下哪项最符合题干的断定？

A. 任何钥匙都必然有它打不开的锁。

B. 至少有一把钥匙必然打不开天下所有的锁。

C. 至少有一把锁天下所有的钥匙都必然打不开。

D. 任何钥匙都可能有它打不开的锁。

E. 至少有一把钥匙可能打不开天下所有的锁。

47. 在一次歌唱竞赛中，每一名参赛选手都有评委投了优秀票。

如果上述断定为真，则以下哪项不可能为真？

Ⅰ　有的评委投了所有参赛选手优秀票。

Ⅱ　有的评委没有给任何参赛选手投优秀票。

Ⅲ　有的参赛选手没有得到一张优秀票。

A. 只有Ⅰ。

B. 只有Ⅱ。

C. 只有Ⅲ。

D. 只有Ⅰ和Ⅱ。

E. 只有Ⅰ和Ⅲ。

48—49 题基于以下题干：

陈先生：北欧人具有一种特别明显的乐观精神。这种精神体现为日常生活态度，也体现为理解自然、社会和人生的哲学理念。北欧人的人均寿命历来是最高的，这正是导致他们具备乐观精神的重要原因。

贾女士：你的说法难以成立。因为你的理解最多只能说明，北欧的老年人为何具备乐观精神。

48. 以下哪项最可能是贾女士的反驳所假设的？

A. 北欧的中青年人并不知道北欧人的人均寿命历来是最高的。

B. 只有已经长寿的人，才具备产生上述乐观精神的条件。

C. 北欧国家都有完美的保护老年人利益的社会福利制度。

D. 成熟的理解自然、社会和人生的哲学理念，只有老年人才可能具有。

E. 北欧人实际上并不具有明显的乐观精神。

49. 以下哪项如果为真，最能加强陈先生的观点并削弱贾女士的反驳？

A. 人均寿命是影响社会需求和生产的重要因素；经济发展水平是影响社会情绪的重要因素。

B. 北非的一些国家人均寿命不高，但并不缺乏乐观的民族精神。

C. 医学研究表明，乐观精神有利于长寿。

D. 经济发展水平是影响人的寿命及其情绪的决定因素。

E. 一家权威机构的最新统计表明，目前全世界人均寿命最高的国家是日本。

50. 大多数独生子女都有以自我为中心的倾向，有些非独生子女同样有以自我为中心的倾向。以自我为中心倾向的产生有各种原因，但一个共同原因是缺乏父母的正确引导。

如果上述断定为真，则以下哪项一定为真？

A. 每个缺乏父母正确引导的家庭都有独生子女。

B. 有些缺乏父母正确引导的家庭有不止一个子女。

C. 有些家庭虽然缺乏父母正确引导，但子女并不以自我为中心。

D. 大多数缺乏父母正确引导的家庭都有独生子女。

E. 缺乏父母正确引导的多子女家庭，少于缺乏父母正确引导的独生子女家庭。

51. 脑部受到重击后人就会失去意识。有人因此得出结论：意识是大脑的产物，肉体一旦死亡，意识就不复存在。但是，一台被摔的电视机突然损坏，它正在播出的图像当然立即消失，但这并不意味着正由电视塔发射的相应图像信号就不复存在。因此，要得出“意识不能独立于肉体而存在”的结论，恐怕还需要更多的证据。

以下哪项最为准确地概括了“被摔的电视机”这一实例在上述论证中的作用？

A. 作为一个证据，它说明意识可以独立于肉体而存在。

B. 作为一个反例，它驳斥关于意识本质的流行信念。

C. 作为一个类似意识丧失的实例，它从自身中得出的结论和关于意识本质的流行信念显然不同。

D. 作为一个主要证据，它试图得出结论：意识和大脑的关系，类似于电视图像信号和接收它的电视机之间的关系。

E. 作为一个实例，它说明流行的信念都是应当质疑的。

52. 思考是人的大脑才具有的机能。计算机所做的事（如深蓝与国际象棋大师对弈）更接近于思考，而不同于动物（指人以外的动物，下同）的任何一种行为。但计算机不具有意志力，而有些动物具有意志力。

如果上述断定为真，则以下哪项一定为真？

Ⅰ 具备意志力不一定要经过思考。

Ⅱ 动物的行为中不包括思考。

Ⅲ 思考不一定要具备意志力。

A. 只有Ⅰ。

B. 只有Ⅱ。

C. 只有Ⅲ。

D. 只有Ⅰ和Ⅱ。

E. Ⅰ、Ⅱ和Ⅲ。

53. 类人猿和其后的史前人类所使用的工具很相似。最近在东部非洲考古所发现的古代工具，就属于史前人类和类人猿都使用过的类型。但是，发现这些工具的地方是热带大草原，热带大草原有史前人类居住过，而类人猿只生活在森林中。因此，这些被发现的古代工具是史前人类而不是类人猿使用过的。

为使上述论证有说服力，以下哪些项是必须假设的？

A. 即使在相当长的环境生态变化过程中，森林也不会演变成为草原。

B. 史前人类从未在森林中生活过。

C. 史前人类比类人猿更能熟练地使用工具。

D. 史前人类在迁移时并不携带工具。

E. 类人猿只能使用工具，并不能制造工具。

54. 研究显示，大多数有创造性的工程师，都有在纸上乱涂乱画，并记下一些看来稀奇古怪想法的习惯。他们的大多数最有价值的设计，都直接与这种习惯有关。而现在的许多工程师都用电脑工作，在纸上乱涂乱画不再是一种普遍的习惯。一些专家担心，这会影响工程师的创造性思维，建议在用于工程设计的计算机程序中匹配模拟的便条纸，能让使用者在上面涂鸦。

以下哪项最可能是上述建议所假设的？

A. 在纸上乱涂乱画，只可能产生工程设计方面的灵感。

B. 计算机程序中匹配的模拟便条纸，只能用于乱涂乱画，或记录看来稀奇古怪的想法。

C. 所有用计算机工作的工程师都不会备有纸笔以随时记下有意思的想法。

D. 工程师在纸上乱涂乱画所记下的看来稀奇古怪的想法，大多数都有应用价值。

E. 乱涂乱画所产生的灵感，并不一定通过在纸上的操作获得。

55. 在丈夫或妻子至少有一个是中国人的夫妻中，中国女性比中国男性多 2 万人。

如果上述断定为真，则以下哪项一定为真？

Ⅰ 恰有 2 万名中国女性嫁给了外国人。

Ⅱ 在和中国人结婚的外国人中，男性多于女性。

Ⅲ 在和中国人结婚的人中，男性多于女性。

A. 只有Ⅰ。

B. 只有Ⅱ。

C. 只有Ⅲ。

D. 只有Ⅱ和Ⅲ。

E. Ⅰ、Ⅱ和Ⅲ。

2006 年 10 月在职 MBA 联考逻辑真题

26. 麦老师：只有博士生导师才能担任学校“高级职称评定委员会”评委。

宋老师：不对。董老师是博士生导师，但不是“高级职称评定委员会”评委。

宋老师的回答说明他将麦老师的话错误地理解为：

A. 有的“高级职称评定委员会”评委是博士生导师。

B. 董老师应该是“高级职称评定委员会”评委。

C. 只要是博士生导师，就是“高级职称评定委员会”评委。

D. 并非所有的博士生导师都是“高级职称评定委员会”评委。

E. 董老师不是学科带头人，但他是博士生导师。

27. 并非蔡经理负责研发或者负责销售工作。

如果上述陈述为真，以下哪项陈述一定为真？

A. 蔡经理既不负责研发也不负责销售。

B. 蔡经理负责销售但不负责研发。

C. 蔡经理负责研发但不负责销售。

D. 如果蔡经理不负责销售，那么他负责研发。

E. 如果蔡经理负责销售，那么他不负责研发。

28. 2000 年，宏发投资基金的基金总值 40% 用于债券的购买。近几年来，由于股市比较低迷，该投资基金更加重视投资债券，在 2004 年，其投资基金的 60% 都用于购买债券。因此，认为该投资基金购买债券比过去减少的观点是站不住脚的。

以下哪项如果为真，最能削弱上述论证？

A. 2004 年宏发投资基金的总额比 2000 年少。

B. 宏发投资基金的领导层关于基金的投资取向一直存在不同的看法和争论。

C. 宏发投资基金经营部有许多新来的员工，对该基金的投资决策情况并不了解。

D. 宏发投资基金面临的竞争压力越来越大，无论怎样调整投资结构，经营风险都在增加。

E. 宏发投资基金 2004 年投资股票的比例比 2000 年要低。

29. 任何行为都有结果。任何行为的结果中，必定包括其他行为。而要判断一个行为是否好，就需要判断它的结果是否好；要判断它的结果是否好，就需要判断作为其结果的其他行为是否好……这样，实际上我们面临着一个不可完成的思考。因此，一个好的行为实际上不可能存在。

以下哪项最可能是上述论证所假设的？

A. 有些行为的结果中只包括其他行为。

B. 我们可以判断已经发生的行为是否好，但不能判断正在发生的行为是否好。

C. 判断一个行为是好的，就需要判断制止该行为的行为是坏的。

D. 我们应该实施好的行为。

E. 一个好的行为必须是能够被我们判断的。

30. 黑脉金斑蝶的幼虫以乳草植物为食，这种植物所含的毒素使得黑脉金斑蝶对它的一些捕食动物有毒。副王峡蝶的外形和黑脉金斑蝶非常相似，但它的幼虫并不以乳草植物为食。因此可以得出结论，副王峡蝶之所以很少被捕食，是因为它和黑脉金斑蝶在外形上的相似。

以下哪项如果为真，最能削弱上述论证？

A. 有些动物在捕食了以乳草植物为食的昆虫后并不中毒。

B. 仅仅单个蝴蝶对捕食者有毒并不能对它产生保护作用。

C. 有些黑脉金斑蝶的捕食动物也捕食副王峡蝶。

D. 副王峡蝶对大多数捕食动物都有毒。

E. 只有蝴蝶才具有通过自身的毒性来抵御捕食者的保护机制。

31. 超过 20 年使用期限的汽车都应当报废。某些超过 20 年使用期限的汽车存在不同程度的设计缺陷。在应当报废的汽车中有一些不是 H 国进口车。所有的 H 国进口车都不存在设计缺陷。

如果上述断定为真，则以下哪项一定为真？

A. 有些 H 国进口车不应当报废。

B. 有些 H 国进口车应当报废。

C. 有些存在设计缺陷的汽车应当报废。

D. 所有应当报废的汽车的使用期限都超过 20 年。

E. 有些超过 20 年使用期限的汽车不应当报废。

32. 拥挤的居住条件所导致的市民健康状况明显下降，是清城面临的重大问题。因为清城和广川两个城市的面积和人口相当，所以，清城所面临的上述问题必定会在广川出现。

以下哪项最为恰当地指出了上述论证的漏洞？

A. 不当地预设：拥挤的居住条件是导致市民健康状况下降的唯一原因。

B. 未能准确区分人口数量和人口密度这两个概念。

C. 未能准确区分一个城市的面积和它的人口这两个不同的概念。

D. 未能恰当地选择第三个比较对象以增强结论的说服力。

E. 忽略了相同的人口密度可以有不同的居住条件。

33—34 题基于以下题干：

除非像给违反交通规则的机动车一样出具罚单，否则在交通法规中禁止自行车闯红灯是没有意义的。因为一项法规要有意义，必须能有效制止它所禁止的行为。但是上述法规对于那些经常闯红灯的骑车者来说显然没有约束力，而对那些习惯于遵守交通法规的骑车者来说，即使没有这样的法规，他们也不会闯红灯。

33. 以下哪项最符合题干的断定？

A. 一项法规有意义的唯一标准，是能有效制止它所禁止的行为。

B. 大多数骑车者都习惯于遵守交通法规。

C. 大多数机动车驾驶员都不能自觉遵守交通法规。

D. 要使禁止自行车闯红灯的交通法规有效实施，必须给违规者出具罚单。

E. 如果出具罚单，那么，自行车闯红灯的现象一定能有效制止。

34. 以下哪项最为恰当地指出了上述论证的漏洞？

A. 不当地假设大多数机动车驾驶员都遵守禁止闯红灯的交通法规。

B. 在前提和结论中对“法规”这一概念的含义没有保持同一。

C. 忽视了这种可能性：一个法规若运用过于严厉的惩戒手段，即使有效地制止了它所禁止的行为，也不能认为是有意义的。

D. 没有考虑上述法规对于有时但并不经常闯红灯的骑车者所产生的影响。

E. 没有论证闯红灯对于公共交通的危害。

35. 服用深海鱼油胶囊能降低胆固醇。一项对 6 403 名深海鱼油胶囊定期服用者的调查显示，他们患心脏病的风险降低了三分之一。这项结果完全符合另一个研究结论：心脏病患者的胆固醇通常高于正常标准。因此，上述调查说明，降低胆固醇减少了患心脏病的风险。

以下哪项最为恰当地指出了上述论证的漏洞？

A. 没有考虑到这种情况：深海鱼油胶囊减少了服用者患心脏病的风险，但并不是降低胆固醇的结果。

B. 忽视了这种可能性：深海鱼油胶囊有副作用。

C. 由“心脏病患者的胆固醇通常高于正常标准”，可直接得出“降低胆固醇能减少患心脏病的风险”。因此，以上述调查结论作为论据是没有意义的。

D. 上述调查的结论有关降低胆固醇对患心脏病的影响，但应该揭示的是深海鱼油胶囊对胆固醇的作用。

E. 没有考虑普通人群服用深海鱼油胶囊的百分比。

36. 只要有足够的勇气和智慧，就没有办不成的事。

如果上述断定为真，则以下哪项一定为真？

A. 如果有事办不成，说明既缺乏足够的勇气，又缺乏足够的智慧。

B. 如果有事办不成，说明缺乏足够的勇气，或者缺乏足够的智慧。

C. 如果没有办不成的事，说明至少有足够的勇气。

D. 如果缺乏足够的勇气和智慧，那就办不成任何事。

E. 如果缺乏足够的勇气和智慧，就总有事办不成。

37. 东进咨询公司的广告词如下：“东进咨询团队的实力出众，可以使新创办的公司开业成功！请看我们这六位客户：他们每个公司在开业的两年内都获得了可观的利润。不要再犹豫了，马上联系东进咨询公司，我们可以给你们提供金点子，保证开业成功！”

以下哪项如果为真，最能质疑上述广告词？

A. 东进咨询公司的客户开业后也有失败的记录。

B. 除了东进咨询公司，上述六个公司还向其他咨询公司进行了咨询。

C. 东进咨询公司的工作人员并非都是博士或拥有 MBA 学位。

D. 即使没有东进咨询公司的帮助，上述六个公司的开业也会获得成功。

E. 上述六个公司都是家具行业，东进咨询公司对其他行业的咨询效果一般。

38. 陈经理今天将乘飞机赶回公司参加上午 10 点的重要会议。秘书小张告诉王经理：如果陈经理乘坐的飞机航班被取消，那么他就不能按时到达会场。但事实上该航班正点运行，因此，小张得出结论：陈经理能按时到达会场。王经理回答小张：“你的前提没错，但推理有缺陷；我的结论是：陈经理最终将不能按时到达会场。”

以下哪项对上述断定的评价最为恰当？

A. 王经理对小张的评论是正确的，王经理的结论也由此被强化。

B. 虽然王经理的结论根据不足，但他对小张的评论是正确的。

C. 王经理对小张的评论有缺陷，王经理的结论也由此被弱化。

D. 王经理对小张的评论是正确的，但王经理的结论是错误的。

E. 王经理对小张的评论有偏见，并且王经理的结论根据不足。

39. 为了提高管理效率，跃进公司打算更新公司的办公网络系统。如果在白天安装此网络系统，将会中断员工的日常工作；如果夜晚安装此网络系统，则要承担高得多的安装费用。跃进公司的陈经理认为：为了省钱，跃进公司应该白天安装此网络系统。

以下哪项最可能是陈经理所作的假设？

A. 安装新的网络系统需要的费用白天和夜晚是一样的。

B. 在白天安装网络系统导致误工损失的费用，低于夜晚与白天安装费用的差价。

C. 白天安装网络系统所需要的人数比夜晚安装网络系统的人要少。

D. 白天安装网络系统后公司员工可以立即投入使用，提高工作效率。

E. 当白天安装网络系统时，公司员工的工作积极性和效率更高。

40. 马晓敏是眼科医院眼底手术的一把刀，也是湖城市最好的眼底手术医生，但是，令人费解的是，经马晓敏手术后患者视力获得明显提高的比例较低。

以下哪项如果为真，最有助于解释以上陈述？

A. 眼底手术大多是棘手的手术，需要较长的时间才能完成。

B. 除了马晓敏以外，湖城市眼科医院缺乏能干的眼底手术医生。

C. 除了眼底手术，马晓敏同时精通其他眼科手术。

D. 目前经马晓敏手术后患者视力获得明显提高的比例比过去有所提高。

E. 湖城市眼科医院难治的眼底疾病患者的手术大多数都是由马晓敏医生完成的。

41—42 题基于以下题干：

史密斯：传统的壁画是这样完成的：画家在潮湿的灰泥上作画，待灰泥干了后，这幅画就完成并保存了下来。可惜的是，目前罗马教堂中米开朗基罗的壁画上，有明显的在初始作品完成后添加的痕迹。因此，为了使作品能完全体现米开朗基罗本人的意图，应当在他的作品中去掉任何后来添加的东西。

张教授：但那个时代的画家普遍都有在他们的作品完成后再在上面添加点什么的习惯。

41. 以下哪项最为恰当地概括了张教授在应对史密斯的观点时所运用的方法？

A. 对史密斯在论证中的一个隐含假设提出质疑。

B. 对史密斯在论证中的一个关键概念提出不同的定义。

C. 得出了一个和史密斯不完全相同的结论。

D. 否定了史密斯在论证中所表达的一个前提的真实性。

E：指出史密斯的前提之间存在矛盾。

42. 张教授的断定如果为真，最能支持以下哪项结论？

A. 在目前见到的米开朗基罗的壁画中，不可能准确区分哪些是初始的，哪些是后来添加的痕迹。

B. 去掉任何后来添加的痕迹所恢复的米开朗基罗壁画，很可能并不完全体现米开朗基罗本人的意图。

C. 在目前的米开朗基罗壁画中去掉任何后来添加的东西，不一定就能完全恢复该幅壁画的初始面貌。

D. 米开朗基罗壁画中后来添加的东西，除了画家本人外，不可能出自其他人之手。

E. 米开朗基罗很少对自己完成的作品满意。

43. 汽车保险公司的统计数据显示：在所处理的汽车被盗索赔案中，安装自动防盗系统汽车的比例明显低于未安装此种系统的汽车。这说明，安装自动防盗系统能明显减少汽车被盗的风险。但警察局的统计数据却显示：在报案的被盗汽车中，安装自动防盗系统的比例高于未安装此种系统的汽车。这说明，安装自动防盗系统不能减少汽车被盗的风险。

以下哪项如果为真，最有利于解释上述看来矛盾的统计结果？

A. 许多安装了自动防盗系统的汽车车主不再购买汽车被盗保险。

B. 有些未安装自动防盗系统的汽车被盗后，车主报案但未索赔。

C. 安装自动防盗系统的汽车大都档次较高；汽车的档次越高，越易成为盗窃的对象。

D. 汽车失盗后，车主一般先到警察局报案，再去保险公司索赔。

E. 有些安装了自动防盗系统的汽车被盗后，车主索赔但未报案。

44. 精制糖高含量的食物不会引起糖尿病的说法是不对的。因为精制糖高含量的食物会导致人的肥胖；而肥胖是引起糖尿病的一个重要诱因。

以下哪项论证在结构上和题干的最为类似？

A. 接触冷空气易引起感冒的说法是不对的。因为感冒是由病毒引起的，而病毒易于在人群拥挤的温暖空气中大量繁殖蔓延。

B. 没有从济南到张家界的航班的说法是对的。因为虽然有从济南到北京的航班，也有从北京到张家界的航班，但没有从济南到张家界的直飞航班。

C. 施肥过度是引发草坪病虫害主要原因的说法是对的。因为过度施肥造成青草的疯长，而疯长的青草对于虫害几乎没有抵抗力。

D. 劣质汽油不会引起非正常油耗的说法是不对的。因为劣质汽油会引起发动机阀门的非正常老化，而发动机阀门的非正常老化会引起非正常油耗。

E. 亚历山大是柏拉图学生的说法是不对的。事实上，亚历山大是亚里士多德的学生，而亚里士多德是柏拉图的学生。

45—46 题基于以下题干：

统计显示，近年来在死亡病例中，与饮酒相关的比例逐年上升。有人认为，这是由于酗酒现象越来越严重。这种看法有漏洞，因为它忽视了这样一点：酗酒过去只是在道德上受到批评，现在则被普遍认为其本身就是一种疾病。每次酒醉就是一次酒精中毒，就相当于患了一次肝炎。因此，

45. 以下哪项作为上文的结束语最为恰当？

A. 近年来在死亡病例中，与饮酒相关的比例事实上并没有逐年上升。
B. 以前被认为与饮酒无关的死亡病例中，现在有些会被认为与饮酒有关。
C. 酗酒只是损害行为者自身的健康，不应受到道德上的批评。
D. 酗酒现象并没有像估计的那么严重。
E. 酗酒现象的严重危害并没有受到足够的重视。

46. 如果题干的结论是恰当的，则以下哪项如果为真，最能支持上述论证？
A. 和现在相比，过去的医生更具有从道德上认定酗酒的社会影响的能力。
B. 和过去相比，现有的医生更具有从医学上认定酗酒的生理影响的能力。
C. 近年来年轻人中酗酒现象越来越严重。
D. 有些死亡病例的分析评估者不是医生。
E. 尽管酗酒被认为是一种疾病，但多数医生仍然建议酗酒成癖者接受心理治疗。

47. 甲班考试结束后，几位老师在一起议论。
张老师说："班长和学习委员都能得优秀。"
李老师说："除非生活委员得优秀，否则体育委员不能得优秀。"
陈老师说："我看班长和学习委员两人中至少有一人不能得优秀。"
郭老师说："我看生活委员不能得优秀，但体育委员可得优秀。"
基于以上断定，可推出以下哪项一定为真？
A. 四位老师中有且只有一位的断定为真。
B. 四位老师中有且只有两位的断定为真。
C. 四位老师的断定都可能为真。
D. 四位老师的断定都可能为假。
E. 题干的条件不足以推出确定的结论。

48. 在距离摩洛哥东部边境数千公里处一座古代约旦城市的遗址中，发现了一个钱袋，其中有 32 个刻着摩洛哥文字的金币。当时这个城市是联结中国和欧洲的丝绸之路上的一个重要商贸中心，并且又是经摩洛哥去麦加的朝圣者一个重要的中途停留地。因此，上述这个钱袋中很可能装有其他种类的硬币。
以下哪项如果为真，最能支持上述论证？
A. 当时，摩洛哥货币比约旦货币更流行。
B. 当时，金币是唯一的流通货币。
C. 上述钱袋的主人是经摩洛哥去麦加的朝圣者。
D. 上述钱袋的主人是约旦人。
E. 当时的朝圣者中很多是商人。

49. 姜昆是相声演员，姜昆是曲艺演员。所以，相声演员都是曲艺演员。
以下哪项推理明显说明上述论证不成立？
A. 人都有思想，狗不是人，所以狗没有思想。

B. 商品都有价值，商品都是劳动产品。所以，劳动产品都有价值。

C. 所有技术骨干都刻苦学习，小张不是技术骨干，所以，小张不是刻苦学习的人。

D. 犯罪行为都是违法行为，犯罪行为都应受到社会的谴责，所以，违法行为都应受到社会谴责。

E. 黄金是金属，黄金是货币。所以，金属都是货币。

50. 食用某些食物可降低体内自由基，达到排毒、清洁血液的作用。研究者将大鼠设定为实验动物，分为两组，A 组每天喂养含菌类、海带、韭菜和绿豆的混合食物，B 组喂养一般饲料。研究观察到，A 组大鼠的体内自由基比 B 组显著降低。科学家由此得出结论：人类食入菌类、海带、韭菜和绿豆等食物同样可以降低体内自由基。

以下哪项最可能是上述论证所假设的？

A. 一般人都愿意食入菌类、海带、韭菜和绿豆等食物。

B. 不含菌类、海带、韭菜和绿豆的食物将增加体内自由基。

C. 除食用菌类、海带、韭菜和绿豆等食物外，一般没有其他的途径降低体内自由基。

D. 体内自由基的降低有助于人体的健康。

E. 人对菌类、海带、韭菜和绿豆等食物的吸收和大鼠相比没有实质性的区别。

51. 某国 H 省为农业大省，94% 的面积为农村地区；H 省也是城市人口最集中的大省，70% 的人口为城市居民。就城市人口占全省总人口的比例而言，H 省是全国最高的。

上述断定最能支持以下哪项结论？

A. H 省人口密度在全国所有省份中最高。

B. 全国没有其他省份比 H 省有如此少的地区用于城市居民居住。

C. 近年来，H 省的城市人口增长率明显高于农村人口增长率。

D. H 省农村人口占全省总人口的比例在全国是最低的。

E. H 省大部分土地都不适合城市居民居住。

52—53 题基于以下题干：

山奇是一种有降血脂特效的野花，它数量特别稀少，正濒临灭绝。但是，山奇可以通过和雏菊的花粉自然杂交产生山奇—雏菊杂交种子。因此，在山奇尚存的地域内应当大量地人工培育雏菊，虽然这种杂交品种会失去父本或母本的一些重要特性，例如不再具有降血脂的特效，但这是避免山奇灭绝的几乎唯一的方式。

52. 如果上述论证成立，最能说明以下哪项原则成立？

A. 为了保护一个濒临灭绝的物种，即使所用的方法会对另一个物种产生负面影响，也是应当的。

B. 保存一个物种本身就是目的，至于是否能保存该物种的所有特性则无关紧要。

C. 改变一个濒临灭绝的物种的类型，即使这种改变会使它失去一些重要的特性，也比这个物种的完全灭绝要好。

D. 在两个生存条件激烈竞争的物种中，只保存其中的一个，也比两个同时灭绝要好。

E. 保存一个有价值的物种，即使这种保存是困难的过程，也比接受这个物种的一个没什么价值的替代品要好。

53. 上述论证依赖于以下哪项假设？

Ⅰ　只有人工培育的雏菊才能和山奇自然杂交。

Ⅱ　在山奇尚存的地域内没有野生雏菊。

Ⅲ　山奇—雏菊杂交种子具有繁衍后代的能力。

A. 只有Ⅰ。

B. 只有Ⅱ。

C. 只有Ⅲ。

D. 只有Ⅱ和Ⅲ。

E. Ⅰ、Ⅱ和Ⅲ。

54—55 题基于以下题干：

区别于知识型考试，能力型考试的理想目标，是要把短期行为的应试辅导对于成功应试所起的作用降低到最低限度。能力型考试从理念上不认同应试辅导。一项调查表明，参加各种专业硕士考前辅导班的考生的实考平均成绩，反而低于未参加任何辅导的考生。因此，考前辅导不利于专业硕士考生的成功应试。

54. 以下哪项相关断定如果为真，能削弱上述论证？

Ⅰ　参加考前辅导而实考成绩较差的考生，如果不参加考前辅导，实考成绩会更差。

Ⅱ　未参加考前辅导而实考成绩较好的考生，如果参加考前辅导，实考成绩会更好。

Ⅲ　基础较差的考生更会选择考前辅导。

A. 仅Ⅰ。

B. 仅Ⅱ。

C. 仅Ⅲ。

D. 仅Ⅰ和Ⅱ。

E. Ⅰ、Ⅱ和Ⅲ。

55. 为使上述论证成立，以下哪项是必须假设的？

A. 专业硕士考试是能力型考试。

B. 上述辅导班都由名师辅导。

C. 在上述调查对象中，经过考前辅导的考生在辅导前的平均水平和未参加辅导的考生大致相当。

D. 专业硕士考试对于考生的水平有完全准确的区分度。

E. 在上述调查对象中，男女比例大致相当。

2007年1月MBA联考逻辑真题

26. 在青崖山区，商品通过无线广播电台进行密集的广告宣传将会迅速获得最大程度的知名度。

上述断定最可能推出以下哪项结论？

A. 在青崖山区，无线广播电台是商品打开市场的最重要途径。

B. 在青崖山区，高知名度的商品将拥有众多消费者。

C. 在青崖山区，无线广播电台的广告宣传可以使商品的信息传到每户人家。

D. 在青崖山区，某一商品为了迅速获得最大程度的知名度，除了通过无线广播电台进行密集的广告宣传外，不需要利用其他宣传工具做广告。

E. 在青崖山区，某一商品的知名度与其性能和质量的关系很大。

27. 新疆的哈萨克人用经过训练的金雕在草原上长途追击野狼。某研究小组为研究金雕的飞行方向和判断野狼群的活动范围，将无线电传导器放置在一只金雕身上进行追踪。野狼为了觅食，其活动范围通常很广，因此，金雕追击野狼的飞行范围通常也很大。然而，两周以来，无线电传导器不断传回的信号显示，金雕仅在放飞地3公里范围内飞行。

以下哪项如果为真，最有助于解释上述金雕的行为？

A. 金雕的放飞地周边山峦叠嶂，险峻异常。

B. 金雕的放飞地2公里范围内有一牧羊草场，成为狼群袭击的目标。

C. 由于受训金雕的捕杀，放飞地广阔草原的野狼几乎灭绝了。

D. 无线电传导器信号仅能在有限的范围内传导。

E. 无线电传导器的安放并未削弱金雕的飞行能力。

28. 除非不把理论当做教条，否则就会束缚思想。

以下各项都表达了与题干相同的含义，除了

A. 如果不把理论当做教条，就不会束缚思想。

B. 如果把理论当做教条，就会束缚思想。

C. 只有束缚思想，才会把理论当做教条。

D. 只有不把理论当做教条，才不会束缚思想。

E. 除非束缚思想，否则不会把理论当做教条。

29. 舞蹈学院的张教授批评本市芭蕾舞团最近的演出没能充分表现古典芭蕾舞的特色。他的同事林教授认为这一批评是个人偏见。作为芭蕾舞技巧专家，林教授考察过芭蕾舞团的表演者，结论是每一位表演者都拥有足够的技巧和才能来表现古典芭蕾舞的特色。

以下哪项最为恰当地概括了林教授反驳中的漏洞？

A. 他对张教授的评论风格进行攻击而不是对其观点加以批驳。

B. 他无视张教授的批评意见是与实际情况相符的。

C. 他仅从维护自己的权威地位的角度加以反驳。

D. 他依据一个特殊事例轻率地概括出一个普遍结论。

E. 他不当地假设，如果一个团体每个成员具有某种特征，那么这个团体就总能体现这种特征。

30. 王园获得的奖金比梁振杰的高。得知魏国庆的奖金比苗晓琴的高后，可知王园的奖金也比苗晓琴的高。

以下各项假设都能使上述推断成立，除了

A. 魏国庆的奖金比王园的高。

B. 梁振杰的奖金比苗晓琴的高。

C. 梁振杰的奖金比魏国庆的高。

D. 梁振杰的奖金和魏国庆的一样。

E. 王园的奖金和魏国庆的一样。

31. 张华是甲班学生，对围棋感兴趣。该班学生或者对国际象棋感兴趣，或者对军棋感兴趣；如果对围棋感兴趣，则对军棋不感兴趣。因此，张华对中国象棋感兴趣。

以下哪项最可能是上述论证的假设？

A. 如果对国际象棋感兴趣，则对中国象棋感兴趣。

B. 甲班对国际象棋感兴趣的学生都对中国象棋感兴趣。

C. 围棋和中国象棋比军棋更具挑战性。

D. 甲班学生感兴趣的棋类只限于围棋、国际象棋、军棋和中国象棋。

E. 甲班所有学生都对中国象棋感兴趣。

32. 神经化学物质的失衡可以引起人的行为失常，大到严重的精神疾病，小到常见的孤僻、抑郁甚至暴躁、嫉妒。神经化学的这些发现，使我们不但对精神疾病患者，而且对身边原本生厌的怪癖行为者，怀有同情和容忍。因为精神健康，无非是指具有平衡的神经化学物质。

以下哪项最为准确地表达了上述论证所要表达的结论？

A. 神经化学物质失衡的人在人群中只占少数。

B. 神经化学的上述发现将大大丰富精神病学的理论。

C. 理解神经化学物质与行为的关系将有助于培养对他人的同情心。

D. 神经化学物质的失衡可以引起精神疾病或其他行为失常。

E. 神经化学物质是否平衡是决定精神或行为是否正常的主要因素。

33. 在我国北方严寒冬季的夜晚，车辆前挡风玻璃会因低温而结冰霜。第二天对车辆发动预热后，玻璃上的冰霜会很快融化。何宁对此不解，李军解释道：因为车辆仅有的除霜孔位于前挡风玻璃，而车辆预热后除霜孔完全开启，因比，是开启除霜孔使车辆玻璃冰霜融化。

以下哪项如果为真，最能质疑李军对车辆玻璃冰霜迅速融化的解释？

A. 车辆一侧玻璃窗没有出现冰霜现象。

B. 尽管车尾玻璃窗没有除霜孔，其玻璃上的冰霜融化速度与前挡风玻璃没有差别。
C. 当吹在车辆玻璃上的空气气温增加，其冰霜的融化速度也会增加。
D. 车辆前挡风玻璃除霜孔排出的暖气流排出后可能很快冷却。
E. 即使启用车内空调暖风功能，除霜孔的功用也不能被取代。

34. 小莫十分渴望成为一名微雕艺术家，为此，他去请教微雕大师孔先生："您如果教我学习微雕，我将要多久才能成为一名微雕艺术家?"孔先生回答道："大约十年。"小莫不满足于此，再问："如果我不分昼夜每天苦练，能否缩短时间?"孔先生道："那要用二十年。"

以下哪项最可能是孔先生的回答所提示的微雕艺术家的重要素质?
A. 谦虚。
B. 勤奋。
C. 尊师。
D. 耐心。
E. 决心。

35. 莫大伟到吉安公司上班的第一天，就被公司职工自由散漫的表现所震惊。莫大伟由此得出结论：吉安公司是一个管理失效的公司，吉安公司的员工都缺乏工作积极性和责任心。

以下哪项如果为真，最能削弱上述论证?
A. 当领导不在时，公司的员工会表现出自由散漫。
B. 吉安公司的员工超过 2 万，遍布该省的十多个城市。
C. 莫大伟大学刚毕业就到吉安公司，对校门外的生活不适应。
D. 吉安公司的员工和领导的表现完全不一样。
E. 莫大伟上班的这一天刚好是节假日后的第一个工作日。

36. 小王参加了某公司的招工面试，不久，他得知以下消息：
（1）公司已决定，他与小陈至少录用一人。
（2）公司可能不录用他。
（3）公司一定录用他。
（4）公司已录用小陈。
其中两条消息为真，两条消息为假。
如果上述断定为真，则以下哪项为真?
A. 公司已录用小王，未录用小陈。
B. 公司未录用小王，已录用小陈。
C. 公司既录用了小王，也录用了小陈。
D. 公司未录用小王，也未录用小陈。
E. 不能确定录用结果。

37. 魏先生：计算机对于当代人类的重要性，就如同火对于史前人类。因此，普及计算机知识应当从孩子抓起；从小学甚至幼儿园开始就应当介绍计算机知识；一进中学就应当学习计算机语言。

贾女士：你忽视了计算机技术的一个重要特点：这是一门知识更新和技术更新最为迅速的科学。童年时代所了解的计算机知识，中学时代所学的计算机语言，到需要运用的成年时代早已陈旧过时了。

以下哪项作为魏先生对贾女士的反驳最为有力？

A. 快速发展和更新并不仅是计算机技术的特点。

B. 孩子具备接受不断发展的新知识的能力。

C. 在中国，算盘早已被计算机取代，但这并不说明有关算盘的知识已毫无价值。

D. 学习计算机知识和熟悉某种计算机语言，有利于提高理解和运用计算机的能力。

E. 计算机课程并不是中小学教育的主课。

38. 郑兵的孩子即将升高中。郑兵发现，在当地中学，学生与老师比例低的学校，学生的高考成绩普遍都比较好。郑兵因此决定，让他的孩子选择学生总人数最少的学校就读。

以下哪项最为恰当地指出郑兵上述决定的漏洞？

A. 忽略了学校教学质量既和学生与老师的比例有关，也和生源质量有关。

B. 仅注重高考成绩，忽略了孩子的全面发展。

C. 不当地假设：学生总人数少就意味着学生与老师的比例低。

D. 在考虑孩子的教育时忽略了孩子本人的愿望。

E. 忽略了学校教学质量主要与老师的素质而不是数量有关。

39. “男女”和“阴阳”似乎指的是同一种区分标准，但实际上，“男人和女人”区分人的性别特征，“阴柔和阳刚”区分人的行为特征。按照“男女”的性别特征，正常人分为两个不重叠的部分；按照“阴阳”的行为特征，正常人分为两个重叠的部分。

以下各项都符合题干的含义，除了

A. 人的性别特征不能决定人的行为特征。

B. 女人的行为，不一定具有阴柔的特征。

C. 男人的行为，不一定具有阳刚的特征。

D. 同一个人的行为，可以既有阴柔又有阳刚的特征。

E. 一个人的同一行为，可以既有阴柔又有阳刚的特征。

40. 一项时间跨度为半个世纪的专项调查研究得出肯定结论：饮用常规的咖啡对人的心脏无害。因此，咖啡的饮用者完全可以放心地享用，只要不过量。

以下哪项最为恰当地指出了上述论证的漏洞？

A. 咖啡的常规饮用量可能因人而异。

B. 心脏健康不等同于身体健康。

C. 咖啡饮用者可能在喝咖啡时吃对心脏有害的食物。

D. 喝茶，特别是喝绿茶比喝咖啡有利于心脏保健。

E. 有的人从不喝咖啡但心脏仍然健康。

41. 在印度发现了一群不平常的陨石，它们的构成元素表明，它们只可能来自水星、金星和火星。由于水星靠太阳最近，它的物质只可能被太阳吸引而不可能落到地球上；这些陨石也不可能来自金星，因为金星表面的任何物质都不可能摆脱它和太阳的引力而落到地球上。因此，这些陨石很可能是某次巨大的碰撞后从火星落到地球上的。

上述论证方式和以下哪项最为类似？

A. 这起谋杀或是劫杀，或是仇杀，或是情杀。但作案现场并无财物丢失；死者家属和睦，夫妻恩爱，并无情人。因此，最大的可能是仇杀。

B. 如果张甲是作案者，那必有作案动机和作案时间。张甲确有作案动机，但没有作案时间。因此，张甲不可能是作案者。

C. 此次飞机失事的原因，或是人为破坏，或是设备故障，或是操作失误。被发现的黑匣子显示，事故原因确是设备故障。因此，可以排除人为破坏和操作失误。

D. 所有的自然数或是奇数，或是偶数。有的自然数不是奇数，因此，有的自然数是偶数。

E. 任一三角形或是直角三角形，或是钝角三角形，或是锐角三角形。这个三角形有两个内角之和小于 90°。因此，这个三角形是钝角三角形。

42. 某公司一批优秀的中层干部竞选总经理职位。所有的竞选者除了李女士自身外，没有人能同时具备她的所有优点。

从以上断定能合乎逻辑地得出以下哪项结论？

A. 在所有竞选者中，李女士最具备条件当选总经理。

B. 李女士具有其他竞选者都不具备的某些优点。

C. 李女士具有其他竞选者的所有优点。

D. 李女士的任一优点都有竞选者不具备。

E. 任何其他竞选者都有不及李女士之处。

43. 去年某旅游胜地游客人数与前年游客人数相比，减少约一半。当地旅游管理部门调查发现，去年与前年的最大不同是入场门票从 120 元升到 190 元。

以下哪项措施，最可能有效解决上述游客锐减问题？

A. 利用多种媒体加强广告宣传。

B. 旅游地增加更多的游玩项目。

C. 根据实际情况，入场门票实行季节浮动价。

D. 对游客提供更周到的服务。

E. 加强该旅游地与旅游公司的联系。

44. 三分之二的陪审员认为证人在被告作案时间、作案地点或作案动机上提供伪证。

以下哪项能作为结论从上述断定中推出？

A. 三分之二的陪审员认为证人在被告作案时间上提供伪证。

B. 三分之二的陪审员认为证人在被告作案地点上提供伪证。

C. 三分之二的陪审员认为证人在被告作案动机上提供伪证。

D. 在被告作案时间、作案地点或作案动机这三个问题中，至少有一个问题，三分之二的陪审员认为证人在这个问题上提供伪证。

E. 以上各项均不能从题干的断定推出。

45. 社会成员的幸福感是可以运用现代手段精确量化的。衡量一项社会改革措施是否成功，要看社会成员的幸福感总量是否增加，S 市最近推出的福利改革明显增加了公务员的幸福感总量，因此，这项改革措施是成功的。

以下哪项如果为真，最能削弱上述论证？

A. 上述改革措施并没有增加 S 市所有公务员的幸福感。

B. S 市公务员只占全市社会成员很小的比例。

C. 上述改革措施在增加公务员幸福感总量的同时，减少了 S 市民营企业人员的幸福感总量。

D. 上述改革措施在增加公务员幸福感总量的同时，减少了 S 市全体社会成员的幸福感总量。

E. 上述改革措施已经引起 S 市市民的广泛争议。

46. 有球迷喜欢所有参赛球队。

如果上述断定为真，则以下哪项不可能为真？

A. 所有参赛球队都有球迷喜欢。

B. 有球迷不喜欢所有参赛球队。

C. 所有球迷都不喜欢某个参赛球队。

D. 有球迷不喜欢某个参赛球队。

E. 每个参赛球队都有球迷不喜欢。

47. 帕累托最优，指这样一种社会状态：对于任何一个人来说，如果不使其他某个（或某些）人境况变坏，他的情况就不可能变好。如果一种变革能使至少有一个人的境况变好，同时没有其他人境况因此变坏，则称这一变革为帕累托变革。

以下各项都符合题干的断定，除了

A. 对于任何一个人来说，只要他的情况可能变好，就会有其他人的境况变坏。这样的社会，处于帕累托最优状态。

B. 如果某个帕累托变革可行，则说明社会并非处于帕累托最优状态。

C. 如果没有任何帕累托变革的余地，则社会处于帕累托最优状态。

D. 对于任何一个人来说，只有使其他某个（或某些）人境况变坏，他的情况才可能变好。这样的社会，处于帕累托最优状态。

E. 对于任何一个人来说，只要使其他人境况变坏，他的情况就可能变好。这样的社会，处于帕累托最优状态。

48. 蓝星航线上所有货轮的长度都大于 100 米，该航线上所有客轮的长度都小于 100 米。蓝星航线上的大多数轮船都是 1990 年以前下水的。金星航线上的所有货轮和客轮都是 1990 年以后下水的，其长度都小于 100 米。大通港一号码头只对上述两条航线的轮船开放，该码头设施只适用于长度小于 100 米的轮船。捷运号是最近停靠在大通港一号码头的一艘货轮。

如果上述判定为真，则以下哪项一定为真？

A. 捷运号是 1990 年以后下水的。

B. 捷运号属于蓝星航线。

C. 大通港只适于长度小于 100 米的货轮。

D. 大通港不对其他航线开放。

E. 蓝星航线上的所有轮船都早于金星航线上的轮船下水。

49—50 题基于以下题干：

人的行为，分为私人行为和社会行为，后者直接涉及他人和社会利益。有人提出这样的原则：对于官员来说，除了法规明文允许的以外，其余的社会行为都是禁止的；对于平民来说，除了法规明文禁止的以外，其余的社会行为都是允许的。

49. 为使上述原则能对官员和平民的社会行为产生不同的约束力，以下哪项是必须假设的？

A. 官员社会行为的影响力明显高于平民。

B. 法规明文涉及（允许或禁止）的行为，并不覆盖所有的社会行为。

C. 平民比官员更愿意接受法规的约束。

D. 官员的社会行为如果不加严格约束，其手中的权力就会被滥用。

E. 被法规明文允许的社会行为，要少于被禁止的社会行为。

50. 如果实施上述原则能对官员和平民的社会行为产生不同的约束力，则以下各项断定均不违反这一原则，除了

A. 一个被允许或禁止的行为，不一定是法规明文允许或禁止的。

B. 有些行为，允许平民实施，但禁止官员实施。

C. 有些行为，允许官员实施，但禁止平民实施。

D. 官员所实施的行为，如果法规明文允许，则允许平民实施。

E. 官员所实施的行为，如果法规明文禁止，则禁止平民实施。

51. 所有校学生会委员都参加了大学生电影评论协会。张珊、李斯和王武都是校学生会委员。

大学生电影评论协会不吸收大学一年级学生参加。

如果上述断定为真，则以下哪项一定为真？

Ⅰ 张珊、李斯和王武都不是大学一年级学生。

Ⅱ 所有校学生会委员都不是大学一年级学生。

Ⅲ　有些大学生电影评论协会的成员不是校学生会委员。

A. 只有Ⅰ。

B. 只有Ⅱ。

C. 只有Ⅲ。

D. 只有Ⅰ和Ⅲ。

E. Ⅰ、Ⅱ和Ⅲ。

52. 对行为的解释与对行为的辩护，是两个必须加以区别的概念。对一个行为的解释，是指准确地表达导致这一行为的原因。对一个行为的辩护，是指出行为者具有实施这一行为的正当理由。事实上，对许多行为的辩护，并不是对此种行为的解释。只有当对一个行为的辩护成为对该行为解释的实质部分时，这样的行为才是合理的。

基于上述断定能得出以下哪项结论？

A. 当一个行为得到辩护，则也得到解释。

B. 当一个行为的原因中包含该行为的正当理由，则该行为是合理的。

C. 任何行为都不可能是完全合理的。

D. 有些行为的原因是不可能被发现的。

E. 如果一个行为是合理的，则实施这一行为的正当理由必定也是导致该行为的原因。

53. 在西方经济发展的萧条期，消费需求的萎缩导致许多企业解雇职工甚至倒闭。在萧条期，被解雇的职工很难找到新的工作，这就增加了失业人数。萧条之后的复苏，是指消费需求的增加和社会投资能力的扩张。这种扩张要求增加劳动力。但是经历了萧条之后的企业主大都丧失了经商的自信，他们尽可能地推迟雇用新的职工。

上述断定如果为真，最能支持以下哪项结论？

A. 经济复苏不一定能迅速减少失业人数。

B. 萧条之后的复苏至少需要两三年。

C. 萧条期的失业大军主要由倒闭企业的职工组成。

D. 萧条通常是由企业主丧失经商自信引起的。

E. 在西方经济发展中出现萧条是解雇职工造成的。

54. 司机：有经验的司机完全有能力并习惯以每小时 120 公里的速度在高速公路上安全行驶。因此，高速公路上的最高时速不应由 120 公里改为现在的 110 公里，因为这既会不必要地降低高速公路的使用效率，也会使一些有经验的司机违反交规。

交警：每个司机都可以在法律规定的速度内行驶，只要他愿意。因此，把对最高时速的修改说成是某些违规行为的原因，是不能成立的。

以下哪项最为准确地概括了上述司机和交警争论的焦点？

A. 上述对高速公路最高时速的修改是否必要。

B. 有经验的司机是否有能力以每小时 120 公里的速度在高速公路上安全行驶。

C. 上述对高速公路最高时速的修改是否一定会使一些有经验的司机违反交规。

D. 上述对高速公路最高时速的修改实施后，有经验的司机是否会在合法的时速内行驶。

E. 上述对高速公路最高时速的修改，是否会降低高速公路的使用效率。

55. 为了提高运作效率，H公司应当实行灵活工作日制度，也就是充分考虑雇员的个人意愿，来决定他们每周的工作日与休息日。研究表明，这种灵活工作日制度，能使企业员工保持良好的情绪和饱满的精神。

上述论证依赖于以下哪项假设？

Ⅰ 那些希望实行灵活工作日的员工，大都是H公司的业务骨干。

Ⅱ 员工良好的情绪和饱满的精神，能有效提高企业的运作效率。

Ⅲ H公司不实行周末休息制度。

A. 只有Ⅰ。

B. 只有Ⅱ。

C. 只有Ⅲ。

D. 只有Ⅱ和Ⅲ。

E. Ⅰ、Ⅱ和Ⅲ。

2007年10月在职MBA联考逻辑真题

31. 在“非典”期间，某地区共有7名参与治疗“非典”的医务人员死亡，同时也有10名未参与“非典”治疗工作的医务人员死亡。这说明参与“非典”治疗并不比日常医务工作危险。

以下哪项相关断定如果为真，最能削弱上述结论？

A. 参与“非典”治疗死亡的医务人员的平均年龄，略低于未参与“非典”治疗而死亡的医务人员。

B. 参与“非典”治疗的医务人员的体质，一般高于其他医务人员。

C. 个别参与治疗“非典”死亡的医务人员的死因，并非是感染“非典”病毒。

D. 医务人员中只有一小部分参与了“非典”治疗工作。

E. 经过治疗的“非典”患者死亡人数，远低于未经治疗的“非典”患者死亡人数。

32. 手球比赛的目标是将更多的球攻入对方球门，从而比对方得更多的分。球队的一名防守型选手专门防守对方的一名进攻型选手。旋风队的陈教练预言在下周手球赛中本队将战胜海洋队。他的根据是：海洋队最好的防守型选手将防不住旋风队最好的进攻型选手曾志强。

以下哪项如果为真，最能削弱陈教练的上述预言？

A. 近年来，旋风队输的场次比海洋队多。

B. 海洋队防守型选手比旋风队的防守型选手多。

C. 旋风队最好的防守型选手防不住海洋队最好的进攻型选手。

D. 曾志强不是旋风队最好的防守型选手。

E. 海洋队最好的进攻型选手防不住旋风队最好的防守型选手。

33. 在B国一部汽车的购价是A国同类型汽车的1.6倍。尽管需要附加运输费用和关税，在A国购买汽车运到B国后的费用仍比在B国国内购买同类型的汽车便宜：

如果上述断定为真，最能加强以下哪项断定？

A. A国的汽油价格是B国的60%。

B. 从A国进口到B国的汽车数量是B国国内销售量的1.6倍。

C. B国购买汽车的人是A国的40%。

D. 从A国进口汽车到B国的运输费用高于在A国购买同类型汽车价钱的60%。

E. 从A国进口汽车到B国的关税低于在B国购买同类型汽车价钱的60%。

34. 夜晚点燃艾叶驱蚊曾是龙泉山区引起家庭火灾的重要原因。近年来，尽管使用艾叶驱蚊的人家显著减少。但是，家庭火灾所导致的死亡人数并没有呈现减少的趋势。

以下各项如果为真，能够解释上述情况，除了

A. 与其他引起龙泉山区家庭火灾的原因比较，夜晚点燃艾叶引起的火灾所导致的损害相对较小。

B. 夜晚点燃艾叶所导致的火灾一般在家庭成员睡熟后发生。

C. 龙泉人对夜晚点燃艾叶导致火灾的防范意识增加了，但对其他火灾隐患防范并没有加强。

D. 随着生活水平的提高，近年来居室内木质家具和家用电器增多，一旦发生火灾，火势比过去更为猛烈。

E. 现在龙泉山区家庭住宅一般都是相邻而建，因此，一户失火随即蔓延，死亡人数因而比过去增多。

35. 在宏达杯足球联赛前，四个球迷有如下预测：

甲：红队必然不能夺冠。

乙：红队可能夺冠。

丙：如果蓝队夺冠，那么黄队是第三名。

丁：冠军是蓝队。

如果四人的断定中只有一个断定为假，可推出以下哪项结论？

A. 冠军是红队。

B. 甲的断定为假。

C. 乙的断定为真。

D. 黄队是第三名。

E. 丁的断定为假。

36. 李惠个子比胡戈高；张凤元个子比邓元高；邓元个子比陈小曼矮；胡戈和陈小曼的身高相同。

如果上述断定为真，以下哪项也一定为真？

A. 胡戈比邓元矮。

B. 张凤元比李惠高。

C. 张凤元比陈小曼高。

D. 李惠比邓元高。

E. 胡戈比张凤元矮。

37. 老林被誉为“股票神算家”。他曾经成功地预测了 1994 年 8 月“井喷式”上升行情和 1996 年下半年的股市暴跌，这仅是他准确预测股市行情的两个实例。

回答以下哪个问题对评价以上陈述最有帮助？

A. 老林准确预测股市行情的成功率是多少？

B. 老林是否准确地预言了 2002 年 6 月 13 日的股市大跌？

C. 老林准确预测股市行情的方法是什么？

D. 老林的最高学历和所学专业是什么？

E. 有多少人相信老林对股市行情的预测？

38. 一项调查显示，某班参加挑战杯比赛的同学，与那些未参加此项比赛的同学相比，学习成绩一直保持较高的水平。此项调查得出结论：挑战杯比赛通过开拓学生的视野、增加学生的学习兴趣、激发学生的创造潜力，有效地提高了学生的学习成绩。

以下哪项如果为真，最能加强上述调查结论的说服力？

A. 没有参加挑战杯比赛的同学如果通过其他活动开阔视野，也能获得好成绩。

B. 整天在课室内读书而不参加课外科技活动的学生，他们的视野、学习兴趣和创造力都会受到影响。

C. 没有参加挑战杯比赛的同学大都学习很努力。

D. 参加挑战杯比赛并不以学习成绩好为条件。

E. 参加挑战杯比赛的同学约占全班的半数。

39. 某地区国道红川口曾经是交通事故的频发路段，自从 8 年前对此路段限速每小时 60 公里后，发生在此路段的交通伤亡人数大幅下降。然而，近年来此路段超速车辆增多，但发生在此路段的交通伤亡人数仍然下降。

上述断定最能支持以下哪项结论？

A. 车辆限速与此路段 8 年来交通伤亡人数大幅下降没有关系。

B. 8 年来在此路段行驶的车辆并未显著减少。

C. 8 年来对本地区进行广泛的交通安全教育十分有效。

D. 近年来汽油费用的上升限制了本地区许多家庭购买新车。

E. 此路段 8 年来交通伤亡人数下降不仅是车辆限速的结果。

40. 某些精神失常患者可以通过心理疗法而痊愈，例如，癔病和心因性反应等。然而，某些精神失常是因为大脑神经递质化学物质不平衡，例如精神分裂症和重症抑郁，这类患者只能通过药物进行治疗。

上述论述是基于以下哪项假设？

A. 心理疗法对大脑神经递质化学物质的不平衡所导致的精神失常无效。

B. 对精神失常患者，药物治疗往往比心理疗法见效快。

C. 大多数精神失常都不是由脑神经递质化学物质的不平衡导致的。

D. 对精神失常患者，心理疗法比药物治疗疗效差些。

E. 心理疗法仅仅是减轻精神失常患者的病情，根治还是需要药物治疗。

41. K市是重要高科技工业城市。H镇位于K市近郊，是正在筹建中的K市卫星城市。为了发挥K市在发展高科技产业中的作用，H镇必须吸引足够的外来居民，其中包括大量高科技人才。吸引外来居民的关键措施是改建火车站。近来K市的就业机会急剧增加；就业人口中选择在近郊城镇居住的人数也急剧增加。随着公路收费点的增设，坐火车进出K市远比自己开车便宜。因此，人们更愿意选择在坐火车便利的地方居住。

以下哪项最为恰当地表达了上述断定所要表达的结论？

A. H镇必须吸引足够的外来居民。

B. 改建火车站不但有利于K市高科技产业发展，也有利于H镇的居民。

C. 在K市周边应当减少公路收费点，并适当减少收费额。

D. 选择在近郊城镇居住的人大都有私人汽车。

E. H镇的发展对于K市的高科技产业具有重要作用。

42. 有些被公众认为是坏的行为往往有好的效果。只有产生好的效果，一个行为才是好的行为。因此，有些被公众认为是坏的行为其实是好的。

以下哪项最为恰当地概括了上述推理中存在的错误？

A. 不当地假设：如果a是b的必要条件，则a也是b的充分条件。

B. 不当地假设：如果a不是b的必要条件，则a是b的充分条件。

C. 不当地假设：如果a是b的必要条件，则a不是b的充分条件。

D. 不当地假设：任何两个断定之间都存在条件关系。

E. 不当地假设：任何两个断定之间都不存在条件关系。

43. 研究表明，很少服用抗生素的人比经常服用抗生素的人有更强的免疫力。然而，没有证据表明，服用抗生素会削弱免疫力。

以下哪项如果为真，最能解释题干中似乎存在的不一致？

A. 抗生素药物对于治疗病毒引起的疾病没有疗效。

B. 抗生素药物的价格比较贵，病人只在病重时才服用抗生素药物。

C. 尽管抗生素会产生许多副作用，有些人依然不断使用这类药。

D. 免疫力差的人如果不服用抗生素药物，很难从细菌感染的疾病中恢复过来。

E. 免疫力强的人很少感染上人们通常需要用抗生素进行治疗的疾病。

44. 如果在鱼缸里装有电动通风器，鱼缸的水中就有适度的氧气。因此，由于张文的鱼缸中没有安装电动通风器，他的鱼缸的水中一定没有适度的氧气。没有适度的氧气，鱼就不能生存，因此，张文鱼缸中的鱼不能生存。

上述推理中存在的错误也类似地出现在以下哪项中？

A. 如果把明矾放进泡菜的卤水中，就能去掉泡菜中多余的水分。因此，由于余涌没有把明矾放进泡菜的卤水中，他腌制的泡菜一定有多余的水分。除非去掉多余的水分，否则泡菜就不能保持鲜脆。因此，余涌腌制的泡菜不能保持鲜脆。

B. 如果把胶质放进果酱，就能制成果冻。果酱中如果没有胶质成分，就不能制成果冻。因此，为了制成果冻，王宜必须在果酱中加入胶质成分。

C. 如果贮藏的土豆不接触乙烯就不会发芽。甜菜不会散发乙烯。因此，如果方宁把土豆和甜菜一起贮藏，他的土豆就不会发芽。

D. 如果存放胡萝卜的地窖做好覆盖，胡萝卜就能在地窖安全过冬。否则，地窖里的胡萝卜就会被冻坏。因此，因为朱勇过冬前在胡萝卜地窖做好了覆盖，所以他的胡萝卜能安全过冬。

E. 如果西红柿不放入冰箱就可能腐烂，腐烂的西红柿不能食用。因此，因为陈波没有把西红柿放入冰箱，他的一些西红柿可能没法食用。

45. 以一般读者为对象的评介建筑作品的著作，应当包括对建筑作品两方面的评价，一是实用价值，二是审美价值，否则就是有缺陷的。摩顿评介意大利巴洛克宫殿的专著，详细地分析评价了这些宫殿的实用功能，但是没能指出，这些宫殿，特别是它们的极具特色的拱顶，是西方艺术的杰作。

假设以下哪项，能从上述断定得出结论：摩顿的上述专著是有缺陷的？

A. 摩顿对巴洛克宫殿实用功能的评价比较客观。

B. 除了实用价值和审美价值以外，摩顿的上述专著没有从其他方面对巴洛克宫殿作出评介。

C. 摩顿的上述专著以一般读者为对象。

D. 摩顿的上述专著是他的主要代表作。

E. 有些读者只关心建筑作品的审美价值，不关心其实用价值。

46. 一种对偏头痛有明显疗效的新药正在推广。不过服用这种药可能加剧心脏病。但是只要心脏病患者在服用该药物时严格遵从医嘱，它的有害副作用完全可以避免。因此，关于这种药物副作用的担心是不必要的。

上述论证基于以下哪项假设？

A. 药物有害副作用的产生都是因为患者在服用时没有严格遵从医嘱。

B. 有心脏病的偏头痛患者在服用上述新药时不会违背医嘱。

C. 大多数服用上述新药的偏头痛患者都有心脏病。

D. 上述新药有多种副作用，但其中最严重的是会加剧心脏病。

E. 上述新药将替代目前其他治疗偏头痛的药物。

47. 对东江中学全校学生进行调查发现，拥有 MP3 播放器人数最多的班集体同时也是英语成绩最佳的班集体。由此可见，利用 MP3 播放器可以提高英语水平。

以下哪项如果为真，最能加强上述结论？

A. 拥有 MP3 播放器的同学英语学习热情比较高。

B. 喜欢使用 MP3 播放器的同学都是那些学习自觉性较高的学生。

C. 随着 MP3 播放器性能的提高，其提高英语水平的作用将更加明显。

D. 拥有 MP3 播放器人数最多的班级是最会利用 MP3 播放器的班级。

E. 拥有 MP3 播放器人数最多的班上的同学更多地利用 MP3 进行英语学习。

48. 人一般都偏好醒目的颜色。在婴幼儿眼里，红、黄都是醒目的题色，这与成人相同；但与许多成人不同的是，黑、蓝和白色是不醒目的。市场上红、黄为主的儿童玩具，比同样价格的黑、蓝和白为主的玩具销量要大。

以上信息最能支持以下哪项结论？

A. 市场上黑、蓝和白色的成人服装比同样价格的红、黄色成人服装销量要大。

B. 市场上红、黄色为主的儿童服装，比同样价格的黑、蓝和白色为主的儿童服装销量要大。

C. 儿童玩具的销售状况至少在某种程度上反映了婴幼儿的喜好。

D. 儿童玩具的制造商认真研究了婴幼儿对颜色的喜好。

E. 颜色是婴幼儿选择玩具的唯一标准。

49. 某单位检验科需大量使用玻璃烧杯。一般情况下，普通烧杯和精密刻度烧杯都易于破损，前者的破损率稍微高些，但价格便宜得多：如果检验科把下年度计划采购烧杯的资金全部用于购买普通烧杯，就会使烧杯数量增加，从而满足检验需求。

以下哪项如果为真，最能削弱上述论证？

A. 如果把资金全部用于购买普通烧杯，可能会将其中部分烧杯挪为他用。

B. 下年度计划采购烧杯的数量不能用现在的使用量来衡量。

C. 某些检验人员喜欢使用精密刻度烧杯而不喜欢使用普通烧杯。

D. 某些检验需要精密刻度烧杯才能完成。

E. 精密刻度烧杯使用更加方便，易于冲洗与保存。

50. 以下是关于某中学甲班同学参加夏令营的三个断定：

（1）甲班有学生参加了夏令营。

（2）甲班所有学生都没有参加夏令营。

（3）甲班的蔡明没有参加夏令营。

如果这三个断定中只有一项为真，则以下哪项一定为真？

A. 甲班同学并非都参加了夏令营。

B. 甲班同学并非都没有参加夏令营。

C. 甲班参加夏令营的学生超过半数。

D. 甲班仅蔡明没有参加夏令营。

E. 甲班仅蔡明参加了夏令营。

51. 大学新生张强、史宏和黎明同住一个宿舍，他们分别来自东北三省。其中，张强不比来自黑龙江的同学个子矮，史宏比来自辽宁的同学个子高，黎明的个子和来自辽宁的同学一样高。

如果上述为真，以下哪项也为真？

A. 张强来自辽宁，史宏来自黑龙江，黎明来自吉林。

B. 张强来自辽宁，史宏来自吉林，黎明来自黑龙江。

C. 张强来自黑龙江，史宏来自辽宁，黎明来自吉林。

D. 张强来自吉林，史宏来自黑龙江，黎明来自辽宁。

E. 张强来自黑龙江，史宏来自吉林，黎明来自辽宁。

52. 粤西酒店如果既有清蒸石斑，又有白灼花螺，则一定会有盐煸花蟹；酒店在月尾从不卖盐煸花蟹；只有当粤西酒店卖白灼花螺时，老王才会与朋友到粤西酒店吃海鲜。

如果上述断定为真，以下哪项一定为真？

A. 粤西酒店在月尾不会卖清蒸石斑。

B. 老王与朋友到粤西酒店不会既吃清蒸石斑，又吃白灼花螺。

C. 粤西酒店只有在月尾才不卖白灼花螺。

D. 老王不会在月尾与朋友到粤西酒店吃海鲜，因为那里没有盐焗花蟹。

E. 如果老王在月尾与朋友到粤西酒店吃海鲜，他们肯定吃不到清蒸石斑。

53. 大三学生陈明收到以下来信：由于本公司用于暑假学生实习支出的经费有限，我们不可能为所有申请者提供相应的工作岗位，因此许多高素质的申请者被拒绝。很遗憾地通知您，我们不能聘请您参加我们公司的学生暑假实习项目。

从上述断定，最可能推出以下哪项？

A. 申请到公司暑假实习的学生数超过公司需要的数量。

B. 陈明被公司视为高素质的申请者。

C. 公司用于学生暑假工作的经费很少。

D. 公司在拒绝陈明的申请前曾犹豫不决。

E. 大部分申请公司暑假实习的学生是能够胜任工作的。

54. 在H国前年出版的50 000部书中，有5 000部都是小说。H国去年发行的电影中，恰有25部都是由这些小说改编的。因为去年H国共发行了100部电影，因此，由前年该国出版的书改编的电影，在这100部电影中所占的比例不会超过四分之一。

基于以下哪项假设能使上述推理成立？

A. H国去年发行电影的剧本，都不是由专业小说作家编写的。

B. 由小说改编的电影的制作周期不短于一年。

C. H国去年发行的电影中，至少25部是国产片。

D. H国前年出版的小说中，适合于改编成电影的不超过0.5%。

E. H国去年发行的电影，没有一部是基于小说以外的书改编的。

55. 李教授：目前的专利事务所工作人员很少有科技专业背景，但专利审理往往要涉及专业科技知识。由于本市现有的专利律师没有一位具有生物学的学历和工作经验，因此难以处理有关生物方面的专利。

以下哪项如果为真，最能削弱李教授的结论？

A. 大部分科技专利事务仅涉及专利政策和一般科技知识，不需要太多的专门技术知识。

B. 生物学专家对专利工作不感兴趣，因此专利事务所很少与生物学专家打交道。

C. 既熟悉生物知识，又熟悉专利法规的人才十分缺乏。

D. 技术专家很难有机会成为本专业以外的行家。

E. 专利律师的收入和声望不及高科技领域的专家，因此难以吸引他们加入。

56. 对于东明市的居民来说，购买新房是一项高昂的消费，居民一般购买45万元左右的中低档房，少数富有的家庭购买100万元以上的高档房。每年购买房子的人群中25岁至35岁的人约占50%，其中高于65%的购房者没有私家车。

如果上述断定为真，则以下哪项一定为真？

Ⅰ　每年东明市约有50%购房者的年龄要么小于25岁，要么大于35岁。

Ⅱ　每年东明市约有35%的购房者拥有私家车。

Ⅲ　东明市的房产将严重滞销。

A. 只有Ⅰ。

B. 只有Ⅱ。

C. 只有Ⅰ和Ⅱ。

D. 只有Ⅰ和Ⅲ。

E. Ⅰ、Ⅱ、Ⅲ。

57. 昨天冬冬和妞妞都病了，病症也类似。平日两人每天下午都在一起玩，因此，两人可能患的是同一种病，冬冬的病症有点像链球菌感染，但他患的肯定不是这种病。因此，妞妞患的病也肯定不是链球菌感染。

以下哪项最为准确地概括了上述论证中的漏洞？

A. 预先假设了所有证明的结论。

B. 颠倒了某个特定现象的结果与原因。

C. 把一种判定可能性结论的证据当做判定事实性结论的证据。

D. 在缺乏可比性的对象之间进行不当类比。

E. 基于某个特例轻率概括出一般性结论。

58. 蚂蚁在从蚁穴来到食物源的途中，会留下一种成为信息素的化学物质。蚂蚁根据信息素的气味，来回于蚁穴和食物源之间，把食物运回蚁穴。当气温达到摄氏45度以上，这种信息素几乎都会不留痕迹地蒸发。撒哈拉沙漠下午的气温都在摄氏45度以上。

如果上述断定为真，最能支持以下哪项结论？

A. 蚂蚁只在上午或晚上觅食。

B. 蚂蚁无法在撒哈拉沙漠存活。

C. 在撒哈拉沙漠存活的蚂蚁，如果不在上午或晚上觅食，那么一定不是依靠信息素气味的引导把食物运回蚁穴。

D. 如果蚂蚁不是依靠信息素的引导把食物运回蚁穴，那么一定依靠另一种物质，这种物质在气温达到摄氏 45 度以上时不会蒸发。

E. 蚂蚁具有耐高温的生存能力。

59—60 基于以下题干：

陈先生：有的学者认为，蜜蜂飞舞时发出的嗡嗡声是一种交流方式，例如蜜蜂在采花粉时发出的嗡嗡声，是在给同一蜂房的伙伴传递它们正在采花粉位置的信息。但事实上，蜜蜂不必通过这样费劲的方式来传递这样的信息。它们从采花粉处飞回蜂房时留下的气味踪迹，足以引导同伴找到采花粉的地方。

贾女士：我不完全同意你的看法。许多动物在完成某种任务时都可以有多种方式。例如，有些蜂类可以根据太阳的位置，也可以根据地理特征来辨别方位，同样，对于蜜蜂来说，气味踪迹只是它们的一种交流方式，而不是唯一的交流方式。

59. 以下哪项最为恰当地概括了陈先生和贾女士所争论的问题？

A. 关于动物行为方式的一般性理论，是否能只基于对某种动物的研究？

B. 蜜蜂飞舞时发出的嗡嗡声是否可以有多种不同的解释？

C. 是否只有蜜蜂才有能力向同伴传递位置信息？

D. 蜜蜂在采花粉时发出的嗡嗡声，是否在给同一蜂房的伙伴传递所在位置的信息？

E. 气味踪迹是否为蜜蜂的主要交流方式？

60. 在贾女士的应对中，提到有些蜂类辨别方位的方式。以下哪项最为恰当地概括了这一议论在贾女士应对中所起的作用？

A. 指出陈先生所使用的"动物交流方式"这个概念存在歧义。

B. 提供具体证据用以支持一般性的结论。

C. 对陈先生的一个关键论据的准确性提出质疑。

D. 指出陈先生的结论直接与他的某一个前提矛盾。

E. 对蜜蜂飞舞时发出的嗡嗡声提出了另一种解释。

2008 年 1 月 MBA 联考逻辑真题

31—32 题基于以下题干：

31. 只要不起雾，飞机就能起飞。

以下哪项正确的表达了上述断定？

（1）如果飞机按时起飞，则一定没有起雾。

（2）如果飞机不按时起飞，则一定起雾。

（3）除非起雾，否则飞机按时起飞。

A. 只有（1）。

B. 只有（2）。

C. 只有（3）。

D. 只有（2）和（3）。

E. （1）、（2）和（3）。

32. 以下哪项如果为真，说明上述断定不成立？

（1）没起雾，但飞机没按时起飞。

（2）起雾，但飞机仍然按时起飞。

（3）起雾，飞机航班延期。

A. 只有（1）。

B. 只有（2）。

C. 只有（3）。

D. 只有（2）和（3）。

E. （1）、（2）和（3）。

33. 南口镇仅有一中和二中两所中学，一中学生的学习成绩一般比二中的学生好，由于来自南口镇的李明乐在大学一年级的学习成绩是全班最好的，因此，他一定是南口镇一中毕业的。

以下哪项与题干的论述方式最为类似？

A. 如果父母对孩子的教育得当，则孩子在学校的表现一般都较好，由于王征在学校的表现不好，因此他的家长一定教育失当。

B. 如果小孩每天背诵诗歌 1 小时，则会出口成章，郭娜每天背诵诗歌不足 1 小时，因此，她不可能出口成章。

C. 如果人们懂得赚钱的方法，则一般都能积累更多的财富，因此，彭总的财富是来源于他的足智多谋。

D. 儿童的心理教育比成年人更重要，张青是某公司心理素质最好的人，因此，他一定在儿童时获得良好的心理教育。

E. 北方人个子通常比南方人高，马林在班上最高，因此，他一定是北方人。

34. 现在能够纠正词汇、语法和标点符号使用错误的中文电脑软件越来越多，记者们即使不具备良好的汉语基础也不妨碍撰稿。因此培养新闻工作者的学校不必重视学生汉语能力的提高，而应注重新闻工作者其他素质的培养。

以下哪些如果为真，最能削弱上述论证和建议？

A. 避免词汇、语法和标点符号的使用错误并不一定能够确保文稿的语言质量。

B. 新闻学课程一直强调并要求学生能够熟练应用计算机并熟悉各种软件。

C. 中文软件越是有效，被盗版的可能性越大。

D. 在新闻学院开设新课要经过复杂的论证与报批程序。

E. 目前大部分中文软件经常更新，许多人还在用旧版本。

35. 通常认为左撇子比右撇子更容易出事故。这是一种误解。事实上，大多数家务事故，大到火灾、烫伤，小到切破手指，都出自右撇子。

以上哪项最为恰当地概括了上述论证中的漏洞？

A. 对两类没有实质性区别的对象作实质性的区分。

B. 在两类不具有可比性的对象之间进行类比。

C. 未考虑家务事故在整个操作事故中所占的比例。

D. 未考虑左撇子在所有人中所占的比例。

E. 忽视了这种可能性：一些家务事故是由多个人造成的。

36. 东山市威达建材广场每家商场的门边都设有垃圾桶。这些垃圾桶的颜色是绿色或红色。

如果上述断定为真，则以下哪项一定为真？

Ⅰ 东山市有一些垃圾桶是绿色的。

Ⅱ 如果东山市的一家商店门边没有垃圾桶，那么这家商店不在威达建材广场。

Ⅲ 如果东山市的一家商店门边有一个红色垃圾桶，那么这家商店是在威达建材广场。

A. 只有Ⅰ。

B. 只有Ⅱ。

C. 只有Ⅰ和Ⅱ。

D. 只有Ⅰ和Ⅲ。

E. Ⅰ、Ⅱ和Ⅲ。

37. 水泥的原料是很便宜的，像石灰石和随处可见的泥土都可以用做水泥的原料。但水泥的价格会受石油价格的影响，因为在高温炉窑中把原料变为水泥要耗费大量的能源。

基于上述断定最可能得出以下哪项结论？

A. 石油是水泥所含的原料之一。

B. 石油是制水泥的一些高温炉窑的能源。

C. 水泥的价格随着油价的上升而下跌。

D. 水泥的价格越高，石灰石的价格也越高。

E. 石油价格是决定水泥产量的主要因素。

38. 郑女士：衡远市过去十年的 GDP（国内生产总值）增长率比易阳市高，因此衡远市的经济前景比易阳市好。

胡先生：我不同意你的观点。衡远市的 GDP 增长率虽然比易阳市高，但易阳市的 GDP 数值却更大。

以下哪项最为准确地概括了郑女士和胡先生争议的焦点？

A. 易阳市的 GDP 数值是否确实比衡远市大？

B. 衡远市的 GDP 增长率是否确实比易阳市高？

C. 一个城市的 GDP 数值大，是否经济前景一定好？

D. 一个城市的 GDP 增长率高，是否经济前景一定好？

E. 比较两个城市的经济前景，GDP 数值与 GDP 增长率哪个更重要？

39. 临床试验显示，对偶尔食用一定量的牛肉干的人而言，大多数品牌牛肉干的添加剂并不会导致动脉硬化。因此，人们可以放心食用牛肉干而无需担心对健康的影响。

以下哪项如果为真，最能削弱上述论证？

A. 食用大量牛肉干不利于动脉健康。

B. 动脉健康不等于身体健康。

C. 肉类都含有对人体有害的物质。

D. 喜欢吃牛肉干的人往往也喜欢食用其他对动脉健康有损害的食品。

E. 题干所述临床试验大都是由医学院的实习生在医师指导下完成的。

40. 和平基金决定中止对 S 研究所的资助，理由是这种资助可能被部分地用于武器研究。对此，S 研究所承诺：和平基金会的全部资助，都不会用于任何与武器相关的研究。和平基金会因此撤销了上述决定，并得出结论：只要 S 研究所遵守承诺，和平基金会的上述资助就不再会有利于武器研究。

以下哪项最为恰当地概括了和平基金会上述结论中的漏洞？

A. 忽视了这种可能性：S 研究所并不遵守承诺。

B. 忽视了这种可能性：S 研究所可以用其他来源的资金进行武器研究。

C. 忽视了这种可能性：和平基金的资助使 S 研究所有能力把其他资金改用武器研究。

D. 忽视了这种可能性：武器研究不一定危害和平。

E. 忽视了这种可能性：和平基金会的上述资助额度有限，对武器研究没有实质性意义。

41—42 题基于以下题干：

一般人认为，广告商为了吸引客户不择手段。但广告商并不都是这样。最近，为了扩大销路，一家名为《港湾》的家庭类杂志改名为《炼狱》，主要刊登暴力与色情内容。结果，原先《港湾》杂志的一些常年广告客户拒绝续签合同，转向其他刊物。这说明这些广告商不只考虑经济效益，而且顾及道德责任。

41. 以下各项如果为真，都能削弱上述论证，除了

A. 《炼狱》杂志所登载的暴力与色情内容在同类杂志中较为节制。

B. 刊登暴力与色情内容的杂志通常销量较高，但信誉度较低。

C. 上述拒绝续签合同的广告商主要推销家具商品。

D. 改名后的《炼狱》杂志的广告费比改名前提高了数倍。

E. 《炼狱》因登载虚假广告被媒体曝光，一度成为新闻热点。

42. 以下哪项如果为真，最能加强题干的论证？

A. 《炼狱》的成本与售价都低于《港湾》。

B. 上述拒绝续签合同的广告商在转向其他刊物后效益未受影响。

C. 家庭类杂志的读者一般对暴力与色情内容不感兴趣。

D. 改名后《炼狱》杂志的广告客户并无明显增加。

E. 一些在其他家庭类杂志做广告的客户转向《炼狱》杂志。

43. H国赤道雨林的面积每年以惊人的比例减少，引起了全球的关注。但是，卫星照片的数据显示，去年H国雨林面积的缩小比例明显低于往年。去年，H国政府支出数百万美元用以制止滥砍滥伐和防止森林火灾。H国政府宣称，上述卫星照片的数据说明，本国政府保护赤道雨林的努力取得了显著成效。

以下哪项如果为真，最能削弱H国政府的上述结论？

A. 去年H国用以保护赤道雨林的财政投入明显低于往年。

B. 与H国毗邻的G国的赤道雨林的面积并未缩小。

C. 去年H国的旱季出现了异乎寻常的大面积持续降雨。

D. H国用于雨林保护的费用只占年度财政支出的很小比例。

E. 森林面积的萎缩是全球性的环保问题。

44. 根据一个心理学理论，一个人想要快乐就必须和周围的人保持亲密的关系，但是世界上伟大的画家往往是在孤独中度过了他们的大部分时光，并且没有亲密的人际关系。所以，这种心理学理论的上述结论是不成立的。

以下哪项最可能是上述论证所假设的？

A. 该心理学理论是为了揭示内心体验与艺术成就的关系。

B. 有亲密人际关系的人几乎没有孤独的时候。

C. 孤独对于伟大的绘画艺术家来说是必需的。

D. 有些著名画家有亲密的人际关系。

E. 获得伟大成就的艺术家不可能不快乐。

45. 小陈：目前1996D3彗星的部分轨道远离太阳，最近却可以通过太空望远镜发现其发出闪烁光。过去人们从来没有观察到远离太阳的彗星出现这样的闪烁光，所以这种闪烁光必然是不寻常的现象。

小王：通常人们都不会去观察那些远离太阳的彗星，这次发现的1996D3彗星闪烁光是有人通过持续而细心的追踪观测而获得的。

以下哪项最为准确地概括了小王反驳小陈的观点所使用的方法？

A. 指出小陈使用的关键概念含义模糊。

B. 指出小陈的论据明显缺乏说服力。

C. 指出小陈的论据自相矛盾。

D. 不同意小陈的结论，并且对小陈的论据提出了另一种解释。

E. 同意小陈的结论，但对小陈的论据提出了另一种解释。

46. 陈先生要举办一个亲朋好友的聚会。他出面邀请了他父亲的姐夫、他姐夫的父亲、他哥哥的岳母、他岳母的哥哥。

陈先生最少出面邀请了几个客人？

A. 未邀请客人。

B. 1个客人。

C. 2 个客人。

D. 3 个客人。

E. 4 个客人。

47. 使用枪支的犯罪比其他类型的犯罪更容易导致命案。但是，大多数使用枪支的犯罪并没有导致命案。因此，没有必要在刑法中把非法使用枪支作为一种严重刑事犯罪，同其他刑事犯罪区分开来。

上述论证中的逻辑漏洞，与以下哪项中出现的最为类似？

A. 肥胖者比体重正常的人更容易患心脏病。但是，肥胖者在我国人口中只占很小的比例。因此，在我国，医疗卫生界没有必要强调肥胖导致心脏病的风险。

B. 不检点的性行为比检点的性行为更容易感染艾滋病。但是，在有不检点性行为的人群中，感染艾滋病的只占很小的比例。因此，没有必要在防治艾滋病的宣传中，强调不检点性行为的危害。

C. 流行的看法是，吸烟比不吸烟更容易导致肺癌。但是，在有的国家，肺癌患者中有吸烟史的人所占的比例，并不高于总人口中有吸烟史的比例。因此，上述流行的看法很可能是一种偏见。

D. 高收入者比低收入者更有可能享受生活。但是不乏高收入者宣称自己不幸福。因此，幸福生活的追求者不必关注收入的高低。

E. 高分考生比低分考生更有资格进入重点大学。但是，不少重点大学学生的实际水平不如某些非重点大学的学生。因此，目前的高考制度不是一种选拔人才的理想制度。

48. 张珊获得的奖金比李思的高，得知王武的奖金比苗晓琴的高后，可知张珊的奖金也比苗晓琴的高。

以下各项假设均能使上述推断成立，除了

A. 王武的奖金比李思的高。

B. 李思的奖金比苗晓琴的高。

C. 李思的奖金比王武的高。

D. 李思的奖金和王武的一样高。

E. 张珊的奖金不比王武的低。

49. 某实验室一共有 A、B、C 三种类型的机器人，A 型能识别颜色，B 型能识别形状，C 型既不能识别颜色也不能识别形状。实验室用红球、蓝球、红方块和蓝方块对 1 号和 2 号机器人进行实验，命令它们拿起红球，但 1 号拿起了红方块，2 号拿起了篮球。

根据上述实验，以下哪项断定一定为真？

A. 1 号和 2 号都是 C 型。

B. 1 号和 2 号中有且只有一个是 C 型。

C. 1 号是 A 型且 2 号是 B 型。

D. 1 号不是 B 型且 2 号不是 A 型。

E. 1 号可能不是 A、B、C 三种类型的任何一种。

50. A B 4 7

如果以上是4张卡片，一面是大写英文字母，另一面是阿拉伯数字，主持人断定，如果一面是A，则另一面是4。

如果试图推翻主持人的断定，但只允许翻动以上两张卡片，正确的选择是：

A. 翻动A和4。

B. 翻动A和7。

C. 翻动A和B。

D. 翻动B和7。

E. 翻动B和4。

51. 统计显示，在汽车事故中，装有安全气囊的汽车比例高于未安装气囊的汽车，因此，在统计中安装安全气囊，并不能使车主更安全。

以下哪项最为恰当的指出了上述论证漏洞？

A. 不加以说明就予以假设，任何安装气囊的汽车都有可能遭遇汽车事故。

B. 忽视了这种可能：未安装安全气囊的车主更注意谨慎驾驶。

C. 不当地假设：在任何汽车事故中，安全气囊都会自动打开。

D. 不当地把汽车事故的可能程度，等同于车主在事故中受伤害的严重程度。

E. 忽视了这种可能性：装有安全气囊汽车所占比例越来越大。

52. “有些好货不便宜，因此，便宜不都是好货。”

与以下哪项推理作类比说明以上推理不成立？

A. 湖南人不都爱吃辣椒，因此，有些爱吃辣椒的不是湖南人。

B. 有些人不自私，因此，人并不自私。

C. 好的动机不一定有好的效果，因此，好的效果不一定都产生好的动机。

D. 金属都导电，因此，导电的都是金属。

E. 有些南方人不是广东人，因此，广东人不都是南方人。

53. 某校以年级为单位，把学生的成绩分为优、良、中、差四等。在一学年中，各门考试分前10%的为优，后30%为差，其余的为良和中。在上一学年中，高二年级成绩为优的学生多于高一年级成绩为优的学生。

如果上述为真，则以下哪项一定为真？

A. 高二年级成绩为差的学生少于高一年级成绩为差的学生。

B. 高二年级成绩为差的学生多于高一年级成绩为差的学生。

C. 高二年级成绩为优的学生少于高一年级成绩为良的学生。

D. 高二年级成绩为优的学生少于高一年级成绩为良的学生。

E. 高二年级成绩为差的学生多于高一年级成绩为中的学生。

54. 有 90 个病人，都患难治病 T，服用过同样的常规药物。这些病人被分为人数相等的两组，第一组服用治疗 T 的试验药物 W 素，第二组服用不含 W 素的安慰剂。10 年后的统计显示，两组都有 44 人死亡。因此，这种药物是无效的。

以下哪项为真，最能削弱上述论证？

A. 在上述死亡的病人中，第二组的平均死亡年份比第一组早两年。

B. 在上述死亡的病人中，第二组的平均寿命比第一组小两岁。

C. 在上述活着的病人中，第二组的比第一组病情更严重。

D. 在上述活着的病人中，第二组的比第一组的更年长。

E. 在上述活着的病人中，第二组的比第一组的更年轻。

55. 小林因未戴游泳帽被拒绝进入深水池，小林出示深水合格证说：根据规定我可以进入深水池。游泳池的规定是：未戴游泳帽者不得进入游泳池，只有持有深水合格证，才能进入深水池。

小林最有可能把游泳池的规定理解为：

A. 除非持有深水合格证，否则不能进入深水池。

B. 只有持有深水合格证的人，才不需要戴游泳帽。

C. 如果持有深水合格证，就能进入深水池。

D. 准许进入游泳池的，不一定准许进入深水池。

E. 有了深水合格证，就不需要戴泳帽。

56. 北大西洋海域的鳕鱼数量锐减，但几乎同时海豹的数量却明显增加。有人说是海豹导致了鳕鱼的减少。这种说法难以成立，因为海豹很少以鳕鱼为食。

以下哪项如果为真，最能削弱上述论证？

A. 海水污染对鳕鱼造成的伤害比对海豹造成的伤害严重。

B. 尽管鳕鱼数量锐减，海豹数量明显增加，但在北大西洋海域，海豹的数量仍少于鳕鱼。

C. 在海豹的数量增加以前，北大西洋海域的鳕鱼数量就已经减少了。

D. 海豹生活在鳕鱼无法生存的冰冷海域。

E. 鳕鱼只吃毛鳞鱼，而毛鳞鱼也是海豹的主要食物。

57. 北方人不都爱吃面食，但南方人都不爱吃面食。

如果已知上述第一个断定真，第二个断定假，则以下哪项据此不能确定真假？

Ⅰ　北方人都爱吃面食，有的南方人也爱吃面食。

Ⅱ　有的北方人爱吃面食，有的南方人不爱吃面食。

Ⅲ　北方人都不爱吃面食，南方人都爱吃面食。

A. 只有Ⅰ。

B. 只有Ⅱ。

C. 只有Ⅲ。

D. 只有Ⅱ和Ⅲ。

E. Ⅰ、Ⅱ和Ⅲ。

58. 人都不可能不犯错误，不一定所有人都会犯严重错误。

如果上述断定为真，则以下哪项一定为真？

A. 人都可能会犯错误，但有的人可能不犯严重错误。

B. 人都可能会犯错误，但所有的人都可能不犯严重错误。

C. 人都一定会犯错误，但有的人可能不犯严重错误。

D. 人都一定会犯错误，但所有的人都可能不犯严重错误。

E. 人都可能会犯错误，但有的人一定不犯严重错误。

59—60 题基于以下题干：

某公司有 F、G、H、I、M 和 P 六位总经理助理，三个部门。每一部门恰由三个总经理助理分管。每个总经理助理至少分管一个部门。以下条件必须满足：

（1）有且只有一位总经理助理同时分管三个部门。

（2）F 和 G 不分管同一部门。

（3）H 和 I 不分管同一部门。

59. 以下哪项一定为真？

A. 有的总经理助理恰分管两个部门。

B. 任一部门由 F 或 G 分管。

C. M 或 P 只分管一个部门。

D. 没有部门由 F、M 和 P 分管。

E. P 分管的部门 M 都分管。

60. 如果 F 和 M 不分管同一部门，则以下哪项一定为真？

A. F 和 H 分管同一部门。

B. F 和 I 分管同一部门。

C. I 和 P 分管同一部门。

D. M 和 G 分管同一部门。

E. M 和 P 不分管同一部门。

2008 年 10 月在职 MBA 联考逻辑真题

31. 除非调查，否则就没有发言权。

以下各项都符合题干的断定，除了

A. 如果调查，就一定有发言权。

B. 只有调查，才有发言权。

C. 没有调查，就没有发言权。

D. 如果有发言权，则一定作过调查。

E. 或者调查，或者没有发言权。

32. 周清打算请一个钟点工，于是上周末她来到惠明家政公司。但公司工作人员粗鲁的接待方式使她得出结论：这家公司的员工缺乏教养，不适合家政服务。

以下哪项如果为真，最能削弱上述论证？

A. 惠明家政公司员工通过有个性的服务展现其与众不同之处。

B. 惠明家政公司员工近千人，绝大多数为外勤人员。

C. 周清是一个爱挑剔的人，她习惯于否定他人。

D. 教养对家政公司而言并不是最主要的。

E. 周清对家政公司员工的态度既傲慢又无礼。

33. A 地区和 B 地区相邻，如果基于耕种地和休耕地的总面积计算最近 12 年的平均亩产，A 地区是 B 地区的 120%；如果仅基于耕种地的面积，A 地区是 B 地区的 70%。

如果上述陈述为真，最可能推断出以下哪项？

A. A 地区生产的谷物比 B 地区多。

B. A 地区休耕地比 B 地区多。

C. A 地区少量休耕地是可利用的农田。

D. 耕种地占总农田的比例，A 地区比 B 地区高。

E. B 地区休耕地面积比 A 地区耕种地面积多。

34. 在村庄东西两块玉米地中，东面的地施过磷酸钙单质肥料，西面的地则没有。如果，东面的地亩产玉米 300 公斤，西面的地亩产仅 150 公斤。因此，东面的地比西面的地产量高的原因是施用了过磷酸钙单质肥料。

以下哪项如果为真，最可能削弱上述论证？

A. 给东面地施用过磷酸钙是过期的肥料。

B. 北面的地施用过硫酸钾单质化肥，亩产玉米 220 公斤。

C. 每块地种植了不同种类的四种玉米。

D. 两块地的田间管理无明显不同。

E. 东面和西面两块地的土质不同。

35. 书最早是以昂贵的手稿复制品出售的，印刷机问世后，就便宜多了。在印刷机问世的最初几年里，市场上对书的需求量成倍增长。这说明，印刷品书籍的出现刺激了人们的阅读兴趣，大大增加了购书者的数量。

以下哪项如果为真，最能质疑上述论证？

A. 书的手稿复制品比印刷品更有收藏价值。

B. 在印刷机问世的最初几年里，原来手稿复制品书籍的购买者，用原来只能买一本书的钱，买了多本印刷品书籍。

C. 在印刷机问世的最初几年里，印刷品的质量远不如现代的印刷品那样图文并茂，很难吸引年经人购买。

D. 在印刷机问世的最初几年里，印刷书籍都没有插图。

E. 在印刷机问世的最初几年里，读者的主要阅读兴趣从小说转到了科普读物。

36. 核电站所发生的核泄漏严重事故的最初起因，没有一次是设备故障，都是人为失误所致。这种失误，和小到导致交通堵塞、大到导致仓库失火的人为失误，没有实质性的区别。从长远的观点看，交通堵塞和仓库失火几乎是不可能避免的。

上述断定最能支持以下哪项结论？

A. 核电站不可能因设备故障而导致事故。

B. 核电站的管理并不比指挥交通、管理仓库复杂。

C. 核电站如果持续运作，那么发生核泄漏严重事故几乎是不可避免的。

D. 人们试图通过严格的规章制度以杜绝安全事故的努力是没有意义的。

E. 为使人类免于核泄漏引起的灾难，世界各地的核电站应当立即停止运作。

37. 陈先生：昨天我驾车时被警察出具罚单，理由是我超速。警察这样做是不公正的。我敢肯定，当时我看到很多车都超速，为什么受罚的只有我一个？

贾女士：你并没有受到不公正的对待，因为警察当时不可能制止所有的超速汽车。事实上，当时每个超速驾驶的人都同样可能被出具罚单。

确定以下哪项原则，最能支持贾女士的观点？

A. 任何处罚的公正性，只能是相对的，不是绝对的。绝对公正的处罚，是一种理想化的标准，不具有可操作性。

B. 对违反交通规则的处罚不是一种目的，而是一种手段。

C. 违反交通规则的处罚对象，应当是所有违反交通规则的人。

D. 任何处罚，只要有法规依据，应当是所有违反交通规则的人。

E. 如果每个违反交通规则的人被处罚的可能性均等，那么，对其中任何一个人的处罚都是公正的。

38. 大多数抗忧郁药物都会引起体重增加，尽管在服用这些抗忧郁药物时，节食有助于减少体重的增加，但不可能完全避免这种现象。

以上信息最能支持以下哪项结论？

A. 医生不应当给体重超重的患者开抗忧郁药处方。

B. 至少有些服用抗忧郁药物的人体重会超重。

C. 至少有些服用抗忧郁药物的人会体重增加。

D. 至少有些服用抗忧郁药物的患者应当通过节食来保持体重。

E. 服用抗忧郁药物的人体重超重，是由于没有坚持节食。

39. 一个国家要发展，最重要的是保持稳定。一旦失去稳定，经济的发展、政治的改革就失去了可行性。

上述议论的结构和以下哪项的结构最不类似？

A. 一个饭店，最重要的是让顾客感到饭菜好吃。价格的合理、服务的周到、环境的优雅，只有在顾客吃得满意的情况下才有意义。

B. 一个人，最要紧的是不能穷。一旦没钱，有学问、有长相、有品行，又能有什么用呢？

C. 高等院校，即使是研究型的高等院校，其首要任务是培养学生。这一任务完成得不好，校园再漂亮，设施再先进，发表的论文再多，也是没有意义的。

D. 对于文艺作品来说，最重要的是它的可读性、观赏性。只要有足够多的读者，高质量的文艺作品就一定能实现它的社会效益和经济效益。

E. 一个品牌要能长期占领市场，最重要的是产品质量。一个产品如果质量不过关，广告或包装再讲究，也不能使它长期占领市场。

40. 现在公历的某月某日与哪天是星期几是随年份变化的。例如，你去年生日那天是星期日，但今年的就不是星期日了。如果约定：每年的 1 月 1 日是星期日，全年有 52 个完整的周，共 364 天；普通年的最后一天和闰年的最后两天都不属于任何一周。

根据上述约定，这以下哪项一定为真？

Ⅰ　如果某人结婚的那天是星期日，则他的结婚纪念日都是星期日。

Ⅱ　如果某人的第一个工休日是星期日，并且必须连续工作六天后休息一天，则他的每个工休日都是星期日。

Ⅲ　如果某人的第一个工休日是星期日，并且必须连续工作六天后休息一天，则他的每个工休日都不是星期日。

A. 只有Ⅰ。

B. 只有Ⅱ。

C. 只有Ⅲ。

D. 只有Ⅰ和Ⅱ。

E. 只有Ⅱ和Ⅲ。

41—42 题基于以下题干：

林教授患有支气管炎。为了取得疗效，张医生要求林教授立即戒烟。

41. 为使张医生的要求有说服力，以下哪项是必须假设的？

A. 张医生是经验丰富的治疗支气管炎的专家。

B. 抽烟是引起支气管炎的主要原因。

C. 支气管炎患者抽烟，将严重影响治疗效果。

D. 严重支气管炎将导致肺气肿。

E. 张医生本人并不抽烟。

42. 以下哪项是张医生的要求所预设的？

A. 林教授抽烟。

B. 林教授的支气管炎非常严重。

C. 林教授以前戒过烟，但失败了。

D. 林教授抽的都是劣质烟。

E. 林教授有支气管炎家族史。

43. 在高速公路上行使时，许多司机都会超速。因此，如果规定所有汽车都必须安装一种装置，这种装置在汽车超速时都会发出声音提醒司机减速，那么，高速公路上的交通事故将会明显减少。

上述论证依赖于以下哪项假设？

Ⅰ 在高速公路上超速行使的司机，大都没有意识到自己超速。

Ⅱ 高速公路上发生交通事故的重要原因，是司机超速行使。

Ⅲ 上述装置的价格十分昂贵。

A. 只有Ⅰ。

B. 只有Ⅱ。

C. 只有Ⅲ。

D. 只有Ⅰ和Ⅱ。

E. Ⅰ、Ⅱ和Ⅲ。

44. 许多人不了解自己，也不设法去了解自己。这样的人可能想了解别人，但此种愿望肯定是要落空的，因为连自己都不了解的人不可能了解别人。由此可以得出结论：你要了解别人，首先要了解自己。

以下哪项对上述论证的评价最为恰当？

A. 上述论证所运用的推理是成立的。

B. 上述论证有漏洞，因为它把得出某种结果的必要条件当做充分条件。

C. 上述论证有漏洞，因为它不当地假设：每个人都可以了解自己。

D. 上述论证有漏洞，因为它忽视了这种可能性：了解自己比了解别人更困难。

E. 上述论证有漏洞，因为它基于个别性的事实轻率概括出一般型的结论。

45. 有人提出通过开采月球上的氦－3来解决地球上的能源危机，在熔合反应堆中氦－3可以用做燃料。这一提议是荒谬的，即使人类能够在月球上开采出氦－3，要建造上述熔合反应堆在技术上至少也是50年以后的事。地球今天面临的能源危机到那个时候再着手解决就太晚了。

以下哪项最为恰当地概括了题干所要表达的意思？

A. 如果地球今天面临的能源危机不能在50年内得到解决，那就太晚了。

B. 开采月球上的氦－3不可能解决地球上近期的能源危机。

C. 开采和利用月球上的氦－3只是一种理论假设，实际上做不到。

D. 人类解决能源危机的技术突破至少需要50年。

E. 人类的太空搜索近年内不可能有效解决地球面临的问题。

46—47题基于以下题干：

陈教授：中世纪初欧洲与东亚之间没有贸易往来，因为在现存的档案中找不到这方面的任何文字记录。

李研究员：您的论证与这样一个论证类似：传说中的喜马拉雅雪人是不存在的，因为从来没有人作证亲眼看到过这种雪人。这一论证的问题在于：有人看到雪人当然能证明雪人存在，但没有人看到不能证明雪人不存在。

46. 以下哪项最为准确地概括了李研究员所要表达的结论？

A. 断定中世纪初欧洲与东亚之间存在贸易往来，和断定存在喜马拉雅雪人一样，缺少科学的论证。

B. 尽管缺少可靠的文字记录，但中世纪初欧洲与东亚之间非常可能存在贸易往来。

C. 不同内容的论证之间存在可比性。

D. 不能简单地根据缺乏某种证据证明中世纪初欧洲与东亚之间有贸易往来，就说这种贸易往来不存在。

E. 证明事物不存在要比证明它存在困难得多。

47. 以下哪项如果为真，最能反驳李研究员的论证？

A. 中世纪初欧洲与东亚之间存在贸易往来的证据，应该主要依赖于考古发现，而不是依赖于文字档案。

B. 虽然东亚保存的中世纪初文档中有关于贸易的记录，但这一时期的欧洲文档却几乎没有关于贸易的记录。

C. 有文字档案记载，中世纪初欧洲与南亚和北非之间存在贸易往来。

D. 中世纪初欧洲海外贸易主要依赖海上运输。

E. 欧洲与东亚现存的中世纪初文档中没有当时两个地区贸易的记录，如果有这种贸易往来，不大可能不留记录。

48. 捐助希望工程的动机，大都是社会责任，但也有的是个人功利，当然，出于社会责任的行为，并不一定都不考虑个人功利。对希望工程的每一项捐助，都是利国利民的善举。

如果上述断定为真，以下哪项不可能为真？

A. 有的行为出于社会责任，但不是利国利民的善举。

B. 所有考虑个人功利的行为，都不是利国利民的善举。

C. 有的出于社会责任的行为是善举。

D. 有的行为虽然不是出于社会责任，但却是善举。

E. 对希望工程的有些捐助，既不是出于社会责任，也不是出于个人功利，而是有其他原因，例如服从某种摊派。

49. 张教授：上个世纪80年代以来，斑纹猫头鹰的数量急剧下降，目前已有濒临灭绝的危险。木材采伐公司应对此负有责任，它们大量采伐的陈年林区是猫头鹰的栖息地。

李研究员：斑纹猫头鹰数量的下降不能归咎于木材采伐公司。近30年来，一种繁殖力更强的条纹猫头鹰进入陈年林区，和斑纹猫头鹰争夺生存资源。

以下哪项最为准确地概括了李研究员对张教授观点的反驳？

A. 否定张教授的前提，这一前提是：木材采伐公司一直在陈年林区采伐。
B. 质疑张教授的假设，这一假设是：猫头鹰只能在陈年林区生存。
C. 对斑纹猫头鹰数量下降的原因提出另一种解释。
D. 指出张教授夸大了对陈年林区采伐的负面影响。
E. 指出张教授把斑纹猫头鹰濒临灭绝偷换成猫头鹰濒临灭绝。

50—51 题基于以下题干：

纯种赛马是昂贵的商品。一种由遗传缺陷引起的疾病威胁着纯种赛马，使它们轻则丧失赛跑能力，重则瘫痪甚至死亡。因此，赛马饲养者认为，一旦发现有此种缺陷的赛马应停止饲养。这种看法是片面的。因为一般地说，此种疾病可能通过伙食和医疗加以控制。另外，有此种遗传缺陷的赛马往往特别美，这正是马术表演特别看重的。

50. 以下哪项最为准确地概括了题干所要论证的结论？
A. 美观的外表对于赛马来说特别重要。
B. 有遗传缺陷的赛马不一定丧失比赛能力。
C. 不应当绝对禁止饲养有遗传缺陷的赛马。
D. 一些有遗传缺陷的赛马的疾病未得到控制，是由于缺乏合理的伙食或必要的医疗。
E. 遗传疾病虽然是先天的，但其病变可以通过后天的人为措施加以控制。

51. 以下哪项最为准确地概括了题干的论证所运用的方法？
A. 质疑上述赛马饲养者的动机。
B. 论证上述赛马饲养者的结论与其论据自相矛盾。
C. 指出上述赛马饲养者的论据不符合事实。
D. 提出新的思路，并不否定上述赛马饲养者的论据，但得出与其不同的结论。
E. 构造一种类比，指出上述赛马饲养者的论证与一种明显有误的论证类似。

52. 临近本科毕业，李明所有已修课程的成绩均是优秀。按照学校规定，如果最后一学期他的课程成绩也都是优秀，就一定可以免试就读研究生。李明最后一个学期有一门功课未能获得优秀，因此他不能免试就读研究生了。

以下哪项对上述论证的评价最为恰当？
A. 上述论证是成立的。
B. 上述论证有漏洞，因为它忽视了：课程成绩只是衡量学生素质的一个方面。
C. 上述论证有漏洞，因为它忽视了：所陈述的规定有漏洞，会导致的理解有歧义。
D. 上述论证有漏洞，因为它把题干所陈述的规定错误理解为：只要所有学期课程成绩均是优秀，就一定可以免试就读研究生。
E. 上述论证有漏洞，因为它把题干所陈述的规定错误理解为：只有所有学期课程成绩均是优秀，才可以免试就读研究生。

53. 张珊一直是甲班学习成绩最差的学生，但此次期末考试各科成绩均及格。因此，甲班在此次期末考试中将不会有学生不及格。

以下哪项如果为真，最能削弱上述论证？

A. 张珊此次期末考试各科的平均成绩不是甲班最差的。

B. 张珊不是甲班学习成绩最差的学生。

C. 考试成绩不能成为评定学生的唯一标准。

D. 甲班学生李思由于迷恋网络，学习成绩急剧下滑。

E. 甲班学生王武在此次期末考试中有一门功课不及格。

54. 维护个人利益是个人行为的唯一动机。因此，维护个人利益是影响个人行为的主要因素。

以下哪项如果为真，最能削弱题干论证？

A. 维护个人利益是否是个人行为的唯一动机，值得讨论。

B. 有时动机不能成为影响个人行为的主要因素。

C. 个人利益之间既有冲突，也有一致。

D. 维护个人利益的行为也能有利于公共利益。

E. 个人行为不能完全脱离群体行为。

55. 生活节俭应当成为选拔国家干部的标准。一个不懂得节俭的人，怎么能尽职地为百姓当家理财呢？

以下各项都符合题干的断定，除了：

A. 一个生活节俭的人，一定能成为称职的国家干部。

B. 只有生活节俭，才能尽职地为社会服务。

C. 一个称职的国家干部，一定是一个生活节俭的人。

D. 除非生活节俭，否则不能成为称职的国家干部。

E. 不存在生活不节俭却又合格的国家干部。

56. 在中唐公司的中层干部中，王宜获得了由董事会颁发的特别奖。

如果上述断定为真，则以下哪项断定不能确定真假？

Ⅰ 中唐公司的中层干部都获得了特别奖。

Ⅱ 中唐公司的中层干部都没有获得特别奖。

Ⅲ 中唐公司的中层干部中，有人获得了特别奖。

Ⅳ 中唐公司的中层干部中，有人没获得特别奖。

A. 只有Ⅰ。

B. 只有Ⅲ和Ⅳ。

C. 只有Ⅱ和Ⅲ。

D. 只有Ⅰ和Ⅳ。

E. Ⅰ、Ⅱ和Ⅲ。

57. 有些具有良好效果的护肤化妆品是诺亚公司生产的。所有诺亚公司生产的护肤化妆品都价格昂贵，而价格昂贵的护肤化妆品无一例外得到女士们的青睐。

以下各项都能从题干的断定中推出，除了：

A. 有些效果良好的化妆品得到女士们的青睐。

B. 得到女士们青睐的护肤化妆品中，有些实际效果并不好。

C. 所有诺亚公司生产的护肤化妆品都得到女士们的青睐。

D. 有些价格昂贵的护肤化妆品是效果良好的。

E. 所有不被女士们青睐的护肤化妆品价格都便宜。

58. 如果品学兼优，就能获得奖学金。

假设以下哪项，能依据上述断定得出结论：李桐学习欠优？

A. 李桐品行优秀，但未能获得奖学金。

B. 李桐品行优秀，并获得了奖学金。

C. 李桐品行欠优，未获得奖学金。

D. 李桐品行欠优，但获得了奖学金。

E. 李桐并非品学兼优。

59—60 题基于以下题干：

F、G、J、K、L 和 M 六人应聘某个职位。只有被面试才能被聘用。以下条件必须满足：

如果面试 G，则面试 J。

如果面试 J，则面试 L。

F 被面试。

除非面试 K，否则不聘用 F。

除非面试 M，否则不聘用 K。

59. 以下哪项可能为真？

A. 只有 F、J 和 M 被面试。

B. 只有 F、J 和 K 被面试。

C. 只有 G 和另外一位应聘者被面试。

D. 只有 G 和另外两位应聘者被面试。

E. 只有 G 和另外三位应聘者被面试。

60. 如果 M 未被面试，则以下哪项一定为真？

A. K 未被面试。

B. K 被面试单位聘用。

C. F 被面试，但 K 未被聘用。

D. F 被聘用，但 K 未被聘用。

E. F 被聘用。

2009 年 1 月 MBA 联考逻辑真题

26. 某中学发现有学生课余用扑克玩带有赌博性质的游戏，因此规定学生不得带扑克进入学校，不过即使是硬币，也可以用做赌具，但禁止学生带硬币进入学校是不可思议的，因此，禁止学生带扑克进学校是荒谬的。

以下哪项如果为真，最能削弱上述论证?

A. 禁止带扑克进学校不能阻止学生在校外赌博。

B. 硬币作为赌具远不如扑克方便。

C. 很难查明学生是否带扑克进学校。

D. 赌博不但败坏校风，而且影响学生学习成绩。

E. 有的学生玩扑克不涉及赌博。

27. 甲、乙、丙和丁四人进入某围棋邀请赛半决赛，最后要决出一名冠军。张、王和李三人对结果作了如下预测:

张：冠军不是丙。

王：冠军是乙。

李：冠军是甲。

已知张、王、李三人中恰有一人的预测正确，以下哪项为真?

A. 冠军是甲。

B. 冠军是乙。

C. 冠军是丙。

D. 冠军是丁。

E. 无法确定冠军是谁。

28. 除非年龄在 50 岁以下，并且能持续游泳 3 000 米以上，否则不能参加下个月举行的横渡长江活动。同时，高血压和心脏病患者不能参加。老黄能持续游泳 3 000 米以上，但没被批准参加这项活动。

以上断定能推出以下哪项结论?

Ⅰ　老黄的年龄至少 50 岁。

Ⅱ　老黄患有高血压。

Ⅲ　老黄患有心脏病。

A. 只有Ⅰ。

B. 只有Ⅱ。

C. 只有Ⅲ。

D. Ⅰ、Ⅱ和Ⅲ至少有一。

E. Ⅰ、Ⅱ和Ⅲ都不能从题干推出。

29. 一项对西部山区小塘村的调查发现，小塘村约五分之三的儿童入中学后出现中度以上的近视，而他们的父母及祖辈，没有机会到正规学校接受教育，很少出现近视。

以下哪项作为上述断定的结论最为恰当？

A. 接受文化教育是造成近视的原因。

B. 只有在儿童期接受正式教育才易于成为近视。

C. 阅读和课堂作业带来的视觉压力必然造成儿童的近视。

D. 文化教育的发展和近视现象的出现有密切关系。

E. 小塘村约五分之二的儿童是文盲。

30. 小李考上了清华，或者小孙没考上北大。

增加以下哪项条件，能推出小李考上了清华？

A. 小张和小孙至少有一人未考上北大。

B. 小张和小李至少有一个未考上清华。

C. 小张和小孙都考上了北大。

D. 小张和小李都未考上清华。

E. 小张和小孙都未考上北大。

31. 大李和小王是某报新闻部的编辑。该报总编计划从新闻部抽调人员到经济部。总编决定：未经大李和小王本人同意，将不调动两人。大李告诉总编："我不同意调动，除非我知道小王是否调动。"小王说："除非我知道大李是否调动，否则我不同意调动。"

如果上述三人坚持各自的决定，则可推出以下哪项结论？

A. 两人都不可能调动。

B. 两人都可能调动。

C. 两人至少有一人可能调动，但不可能两人都调动。

D. 要么两人都调动，要么两人都不调动。

E. 题干的条件推不出关于两人调动的确定结论。

32. 去年经纬汽车专卖店调高了营销人员的营销业绩奖励比例。专卖店李经理打算新的一年继续执行该奖励比例，因为去年该店的汽车销售数量较前年增加了16%。陈副经理对此持怀疑态度，她指出，他们的竞争对手并没有调整营销人员的奖励比例，但在过去的一年也出现了类似的增长。

以下哪项最为恰当地概括了陈副经理的质疑方法？

A. 运用一个反例，否定李经理的一般性结论。

B. 运用一个反例，说明李经理的论据不符合事实。

C. 运用一个反例，说明李经理的论据虽然成立，但不足以推出结论。

D. 指出李经理的论证对一个关键概念的理解和运用有误。

E. 指出李经理的论证中包含自相矛盾的假设。

33. 某综合性大学只有理科与文科，理科学生多于文科学生，女生多于男生。

如果上述断定为真，则以下哪项关于该大学学生的断定也一定为真？

Ⅰ 文科的女生多于文科的男生。

Ⅱ 理科的男生多于文科的男生。

Ⅲ 理科的女生多于文科的男生。

A. 只有Ⅰ和Ⅱ。

B. 只有Ⅲ。

C. 只有Ⅱ和Ⅲ。

D. Ⅰ、Ⅱ和Ⅲ。

E. Ⅰ、Ⅱ和Ⅲ都不一定是真的。

34. 对本届奥运会所有奖牌获得者进行了尿样化验，没有发现兴奋剂使用者。

如果以上陈述为假，则以下哪项一定为真？

Ⅰ 或者有的奖牌得者没有化检尿样，或者在奖牌获得者中发现了兴奋剂使用者。

Ⅱ 虽然有的奖牌获得者没有化检尿样，但还是发现了兴奋剂使用者。

Ⅲ 如果对所有奖牌获得者进行了尿样化验，则一定发现了兴奋剂使用者。

A. 只有Ⅰ。

B. 只有Ⅱ。

C. 只有Ⅲ。

D. 只有Ⅰ和Ⅲ。

E. 只有Ⅰ和Ⅱ。

35. 某地区过去三年日常生活必需品平均价格增长了30%。在同一时期，购买日常生活必需品的开支占家庭平均月收入的比例并未发生变化。因此，过去三年中家庭平均收入的一定也增长了30%。

以下哪项最可能是上述论证所假设的？

A. 在过去三年中，平均每个家庭购买的日常生活必需品数量和质量没有变化。

B. 在过去三年中，除生活必需品外，其他商品平均价格的增长低于30%。

C. 在过去三年中，该地区家庭的数量增加了30%。

D. 在过去三年中，家庭用于购买高档消费品的平均开支明显减少。

E. 在过去三年中，家庭平均生活水平下降了。

36—37 题基于以下题干：

张教授：在南美洲发现的史前木质工具存在于13 000 年以前。有的考古学家认为，这些工具是其祖先从西伯利亚迁徙到阿拉斯加的人群使用的。这一观点难以成立。因为要到达南美，这些人群必须在13 000 年前经历长途跋涉，而在从阿拉斯加到南美洲之间，从未发现13 000 年前的木质工具。

李研究员：您恐怕忽视了：这些木质工具是在泥煤沼泽中发现的，北美很少有泥煤沼泽。木质工具在普通的泥土中几年内就会腐烂化解。

36. 以下哪项最为准确地概括了张教授与李研究员所讨论的问题？

A. 上述史前木质工具是否是其祖先从西伯利亚迁徙到阿拉斯加的人群使用的？
B. 张教授的论据是否能推翻上述考古学家的结论？
C. 上述人群是否可能在 13 000 年前完成从阿拉斯加到南美洲的长途跋涉？
D. 上述木质工具是否只有在泥煤沼泽中才不会腐烂化解。
E. 上述史前木质工具存在于 13 000 年以前的断定是否有足够的根据？

37. 以下哪项最为准确地概括了李研究员的应对方法？
A. 指出张教授的论据违背事实。
B. 引用与张教授的结论相左的权威性研究成果。
C. 指出张教授曲解了考古学家的观点。
D. 质疑张教授的隐含假设。
E. 指出张教授的论据实际上否定其结论。

38. 一些人类学家认为，如果不具备应付各种自然环境的能力，人类在史前年代不可能幸存下来。然而相当多的证据表明，阿法种南猿，一种与早期人类有关的史前物种，在各种自然环境中顽强生存的能力并不亚于史前人类，但最终灭绝了。因此，人类学家的上述观点是错误的。

上述推理的漏洞也类似地出现在以下哪项中？

A. 大张认识到赌博是有害的，但就是改不掉。因此，"不认识错误就不能改正错误"这一断定是不成立的。

B. 已经找到了证明造成艾克矿难是操作失误的证据。因此，关于艾克矿难起因于设备老化、年久失修的猜测是不成立的。

C. 大李图便宜，买了双旅游鞋，穿不了几天就坏了。因此，怀疑"便宜无好货"是没道理的。

D. 既然不怀疑小赵可能考上大学，那就没有理由担心小赵可能考不上大学。

E. 既然怀疑小赵一定能考上大学，那就没有理由怀疑小赵一定考不上大学。

39. 关于甲班体育达标测试，三位老师有如下预测：
张老师说："不会所有人都不及格。"
李老师说："有人会不及格。"
王老师说："班长和学习委员都能及格。"
如果三位老师中只有一人的预测正确，则以下哪项一定为真？
A. 班长和学习委员都没及格。
B. 班长和学习委员都及格了。
C. 班长及格，但学习委员没及格。
D. 班长没及格，但学习委员及格了。
E. 以上各项都不一定为真。

40—41 题基于以下题干：

因为照片的影像是通过光线与胶片的接触形成的，所以每张照片都具有一定的真实性。但是，从不同角度拍摄的照片总是反映了物体某个侧面的真实而不是全部的真实，在这个意义上，照片又是不真实的。因此，在目前的技术条件下，以照片作为证据是不恰当的，特别是在法庭上。

40. 以下哪项是上述论证所假设的？

A. 不完全反映全部真实的东西不能成为恰当的证据。

B. 全部的真实性是不可把握的。

C. 目前的法庭审理都把照片作为重要物证。

D. 如果从不同角度拍摄一个物体，就可以把握它的全部真实性。

E. 法庭具有判定任一证据真伪的能力。

41. 以下哪项如果为真，最能削弱上述论证？

A. 摄影技术是不断发展的，理论上说，全景照片可以从外观上反映物体的全部真实。

B. 任何证据只需要反映事实的某个侧面。

C. 在法庭审理中，有些照片虽然不能成为证据，但有重要的参考价值。

D. 有些照片是通过技术手段合成或伪造的。

E. 就反映真实性而言，照片的质量有很大的差别。

42. 如果一个学校的大多数学生都具备足够的文学欣赏水平和道德自律意识，那么，像《红粉梦》和《演艺十八钗》这样的出版物就不可能成为在该校学生中销售最多的书。去年在H学院的学生中，《演艺十八钗》的销售量仅次于《红粉梦》。

如果上述断定为真，则以下哪项一定为真？

Ⅰ　去年H学院的大多数学生都购买了《红粉梦》或《演艺十八钗》。

Ⅱ　H学院的大多数学生既不具备足够的文学欣赏水平，也不具备足够的道德自律意识。

Ⅲ　学院至少有些学生不具备足够的文学欣赏水平，或者不具备足够的道德自律意识。

A. 只有Ⅰ。

B. 只有Ⅱ。

C. 只有Ⅲ。

D. Ⅱ和Ⅲ。

E. Ⅰ、Ⅱ和Ⅲ。

43. 这次新机种试飞只是一次例行试验，既不能算成功，也不能算不成功。

以下哪项对于题干的评价最为恰当？

A. 题干的陈述没有漏洞。

B. 题干的陈述有漏洞，这一漏洞也出现在后面的陈述中：这次关于物价问题的社会调查结果，既不能说完全反映了民意，也不能说一点也没有反映民意。

C. 题干的陈述有漏洞，这一漏洞也出现在后面的陈述中：这次考前辅导，既不能说完全成功，也不能说彻底失败。

D. 题干的陈述有漏洞，这一漏洞也出现在后面的陈述中：人有特异功能，既不是被事实证明的科学结论，也不是纯属欺诈的伪科学结论。

E. 题干的陈述有漏洞，这一漏洞也出现在后面的陈述中：在即将举行的大学生辩论赛中，我不认为我校代表队一定能进入前四名，我也不认为我校代表队可能进不了前四名。

44. S市持有驾驶证的人员数量较五年前增加了数十万，但交通死亡事故却较五年前有明显的减少。由此可以得出结论：目前S市驾驶员的驾驶技术熟练程度较五年前有明显的提高。

以下各项如果为真，都能削弱上述论证，除了

A. 交通事故的主要原因是驾驶员违反交通规则。

B. 目前S市的交通管理力度较五年前有明显加强。

C. S市加强对驾校的管理，提高了对新驾驶员的培训标准。

D. 由于油价上涨，许多车主改乘公交车或地铁上下班。

E. S市目前的道路状况及安全设施较五年前有明显改善。

45. 肖群一周工作五天，除非这周内有法定休假日。除了周五在志愿者协会，其余四天肖群都在大平保险公司上班。上周没有法定休假日。因此，上周的周一、周二、周三和周四肖群一定在大平保险公司上班。

以下哪项是上述论证所假设的？

A. 一周内不可能出现两天以上的法定休假日。

B. 大平保险公司实行每周四天工作日制度。

C. 上周的周六和周日肖群没有上班。

D. 肖群在志愿者协会的工作与保险业有关。

E. 肖群是个称职的雇员。

46. 在接受治疗的腰肌劳损患者中，有人只接受理疗，也有人接受理疗与药物双重治疗。前者可以得到与后者相同的预期治疗效果。对于上述接受药物治疗的腰肌劳损患者来说，此种药物对于获得预期的治疗效果是不可缺少的。

如果上述断定为真，则以下哪项一定为真？

Ⅰ 对于一部分腰肌劳损患者来说，要配合理疗取得治疗效果，药物治疗是不可缺少的。

Ⅱ 对于一部分腰肌劳损患者来说，要取得治疗效果，药物治疗不是不可缺少的。

Ⅱ 对于所有腰肌劳损患者来说，要取得治疗效果，理疗是不可缺少的。

A. 只有Ⅰ。

B. 只有Ⅱ。

C. 只有Ⅲ。

D. 只有Ⅰ和Ⅱ。

E. Ⅰ、Ⅱ和Ⅲ。

47. 在潮湿的气候中仙人掌很难成活；在寒冷的气候中柑橘很难生长。在某省的大部分地区，仙人掌和柑橘至少有一种不难成活生长。

如果上述断定为真，则以下哪项一定为假？

A. 该省的一半地区，既潮湿又寒冷。

B. 该省的大部分地区炎热。

C. 该省的大部分地区潮湿。

D. 该省的某些地区既不寒冷也不潮湿。

E. 柑橘在该省的所有地区都无法生长。

48. 主持人：有网友称你为国学巫师，也有网友称你为国学大师。你认为哪个名称更适合你？

上述提问中的不当也存在于以下各项中，除了

A. 你要社会主义的低速度，还是资本主义的高速度？

B. 你主张为了发展可以牺牲环境，还是主张宁可不发展也不能破坏环境？

C. 你认为人都自私，还是认为人都不自私？

D. 你认为“9·11”恐怖袭击必然发生，还是认为有可能避免？

E. 你认为中国队必然夺冠，还是认为不可能夺冠？

49. 张珊：不同于“刀”、“枪”、“箭”、“戟”，“之”、“乎”、“者”、“也”这些字无确定所指。

李思：我同意。因为“之”、“乎”、“者”、“也”这些字无意义，因此，应当在现代汉语中废止。

以下哪项最可能是李思认为张珊的断定所蕴涵的意思？

A. 除非一个字无意义，否则一定有确定所指。

B. 如果一个字有确定所指，则它一定有意义。

C. 如果一个字无确定所指，则应当在现代汉语中废止。

D. 只有无确定所指的字，才应当在现代汉语中废止。

E. 大多数的字都有确定所指。

50. 中国要拥有一流的国家实力，必须有一流的教育。只有拥有一流的国家实力，中国才能作出应有的国际贡献。

以下各项都符合题干的意思，除了

A. 中国难以作出应有的国际贡献，除非拥有一流的教育。

B. 只要中国拥有一流的教育，就能作出应有的国际贡献。

C. 如果中国拥有一流的国家实力，就不会没有一流的教育。

D. 不能设想中国作出了应有的国际贡献，但缺乏一流的教育。

E. 中国面临选择：或者放弃应尽的国际义务，或者创造一流的教育。

51. 科学离不开测量，测量离不开长度单位。公里、米、分米、厘米等基本长度单位的确立完全是一种人为约定，因此，科学的结论完全是一种人的主观约定，谈不上客观的标准。

以下哪项与题干的论证最为类似？

A. 建立良好的社会保障体系离不开强大的综合国力，强大的综合国力离不开一流的国民教育。因此，要建立良好的社会保障体系，必须有一流的国民教育。

B. 做规模生意离不开做广告。做广告就要有大额资金投入。不是所有人都能有大额资金投入。因此，不是所有人都能做规模生意。

C. 游人允许坐公园的长椅。要坐公园长椅就要靠近它们。靠近长椅的一条路径要踩踏草地。因此，允许游人踩踏草地。

D. 具备扎实的舞蹈基本功必须经过长年不懈的艰苦训练。在春节晚会上演出的舞蹈演员必须具备扎实的基本功。长年不懈的艰苦训练是乏味的。因此，在春节晚会上演出是乏味的。

E. 家庭离不开爱情，爱情离不开信任。信任是建立在真诚基础上的。因此，对真诚的背离是家庭危机的开始。

52. 所有的灰狼都是狼。这一断定显然是真的。因此，所有的疑似 SARS 病例都是 SARS 病例，这一断定也是真的。

以下哪项最为恰当地指出了题干论证的漏洞？

A. 题干的论证忽略了：一个命题是真的，不等于具有该命题形式的任一命题都是真的。

B. 题干的论证忽略了：灰狼与狼的关系，不同于疑似 SARS 病例和 SARS 病例的关系。

C. 题干的论证忽略了：在疑似 SARS 病例中，大部分不是 SARS 病例。

D. 题干的论证忽略了：许多狼不是灰色的。

E. 题干的论证忽略了：此种论证方式会得出其他许多明显违反事实的结论。

53. 违法必究，但几乎看不到违反道德的行为受到惩罚，如果这成为一种常规，那么，民众就会失去道德约束。道德失控对社会稳定的威胁并不亚于法律失控。因此，为了维护社会的稳定，任何违反道德的行为都不能不受惩治。

以下哪项是对上述论证的评价最为恰当？

A. 上述论证是成立的。

B. 上述论证有漏洞，它忽略了：有些违法行为并未受到追究。

C. 上述论证有漏洞，它忽略了：由违法必究，推不出缺德必究。

D. 上述论证有漏洞，它夸大了违反道德行为的社会危害性。

E. 上述论证有漏洞，它忽略了：由否定“违反道德的行为都不受惩治”，推不出“违反道德的行为都要受惩治”。

54. 张珊喜欢喝绿茶，也喜欢喝咖啡。他的朋友中没有人既喜欢喝绿茶，又喜欢喝咖啡，但他的所有朋友都喜欢喝红茶。

如果上述断定为真，则以下哪项不可能为真？

A. 张珊喜欢喝红茶。

B. 张珊的所有朋友都喜欢喝咖啡。

C. 张珊的所有朋友喜欢喝的茶在种类上完全一样。

D. 张珊有一个朋友既不喜欢喝绿茶，也不喜欢喝咖啡。

E. 张珊喜欢喝的饮料，他有一个朋友都喜欢喝。

55. 一个善的行为，必须既有好的动机，又有好的效果。如果是有意伤害他人，或是无意伤害他人，但这种伤害的可能性是可以预见的，在这两种情况下，对他人造成伤害的行为都是恶的行为。

以下哪项叙述符合题干的断定？

A. P先生写了一封试图挑拨E先生与其女友之间关系的信。P的行为是恶的，尽管这封信起到了与他的动机截然相反的效果。

B. 为了在新任领导面前表现自己，争夺一个晋升名额，J先生利用业余时间解决积压的医疗索赔案件，J的行为是善的，因为S小姐的医疗索赔请求因此得到了及时的补偿。

C. 在上班途中，M女士把自己的早餐汉堡包给了街上的一个乞丐。乞丐由于急于吞咽而被意外地噎死了。所以，M女士无意中实施了一个恶的行为。

D. 大雪过后，T先生帮邻居铲除了门前的积雪，但不小心在台阶上留下了冰。他的邻居因此摔了一跤。因此，一个善的行为导致了一个坏的结果。

E. S女士义务帮邻居照看3岁的小孩。小孩在S女士不注意时跑到马路上结果被车撞了。尽管S女士无意伤害这个小孩，但她的行为还是恶的。

2009年10月在职MBA联考逻辑真题

26. 张先生：常年吸烟可能有害健康。

李女士：你的结论反映了公众的一种误解。我的祖父活了96岁，但他从年轻时就一直吸烟。

以下哪项最为恰当地指出了李女士的反驳中存在的漏洞？

A. 试图依靠一个反例推翻一个一般性结论。

B. 试图诉诸个例在不相关的现象之间建立因果联系。

C. 试图运用一个反例反驳一个可能性结论。

D. 不当地依据个人经验挑战流行见解。

E. 忽视了这种可能：她的祖父如果不常年吸烟可以更为长寿。

27. 林斌一周工作五天，除非这周内有法定休假日。上周林斌工作了六天。

如果上述断定为真，以下哪项一定为真？

A. 上周可能有也可能没有法定休假日。

B. 上周林斌至少有一天在法定工作日工作。

C. 上周一定有法定休假日。

D. 上周一定没有法定休假日。

E. 以上各项都不一定为真。

28. 一批人报考电影学院，其中，

（1）有些考生通过了初试。

（2）有些考生没有通过初试。

（3）何梅与方宁没有通过初试。

如果上述三个断定中只有一个为真，以下哪项关于这批考生的断定一定为真？

A. 何梅通过了初试，但方宁没通过。

B. 方宁通过了初试，但何梅没有通过。

C. 所有考生都通过了初试。

D. 所有考生都没有通过初试。

E. 以上各选项都不一定为真。

29. 地球所在的太阳系的八大行星中，存在生命的就占了八分之一。按照这个比例，考虑到宇宙中存在数量巨大的行星，因此，宇宙中有生命的天体的数量一定是极其巨大的。

以上论证的漏洞在于，不加证明就预先假设

A. 一个天体如果与地球类似，就一定存在生命。

B. 一个星系，如果与太阳系类似，就一定恰有八个行星。

C. 太阳系的行星与宇宙中的许多行星类似。

D. 类似于地球上的生命可以在条件迥异的其他行星上生存。

E. 地球是最适合生命存在的行星。

30. 小李考上了清华，或者小孙未考上北大。如果小张考上了北大，则小孙也考上了北大；如果小张未考上北大，则小李考上了清华。

如果上述断定为真，则以下哪项一定为真？

A. 小李考上了清华。

B. 小张考上了北大。

C. 小李未考上清华。

D. 小张未考上北大。

E. 以上断定都不一定为真。

31. 张珊有合法与非法的概念，但没有道德上对与错的概念。他由于自己的某个行为受到起诉。尽管他承认自己的行为是非法的，但却不知道这一行为事实上是不道德的。

上述断定能恰当地推出以下哪项结论？

A. 张珊做了某种违法的事。

B. 张珊做了某种不道德的事。

C. 张珊是法律专业的毕业生。

D. 非法的行为不可能合乎道德。

E. 对于法律来说，道德上的无知不能成为借口。

32. 大投资的所谓巨片的票房收入，一般是影片制作与商业宣传总成本的二至三倍。但是电影产业的年收入大部分来自中小投资的影片。

以下哪项如果为真，最能解释题干的现象？

A. 大投资的巨片中确实不乏精品。

B. 大投资巨片的票价明显高于中小投资影片。

C. 对观众的调查显示，大投资巨片的平均受欢迎程度并不高于中小投资影片。

D. 票房收入不是评价影片质量的主要标准。

E. 投入市场的影片中，大部分是中小投资的影片。

33. 在欧洲历史中，封建主义这一概念在出现时首先假设了贵族阶级的存在。但是除非贵族的封号和世袭地位受到法律的确认，否则，严格意义上的贵族阶级就不可能存在。虽然欧洲的封建主义早在八世纪就存在，但是，直到十二世纪，贵族世袭才开始受到法律确认。而到了十二世纪，不少欧洲国家的封建制度已走向衰弱。

上述断定能恰当地推出以下哪项结论？

Ⅰ　在欧洲历史上，封建主义这一概念存在不同的定义。

Ⅱ　如果一个国家通过法律确认贵族的封号和世袭地位，则这个国家一定存在严格意义上的贵族阶级。

Ⅲ　封建国家中可能不存在严格意义上的贵族阶级。

A. 只有Ⅰ。

B. 只有Ⅱ。

C. 只有Ⅲ。

D. 只有Ⅰ和Ⅲ。

E. Ⅰ、Ⅱ和Ⅲ。

34. 董事长：如果提拔小李，就不提拔小孙。

以下哪项符合董事长的意思？

A. 如果不提拔小孙，就要提拔小李。

B. 不能小李和小孙都提拔。

C. 不能小李和小孙都不提拔。

D. 除非提拔小李，否则不提拔小孙。

E. 只有提拔小孙，才能提拔小李。

35. 贾女士：在英国，根据长子继承权的法律，男人的第一个妻子生的第一个儿子有首先继承家庭财产的权利。

陈先生：你说得不对。布朗公爵夫人就合法地继承了她父亲的全部财产。

以下哪项对陈先生所作断定的评价最为恰当？

A. 陈先生的断定是对贾女士的反驳，因为他举出了一个反例。

B. 陈先生的断定是对贾女士的反驳，因为他揭示了长子继承权性别歧视的实质。

C. 陈先生的断定不能构成对贾女士的反驳，因为任何法律都不可能得到完全的实施。

D. 陈先生的断定不能构成对贾女士的反驳，因为他对布朗夫人继承父产的合法性并未给予论证。

E. 陈先生的断定不能构成对贾女士的反驳，因为他把贾女士的话误解为只有儿子才有权继承财产。

36. 最近发现，19 世纪 80 年代保存的海鸟标本的羽毛中，汞的含量仅为目前同一品种活鸟的羽毛汞含量的一半。由于海鸟羽毛中的汞的积累是海鸟吃鱼所导致，这就表明现在海鱼中汞的含量比 100 多年前要高。

以下哪项是上诉论证的假设？

A. 进行羽毛汞含量检测的海鸟处于相同年龄段。

B. 海鱼的汞含量取决于其活动海域的污染程度。

C. 来源于鱼的汞被海鸟吸收后，残留在羽毛中的含量会随时间的变化而改变。

D. 在海鸟的食物结构中，海鱼所占的比例，在 19 世纪 80 年代并不比现在高。

E. 用于海鸟标本制作和保存的方法并没有显著减少海鸟羽毛中的汞含量。

37. 据某国卫生部门统计，2004 年全国糖尿病患者中，年轻人不到 10%，70% 为肥胖者。这说明，肥胖将极大地增加患糖尿病的危险。

以下哪项如果为真，将严重削弱上述结论？

A. 医学已经证明，肥胖是心血管病的重要诱因。

B. 2004 年，该国肥胖者的人数比 1994 年增加了 70%。

C. 2004 年，肥胖者在该国中老年人中所占的比例超过 60%。

D. 2004 年，该国年轻人中的肥胖者所占的比例，比 1994 年提高了 30%。

E. 2004 年，该国糖尿病的发病率比 1994 年降低了 20%。

38. 所有错误决策都不可能不付出代价，但有的错误决策可能不造成严重后果。

如果上述断定为真，则以下哪项一定为真？

A. 有的正确决策也可能付出代价，但所有的正确决策都不可能造成严重后果。

B. 有的错误决策必然要付出代价，但所有的错误决策都不一定造成严重后果。

C. 所有的正确决策都不一定付出代价，但有的正确决策也可能造成严重后果。

D. 有的错误决策必然要付出代价，但所有的错误决策都可能不造成严重后果。

E. 所有的错误决策都必然要付出代价，但有的错误决策不一定造成严重后果。

39. 研究表明，严重失眠者中 90% 爱喝浓茶。老张爱喝浓茶，因此，他很可能严重失眠。

以下哪项最为恰当地指出了上述论证的漏洞？

A. 它忽视了这种可能性：老张属于喝浓茶中 10% 不严重失眠的那部分人。

B. 它忽视了引起严重失眠的其他原因。

C. 它忽视了喝浓茶还可能引起其他不良后果。

D. 它依赖的论据并不涉及爱喝浓茶的人中严重失眠者的比例。

E. 它低估了严重失眠对健康的危害。

40. 在报考研究生的应届生中，除非学习成绩名列前三位，并且有两位教授推荐，否则不能成为免试推荐生。

以下哪项如果为真，说明上述决定没有得到贯彻？

Ⅰ　余涌学习成绩名列第一，并且有两位教授推荐，但未能成为免试推荐生。

Ⅱ　方宁成为免试推荐生，但只有一位教授推荐。

Ⅲ　王宜成为免试推荐生，但学习成绩不在前三名。

A. 只有Ⅰ。

B. 只有Ⅰ和Ⅱ。

C. 只有Ⅱ和Ⅲ。

D. Ⅰ、Ⅱ和Ⅲ。

E. 以上都不是。

41. 大唐股份有限公司由甲、乙、丙、丁四个子公司组成。每个子公司承担的上缴利润份额与每年该子公司员工占公司总员工数的比例相等。例如，如果某年甲公司员工占总员工的比例是20%。则当年总公司计划总利润的20%须由甲公司承担上缴。但是去年该公司的财务报告却显示，甲公司在员工数量增加的同时向总公司上缴利润的比例却下降了。

如果上述财务报告为真，则以下哪项一定为真？

A. 甲公司员工增长的比例比前一年小。

B. 乙、丙、丁公司员工增长的比例都超过了甲公司员工增长的比例。

C. 甲公司员工增长的比例至少比其他三个子公司的一个小。

D. 在四个子公司中，甲公司的员工增长数是最小的。

E. 在四个子公司中，甲公司的员工数量最少。

42. H地区95%的海洛因成瘾者在尝试海洛因前曾吸过大麻。因此，该地区吸大麻的人数如果能减少一半，新的海洛因成瘾者将显著减少。

以下哪项如果为真，最能削弱上述论证？

A. 长期吸食大麻可能导致海洛因成瘾。

B. 吸毒者可以通过积极地治疗而戒毒。

C. H地区吸大麻的人成为海洛因成瘾者的比例很小。

D. 大麻和海洛因都是通过相同的非法渠道获得。

E. 大麻吸食者的戒毒方法与海洛因成瘾者的戒毒方法是不同的。

43. 2005年打捞公司在南川岛海域调查沉船时意外发现一艘载有中国瓷器的古代沉船，该沉船位于海底的沉积层上。据调查，南川岛海底沉积层在公元1 000年形成，因此，水下考古人员认为，此沉船不可能是公元850年开往南川岛的“征服号”沉船。

以下哪项如果为真，最严重地弱化上述论证？

A. 历史学家发现，“征服号”既未到达其目的地，也未返回其出发的港口。
B. 通过碳素技术测定，在南海沉积层发现的沉船是在公元800年建造的。
C. 经检查发现，“征服号”船的设计有问题，出海数周内几乎肯定会沉船。
D. 公元700～900年间某些失传的中国瓷器在南川岛海底沉船中发现。
E. 在南川岛海底沉积层发现的沉船可能是搁在海底礁盘数百年后才落到沉积层上的。

44. 一种流行的看法是，人们可以通过动物的异常行为来预测地震。实际上，这种看法是基于主观类比，不一定能揭示客观联系。一条狗在地震前行为异常，这自然会给他的主人留下深刻印象：但事实上，这个世界上的任何一刻，都有狗出现行为异常。

为了评价上述论证，回答以下哪个问题最不重要？
A. 两种不同类型的动物，在地震前的异常行为是否类似？
B. 被认为是地震前兆的动物异常行为，在平时是否也同样出现过？
C. 地震前有异常行为的动物在整个动物中所占的比例是多少？
D. 在地震前有异常行为的动物中，此种异常行为未被注意的比例是多少？
E. 同一种动物，在两次地震前的异常行为是否类似？

45—46题基于以下题干：

张教授：在西方经济萧条时期，由汽车尾气造成的空气污染状况会大大改善，因为开车上班的人大大减少了。

李工程师：情况恐怕不是这样。在萧条时期买新车的人大大减少。而车越老，排放超标尾气造成的污染越重。

45. 以下哪项最为准确地概括了李工程师的反驳所运用的方法？
A. 运用一个反例，质疑张教授的论据。
B. 作出一个断定，只要张教授的结论不成立，则该断定一定成立。
C. 提出一种考虑，虽然不否定张教授的论据，但能削弱这一论据对其结论的支持。
D. 论证一个见解，张教授的论证虽然缺乏说服力，但其结论是成立的。
E. 运用归谬反驳张教授的结论，即如果张教授的结论成立，会得出荒谬的推论。

46. 张教授的论证依赖于以下哪项假设？
A. 只有就业人员才开车。
B. 大多数上班族不使用公共交通工具上班。
C. 空气污染主要是由上班族的汽车所排放的尾气造成的。
D. 在萧条时期，开车上班人数的减少一定会造成汽车运行总量的减少。
E. 在萧条时期，开车上班人员的失业率高于不开车的上班人员。

47. 任何国家，只有稳定，才能发展。
以下各项都符合题干的条件，除了
A. 任何国家，如果得到发展，则一定稳定。

B. 任何国家，除非稳定，否则不能发展。

C. 任何国家，不可能稳定但不发展。

D. 任何国家，或者稳定，或者不发展。

E. 任何国家，不可能发展但不稳定。

48. 办公室主任：本办公室不打算使用循环再利用纸张。给用户的信件必须能留下好的印象。不能打印在劣质纸张上。

文具供应商：循环再利用纸张不一定是劣质的。事实上，最初的纸张就是用可回收材料制造的。一直到 19 世纪 50 年代，由于碎屑原料供不应求，才使用木纤维作为造纸原料。

以下哪项最为恰当地概括了文具供应商的反驳中存在的漏洞？

A. 没有意识到办公室主任对于循环再利用纸张的偏见是由于某种无知。

B. 使用了不相关的事实来证明一个关于产品质量的断定。

C. 不恰当地假设办公室主任了解纸张的制造工艺。

D. 忽视了办公室主任对产品质量关注的合法权利。

E. 不恰当地假设办公室主任忽视了环境保护。

49. 张林是奇美公司的总经理，潘洪是奇美公司的财务主管。奇美公司每年生产的紫水晶占全世界紫水晶产品的 2%。潘洪希望公司通过增加产量使公司利润增加。张林却认为：增加产量将会导致全球紫水晶价格下降，反而会导致利润减少。

以下哪项最为恰当地指出了张林的逻辑推断中的漏洞？

A. 将长期需要与短期需要互相混淆。

B. 将未加工的紫水晶与加工后紫水晶的价格互相混淆。

C. 不当地假设奇美公司的产品是与全球的紫水晶市场紧密联系的。

D. 不当地假设奇美公司的生产目标与财务目标不一定是一致的。

E. 不当地假设奇美公司的产品供给变化会显著改变整个水晶市场产品的总供给。

50. 在一项调查中，对“如果被查出患有癌症，你是否希望被告知真相”这一问题，80% 的被调查者作了肯定回答。因此，当人们被查出患有癌症时，大多数都希望被告知真相。

以下各项如果为真，都能削弱上述论证，除了

A. 上述调查的策划者不具有医学背景。

B. 上述问题的完整表述是：作为一个意志坚强和负责任的人，如果被查出患有癌症，你是否希望被告知真相。

C. 在另一项相同内容的调查中，大多数被调查者对这一问题作了否定回答。

D. 上述调查是在一次心理学课堂上实施的，调查对象受过心理素质的训练。

E. 在被调查时，人们通常都不讲真话。

51. 总经理：快速而准确地处理订单是一项关键商务。为了增加利润，我们应当用电子方式而不是继续用人工方式处理客户订单，因为这样订单可以直接到达公司相关业务部门。

董事长：如果用电子方式处理订单，我们一定会赔钱。因为大多数客户喜欢通过与人打交道来处理订单。如果转用电子方式，我们的生意就会失去人情味，就难以吸引更多的客户。

以下哪项最为恰当地概括了上述争论的问题？

A. 转用电子方式处理订单是否不利于保持生意的人情味？

B. 用电子方式处理订单是否比人工方式更为快速和准确？

C. 转用电子方式处理订单是否有利于提高商业利润？

D. 快速而准确的运作方式是否一定能提高商业利润？

E. 客户喜欢用何种方式处理订单？

52. 松鼠在树干中打洞吮食树木的浆液。因为树木的浆液成分主要是水加上一些糖分，所以松鼠的目标是水或糖分。又因为树木周边并不缺少水源，松鼠不必费那么大劲打洞取水。因此，松鼠打洞的目的是为了摄取糖分。

以下哪项最为恰当地概括了上述论证方法？

A. 通过否定两种可能性中的一种，来肯定另一种。

B. 通过某种特例，来概括一般性的结论。

C. 在已知现象与未知现象之间进行类比。

D. 通过反例否定一般性的结论。

E. 通过否定某种现象存在的必要条件，来断定此种现象不存在。

53. 小张承诺：如果天不下雨，我一定去看足球赛。

以下哪项如果为真，说明小张没有兑现承诺？

Ⅰ 天没下雨，小张没去看足球赛。

Ⅱ 天下雨，小张去看了足球赛。

Ⅲ 天下雨，小张没去看足球赛。

A. 仅Ⅰ。

B. 仅Ⅱ。

C. 仅Ⅲ。

D. 仅Ⅰ和Ⅱ。

E. Ⅰ、Ⅱ和Ⅲ。

54. 并非本届世界服装节既成功又节俭。

如果上述判断是真的，则以下哪项一定为真？

A. 本届世界服装节成功但不节俭。

B. 本届世界服装节节俭但不成功。

C. 本届世界服装节既不节俭也不成功。

D. 如果本届世界服装节不节俭，则一定成功。

E. 如果本届世界服装节节俭，则一定不成功。

55. 由工业垃圾掩埋带来的污染问题在中等发达的国家中最为突出，而在发达国家与不发达国家中反而不突出。不发达国家是因为没有多少工业垃圾可以处理。发达国家或者是因为有效地减少了工业垃圾，或者是因为有效地处理了工业垃圾。H 国是中等发达国家，因此，它目前面临的由工业垃圾掩埋带来的污染在五年后会有实质性的改变。

以下哪项最可能是上述论证所假设的？

A. H 国将在五年内成为发达国家。

B. H 国不会在五年后倒退回不发达状态。

C. H 国将在五年内有效地处理工业垃圾。

D. H 国五年内保持其发展水平不变。

E. H 国将在五年内有效地减少工业垃圾。

2010 年 1 月 MBA 联考逻辑真题

26. 针对威胁人类健康的甲型 H1N1 流感，研究人员研制出了相应的疫苗。尽管这些疫苗是有效的。但某大学研究人员发现，阿司匹林、痉苯基乙酰胺等抑制某些酶的药物会影响疫苗的效果，这位研究人员指出：“如果你使用了阿司匹林或者对乙酰氢基酚，那么你注射疫苗后就必然不会产生良好的抗体反应。”

如果小张注射疫苗后产生了良好的抗体反应，那么根据上述研究结果可以得出以下哪项结论？

A. 小张服用了阿司匹林，但没有服用对乙酰氢基酚。

B. 小张没有服用阿司匹林，但感染了 H1N1 流感病毒。

C. 小张服用了阿司匹林，但没有感染 H1N1 流感病毒。

D. 小张没有服用阿司匹林，也没有服用对乙酰氢基酚。

E. 小张服用了对乙酰氢基酚，但没有服用痉苯基乙酰胺。

27. 为了调查当前人们的识字水平，其实验者列举了 20 个词语，请 30 位文化人士识读。这些人的文化程度都在大专以上。识读结果显示，多数人只读对了 3 个到 5 个词语，极少数人读对 15 个以上，甚至有人全部读错。其中，“蹒跚”的辨识率最高，30 人中有 19 人读对；“呱呱坠地”所有人都读错。20 个词语的整体误读率接近 80%。该实验者由此得出，当前人们的识字水平并没有提高，甚至有所下降。

以下哪项如果为真，最能对该实验者的结论构成质疑？

A. 实验者选取的 20 个词语不具有代表性。

B. 实验者选取的 30 位识读者均没有博士学位。

C. 实验者选取的 20 个词语在网络流行语言中不常用。

D. “呱呱坠地”这个词的读音有些大学老师也经常读错。

E. 实验者选取的 30 位识读者中约有 50% 大学成绩不佳。

28. 域控制器存储了域内的账户、密码和属于这个域的计算机三项信息。当计算机接入网络时，域控制器首先要鉴别这台计算机是否属于这个域，用户使用的登录账户是否存在，密码是否正确。如果三项信息均正确，则允许登陆；如果以上信息有一项不正确，那么域控制器就会拒绝这个用户从这台计算机登陆。小张的登录账号是正确的，但是域控制器拒绝小张的计算机登陆。

基于以上陈述能得出以下哪项结论？

A. 小张输入的密码是错误的。

B. 小张的计算机不属于这个域。

C. 如果小张的计算机属于这个域，那么他输入的密码是错误的。

D. 只有小张输入的密码是正确的，它的计算机才属于这个域。

E. 如果小张输入的密码是正确的，那么它的计算机属于这个域。

29. 现在越来越多的人拥有了自己的轿车，但他们明显地缺乏汽车保养的基本知识。这些人会按照维修保养手册或4S店售后服务人员的提示做定期保养。可是，某位有经验的司机会告诉你，每行驶5 000公里做一次定期检查，只能检查出汽车可能存在问题的一小部分，这样的检查是没有意义的，是浪费时间和金钱。

以下哪项不能削弱该司机的结论？

A. 每行驶5 000公里做一次定期检查是保障车主安全所需要的。

B. 每行驶5 000公里做一次定期检查能发现引擎的某些主要故障。

C. 在定期检查中所做的常规维护是保证汽车正常运行所必需的。

D. 赵先生的新车未做定期检查行驶到5 100公里时出了问题。

E. 某公司新购的一批汽车未做定期检查，均安全行驶了7 000公里以上。

30. 化学课上，张老师演示了两个同时进行的教学实验：一个实验是$KClO_3$加热后，有O_2缓慢产生；另一个实验是$KClO_3$加热后迅速撒入少量MnO_2，这时立即有大量的O_2产生。张老师由此指出：MnO_2是O_2快速产生的原因。

以下哪项与张老师得出结论的方法类似？

A. 同一品牌的化妆品价格越高卖得越火。由此可见，消费者喜欢价格高的化妆品。

B. 居里夫人在沥青矿物中提取放射性元素时发现，从一定量的沥青矿物中提取的全部纯铀的放射性强度比同等数量的沥青矿物中放射线强度低数倍。她据此推断，沥青矿物中还存在其他放射线更强的元素。

C. 统计分析发现，30岁至60岁之间，年纪越大胆子越小，有理由相信：岁月是勇敢的腐蚀剂。

D. 将闹钟放在玻璃罩里，使它打铃，可以听到铃声；然后把玻璃罩里的空气抽空，再使闹钟打铃，就听不到铃声了。由此可见，空气是声音传播的介质。

E. 人们通过对绿藻、蓝藻、红藻的大量观察，发现结构简单、无根叶是藻类植物的主要特征。

31. 湖队是不可能进入决赛的。如果湖队进入决赛，那么太阳就从西边出来了。

以下哪项与上述论证方式最相似？

A. 今天天气不冷。如果冷，湖面怎么结冰了？

B. 语言是不能创造财富的。若语言能够创造财富，则夸夸其谈的人就是世界上最富有的了。

C. 草木之生也柔脆，其死也枯槁。故坚强者也死之徒，柔弱者生之徒。

D. 天上是不会掉馅饼的。如果你不相信这一点，那上当受骗是迟早的事。

E. 古典音乐不流行。如果流行，那就说明大众的音乐欣赏水平大大提高了。

32. 在某次课程教学改革的研讨会上，负责工程类教学的程老师说，在工程设计中，用于解决数学问题的计算机程序越来越多了，这样就不必要求工程技术类大学生对基础数学有深刻的理解。因此，在未来的教学体系中，基础数学课程可以用其他重要的工程类课程替代。

以下哪项如果为真，能削弱程老师的上述论证？

Ⅰ　工程类基础课程中已经包含了相关的基础数学内容。

Ⅱ　在工程设计中，设计计算机程序需要对基础数学有全面的理解。

Ⅲ　基础数学课程的一个重要目标是培养学生的思维能力，这种能力对工程设计来说很关键。

A. 只有Ⅱ。

B. 只有Ⅰ和Ⅱ。

C. 只有Ⅰ和Ⅲ。

D. 只有Ⅱ和Ⅲ。

E. Ⅰ、Ⅱ和Ⅲ。

33. 蟋蟀是一种非常有趣的小动物。宁夏的夏夜，草丛中传来阵阵清脆悦耳的鸣叫声。那是蟋蟀在唱歌。蟋蟀优美动听的歌声并不是出自它的好嗓子，而是来自它的翅膀。左右两翅一张一合，相互摩擦，就可以发出悦耳的响声了。蟋蟀还是建筑专家，与它那柔软的挖掘工具相比，蟋蟀的住宅真可以算得上是伟大的工程了。在其住宅门口，有一个收拾得非常舒适的平台。夏夜，除非下雨或者刮风，否则蟋蟀肯定会在这个平台上歌唱。

根据以上陈述，以下哪项是蟋蟀在无雨的夏夜所做的？

A. 修建住宅。

B. 收拾平台。

C. 在平台上歌唱。

D. 如果没有刮风，它就在抢修工程。

E. 如果没有刮风，它就在平台上唱歌。

34. 一般认为，出生地间隔较远的夫妻所生子女的智商较高。有资料显示，夫妻均是本地人，其所生子女的平均智商为102.45；夫妻是省内异地的，其所生子女的平均智商为106.17；而隔省婚配的，其所生子女的智商则高达109.35。因此，异地通婚可提高下一代智商水平。

以下哪项如果为真，最能削弱上述结论？

A. 统计孩子平均智商的样本数量不够多。

B. 不难发现，一些天才儿童的父母均是本地人。

C. 不难发现，一些低智商儿童的父母的出生地间隔较远。

D. 能够异地通婚者是智商比较高的，他们自身的高智商促成了异地通婚。

E. 一些情况下，夫妻双方出生地间隔很远，但他们的基因可能接近。

35. 成品油生产商的利润很大程度上受国际市场原油价格的影响，因为大部分原油是按国际市场价购进的。今年来，随着国际原油市场价格的不断提高，成品油生产商的运营成本大幅度增加，但某国成品油生产商的利润并没有减少，反而增加了。

以下哪项如果为真，最有助于解释上述看似矛盾的现象？

A. 原油成本只占成品油生产商运营成本的一半。

B. 该国成品油价格根据市场供需确定，随着国际原油市场价格的上涨，该国政府为成品油生产商提供相应的补助。

C. 在国际原油市场价格不断上涨期间，该国成品油生产商降低了个别高薪雇员的工资。

D. 在国际原油市场价格上涨之后，除进口成本增加外，成品油生产的其他成本也有所提高。

E. 该国成品油生产商的原油有一部分来自国内，这部分受国际市场价格波动影响较小。

36. 太阳风中的一部分带电粒子可以到达 M 星表面，将足够的能量传递给 M 星表面粒子，使后者脱离 M 星表面，逃逸到 M 星大气中。为了判定这些逃逸的粒子，科学家们通过三个实验获得了如下信息：

实验一：或者是 X 粒子，或者是 Y 粒子。

实验二：或者不是 Y 粒子，或者不是 Z 粒子。

实验三：如果不是 Z 粒子，就不是 Y 粒子。

根据上述三个实验，以下哪项一定为真？

A. 这种粒子是 X 粒子。

B. 这种粒子是 Y 粒子。

C. 这种粒子是 Z 粒子。

D. 这种粒子不是 X 粒子。

E. 这种粒子不是 Z 粒子。

37. 美国某大学医学院的研究人员在《小儿科杂志》上发表论文指出，在对 2 702 个家庭的孩子进行跟踪调查后发现，如果孩子在 5 岁前每天看电视超过 2 小时，他们长大后出现行为问题的风险将会增加 1 倍多。所谓行为问题是指性格孤僻、言行粗鲁、侵犯他人、难与他人合作等。

以下哪项如果为真，能够最好地解释上述论述？

A. 电视节目会使孩子产生好奇心，容易导致孩子出现暴力倾向。

B. 电视节目中有不少内容容易使孩子长时间处于紧张、恐惧的状态。

C. 看电视时间过长，会影响孩子与其他人的交往，久而久之，孩子便会缺乏与他人打交道的经验。

D. 儿童模仿能力强，如果只对电视节目感兴趣，长此以往，会阻碍他们分析能力的发展。

E. 每天长时间地看电视，容易使孩子神经系统产生疲劳，影响身心发展。

38. 一种常见的现象是，从国外引进的一些畅销科普读物在国内并不畅销。有人对此解释说，这与我们多年来沿袭的文理分科有关。文理分科人为地造成了自然科学与人文社会科学的割裂，导致科普类图书的读者市场还没有真正形成。

以下哪项如果为真，最能加强上述观点？

A. 有些自然科学工作者对科普读物也不感兴趣。

B. 科普读物不是没有需求，而是有效供给不足。

C. 由于缺乏理科背景，非自然科学工作者对科学敬而远之。

D. 许多科普电视节目都拥有固定的收视群，相应的科普读物也大受欢迎。

E. 国内大部分科普读物只是介绍科学常识，很少真正关注科学精神的传播。

39. 大小行星悬浮在太阳系边缘，极易受附近星体引力作用的影响。据研究人员计算，有时这些力量会将彗星从奥尔特星云拖出。这样，它们更有可能靠近太阳。两位研究人员据此分别作出了以下两种有所不同的断定：（一）木星的引力作用要么将它们推至更小的轨道，要么将它们逐出太阳系；（二）木星的引力作用或者将它们推至更小的轨道，或者将它们逐出太阳系。

如果上述两种断定只有一种为真，可以推出以下哪项结论？

A. 木星的引力作用将它们推至最小的轨道，并且将它们逐出太阳系。

B. 木星的引力作用没有将它们推至最小的轨道，但是将它们逐出太阳系。

C. 木星的引力作用将它们推至最小的轨道，但是没有将它们逐出太阳系。

D. 木星的引力作用既没有将它们推至最小的轨道，也没有将它们逐出太阳系。

E. 木星的引力作用如果将它们推至最小的轨道，就不会将它们逐出太阳系。

40. 鸽子走路时，头部并不是有规律地前后移动，而是一直在往前伸。行走时，鸽子脖子往前一探，然后，头部保持静止，等待着身体和爪子跟进。有学者曾就鸽子走路时伸脖子的现象作出假设：在等待身体跟进的时候，暂时静止的头部有利于鸽子获得稳定的视野，看清周围的食物。

以下哪项如果为真，最能支持上述假设？

A. 鸽子行走时如果不伸脖子，很难发现远处的食物。

B. 步伐太大的鸟类，伸脖子的幅度远比步伐小的要大。

C. 鸽子行走速度的变化，刺激内耳控制平衡的器官，导致伸脖子。

D. 鸽子行走时一举翅一投足，都可能出现脖子和头部肌肉的自然发射，所以头部不断运动。

E. 如果雏鸽步态受到限制，功能发育不够完善，那么，成年后鸽子的步伐变小，脖子伸缩幅度则会随之降低。

41. S 市环保检测中心的统计分析表明，2009 年空气质量为优的天数为 150 天，比 2008 年多出 22 天。二氧化碳、一氧化碳、二氧化氮、可吸入颗粒物四项污染物浓度平均值，与 2008 年相比分别下降了约 21.3%、25.6%、26.2%、15.4%。S 市环保负责人指出，这得益于近年来本市政府持续采取的控制大气污染的相关措施。

以下除哪项外，均能支持上述市环保负责人的看法？

A. S 市广泛展开环保宣传，加强了市民的生态理念和环保意识。

B. S 市启动了内部控制污染方案，凡是不达标的燃煤锅炉停止运行。

C. S 市执行了机动车排放国Ⅳ标准，单车排放比Ⅲ降低了 49%。

D. S 市市长办公室最近研究了焚烧秸秆的问题，并着手制定相关条例。

E. S 市制定了“绿色企业”标准，继续加快污染重、能耗高的企业的退出。

42. 在某次思维训练课上，张老师提出“尚左数”这一概念的定义：在连续排列的一组数字中，如果一个数字左边的数字都比其大（或无数字），且其右边的数字都比其小（或无数字），则称这个数字为尚左数。

根据张老师的定义，在 8、9、7、6、4、5、3、2 这列数字中，以下哪项包含了该列数字中所有的尚左数？

A. 4、5、7 和 9。

B. 2、3、6 和 7。

C. 3、6、7 和 8。

D. 5、6、7 和 8。

E. 2、3、6 和 8。

43. 一般认为，剑乳齿象是从北美洲迁入南美洲的。剑乳齿象的显著特征是具有较真的长剑型门齿，颚骨较短，齿的齿冠隆起，齿板数目为 7 个至 8 个，并呈乳状突起，剑乳齿象因此得名。剑乳齿象的牙齿比较复杂，这表明它能吃草，在南美洲的许多地方都有证据显示史前人类捕捉过剑乳齿象。由此可以推测，剑乳齿象的灭绝可能与人类的过度捕杀有密切关系。

以下哪项如果为真，最能反驳上述结论？

A. 史前动物之间经常发生大规模相互捕杀的现象。

B. 剑乳齿象在遇到人类攻击时缺乏自我保护能力。

C. 剑乳齿象也存在由南美洲进入北美洲的回迁现象。

D. 由于人类活动范围的扩大，大型食草动物难以生存。

E. 幼年剑乳齿象的牙齿结构比较简单，自我生存能力弱。

44. 小东在玩“勇士大战”游戏，进入第二关时，界面出现四个选项。第一个选项是“选择任意选项都需要支付游戏币”，第二个选项是“选择本项后可以得到额外游戏奖励”，第三个选项是“选择本项游戏后游戏不会进行下去”，第四个选项是“选择某个选项不需要支付游戏币”。

如果四个选项中的陈述只有一句为真，则以下哪项一定为真？

A. 选择任意选项都需要支付游戏币。

B. 选择任意选项都不需要支付游戏币。

C. 选择任意选项都不能得到额外游戏奖励。

D. 选择第二个选项后可以得到额外游戏奖励。

E. 选择第三个选项后游戏能继续进行下去。

45. 有位美国学者做了一个实验，给被试儿童看了三幅图画，鸡、牛、青草，然后让儿童将其分为两类。结果大部分中国儿童把牛和青草归为一类，把鸡归为另一类；大部分美国儿童则把牛和鸡归为一类，把青草归为另一类。这位美国学者由此得出：中国儿童习惯于按照事物之间的关系来分类，美国儿童则习惯于把事物按照各自所属的“实体”范畴进行分类。

以下哪项是这些学者得出结论所必须假设的？

A. 马和青草是按照事物之间的关系被列为一类。

B. 鸭和鸡蛋是按照各自所属的“实体”范畴被归为一类。

C. 美国儿童只要把牛和鸡归为一类，就是习惯于按照各自所属“实体”范畴进行分类。

D. 美国儿童只要把牛和鸡归为一类就不是习惯于按照事物之间的关系来分类。

E. 中国儿童只要把牛和青草归为一类，就不是习惯于按照各自所属“实体”范畴进行分类。

46. 相互尊重是相互理解的基础，相互理解是相互信任的前提：在人与人的相互交往中，自重、自信也是非常重要的，没有一个人尊重不自重的人，没有一个人信任他所不尊重的人。

以上陈述可以推出以下哪项结论？

A. 不自重的人也不被任何人信任。

B. 相互信任才能相互尊重。

C. 不自信的人也不自重。

D. 不自信的人也不被任何人信任。

E. 不自信的人也不受任何人尊重。

47. 学生：IQ 和 EQ 哪个更重要？您能否给我指点一下？

学长：你去书店问问工作人员关于 IQ 和 EQ 的书，哪类销的快，哪类就更重要。

以下哪项与题干中的问答方式最为相似？

A. 员工：我们正制订一个度假方案，你说是在本市好，还是去外地好？

经理：现在年终了，各公司都在安排出去旅游，你去问问其他公司的同行，他们计划去哪里，我们就不去哪里，不凑热闹。

B. 平平：母亲节那天我准备给妈妈送一份礼物，你说是送花好还是巧克力好？

佳佳：你在母亲节前一天去花店看一下，看看买花的人多不多就行了嘛。

C. 顾客：我准备买一件毛衣，你看颜色是鲜艳一点，还是素一点好？

店员：这个需要结合自己的性格与穿衣习惯，各人可以有自己的选择与喜好

D. 游客：我们前面有两条山路，走哪一条更好？
导游：你仔细看看，哪一条山路上车马的痕迹深我们就走哪一条。
E. 学生：我正在准备期末复习，是做教材上的练习重要，还是理解教材内容更重要？
老师：你去问问高年级得分高的同学，他们是否经常背书做练习。

48. 李赫、张岚、林宏、何柏、邱辉，5 位同事近日他们各自买了一台不同品牌小轿车，分别为雪铁龙、奥迪、宝马、奔驰、桑塔纳。这五辆车的颜色分别与 5 人名字最后一个字谐音的颜色不同。已知，李赫买的是蓝色的雪铁龙。

以下哪项排列可能依次对应张岚、林宏、何柏、邱辉所买的车？

A. 灰色奥迪、白色宝马、灰色奔驰、红色桑塔纳。
B. 黑色奥迪、红色宝马、灰色奔驰、白色桑塔纳。
C. 红色奥迪、灰色宝马、白色奔驰、黑色桑塔纳。
D. 白色奥迪、黑色宝马、红色奔驰、灰色桑塔纳。
E. 黑色奥迪、灰色宝马、白色奔驰、红色桑塔纳。

49. 克鲁特是德国家喻户晓的“明星”北极熊，北极熊是北极名副其实的霸主，因此，克鲁特是名副其实的北极霸主。

以下除哪项外，均与上述论证中出现的谬误相似？

A. 儿童是祖国的花朵，小雅是儿童，因此，小雅是祖国的花朵。

B. 鲁迅的作品不是一天能读完的，《祝福》是鲁迅的作品。因此《祝福》不是一天能读完的。

C. 中国人是不怕困难的，我是中国人。因此，我是不怕困难的。

D. 康怡花园坐落在清水街，清水街的建筑属于违章建筑。因此，康怡花园的建筑属于违章建筑。

E. 西班牙语是外语，外语是普通高等学校招生的必考科目。因此西班牙语是普通高等学校招生的必考科目。

50. 在本年度篮球联赛中，长江队主教练发现，黄河队五名主力队员之间的上场配置有如下规律：

（1）若甲上场，则乙也要上场；
（2）只有甲不上场，丙才不上场；
（3）要么丙不上场，要么乙和戊中有人不上场。

若乙不上场，则以下哪项配置合乎上述规律？

A. 甲、丙、丁同时上场。
B. 丙不上场，丁、戊同时上场。
C. 甲不上场，丙、丁都上场。
D. 甲、丁都上场，戊不上场。
E. 甲、丁、戊都不上场。

51. 陈先生：未经许可侵入别人的电脑，就好像开偷来的汽车撞伤了人，这些都是犯罪行为。但后者性质更严重，因为它既侵占了有形财产，又造成了人身伤害；而前者只是在虚拟世界中捣乱。

林女士：我不同意，例如，非法侵入医院的电脑，有可能扰乱医疗数据，甚至危及病人的生命。因此，非法侵入电脑同样会造成人身伤害。

以下哪项最为准确地概括了两人争论的焦点？

A. 非法侵入别人电脑和开偷来的汽车是否同样会危及人的生命？

B. 非法侵入别人电脑和开偷来的汽车伤人是否都构成犯罪？

C. 非法侵入别人电脑和开偷来的汽车伤人是否是同样性质的犯罪？

D. 非法侵入别人电脑犯罪性质是否和开偷来的汽车伤人一样的严重？

E. 是否只有侵占有形财产才构成犯罪？

52. 小明、小红、小丽、小强、小梅五人去听音乐会。他们五人在同一排且座位相连，其中只有一个座位最靠近走廊，如果小强想坐在最靠近走廊的座位上，小丽想跟小明紧挨着，小红不想跟小丽紧挨，小梅想跟小丽紧挨着，但不想跟小强或小明紧挨着。

以下哪项排序符合上述五人的意愿？

A. 小明，小梅，小丽，小红，小强。

B. 小强，小红，小明，小丽，小梅。

C. 小强，小梅，小红，小丽，小明。

D. 小明，小红，小梅，小丽，小强。

E. 小强，小丽，小梅，小明，小红。

53. 参加某国际学术研讨会的 60 名学者中，亚裔学者 31 人，博士 33 人，非亚裔学者中无博士学位的 4 人。

根据上述陈述，参加此次国际研讨会的亚裔博士有几人？

A. 1 人。

B. 2 人。

C. 4 人。

D. 7 人。

E. 8 人。

54. 对某高校本科生的某项调查统计发现：在因成绩优异被推荐免试攻读硕士研究生的文科专业学生中，女生占有 70%。由此可见，该校本科生文科专业的女生比男生优秀。

以下哪项如果为真，能最有力地削弱上述结论？

A. 在该校本科生文科专业学生中，女生占 30% 以上。

B. 在该校本科生文科专业学生中，女生占 30% 以下。

C. 在该校本科生文科专业学生中，男生占 30% 以下。

D. 在该校本科生文科专业学生中，女生占 70% 以下。

E. 在该校本科生文科专业学生中，男生占 70% 以上。

55. 某中药配方有如下要求：（1）如果有甲药材，那么也要有乙药材；（2）如果没有丙药材，那么必须有丁药材；（3）人参和天麻不能都有；（4）如果没有甲药材而有丙药材，则需要有人参。

如果含有天麻，则关于该配方的断定哪项为真？

A. 含有甲药材。

B. 含有丙药材。

C. 没有丙药材。

D. 没有乙药材和丁药材。

E. 含有乙药材或丁药材。

2004年10月在职MBA联考逻辑真题解析

24. 解析：答案是D。

应注意题干中的“自行”与选项D中“统一”的对应关系。从事理上来说，为了有利于提高学生参加全国统一英语考试的成绩，显然要求相应教材的统一。题干所陈述的改革的结果是教材的不统一，显然不利于选项D断定的目标。教材的灵活性有利于实现选项A、选项B、选项C和选项E所断定的目标，例如可以满足某些学生对于英语教学的特殊需要。

25. 解析：答案是A。

选项A如果为真，说明题干的计划不具有可行性。其实选项A的前半部并无明显削弱作用（北方也并非时时处处寒冷），出题者故意将有效部分放在了后面。

26. 解析：答案是D。

干扰项为选项E。选项E作为假设，有过强之嫌，本题只是一个具体实例，无须作一般性的引申。

27. 解析：答案是C。

首先应注意问题中的“不”字。

题干的论证结构是：P是最重要的。如果非P，即使Q，……也没有意义。因此，题干是从必要条件的意义上断定P的重要性的。

干扰项是选项E，选项E断定了产品质量的重要性，并且断定：如果广告和其他形式的包装对于某个品牌的产品长期占领市场确实起到了实质性的作用，那么该产品一定具有过硬的质量。这等价于断定：如果没有过硬的质量，广告和其他形式的包装不可能起到实质性的作用。这也就是从必要条件意义上断定产品质量的重要性。

只有选项C是从充分条件意义上断定相关的重要性的。

28. 解析：答案是B。

本题的关键句是“其实，这种特性很普遍”。其含义是，并非仅仅高级生物可以改变环境以利于自己的生存。

干扰项是选项C，它概括的是题干用以说明主题所列举的事实。

29. 解析：答案是C。

请对比各选项的关键词“说明”、“反驳”、“补充推广”、“论证”、“概况”。

题干所陈述的一般性见解是：除了人以外，一些高级生物不仅能适应环境，而且能改变环境以利于自己的生存。题干运用一些浮游生物通过改变环境以利于自己的生存的具体事例说明，不仅高级生物，而且低级生物也有这种特性。显然，最恰当的评价是“补充推广”。

30. 解析：答案是A。

选项Ⅰ一定为真。因为根据题干，抽烟、饮酒和运动，作为某种生活方式，会影响人的血液中胆固醇的含量；同样根据题干，人的血液中胆固醇的含量会影响一个人患病的风险。因此，某些生活方式的改变，会影响一个人患心脏病的风险。

选项Ⅱ不一定为真。例如，题干断定：一个人血液中的胆固醇含量越高，患致命的心脏病的风险也就越大。这是断定：胆固醇含量越高，是患致命心脏病的风险大的充分条件，而没有断定前者是后者的必要条件。由此推不出，如果一个人血液中的胆固醇含量不高，那么他患致命的心脏病的风险也不高。事实上，一个因先天因素患致命的心脏病风险极高的人，其血液中的胆固醇含量完全可能不高。

选项Ⅲ断定过强，也不妥。血液中的胆固醇含量越高只是加大了风险，并非直接原因。

31. 解析：答案是 C。

注意题干中的“率”，选项中有“比例”、“比率”字样的只有选项 C。对选项 C 取非后可以得到，被指控抢劫的被告中事实上犯罪的比例，高于被指控贪污的被告相应的比例，那么，就没有理由认为，被指控抢劫的定罪率高于被指控贪污的定罪率，是由于律师方面的原因造成的。因此，选项 C 最能支持题干。

32. 解析：答案是 B。

张教授说的是建设油井，而李研究员说的是防护林，并得到了明显错误的结论，显然这是类比，进而归谬。

33. 解析：答案是 E。

张教授的根据是：第一，收益不大；第二，收益不足以补偿由此带来生态破坏的风险。

李研究员用类别、归谬的方式反驳。所以应着重寻找类别间的不可比性。另外应注意题干中的关键词“风险”。

选项 E 既抓住了关键词，又指出了不可比性，十分恰当。

选项 D 虽然也能削弱李研究员的反驳，但力度不如选项 E。

34. 解析：答案是 E。

题干根据“世界上伟大的画家并没有亲密的人际关系”，来驳斥“一个人要想快乐就必须有亲密的人际关系”。要使这一驳斥有说服力，显然画家和快乐之间需要一个桥梁，选项 E 就建立了这个桥梁。

35. 解析：答案是 C。

首先注意问题是题干支持选项，而非选项支持题干。

题干的结论是，引起体重的增加，后面的话其实没什么实际意义。另外应注意，题干只说“增加体重”，显然并非所有人增加体重后就会超重。

所以，只有选项 C 恰当。

36. 解析：答案是 A。

题干的结论是：对于操作型的机械工程师来说，理解和掌握数学知识变得越来越没有必要；在培养机械工程师的院校中，应大大缩减数学课程；论据是：电脑操作代替了数学计算。

选项 B、选项 C、选项 D 和选项 E 如果为真，都有利于说明，除了计算之外，数学知识和数学课程还有别的功能。因此，都能削弱题干的论证。

选项 A 断定的是除了数学计算之外，计算机软件还有其他功能，这不能削弱题干的论证。

37. 解析：答案是 D。

对于这类对比的题目，关键之一在于是否有其他差异导致了结果上的差异，选项 D 说明没有其他差异，所以是很好的加强。

38. 解析：答案是 C。

贾女士的结论是，他们受到了不公正的待遇。陈先生的观点是：日达公司雇员的平均年薪超过 15 000 元，这一待遇并非不公正。因此，陈先生和贾女士意见分歧的焦点是：日达公司雇员的工资待遇是否不公正。

39. 解析：答案是 A。

贾女士提及“不到 10 000 元”，指的是日达公司大多数雇员的年薪。陈先生提及的“超过 15 000 元”，指的是日达公司雇员的平均年薪。陈先生在这个核心概念的界定和使用上没有与论辩对方保持一致，由于这种不一致，即使陈先生的断定成立，也不能说明贾女士的断定不成立。

干扰项是选项 D，陈先生在自身的反驳过程中并没有对某个核心概念的界定和使用前后不一致。因此选项 D 不成立。

40. 解析：答案是 A。

题干断定，多餐能降低血脂，条件是不增加进食总量，但大多数多餐的人都会增加进食总量。因此，对于大多数人，增加每天吃饭的次数是无效的。

选项 B 中的“最佳”，题干并未提及。

41. 解析：答案是 B。

题干断定了以下两个条件关系：

（1）一种语言是完全有效的→每一种可能的组合都能够……

（2）接收声音信号有问题→¬每一种可能的组合都能够……

注意（1）的逆否命题，并与（2）联立，可以继续推出语言无效，即选项 B 的结论。

42. 解析：答案是 D。

老师提及了两个承诺，已表达的承诺（大明对小红的承诺）和默认的承诺（说真话）。老师认为，当两个承诺冲突时，大明应当选择说真话。老师的话显然假设：违背默认的承诺有时要比违背已表达的承诺更不好。

选项 C 假设过强，对于假设题，“任何”、“所有”、“必然”等常常并非选项。

选项 A 也有类似的问题，“其他承诺”有很多，所以选项 A 不是“必须假设”的。

43. 解析：答案是 C。

题干要论证的结论是：环境保护主义者关于采煤会破坏爱尔兰湿地的生态平衡的担心是站不住脚的。在诸选项中，只有选项 C 如果为真，才能得出结论：在湿地采煤并没有改变生态环境。

其余各项都能加强题干的论证，但都不能得出这一结论。例如，选项 B 如果为真，并不能保证在湿地采煤不改变生态环境，因为无法排除这种可能性：采煤湿地的生态环境虽然和未采煤湿地没有实质性的不同，但却和自身未开采前的生态环境有实质性的不同。再如，选项 A 如果为真，只能加强题干的论据，但却不能保证得出题干的结论。

44. 解析：答案是 B。

根据题干写出逻辑式：

（1）亏损进一步加大→胡经理不称职；

（2）没有丝毫撤换胡经理的意向→胡经理称职，即：胡经理不称职→有撤换胡经理的意向；

（3）不能团结一心→胡经理不称职。

从上述逻辑式加上“胡经理不称职”，只能推出结论：出现了撤换胡经理的意向。

45. 解析：答案是 B。

题干结论是：多功能防范系统对于保护文物安全起到了重要作用。

对选项 B 取非后得到，私人收藏和小展馆的文物失盗案件也下降。这说明，整个社会治安好了，并非多功能防范系统的功劳，所以削弱了题干。可见，选项 B 是一个加强性结论。

对于选项 D：保险金增加说明文物更危险了，无法加强题干。

对于选项 E：题干没有提到先进方法是否是“多功能防范系统”。

46. 解析：答案是 C。

选项 A、选项 B、选项 E 不难排除。选项 D 的结论也并不正确，因为由题干只能得到喜欢朦胧诗的人都不是科学家。进一步分析后可知，选项 C 是正确的。

47. 解析：答案是 B。

题干的推理结论是：没有 s 是 p：绝大多数 s 是 q。因此，至少有些 p 不是 q。

选项 B 具有和题干相同的结构。其余各项的结构和题干不同。例如，选项 A 的结构是：没有 s 是 p；绝大多数 s 是 q。因此，至少有些 q 不是 p。

48. 解析：答案是 A。

甲和丙的话互相矛盾，必有一真。因此，乙和丁说假话。由乙说假话，可知，甲、乙、丁都未作案。由丁说假话，可知四人中至少有一人作案。因此，作案的是丙，甲说真话。

49. 解析： 答案是 D。

对于解释题，只要解释合理即可，显然选项 D 最为合理。

50. 解析： 答案是 B。

（1）东江全日制 =0.7×西海全日制；

（2）东江全日制 + 东江成人教育 =1.2×（西海全日制 + 西海成人教育）；

（1）/（2）得

（3）东江全日制/（东江全日制 + 东江成人教育） =0.7/1.2×（西海全日制/（西海全日制 + 西海成人教育））；

100% －（3）即可得选项 B 的结论，所以选项 B 正确。

（2） －（1），即可得

（4）东江成人教育 =0.5×西海全日制 +1.2×西海成人教育。

可知，选项 D 错误。

（2）/（1）得

东江成人教育/东江全日制 =0.7 +1.7×（西海成人教育/西海全日制）

可见，二学校内的两种学生数比例关系是互相关联的，所以选项 C、选项 E 都不一定正确。

51. 解析： 答案是 D。

题干中的 0.1% 是将真币误认为是假币的可能性，其意义可大致理解为，检查 1 000 张真币，可能有 1 次误报警。而亮起红灯时，有多大比例是正常报警，很大程度上取决于被检测货币的真假情况，如果检测的全部是真币，且有 100 万（1 000×1 000）张，那么所有报警将全部是误报，没有一次会发现假币。

选项 A 指出了考查这种仪器的另一个重要指标，但其结论与题干的结论却没有关系。

52. 解析： 答案是 E。

题干的论证实际上包括两个省略推理：第一，根据近一年来，只要林教授给校长写信，内容只有一个，不是这里不舒服，就是那里有毛病，推断出林教授的身体确实不好；第二，根据林教授的身体不好，推断他不宜继续担任校长助理的职务。

为使题干的论证成立，选项Ⅰ、选项Ⅱ和选项Ⅲ都是必须假设的。

选项Ⅰ是必须假设的。否则，第二个推断就不能成立。

选项Ⅱ是必须假设的。否则，第一个推断就不能成立。

选项Ⅲ也是必须假设的。否则，如果事实上近一年来林教授很少给校长写信，那么，即使信件的上述内容是真实的，也难以推出，林教授的身体确实不好。

53. 解析： 答案是 D。

选项Ⅰ是必须假设的。否则，如果上述医院1935年的妇产记录不是完整的，那么完全可能遗漏了张勇的父亲在该年的出生记录，因而，题干的结论就不能成立。

选项Ⅱ是必须假设的。否则，如果张勇和他的妹妹关于父亲的出生年份的断定都是不真实的，那么，就不能由张勇的父亲不是生于1935年，就推出他生于1933年，即题干的论证就不能成立。

选项Ⅲ与本题无关。

2005年1月MBA联考逻辑真题解析

24. 解析：答案是D。

题干计划的目的是：缓解地铁沿线包括高速公路上机动车的拥堵。如果选项D为真，则实施上述计划在减少高速公路车流量的同时，可能增加了普通公路的流量，因而不能从总体上真正缓解地铁沿线机动车的拥堵。这就有力地质疑了题干的计划。

选项B、选项E只注意论据而没有抓住目的，所以力度不如选项D。

25. 解析：答案是E。

如果选项E为真，则说明，如果地铁不通过改造以较大幅度地提高客运量，那么，相当数量的地铁乘客会驾驶私人机动车，从而加剧地铁沿线机动车的拥堵。这就有力地论证了题干计划的合理性。

26. 解析：答案是C。

选项C断定的是一种预测歉收的信息，给出了促使粮价上涨的原因。这就有力地削弱了题干的论证。

27. 解析：答案是A。

如果选项A为真，则说明，国家法定的最低工资额的提高，虽然增加了零售商的工资成本，但也同时增强了零售商的基本顾客的购买力，从而增加了零售商的利润。这就合理地解释了题干中的现象。

28. 解析：答案是B。

马医生的结论是：要么是人参，要么是蜂蜜，含有的某些化学成分能帮助他更快更好地进行手术。如果选项Ⅱ为真，则说明没有人参和蜂蜜，能有同样好的手术效果。这就有力地削弱了马医生的结论。

选项Ⅰ不能削弱马医生的结论，因为这至多只能说明柠檬比人参更有效果，不能说明人参或蜂蜜没有效果。

选项Ⅲ不能削弱马医生的结论，因为马医生的结论只是比较自己不同情况下的差异，并非比较自己与别人间的差异。

29. 解析：答案是E。

注意题干结论中的“劳动生产率”和前面提到的“其他子公司的平均劳动生产率”。

选项 A 是很强的干扰选项，如果没有选项 E，选项 A 是完全正确的，但选项 E 所有词语与题干完全一样，所以应选择选项 E。

30. 解析：答案是 B。

典型的他因法削弱。

如果选项 B 为真，则有利于说明，火龙公司劳动生产率的提高，可能是由于使用了其他子公司所没有的先进技术装备，而不是实行了与利润挂钩的工资制度。

选项 A 有一定的干扰作用，实际上，能吸引到人才是分配制度改革的效果，所以此项不仅不是削弱，反而是加强。

题干的结论是针对本公司的，因此，选项 D 不削弱题干。选项 E 不削弱题干。因为金龙公司的劳动生产率虽然与火龙公司相比略高，但与自身相比可能没有提高，甚至降低。

31. 解析：答案是 C。

注意题干的结论（“因此”后面的话），其关键词为“效率”。而结论中有“迅速”二字。各选项中，仅选项 C 提到了“效率”二字，自然值得关注。如果选项 C 为真，则有利于说明，使用新型键盘，在短期内不利于提高工作效率。因此，用新型键盘替换传统键盘难以迅速地提高工作效率，这就有力地削弱了题干的论证。

32. 解析：答案是 A。

题干的关键词是“个性”和“不可取代”，选项 A、选项 C、选项 E 都有涉及。但选项 C、选项 E 不难排除。

也可对选项 A 取非后得到，应聘者的个性也可通过招聘的其他环节展示，那么面试将不再是招聘的一个“不可取代”的环节。所以选项 A 是最需假设的。

33. 解析：答案是 D。

题干断定，人应对自己的正常行为负责，这种负责甚至包括因行为触犯法律而承受制裁。由此可推出：人的有些正常行为会导致触犯法律。因此，选项 I 可推出。

题干断定，人应对自己的正常行为负责；同时又断定，人不应该对自己不可控制的行为负责。由此可推出，不可控制的行为不是正常行为，即人对自己的正常行为有控制力。因此，选项Ⅱ可推出。

选项Ⅲ显然不可推出。

34. 解析：答案是 E。

上述小册子的目的是帮助经常不刷牙的人进行口腔自检。而选项 E 断定经常不刷牙的人不大可能作每周一次的口腔自检。这实际上指出，发行小册子是无效的。

35. 解析：答案是 D。

选项 D 断定，近年来，G 市的许多工程的建设者多数是来自农村的农民工。这一断定支持“开放”。选项D又断定，民工子女的就学成为市教育部门面临的难题。这一断定支持“保守”。

其余各项都只支持某一派的意见。

36. 解析：答案是D。

由题干知；

（1）仓兰∨海棠→¬秋菊；

（2）牡丹→秋菊；

（3）玫瑰→海棠。

对于选项D，如果有玫瑰，则必须有海棠；有了牡丹，则必须有秋菊。

而秋菊和海棠不能同时出现。所以，选项D不能组成一件合格的插花。

37. 解析：答案是C。

对于选项Ⅰ，如果该投毒案不是甲投毒鼠强所为，完全可能是甲投乐果所为，或者乙投毒鼠强所为。

对于选项Ⅱ，注意题干中关于毒药是“二者至少买其一”。因此，该投毒案可能同时使用这两种毒药，所以选项Ⅱ不一定成立。

对于选项Ⅲ，显然成立。

38. 解析：答案是A。

由题干：畅销→质量∧诚信，即¬质量∨¬诚信→¬畅销

题干实际上断定，产品的合格质量和经销商的诚信是产品畅销的必要条件。选项B、选项C、选项D和选项E都符合题干所断定的条件关系。

选项A则等价于：¬畅销→¬质量∨¬诚信，不符合题干的断定。

39. 解析：答案是A。

由题干：¬(人人平等∧有人触犯法律而不受制裁)，即¬人人平等∨¬有人触犯法律而不受制裁

选项A含义与上式吻合。

40. 解析：答案是A。

题干的一个结论是：家庭条件优越是学生泡网吧的重要原因。这一结论的根据是：该校经常泡网吧的学生中，家庭经济条件优越的占80%。如果选项A为真，则这一比例事实上还低于家庭条件优越的学生占全部学生的比例，这就有力地削弱了题干的上述结论。

41. 解析：答案是B。

题干的一个结论是：泡网吧是学习成绩下降的重要原因。这一结论的根据是：该校经常泡网吧的学生中，学习成绩下降的也占80%。选项B断定，该校上学期半数以上学生的成绩都有明显提高，即只有不到半数的同学成绩下降。这样，经常泡网吧的学生中，学习成绩

下降的比例大大超过了正常值。因此，如果选项 B 为真，能有力地加强上述论证。

42. 解析：答案是 E。

对题干取非得到：

¬(对所有的产品都进行了检查∧¬发现假冒伪劣产品)，即¬对所有的产品都进行了检查∨发现假冒伪劣产品。

而选项Ⅲ等价于：¬对所有的产品都进行了检查∨发现假冒伪劣产品，与上式意思一致。

43. 解析：答案是 B。

如果选项 B 为真，则可有效地识别并减少逃税行为，因而可以打破上述恶性循环。

44. 解析：答案是 C。

注意厂长的结论是"无利可图"。总工程师显然不同意厂长的结论。而选项中也只有选项 C 提到了这一关键词。

45. 解析：答案是 B。

题干的结论是："产量"大部分不会受到影响。而根据是：规模香蕉种植园大都可以安全地使用……显然，在"产量"和"规模香蕉种植园"之间需要一个桥梁，选项 B 给出了这个桥梁。

46. 解析：答案是 C。

题干做了以下三个断定：

（1）一个国家的地理位置离赤道越远，其白天能见度越差。

（2）白天的能见度越差，实施上述法律的效果越显著。

（3）目前世界上实施上述法律的国家都比中国离赤道远。

由（1）和（3），可得

（4）和中国相比，目前世界上实施上述法律的国家白天的能见度较差。

由（2）和（4）可得

（5）和目前已实施上述法律的国家相比，如果在中国实施上述法律，其效果将较不显著。

这正是选项 C 所断定的。

47. 解析：答案是 C。

用欧拉图可以较快地获得答案。对于选项Ⅰ，当"经验丰富的股民"完全位于"非大盘蓝筹股"之内时，是假的。

48. 解析：答案是 E。

本题要利用一些常识性知识，例如，树木在氧含量高的地方长得好。

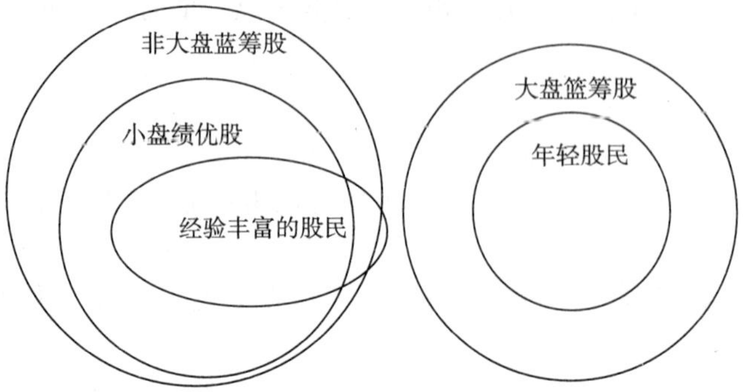

49. 解析：答案是 D。

题干断定：

电气革命→科学、技术结合发展→伦理道德问题和资源环境问题

选项Ⅲ是“电气革命→科学、技术结合发展”的逆否命题，也成立。

由题干可推出电气革命是人类面对尖锐的伦理道德问题和资源环境问题的充分条件，不能推出前者是后者的必要条件。因此，选项Ⅱ不符合题干的断定。

50. 解析：答案是 E。

对于选项 A：虽然参加疗养的教职工占全校教职工的比例下降，但因为教职工总数有较大增长，因此，参加疗养的教职工的绝对人数有增长，从而导致疗养院的入住率上升。

对于选项 B：有外来人员导致入住率提高。

选项 C 是很有迷惑性的选项，它说明，单人间和双人间增加了，三人间和多人间减少了，所以床位少了，请自行仔细验算。

对于选项 D：同样说明床位减少了。

选项 E 无助于解释上述现象。

51. 解析：答案是 B。

题干得出结论的根据是：起居时间不同，导致夫妻不和。

如果选项 B 为真，则有利于说明，是夫妻不和导致起居时间不同，而不是相反。这说明题干犯了因果倒置的错误。

52. 解析：答案是 D

题干由“普及科学知识面”而推出了“不进行创新性研究”，显然二者需要桥梁。

选项Ⅱ、选项Ⅲ都给出了这种桥梁。

53. 解析：答案是 A。

题干断定：

杜绝“黑哨”→罚款∨永久性地取消其裁判资格∨追究其刑事责任。

即：¬罚款∧¬永久性地取消其裁判资格∧¬追究其刑事责任→“黑哨”。

题干又断定罚款无效，因此结论应该是：

¬永久性地取消其裁判资格∧¬追究其刑事责任→“黑哨”。

而题干的结论是：¬永久性地取消其裁判资格→“黑哨”。

这说明，“¬永久性地取消其裁判资格”包含“¬追究其刑事责任”。

选项A：追究刑事责任→永久性地取消其裁判资格，表达了这种包含关系。

2005年10月在职MBA联考逻辑真题解析

24. 解析：答案是A。

博士研究生中女生的比例取决于女生和男生的数量。题干中给出了女生的录取比例，由于男女的比例基本不变，知道男性考生的录取比例后就可以进行比较。

25. 解析：答案是D。

张教授的观点是，“有的歌星的一次出场费是诺贝尔奖金的数十倍甚至更高，这是不合理的”，而李研究员在反驳他（“你完全错了”）。所以，他们的争论焦点是收入的合理性。

26. 解析：答案是E。

张教授反驳的意思是，诺贝尔不可能获得李研究员提到的商业回报。但诺贝尔所期望的收益并非是简单的商业回报。

27. 解析：答案是E。

本题是要求用选项推出题干，读题时千万不可马虎！

很多考生在解答此题是困惑于按照题干的意思，何东辉是否获得了奖学金。实际上，即使这点不知道应并不影响解题——当然，正确的理解应该是何东辉也获得了奖学金。

对于选项A，只能证明所有西部奖学金获得者都在4班，但4班仍可能有奖学金获得者来自东部；对于选项C，只能证明所有4班的西部同学都获得了奖学金，但仍可能有4班的东部同学也获得了奖学金。选项B、选项D不难排除。

对于选项E，既然所以同学都是西部的，获得奖学金的自然也是西部的，所以正确。

28. 解析：答案是B。

题干结论是“必须……”，而选项B提出了其他方式可以起到相同的作用。历年真题中此类题目并不多，但削弱方式与一般的题目有些不同，值得关注一下。

29. 解析：答案是D。

典型的因果倒置法削弱。

30. 解析：答案是C。

干扰项是A，但选项C更为具体贴切。

31. 解析： 答案是 E。

由题干：¬完美人格→¬脱颖而出，即：脱颖而出→完美人格

只有选项 E 与之不同。请注意选项 C 的意思是：¬（脱颖而出∧¬完美人格），是题干的等价逻辑式。

32. 解析： 答案是 E。

注意题干信息："乘客必须尽快地撤离飞机。"选项 E 指出了专家建议的负面结果。

33. 解析： 答案是 C。

大湾公司计划的目的是"进一步降低雇员的病假率"，所以即使影响工作，也与之不矛盾，所以选项 Ⅰ 不必假设。

选项Ⅱ、选项Ⅲ之间，人次是关键数据，而人数并非"必须假设"。

34. 解析： 答案是 A。

选项 A 指出了题干中的方式并不可行，因为最需要锻炼的人是不参加锻炼的。

选项 B、选项 E 只谈工作效率，与题干目的无关。

35. 解析： 答案是 B。

选项 A 过于武断，而选项 B 很恰当，即可能有其他原因也导致青少年吸烟。

36. 解析： 答案是 E。

题干中利用动物研究来理解人，其余各选项指出了人与动物的相似性或作动物研究的优势。而选项 E 则在解释研究人对理解动物的作用，显然不妥。

37. 解析： 答案是 D。

关键在于题干最后一句，即：精神压力既引起粉刺又引起吃巧克力。

38. 解析： 答案是 B。

题干所要反驳的观点的论据是：许多长粉刺的人都证实，他们皮肤上的粉刺都是在吃了大量巧克力以后出现的。而题干通过新的论据对上述现象作了不同的解释。选项 B 概括准确。

39. 解析： 答案是 C。

注意题干的结论是"减少该厂的不合格产品进入市场"。对选项 C 取非后得到，9 月份所有检测合格的产品都是合格的，那么结论就不成立了。所以选项 C 是必须的假设。

40. 解析： 答案是 A。

题干由棉花批发价下跌，推出，棉织品价格下跌。

选项 A 指出，生产成本上涨了，可能会抵消棉花批发价下跌的作用。

41. 解析：答案是 A。

题干指出，“往往忽略语言设计可能出现的各种问题”，而且，“这些语言设计方面的问题对调查的结果可以产生十分重要的影响”。二者结合，自然结论就是“调查结果通常不能完全反映实际情况”。

42. 解析：答案是 C。

对“一致赞同”取非，结果就是“有人不赞同”。

43. 解析：答案是 B。

对选项 B 取非后得到：储户不能区分不同银行的故障率的高低。那么储户当然不会以故障率的高低为依据选择银行了，这就严重削弱了题干，所以选项 B 是“方法可行”型的假设。

44. 解析：答案是 B。

题干的矛盾是：事故率下降，人身伤害的费用比例高了。

选项 B 指出，虽然事故率低了，但每次事故要花的钱多了，很好地解释了这个矛盾。

45. 解析：答案是 D。

注意题干中的时间元素。1994 年是在建厂后不久，当时村民虽然健康，但很可能危害还在潜伏期呢。

46. 解析：答案是 A。

注意题干中两次结论的区别，除具体例子外，关键词为“显著特征”，选项 A 紧扣这个关键词，明晰地说明了问题。

47. 解析：答案是 C。

题干的断定可以推出，无人可以伪造签名骗过这个软件，所以选项 C 必然成立。

48. 解析：答案是 D。

选项Ⅰ排除了其他原因；选项Ⅱ抓住了题干的内容，明确了两个国家的应有区别。选项Ⅲ中的“重要因素”题干并未涉及。

49. 解析：答案是 A。

典型的他因法削弱。

50. 解析：答案是 B。

选项 D、选项 E 中的“其他陈述”、“未经陈述的”与题干无关，不予考虑。

选项 C 实际是支持题干，因为购买者确实认为安全性不重要（首要考虑的因素）。

选项A的“广为人知”不如“广泛认同”，认同显然比知道更进一步。

选项B的意思是，购买者很可能还不完全相信新型发动机的安全性真的比旧型发动机的好。

51. 解析：答案是E。

注意题干第一句说的是“数量”，而第二句说的是“比例”。

选项E指出，讯通驾校的青年学员可能大量流失，所以虽然中老年学员的数量减少了，但青年学员减少更多。这样中老年学员的比例虽然增加了，但“减少中老年学员的数量”的目的还是达到了。

选项C、选项D与本题无关。

选项B只能说明中老年学员有希望在数量或比例上继续增加数量或比例。

选项A似乎有迷惑性，但实际上在题干中没有任何对应，本质上仍为无关选项。

52. 解析：答案是C。

题干断定，“生活成本与一个地区的主导行业支付的工资平均水平呈正相关”，然后由两个行业推出生活成本的高低，显然假设了这两个行业的工资水平的高低。

53. 解析：答案是D。

从教练的理由可以看出，他更看重刘建的防守，选项D说明了防守对于刘建的重要性。若选项D为真，则说明刘建是不称职的，证明了教练的决定是合理的。

2006年1月MBA联考逻辑真题解析

26. 解析：答案是A。

由题干：天不下雨→听音乐会。显然，只有前件真、后件假，才可以说明题干是假的，正如选项A。

27. 解析：答案是C。

问题要求选择的是不可能为真的，所以对题干取非，变为并非“我想说的都是真话，但真话我未必都说”，即“我想说的有些不是真话，或者，“真话我必然都说”。

只有选项C与“我想说的有些不是真话”一致，所以选C。

请注意，干扰项E与“真话我必然都说”并不一致，因为：真话都说了，但可能同时还说一些假话。

28. 解析：答案是C。

应注意题干讲的食物不是一般的食物，是有特殊味道的食物，味道和人的什么相关呢？当然是味觉和嗅觉。也就是味觉和嗅觉越敏锐，就越可能产生强烈的厌食。

有两个干扰项，一个是选项A，请注意题干的结论中的“某些”二字，题干的意思是，与成人相比，对特定的一些食物，小孩更容易厌食，例如：对于辣椒，小孩比成人更容易厌食。而不是说，小孩会厌食的食物更多。所以解释中，不应涉及食物的数量。

另一个是选项 D，题干中已经说明“不管这种食物是否对身体有利”，也就是说对于身体是否有利不在考虑之列，既然不在考虑之列，那么与食物健康相关的知识当然也不在考虑之列。

29. 解析：答案是 E。

题干中强调了这些石笋是由水滴常年滴落在岩石表面而逐渐积累的矿物质形成的。这个石笋是露出河流水面而形成的石笋。我们试想一下如果这个岩石当初不是露出水面接触到滴落的水滴，又怎么形成石笋呢？后来河流水深了，淹没了岩石只剩下了石笋。这里请注意，岩石和石笋不是一种东西。

30. 解析：答案是 B。

因为玩麻将只需要较低的理解和记忆能力，所以，虽然年轻人智力较高，但是不一定表现出来，就像教授和小学生都会做 1 + 1 = 2，并不是说他们的智力一样，只是教授的智力没有表现出来而已。

干扰项是 A。事实上选项 A 完全能够削弱题干，与选项 B 相比只是不太符合常识罢了。

31. 解析：答案是 A。

题干说“80 岁的人和 30 岁的人他们表现出的理解和记忆力并没有明显差距”，那么现在 30 岁的年轻人和 50 年前的同龄人的理解和记忆能力相比要高。而现在 80 岁人和 30 岁人的理解和记忆能力差不多，50 年前的同龄人就是现在的 80 岁的人，也就说明 80 岁的人比当年 30 岁的时候理解和记忆力还要高，这说明人到 80 岁的时候，理解和记忆力不仅没有减退反而更强了。

32. 解析：答案是 A。

“所有林村的人都爱吃川菜，川菜的特点是麻、辣、香”，很显然所有林村的人都爱吃麻、辣、香的食物。

选项 B、选项 C、选项 D 中的“大部分人”不是有效的推理。

33. 解析：答案是 E。

题干说明月球是早期地球的表面部分，也就具有当时地球的表面部分的特点，即：铁含量少。

34. 解析：答案是 B。

注意“互相”二字，既然是“互相”，那么或者是小斑马辨认老斑马，或者是老斑马辨认小斑马，现在小斑马不能辨认老斑马，自然就是老斑马辨认小斑马。选项 B 归纳得很恰当。

35. 解析：答案是 B。

干扰项是A，题干中是比较两个城市，而选项A的第一句“一个人的年龄越大”，说的是“一个人”，而后面成了老张和他的儿子，是两个人。所以是不对的。如果选项A变成“年龄越大，就越成熟……”或者可行。

36. 解析：答案是C。

张教授的结论是，克隆人是破坏社会和谐的一种潜在危险；而隐含的论据是，他认为一个人和他的克隆复制体就是相同的。

李研究员认为，克隆人在成长和受教育的过程中，必然在外形、个性和人生目标等诸方面形成自己的不同特点，也就是不会相同的。

焦点就在于，一个人和他的克隆体是否完全相同。

干扰项是A，实际上两人都不反对克隆人是会破坏社会的和谐，只不过根据不同。

37. 解析：答案是D。

选项Ⅰ毫无疑义是应选的，否则科研投入将无助于经济发展。

选项Ⅱ毫无疑义不构成假设。

选项Ⅲ也是必须假设的，否则，如果目前的资金已经足够，则不需要再“增加”投入了。

38. 解析：答案是B。

甲、乙两个人的话构成了“下反对”关系，至少有一个真。所以丙的话一定是假的，这就推出来大运和宏通两个小煤矿至少有一个煤矿存在安全隐患。所以甲说“有小煤矿存在安全隐患”是真的，那么乙说的是假的，那么它的矛盾命题“所有小煤矿都存在安全隐患”必然为真，所有小煤矿当然包括大运和宏通，所以正确答案是B。

39. 解析：答案是E。

题干的论证是，从Y的作用，推出可以减少鼻咽癌。

选项E如果为真，那么Y就没有作用，起到了断桥的作用。

选项C是干扰项，Y可以对人的免疫系统产生负面作用，但仍然可以抑制病毒，所以削弱力度远远小于E。

40. 解析：答案是C。

题干由“起早摸黑做实验”，推出“勤奋精神”，选项C给出了其中的桥梁。

41. 解析：答案是D。

题干由钟教授的学生的个别事例推出了一般情况，选项D质疑个别事例的代表性。

42. 解析：答案是D。

本题比较简单。这里要注意题干的论点是“H市仍难摆脱空气污染的困扰”，其他的选项A、选项B、选项C、选项E都在说有利于摆脱空气污染的情况，起到了削弱作用；而选项 D 的作用是加强。

43. 解析：答案是 B。

选项 A、选项 C、选项 D、选项 E 均与题干结论无关。

对选项 B 取非，构成了对题干的削弱，所以选项 B 有加强作用。

44. 解析：答案是 E。

题干中，由“不超过 10 吨的货车”推出了“大部分货车”的情况，选项 E 指出二者是基本一致的，起到了搭桥的作用。

45. 解析：答案是 A。

类 44 题，题干由“不超过 10 吨的货车”推出了“撞车事故”，选项 A 起到了搭桥的作用，是最强的加强。

46. 解析：答案是 A。

对“一把钥匙能打开天下所有的锁”取非，得到“所有钥匙不能打开有的锁”，整理后就得到选项 A。要注意的是，“一把钥匙”在这里的意思是“某一把钥匙”。

47. 解析：答案是 C。

对题干直接取非，得到“有的选手没有评委的优秀票”，整理后与选项Ⅲ符合。

48. 解析：答案是 B。

陈先生的意思是：因为长寿，所以乐观。

贾女士明显在反驳陈先生，而只有选项 B 可以构成这种反驳，并且紧扣题干。选项 A、选项 C、选项 E 明显与题干无关。而选项 D 不涉及乐观。

49. 解析：答案是 A。

选项 A 通过传递关系说明，人均寿命影响情绪，即因为长寿，所以乐观。

选项 C、选项 D 支持的是贾女士。选项 B、选项 E 与题干无关。

50. 解析：答案是 B。

由题干第二句可知，所有有以自我为中心倾向的孩子，都缺乏父母的正确引导。

又因为有些非独生子女同样有以自我为中心的倾向。所以，有些缺乏父母正确引导的是非独生子女，即选项 B。

选项 A、选项 D、选项 E 的意思题干未涉及。选项 C 看似正确，但无法从题干推出，所以不一定为真。

51. 解析：答案是 C。

对于此类论证评价题，依然建议用排除法。对于选项 A：题干并未明确“说明”什么结论；对于选项B：题干并未“驳斥”，仅说明证据不足；对于选项D：题干没有得出结论；选项E显然与题干无关。

只有选项C的归纳最为恰当。

52. 解析： 答案是D。

（1）由“思考是人的大脑才具有的机能”：思考→人脑，即：¬人脑→¬思考。

（2）由“计算机不具有意志力”：计算机→¬意志力。

（3）由“有些动物具有意志力”：有些动物→意志力。

由（1）注意到动物当然没有人脑，所以，动物不思考，即选项Ⅱ正确。

由（3）得知，有些动物有意志力，所以有些有意志力的是动物，又因为动物不思考，所以有些有意志力的动物不思考，即选项Ⅰ正确。

选项Ⅲ是无法获得的。

53. 解析： 答案是A。

对选项A取非后，明显可以削弱题干的论证，所以选项A为必须的假设。

54. 解析： 答案是E。

对选项E取非后得到，灵感一定要通过纸上操作来获得，这显然削弱题干，所以选项E是必须的假设。

55. 解析： 答案是D。

夫妻结构中必然是一男一女，且，或者中国人，或者外国人。

题干中涉及的中国男性包括：

娶中国人的，数量记为M1；

娶外国人的，数量记为M2，显然嫁给中国人的外国女人的数量也是M2。

题干中涉及的中国女性包括：

嫁中国人的，数量记为W1，显然W1 = M1。

嫁外国人的，数量记为W2，显然娶中国人的外国男人的数量也是W2。

由题意，(W1 + W2) − (M1 + M2) = 2万人，又W1 = M1

所以W2 − M2 = 2万人

这表明嫁外国人的中国女人比娶外国人的中国男人多2万人，又代表娶中国人的外国男人比嫁给中国人的外国女人多2万人。

所以选项Ⅱ正确。

又，(W2 + M1) − (M2 + W1) = 2万人

这表明和中国结婚的男人比和中国人结婚的女人多2万人。

2006年10月在职MBA联考逻辑真题解析

26. 解析： 答案是C。

本题是比较简单的考查充分和必要条件假言命题的题目，只要将宋老师的推理转化为命题，并与选项对照即可。宋老师认为肯定“董老师是博士生导师”，否定“‘高级职称评定委员会’评委”就可以否定麦老师的命题。那么他所理解的命题的前件是“博士生导师”，后件是“‘高级职称评定委员会’评委”，正如选项C。

27. 解析：答案是A。

由题干：￢(研发∨销售)，即：￢研发∧￢销售。

28. 解析：答案是A。

题干第一句所用的数据全部是比例数据，而第二句结论涉及的则是绝对数量。比例必须乘以总量后方是绝对数量。

选项A利用上述分析给出了有力的削弱。

29. 解析：答案是E。

本题除考查逻辑知识外，还要求考生具有一定的阅读理解能力。

题干的结论并不复杂：一个好的行为实际上不可能存在。

而论据（原因）是：我们面临着一个不可完成的思考。而这个“思考”就是前面所说的“要判断一个行为是否好，……”

所以题干的完整意思就是：因为“判断一个行为是否好”是“不可能”的，所以，一个好的行为实际上不可能存在。

可以看出，在“判断”和“好的行为存在”之间需要一个桥梁。选项E给出了这个桥梁。

选项A、选项C中的“只”和“坏”题干中并未涉及。

选项B略有干扰，但如果能理解题干的意思，就可以知道，它并非题干必要的假设。

30. 解析：答案是D。

题干的结论是：因为副王峡蝶和黑脉金斑蝶相似，而黑脉金斑蝶有毒，所以副王峡蝶很少被捕食。

选项D是明显的“他因”削弱，它指出，副王峡蝶也有毒。

31. 解析：答案是C。

由欧拉图可得到答案。

对于选项A，当“H国进口”完全位于“应当报废”内部时是不成立的。

对于选项B，当“H国进口”完全位于“应当报废”外部时是不成立的。

应注意的是，对于选项A、选项B可能会有误解，以为是下反对关系，必有一真，但这种结论是基于其他条件相同时。对于本题，当附加条件“有些应该报废的车没有设计缺陷，所有H国进口车都应报废”时，选项A为假；当附加条件“所有应该报废的车都有设计缺陷，所有H国进口车都应报废”时，选项B为假。请自行在欧拉图上仔细体会。

对于选项D，当“超过20年”和“应当报废”不重合时就不成立。

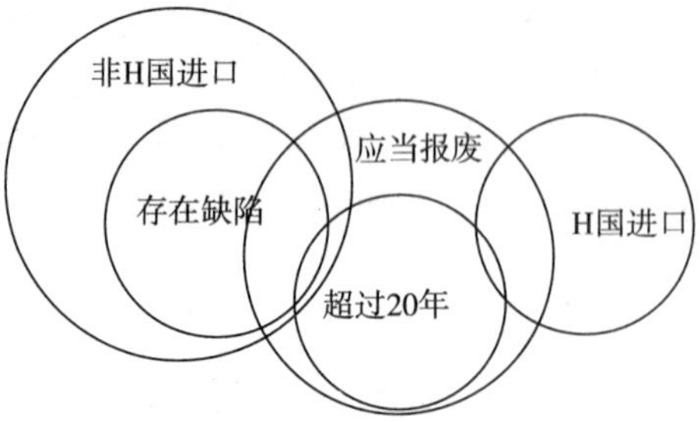

对于选项 E，显然错误。

32. 解析：答案是 E。

首先应注意的是，题干中明确了“两个城市的面积和人口相当”，所以“人口密度”自然也相当。所以选项 B 是错误的。

题干中，清城的问题是由“居住条件”所导致的，而广川和清城有相当的人口密度，是否一定会导致居住条件也相同呢？

选项 E 质疑了这一漏洞。

33. 解析：答案是 D。

题干的第一句是严格的形式逻辑，可以表示为：

不出具罚单→没有意义，即有意义→出具罚单。

选项 D 与之吻合。

选项 E 为上式的逆命题，不一定成立。选项 A 中的“唯一”，题干中是没有的。

34. 解析：答案是 D。

题干的最后一句将人群分为了两种：一种“经常闯红灯”，一种“从不闯红灯”，显然还有人介于中间状态，如选项 D 所言。

35. 解析：答案是 A。

典型的他因法削弱，选项 A 的意思是：深海鱼油胶囊确实能降低患心脏病的风险，但并非通过降低胆固醇，而是通过其他题干中没有涉及的手段，例如提供某种元素 X；降低胆固醇只是顺便起到的作用；如果其他药物或手段只能降低胆固醇（而不能提供某种元素 X），那么是不能减少患心脏病的风险的。

其他选项没有太多干扰。

36. 解析：答案是 B。

题干：勇气∧智慧→没有办不成的事，即：有办不成的事→¬勇气∨¬智慧。显然只有选项 B 符合。

37. 解析：答案是 D。

本题考查对不同削弱方式力度的理解。

选项 A 是有削弱作用的，削弱方式是“同因异果”。

选项 B 也有削弱作用，削弱方式是“他因”。

选项 D 也有削弱作用，削弱方式是“断桥”。

由于断桥直接切断了“因”、“果”间的关系，显然最强。

而选项 A、选项 B 都保留了“东进咨询公司”和“成功”间的联系，所以力度不如选项 D。

38. 解析：答案是 B。

秘书小张的前提是：如果陈经理乘坐的飞机航班被取消，那么他就不能按时到达会场。

推理是：该航班正点运行，因此，陈经理能按时到达会场。

显然前提没问题，但推理有缺陷。所以王经理的评价是正确的。但王经理自己的结论也过于武断，根据不足。

对于干扰项 D，王经理的结论不一定绝对错误，与选项 D 对比可以发现选项 B 更恰当。

39. 解析：答案是 B。

白天安装，损失工作；晚上安装，损失差价。两个损失对比，方可得到选择。选项 B 给出了这个对比结论。

40. 解析：答案是 E。

选项 E 给出了比例低的其他原因，其他选项没有明显的干扰。

41. 解析：答案是 A。

首先应注意史密斯所作结论中的“任何”两字，显然他假设，后来添加的都不是画家本人意图的体现，也就是并非画家本人添加的。

张教授正是在质疑上述假设，即：有些可能是米开朗基罗本人添加的。

42. 解析：答案是 B。

解题中应紧扣题干中的关键词语。选项 C 具有一定的迷惑性，但其中的“初始面貌”，题干中并未提及，而选项 B 中的“本人意图”正是原文。事实上，去掉后来添加的，当然就是“初始面貌”，所以，仅从常识上说，选项 C 也不对。

对于选项 A，题干中未涉及“区分”。

对于选项 D，“不可能出自其他人之手”，过强，题干中并无此断定。

对于选项 E，题干未涉及“满意”。

43. 解析：答案是 A。

题干中两组数据的区别在于，一是“保险公司处理的汽车被盗索赔案”，一是“警察局处理的报案被盗汽车”，答案必然是二者的区别。

选项 C、选项 D 不涉及这个区别，可以排除。

选项A、选项B、选项E涉及这个区别，但经分析后选项B、选项E都是在加强问题中的矛盾，只有选项A可以作为解释。

44. 解析：答案是D。

题干的第一句是否定句，由此初筛，仅选项D、选项E与之类似，细读后可以发现选项D与题一致，而选项E不具备题干的因果关系推理。

45. 解析：答案是B。

注意题干中“这种看法有漏洞”，结束语应体现这一观点，即题干第一句中的漏洞，且应与前面的论据有因果关系。

选项A、选项D与前面的论据无关。

选项C、选项E没有指出第一句的漏洞。

46. 解析：答案是B。

“题干的结论”就是上一题的选项，即“以前被认为与饮酒无关的死亡病例中，现在有些会被认为与饮酒有关”。这显然需要医生的认定能力。如果能正确理解上一题，其余各选项都没什么迷惑性。

47. 解析：答案是B。

由题干：

张：班长∧学习委员；

李：¬生活委员→¬体育委员，即：生活委员∨¬体育委员；

陈：¬班长∨¬学习委员；

郭：¬生活委员∧体育委员；

张、陈矛盾，且李、郭矛盾；

所以必二真二假。

48. 解析：答案是C。

选项C说明该主人需携带多国货币供沿途需要。选项D有迷惑性，但不如选项C紧扣题干中“经摩洛哥去麦加的朝圣者”这一信息。

49. 解析：答案是E。

本题是相似性比较题。选项D是干扰项。但问题要求“说明上述论证不成立”，选项D虽然相似，但不能“说明上述论证不成立”，选项E则是明显的假命题。

50. 解析：答案是E。

本题将人与大鼠类比，关键因素是二者的可比性，选项E指出二者在题干的问题中具有可比性，所以是最佳选项。

51. 解析：答案是D。

注意题干中的“最高”和选项D中的“最低”，二者有很好的对应关系，阅读后知，选项D正确。其他各选项都有题干中没有涉及的内容。

52. 解析：答案是C。

选项C很好地抽象概括了题干的意思。

对于选项A：题干中未涉及“负面影响”。

对于选项B：“无关紧要”意思过重。

选项D、选项E都含有题干并未涉及的内容。

53. 解析：答案是C。

对于选项Ⅰ、选项Ⅱ：题干中并没有说野生雏菊不可行。

对选项Ⅲ取非后将严重削弱题干，可知选项Ⅲ是题干的假设。

54. 解析：答案是E。

题干的结论是“考前辅导不利于专业硕士考生的成功应试”。

选项Ⅰ、选项Ⅱ都说明了考前辅导的作用。而选项Ⅲ说明题干的论据犯了因果倒置的错误。

55. 解析：答案是C。

对选项C取非后得到，经过考前辅导的考生在辅导前的平均水平和未参加辅导的考生有比较大的差别，那么题干的论证将被大大削弱，所以选项C是必须假设的。

2007年1月MBA联考逻辑真题解析

26. 解析：答案是D。

干扰项是A。但题干中只提到了“知名度”，而没有提到“打开市场”和“最重要”。

27. 解析：答案是B。

要求解释的问题是：金雕为什么不飞远？选项B很好地回答了这个问题：近的地方有吃的，所以不去远地方了。

28. 解析：答案是A。

由题干：把理论当做教条→束缚思想，即：不束缚思想→不把理论当做教条。选项A与之不一致。

29. 解析：答案是E。

张教授谈的是演出的效果，而林教授的论据是拥有的能力，显然二者并非必然一致，选项E指出了这一问题。

30. 解析：答案是A。

由题干：

（1）王>梁；

（2）魏>苗；

结论是：王>苗。

除选项A外，其他各选项都可以在（1）、（2）间建立传递关系。

31. 解析：答案是B。

由题干可以推出：张华对国际象棋感兴趣。

所以，增加选项B的假设后，可以推出，他也对中国象棋感兴趣。

实际上选项A和选项E同样可以推出结论，但都有假设过强的问题，不如选项B恰如其分、贴近题干。

32. 解析：答案是C。

本题考查考生的阅读能力。

首先应注意问题中的“结论”两字。

题干中的最后一句并不好理解，但它是以“因为”开头的，显然并非结论。所以，结论是第二句。而第二句中的“这些发现”，指的是第一句；而第二句中的“同情和容忍”与选项C中的“同情心”非常吻合。由此，排除其他选项后可以发现选项C最佳。

33. 解析：答案是B。

李军的解释是：因为除霜孔，所以融化。选项B指出，没有除霜孔，一样融化。这是异因同果法削弱。

34. 解析：答案是D。

注意题干中的时间变化，不难得到答案。

35. 解析：答案是B。

应注意题干结论中的“都”字。选项B说明，个别不能代表全体。

36. 解析：答案是A。

（2）和（3）显然矛盾，必一真一假。所以（1）和（4）也一真一假。（4）真，则（1）真，所以（4）假、（1）真。所以选项A是正确的。

37. 解析：答案是D。

选项D说明：小时候学习计算机知识和语言即使不能直接应用于成年，但仍有助于届时的学习和应用。选项C作为一种类比，力度明显不如选项D。

38. 解析：答案是 C。

本题考查比例与绝对数量的关系。学生数量少，也许老师也很少，所以不一定比例低。选项 C 指出了这一漏洞。

39. 解析：答案是 E。

本题关键在于理解题干的意思。

题干结尾说：性别是不重叠的，就是说，不是男就是女。而接着又说：行为特征是重叠的，就是说，有人的行为可能既有阴柔又有阳刚的特征。

由于“阴柔和阳刚”是区分人的行为特征。所以可以知道，男人的某个行为可能是阴柔的，女人的某个行为可能是阳刚的。但某个固定行为，显然不可能既阴柔，又阳刚。

40. 解析：答案是 B。

题干从“心脏无害”得出了“放心”的结论。选项 B 指出，心脏健康，但身体其他方面可能受害，岂能放心。

41. 解析：答案是 A。

题干的模式是，给出若干可能，排除其中几个，得出一个结论。

选项 A 与之完全吻合。选项 C 没有得出结论。

42. 解析：答案是 E。

由题干：对于任何一个其他竞选者，都会有一个李女士的优点他不具备，所以在这一点上他就不及李女士了。

对于选项 A，题干中并没说明要有优点就具备了当选条件。

对于选项 B，李女士的优点不一定其他人都不具备。假设李有 5 个优点，其他竞选者有 5 个，每人具备互不相同的一个，那么显然符合题干，而不符合此选项。

对于选项 C，类似前面的假设，如果其他竞选者甲除了具备李的一个优点外，还有一个李不具备的优点，那也符合题干，而不符合此选项。

对于选项 D，反例与选项 B 同。

43. 解析：答案是 C。

由题干，显然问题与价格有关，只有选项 C 涉及了价格。

44. 解析：答案是 E。

正确的解释是：认为证人在被告作案时间、作案地点或作案动机上之中的一点或几点提供了伪证的陪审员人数，占到了陪审员总人数的三分之二。

45. 解析：答案是 D。

公务员显然未必是个能代表所有社会成员的群体。

选项 B、选项 C、选项 D 都有削弱作用。但选项 D 提到了“全体社会成员”，与题干更为贴近。

46. 解析：答案是 C。

由直言命题的知识，“有的”和“所有不”是矛盾的。

47. 解析：答案是 E。

帕累托最优状态：¬其他人境况变坏→¬他的情况变好，即他的情况变好→其他人境况变坏。

选项 A、选项 D 显然符合这一关系。选项 B、选项 C 也不难判断是正确的。而选项 E 是这一关系的逆命题，不一定正确。

48. 解析：答案是 A。

由题干第五句：捷运号是货轮。

由题干第四句：捷运号小于 100 米。

有题干第一句：捷运号不能是蓝星航线的，因为蓝星航线上所有货轮的长度都大于 100 米。

所以捷运号属于金星航线，是 1990 年以后下水。所以选项 A 是正确的。

对于 D，题干只说，“大通港一号码头只对上述两条航线的轮船开放”，注意其中的“轮船”两字，也许大通港对其他航线的游艇、汽船或帆船开放。

49. 解析：答案是 B。

注意问题中“不同”二字。

如果社会行为除了“禁止”的，就是“允许”的，那么这个原则的实施就没有意义了，对官员和平民的约束力也就是相同的了。

让我们再来理解一下题干的意思。目前社会行为有三种：

明令禁止：例如，杀人放火之类。

明确允许：例如，捐款之类。

没有明确规定：例如，吃请、收礼之类。

题干的原则，针对的是“没有明确规定”这一类。

50. 解析：答案是 C。

由题干：允许官员实施的行为，一定是法规明文允许的，不可能禁止平民实施。

51. 解析：答案是 D。

由欧拉图，可以很快得到选项Ⅰ、选项Ⅱ是对的。

对于选项Ⅲ，当“电影评论协会”与“校学生会委员”重合时，是错误的。

52. 解析：答案是 E。

由题干最后一句可知：行为是合理的→辩护是解释的实质部分。

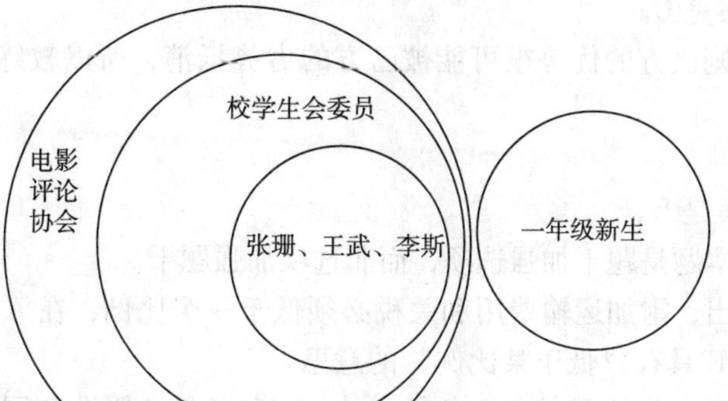

再对照前文“辩护”和“解释”的含义，就得到了选项 E 的内容。

本题也适用于排除法。

选项 A、选项 C、选项 D 不难排除，对于选项 B、选项 E，由题干结尾，可以看出“行为合理”应该是一个充分条件，而选项 B 的陈述中“行为合理”是一个必要条件，所以只有选项 E 可选。

53. 解析：答案是 A。

由题干最后一句，不难得到选项 A。

54. 解析：答案是 C。

司机的结论是“最高时速不应由 120 公里改为现在的 110 公里”，原因有两条，“降低高速公路的使用效率”和“使一些有经验的司机违反交规”。交警没有直接反驳司机的结论，而是反驳他的第二条原因。所以，争论焦点应为第二条原因，即选项 C。

55. 解析：答案是 D。

题干所说制度的目的是“提高运作效率”，所以选项Ⅱ是应该假设的。

实施灵活工作日制度自然不能继续实行周末休息制度，所以选项Ⅲ也是对的。

选项Ⅰ显然无关。

2007 年 10 月在职 MBA 联考逻辑真题解析

31. 解析：答案是 D。

本题考查比例与绝对数量的关系。

未参加治疗“非典”的医务人员虽然死亡人数较多，但占全部未参加治疗“非典”的医务人员的比例却很可能远小于参与治疗“非典”的医务人员死亡率。所以选项 D 是正确的。

选项 A、选项 B 也有一定削弱作用，但没有抓住关键，力度不及选项 D。

32. 解析：答案是 C。

选项 C 为真，则己方的优势很可能被己方的劣势抵消，所以教练的上述预言不一定为真。

33. 解析：答案是 E。

首先应注意，本题是题干加强选项，而非选项加强题干。

从题干可以看出，附加运输费用和关税必须低于一个比例，在 A 国购买汽车运到 B 国才便宜。只有选项 E 具有“低于某比例”的意思。

事实上，选项 E 的说法只是必要条件，并非充分条件。假设 B 国某车价格为 1.6 万元，A 国该车价格为 1 万元，按照选项 E，关税为 $0.6\times1.6=0.96$ 万元，仍然不便宜。但本题要求选择的仅是必要条件。

34. 解析：答案是 B。

其他各项都能解释题干。例如：

选项 D、选项 E：说明了居民生活条件与过去的变化导致了火灾死亡人数并没有呈现减少的趋势。

选项 A、选项 C：对比了点燃艾叶驱蚊与其他火灾原因或隐患，说明虽然使用艾叶驱蚊的人家显著减少，但其他原因导致家庭火灾所导致的死亡人数并没有呈现减少的趋势。严格地说，这同样不能很好地解释题干。但对比选项 B，如果选项 B 为真，则艾叶驱蚊引起的火灾应该与死亡人数密切相关，所以选项 B 不但不能解释题干，反而会加深题干的矛盾，所以正确答案为 B。

35. 解析：答案是 D。

由题干：

甲：¬红。

乙：可能红。

丙：¬蓝∨黄第三。

丁：蓝。

甲、乙是矛盾关系，所以丙、丁都是真的。丁真，所以蓝队是冠军。丙真，且蓝队是冠军，所以黄队是第三名。

36. 解析：答案是 D。

由题干：

（1）李 > 胡；

（2）张 > 邓；

（3）陈 > 邓；

（4）胡 = 陈；

整理后由（1）、（3）、（4）可合为：（5）李 > 胡 = 陈 > 邓。

显然选项 D 符合（5），所以为真。

37. 解析：答案是 A。

题干仅根据两个实例，就得出结论，而成功率显然才是评价的关键因素。

38. 解析：答案是 D。

题干的含义是：因为参加挑战杯，所以学习好。如果要削弱题干，则可以认为题干中倒置了因果，即因为学习好，所以才参加挑战杯。选项 D 有效地堵住了这个漏洞，所以可以加强题干。

39. 解析：答案是 E。

题干第一句：限速，伤亡减少；题干第二句：超速，伤亡继续减少。所以，结论必然是限速和伤亡的关系。选项中只有选项 A 和选项 E 体现出涉及了这种关系，但选项 A 给出的结论过强，而选项 E 恰如其分。

40. 解析：答案是 A。

题干：大脑神经递质化学物质不平衡，那么，只能通过药物进行治疗。“只能”相当于排除了“心理疗法”的作用。所以，题干需要的是“大脑神经递质化学物质不平衡”与“心理疗法”间的关系（实际上是一种无效关系），选项 A 恰好给出了这种关系。

41. 解析：答案是 B。

题干后半部主要论述的就是火车站和火车的重要意义，选项中只有选项 B 有所涉及。

42. 解析：答案是 A。

题干推理的误区是，将“只有产生好的效果，一个行为才是好的行为”。理解为：“只要产生好的效果，一个行为就是好的行为。”选项 A 的解释恰如其分。

43. 解析：答案是 E。

题干中不一致的地方是：一方面，很少服用抗生素的人比经常服用抗生素的人有更强的免疫力；另一方面，服用抗生素不会削弱免疫力。即抗生素对免疫力的影响出现了矛盾。

选项 E 说明，并非抗生素影响免疫力，而是免疫力导致了对抗生素的需求，即题干犯了因果倒置的错误。

44. 解析：答案是 A。

题干的结构是：如果 p，那么 q。特例，非 p，那么非 q。非 q，那么 m。特例 m。

仅选项 A 与之一致。分析中请注意“除非……”的逻辑含义。

45. 解析：答案是 C。

粗读题干：不包括实用价值和审美价值，就是有缺陷的。摩顿的上述专著缺了审美价值，那么就是有缺陷了。

看到问题后，再细读题干，题干中有这样的前提“以一般读者为对象的评介建筑作品的著作”。所以选项C给出了合乎前提的假设。

46. 解析：答案是B。

类似45题，题干中给出了前提：“严格遵从医嘱”，选项B充分利用了这个前提。

47. 解析：答案是E。

题干中的事实是：“拥有MP3播放器人数最多”和“英语成绩最佳”共存，但二者是否有因果关系呢？选项E建立了这种因果关系。

48. 解析：答案是C。

首先应注意，本题是题干支持选项的结论，若误以为是选项支持题干的结论，那么很可能困惑于题干的结论是什么。

题干第一句说的是“偏好颜色”，第二句说的是“醒目的颜色”，第三句说的是“醒目的颜色影响销量”。

结论应该是“偏好”、“颜色”与“销量”间的关系。选项C略去了中间元素“颜色”，给出了“销量”与“颜色”的关系。

49. 解析：答案是D。

选项D直接反驳了结论，即不能满足检验需求。

50. 解析：答案是B。

（1）和（2）矛盾，必有一真，所以（3）是假的，即蔡明参加了夏令营。所以（1）是真的，即有的参加了夏令营。

51. 解析：答案是B。

由题干条件：

（1）张≥黑龙江人；

（2）史>辽宁人；

（3）黎=辽宁人。

由（2）、（3）知，史和黎都不是辽宁人，所以张是辽宁人，进一步推理可知：黎是黑龙江人，史是吉林人。

52. 解析：答案是E。

由题干：

（1）石斑∧花螺→花蟹，即：¬花蟹→¬石斑∨¬花螺；

（2）月尾→¬花蟹→¬石斑∨¬花螺；

（3）王→花螺。

对于选项A：月尾有可能卖石斑，而不卖花螺。

选项 B、选项 C、选项 D 显然不对。

对于选项 E：王去了，那么有花螺；又是月尾，那么¬石斑∨¬花螺；所以没有石斑。

53. 解析：答案是 A。

从题干“我们不可能为所有申请者提供相应的工作岗位”可知选项 A 是正确的。

54. 解析：答案是 E。

题干由“25 部都是由这些小说改编的”，推出“前年该国出版的书改编的电影，在这 100 部电影中所占的比例不会超过四分之一”。上述论证实际上将“由小说改编的”和“由该国出版的书改编的”视为相同。选项 E 明确了二者的一致性。

55. 解析：答案是 A。

李的论据是：专利审理往往要涉及专业科技知识。选项 A 弱化了这一论据。

56. 解析：答案是 A。

选项Ⅰ不难断定是正确的。

选项Ⅱ的争议在于“其中”指代的是所有购房者还是 25 岁至 35 岁的购房者。但即使是指所有购房者，题干所说是“高于 65%”，仍无法得到“约有 35%”——只能得到：不足 35%。

57. 解析：答案是 C。

题干的论据是：两人可能患的是同一种病；而结论是：妞妞患的病也肯定不是链球菌感染。选项 C 恰当地概括了其中的漏洞。

58. 解析：答案是 C。

由题干：在下午，蚂蚁无法依靠信息素觅食。所以，或者撒哈拉沙漠没有蚂蚁，或者在撒哈拉沙漠的蚂蚁在上午或晚上觅食，或者还有依靠信息素之外的其他方式。

选项 C 比较完善地概括了上述结论。

59. 解析：答案是 D。

首先应归纳陈的结论：嗡嗡声不一定是传递位置的信息。而贾明确表态“我不完全同意你的看法”。可见，二者争论的焦点自然是关于“嗡嗡声不一定是传递位置的信息”的。

60. 解析：答案是 B。

对于此类有难度的论证评价题，常常适用于排除法。而排除过程中应特别注意那些题干中没有提到的词语。

对于选项 A，题干并未指出“歧义”；对于选项 C，陈先生的主要论据是“气味踪迹”，贾女士并未“质疑”；对于选项 D，并未指出“矛盾”；对于选项 E，并无其他“解释”。

事实上该事例支持的观点是：“许多动物在完成某种任务时都可以有多种方式”，是由个别到一般的归纳推理，选项 B 概括恰当。

2008 年 1 月 MBA 联考逻辑真题解析

31. 解析：答案是 D。

题干相当于：¬起雾→起飞，即¬起飞→起雾。

只有选项（1）与之不符。

32. 解析：答案是 A。

对于，¬起雾→起飞，即¬起飞→起雾，

其负命题为¬起雾∧¬起飞。

只有选项（1）符合。

33. 解析：答案是 E。

注意到题干中的“比”字，不难发现只有选项 D、选项 E 可能是答案。

对于干扰项 D，由“儿童的心理教育比成年人更重要”，应将某儿童与某成年人对比，而后面却只涉及一个人，并未进行对比，所以不是正确答案。

34. 解析：答案是 A。

选项 A 指出，能够纠正词汇、语法和标点符号使用错误不一定能保证撰稿的质量，即并非能够顺利地撰稿。所以有效地削弱了题干的论证。其他选项都不够贴近题干。

35. 解析：答案是 D。

本题考查考生对绝对数量和比例间关系的理解。

家务事故大多出自右撇子，是由于大多人都是右撇子。

只有考虑左撇子在所有人中所占的比例，再参考家务事故中左撇子的比例，才能确定左撇子和右撇子哪个更容易出事故。

36. 解析：答案是 B。

选项Ⅰ不能确定其真假。因为如果东山市威达建材广场每家商场的门边的垃圾桶和全市其他的垃圾桶都是红色的，显然不符合选项Ⅰ，但仍符合题干。

请注意“绿色或红色”中的“或”字，上述句子，如果没有绿色，也是成立的——这一点与日常感觉很不一致，值得特别关注。

选项Ⅱ是正确的，因为是“东山市威达建材广场每家商场的门边都设有垃圾桶”的逆否命题。

选项Ⅲ是错误的，这比较容易理解。

37. 解析：答案是 B。

题干指出：水泥的价格会受石油价格的影响，接着又指出：在高温炉窑中把原料变为水泥要耗费大量的能源。这显然暗示石油就是所需的能源。

选项 E 不成立，因为石油价格和水泥的产量没有关系。若改为“石油价格是决定水泥价格的因素”，则可能成立。

38. 解析：答案是 E。

对于郑女士来说，她认为衡远市的经济前景比易阳市好，根据是衡远市过去十年的 GDP（国内生产总值）增长率比易阳市高。对胡先生来说，他认为衡远市的经济前景并不比易阳市好，根据是易阳市的 GDP 数值比衡远市更大。选项 E 准确地概括了两人争议的焦点。

39. 解析：答案是 B。

题干认为“不会导致动脉硬化”即“身体健康”，选项 B 指出二者并非完全一致的，这是典型的断桥法削弱。

40. 解析：答案是 C。

干扰项是 B。其实选项 B、选项 C 的意思大致一样，但选项 C 明确指出了“和平基金的资助”十分贴近题干，而选项 B 相比之下显得笼统。

41. 解析：答案是 A。

题干论证的结论是：这些广告商不只考虑经济效益，而且顾及道德责任。

选项 B、选项 C、选项 D、选项 E 都说明这些广告商考虑的仍然是经济利益，不一定考虑道德责任。

例如，选项 B、选项 E 说明《炼狱》信誉不好，不适合做广告载体；选项 C 说明《炼狱》不适合推销原广告商的产品。

42. 解析：答案是 E。

选项 E 说明在该杂志上刊登广告是有经济效益的，这就更说明了原先《港湾》杂志的一些常年广告客户拒绝续签合同，不只考虑经济效益，而且顾及道德责任。

43. 解析：答案是 C。

选项 C 说明“雨林面积的缩小比例明显低于往年”是由于气候条件好，不一定是由于政府保护。

44. 解析：答案是 E。

心理学家的结论是：快乐就要和周围的人保持亲密的关系。

题干的结论是：心理学家的结论错了，也就是，孤独也快乐。

而论据是：画家都孤独。所以，在画家和快乐间需要一个桥梁。选项 E 给出了这个桥梁。

45. 解析：答案是 D。

小陈的论据是：过去人们从来没有观察到这样的闪烁光。他给出了结论：这种闪烁必然是不寻常的现象，用以解释论据。小王不同意小陈的结论，对小陈的论据给出了另一种解释：只是以前人们观察得不够持续和细心罢了。选项D准确地概括了这一点。

46. 解析：答案是D。

本题不必深究，按一般理解——不考虑近亲结婚及领养等情况。陈先生所邀请的客人，从名义上看是四个人（一个女性，三个男性），但三个男性中，父亲的姐夫和姐夫的父亲不可能重合（否则就是近亲结婚，即：陈的姐姐嫁给自己的表哥），而岳母的哥哥与另外两个男性却是有可能重合的，所以，陈先生最少邀请了三人。

47. 解析：答案是B

题干的论证结构分为三部分：

（1）甲比乙更容易导致丙；

（2）大多数甲并没有导致丙；

（3）没必要区分甲和乙。

选项A：（2）中没有提到丙。

选项C：（2）中没有提到乙。

选项D："不乏"与"大多数"不一致。

选项E：（2）中没有提到甲。

只有选项B与题干完全一致。

48. 解析：答案是A。

由题干：

（1）张>李；

（2）王>苗。

要得到张>苗，需要不等式的有效传递，选项A显然不妥。

49. 解析：答案是D。

1号拿起了红方块，说明1号肯定不是B型，因为B型能识别形状，不可能拿红方块；但也不能肯定1号就是A型，因为C型也有可能拿红方块。

同理，2号不是A型。

50. 解析：答案是B。

主持人的断定"如果一面是A，则另一面是4"是一个充分条件假言命题，一个充分条件假言命题只在前件真并且后件假的情况下为假。为此，翻A，如果另一面不是4，则说明主持人的断定假；同理，翻7，如果另一面是A，则说明主持人的断定假。翻动B没有意义，因为前件假（不是A），整个充分条件假言命题真；翻动4没有意义，因为后件真（是4），整个假言命题真。

51. 解析：答案是D。

题干的结论是："不能使车主更安全"，解答中应注意"安全"。

选项D表明，安全气囊的作用并非避免事故，而是在事故后让车主减轻或避免伤害。

选项B、选项E则拘泥于论据部分，没有抓住结论。

52. 解析：答案是E。

注意到"有些"，则只有选项B、选项E符合，进一步分析不难排除选项B。

53. 解析：答案是B。

本题考查具体数量和比例的关系。由于比例相同，优的学生数量多，则总数就多，差的也就多。

54. 解析：答案是A。

题干结论说的是"药物是无效的"。选项A说明了药物的疗效——延长了寿命。

对于选项B，寿命不等于接受治疗后的存活期；选项C、选项D则对题干有支持作用，请自行体会。

55. 解析：答案是C。

游泳池的规定是：只有持有深水合格证，才能进入深水池。其中，持有深水合格证，是进入深水池的必要条件。而小林理解为，持有深水合格证，是进入深水池的充分条件。

56. 解析：答案是E。

题干的意思是：因为海豹很少以鳕鱼为食，所以，海豹并未导致鳕鱼的减少。

选项E通过因果传递给出了海豹导致鳕鱼减少的另一个途径。

57. 解析：答案是D。

题干中"北方人不都爱吃面食"等同于"有的北方人不爱吃面食"。"南方人都不爱吃面食"假，可推出"有的南方人爱吃面食"。

选项Ⅰ："北方人都爱吃面食，有的南方人也爱吃面食"，是一个联言命题，其中"北方人都爱吃面食"假，整个复合命题为假。

选项Ⅱ："有的北方人爱吃面食，有的南方人不爱吃面食"，也是一个联言命题，其中，"有的北方人爱吃面食"和"有的南方人不爱吃面食"均推不出它们的真假。

选项Ⅲ："北方人都不爱吃面食，南方人都爱吃面食"，还是一个联言命题，其中，"北方人都不爱吃面食"和"南方人都爱吃面食"均推不出它们的真假。

58. 解析：答案是C。

这是一个模态命题的转换问题。将"不可能"与"一定（必然）"互换，"不一定（不必然）"与"可能"互换，"所有"与"有的"互换，"犯严重错误"与"不严重犯错误"互换，即可由题干的模态命题转换为选项C。

59. 解析：答案是 A。

三个部门，每一部门恰由三个总经理助理分管，计有九个职位。有且只有一位总经理助理同时分管三个部门，那么剩下六个职位将由五人担任。又由于每个总经理助理至少分管一个部门，因此，一定有的总经理助理恰分管两个部门。

60. 解析：答案是 C。

由题干条件得知，同时分管三个部门的可能是 M 或 P，又因为 F 和 M 不分管同一部门，所以 P 同时分管三个部门。所以，P 和任何一人都会同时分管一个部门，所以选项 C 正确。

2008 年 10 月在职 MBA 联考逻辑真题解析

31. 解析：答案是 A。

由题干：¬调查→¬发言权。

只有选项 A 与之不符。

对于选项 E：¬发言权∨调查，是上式的等价逻辑式。

32. 解析：答案是 B。

题干的关键是，结论为“缺乏教养”和“不适合家政服务”。而并非一般感觉的仅是“不适合家政服务”——可见，在解答逻辑题时，要注意认真阅读题目，找出结论或关键点，而不可凭生活经验猜测。

而题干的论据是“工作人员粗鲁的接待方式”。

削弱的关键在于论据和结论之间的关系。

选项 C 说明工作人员可能并不粗鲁，选项 E 说明工作人员的粗鲁事出有因，都拘泥于论据部分；选项 D 说明即使缺乏教养，也可以做家政服务，有拘泥于结论，都不是正确的选项。

选项 B 指出，粗鲁的只是个别人，不能代表这家公司的大部分员工，明晰地指出了漏洞所在。

33. 解析：答案是 D。

由于题干中对比的是“平均亩产”，而没有提到任何绝对数量，所以只有涉及“比例”的选项 D，可能是正确的。

如果认真推导，则过程如下：

（1）产量 A/（耕种地 A + 休耕地 A）= 1.2 × 产量 B/（耕种地 B + 休耕地 B）；

（2）产量 A/耕种地 A = 0.7 × 产量 B/耕种地 B。

两式相除得到：

（3）耕种地 A/（耕种地 A + 休耕地 A）=（1.2/0.7）× 耕种地 B/（耕种地 B + 休耕地 B）。

34. 解析：答案是 E。

选项 E 指出了产量不同的其他原因。选项 C 略有干扰，但并没说明东面的玉米品种比西面的好，所以力度不如选项 E。

35. 解析：答案是 B。

题干的结论是："购书者的数量" 增加了。选项 B 指出，购书者数量没变，只是每人的购买量变了。

36. 解析：答案是 C。

首先应注意的是，本题并非选项支持题干，而是题干支持（推出）选项。

题干将 "核泄漏严重事故" 与 "交通堵塞和仓库失火" 作类比，由于是推论题，所以不必质疑其类比的合理性。而题干又指出：交通堵塞和仓库失火几乎是不可能避免的。那么，类比的结论自然就是：核泄漏严重事故几乎是不可能避免的。选项 C 的断定与之完全一致。

37. 解析：答案是 E。

贾女士的话中含义是：如果 "每个超速驾驶的人都同样可能被出具罚单"，那么 "你并没有受到不公正的对待"。显然，选项 E 的意思与之完全一致。

38. 解析：答案是 C。

题干的意思并不复杂：大多数抗忧郁药物会引起增重，节食有助于减少体重的增加，但不能完全避免。

既然 "不能完全避免"，那么自然有人会增重了，所以选项 C 是正确的。

对于选项 A：如果病情严重，有副作用的药也要吃。

对于选项 B：题干只说 "增重" 没说 "超重"，也可能患者本来都是过瘦的人。

对于选项 D：也许他们都是瘦子或者对体重不在乎，所以不一定需要保持体重。

对于选项 E：题干中没有这层因果关系。

39. 解析：答案是 D。

本题是相似性比较题，可以用字母代入来归纳论证结构。

题干的结构是：M 最重要的是 N，失去 N，就没了 P。

选项 A、选项 B、选项 C、选项 E 中，在 "失去 N，就没了 P"，这一部分都略有变形，但选项 D 则完全没有 "失去 N" 的意思，所以选项 D 是最不类似的。

40. 解析：答案是 A。

请注意题干中提到 "普通年的最后一天和闰年的最后两天都不属于任何一周"。

对于选项Ⅱ：由于有一年的最后一（两）天的关系，所以是不对的，例如：某非闰年第一个公休日为 12 月 24 日，是周日。中间连续工作六天，至 12 月 31 日为公休日，该天不属于任何一周。

选项Ⅲ显然不对。

其实本题并不十分严谨，因为没有明确某月某日的记法是否变化，如果不变，只是将普通年的最后一天和闰年的最后两天排除在任何一周之外。那么，由于有闰二月29天的问题，所以若某人平年3月1日结婚，闰年3月1日过纪念日时，星期几将与平年不会相同。但由于选项Ⅱ、选项Ⅲ显然不对，所以只能选A。

41. 解析：答案是C。

请注意题干中提到“为了取得疗效，张医生要求林教授立即戒烟”。这说明，疗效是戒烟的原因。

选项中只有选项C在疗效和抽烟间建立了联系。

42. 解析：答案是A。

不抽烟的人自然不用戒烟。

43. 解析：答案是D。

对于选项Ⅰ：这种装置的作用是提醒，如果司机都已经意识到超速——明知故犯，那么提醒也就没了作用，所以是必要的假设。

对于选项Ⅱ：题干的意思是，用装置减少超速，继而减少事故，所以需要在超速和事故间建立联系，选项Ⅱ起到了这个作用。

选项Ⅲ：明显不对。

44. 解析：答案是A。

由题干的断定：

（1）自己都不了解的人不可能了解别人，即：¬了解自己→¬了解别人。

（2）要了解别人，首先要了解自己，即：了解别人→了解自己。

（2）式为（1）式的逆否命题，显然正确。

45. 解析：答案是B。

问题要求“概括”题干。

对于选项A：只是重复了后两句的部分意思，没有概括全部题干。

对于选项C、选项D、选项E：都涉及了题干中没有提及的意思，例如、“技术突破”、“太空搜索”等。

46. 解析：答案是D。

干扰项是B，其余选项不难排除。

李研究员显然是不同意陈教授的观点。但他是否认为中世纪初欧洲与东亚之间存在贸易往来呢？题干中并没有交代，也许他认为是存在的；也许他自己也不知道是否存在，但他只是想指出陈的论证方式是错误的，至于是否存在，他自己也不知道。

另外，选项B中的“非常”题干中并未提及，这也更加深了该选项的不合理性。

47. 解析：答案是 E。

李研究员的观点是，如果存在，不一定必然看到记录；选项 E 则说，如果存在，不可能没有记录，这显然是最强的反驳。

48. 解析：答案是 B。

选项 A、选项 E 是否正确，从题干中无法得知。

选项 C、选项 D 则是可以从题干中得到的结论。

只有选项 B 是不可能为真的。

49. 解析：答案是 C。

典型的他因法削弱。

50. 解析：答案是 C。

表明观点的关键句子是“这种看法是片面的”。“这种看法”是指：“一旦发现有此种缺陷的赛马应停止饲养。”各选项中，只有选项 C 表达了反对意见。

51. 解析：答案是 D。

对于选项 A：题干质疑的是结论，并非动机。

对于选项 B：题干显然无自相矛盾。

对于选项 C：题干并不反对“马病了就不能赛跑了”这一论据。

对于选项 E：题干无类比。

52. 解析：答案是 E。

对于此类题目，只要明白题干的推理即可。本题题干的推理为：有一门功课未能获得优秀→能免试就读研究生，选项 E 所说恰为其逆否命题。

53. 解析：答案是 E。

干扰项是 A。选项 A 确实可以削弱题干，而且是第一个选项，如果看到后立刻选择并转入下一题就会失分。但选项 E 直接提出了反例，明显更为有力。

54. 解析：答案是 B。

干扰项是 A。但选项 A 并未明确否定“维护个人利益是否是个人行为的唯一动机”，只说“值得讨论”。所以力度不如选项 B。

选项 B 切断了“动机”和“影响个人行为的主要因素”间的桥梁，是最好的选项。

55. 解析：答案是 A。

由题干：¬懂得节俭→¬尽职，即：尽职→懂得节俭。

选项 B、选项 C、选项 D 显然符合上式。

选项 E 的意思是：¬(¬节俭∧尽职)，即：节俭∨¬尽职，是正确的等价逻辑式。

选项 A：节俭→尽职，是题干不能推出的。

56. 解析：答案是 D。

首先应注意的是问题是“不能确定真假”。

Ⅰ是不知道真假的。

Ⅱ是假的。

Ⅲ是真的。

Ⅳ是不知道真假的。

57. 解析：答案是 B。

通过绘制欧拉图，当图中开放实线到达虚线位置时，显然符合题干要求但不符合选项 B。

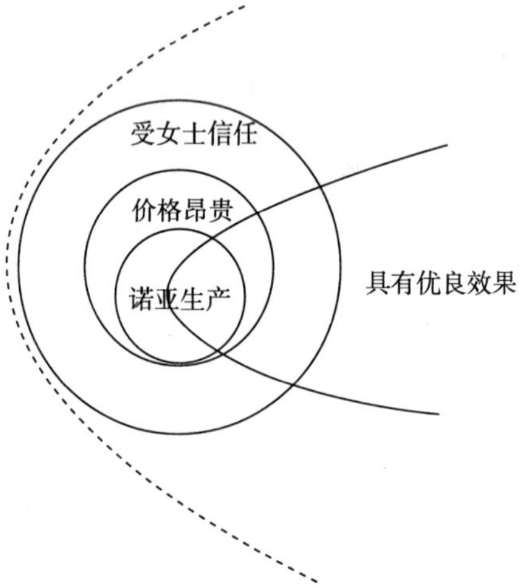

58. 解析：答案是 A。

由题干：品∧学→奖学金，即：¬奖学金→¬品∨¬学。

在未获奖学金的前提下，肯定“品”，就可以得到学习欠佳。

59. 解析：答案是 E。

首先写出条件的逻辑式：

（1）面试 G→面试 J。

（2）面试 J→面试 L。

（3）F 被面试。

（4）聘用 F→面试 K。

（5）聘用 K→面试 M。

对于选项 A：面试了 J，必然面试 L，无 L，所以错。

对于选项 B：同上。

选项 C、选项 D、选项 E 都提到 G，而面试 G，必然面试 J，面试 J，必然面试 L，这样 F 必然被面试。

所以在 G 被面试的前提下，至少 J、L、F 也被面试。所以选项 E 是正确的。

60. 解析： 答案是 C。

由条件（5）得知，¬面试 M→¬聘用 K

所以 K 未被聘用。

由条件（3）得知，F 被面试。

所以，选项 C 符合上述结论。

2009 年 1 月 MBA 联考逻辑真题解析

26. 解析： 答案是 B。

题干中以硬币与扑克类比来论证“禁止学生带扑克进学校是荒谬的”这一结论。所以应首先考虑硬币与扑克的可比性或区别。选项 B 揭示了硬币与扑克的区别。

选项 D、选项 E 与论证无关。

选项 A、选项 C 不涉及硬币。

27. 解析： 答案是 D。

写出逻辑式：

张：¬丙；

王：乙；

李：甲；

王、李任何一人正确，张都正确，所以王、李是等价的。即或者都正确，或者都不正确。由于只有一人正确，所以王、李都不正确（即甲、乙都不是冠军）。由于有一人正确，所以，张正确，即丙不是冠军。

因此，冠军不是甲、乙、丙，而是丁。

28. 解析： 答案是 E。

由“除非年龄在 50 岁以下，并且能持续游泳 3 000 米以上，否则不能参加下个月举行的横渡长江活动”。

（1）参加→50 岁以下∧能持续游泳 3 000 米以上；

由“高血压和心脏病患者不能参加”得到

（2）高血压∨心脏病→不能参加。

由上述两式可知，从黄“不能参加”，推不出任何可以断定的结论。

29. 解析： 答案是 D。

本题适用于排除法。

选项 E 可以轻易排除，虽然五分之三是中度以上近视，但另五分之二不一定是文盲，可能是正常视力或其他的非文盲人群。

选项A、选项B、选项C中的“原因”、“只有”、“必然”则是过强的逻辑关系，从题干中的论述无法得出这样的“断定”。

选项D中的“密切关系”则恰如其分。

30. 解析：答案是C。

本题首先考查考生读题的认真程度。题干中出现的是李和孙，而选项中出现的张和孙。

题干的逻辑关系式是：李考上清华 $\vee \neg$ 孙考上北大

当 $\neg$（$\neg$ 孙考上北大），即“孙考上北大”时，“李考上清华”必然为真。

显然，只有选项D表明，孙必然考上了北大，而其中的“小张”只是干扰。

31. 解析：答案是A。

（1）总编：未经大李和小王本人同意，将不调动两人。显然，从时间关系上看，本人同意，要发生在调动之前，即若发生调动，要本人先同意。

（2）李：我不同意调动，除非我知道小王是否调动。显然，他的意思是，要先知道王的消息（或者说决定），才能同意（即做决定）。

（3）王：我不同意调动，除非我知道小李是否调动。显然，他的意思是，要先知道李的消息（或者说决定），才能同意（即做决定）。

我们不妨假设，李作出决定了（假设王作出决定的分析是类似的），那么从（2）可知，事先王已经作出了决定，即王在李之前作了决定。

但从（3）可知，如果王作了决定，应该事先李已经作了决定，即：李在王之前作了决定。

显然上述假设是会导致矛盾的，那么假设不成立，所以他们两人永远也作不出决定。而从（1）可知，总编在知道两人的决定前不会替他们作决定。

所以，他们都无法调动。

最后，应注意本题题目本身有问题，虽然选项D不如选项A恰当，但从逻辑上来说既然选项A正确，选项D明显也是正确的。

32. 解析：答案是C。

由于选项一致指向李的论证，所以需要看一下李的论证结构，因为“调高了营销人员的营销业绩奖励比例，销售数量较前年增加了16%”，所以应该“继续执行该奖励比例”。前为论据，后为结论。陈指出的是，竞争对手“没有调整营销人员的奖励比例，但在过去的一年也出现了类似的增长”，即异因同果。可见，陈承认了李的论据，但提出反例，认为李的论据和结论间没有必然联系。所以选项C是恰当的。

33. 解析：答案是B。

这实际是一道数学题。

（1）理男 + 理女 > 文男 + 文女；

（2）理女 + 文女 > 理男 + 文男，即 - 理男 - 文男 > - 理女 - 文女；

(1)　+ (2)：理女 - 文男 > 文男 - 理女；

即理女 > 文男。

其余结论都无法获得。

34. 解析：答案是 D。

题干为一联言命题：所有尿检∧¬兴奋剂

上述为假，即¬(所有尿检∧¬兴奋剂)；相当于：¬所有尿检∨¬(¬兴奋剂)；也就是：有的没尿检∨兴奋剂

所以选项Ⅰ和选项Ⅲ是正确的。

35. 解析：答案是 A。

本题题干的思路是：平均价格增长了，而开支占收入的比例不变，所以收入增长了。

读题后可以看出，价格和开支之间缺少桥梁，而价格 × 数量 = 开支。

选项 A 恰好给出了这个桥梁。

36. 解析：答案是 B。

张教授的结论是："这一观点难以成立"，而该观点是："有的考古学家认为，这些工具是其祖先从西伯利亚迁徙到阿拉斯加的人群使用的。"而李研究员的目的显然是质疑张。

选项 B 明晰地表达了争论的要点，即张教授的论据不足以支持他的结论。

而对于干扰项 A，李研究员并没有明确表明他是如何认定那些工具的来源。

其余选项显然与论证无关。

37. 解析：答案是 D。

张教授的论证中作了如下假设：因为没走过这段路程，所以没有发现木质工具。

但李研究员指出：因为都烂了，所以没发现木质工具。即导致没有发现木质工具是因为其他原因。

所以选项 D 是正确的。

38. 解析：答案是 A。

题干的论证结构是：

前提：¬应付各种自然环境→¬幸存；

事实：能应付各种自然环境→¬幸存。

所以，前提错。

选项 A：

前提：¬认识错误→¬改正错误；

事实：认识到赌博是有害的→¬改正错误；

所以，前提错。

因此，选项 A 恰好与题干一致。

其余各选项根本没有假言命题存在，所以肯定不是答案。

39. 解析： 答案是 A。

写出题干的逻辑式：

张：有的及格；

李：有的不及格；

王：班长、学委及格；

张、李是下反对关系，至少有一个是真的，所以王是假的，即班长和学委都不及格。由此可知，李是真的，所以张是假的，即全部不及格。所以答案是选项 A。

40. 解析： 答案是 A。

题干以"不是全部的真实"为原因，得到"作为证据是不恰当的"的结果。可以看到，"全部的真实"和"恰当的证据"之间需要一个桥梁。显然，选项 A 的断定给出了这个桥梁。

41. 解析： 答案是 B。

根据 40 题的分析，选项 B 最为有力地截断了这个桥梁，即恰当的证据不需要全部的真实。

42. 解析： 答案是 C。

由题干：足够的文学欣赏水平 $\wedge$ 道德自律意识→$\neg$销售最多的书，即销售最多的书→$\neg$足够的文学欣赏水平 $\vee$ $\neg$道德自律意识。

《演艺十八钗》的销售量仅次于《红粉梦》，即《红粉梦》是销售最多的书。

对于选项Ⅰ，"销售最多"与"销售量"都无法推出"多数学生都购买"。

对于选项Ⅱ，其断定是联言命题，与题干不一致。

对于选项Ⅲ，其断定是选言命题，符合题意。

43. 解析： 答案是 E。

题干的漏洞是：成功与不成功互为矛盾。题干的表述等于：既不 A，也不$\neg$A。违反了排中律。

选项 E 犯了同样的错误，"一定进"和"可能不进"也是互为矛盾的。

其余各项没有这种错误，例如，选项 B 中"完全"和"一点也没（即完全没）"是反对关系，并不矛盾。

44. 解析： 答案是 C。

选项 C 所说"标准严了"只能得到驾驶证少了或技术好了，但题干中已经指明，驾驶证多了，而且结论就是驾驶技术好了，所以选项 C 只能是支持。

其他各选项均为他因法削弱，具体他因如下：

选项 A：可能是违反交规的少了。

选项 B：管理力度加强了。

选项 D：交通量减少了。

选项 E：道路状况及安全设施改善了。

45. 解析：答案是 C。

由题干的前三句不难知道，肖群上周确实在大平保险公司工作了四天。

而题干最后一句的结论是“周一、周二、周三和周四肖群一定在大平保险公司上班”。

两者对比可以看出，关键问题就在“四天”与“周一、周二、周三和周四”之间，即前者的四天可能包括周六或周日。

选项 C 堵住了可能的漏洞，所以是答案。

46. 解析：答案是 D。

本题列举了两种患者，但请注意，题干并没有说这两种患者包括了所有腰肌劳损患者。

第一种，只接受理疗，“理疗效果”等于“药疗”。

第二种，理疗 + 药疗，药物不可缺少。

对于上述第一种患者，选项Ⅱ是正确的。

对于上述第二种患者，选项Ⅰ是正确的。

而对于选项Ⅲ，注意到“所有”这个过分的词语后，就可以排除。

47. 解析：答案是 A。

由题干：

(1) 潮湿→仙人掌不活，即：仙人掌活→不潮湿；

(2) 寒冷→柑橘不活，即：柑橘活→不寒冷。

所以，该省大部地区都或者不潮湿或者不寒冷。

在各选项中，只有选项 A 与上述结论矛盾。

48. 解析：答案是 D。

题干的不当是，“巫师”和“大师”并非两个互相矛盾的选项，却强迫对方二者必取其一。

选项 A 中的“社会主义的低速度”和“资本主义的高速度”、选项 B 中的“发展可以牺牲环境”和“宁可不发展也不能破坏环境”、选项 C 中的“都自私”和“都不自私”、选项 E 中的“必然夺冠”和“不可能夺冠”也都并非互为矛盾的关系，所以上述选项都犯了与题干相同的错误。

只有选项 D 中的“必然发生”与“有可能避免”确实是互为矛盾的，请注意“有可能避免”等于“有可能不发生”，从逻辑方阵上可以看出“可能不”与“必然”的矛盾关系。

49. 解析：答案 A。

张珊：“这些字无确定所指；”

李思：“这些字无意义。”

选项 A 的逻辑含义为：$\neg$确定所指→无意义，显然符合题目要求。

干扰项为选项 C，“废止”是李思自己的推论，并不需要张珊的“蕴涵”。

50. 解析：答案是 B。

由题干：国际贡献→一流实力→一流教育。

选项 B 的含义是：一流教育→国际贡献，显然不符合题干的意思。

对于选项 E，其含义为“¬国际义务∨一流的教育”，恰为“国际贡献（义务）→一流教育”的等价逻辑式。

51. 解析：答案是 D。

题干可归纳为：科学→测量→单位，单位→人为约定，所以：科学→人为约定。

选项 D 可以归纳为：春晚→舞蹈基本功→训练，训练→乏味，所以：春晚→乏味。显然与题干吻合。

其余选项都不符合上述结构。

本题出题人的高明之处在于，在选项 D 中将前两个句子调换了一下位置。这种方式在以往的真题中已经使用过。

52. 解析：答案是 B。

题干采用了类比的论证方式，相似性或可比性显然是应首先考虑的问题。选项 B 指出二者并不相似，即指出了关键的漏洞。

干扰项为 A，但选项 A 的解释过于笼统，不如选项 B 恰当。

53. 解析：答案是 E。

本题的逻辑结构值得细细体会。

首先，“违法必究，但几乎看不到违反道德的行为受到惩罚”，对于一般性的逻辑论证（区别于形式逻辑中的联言命题），显然“但”之后的才是重点，所以，这里提出了一种现象“几乎看不到违反道德的行为受到惩罚”。

然后，“如果这成为一种常规，那么，民众就会失去道德约束”。这半句说明上述现象是错误的、不可接受的。

最后，“因此，为了维护社会的稳定，任何违反道德的行为都不能不受惩治”。“因此”引导的是结论部分。

所以，题干的推理是，通过否定一种不可接受的现象，得到一个结论。而这恰是选项 E 所涉及的。

54. 解析：答案是 E。

题干中已明确指出“他的朋友中没有人既喜欢喝绿茶，又喜欢喝咖啡”，而绿茶和咖啡正是他喜欢的饮料，所以选项 E 显然不符合题干的断定。

55. 解析：答案是 E。

由题干：善的行为→好动机∧好的效果。

对于选项 B，没有好动机，所以不是善的。

对于选项 D，没有好结果，所以也不是善的。

再由题干：恶的行为→有意伤害∨（无意∧伤害的可能性是可以预见的）。

但要注意的是，“恶的行为”是“对他人造成伤害的行为”，就是说，要确实造成了伤害。

对于选项 A，由于没有造成伤害，所以不是恶的行为。

对于选项 C，由于不是可以预见的，所以也不是恶的行为。

只有选项 E，既确实造成了伤害，又属于可以预见的，所以是恶的行为。

2009 年 10 月在职 MBA 联考逻辑真题解析

26. 解析：答案是 E。

选项 B、选项 D 不难排除。干扰项是选项 A 和选项 C，这两个选项都说明了李女士的论证方式——使用反例，但并没有揭示其关键“漏洞”，而问题要的恰是“漏洞”。另外，对比选项 E，选项 A、选项 C 过于笼统，不够贴近题干。

27. 解析：答案是 C。

由题干：¬这周内有法定休假日→林斌一周工作五天；

实际上：林斌工作了六天。

有上式的逆否命题，可知，这周内有法定休假日。

实际上，纯粹从逻辑的角度来说，选项 A 也是正确的，但明显没有选项 C 好而已。

28. 解析：答案是 C。

（1）和（2）是下反对关系，必然有一真，所以真命题一定在其中。那么，（3）必然是假的，所以，何梅与方宁至少有一个通过了初试。所以（1）是真的，那么（2）必然是假的，所以，所有人都通过了初试。

29. 解析：答案是 C。

本题的论证结构是样本推一般，关键在于样本的代表性。题干从太阳系的八大行星，推至宇宙中的所有行星，关键在于太阳系的八大行星是否是独特的。如果对选项 C 取非，太阳系的行星与宇宙中的大多行星不类似，那么上述论证就没了基础。所以选项 C 是必须假设的。

30. 解析：答案是 A。

由题干：

（1）李∨¬孙，即孙→李；

（2）张→孙，联合（1）得到：（4）张→孙→李；

（3）¬张→李。

由（3）和（4）构成两难推理，所以无论如何，李都会考上。

31. 解析： 答案是E。

选项C可以轻易排除，选项D也容易排除，因为题干并无涉及这个断定。对于选项A、选项B，题干只是说他“承认”和“不知道”，至于事实如何并未断定。

而对于选项D，“没有道德上对与错的概念”恰好是“道德上的无知”，而其被起诉则说明“不能成为借口”。

32. 解析： 答案是E。

题干的矛盾是，大片收入高；但电影产业的年收入大部分来自中小投资的影片。

其中大片的收入是指一部影片的收入，而后面所提的收入指一类影片的收入，关键差异就在于此。选项E指出，大片即使每个收入都高，但数量少，很好地解释了题干。

33. 解析： 答案是C。

对于选项Ⅰ，题干中没有这一断定。

对于选项Ⅱ，“除非贵族的封号和世袭地位受到法律的确认，否则，严格意义上的贵族阶级就不可能存在”这一断定的逻辑式是：¬贵族的封号和世袭地位受到法律的确认→严格意义上的贵族阶级就不可能存在；而选项Ⅱ给出的是上式的否命题，所以不一定为真。

对于Ⅲ，由题干可知，直到十二世纪，欧洲才可能出现严格意义上的贵族阶级。但那时欧洲国家的封建制度已走向衰弱。可见，在那之前，虽然没有严格意义上的贵族阶级，但仍有封建国家。当然，选项Ⅰ、选项Ⅱ都是错的，自然也只能选选项Ⅲ。

34. 解析： 答案是B。

题干：李→¬孙，即¬李∨¬孙

选项B：¬(李∧孙)，即¬李∨¬孙

二者是完全一致的。

35. 解析： 答案是E。

贾的话可以理解为，如果是“男人的第一个妻子生的第一个儿子”，那么就能“首先继承家庭财产”。

要否定这一论证，只能举出是“男人的第一个妻子生的第一个儿子”但没能“首先继承家庭财产”的例子。

陈的例子是，不是“男人的第一个妻子生的第一个儿子”，但继承了家庭财产。这实际上是“如果能继承财产，那么一定是儿子”这一命题的反例。所以选项E正确。

36. 解析： 答案是E。

题干用海鸟标本作为论据，得到了关于海鸟的结论，二者的关键差异就是一个是标本，一个是活体。选项E指出了影响结果的其他原因，即死后汞的含量会受到其他因素的影响。所以是必须的假设。

选项D看似正确，但恰恰说反了——最后一个字若是“低”则尚可作为答案。

37. 解析：答案是 C。

由于“年轻人不到 10%”，可见主要的患者是中老年人。题干用 70% 作为论据，但选项 C 指出，即使普通人群的比例也超过了 60%，可见 70% 只是一般情况，不能说明什么问题，所以构成了削弱。

38. 解析：答案是 E。

本题是类似考题中比较简单的，只要用“必然”替代“不可能不”，用“不一定”替代“可能不”就直接得到了选项 E。

39. 解析：答案是 D。

题干的论据是“严重失眠者中 90% 爱喝浓茶”，所以如果老张是严重失眠者，那他确实很可能爱喝浓茶。

但题干没有说明爱喝浓茶的人中严重失眠者的比例，所以，由爱喝浓茶，我们得不到任何结论。选项 D 说明了这一点。

40. 解析：答案是 C。

由题干：¬（学习成绩名列前三位 ∧ 有两位教授推荐）→不能成为免试推荐生

要否定这一命题，需肯定前件，否定后件：

¬（学习成绩名列前三位 ∧ 有两位教授推荐）∧ 成为免试推荐生，即

（成绩并非前三 ∨ 没有两位教授推荐）∧ 成为免试推荐生。

可见，正确选项中必须有“成为免试推荐生”这一信息，所以选项 Ⅰ 错误。选项 Ⅱ、选项 Ⅲ 符合上式，所以正确。

41. 解析：答案是 C。

这实际是一道数学题，考查的仍是重点——比例知识。

甲公司上缴利润的比例却下降了，说明人数所占比例也下降了。而甲的员工数量增加，那么其他公司的员工数量也一定会增加，而且增加比例大于甲。但到底哪个增加了，增加多少，题干没有说明，我们也不能猜测。但至少有一个增加比例会大于甲则是一定的。

42. 解析：答案是 C。

本题适用排除法。选项 A 有些加强的意味，所以排除；选项 B、选项 E 与戒毒明显无关；选项 D 所说的“获得”也与“成瘾”无关。所以只能选 C，尽管选项 C 看起来很不合常理，但至少贴近题干。

43. 解析：答案是 E。

题干的论据是“沉积层”的年代，所以最好的削弱应该是与之有关的。选项 E 指出，“沉积层”的年代可能与沉船年代不同，所以是最好的削弱。

选项 A、选项 D 没有涉及关键点，而且其不能排除船或者瓷器是在造出几百年后才出

海的。

44. 解析： 答案是 A。

题目要探讨的是动物的异常行为是否能够用来预测地震，至于两种动物是否有相同的异常行为并不重要，甚至与之并无关系。

其他选项中，选项 B、选项 E 不难理解。对于选项 C，如果答案是“很少”，说明某些动物确实有异于其他动物的敏感；对于选项 D，“未被注意”与题干的“留下深刻印象”有很好的对应，所以也有些作用。

45. 解析： 答案是 C。

李明显反对张的结论，所以选项 D 错误；对于选项 A，李没有提出反例；对于选项 B，没有这样的断定；对于选项 E，李没有用归谬法。

对于选项 C，李指出，即使张断定的“开车上班的人大大减少了”，但由于老车增多，空气污染状况不一定会改善。

46. 解析： 答案是 D。

张用“开车上班人数的减少”作为论据，得到“空气污染状况会大大改善”。选项 D 起到了搭桥的作用。

对于选项 C，“主要”断定过强。

47. 解析： 答案是 C。

题干：发展→稳定，即¬发展∨稳定，只有选项 C 与其不一致。

48. 解析： 答案是 B。

文具供应商应该证明的是“循环再利用纸张不一定是劣质的”，但其后的论据与之没有任何关系，所以选项 B 归纳正确。

49. 解析： 答案是 E。

张论证的前提是奇美公司的产量能够影响全球的紫水晶的供应量，进而影响其产品的价格，这是不合常理的，正如选项 D 所说。

选项 C 略有干扰性，但其中的“紧密联系”过于含糊，而且某种产品与相应的全球市场紧密联系也是正常的。

50. 解析： 答案是 A。

当调查问题十分清楚时，调查的策划者的学术背景显然与调查结果的可信度无关。

51. 解析： 答案是 C。

一个认为“增加利润”，一个认为“一定会赔钱”，关键就是利润。对于干扰项 D，“快速而准确的运作方式”比较含糊而笼统。

52. 解析：答案是 A。

本题比较明显，其他选项不难排除。

53. 解析：答案是 A。

肯定前件否定后件后，只有选项 I 合适。

54. 解析：答案是 E。

题干：¬（成功∧节俭），即¬成功∨¬节俭；

选项 E：节俭→¬成功，即¬节俭∨¬成功。

二者明显一致。

55. 解析：答案是 A。

要有实质性的改变，则或者成为发达国家，或者成为不发达国家。所以选项 B、选项 D 可以排除。选项 C、选项 E 分别是成为发达国家后的可能情况之一，当然不如选项 A 妥当。

2010 年 1 月 MBA 联考逻辑真题解析

26. 解析：答案是 D。

由题干：→不会产生良好的抗体反应。

小张注射疫苗后产生了良好的抗体反应，那么由上式的逆否命题，可知¬（阿司匹林∨对乙酰氢基酚），恰与选项 D 一致。

27. 解析：答案是 A。

本题题干是典型的样本推一般的论证。由 20 个词语，推向识字水平；由 30 个人，推向当前人们。所以，样本的代表性是关键之处。选项 A 直接说明了 20 个词语不具有代表性，当然就是很好的质疑。选项 B、选项 E 试图从人的角度说明问题，但“没有博士学位”和“大学成绩不佳”并不能有力地证明这些人不代表“当前人们”——当前的绝大多数人还不一定具有本科学历呢。

28. 解析：答案是 C。

由于“域控制器拒绝小张的计算机登陆”，所以三个信息中必然至少有一个是错的。又“小张的登录账号是正确的”，那么另两个信息至少有一个是错的，但不知道具体哪个是错的：密码是错误的∨计算机不属于这个域。

各选项中，只有选项 C 与上式一致。

29. 解析：答案是 E。

本题的关键是找清问题的含义。题干的结论是“（定期）检查是没有意义的，是浪费时间和金钱”。问题是找“不能削弱”的，那么有可能是完全无关的，但出于经验，最该有可能作为答案的是同意上述结论的选项，即定期检查没意义。

选项 E 说明，没做定期检查，也安全行驶，当然符合上述要求。其余各选项都通过事例或论断说明了定期检查的作用，是不该选的。

30. 解析：答案是 D。

选项 D 和题干都是通过改变（增加或减少）条件，得到结论。选项 B 没有“改变”的过程，所以不如选项 D。

31. 解析：答案是 B。

选项 B 和题干都是归谬法。

32. 解析：答案是 D。

要削弱程老师的论证，只要说明基础数学知识对工程技术有用即可，选项Ⅱ、选项Ⅲ都有上述作用，所以该选。选项 I 更加说明基础数学课程不该学，所以不选。

33. 解析：答案是 E。

本题十分啰嗦，但关键之处只是最后一句。

¬（下雨 ∨ 刮风）→歌唱，即¬下雨 ∧ ¬刮风→歌唱。

现在已知无雨，那么，如果也无风，自然就会歌唱了。正如选项 E。

34. 解析：答案是 D。

典型的他因法削弱。题干认为是异地导致了智商高，而选项 D 指出，原因是父母的遗传。对于选项 A，可以记一下，在逻辑题中，很少会用样本小做削弱题的答案，因为样本的大小是很不容易评价的。

35. 解析：答案是 B。

如果选项 D 为真，则矛盾更为突出，首先排除；选项 A、选项 E 如果为真，则只能降低国际原油市场价格的部分影响，但仍不能解释题干的情况；选项 C 只涉及部分雇员，力度太小；选项 B 说明有国家力量给予支持，自然最为有力。

36. 解析：答案是 A。

（1）X ∨ Y；

（2）¬Y ∨ ¬Z；

（3）¬Z→¬Y，即¬Y ∨ Z。

对于选项 A，符合全部 3 个断定，所以正确。注意既然是 X，那么自然不是 Y，这样¬Y成立，（2）、（3）就都成立了。

对于选项 B，不符合（3）。

对于选项 C，不符合（1）。

对于选项 D，显然错误。

对于选项E，实际也是正确的，但不如选项A准确而已。

37. 解析：答案是C。

“性格孤僻、言行粗鲁、侵犯他人、难与他人合作”这些都是与人交往的能力，所以选项C的解释最佳。选项A、选项B说明的都是部分问题，不如选项C总结得恰当；选项D、选项E说明的问题离题更远。

38. 解析：答案是C。

题干的结论是“割裂”导致“科普类图书的读者市场还没有真正形成”，即读科普类图书的人少。选项C说明了由于“割裂”，非理科人对科学没兴趣，与之是一致的。

选项A说明理科人也不读，这实际上削弱了题干，即读者少与文理分科无关；选项B、选项D、选项E对文理问题毫无涉及，当然也不是答案。

39. 解析：答案是A。

（一）是不相容选言命题，（二）是相容选言命题。如果（二）是假的，那么（一）一定也是假的。所以，（二）是真的，（一）是假的，这时只有一种可能，就是两个选言支全部为真，恰如选项A所言。

40. 解析：答案是A。

题干的假设是“获得稳定的视野，看清周围的食物”，选项A抓住了“找食物”这一关键信息。其他选项离题太远。

41. 解析：答案是D。

选项D说的是“着手制定相关条例”，可见还没实行，这自然不会对2009年的数据有任何影响。

42. 解析：答案是B。

这是纯粹的数学题，按题目中的定义一一验证即可。

43. 解析：答案是A。

题干的论据是“史前人类捕捉过剑乳齿象”，而结论是“过度捕杀”。选项A指出，虽然人类捕杀过，但其他动物也大量地捕杀它们。而且选项A中的“史前”与题干对应得很好。

选项B、选项D是支持，不难排除；选项C是无关选项；选项E似乎也有削弱作用，但实际是一种常年存在的客观事实，如果这也会导致灭绝，那么它们是如何发展成为种群的呢？

44. 解析：答案是E。

第一个选项和第四个选项是矛盾关系，所以其他都是假的。由第三个选项为假，可知选项 E 正确。

45. 解析： 答案是 C。

本题十分晦涩，关键就是贴近原则。选项 A、选项 B 都有新的事物出现，不选。

选项 D、选项 E 用了否定词，与题干不完全一致，也不选。

选项 C 与题干完全一致，恰好。

46. 解析： 答案是 A。

由题干：

（1）相互信任→相互理解→相互尊重；

（2）被尊重→自重；

（3）被信任→被尊重。

（2）、（3）联合：被信任→被尊重→自重。

恰为选项 A 的逆否命题。

选项 B 是（1）的逆命题；选项 C、选项 D、选项 E 中的“不自信”题干没有涉及。

47. 解析： 答案是 D。

题干和选项 D 的共同特征是，两个选择，按人数挑选。

48. 解析： 答案是 A。

本题只能一一印证。关键依据就是“五辆车的颜色分别与 5 人名字最后一个字谐音的颜色不同”。

对于张岚，谐音为蓝，各选项都可以；对于林宏，谐音为红，排除选项 B；对于何柏，谐音为白，排除选项 C、选项 E；对于邱辉，谐音为灰，排除选项 D。所以只有选项 A 正确。

上述讲解是为了证明其余选项的错误，如果直接发现选项 A 正确，就可以不用验证其他选项了。

49. 解析： 答案是 D。

题干和其他选项的错误是，集体概念和个体概念的混淆。

50. 解析： 答案是 C。

（1）甲→乙；

（2）¬丙→¬甲；

（3）¬丙∨（¬乙∨¬戊），第一个选言为不相容选言。

由乙不上场，从（1）的逆否命题知，甲不上场；又因为乙不上场，（¬乙∨¬戊）为真，有因（3）是不相容选言，所以丙一定上场。

选项 C 涉及了上述两点，所以是正确的。

选项 E 也没错，但没有涉及丙，所以不如选项 C。

51. 解析：答案是 D。

陈并不否认未经许可侵入别人的电脑是犯罪，但认为其危害不如开偷来的汽车撞伤了人，因为后者会造成人身伤害。

林的反对意见在于，未经许可侵入别人的电脑也会造成人身伤害。可见林认为未经许可侵入别人的电脑与开偷来的汽车撞伤了人的危害同样严重。

所以两人的焦点在于“是否一样严重”，正如选项 D。

52. 解析：答案是 B。

对于此类题目，没有思路时，直接验证即可。

对于“小强想坐在最靠近走廊的座位上”，各选项均符合。

对于“小丽想跟小明紧挨着”，选项 A、选项 D、选项 E 不符合，排除，剩下选项 B、选项 C。

对于“小红不想跟小丽紧挨”，选项 C 不符合，排除，只剩下选项 B，验证结束。

对于“小梅想跟小丽紧挨着，但不想跟小强或小明紧挨着”，验证可知，选项 B 仍然符合。

53. 解析：答案是 E。

纯粹的数学题。

总共 60 人，亚裔学者 31 人，所以非亚裔学者 29 人。

非亚裔学者中无博士学位的 4 人，所以非亚裔学者中有博士学位的 25 人。

总共博士 33 人，所以亚裔学者中有博士学位 8 人。

54. 解析：答案是 C。

题干通过免试攻读硕士研究生中女生占有 70%，证明女生优秀。选项 C 指出男生占 30% 以下，即女生本来就超过 70%，所以前面的 70% 只是平均水平，就不能说明什么问题了。

55. 解析：答案是 E。

（1）甲→乙；

（2）¬丙→丁；

（3）¬人参∨¬天麻；

（4）¬甲∧丙→人参。

已知有天麻，由（3）得知，不能有人参。

由（4），则有：（5）甲∨¬丙，即（6）¬甲→¬丙。

（2）、（6）联合：（7）¬甲→¬丙→丁。

注意（1）和（7）构成了两难推理，即无论如何，乙、丁至少有一种，正如选项 E 所说。